权威·前沿·原创

皮书系列为
“十二五”“十三五”国家重点图书出版规划项目

遥感监测绿皮书

GREEN BOOK OF
REMOTE SENSING MONITORING

中国可持续发展遥感监测报告（2016）

REPORT ON REMOTE SENSING MONITORING OF CHINA SUSTAINABLE DEVELOPMENT (2016)

主　编／顾行发　李闽榕　徐东华
副主编／张　兵　聂秀东　李河新　王世新　张增祥　柳钦火　李加洪

社会科学文献出版社
SOCIAL SCIENCES ACADEMIC PRESS (CHINA)

图书在版编目(CIP)数据

中国可持续发展遥感监测报告. 2016 / 顾行发等主编. -- 北京：社会科学文献出版社，2017.6
（遥感监测绿皮书）
ISBN 978-7-5201-0240-7

Ⅰ. ①中… Ⅱ. ①顾… Ⅲ. ①可持续性发展－环境遥感－环境监测－研究报告－中国－2016 Ⅳ. ①X87

中国版本图书馆CIP数据核字（2016）第322377号

·遥感监测绿皮书·
中国可持续发展遥感监测报告（2016）

主　　编 / 顾行发　李闽榕　徐东华
副 主 编 / 张　兵　聂秀东　李河新　王世新　张增祥　柳钦火　李加洪

出 版 人 / 谢寿光
项目统筹 / 王　绯　曹长香
责任编辑 / 曹长香

出　　版 / 社会科学文献出版社 · 社会政法分社（010）59367156
地址：北京市北三环中路甲29号院华龙大厦　邮编：100029
网址：www.ssap.com.cn
发　　行 / 市场营销中心（010）59367081　59367018
印　　装 / 三河市东方印刷有限公司

规　　格 / 开 本：787mm×1092mm 1/16
印 张：35.25　字 数：686千字
版　　次 / 2017年6月第1版　2017年6月第1次印刷
书　　号 / ISBN 978-7-5201-0240-7
定　　价 / 298.00元

审 图 号 / GS（2017）534号
皮书序列号 / B-2016-569

本书如有印装质量问题，请与读者服务中心（010-59367028）联系

《中国可持续发展遥感监测报告（2016）》专家委员会

项目承担单位

中国科学院遥感与数字地球研究所
中智科学技术评价研究中心
机械工业经济管理研究院

编辑委员会

数据制作与编写人员

中国土地利用遥感监测组

负责组织： 张增祥

数据处理： 汪　潇

报告撰写： 张增祥　温庆可　赵晓丽　汪　潇　刘　芳　徐进勇　胡顺光
鞠洪润　陈国坤　施利锋　张梦狄　刁静雯

中国植被遥感监测组

负责组织： 柳钦火　李　静

数据处理： 仲　波　徐保东　吴善龙　张志玉　王　成　习晓环

报告撰写： 李　静　赵　静　倪文俭　王　成　曾也鲁　王　聪　张志玉
习晓环　柳钦火

中国大气质量遥感监测组
负责组织：顾行发　陈良富　程天海
数据处理：包方闻　师帅一　徐彬仁　王宛楠　左　欣
报告撰写：顾行发　程天海　陈　好　王　颖　郭　红　顾坚斌

中国粮食生产形势遥感监测组
负责组织：吴炳方
数据处理：张　淼　曾红伟　闫娜娜　张　鑫　李明勇　郑　阳　于明召
报告撰写：吴炳方　张　淼　曾红伟　闫娜娜　张　鑫　李明勇
常　胜　邢　强　郑　阳　谭　深

中国水分盈亏状况与水环境遥感监测组
负责组织：贾　立（水分盈亏）　张　兵（水环境）　牛振国（湿地）
数据处理：郑超磊（水分盈亏）　李俊生　王胜蕾　陈继伟（水环境）
邢丽玮　陈燕芬（湿地）
报告撰写：贾　立　胡光成　郑超磊　卢　静　周　杰　王　昆（水分盈亏）
张　兵　申　茜　王胜蕾　张方方　吴艳红　叶虎平　王志颖
朱　庆（水环境）　牛振国　陈燕芬　邢丽玮　胡胜杰（湿地）

京津冀协同发展遥感监测
负责组织：王世新　周　艺
数据处理：杜　聪　侯艳芳　王　峰　赵　清　刘雄飞　涂明广　尚　明
邹艺昭　李舒婷
报告撰写：王丽涛　王福涛　朱金峰　刘文亮　阎福礼

胡焕庸线：中国过去发展格局界定与未来态势分析
负责组织：王心源
数据处理：赵晓丽　周　艺　刘亚岚　孙中昶　骆　磊　李　丽
报告撰写：王心源

典型区域遥感图像
负责组织：何国金
影像设计：王猛猛
影像制作：王猛猛　王桂周　袁益琴　刘岳明　刘　彤　江　威　汪　航
马肖肖　郭燕滔
全书统稿：闫冬梅　张　哲

主编简介

顾行发 男，1962年6月生，湖北仙桃人，研究员，博士生导师，第十二届全国政协委员。现任国际宇航科学院院士，中国科学院遥感与数字地球研究所副所长。“GEO十年（2016~2025）发展计划”编制专家工作组专家，联合国信息通信技术促进发展世界联盟（UN-GAID）发展中国家科学数据共享与应用世界联盟（e-SDDC）执行委员会副主席，国际科学技术数据委员会（CODATA）发展中国家数据保护与共享任务组顾问，亚洲遥感协会（AARS）副秘书长，国际光学工程师学会（SPIE）“地球观测会议”联合主席。担任国家重大科技专项“高分辨率对地观测系统”应用系统总设计师。主要从事定量化遥感、光学卫星传感器定标、气溶胶遥感、对地观测系统论证等方面研究。截至2015年，共获得国家科技进步二等奖2项，省部级一等奖6项，发表论文340余篇（SCI 96篇，EI 103篇），出版专著十余部，获得授权专利16项，软件著作权45项，培养学生50余人。

李闽榕 男，1955年6月生，山西安泽人，经济学博士。中智科学技术评价研究中心理事长、主任，福建师范大学兼职教授、博士生导师，中国区域经济学会副理事长，原福建省新闻出版广电局党组书记、副局长。主要从事宏观经济、区域经济竞争力、科技创新与评价、现代物流等理论和实践问题研究，已出版系列皮书《中国省域经济综合竞争力发展报告》《中国省域环境竞争力发展报告》《世界创新竞争力发展报告》《二十国集团（G20）国家创新竞争力发展报告》《全球环境竞争力发展报告》等20多部，并在《人民日报》《求是》《经济日报》《管理世界》等国家级和省级报纸杂志上发表学术论文240多篇；先后主持完成和正在主持的国家社科基金项目有“中国省域经济综合竞争力评价与预测研究”“实验经济学的理论与方法在区域经济中的应用研究”，国家科技部软科学课题“效益GDP核算体系的构建和对省域经济评价应用的研究”和多项省级重大研究课题。科研成果曾荣获新疆维吾尔自治区第二届、第三届社会科学优秀成果三等奖，以及福建省科技进步一等奖（排名第三）、福建省第七届至第十届社会科学优秀成果一等奖、福建省第六届社会科学优秀成果二等奖、福建省第七届社会科学优秀成果三等奖等十多项省部级奖励（含合作）。2015年以来先后获奖的科研成果有:《世界创新竞争力发展报告（2001~2012）》于2015年荣获教育部第七届高等学校科学研究优秀成果奖三等奖，《“十二五”中期中国省域经济综合竞争力发展报告》荣获国务院发展研究中心2015年度中国发展研究奖三等奖，《全球环境竞争力报告（2013）》于2016年荣获福建省人民政府颁发的福建省第十一届社会科学优秀成果奖一等奖，《中国省域经济综合竞争力发展报告（2013~2014）》于2016年获评中国社会科学院皮书评奖委员会中国优秀皮书奖一等奖。

徐东华　机械工业经济管理研究院院长、党委书记。国家二级研究员、教授级高级工程师、编审，享受国务院特殊津贴专家。曾任中共中央书记处农村政策研究室综合组副研究员，国务院发展研究中心研究室主任、研究员，国务院国资委研究中心研究员。参加了国家“九五”至“十三五”国民经济和社会发展规划的研究工作，参加了我国多个工业部委的行业发展规划工作，参加了我国装备制造业发展规划文件的起草工作，所撰写的研究报告多次被中央政治局常委和国务院总理等领导同志批转到国家经济综合部、委、办、局，其政策性建议被采纳并受到表彰。兼任中共中央“五个一”工程奖评审委员、中央电视台特邀财经观察员、中国机械工业联合会专家委员会委员、中国石油和化学工业联合会专家委员会首席委员、中国工业环保促进会副会长、中国机械工业企业管理协会副理事长、中华名人工委副主席，原国家经贸委、国家发展改革委工业项目评审委员，福建省政府、山东省德州市政府经济顾问，中国社会科学院经济所、金融所、工业经济所博士生答辩评审委员，清华大学经济管理学院、北京大学光华管理学院、厦门大学经济管理学院、中国传媒大学、北京化工大学等院校兼职教授，长征火箭股份公司等独立董事。智慧中国杂志社社长。在《经济日报》《光明日报》《科技日报》《经济参考报》《求是》《经济学动态》《经济管理》等报纸期刊发表百余篇有理论和研究价值的文章。

序

党的十八届五中全会强调，实现“十三五”时期发展目标，破解发展难题，厚植发展优势，必须牢固树立并切实贯彻创新、协调、绿色、开放、共享的发展理念。这是关系我国发展全局的一场深刻变革。

坚持绿色、可持续发展和生态文明建设，我国面临许多亟待解决的资源生态环境重大问题。一是资源紧缺。我国的人均能源、土地资源、水资源等生产生活基础资源十分匮乏，再加上不合理的利用和占用，发展需求与资源供给的矛盾日益突出。二是环境问题。区域性的水环境、大气环境问题日益显现，给人们的生产生活带来严重影响。三是生态修复。我国大部分国土为生态脆弱区，沙漠化、石漠化、水土流失、过度开发等给生态系统造成巨大破坏，严重地区已无法自然修复。要有效解决以上重大问题，建设“天蓝、水绿、山青”的生态文明社会，就需要随时掌握我国资源环境的现状和发展态势，有的放矢地加以治理。

遥感是目前人类快速实现全球或大区域对地观测的唯一手段，它具有全球化、快捷化、定量化、周期性等技术特点，已广泛应用到资源环境、社会经济、国家安全的各个领域，具有不可替代的空间信息保障优势。随着“高分辨率对地观测系统”重大专项的实施和快速推进以及我国空间基础设施的不断完善，我国形成了高空间分辨率、高时间分辨率和高光谱分辨率相结合的对地观测能力，实现了从跟踪向并行乃至部分领跑的重大转变。GF-1 号卫星每 4 天覆盖中国一次，分辨率可达 16 米；GF-2 号卫星具备了亚米级分辨能力，可以实现城镇区域和重要目标区域的精细观测；GF-4 号卫星更是实现了地球同步观测，时间分辨率高达分钟级，空间分辨率高达 50 米。这些对地观测能力为开展中国可持续发展遥感动态监测奠定了坚实的基础。

中国科学院遥感与数字地球研究所、中国科学院科技战略咨询研究院、中智科学技术评价研究中心、机械工业经济管理研究院和国家遥感中心等单位在可持续发展相关领域拥有高水平的队伍、技术与成果积淀。一大批科研骨干和青年才俊面向国家重大需求，积极投入中国可持续发展遥感监测工作，取得了一系列有特色的研究成果，我感到十分欣慰。我相信,《中国可持续发展遥感监测报告（2016）》绿皮书的出版发行，对社会各界客观、全面、准确、系统地认识我国的资源生态环境状况及其演变趋势具有重要意义，并将极大促进遥感应用领域发展，为宏观决策提供科学依据，为服务国家战略需求、促进交叉学科发展、服务国民经济主战场作出创新性贡献！

白春礼

中国科学院院长、党组书记

序　言

资源环境是可持续发展的基础，经过数十年的经济社会快速发展，我国资源环境状况发生了快速的变化。准确掌握我国资源环境现状，特别是了解资源环境变化特点和未来发展趋势，成为我国实现可持续发展和生态文明建设面临的迫切需求。遥感具有宏观动态的优点，是大尺度资源环境动态监测不可替代的手段。中国遥感经过 30 多年几代人的不断努力，监测技术方法不断发展成熟，监测成果不断积累，已成为中国可持续发展研究决策的重要基础性技术支撑。

中国科学院遥感与数字地球研究所自建所以来，在组织承担或参与国家科技攻关、国家自然科学基金、“973”、“863”、国家科技支撑计划、国家重大科技专项等科研任务中，与国内各行业部门和科研院所长期合作、协力攻关，针对土地、植被、大气、地表水、农业等领域，开展了遥感信息提取、专题数据库建设、资源环境时空特征和驱动因素分析等研究，沉淀了一大批成果，客观记录了我国的资源环境现状及其历史变化，已经并将继续作为国家合理利用资源、保护生态环境、实现经济社会可持续发展的科学数据支撑。

2015 年底，在中国科学院发展规划局等有关部门的指导与大力支持下，遥感与数字地球研究所与中智科学技术评价研究中心、机械工业经济管理研究院、中国科学院科技战略咨询研究院等单位开展了多轮交流和研讨，联合申请出版“遥感监测绿皮书”系列丛书，得到了社会科学文献出版社的高度认可和大力支持。《中国可持续发展遥感监测报告（2016）》是该系列丛书的第一本，经过编写组一年多的努力，并反复征求国内各部门和领域专家的咨询意见，反复修改、不断完善，终于得以定稿。报告包括三部分：第一部分是总报告，全面、系统地分析了中国陆地及其近海岛屿的土地利用状况和过去近 30 年的变化，并分析呈现了不同时间尺度上中国植被状况、大气污染状况、湿地分布、水资源与水质状况、粮食生产形势的时空变化特征；第二部分是分报告，对中国土地利用与植被分布的分省特征、中国典型城市群区域大气状况、我国粮食主产区粮食生产形势、中国典型流域水分盈亏状况与水环境状况进行了进一步的分析；第三部分专题报告，对京津冀地区资源环境承载力、协同发展总体格局、交通一体化发展、生态环境保护等进行了监测和分析，从中国历史发展模式与人口分布格局、新型城镇化发展等方面，分析了胡焕庸线在中国过去发展格局界定与未来态势中的作用和地位。

该绿皮书的出版是中国遥感界的第一个尝试，意义非常重大。本报告充分利用了我们国家自主研发的资源卫星、气象卫星、海洋卫星、环境减灾卫星、“高分辨率对地观测专项”以及北京一号小卫星等遥感数据，以及国际上的多种卫星遥感数据资源，在我国遥感界几十年的共同努力基础上所取得的成果结晶，展现了我国卫星载荷研制部门、数据服务部门、行业应用部门和科研院所共同从事遥感研究和应用所取得的技术进步。报告富有遥感特色，技术方法是可靠的，数据和结果是科学的。同时，由于遥感技术是新技术，与各行业业务资源环境监测方法具有不同的特点，遥感技术既有“宏观、动态、客观”的技术优势，也有“间接测量、时空尺度不一致、混合像元以及主观判读个体差异”等问题导致的局限性。该报告和行业业务监测方法得到的监测结果还是有区别的，不能简单替代各业务部门的传统业务，而是作为第三方发布科研部门独立客观完成的“科学数据”，为国家有关部门提供有益的参考和借鉴。

编写出版遥感监测绿皮书，将是一项长期的工作，需要认真听取各个行业部门和各领域专家的意见，及时发现存在的问题，不断改进和创新方法，提高监测报告的科学性和权威性。未来将在本报告的基础上，面对国家的重大需求和国际合作的紧迫需要，不断凝练新的主题和专题，创新发展我们的成果；不断加强研究的科学性和针对性，保证监测数据和结果的可靠性和一致性；并充分利用大数据科学发展的最新成果，加强综合分析和预测模拟工作，不断提高我们的认识水平，为中国的可持续发展作出新的贡献。

《中国可持续发展遥感监测报告（2016）》主编

前　言

为保护和改善环境，1972年6月5~16日在瑞典斯德哥尔摩举行的“联合国人类环境会议”是各国政府代表团及政府首脑、联合国机构和国际组织代表参加的讨论当代环境问题的第一次国际会议，会议通过的《联合国人类环境会议宣言》首次提出可持续发展的概念，要求为现代人和子孙后代的利益保护和改善人类环境。同年的第27届联合国大会把每年的6月5日定为“世界环境日”。1980年3月国际自然和自然资源保护联合会受联合国环境规划署（UNEP）委托完成的《世界自然资源保护大纲》指出：“必须研究自然的、社会的、生态的、经济的以及利用自然资源过程中的基本关系，以确保全球的可持续发展。”1987年2月世界环境和发展委员会（WCED）发表了报告《我们共同的未来》，报告正式使用了可持续发展概念，并对其内涵作了比较系统的阐述。1989年5月联合国环境规划署专门为明确“可持续发展”的定义和战略通过了《关于可持续发展的声明》。1992年6月，联合国在巴西里约热内卢举行的环境与发展会议，通过了以可持续发展为核心的《里约环境与发展宣言》和《21世纪议程》等文件。1994年3月25日国务院第十六次常务会议讨论并通过了《中国21世纪人口、环境与发展白皮书》，首次把可持续发展战略纳入我国经济和社会发展的长远规划。1997年的中共十五大把可持续发展战略确定为我国“现代化建设中必须实施”的战略。

可持续发展的理念在全球范围内得到了广泛的认可和重视，并付诸实践。其内涵由最初注重长远发展的经济增长模式，逐步延伸到经济、社会、环境和文化等方面的协调发展，其核心宗旨是，既能相对满足当代人的需求，又不能对后代人的发展构成危害。可持续发展主要包括社会可持续发展、生态可持续发展和经济可持续发展，已成为共识。2016年3月17日发布的《国民经济和社会发展第十三个五年规划纲要》明确指出，“必须坚持节约资源和保护环境的基本国策，坚持可持续发展，坚定走生产发展、生活富裕、生态良好的文明发展道路”，生态文明建设是制定规划的指导思想和核心内容之一。在经济发展、创新驱动、民生福祉和资源环境4个方面的25个主要经济社会发展指标中，资源环境方面共包括10个指标16项内容，且全部是约束性指标，反映了资源环境对实现可持续发展的重要价值以及国家的重视。

资源环境是可持续发展的基础。经过数十年的经济社会快速发展，我国资源环境状况发生了明显的变化。准确掌握我国资源环境状况，特别是了解资源环境变化，成为我国实现可持续发展和推进生态文明建设的迫切需求。自 20 世纪 70 年代遥感技术进入我国以来，我国率先并持续性开展资源环境领域的遥感应用研究，中国科学院遥感与数字地球研究所在承担完成的国家科技攻关、国家自然科学基金、“973”计划、“863”计划、国家科技支撑计划、重大科技专项和部门委托及横向合作等工作中，针对土地、植被、大气、地表水、灾害、农业等领域，开展了遥感信息提取、专题数据库建设、资源环境时空特征和驱动因素分析等研究，沉淀的一大批成果客观记录了我国的资源环境状况及其变化，已经并将继续作为国家合理利用资源、保护生态环境、实现经济社会可持续发展的科学数据支撑。

土地利用与土地覆盖是全球变化研究的重要组成部分，也是资源与环境研究的核心内容和遥感应用研究的重点领域。20 世纪 90 年代以来，中国科学院遥感与数字地球研究所联合相关研究所承担国家“九五”重中之重科技攻关项目“遥感、地理信息系统、全球定位系统技术综合应用研究”第一课题“国家级基本资源与环境遥感动态信息服务体系的建立”，组织开展了中国区域土地利用遥感研究，进行了中国 1∶10 万比例尺的土地利用遥感调查和动态监测，首次建设了中国土地利用及其动态数据库，在 1999 年启动的中国科学院“知识创新工程”项目“国土环境时空信息分析与数字地球理论技术预研究”，2000~2003 年实施的“知识创新工程”领域前沿项目“国家资源环境遥感时空数据库建设与时空特征研究”和“国家资源环境数据库建设与数据共享研究”，2007 年启动的“知识创新工程”重大项目“耕地保育与持续高效现代农业试点工程”等的持续推动，以及部委合作项目的支持和科研人员的不懈努力下，通过持续更新，建设了自 20 世纪 80 年代末至 2010 年的中国土地利用遥感监测时空数据库，全面、系统地掌握了中国陆地及近海岛屿的土地利用状况和过去近 30 年的变化。

植被是地球表面植物群落的总称，植被的种类、数量和分布是衡量区域生态环境安全和宜居程度的重要指标。监测植被状况及其变化是开展生态环境保护的基础，遥感技术是监测大范围植被时空特征的有效手段。中国科学院遥感与数字地球研究所与北京师范大学联合成立了遥感科学国家重点实验室，先后承担了“973”项目“地球表面时空多变要素的定量遥感理论及应用”“复杂地表遥感信息动态分析与建模”等相关课题，开展了地表植被定量遥感模型及植被参数定量遥感方法的研究；承担了国家科技支撑项目“基于环境一号等国产卫星的环境遥感监测关键技术及软件研究”、“863”重大项目“星机地综合定量遥感系统与应用示范”等相关课题，开展了全球定量遥感产品算法的研究，研发了“多源数据协同定量遥感产品生产系统”（MuSyQ），生产了全球及区域多空间分辨率的植被参数定量遥感产品。本报告从中选择叶面积指数（LAI）、植被覆盖度（FVC）、植被物候、植被净初级生产力（NPP）、森林生物量和森林冠层平均高度等产品，重点分析了2014年中国植被状况空间分布格局以及各省域分布特征，并结合时间序列植被物候产品和北京师范大学发布的全球GLASS产品，分析了2000~2014年中国植被的多年变化特征。

大气污染直接影响大气环境质量状况和全球气候变化，是全世界关注的重要环境问题之一。改革开放以来，随着我国工业化和城市化进程的加快，大量空中颗粒物的持续集中排放导致空气质量严重退化，亟须从全国和区域尺度定量了解我国大气颗粒物污染状况的空间分布特点。卫星遥感技术以其覆盖面广、实时观测和空间连续等优势，被广泛应用于空间大尺度大气颗粒物的连续监测。在国家重点基础研究发展计划项目“多尺度气溶胶综合观测和时空分布规律研究”和中国科学院战略性先导科技专项“基于历史卫星数据提取气溶胶信息”等项目的持续支持下，通过重构2010~2015年中国及重点区域大气浑浊度和PM2.5浓度，本报告全面呈现了“十二五”以来大气浑浊度和PM2.5浓度的时空特点。

粮食生产是人类生存的物质基础，事关国家的经济、政治和社会安全。遥感技术是在全球范围实现宏观、动态、快速、实时、准确的生态环境动态监测不可或缺的手段，已广泛应用于大宗粮油作物长势监测与产量估测。中国科学院遥感与数字地球研究所于1998年建立了全球农情遥感速报系统（CropWatch）。该系统以遥感数据为主要数据源，以遥感农情指标监测技术为核心，仅结合有限的地面观测数据，构建了不同时空尺度的农情遥感监测多层次技术体系，利用多种原创方法及监测指标及时客观地评价粮油作物的生长环境和大宗粮油作物的生产形势，已经成为地球观测组织/全球农业监测计划（GeoGLAM）的主要组成部分。CropWatch以全球验证为精度保障，实现了独立的全球大范围作物生产形势监测与分析，与欧盟的MARS和美国农业部的Crop Explorer系统并称为全球三大农情遥感监测系统，为联合国粮农组织农业市场信息系统（AMIS）提供粮油生产信息。中国粮食生产形势遥感监测利用多源遥感数据，基于CropWatch对2015年度农业气象条件、农业主产区粮油作物种植与胁迫状况以及粮食生产形势进行监测和分析，独立客观地反映了2015年中国的粮食生产状况。

水是维系人类乃至整个生态系统生存发展的重要自然资源，也是经济社会可持续发展的重要基础资源。降水和蒸散发是地表—大气系统中垂直方向上的水分交换过程，是水分在地表和大气之间循环、更新的基本形式，对于区域能量平衡、水分循环以及生物地球化学循环具有重要意义。21世纪以来，中国科学院遥感与数字地球研究所承担了一系列国家科研项目，在遥感水循环及水资源各要素的基础理论、模型和反演及数据集生产方面开展了大量的系统性工作。同时，联合开展了多次地表能量水分交换过程星—机—地遥感综合试验，对推动模型发展及反演结果的精度验证等工作的开展发挥了重要作用。在 2010 年启动的中国科学院“百人计划”择优项目“时空连续的区域陆面水循环信息的遥感反演和监测”、2011 年启动的国家自然科学基金项目“基于遥感和数据同化的黑河中—下游植被与陆表水循环的相互作用研究”、2012 年启动的中国科学院 / 国家外国专家局创新团队国际合作伙伴计划项目“卫星遥感在能量与水循环监测中的机理研究与应用”、2012 年启动的国家高技术研究发展计划（“863”）项目“多尺度遥感数据按需快速处理与定量遥感产品生成关键技术”、2015 年启动的国家自然科学基金项目“黑河流域水—生态—经济系统的集成模拟与预测”、2015 年启动的国家重大科学研究计划（“973”）项目“高分辨率陆表能量水分交换过程的机理与尺度转换研究”等的持续推动下，地表蒸散发的遥感估算方法得以不断发展和改进，发展了地表蒸散发遥感估算模型 ETMonitor，该模型结合了地表能量平衡、地表水分状态和植被生长等物理过程，适用于不同气候类型和下垫面覆盖条件，实现了 2001 年至今逐日 1 千米分辨率全国 / 全球地表蒸散发产品的生产和发布，全面系统地掌握了全国的蒸散耗水状况和过去 15 年的变化。

遥感技术不仅能大范围监测多种形态的水体，还可以及时捕捉到水体在地球系统中不断循环的各种动态平衡状态。中国科学院遥感与数字地球研究所自 2003 年在“863”计划项目下建立起环境遥感监测系统，分析内陆水环境状况。在 2005~2007 年实施的“知识创新工程”重要方向项目“内陆水体三种典型水质参数的高光谱遥感监测关键技术研究”和 2008~2011 年实施的“知识创新工程”重要方向项目“富营养化水体主要水质参数高光谱高精度遥感监测技术及系统集成”、2009 年启动的国家环境保护部项目“环境与灾害监测预报小卫星星座内陆水环境遥感分系统”、2013~2016 年实施的高分重大专项项目“高分水环境遥感监测关键技术研究、系统开发与应用示范”等的持续推动下，建设了地表水环境遥感监测系统 WATERS，成为国内第一个在国家级和省部级业务化运行的内陆水环境遥感监测系统，对 2000~2015 年中国大型湖泊和水库的水质状况进行持续监测和分析。

湿地不仅是地表最富生物多样性的生态系统之一，也是人类赖以生存和发展的重要环境资本。湿地因具有保护生物多样性、涵养水源、调蓄洪水、维持生态平衡等多项极为重要的生态功能和服务价值而被誉为“地球之肾”。世界各国对湿地保护高度重视，我国于 1992 年加入《湿地公约》。如何应对湿地变化引起的生态环境问题引起世界范围的广泛关注，而及时掌握和了解湿地的分布和变化状况对于湿地管理具有重要意义。遥感技术可以高效、准确和客观地在大尺度上对湿地的分布和变化进行监测。中国科学院遥感与数字地球研究所利用 1978 年以来多个时期全国的卫星影像资料，自 2007 年开始，先后完成了中国全境的湿地遥感制图及其近 30 年来的湿地变化监测分析，客观地揭示了中国湿地的总体分布规律和历史变化状况。2014 年利用时间序列遥感数据，完成了全球大型国际性重要湿地的遥感监测，并于 2015 年发布报告，反映了近十多年来全球国际性重要湿地的状况和变化趋势。利用 2000 年、2005 年、2010 年和 2015 年时间序列遥感数据，完成了中国湿地的连续制图和变化分析，反映了 2000 年以来中国湿地的分布和变化状况。

京津冀地区是我国经济最具活力、开放程度最高、创新能力最强、吸纳人口最多的地区之一，也是拉动我国经济发展的重要引擎。目前，京津冀地区面临区域发展差距悬殊、资源环境超载严重、区域功能布局不够合理等问题，迫切需要国家层面加强统筹，有序疏解北京非首都功能，推动京津冀三省市整体协同发展。实现京津冀协同发展，是面向未来打造新的首都经济圈、推进区域发展体制机制创新的需要，是探索完善城市群布局和形态、为优化开发区域发展提供示范和样板的需要，是探索生态文明建设有效路径、促进人口与经济资源环境相协调的需要，是实现京津冀优势互补、促进环渤海经济区发展、带动北方腹地发展的需要，是一个重大国家战略。京津冀协同发展遥感监测利用多源、多尺度遥感数据，结合基础空间数据和地面数据，以《京津冀协同发展规划纲要》为导向，开展了社会经济、自然资源、交通体系、生态保护与建设、环境污染等方面的监测，体现了京津冀地区发展状况的空间异质性，为协同发展提供了科学的空间辅助决策信息，有利于促进京津冀协同发展规划与其他规划的有机衔接，落实我国“多规合一”的空间规划体系建设要求，增强我国空间规划管理的科学性和可操作性。

要认知现在的状况与预测未来的走向就必须了解过去的发展历程。2013 年 8 月 30 日，国务院总理李克强邀请中国科学院、中国工程院院士及有关专家到北京中南海听取城镇化研究报告并进行座谈。在座谈会上，李克强提出“胡焕庸线”“该不该破、能不能破、如何破”的问题。2014 年 11 月 28 日，李克强在国家博物馆参观人居科学研究展时，再次发出了总理之问：“胡焕庸线怎么破？”“胡焕庸线”（以下简称“胡线”）在经济生产、社会发展和科学研究方面均具有重要意义。“胡线”在地理学、人文科学、经济学等诸多领域均具有重要价值。学者们发现，这条人口密度分界线与气象降水量线、地形区界线、生态环境界线、文化转换分割线乃至民族界线等均存在某种程度的契合，“胡线”沿线也是中国生态环境脆弱带分布区。在全球变化背景下，“胡线”两侧的环境波动特征以及人口波动情况与未来我国的人口分布趋势，“胡线”东西两侧城镇化空间格局模式，丝绸之路经济带以及长江经济带与新型城镇化可能导致的“胡线”变化趋势等，均是学术界值得深入研究的问题。同时，该线对于国土空间规划、生产力宏观布局、民政建设和交通发展等也具有重要的科学参考价值。多年来，“胡线”东南半壁用占全国约2/5的国土，贡献90%以上的GDP，居住着90%以上的人口。今天，中国经济总量居世界第二位。2020年，中国全面实现小康，人均GDP将达到1万美元。如果把未来发展增量仍然集中在“胡线”东南半壁的国土上，势必导致土地、资源与环境难以为继，导致东西部发展严重失衡，不利于中国社会、经济、环境的和谐发展。但是，西北地区水资源缺乏、生态环境脆弱、基础设施滞后，如何让占国土3/5的西北半壁实现跨越式发展，需要用国际发展战略的视野、全国东西部统筹协调发展的思路，用创新的思想、方法与举措，发挥西部的长处与优势，发掘西部资源与环境的独特价值、优化水资源利用模式，走西部新型城镇化路子，进而形成中国西部特色的新经济发展模式。本报告基于中国人口历史的考察与发展模式的研究，得出“胡焕庸线”本质上是人口密度分布的突变线，它是中国作为传统农业发展格局的人口密度突变分界线的最后界定，分界时间点是20世纪70年代末至80年代初，表征为中国人口密度突变线向西挺进以及西部人口密度的局地“岛状”凸起。这是脱离传统农业的中国未来人口发展趋势的转折点或者新起点。新的中国人口分布将是区域聚集，农业人口大量减少，面状（相对）均衡不再存在，伴随新型城镇化以及城市群发展，东部人口多、密度较高，西部人口相对少、密度较低的格局虽然不会改变，但是“胡线”两侧人口比例将有可观的改变，西部人口占全国比例将进一步增大，“胡线”西部也不再是整体的低密度，一些城市群区（带）将出现高密度——聚点式的高密区。因此，1935年“胡焕庸线”划分的东西部人口比例将发生明显的改变，这正表征了中国脱离传统农业发展模式而伴随全球化征程走向了新的发展模式。

《中国可持续发展遥感监测报告（2016）》是中国科学院遥感与数字地球研究所在长期开展资源环境遥感研究项目成果基础上完成的，全书包括总报告、分报告、专题报告和附录等4部分。

总报告中，G1“20世纪80年代末至2010年中国土地利用状况”由张增祥和汪潇撰写，G2“2001~2014年中国植被状况”由李静、赵静、倪文俭、王成、张志玉、徐保东、王聪、习晓环和柳钦火等撰写，G3“2010~2015年中国大气质量”由顾行发、陈良富和程天海撰写，G4“2010~2015年中国粮食生产形势”由吴炳方和张淼撰写，G5“2000~2015年中国水分盈亏状况与水环境”由张兵、贾立、申茜、牛振国和刑丽玮撰写。

分报告中，G6“20世纪80年代末至2010年中国土地利用的省域特点”由张增祥、赵晓丽组织，温庆可（辽宁、吉林、黑龙江）、汪潇（上海、江苏、安徽）、刘芳（内蒙古、江西、湖北）、胡顺光（重庆、四川、贵州、云南）、徐进勇（陕西、甘肃、宁夏）、赵晓丽（山西、河南）、鞠洪润（海南、西藏、青海）、陈国坤（浙江、山东）、施利锋（福建、湖南、新疆）、张梦狄（广东、广西、台湾）和习静雯

（北京、天津、河北）分省份撰写。G7“2001~2014年中国植被的省域特点”由柳钦火、李静组织，赵静（北京、天津、河北、山西、内蒙古、辽宁、吉林、黑龙江、上海、江苏、浙江和安徽）、曾也鲁［福建、江西、山东、河南、湖北、湖南、广东（含香港、澳门）、广西、海南和重庆］、王聪（四川、贵州、云南、西藏、陕西、甘肃、青海、宁夏、新疆和台湾）分省份撰写。G8“2010~2015年中国典型城市群区域大气状况”由顾行发、陈良富、顾坚斌、程天海、陈好、王颖、郭红、包方闻、师帅一、徐彬仁、王宛楠和左欣撰写。G9“2010~2015年中国粮食主产区生产形势”由吴炳方、张淼、曾红伟、闫娜娜、张鑫、李明勇、常胜、邢强、郑阳和谭深撰写。G10“2000~2015年中国水分盈亏状况与水环境分区特点”中水分盈亏由贾立、胡光成、郑超磊、卢静、周杰和王昆撰写；水环境部分由张兵、申茜、王胜蕾组织，吴艳红、王志颖（青藏高原湖区）、张方方（东部平原湖区）、朱庆（蒙新高原湖区）、叶虎平（云贵高原湖区、东北山地与平原湖区）分湖区撰写；湿地部分由牛振国、陈燕芬、刑丽玮和胡胜杰撰写。

专题报告部分，G11“京津冀协同发展遥感监测报告”由王世新、周艺组织，王丽涛、阎福礼、王峰、杜聪、侯艳芳（资源环境）、朱金峰（生态环境保护）、刘文亮（区域发展）和王福涛（交通一体化）等撰写，G12“胡焕庸线：中国过去发展格局界定与未来态势分析”由王心源撰写。

附录部分，G13“典型区域遥感图像”由何国金组织，王猛猛负责影像设计，王桂周、袁益琴、刘岳明、刘彤、江威、马肖肖、汪航和郭燕滔共同制作，G14“国家级重点创新单元”由相关创新单元供稿,《中国可持续发展遥感监测报告（2016）》编写方案由顾行发、汪克强、潘教峰、李闽榕、徐东华、张兵、聂秀东、李河新、王世新、张增祥和柳钦火等共同制定，全书由闫冬梅和张哲等统稿完成。

《中国可持续发展遥感监测报告（2016）》是在遥感地球所一系列科研项目成果的基础上完成的，本报告的撰写与出版得到了中国科学院白春礼院长的关心和指导，得到了中国科学院发展规划局战略研究专项的资助和支持。谨向参加相关项目的全体人员和对本报告撰写与出版提供帮助的所有人员，表示诚挚的谢意！

我国幅员辽阔，资源类型多，环境差异大，而且处于持续性的变化过程中。本报告作为集体成果，编写人员众多，限于我们的专业覆盖面和写作能力，首次完成的“遥感监测绿皮书”难免有误或疏漏，敬请批评指正。我们会在后续报告的编写中予以重视并加以完善。

《中国可持续发展遥感监测报告（2016）》编辑委员会

2016年12月

摘　要

本书是中国科学院遥感与数字地球研究所在长期开展资源环境遥感研究项目成果基础上完成的，包括总报告、分报告和专题报告等内容。总报告全面、系统地分析了中国陆地及其近海岛屿的土地利用状况和过去近 30 年的变化；选择叶面积指数、植被物候、植被覆盖度、植被净初级生产力、森林生物量和森林冠层平均高度等产品，分析了 2014 年中国植被状况空间分布格局以及 21 世纪以来中国植被的变化特征；全面呈现了 2010~2015 年中国及重点区域大气浑浊度和 PM2.5 浓度分布，分析了“十二五”以来大气浑浊度和 PM2.5 浓度的时空特点；对 2015 年度农业气象条件、粮食主产区粮油作物种植与胁迫状况以及粮食生产形势进行监测和分析，反映了 2015 年中国的粮食生产状况；利用 2001 年以来逐日 1 千米分辨率全国 / 全球地表蒸散发产品，系统分析了全国蒸散耗水状况和过去 15 年的变化，对 2000~2015 年中国大型湖泊和水库的水质状况进行持续监测和分析，完成了 2000 年以来中国湿地的连续制图和变化分析。分报告对中国土地利用与植被分布的省域特征、中国典型城市群区域大气状况、我国粮食主产区生产形势、中国典型流域水分盈亏状况与水环境状况进行了进一步的分析。专题报告对京津冀地区的资源环境承载力、协同发展总体格局、交通一体化发展、生态环境保护等进行了监测和分析；从中国历史发展模式与人口分布格局、新型城镇化发展等方面，分析了“胡焕庸线”在中国过去发展格局界定与未来态势中的作用和地位。本书对于有关政府和行业部门的业务人员、科研机构和大专院校的科研人员、相关专业的研究生和大学生均具有重要的参考价值。

Abstract

This book is completed by the Institute of Remote Sensing and Digital Earth of Chinese Academy of Sciences, based on the long-term research on the resources and environment remote sensing, which include the general report, sub reports and special issue reports, etc.

In the general report, the situation of the land use of China and its changes in the past 30 years are comprehensively and systematically analyzed at first. Secondly, the spatial distribution pattern of vegetation in 2014 and the vegetation variation since 2000 in China are presented, taking the leaf area index, vegetation coverage, vegetation phenology, vegetation net primary productivity, forest biomass and forest canopy height as the key parameters. Thirdly, the China and key regional atmospheric turbidity and the concentration distribution of PM2.5 has been analyzed for 2010-1015. Fourthly, based on the annual agricultural meteorological conditions, crop yield and food supply situation of the main grain and oil crops in 2015 has been estimated. Based on the daily 1 km global ET products, the evapotranspiration distribution and the variability over the past 15 years are analyzed. Then, the water quality status of the Chinese large lakes and reservoirs and the wetland mapping of China has been completed for 2000-2015.

In the sub report, the provincial land use and vegetation distribution characteristics, the typical city group regional atmospheric conditions, the grain production situation of the major grain producing areas, and the typical basin water profit and loss situation and water quality have been further analyzed.

In the special issue report, the Beijing-Tianjin-Hebei region carrying capacity of resources and environment, the coordinated development of the overall pattern of traffic integration, development and environment protection have been monitored and analyzed. Based on the historical population distribution pattern and the new urbanization development pattern, the effect of the Hu Huanyong Line has been investigated.

This book is an important reference for the government and industry departments of business personnel, scientific research institutions and research personnel, related professional graduate students and college students.

目　　录

Ⅰ　总报告

Ⅱ 分报告

Ⅲ 专题报告

Ⅳ 附 录

皮书数据库阅读使用指南

总 报 告

G.1
20世纪80年代末至2010年中国土地利用状况

土地是人类生存与发展的物质基础。我国幅员辽阔，人口众多，合理利用每一寸土地尤为重要，查清土地的利用类型和分布，监测其变化并进行评价，有助于提高土地利用规划和管理水平，对于实现国民经济可持续发展和生态文明建设具有重要意义。

土地利用是指人类出于经济或社会发展等目的，对土地进行某种方式的长期或周期性经营的过程和结果。土地利用变化是自然与人文因素耦合作用于陆地表层并影响陆地表层过程的最直接表现，陆地表层系统最突出的景观标志便是土地利用。面对社会和经济的快速发展，科学规划和合理利用土地资源变得日益重要和迫切，成为影响区域可持续发展和协调发展的重要条件。过去数十年来，以调查土地资源利用类型和数量、构成和空间分布以及监测其动态变化、分析时空规律、揭示驱动和影响因素等为主要内容的土地利用研究是遥感应用的主要方向之一。随着对土地利用研究的深入和技术方法的提高，人们在该领域的研究日益关注导致土地利用空间格局形成与变化的驱动力，以及这种格局和变化所引起的生态环境效应。

土地利用状况就是一定区域在某一时刻的土地利用状态，可以指过去某时刻的土地利用状态，更多的则是指最近时期的土地利用状态，后者常被称为土地利用现状。土地利用状况一般包括土地利用类型、不同类型的分布、多种类型的空间构成和面积、位置等，以及在此基础上获得的土地利用程度或强度等信息。通过不同时期土地利用状况的比较分析，能够按区域或类型分析土地利用动态特征，尤其是类型的转换关系。土地利用动态具有时间、位置和属性等最基本特征，科学界普遍采用“土地利用动态度”指标来定量刻画土地利用动态特征，以及不同类型之间此消彼长的转换关系。

多年来，针对中国土地资源的分类和覆盖、利用、权属及其变化已经完成了多项全国性和区域性的遥感应用研究。

1996 年启动的国家“九五”重中之重科技攻关项目“遥感、地理信息系统、全球定位系统技术综合应用研究”中，中国科学院协调组织农业部、原林业部等有关科研单位与国家卫星气象中心等承担“国家级基本资源与环境遥感动态信息服务体系的建立”，正式开始了全国 1∶10 万比例尺土地利用遥感监测与数据库的建设工作，建设完成了我国第一个 1∶10 万比例尺全国土地利用数据库，2000 年在全国范围内成功实现了 5 年为周期的全要素更新。随着中国科学院“知识创新工程”的实施，1999 年启动的“国土环境时空信息分析与数字地球理论技术预研究”项目，恢复重建了 20 世纪 80 年代末期的中国土地利用状况数据库。此后，中国科学院通过 2000 年至 2003 年实施的知识创新领域前沿项目“国家资源环境遥感时空数据库建设与时空特征研究”和“国家资源环境数据库建设与数据共享研究”，以及 2007 年 7 月启动的中国科学院知识创新重大项目“耕地保育与持续高效现代农业试点工程”，多次完成了数据库更新，形成了 20 世纪 80 年代末至 2010 年的完整时间序列，包括 6 个时期的土地利用状况数据库和 5 个时段的土地利用动态数据库，数据库通过项目验收。20 世纪 80 年代末至 2010 年中国土地利用状况及其变化即是基于此数据库信息分析完成的。

中国土地利用遥感监测研究已持续进行了 20 余年，其结果反映了过去 20 余年的中国土地利用状况及其变化，作为中国土地利用遥感监测的信息源，累计使用各种遥感数据 11300 余景，其中陆地卫星 TM 数据 2999 景。但按照覆盖范围和使用次数，陆地卫星的 TM 数据是使用最多、使用时间最长的一类，2000 年开始逐渐加大了我国拥有自主知识产权的中巴地球资源卫星（CBERS）、北京一号（BJ-1）和环境一号（HJ-1）小卫星等 CCD 数据的使用。

分类系统的建立是制图、监测、分析的基础。中国 1∶10 万比例尺土地利用时空数据库使用的中国科学院土地利用遥感监测分类系统（见表 1）是在全国农业区划委员会制定的土地利用分类系统基础上，针对遥感技术的特点和研究目的修改完成的，共包括 6 个一级类型和 25 个二级类型，增加了 8 个三级类型，该分类系统还增加了对于动态信息的表示，支持了中国 1∶10 万比例尺土地利用数据库的建设与更新，兼顾了土地利用状况调查和动态监测的双重需要。

表 1　中国科学院土地利用遥感监测分类系统

<table>
<tr><th colspan="2">一级类型</th><th colspan="2">二级类型</th><th colspan="2">三级类型</th><th rowspan="2">含义</th></tr>
<tr><th>编码</th><th>名称</th><th>编码</th><th>名称</th><th>编码</th><th>名称</th></tr>
<tr><td rowspan="13">1</td><td rowspan="13">耕地</td><td colspan="5">指种植农作物的土地，包括熟耕地、新开荒地、休闲地、轮歇地、草田轮作地；以种植农作物为主的农果、农桑、农林用地；耕种三年以上的滩地和海涂</td></tr>
<tr><td rowspan="5">11</td><td rowspan="5">水田</td><td colspan="3">指有水源保证和灌溉设施，在一般年景能正常灌溉，用以种植水稻、莲藕等水生农作物的耕地，包括实行水稻和旱地作物轮种的耕地</td></tr>
<tr><td>111</td><td>山区水田</td><td>分布在山区的水田</td></tr>
<tr><td>112</td><td>丘陵水田</td><td>分布在丘陵地区的水田</td></tr>
<tr><td>113</td><td>平原水田</td><td>分布在平原的水田，包括短边宽度大于等于 500 米的河谷平原上的水田</td></tr>
<tr><td>114</td><td>>25° 水田</td><td>地形坡度大于 25° 的水田</td></tr>
<tr><td rowspan="5">12</td><td rowspan="5">旱地</td><td colspan="3">指无灌溉水源及设施，靠天然降水生长作物的耕地；有水源和灌溉设施，在一般年景下能正常灌溉的旱作物耕地；以种菜为主的耕地；正常轮作的休闲地和轮闲地</td></tr>
<tr><td>121</td><td>山区旱地</td><td>分布在山区的旱地</td></tr>
<tr><td>122</td><td>丘陵旱地</td><td>分布在丘陵地区的旱地</td></tr>
<tr><td>123</td><td>平原旱地</td><td>分布在平原的旱地</td></tr>
<tr><td>124</td><td>>25° 旱地</td><td>地形坡度大于 25° 的旱地，包括短边宽度大于等于 500 米的河谷平原的旱地</td></tr>
<tr><td rowspan="5">2</td><td rowspan="5">林地</td><td colspan="5">指生长乔木、灌木、竹类以及沿海红树林地等林业用地</td></tr>
<tr><td>21</td><td>有林地</td><td colspan="3">指郁闭度≥ 30% 的天然林和人工林，包括用材林、经济林、防护林等成片林地</td></tr>
<tr><td>22</td><td>灌木林地</td><td colspan="3">指郁闭度≥ 40%、高度在 2 米以下的矮林地和灌丛林地</td></tr>
<tr><td>23</td><td>疏林地</td><td colspan="3">指郁闭度为 10%~30% 的稀疏林地</td></tr>
<tr><td>24</td><td>其他林地</td><td colspan="3">指未成林造林地、迹地、苗圃及各类园地（果园、桑园、茶园、热作林园等）</td></tr>
<tr><td rowspan="4">3</td><td rowspan="4">草地</td><td colspan="5">指以生长草本植物为主，覆盖度在 5% 以上的各类草地，包括以牧为主的灌丛草地和郁闭度在 10% 以下的疏林草地</td></tr>
<tr><td>31</td><td>高覆盖度草地</td><td colspan="3">指覆盖度在 50% 以上的天然草地、改良草地和割草地。此类草地一般水分条件较好，草被生长茂密</td></tr>
<tr><td>32</td><td>中覆盖度草地</td><td colspan="3">指覆盖度在 20%~50% 的天然草地、改良草地。此类草地一般水分不足，草被较稀疏</td></tr>
<tr><td>33</td><td>低覆盖度草地</td><td colspan="3">指覆盖度在 5%~20% 的天然草地。此类草地水分缺乏，草被稀疏，牧业利用条件差</td></tr>
<tr><td rowspan="7">4</td><td rowspan="7">水域</td><td colspan="5">指天然陆地水域和水利设施用地</td></tr>
<tr><td>41</td><td>河渠</td><td colspan="3">指天然形成或人工开挖的河流及主干渠常年水位以下的土地。人工渠包括堤岸</td></tr>
<tr><td>42</td><td>湖泊</td><td colspan="3">指天然形成的积水区常年水位以下的土地</td></tr>
<tr><td>43</td><td>水库坑塘</td><td colspan="3">指人工修建的蓄水区常年水位以下的土地</td></tr>
<tr><td>44</td><td>冰川与永久积雪</td><td colspan="3">指常年被冰川和积雪所覆盖的土地</td></tr>
<tr><td>45</td><td>海涂</td><td colspan="3">指沿海大潮高潮位与低潮位之间的潮浸地带</td></tr>
<tr><td>46</td><td>滩地</td><td colspan="3">指河、湖水域平水期水位与洪水期水位之间的土地</td></tr>
</table>

续表

一级类型		二级类型		三级类型		含义
编码	名称	编码	名称	编码	名称	
5	城乡工矿居民用地					指城乡居民点及其以外的工矿、交通用地
		51	城镇用地			指大城市、中等城市、小城市及县镇以上的建成区用地
		52	农村居民点用地			指镇以下的居民点用地
		53	工交建设用地			指独立于各级居民点以外的厂矿、大型工业区、油田、盐场、采石场等用地，以及交通道路、机场、码头及特殊用地
6	未利用土地					目前还未利用的土地，包括难利用的土地
		61	沙地			指地表为沙覆盖、植被覆盖度在 5% 以下的土地，包括沙漠，不包括水系中的沙滩
		62	戈壁			指地表以碎砾石为主、植被覆盖度在 5% 以下的土地
		63	盐碱地			指地表盐碱聚集，植被稀少，只能生长强耐盐碱植物的土地
		64	沼泽地			指地势平坦低洼、排水不畅、长期潮湿、季节性积水或常年积水，表层生长湿生植物的土地
		65	裸土地			指地表土质覆盖、植被覆盖度在 5% 以下的土地
		66	裸岩石砾地			指地表为岩石或石砾、其覆盖面积大于 50% 的土地
		67	其他未利用土地			指其他未利用土地，包括高寒荒漠、苔原等

土地利用动态是随着利用方式转变导致的类型改变，并进而影响分布和数量。因而，动态信息表示主要包括属性和面积两个方面的内容。连续的、周期性的动态监测中，还包括变化的时间等。属性、位置、形状和时间共同构成动态信息的核心属性。

土地利用动态信息提取与制图中，采用 6 位数字编码标注动态的类型属性，前 3 位码代表原类型，后 3 位码代表现类型。这种属性编码可以清楚地表明变化区域原来以及现在的属性或土地利用方式（见图 1），以具有属性编码的图斑表示位置和分布。

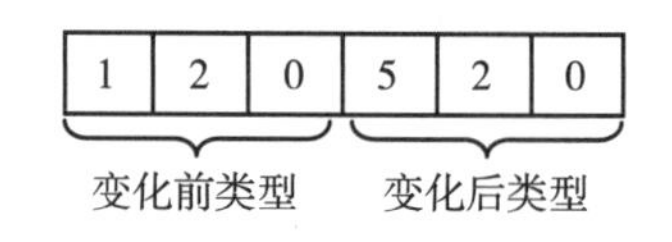

图 1　土地利用动态信息的编码表示

1.1　2010年中国土地利用状况

中国 2010 年土地利用遥感监测土地面积为 9504498.86 平方千米，包括耕地、林地、草地、水域、城乡工矿居民用地、未利用土地等 6 个一级类型和 25 个二级类型（见图 2），也包括从耕地中扣除的其他零星地物等非耕地成分，面积 360754.06 平方千米，以及海陆交互带变动的面积。土地利用类型构成中，草地比例最大，占 30.97%；林地和未利用土地次之，分别占 24.83% 和 23.25%；耕地比例较小，占 15.57%；水域和城乡工矿居民用地比例最小，分别只有 2.88% 和 2.49%。未经人工转类的自然地表覆盖为主的土地利用类型仍然是我国土地资源的主体，占国土面积的近八成。

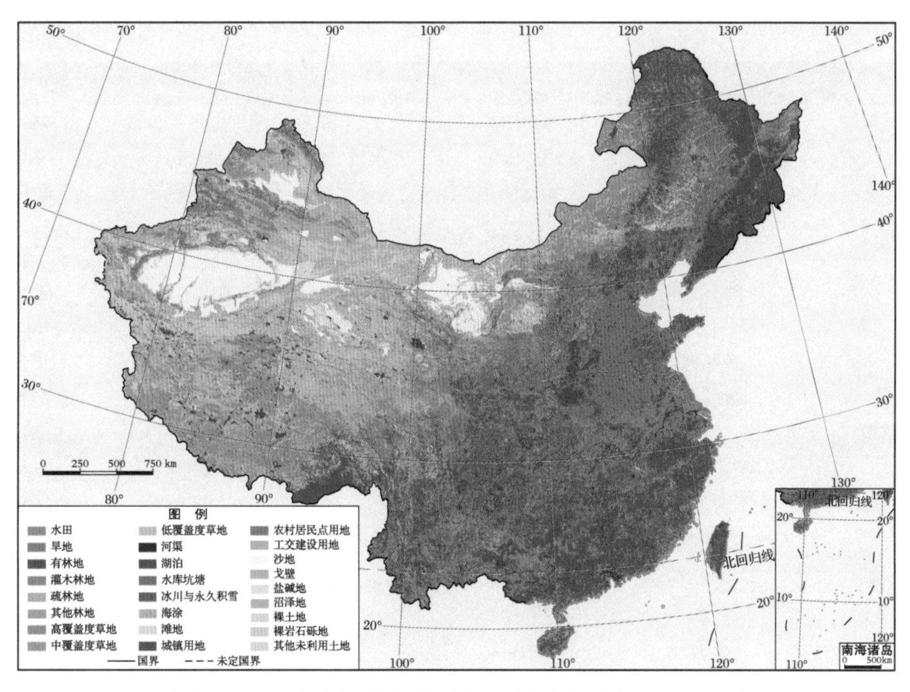

图 2　2010 年中国土地利用状况（原图比例尺 1∶10 万）

1.1.1　耕地状况

耕地是提供人口承载力最主要的土地利用类型，其空间分布广泛，在每一个省域都有分布。除青海省和西藏自治区耕地数量少、分布稀疏外，其他各省域都有相对集中的分布。东北平原、华北平原、长江中下游平原、黄土高原、四川盆地等，是我国耕地分布最集中的区域，不但耕地数量大，而且分布集中。新疆维吾尔自治区的天山山脉北麓和塔里木盆地北、西、南三面外围区域是绿洲耕地分布集中的地带。云贵高原以东、长江中下游以南的广大区域和海南、台湾等，虽然有一定数量的耕地面积，但分布较为分散，地块也较破碎。

耕地包括水田和旱地等2个二级类型。就整体而言，全国旱地面积较大，水田面积较小（见表2），旱地占耕地总面积的75.42%，水田占耕地总面积的24.58%。就空间分布而言，华北平原、东北平原、黄土高原是我国旱地分布最集中的区域，包括河北省、河南省、山西省、山东省、辽宁省、吉林省、黑龙江省、陕西省等；长江中下游平原和四川盆地是水田分布最集中的区域，南方其他各省、华北平原北部、东北平原、河套地区、渭河谷地、云贵高原、台湾、海南等地水田分布相对分散。

表2 2010年中国土地利用分类面积（不包括耕地中的非耕地面积）

单位：平方千米

一级类型	二级类型	面积	一级类型	二级类型	面积
耕地		1424014.93	水域	冰川与永久积雪	46686.14
	水田	350014.49		海涂	5090.56
	旱地	1074000.44		滩地	49160.50
林地		2270547.32	城乡工矿居民用地		227713.50
	有林地	1456927.07		城镇用地	60283.44
	灌木林地	454165.25		农村居民点用地	136864.90
	疏林地	303410.62		工交建设用地	30565.16
	其他林地	56044.38	未利用土地		2125672.71
草地		2832255.47		沙地	516979.14
	高覆盖度草地	934583.56		戈壁	594415.55
	中覆盖度草地	1058851.12		盐碱地	116795.22
	低覆盖度草地	838820.78		沼泽地	118747.52
水域		263540.86		裸土地	33742.92
	河渠	40460.59		裸岩石砾地	686768.95
	湖泊	76060.12		其他未利用土地	58223.40
	水库坑塘	46082.96	分类面积合计		9143744.80

1.1.2 林地状况

林地是我国第二大土地利用类型，主要分布区域大致包括自大兴安岭—太行山—秦岭—横断山脉以东、除平原和盆地以外的广大山地和丘陵地带。林地比较集中的地区包括黑龙江省北部和东部、内蒙古自治区东北部、陕西省南部、西藏自治区东南部、长江流域及其以南的省份和台湾、海南等。林地包括有林地、灌木林地、疏林地和其他林地等4个二级类型，有林地面积最大，分布最广，在上述区域均有分布，有林地占林地总面积的64.17%。灌木林地和疏林地面积次之，一般分布区较小，主要在林地分布区和草地分布区的过渡地带，分别占林地的20.00%和13.36%。其他林地面积最小，而且分布更零散，只占林地的2.47%。

我国是世界上人工造林规模最大的国家之一，数十年来重视人工造林。而且，我国拥有辽阔的地域和丰富的气候资源，包括森林在内的自然资源种类多、分布广，尽管一度受到砍伐利用的影响，但是近期内森林资源保护举措空前加强，主要林区的森林植被恢复明显，有林地在林地总面积中的占比稳中有升。

1.1.3 草地状况

草地是各种土地利用类型中面积最大的一类，包括高覆盖度草地、中覆盖度草地和低覆盖度草地等 3 个二级类型。其中，中覆盖度草地面积最大，占草地总面积的 37.38%；其次是高覆盖度草地和低覆盖度草地，面积比例接近，分别为 33.00% 和 29.62%。我国拥有辽阔的温带半干旱半湿润地区，草原、草甸发育面积大；同时，我国的地形表现出三级阶梯的特点，拥有数千米的高度差异，导致自然地理的垂直地带性比较明显，山体中上部和山前地带常常有草原或草甸成带状出现，几大高原上也多有草地形成。我国北方和西部地区的草地面积较为辽阔，而东南部地区草地面积较小，分布也比较零散。内蒙古自治区、新疆维吾尔自治区、西藏自治区和青海省，都是我国草地面积较大的省域。四川省西部、甘肃省中东部、宁夏回族自治区中南部和陕西省西北部也都拥有一定的草地面积。

1.1.4 水域状况

就分布而言，水域是分布最广的类型，在任何一个区域都有不同类型的水域分布，相对集中的水域分布区包括 2 个，一个是长江中下游地区，另一个是青藏高原，都是湖泊众多的区域。

湖泊是水域中面积最大的类型，占水域总面积的 28.86%。我国的主要地貌类型中，平原、高原、盆地占有很大的比例，这些区域广布相对低洼的汇水区，常常有湖泊发育，长江中下游平原、青藏高原湖泊分布最多，个体规模相对最大；东北平原、云贵高原、塔里木盆地和准噶尔盆地外围等区域也有众多相对较小的湖泊发育。

河渠面积占水域面积的 15.35%，仍体现出南方河渠密度大于北方的基本特点。我国拥有长江流域、黄河流域、珠江流域、松辽流域、海河流域、淮河流域、太湖流域等 7 大流域，以及西部地区内流区和沿海地带外流区等，水系密布，河流众多；我国东部特别是南方的耕作集中区，也有大量的灌溉沟渠。

水库坑塘占水域总面积的 17.49%，作为人工修筑的地表水体，与人类活动密切相关，其分布与耕地类似，主要集中在耕地内部或耕地上游区域，而且与水田分布的关系更密切一些。

冰川与永久积雪占水域总面积的 17.72%，主要分布在西藏自治区、新疆维吾尔自治区、青海省的高海拔山地上部，比较集中的地带包括喜马拉雅山脉、昆仑山脉、天山山脉等，常形成连片带状分布；云南省西北部、四川省西部等高海拔山地也有冰川与永久积雪分布，但规模小、比较分散。

海涂是分布在海陆交互地带的特定水域类型，面积有限，只占水域总面积的1.93%，其分布也只出现在沿海地带；受海岸带类型不同的影响，海涂并不沿海岸线成连续的带状，而是分段出现的。在山东半岛以北的环渤海沿海和其南的黄海沿岸，由于临近华北平原和长江中下游平原的广大耕作区，具有形成海涂的物质来源，是我国海涂资源相对丰富的区域。规模最大、成带最完整的海涂形成在江苏省黄海沿岸，长度超过 300 千米，最宽近 15 千米；渤海湾黄河三角洲及其附近区域的山东省沿海，也有较大规模的海涂发育，从黄河河口向南延伸超过 180 千米，最宽处超过 11 千米。

滩地是水域中面积第二位的类型，占水域总面积的 18.65%，其分布与河流、湖泊的分布息息相关，一般沿河流两岸或湖泊岸边多有出现，是一种分布较广而分散的类型。受季风气候的影响，我国不同地区、不同季节的降水量、蒸发量、水分平衡量等显著不同，无论湖泊还是河渠，年际变化和季节差异明显，导致其外围区域有规模不等的滩地形成。总体上看，滩地在北方的分布密度和发育规模超过南方，西部地区多于东部。

1.1.5　城乡工矿居民用地状况

城乡工矿居民用地是以建设用地为主的类型，也是人类彻底改变原有自然土地覆盖，建造人工地表的一种土地利用类型，其分布广泛，地域差异明显。城乡工矿居民用地的面积数量及其分布受区域人口分布和社会经济发展水平的影响明显，也与一个地区的自然条件特别是地形特点密切相关。黄淮海平原地区具有较高的社会经济发展水平，特别是拥有广阔的平原地区，集聚了大量的社会经济活动和人口，是我国城乡工矿居民用地分布最集中、数量最多、个体规模最大的区域，其次是东北平原地区，也有较高的密度。南方广大地区，虽然有很高的社会经济发展水平，但丘陵、山地占有很大比重，一定程度上限制了此类用地的发展，除了比较平坦的区域外，建设用地规模较小、分布较分散，珠江三角洲、长江三角洲、四川盆地等是南方地区城乡工矿居民用地最多的区域。西部地区由于人口密度低，城乡工矿居民用地相对较少。

城乡工矿居民用地包括城镇用地、农村居民点用地和工交建设用地等 3 个二级类型，作为农业国家，我国拥有广大的农村和众多的农业人口，农村居民点是我国建设用地中最主要的类型，占 60.11%，分布最广，数量最多，总体面积最大。城镇用地面积次之，占城乡工矿居民用地的 26.47%，京津唐地区、长江三角洲、珠江三角洲地区是城镇用地最集中、规模最大的区域。独立于城镇和农村居民点以外的工交建设用地面积最小，只占 13.42%，分布虽广，但规模一般较小，只在沿海的部分区域分布较多，如渤海湾河北省、天津市和山东省沿岸以及海州湾江苏省沿岸等，有比较大规模的带状分布。

1.1.6 未利用土地状况

未利用土地包括沙地、戈壁、盐碱地、沼泽地、裸土地、裸岩石砾地和其他未利用土地等 7 个二级类型。新疆维吾尔自治区、青海省、内蒙古自治区、西藏自治区等是我国未利用土地分布最集中、面积最大的区域，主要包括这些区域的高海拔地带和干旱区。其他省域也有数量不等的未利用土地出现，但一般面积较小，分布零星。

沙地占未利用土地的 24.32%，集中在新疆维吾尔自治区和青海省西部、内蒙古自治区西部，包括了塔里木盆地、准噶尔盆地、柴达木盆地中辽阔的沙漠和沙地，也包括鄂尔多斯高原、内蒙古高原上的沙漠和沙地。

戈壁占未利用土地的 27.96%，其分布与沙地类似，也集中在上述省域，但主要分布部位在沙地外围或盆地向周边山地的过渡地带，新疆维吾尔自治区北部到内蒙古自治区西部和甘肃省西部的广大区域戈壁面积最大。

盐碱地占未利用土地的 5.49%。受气候干旱和地势低洼等条件的限制，盐碱地在新疆维吾尔自治区、内蒙古自治区、西藏自治区、青海省和甘肃省等境内均有较多和较广泛的发育，特别是这些区域的湖泊外围或古湖盆低洼，常常有大片的盐碱地形成；黑龙江省西南部和吉林省西部也有比较集中的盐碱地出现。

沼泽地占未利用土地的 5.59%。沼泽是一种隐域性植被生长的泥淖区，以低洼潮湿或经常积水、生长湿生植物为主要特征的沼泽地分布广泛，广大山地、丘陵、高原的山间低洼地带、河流两侧或湖泊外围，多有沼泽地形成。黑龙江省和内蒙古自治区东部是我国沼泽地分布最多的区域，其次是青海省、西藏自治区和新疆维吾尔自治区，其他省域相对较少。

裸土地是未利用土地中面积最小的一类，仅占 1.59%，主要分布在新疆维吾尔自治区、青海省、甘肃省和内蒙古自治区西部的局部区域，其他地区少有出现。

裸岩石砾地分布较广，占未利用土地的 32.31%，在高大山地的上部、西部干旱地带等，常有比较大面积的裸岩石砾地分布，往往在山地顶部形成带状区域，而且多是自然植被和山顶冰川与永久积雪间的过渡类型。从内蒙古自治区西部到四川省西部和云南省西北一隅是我国裸岩石砾地面积较大、分布集中地区的东部界线，该线以东地区裸岩石砾地有分布，但多是零星出现。

我国西部地区未利用土地面积大，其构成以裸岩石砾地为主，戈壁和沙地次之，裸土地面积比例最小，这体现了我国西部的地形和气候特点。在干旱少雨、蒸发强烈的西北地区，以及气候高寒、土层瘠薄的青藏高原，裸岩石砾地、沙地、戈壁等分布广、面积大，土地资源难以开发利用。

1.2 20世纪80年代末至2010年中国土地利用变化

自20世纪80年代末以来，中国土地利用的一级类型构成与分布格局变化不明显，依然保持着土地类型受自然属性影响为主的特点；同时，局部区域的部分类型受人类活动的影响较为深刻，地域分异明显。2010年我国土地利用率为76.63%，垦殖率14.98%，林地覆盖率23.89%，其中有林地覆盖率15.33%，较20世纪80年代末土地利用率有所提高。垦殖率在2000年以前有所提高，此后出现降低。

该时段内，全国范围的土地利用活动对中国土地利用整体特点的影响主要体现在分类面积的改变。其中，耕地和城乡工矿居民用地占土地利用类型变化总面积的近五分之一，占陆地国土面积的比例提高了0.77个百分点。受其影响，我国耕地分布重心向北和西北有所迁移，城乡工矿居民用地的重心则更加侧重于东部地区。总体来说，中国土地利用的基本格局相对稳定，局部区域变化明显，依然保持着耕地和城乡工矿居民用地集中在东部，草地和未利用土地广布于西部，林地在中部区域分布较多，水域分布东南多、西北少的分布格局（见图3）。

20世纪80年代末至2010年的土地利用动态反映了改革开放以来的中国土地资源利用变化。遥感监测的20余年间，我国土地有266193.86平方千米改变了一级利用属性，占遥感监测土地总面积的2.80%，这些变化广泛出现在全国范围，东部区域和北方相对集中（见图4）。土地利用任何一个类型的属性改变必然导致另外类型的变化，同一时期的每一个土地类型都会有新增和减少两个变化过程，在土地利用属性上表现出双倍于面积变化的影响（见表3）。耕地和草地是土地利用总变化中比例最高的两类，合计占半数以上；未利用土地和水域是面积变化比例最低的两类，合计不足六分之一。同时，由于海涂的发育与人工填海造陆活动的加剧，陆地面积增加了1890.30平方千米，相当于遥感监测土地总面积增加了0.02%。但中国土地利用变化表现出明显的时空差异，“南减北增，总量基本持平，新增耕地的重心逐步由东北向西北移动”是耕地变化的基本特征，耕地开垦重心由东北地区和内蒙古东部转向西北绿洲农业区，东北地区旱地和水田转换频繁，内蒙古自治区南部、黄土高原和西南山地退耕还林还草效果初显；城乡工矿居民用地的扩展速度加快且由集中于东部的状况表现出向中西部蔓延的态势，黄淮海地区、东南部沿海

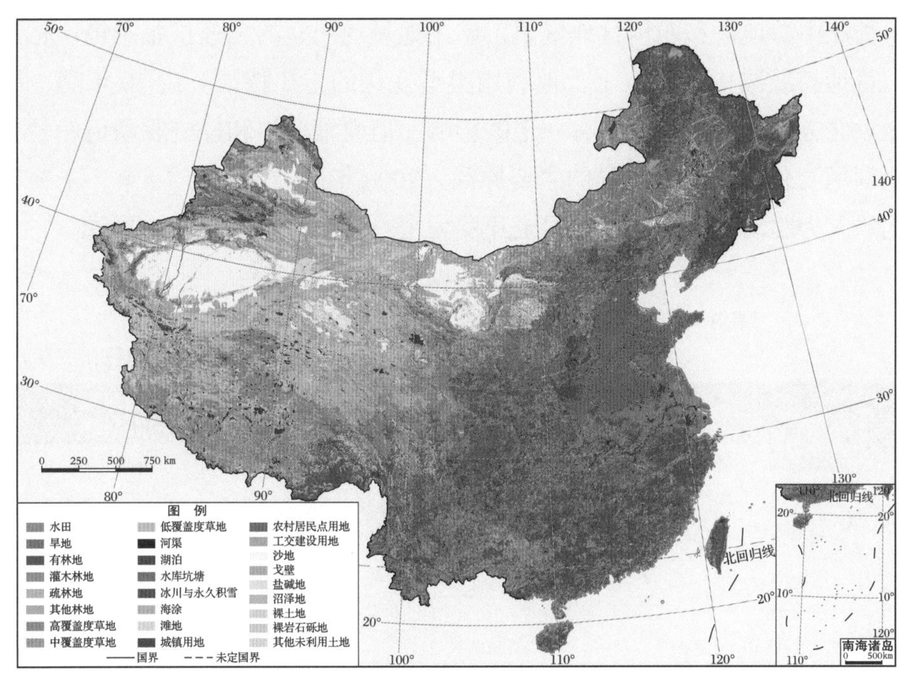

图 3　20 世纪 80 年代末中国土地利用状况（原图比例尺 1∶10 万）

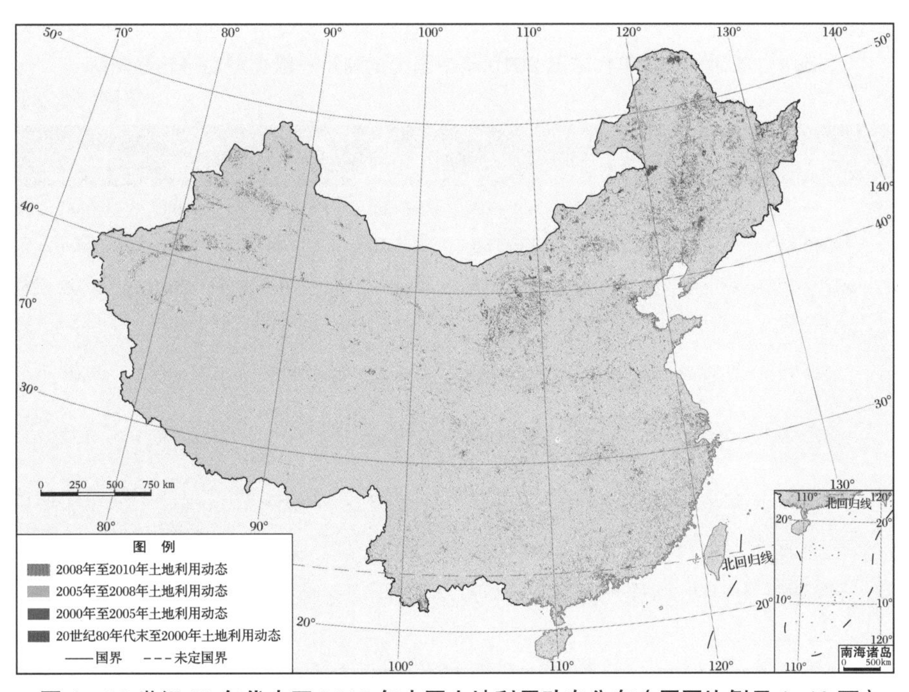

图 4　20 世纪 80 年代末至 2010 年中国土地利用动态分布（原图比例尺 1∶10 万）

地区、长江中游地区和四川盆地城镇工矿用地呈现明显的加速扩张态势；林地先减后增、草地持续减少是非人工土地利用类型变化的主要特征。近20年间，尽管气候变化对北方地区的耕地变化有一定的影响，但政策调控和经济驱动仍然是导致我国土地利用变化及其时空差异的主要原因。2000年后的第一个10年，土地利用格局变化的人为驱动因素已由单向国土开发为主，转变为开发与保护并重[①]。

表3　20世纪80年代末至2010年中国土地利用面积变化

单位：平方千米

	耕地	林地	草地	水域	城乡工矿居民用地	未利用土地	耕地内非耕地	海域
新增	79832.04	31839.07	41984.59	19536.10	55586.93	22893.68	14277.26	244.19
减少	61643.56	40363.95	95233.57	14567.24	394.67	34438.82	17417.54	2134.49
净变化	18188.48	–8524.88	–53248.98	4968.86	55192.26	–11545.14	–3140.28	–1890.30

1.2.1　耕地变化

耕地是中国土地利用变化最主要的类型，包括面积增加79832.04平方千米、减少61643.56平方千米，耕地变化总面积达141475.60平方千米，占土地利用变化总面积的26.57%，在同时考虑耕地地块中非耕地地物成分的情况下，该比例更达32.52%（见表4）。

表4　20世纪80年代末至2010年中国土地利用一级类型动态转移矩阵

单位：平方千米

	耕地	林地	草地	水域	城乡工矿居民用地	未利用土地	耕地内非耕地	海域	合计
耕地	—	9166.01	12115.25	6554.01	31844.63	1963.66	0.00	0.00	61643.56
林地	18540.15	—	12298.79	1192.84	5111.10	534.44	2686.59	0.05	40363.95
草地	45793.39	19352.31	—	3051.12	3081.70	15435.10	8519.95	0.00	95233.57
水域	3902.82	437.11	2258.05	—	2135.41	4580.64	1009.40	243.82	14567.24
城乡工矿居民用地	121.95	52.29	55.39	128.95	—	4.49	31.60	0.01	394.67
未利用土地	11472.79	760.98	12792.72	5183.29	2199.01	—	2029.73	0.32	34438.82
耕地内非耕地	0.00	2066.60	2463.24	2039.31	10482.03	366.37	—	0.00	17417.54
海域	0.94	3.77	1.17	1386.59	733.03	8.99	0.00	—	2134.49
合计	79832.04	31839.07	41984.59	19536.10	55586.93	22893.68	14277.26	244.19	266193.86

① 刘纪远等：《20世纪80年代末以来中国土地利用变化的基本特征与空间格局》，《地理学报》2014年第1期，第3~14页。

20 世纪 80 年代末以来，新增耕地面积 79832.04 平方千米，占耕地总变化的 56.43%，超过同期被占用的耕地面积，导致耕地面积净增加 18188.48 平方千米，相当于 20 世纪 80 年代末期耕地面积的 1.29%（见图 5）。2000 年以前，中国耕地虽然已开始越来越多地被占用，原有耕地减少了 1.75%，但新增耕地的形成，使得耕地总面积表现为增加态势；此后，中国耕地总面积出现了持续性的减少，20 世纪 80 年代末的耕地减少了 4.38%，由于新增耕地的出现，耕地总面积依然大于监测初期。新增耕地缓解了中国耕地总面积减少的速度，但由于新增耕地的土壤熟化程度、单位面积生产能力均不及传统耕作区的优质耕地，耕地质量有所下降。而且，新增耕地在 2000 年以前更多出现在东北地区，2000 年后主要集中出现在西北地区，特别是新疆维吾尔自治区，这对于西北干旱区的水资源可持续利用有直接影响。

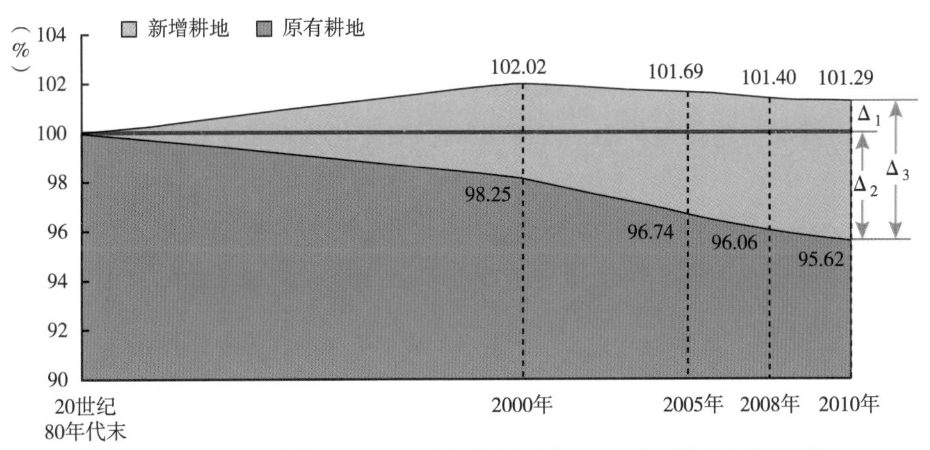

图 5　20 世纪 80 年代末至 2010 年中国耕地面积变化

总体而言，在中国土地利用变化中，耕地变化最显著。2000 年以前耕地面积的增加，使得 2000 年成为中国耕地面积最大的时期，总面积 1434175.37 平方千米。此后开始减少，但 2010 年的耕地面积依然超过 20 世纪 80 年代末的耕地面积，城乡工矿居民用地的不断扩展是耕地减少的主要原因。得益于国家对建设用地发展的限制和对基本农田的有力保护，耕地减少速度得到了明显的遏制。耕地变化的区域差异导致耕地中的水田比例有所降低，由 20 世纪 80 年代末的 25.73% 下降到 2010 年的 24.58%。

由于新增耕地主要出现在北方地区，主要是旱作和灌溉农业方式，全国新增旱地占新增耕地的 91.36%，新增水田仅占 8.84%。新增耕地主要是开垦草地的结果，占57.36%；其次是开垦林地和未利用土地，分别占23.22%和14.37%。减少的61643.56平方千米耕地面积中，旱地占69.55%，水田占30.45%。耕地减少的面积中，城乡工矿居民用地扩展对耕地的占用是主要原因，占51.66%；其次是转变为草地（19.65%）和林地（14.87%），一定程度上体现了退耕还林（草）的效果。耕地与林地间的变化具有双向性，但由于相互转换面积接近，对耕地和林地总面积的影响微弱；与草地之间虽然也有相互作用，但以开垦草地为主要方向，导致草地面积减少；耕地与城乡工矿居民用地间的变化明显具有单向性，城乡工矿居民用地面积增加是主要特点。

1.2.2 林地变化

2010年林地面积是20世纪80年代末期的99.63%。20世纪80年代末以来，林地增加和减少的合计面积为72203.02平方千米，占土地利用变化总面积的13.56%。

其中，林地面积新增加的31839.07平方千米中60.78%源自草地，其次是耕地，占28.79%；同期减少的林地面积40363.95平方千米，其中转变为耕地的面积最大，占45.93%，其次是转变为草地，占30.47%，被转化为城乡工矿居民用地的面积占12.66%。

中国土地利用变化对林地的总体影响是导致林地面积略有减少，这一过程主要出现在2000年以前。此后，林地面积变化虽有波动，但整体趋势表现为林地恢复和林地面积的增加。

1.2.3 草地变化

2010年草地面积是20世纪80年代末期的98.15%。包括面积增加和减少的草地变化总面积为137218.16平方千米，占土地利用变化总面积的25.77%，略弱于耕地变化。

监测期间，草地面积新增加41984.59平方千米，30.47%来源于未利用土地，29.29%来源于林地，28.86%来源于耕地。同期减少的95233.57平方千米草地中，48.09%被开垦为耕地，20.32%转变为林地，16.21%成为未利用土地。虽然有较多的草地源自退耕，但也有大量的草地被新垦为耕地。草地与未利用土地间存在较多的相互转变，明显不同于其他类型的土地。由于草地分布区域多为干旱半干旱的北方和西部地区，存在诸多类型的未利用土地，随着多年来的环境条件变化，沙地、盐碱地、沼泽地等都会出现与草地的相互转变。

20世纪80年代末以来的草地面积变化主要趋势是减少，草地是面积减少比例最显著的一个类型。

1.2.4 水域变化

2010 年水域面积是 20 世纪 80 年代末期的 101.92%。面积增加和减少的水域变化总面积为 34103.34 平方千米，占土地利用变化总面积的 6.41%，仅略多于变化最小的未利用土地的面积变化。

水域新增面积 19536.10 平方千米，耕地转变为水域的面积最多，占 33.55%，其次是未利用土地转变为水域，占 26.53%，草地转变为水域的面积占 15.62%。在减少的水域面积中，成为未利用土地的面积最大，占 31.45%；其次是转变为耕地的面积，占 26.79%；成为草地和城乡工矿居民用地的面积也较大，分别占 15.50% 和 14.66%。

水域是土地利用中变化最明显的一类土地，但这种变化的相当部分表现在年内的季节差异上，加之水域面积在土地总面积中只占很小的比例，水域变化并不是土地利用动态的主要内容。水域与其他地类间的变化更多体现在类型多，数量并不大。

1.2.5 城乡工矿居民用地变化

2010 年城乡工矿居民用地面积较 20 世纪 80 年代末增加了 31.99%，是增加幅度最大的土地利用类型。增加和减少的城乡工矿居民用地变化总面积为 55981.6 平方千米，占同期土地利用变化总面积的 10.52%。该比例虽显著低于耕地、草地和林地，但考虑到城乡工矿居民用地仅占遥感监测土地总面积的 2.49%，这一变化显得非常突出。

增加的 55586.93 平方千米城乡工矿居民用地有 57.29% 是占用耕地，显著高于其他任何一个地类。在计算耕地中的非耕地情况下，该比例更达 76.15%。城乡工矿居民用地扩展的第二大土地来源是林地，但仅有 9.20%，只相当于耕地的六分之一左右。城乡工矿居民用地很少出现向其他地类的转变，合计面积仅 394.67 平方千米，不及增加面积的百分之一。其中，转变为水域和耕地的面积最大，分别占 32.67% 和 30.90%；其次是转变为草地和林地，分别占 14.04% 和 13.25%。

自 20 世纪 80 年代末以来的发展过程中，城乡工矿居民用地持续性扩展是主要趋势（见图 6），年均扩展面积逐步增大，面积累计增加了三成以上，超过半数的土地来源是耕地。2010 年城镇用地面积是 20 世纪 80 年代末的 1.76 倍，农村居民点是原来的 1.10 倍。其中，农村居民点个体规模小，但数量众多，整体规模不断扩大，已成为和城镇发展同样重要的影响我国土地利用格局的因素。同期，城镇用地发展更快，个体扩展速度更高，但其数量远远少于农村居民点，对土地利用的整

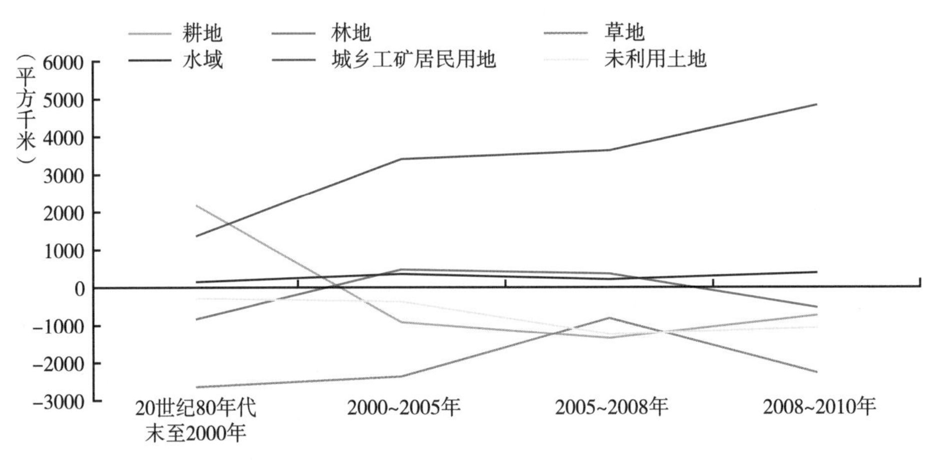

图 6　20 世纪 80 年代末至 2010 年中国土地利用一级类型年均净变化面积

体影响及其用地面积比例均不及农村居民点。在基本农田保护和永久基本农田划定中，合理规划农村居民点和城镇用地的发展同等重要。

1.2.6　未利用土地变化

2010 年未利用土地面积是 20 世纪 80 年代末期的 99.46%，未利用土地的减少导致中国土地利用率整体上略有提高。包括面积增加和减少的未利用土地变化总面积为 57332.5 平方千米，占土地利用变化总面积的 5.95%，比例最小。

未利用土地新增面积 22893.68 平方千米，67.42% 来源于草地，20.01% 来源于水域。同期减少面积 34438.82 平方千米，有 37.15% 成为草地、15.05% 成为水域，未利用土地减少面积的 33.31% 成为耕地。

20 世纪 80 年代末以来，未利用土地也逐步受到社会经济发展的直接影响，经济发展和技术进步提高了对土地的适应和利用能力，其数量、分布及其构成开始出现人类活动促进下的改变，部分区域的戈壁、沙地、盐碱地、沼泽地等未利用土地，不同规模地向耕地或城乡工矿居民用地转变，对于稳定耕地总量和提高土地利用率有积极作用。

参考文献

Zhang Zengxiang, Wang Xiao，Zhao Xiaoli etal.“A 2010 Update of National Land Use/Cover Database of China at 1:100000 Scale Using Medium Spatial Resolution Satellite Images”, *Remote Sensing of Environment* 2014, 149.

G.2
2001~2014年中国植被状况

中国在改革开放的近三十多年，经济始终保持快速增长。经济发展的同时，对生态环境的破坏也较为严重，对自然环境和人们的生活环境带来一定程度的影响。但在近十多年，对生态环境、大气环境等的保护逐渐开始制度化、法制化。在2015年4月30日中共中央政治局审议通过的《京津冀协同发展规划纲要》中指出，“京津冀生态环境保护是京津冀协同发展中需要率先取得突破的重点领域”。生态环境保护被列为和交通、产业发展同等重要的地位。生态环境保护已成为我国经济社会发展的重要一环。

植被是地球表面植物群落的总称，是生态环境的重要组成部分。植被的种类、数量和分布是衡量区域生态环境是否安全和适宜人类居住的重要指标。生态环境保护首先是地表植被的保护。因此，对中国现有植被状况及近十年的变化特征分析是开展生态环境保护的基础，具有重要意义。

本报告分析中使用的分析指标及其表征的意义如下。

（1）叶面积指数

叶面积指数（Leaf Area Index，LAI）是描述植被冠层功能的重要参数，也是影响植被光合作用、蒸腾以及陆表能量平衡的重要生物物理参量，定义为单位地表面积上叶子表面积总和的一半。报告中使用北京师范大学生产的2001年至2014年1千米分辨率每8天合成的GLASS LAI产品分析中国植被LAI空间格局及年际变化。报告采用年最大LAI（Max LAI，MLAI）作为评价指标分析植被长势状况，该指标代表一年中LAI的最大值，反映一年中植被生长最旺盛期的植被生长状态。MLAI的取值范围为0~7，其中当MLAI为0时，表示该区域没有植被；当MLAI为7时，表示该区域植被长势达到最高峰。

（2）植被物候

植被物候是研究植被的周期性现象（如发芽、展叶、开花、落叶等）的发生时间及其与环境季节性变化相互关系的科学。本报告分析中使用的植被物候遥感产品是基于遥感数据提取的植被物候信息，通常包括植被生长季始期、生长季末期和生长季长度。其中，生长季始期和末期分别对应植被光合作用开始和结束日期，生长季长度为生长季末期和生长季始期的差值。报告使用中科院遥感与数字地球研究所基于1千米分辨率每8天合成的GLASS LAI时间序列数据生产的2001年至2014年1千米分辨率每年的IPM全球物候产品分析中国植被物候空间格局及年际变化。

（3）植被覆盖度

植被覆盖度（Fractional Vegetation Coverage，FVC）是衡量地表植被状况的一个重要指标，指植被冠层或叶面在地面的垂直投影面积占植被区总面积的比例。报告使用中国科学院遥感与数字地球研究所生产的2014年1千米分辨率每5天合成的MuSyQ FVC产品分析中国植被空间分布状况，使用北京师范大学生产的2001年至2014年1千米分辨率每8天合成的FVC产品分析中国植被年变化率。报告使用年最大FVC（Max FVC，MFVC）作为评价指标用来评价中国植被覆盖情况，MFVC有效值范围为0%~100%，当MFVC为0%时，表示地表像元内没有植被即裸地；当MFVC为100%时，表示地表像元全被植被覆盖。

（4）植被净初级生产力

植被净初级生产力（Net Primary Productivity，NPP）是反映植被固碳能力的指标之一，是评估植被固碳能力和碳收支的重要参数，指绿色植被在单位时间、单位面积上所累积的有机物质量，是由光合作用所生产的有机质总量中扣除自养呼吸后的剩余部分。报告使用中国科学院遥感与数字地球研究所生产的2014年1千米分辨率每5天合成的MuSyQ NPP产品分析中国植被NPP空间分布状况。报告使用年累积NPP（年NPP）作为评价指标，当年NPP为0克碳每平方米时，表示植被不具有固碳能力；年NPP值越高，表明植被固碳能力越强。

（5）森林生物量

森林生物量是指单位面积上森林各器官地上部分的干物质总量，指某一时刻存在于单位面积上活立木的地上部分所含有机物质总量（干重），包括木材、树皮、树枝（含果）、树叶（含花）4个分量。本报告采用全国森林资源清查数据作为训练样本，结合MODIS植被指数（EVI、NDVI）、ALOS PALSAR数据及Landsat VCF数据，基于随机森林和支持向量机回归的联合方法，估算了2015年中国森林生物量，并结合MODIS地表类型产品分析了2015年中国森林生物量的空间分布状况。

（6）森林冠层平均高度

森林植被高度直观反映了森林植被的生长状况。本报告的森林平均高度（Average Forest Canopy Height）是指森林植被冠层的平均高度，所用数据源包括2008年GLAS数据、MODIS BRDF数据、2009年ASTER-GDEM数据和GLC2000土地利用分类数据；通过数据质量控制、地形指数计算、波形特征提取和神经网络融合等数据处理，将GLAS离散光斑点上的高精度森林平均高度拓展到连续面尺度，得到中国范围内的森林平均高度分布，其空间分辨率为 500 米。该数据反映了 2008 年中国森林平均高度的分布状况。

（7）变化率

本报告采用回归分析的方法研究植被生长状况的时空变化特征。该方法根据最小二乘法原理，计算植被特征参量与时间的回归直线，结果是一幅斜率影像。具体计算过程为：对 2001~2014 年遥感产品（包括植被生长季始期、生长季末期、生长季长度、MLAI、MFVC），基于每一个像元，求取 14 年的变化率。

变化率的计算公式如下：

$$K=\frac{n\times\sum_{i=1}^{n} i\times \mathrm{Temp}_i-\left(\sum_{i=1}^{n} i\right)\left(\sum_{i=1}^{n} \mathrm{Temp}_i\right)}{n\times\sum_{i=1}^{n} i^2-\left(\sum_{i=1}^{n} i\right)^2}$$

其中，n 表示年数，本报告中取值为 14，Temp_i 指第 i 年对应像元的植被特征参量，K 为该像元长期的变化趋势。

2.1 2014年中国植被状况

2.1.1 叶面积指数（LAI）

中国 2014 年植被 MLAI 具有明显的空间分布差异（见图 1），呈现由西北向东南地区逐渐增加的趋势，MLAI 中值区（2~4）和低值区（0.5~2）的分界线基本与半干旱和半湿润区的分界线相吻合。年 MLAI 极高值区（大于 6）主要分布在海南、秦巴山地、小兴安岭和长白山等地区，高值区（4~6）主要分布在东南沿海、西双版纳、大兴安岭等区域，中值区（2~4）主要分布在除极高值和高值区外的南部广大地区、华北平原、东北平原和三江平原的农作物区，低值区（0.5~2）则分布在青藏高原东南部、内蒙古高原东部以及天山山脉等，极低值区（小于 0.5）则主要分布于藏北高原区、塔里木盆地、柴达木盆地、吐鲁番盆地和内蒙古高原中西部地区。

对比我国各省份的 2014 年 MLAI 平均值统计数据（见图 2），各省份 MLAI 的空间差异较大。我国 32 个省份 MLAI 平均值分布在 0~4，其中，黑龙江、福建、广西、吉林、贵州、海南、台湾、重庆、云南、湖南、浙江、江西、湖北、广东、安徽、辽宁、陕西和四川 MLAI 分布在 3~4，北京、河南、河北、江苏、山东、山西 MLAI 在 2~3，MLAI 在 1~2 的有天津、上海、内蒙古、甘肃、宁夏，在 0~1 的有青海、西藏和新疆，其中，新疆 MLAI 平均值小于 0.5，反映了该区典型的干旱区植被特征。

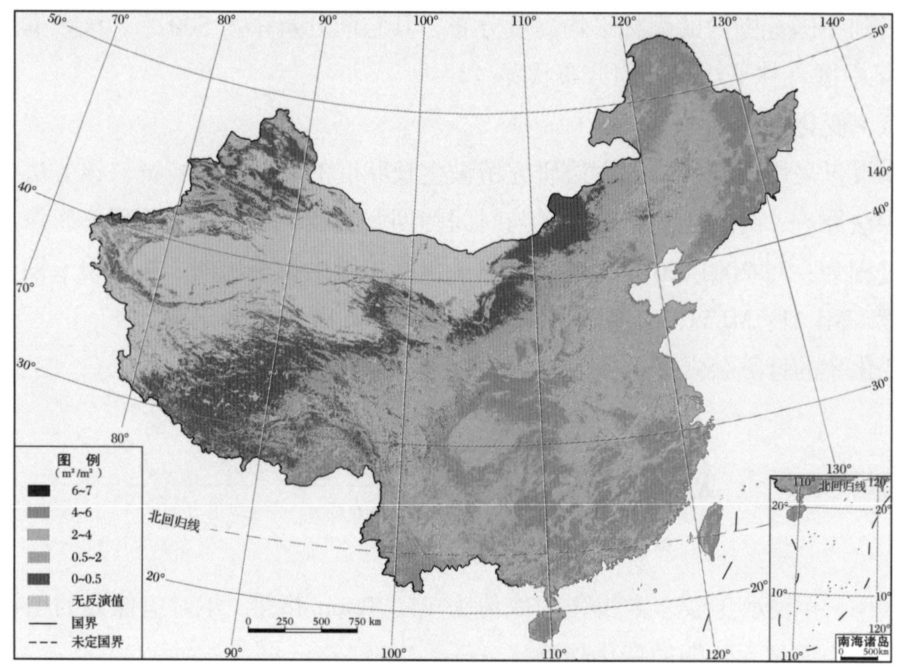

图 1　2014 年中国植被 MLAI 空间分布

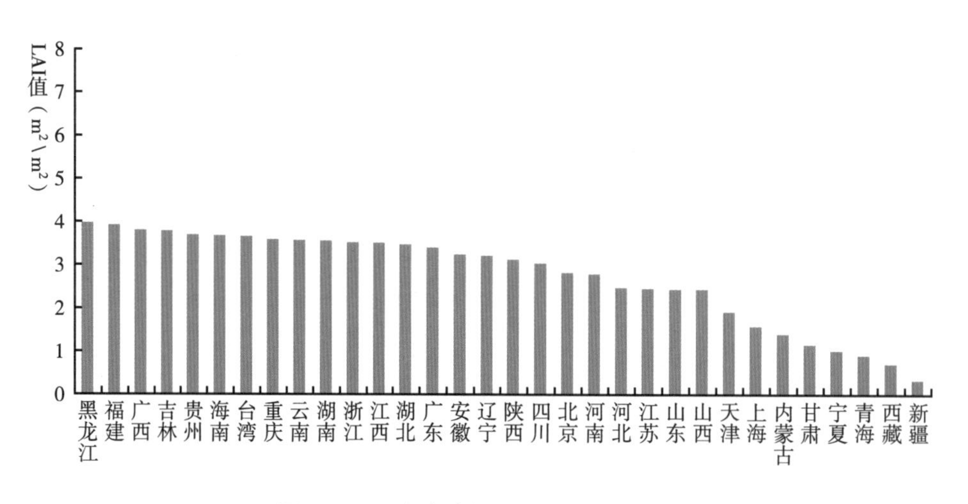

图 2　2014 年各省份平均 MLAI 直方图

2.1.2 植被生长季物候

我国植被多年平均生长季始期整体呈现从北向南、由西向东逐渐提前的空间格局（见图 3）。淮河流域以北的黄淮平原一带以种植冬小麦为主，植被生长季始期开始最早，在 2 月至 3 月上旬。南方地区（华东、华中和华南）及四川盆地植被进入生长季始期的时间比较统一，主要集中在 3 月下旬。在东北地区，以落叶针叶林为主的北部区域及长白山一带的部分区域在 4 月下旬进入生长季始期，大小兴安岭一带在 5 月上旬进入生长季始期，三江平原在 5 月上中旬进入生长季始期，东北平原最晚。新疆的北部（准噶尔盆地、吐鲁番盆地）、四川省西部、云南省及长城沿线以南区域的植被生长季起始期主要在 4 月中下旬，长城沿线以北区域在 5 月上旬进入生长季始期。青藏高原地区植被的生长季始期也从藏北高原到西北逐渐推迟。东部海拔较低的谷地其植被在 4 月中下旬开始进入生长季始期，随着海拔的升高及向西北方向的延伸，植被的生长季始期相对较晚，在 5 月进入生长季始期。

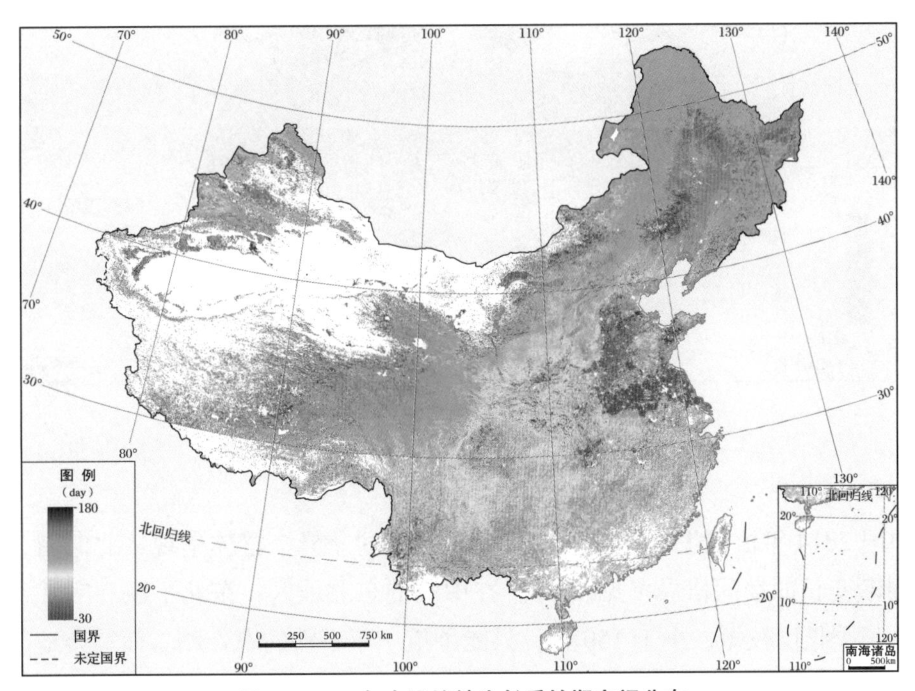

图 3　2014 年中国植被生长季始期空间分布

我国植被多年平均生长季末期整体呈现从北向南、由西向东逐渐推迟的空间格局（见图 4）。在东北地区，大小兴安岭一带的植被在 10 月初及以前就进入生长季末期，为中国最早进入生长季末期的地区。东北地区的其他区域植被在10月中下旬进入生长季末期。在华北地区，长江中下游以北的华北平原地区也在10月中下旬进入生长季的末期，最早进入生长季始期的黄淮平原一带，其植被的生长季末期也较早，大约在10月中旬，夏季农作物主要在这一阶段进行收割。青藏高原地区及新疆的北部地区植被主要在10月进入生长季的末期，且呈现由东南逐渐向西北提前的趋势。长城沿线以南地区的植被在11月上旬进入生长季末期。中国南方植被主要在11月中下旬以及12月进入生长末期。

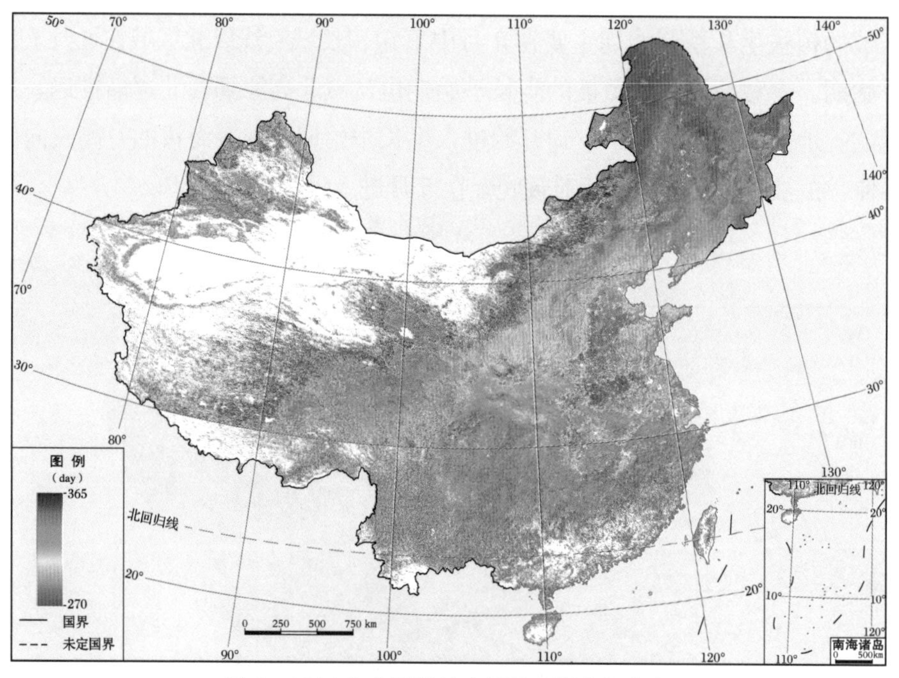

图4　2014年中国植被生长季末期空间分布

中国2014年植被生长季长度具有明显的空间差异，整体呈现从北向南、由西向东逐渐变长的空间格局（见图5）。在中国的东北地区，东北平原和三江平原植被的生长季长度较短，小于150天，只能种植一年一熟的农作物，而其余地区植被的生长季长度在150~180天。沿渤海的华北平原部分区域及山东半岛部分区域植被的生长季长度在165~195天。黄淮平原的农耕区种植冬小麦—夏玉米一年两熟的农作物，其冬小麦返青至夏玉米成熟的整个生长季长度在225~240天。南方地区植被生长季长度大多介于220~280天。南方沿海地区的常绿阔叶林，其生长季长度大于360天。对于青藏高原地区，植被的生长季长度表现出水平气候带和垂直海拔高度带相结合的特征。在南部亚热带地区的植被，其生长季长度最长，大于 230 天。东部海拔较低的谷地植被生长季长度在 160~200 天，随着海拔的升高及向西北方向的延伸，植被的生长季长度也逐渐缩短至 135 天。

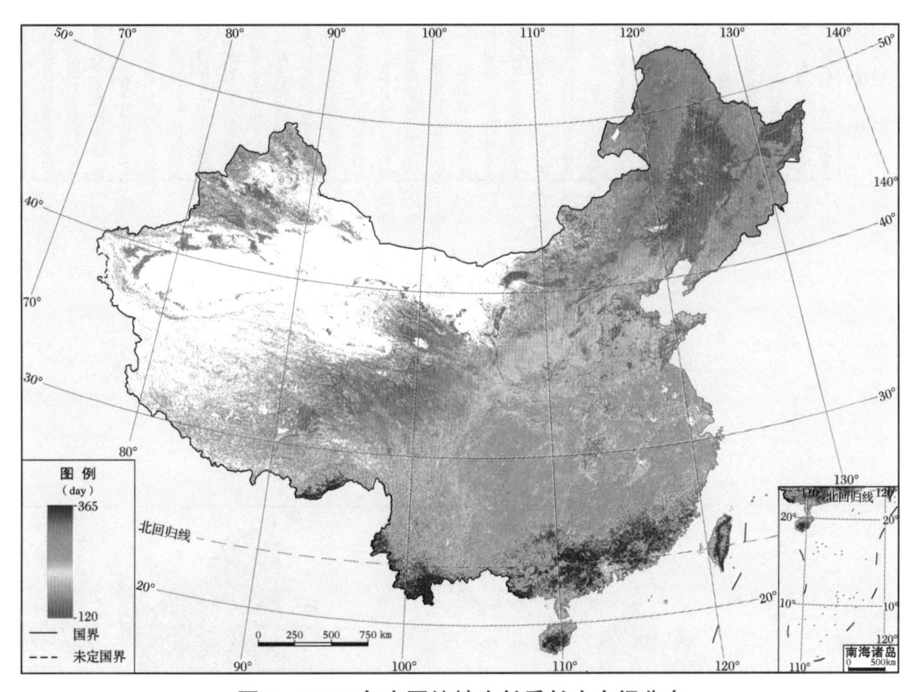

图 5　2014 年中国植被生长季长度空间分布

对比我国各省份的 2014 年平均生长季长度统计数据（见图 6），各省份植被平均生长季长度的空间差异较大，西北部省份和东北部省份的生长季长度最短，如青海、黑龙江、吉林、新疆、内蒙古、宁夏普遍低于 170 天；而位于我国东南部的省份，地理条件适宜植被生长，生长季长度普遍高于 230 天。海南省平均生长季长度最长，约为 311 天，青海省平均生长季长度最短，约为 154 天，南北省份生长季长度差异达 157 天。

2.1.3　植被覆盖度（FVC）

2014 年中国最大植被覆盖度（MFVC）具有明显的空间分布差异（见图 7），呈现由西北向东南地区逐渐增加的趋势，其空间分布格局与地表覆盖变化密切相关。我国东北、华北和华南以森林为主的区域 MFVC 超过 95%，以草地和农田为主的区域 MFVC 接近 85%；新疆西北部和甘肃河西走廊绿洲区 MFVC 介于 65%~85%；青藏高原东南部、甘肃东南部和内蒙古中部地区以草地类型为主，MFVC 介于

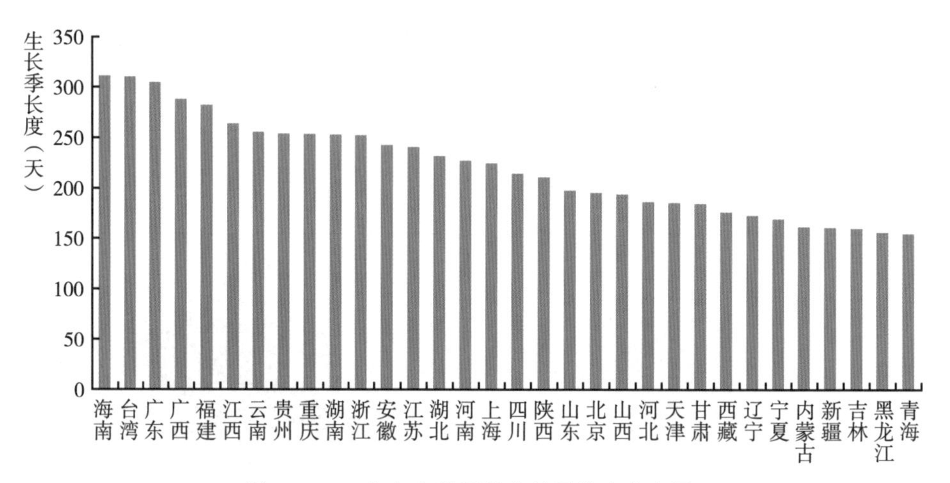

图6　2014 年各省份平均生长季长度直方图

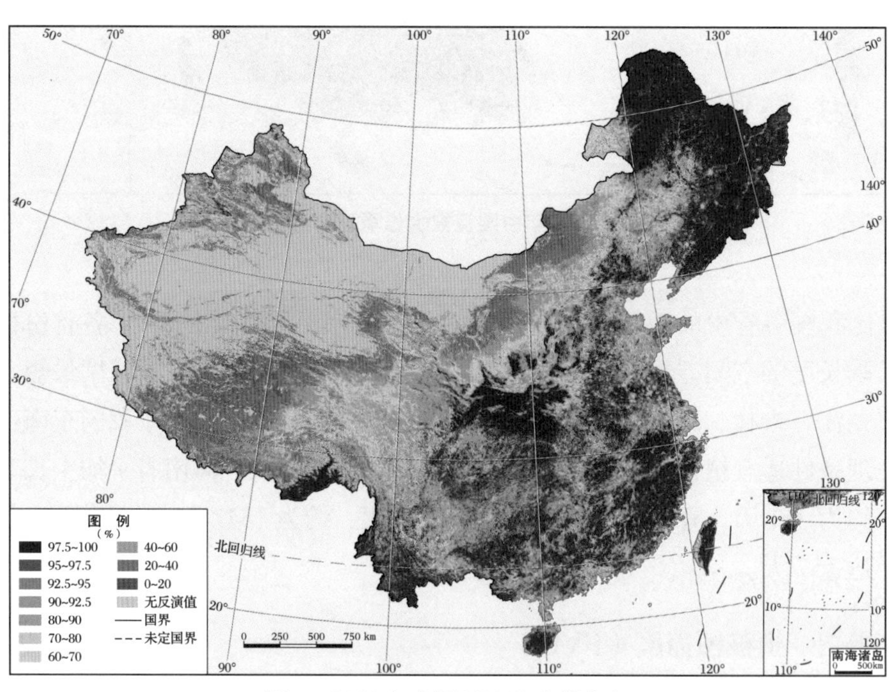

图7　2014 年中国 MFVC 空间分布

30%~50%；青藏高原中部海拔较高地区、内蒙古中西部地区的 MFVC 低于 20%；青藏高原西北部、新疆南部和西部及内蒙古西部的沙漠地区 MFVC 低于 10%。

对比我国各省份的 2014 年 MFVC 统计数据（见图 8 和图 9），各省份 MFVC 的空间差异较大，西北部省份的 MFVC 较低，如内蒙古、宁夏、甘肃、青海、西藏和新疆，普遍低于 60%；而其余位于我国东南部和中部的省份，地理条件适宜植被生长，各省份 MFVC 普遍高于 80%。黑龙江的 MFVC 最高，接近 97%，而新疆的 MFVC 最低，为 28%，MFVC 省份差异达近 70 个百分点。

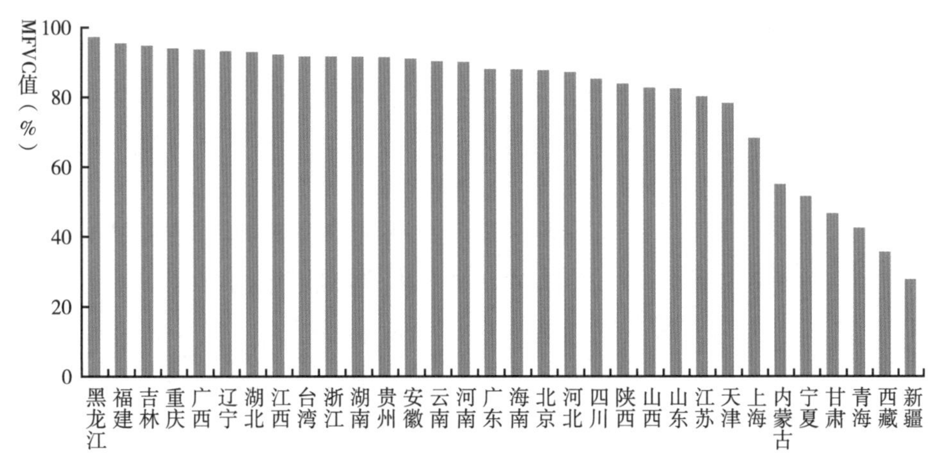

图 8　2014 年各省份 MFVC 直方图

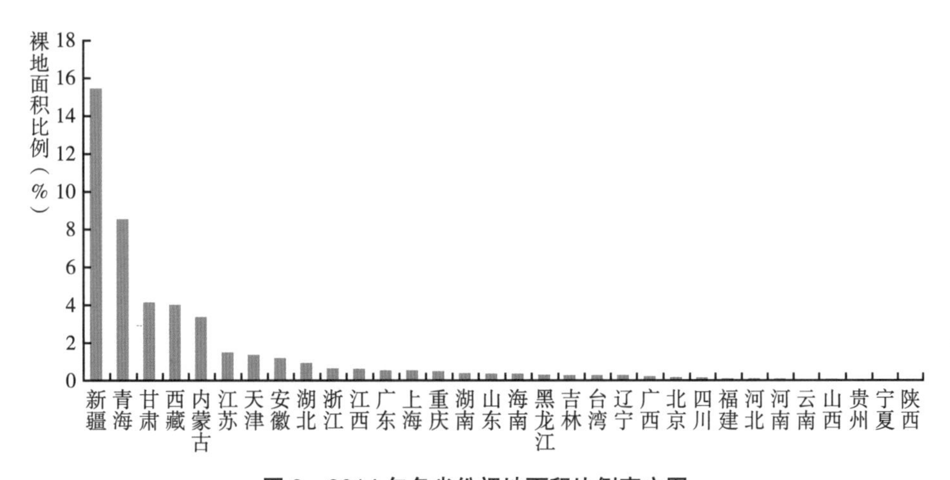

图 9　2014 年各省份裸地面积比例直方图

统计 2014 年各省份裸地面积比例（定义为 MFVC<10%，根据 IGBP 分类规则，裸地划分标准是植被覆盖比例 <10%）。结果表明：西部省份新疆、青海、甘肃、西藏及北部的内蒙古裸地面积比例居前，其中新疆超过 15%，青海超过 8%，甘肃和西藏约为 4%，内蒙古超过 3%，主要是自然灌丛、草地等低矮植被。江苏、天津、安徽裸地面积在 1%~2%，其他省份均低于 1%。一些以平原为主的中东部省份

（如江苏、安徽、湖北等）裸地面积比例相对较高，其主要是人造地表及小型城镇等。人造地表本不参与统计，但由于现有 1 千米分辨率分类图没有识别出来或者新开发的城市用地等原因而使部分人造地表参与统计。

2.1.4 植被净初级生产力（NPP）

2014 年中国植被年 NPP 分布具有明显的空间差异（见图 10），与 MFVC 空间格局相似，都呈现由西北向东南地区逐渐增加的趋势，其 100 克碳每平方米等值线与 400 毫米等降水量线基本一致。在 400 毫米降水量以上，植被类型以森林和农田为主，年 NPP 大于 100 克碳每平方米；在 400 毫米降水量以下，植被类型主要为草地，年 NPP 极低。我国云南南部和海南中部地区，年 NPP 最高，接近 500~610 克碳每平方米；东北平原、华北平原和华南地区的森林类型区域年 NPP 介于 250~400 克碳每平方米，农田等其他类型区域的年 NPP 介于 100~150 克碳每平方米；东北中部、青藏高原东部和南部、甘肃、内蒙古以及新疆北部地区，尤其是以草地分布为主的区域，其年 NPP 低于 100 克碳每平方米；青藏高原西部和北部、新疆南部和西部及内蒙古西部的沙漠地区年 NPP 为 0 克碳每平方米。

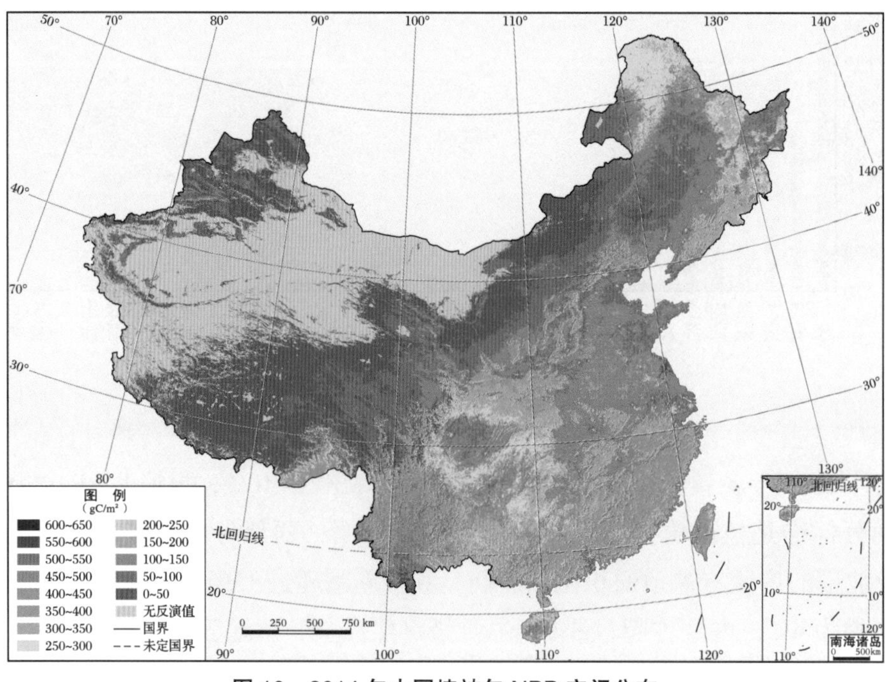

图 10 2014 年中国植被年 NPP 空间分布

对比我国各省份的 2014 年植被年 NPP 统计数据（见图 11），各省份植被年 NPP 空间差异显著。位于东南部的省份云南、福建、海南和台湾的年 NPP 最大，超过 300 克碳每平方米；位于西北部的省份甘肃、宁夏、西藏、青海和新疆的年 NPP 最小，低于 55 克碳每平方米。此外，各省份年 NPP 与省内的植被类型显著相关，云南、福建、海南和台湾属亚热带湿润森林区，区内森林类型较多，森林 NPP 较其他植被类型高；东南沿海省份如山东，是典型的农作物产区，年 NPP 约 100 克碳每平方米；而天津和上海的年 NPP 介于 50~100 克碳每平方米。

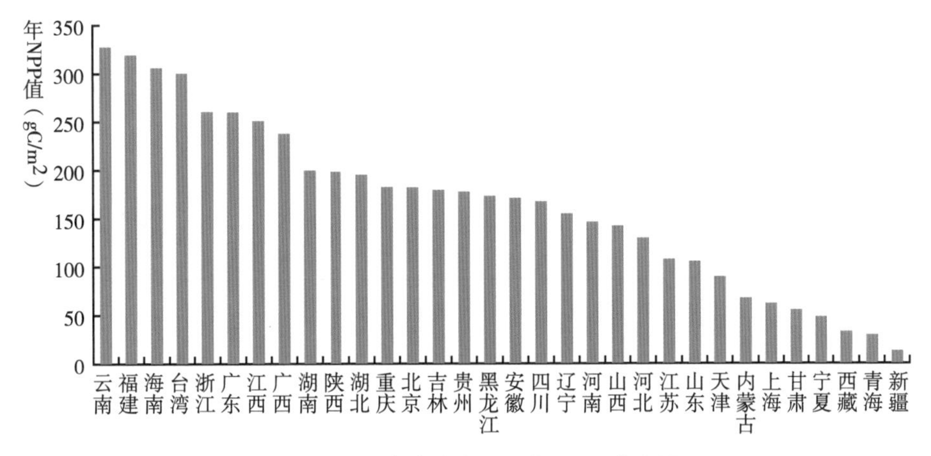

图 11　2014 年各省份平均年 NPP 直方图

2.1.5　森林生物量

2015 年中国森林生物量总量为 191.74 亿吨，主要集中在东北和西南两大区域（见图 12）。结合 MOD12Q1 土地覆盖遥感产品中的森林类型，进行不同森林类型生物量分析。常绿针叶林的总生物量为 5.81 亿吨，占中国森林生物量总量的 3.0%，该林型覆盖面积小且较为零散，主要分布在滇藏及新疆地区。常绿阔叶林总生物量为 26.25 亿吨，占总生物量的 13.7%，主要分布在南方低纬度地区的热带雨林地区，该区域雨量充沛，季节性差异不明显，森林生物量最为庞大。落叶针叶林的总生物量为 3.38 亿吨，占中国森林生物量总量的 1.8%，主要分布在东北地区，包括大小兴安岭及长白山地区。落叶阔叶林的总生物量为 12.11 亿吨，占全国总生物量的 6.3%，主要分布在中国北方温带地区，为该区的主要森林类型。混交林的森林生物量总量为 144.17 亿吨，占中国森林生物量总量的 75.2%。中国地跨多个经纬度，气候类型复杂多样，地形及森林类型较为复杂，混交林分布广泛，在较大的遥感监测尺度下更为明显。

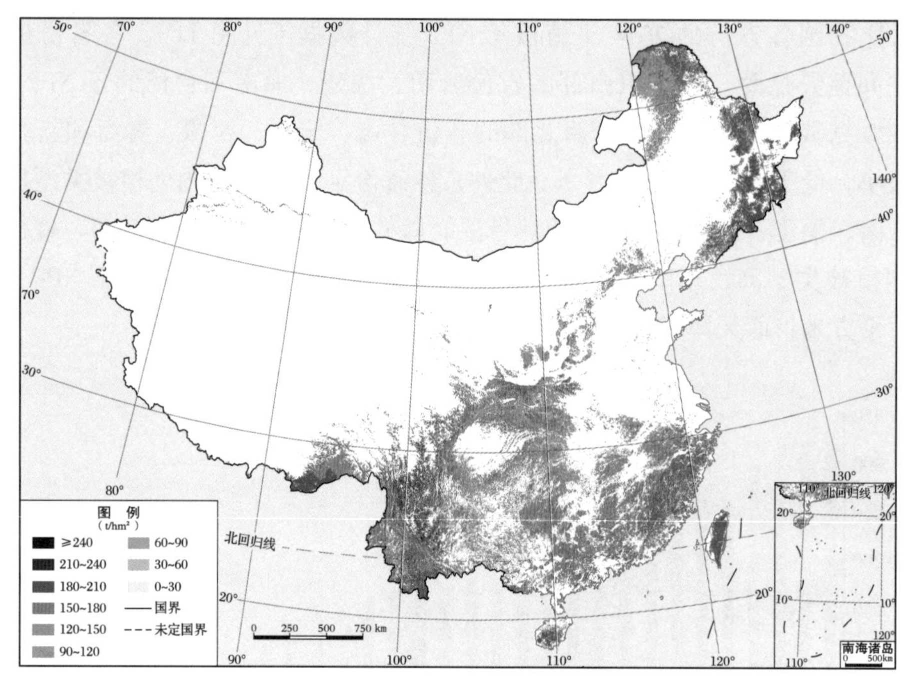

图 12　2015 年中国森林生物量分布

根据图 13 所示的 2015 年各省份森林生物量及图 14 所示的森林生物量占比可以看出，云南、黑龙江、四川、内蒙古、广西等 5 省份森林生物量最大，均占全国的 5% 以上，5 省份总和约占全国总量的 46%。上海、天津、宁夏、青海、江苏、山东、北京、新疆、海南、河南等 10 省份最小，均不到全国的 1%，这 10 个省份合计占全国森林生物量比重不足 3%。

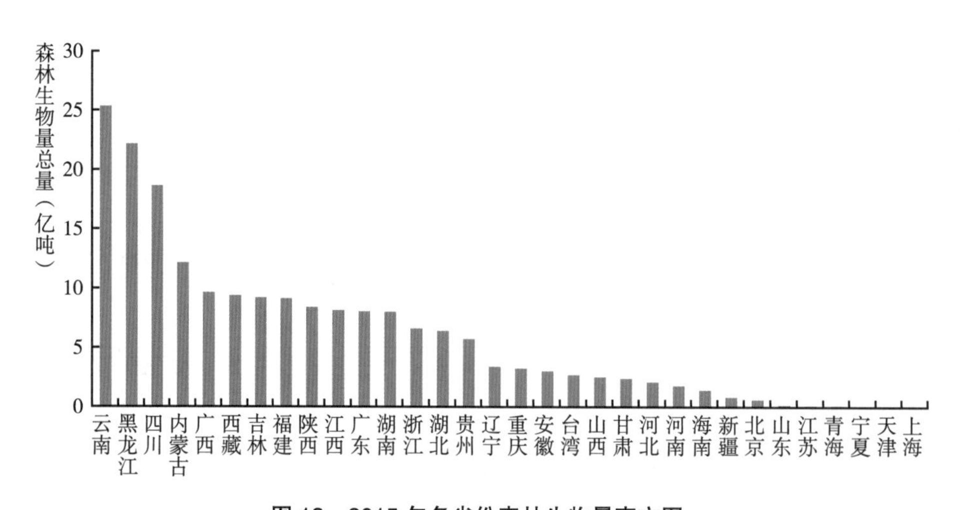

图 13　2015 年各省份森林生物量直方图

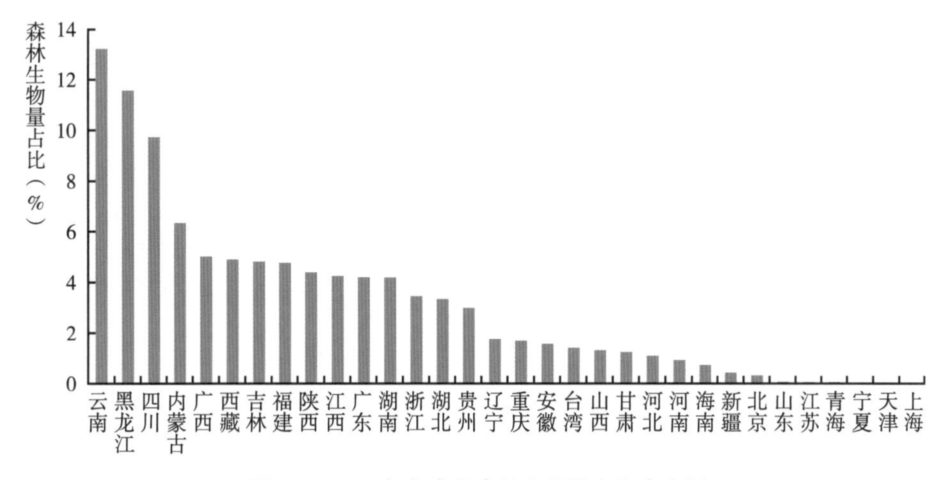

图 14　2015 年各省份森林生物量占比直方图

2.1.6　森林冠层平均高度

图 15 为 2008 年全国各省份森林冠层平均高度的空间分布（空间分辨率 500 米），分别计算各省森林覆盖像元内的森林平均高度的平均值（见图 16），结果显示，各省份森林平均高度的平均值均分布在 10~20 米；河北、天津、宁夏、北京的森林平均高度较高，而海南、云南等省的森林平均高度并不是最高，究其原因如下。①分省统计是在林地面积上的统计，无森林的区域不参与计算。河北、天津虽然人们认为林地少，但这些省份的林地多为高度较高的树木，如杨树、人工林等；而东北、云南、内蒙古等林区虽然林地面积大、森林覆盖率高，但并不意味着林地

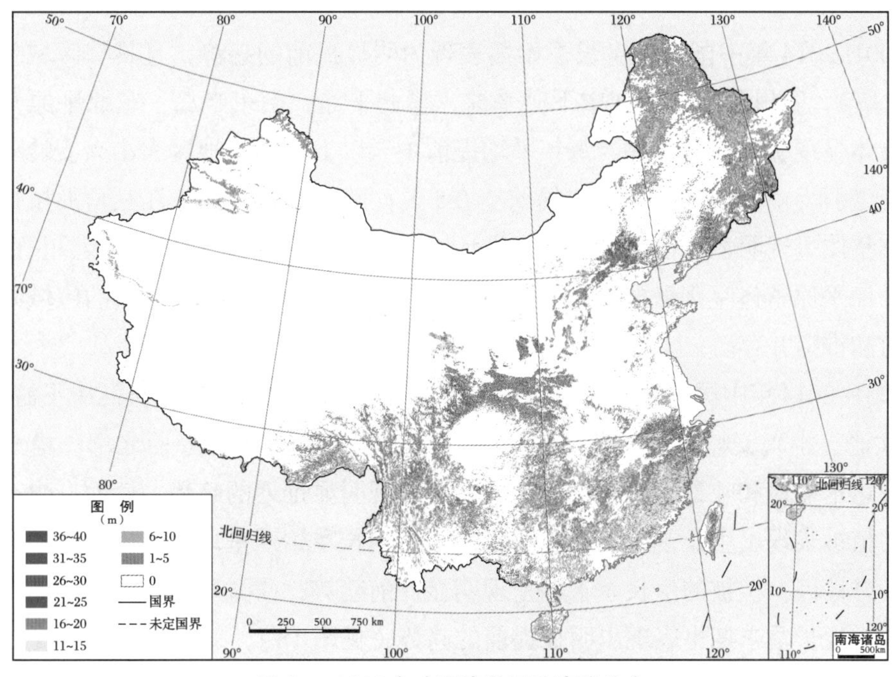

图 15　2008 年中国森林平均高度分布

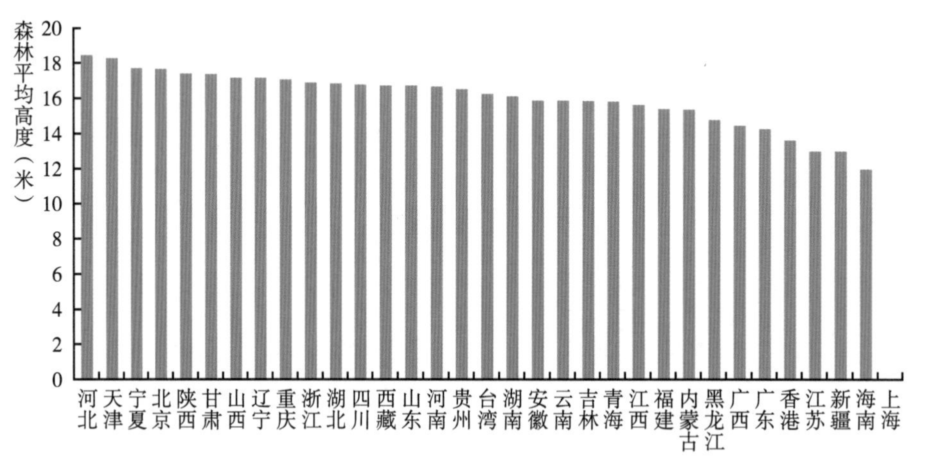

图 16　2008 年各省份森林覆盖区域的森林平均高度直方图

中的高植被所占比例大。本统计结果表明，这些省份的中等高度森林类型所占比例较大。②云南和海南等省森林植被所处地形复杂、坡度大，同时热带雨林生长茂盛，导致激光脉冲到达林下的比例小，甚至不能到达地面，可能导致计算得到的森林平均高度偏小。此外，海南省森林区域的 GLAS 点太少也是一个重要因素；上海市因为没有森林区域的 GLAS 点，导致没有森林平均高度数据。

2.2　2001~2014年中国植被变化

2.2.1　植被生长季物候变化

2001~2014 年中国植被生长季始期表现为明显提前的趋势，且具有区域差异性（见图 17）。四川盆地、长江中下游平原、华北平原、山东半岛、东北平原及青藏高原整体呈现明显提前趋势，每年平均提前 1 天以上；东北地区大小兴安岭一带整体呈现微弱提前趋势，每年平均提前 0~0.5 天；而秦巴山地和长江三角洲植被生长季始期整体呈现明显推迟趋势，每年平均推迟 1 天以上；南方沿海地区、长白山一带及三江平原整体呈现微弱推迟趋势，每年平均推迟 0~0.5 天；其余的区域则表现出提前和推迟并存。

2001~2014 年中国植被生长季末期大多数表现出推迟的趋势，长江中下游平原、四川盆地、小兴安岭及长白山、内蒙古高原中西部、青藏高原西北部、塔里木盆地、柴达木盆地和吐鲁番盆地生长季末期都呈现明显推迟的趋势。然而，也有不少区域的植被表现出生长季末期提前的趋势，如生长季始期呈现微弱提前的中国寒温带针叶林地区，植被的生长季末期呈现明显提前趋势；西藏东部及其临近的四川西部地区，生长季末期也表现出明显提前的趋势（见图 18）。

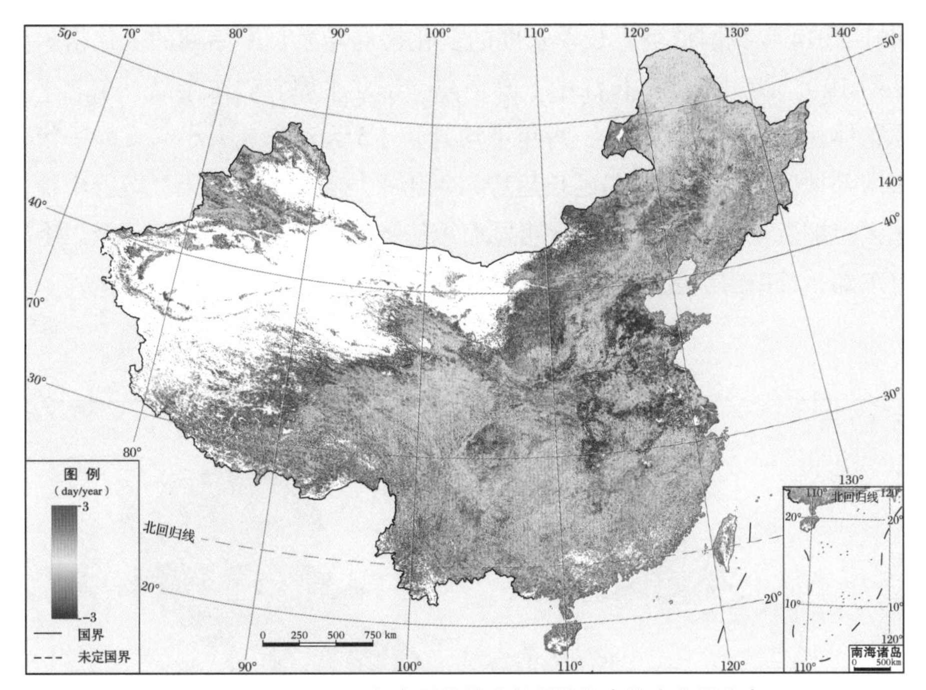

图 17　2001~2014 年中国植被生长季始期变化率空间分布

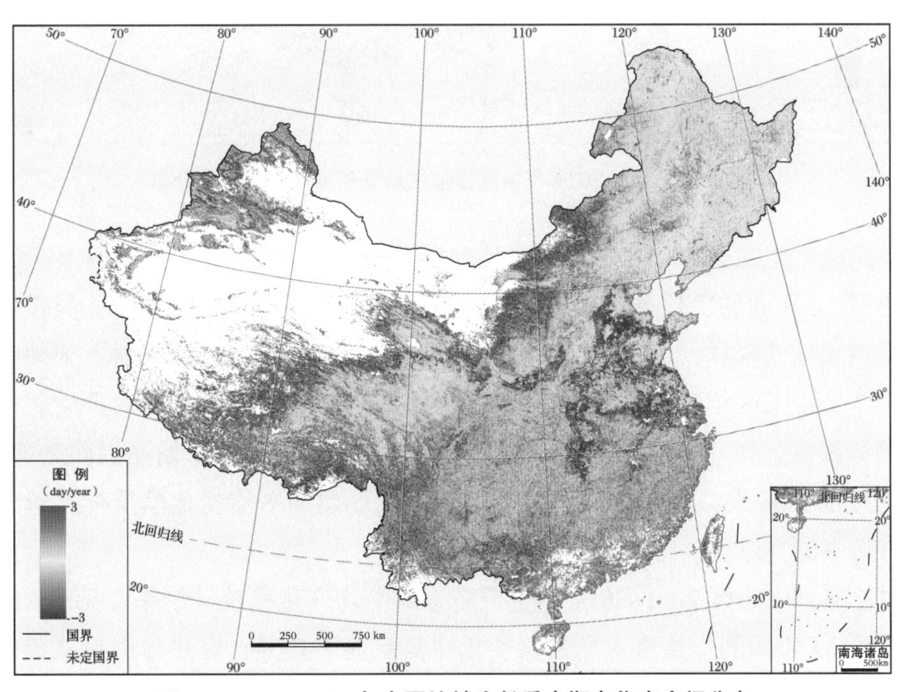

图 18　2001~2014 年中国植被生长季末期变化率空间分布

2001~2014 年我国植被生长季长度的变化格局与生长季始期的变化格局十分相似（见图 19）。四川盆地、长江中下游平原、华北平原、山东半岛、东北平原及青藏高原整体呈现明显延长趋势，每年平均延长 1.5 天；东北大小兴安岭一带和青藏高原东南部地区整体呈现微弱延长趋势，每年平均延长 0~0.5 天；秦巴山地、南方沿海地区植被生长季长度整体呈现明显缩短趋势，每年平均缩短 1 天及以上。在青藏高原东部、长白山地区则表现为植被生长季长度延长和缩短并存。

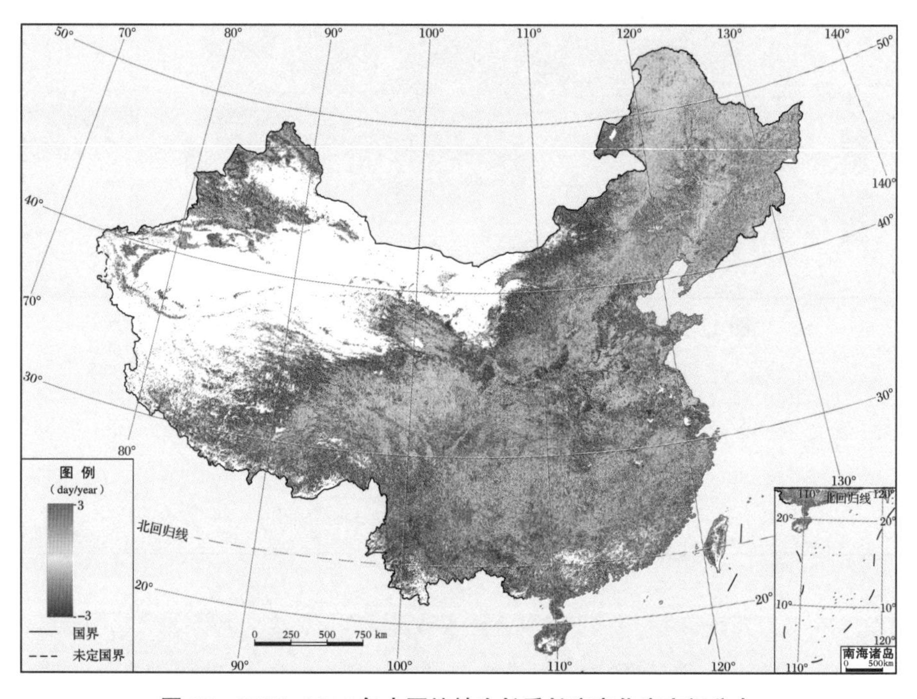

图 19　2001~2014 年中国植被生长季长度变化率空间分布

对比典型生态区 2001~2014 年生长季始期平均变化率统计结果（见图 20），各个生态区 14 年间的生长季始期平均变化率具有显著差异。温带草原、温带山地系统、温带大陆性森林、热带山地系统、亚热带湿润森林、北方针叶林、亚热带山地系统等 7 个生态区年生长季始期变化率表现出提前趋势，其中温带草原生长季始期提前趋势最大，每年约提前 0.4 天，而亚热带山地系统生长季始期提前趋势最小，每年约提前 0.08 天。仅温带荒漠生态区年生长季始期平均变化率呈推迟趋势，每年约推迟 0.28 天。

对比典型生态区 2001~2014 年生长季末期平均变化率统计结果（见图 21），各个生态区 14 年间的生长季末期平均变化率具有显著差异。亚热带山地系统、北方针叶林、温带草原等 3 个生态区年生长季末期变化率表现出提前趋势，其中亚热带

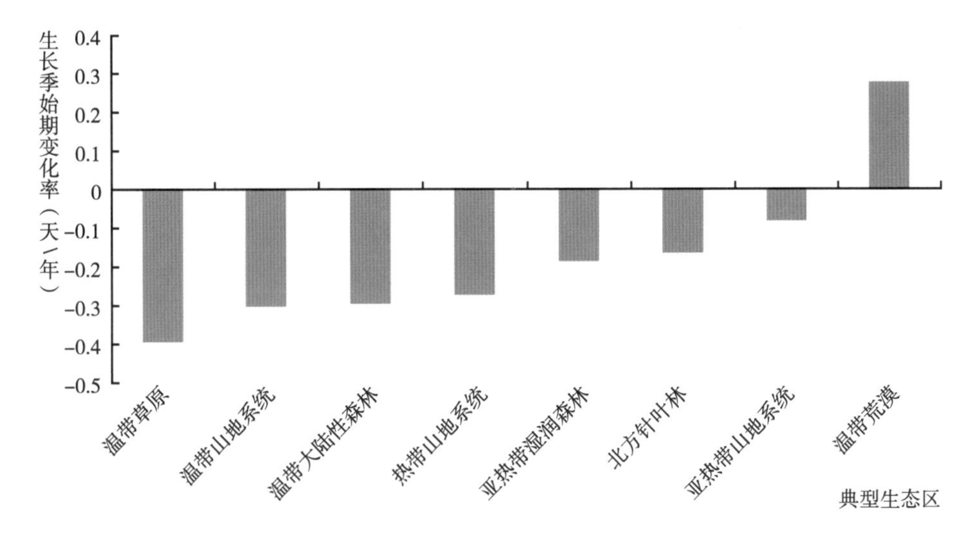

图 20　2001~2014 年典型生态区生长季始期变化率直方图

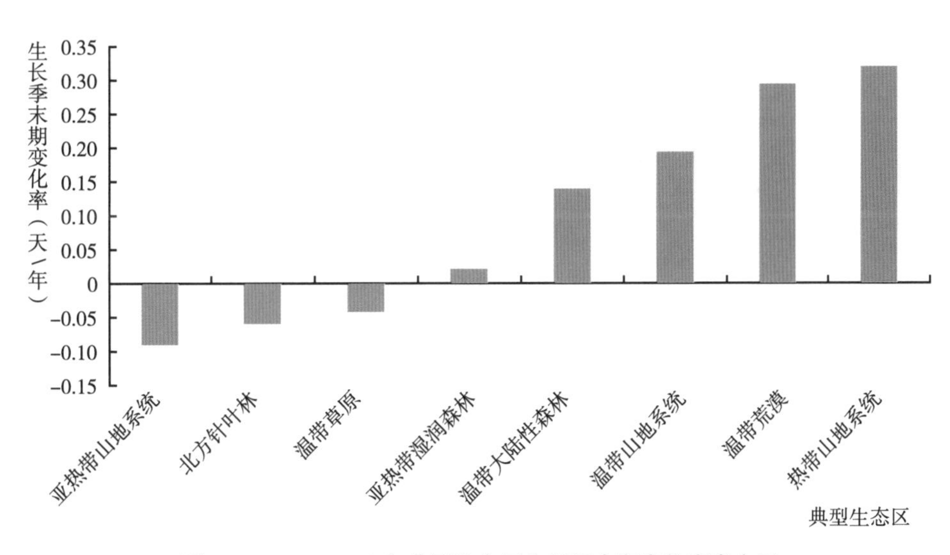

图 21　2001~2014 年典型生态区生长季末期变化率直方图

山地系统生长季末期提前趋势最大，每年约提前 0.09 天。亚热带湿润森林、温带大陆性森林、温带山地系统、温带荒漠、热带山地系统等 5 个生态区年生长季末期平均变化率呈推迟趋势，其中热带山地系统生态区生长季末期推迟趋势最大，每年约推迟 0.32 天。

对比典型生态区 2001~2014 年生长季长度平均变化率统计结果（见图 22），各个生态区 14 年间的生长季长度平均变化率具有显著差异。仅热带山地系统生态区年生长季长度变化率表现出缩短趋势，每年约缩短 0.68 天。北方针叶林、温带荒漠、亚热带湿润森林、温带草原、温带山地系统、温带大陆性森林等 6 个生态区年

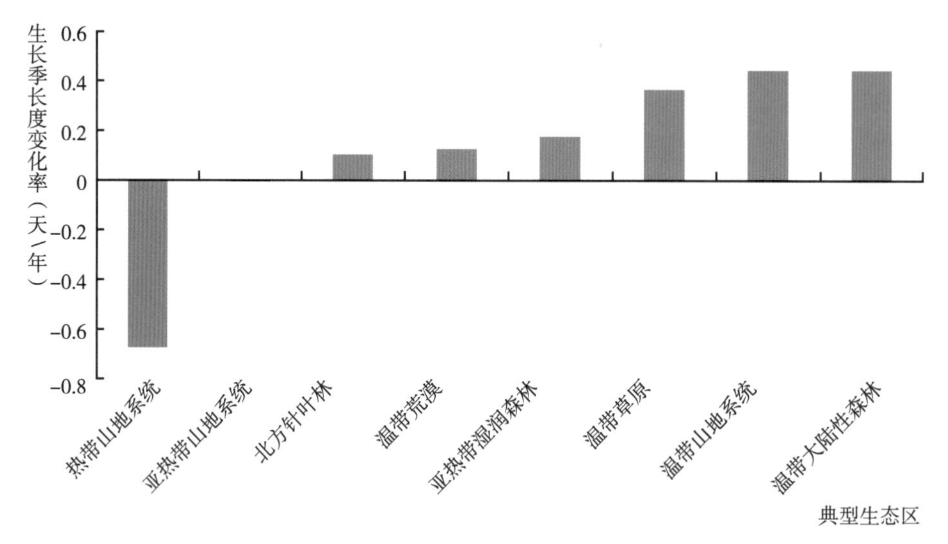

图 22　2001~2014 年典型生态区生长季长度变化率直方图

生长季长度平均变化率呈推迟趋势，其中温带大陆性森林生态区生长季长度延长趋势最大，每年约延长 0.44 天。亚热带山地系统生长季长度没有明显变化。

2.2.2　植被叶面积指数变化

中国 2001~2014 年 MLAI 变化的空间分布差异不明显（见图 23）。我国 MLAI 的 15 年变化总体呈现缓慢上升趋势，表现出上升趋势的区域占全国的 60.7%。其中黄土高原、东北地区和南方沿海地区呈现显著上升趋势，每年平均增加 0.15~0.2；中部地区和青藏高原西北部缓慢上升，每年平均增加 0~0.05；华北平原、江浙沪一带、大小兴安岭周边及青藏高原东南部地区呈现显著下降趋势，每年平均下降 0.2。

对比我国各省 2001~2014 年 MLAI 统计图（见图 24），24 个省份的 MLAI 平均变化有上升趋势，其中山西省 MLAI 平均变化率最高，上升速率达到了平均每年 0.046，8 个省份 MLAI 平均变化有下降趋势，其中，上海 MLAI 平均变化率最低，下降速率达到平均每年 0.039，江浙沪一带的城市化建设使其在 14 年间植被生长变化下降较多。

利用 MLAI 和生态区划图，分析典型生态区 14 年间 MLAI 的变化差异（见图 25）。各生态区 MLAI 的 14 年间变化均呈现上升趋势，热带山地系统 MLAI 平均变化率最大，达到了每年平均 0.033，而亚热带山地系统 MLAI 平均变化率最小，每年平均 0.001。

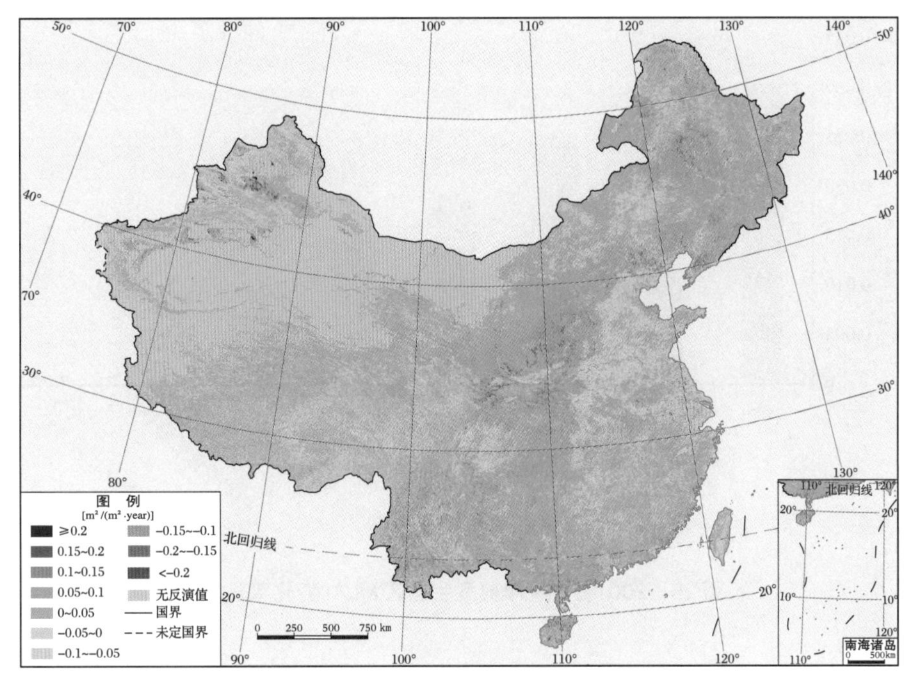

图 23　2001~2014 年中国植被 MLAI 变化率空间分布

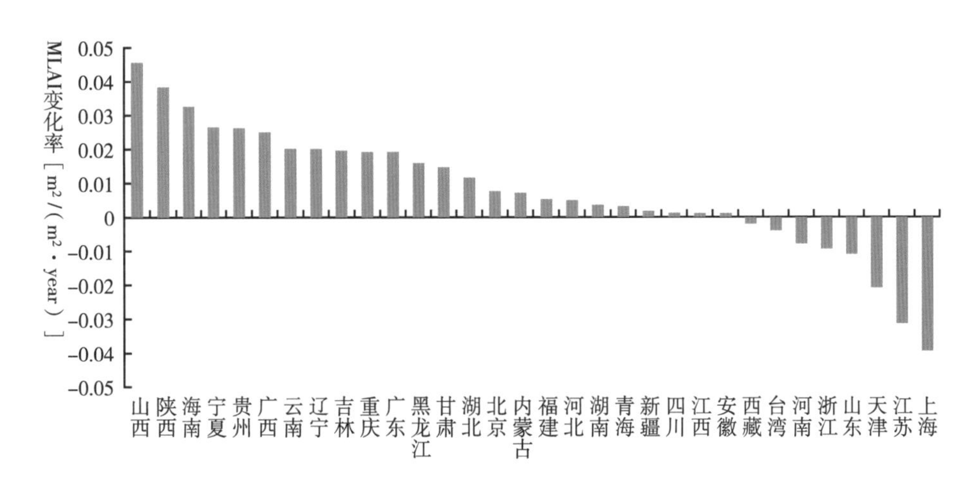

图 24　2001~2014 年各省份 MLAI 变化率直方图

2.2.3　植被覆盖度变化

中国 2001~2014 年 MFVC 变化率的空间分布差异不明显（见图 26）。MFVC 变化率增加部分占所有植被区域的 52%，减少的区域占所有植被区域的 43.7%。东北

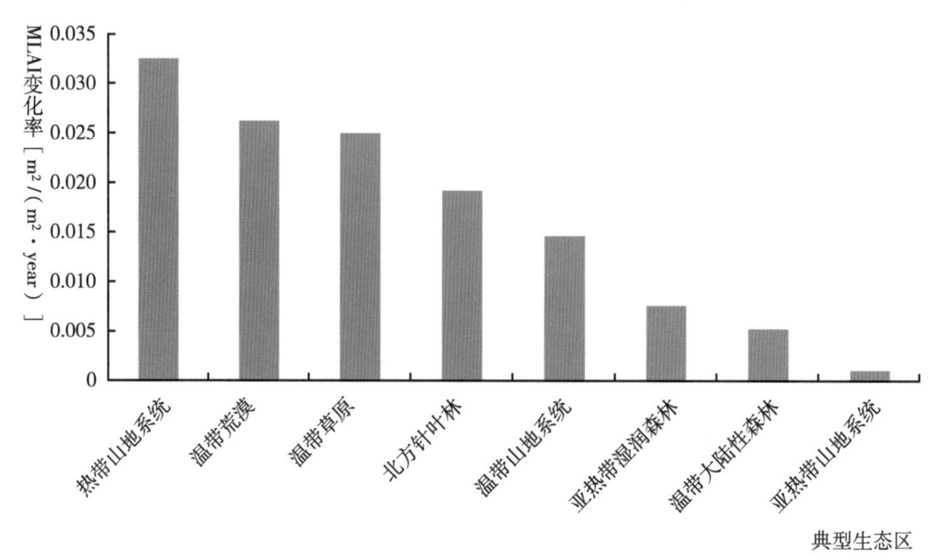

图 25　2001~2014 年典型生态区 MLAI 变化率直方图

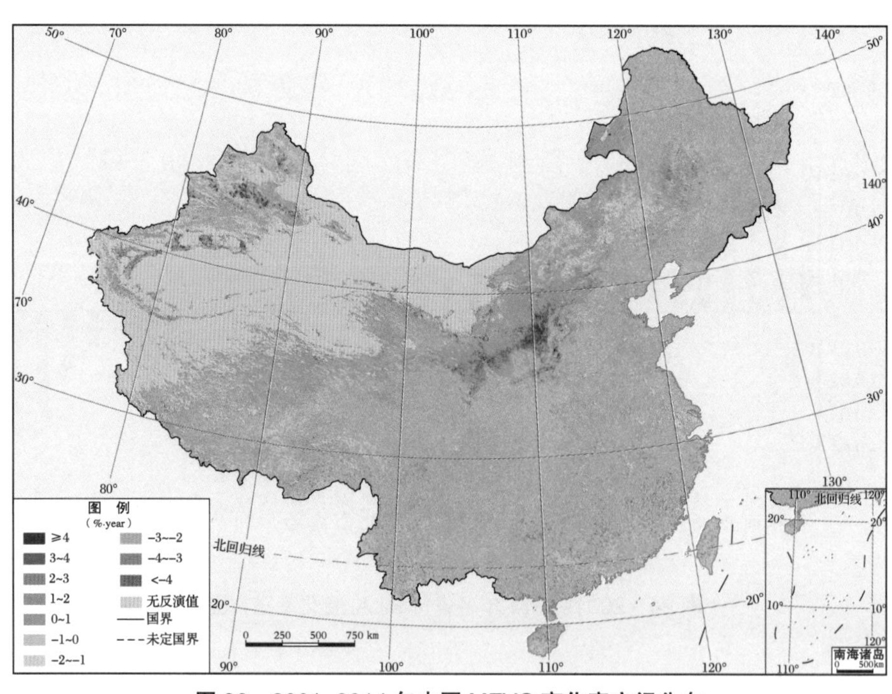

图 26　2001~2014 年中国 MFVC 变化率空间分布

中部和西南部、华北西部和新疆西部部分地区呈现显著上升趋势，每年平均增加3%~4%；而内蒙古东南部、江浙沪一带、青藏高原东南部、新疆西北部部分地区呈现显著下降趋势，每年平均降低 2%~4%；其余地区处于缓慢上升趋势，每年平均增幅小于 1%。

对比我国各省 2001~2014 年 MFVC 变化率统计结果（见图 27），其中 23 个省份 MFVC 变化率呈上升趋势，宁夏平均变化率最高，上升速率达到每年平均 1.2%；8 个省份 MFVC 变化率呈下降趋势，北京、天津和上海三个城市化显著的区域 MFVC 变化率都呈显著下降趋势，其中上海平均变化率最大，下降速率为每年平均 0.6%。安徽省平均变化率接近 0。

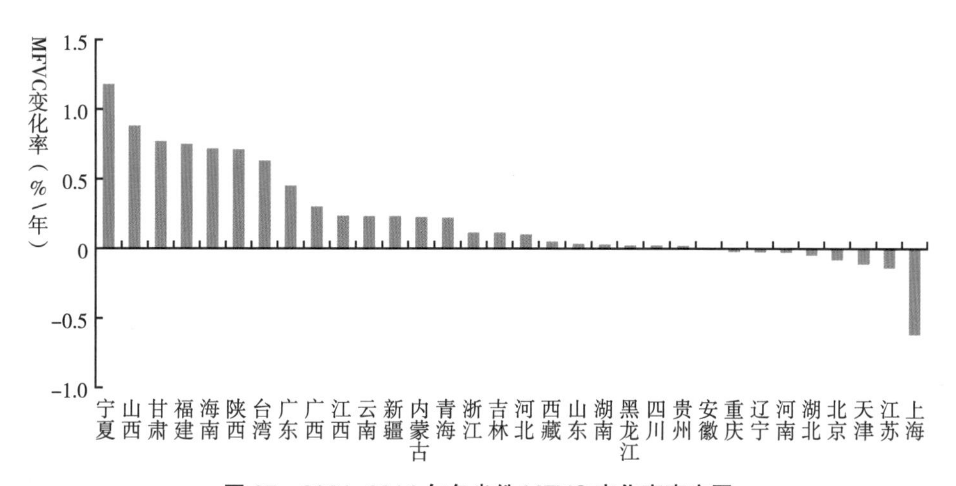

图 27　2001~2014 年各省份 MFVC 变化率直方图

对比典型生态区 2001~2014 年 MFVC 变化率统计结果（见图 28），各个生态区 14 年间的 MFVC 变化率具有显著差异。热带山地系统、温带山地系统、温带草原、亚热带湿润森林、温带荒漠、亚热带山地系统等 6 个生态区 MFVC 变化率呈现上升趋势，其中热带山地系统 MFVC 变化率最大，每年平均增加 0.55%，而亚热带山地系统 MFVC 变化率最小，每年平均增加 0.05%。北方针叶林生态区 MFVC 变化率呈现下降趋势，每年平均下降 0.07%。温带大陆性森林 MFVC 没有明显变化。

参考文献

［1］Marc Simard, Naiara Pinto, Joshua B. Fisher, Alessandro Baccini. "Mapping Forest Canopy Height Globally with Spacebornelidar". *Journal of Geophysical Research*, 2011, 116 (G4).

[2] Michael A. Lefsky. "A Global Forest Canopy Height Map from the Moderate Resolution Imaging Spectroradiometer and the Geoscience Laser Altimeter System". *Geophysical Research Letters*, 2010, 37(15): 78-82.

[3] Mu X, Huang S, Ren H, Yan G, Song W, Ruan G, "Validating GEOV1 Fractional Vegetation Cover Derived from Coarse-Resolution Remote Sensing Images over Croplands", *IEEE Journal of Selected Topics in Applied Earth Observations and Remote Sensing*, 2015, 8(2): 439-446.

[4] Mu X, Liu Y, Yan G, Yao Y, "Fractional Vegetation Cover Retrieval Using Multi-spatial Resolution Data and Plant Growth Model". *Proceedings of IGARSS*, 2010: 241-244.

[5] Sun G, Ranson K J, Kimes D S, et al. "Forest Vertical Structure from GLAS: An Evaluation Using LVIS and SRTM Data". *Remote Sensing of Environment*, 2008, 112: 107-117.

[6] Xiao Z, Liang S, Wang J, et al. "Use of General Regression Neural Networks for Generating the GLASS Leaf Area Index Product from Time-Series MODIS Surface Reflectance". *IEEE Transactions on Geoscience and Remote Sensing*, 2013, 52(1):209-223.

[7] Xu B, Li J, Liu Q, et al. "A Method for Spatial Upscaling of Ground LAI Measurements to the Remotely Sensed Product Pixel Grid". *IEEE International Geoscience and Remote Sensing Symposium*, 2016, 3528-3531.

[8] Xu B, Li J, Liu Q, et al. A Methodology to Estimate Representativeness of LAI Station Observation for Validation: A Case Study with Chinese Ecosystem Research Network (CERN) in situ data. Proc. SPIE, 2014, 9260.

[9] Xu B, Li J, Liu Q, et al. "Evaluating Spatial Representativeness of Station Observations for Remotely Sensed Leaf Area Index Products". *IEEE Journal of Selected Topics in Applied Earth Observations & Remote Sensing*, 2016, 9(7):3267-3282.

[10] Yang Ting, Wang Cheng, Li Guicai, Luo Shezhou, Xi Xiaohuan, Gao Shuai, Zeng Hongcheng. Forest Canopy Height Mapping over China Using GLAS and MODIS Data. *Science China, Earth Sciences*, 2014, 57(1).

[11] Yelu Zeng, Jing Li, Qinhuo Liu, Alfredo R. Huete, et al., "A Radiative Transfer Model for Heterogeneous Agro-Forestry Scenarios", *IEEE Transactions on Geoscience and Remote Sensing*, 2016, 54(8): 4613-4628.

[12] Yelu Zeng, Jing Li, Qinhuo Liu, Alfredo R. Huete, et al., "An Iterative BRDF/NDVI Inversion Algorithm Based on a Posteriori Variance Estimation of Observation Errors", *IEEE Transactions on Geoscience and Remote Sensing*, 2016, 54(11): 6481.

[13] Yelu Zeng, Jing Li, Qinhuo Liu, Alfredo R. Huete, et al., "An Optimal Sampling Design for Observing and Validating Long-Term Leaf Area Index with Temporal Variations in Spatial

Heterogeneities", *Remote Sensing*, 2015, 7: 1300-1319.

[14] Yelu Zeng, Jing Li, Qinhuo Liu, et al., "A Sampling Strategy for Remotely Sensed LAI Product Validation over Heterogeneous Land Surfaces", *IEEE Journal of Selected Topics in Applied Earth Observations and Remote Sensing*, 2014, 7: 3128-3142.

[15] Yelu Zeng, Jing Li, Qinhuo Liu, et al., "Extracting Leaf Area Index by Sunlit Foliage Component from Downward-Looking Digital Photography under Clear-Sky Conditions", *Remote Sensing*, 2015, 7(10): 13410-13435.

[16] Yin G, Li J, Liu Q, et al. "Improving LAI Spatio-Temporal Continuity Using a Combination of MODIS and MERSI data". *Remote Sensing Letters*, 2016, 7(8):771-780.

[17] Yin G, Li J, Liu Q, et al. "Improving Leaf Area Index Retrieval Over Heterogeneous Surface by Integrating Textural and Contextual Information: A Case Study in the Heihe River Basin", *IEEE Geoscience and Remote Sensing Letters*, 2015, 12(2):359-363.

[18] Yin G, Li J, Liu Q, et al. "Regional Leaf Area Index Retrieval Based on Remote Sensing: The Role of Radiative Transfer Model Selection". *Remote Sensing*, 2015, 7(4):4604-4625.

[19] Zhang, X.; Friedl, M.A.; Schaaf, C.B.; Strahler, A.H.; Hodges, J.C.; Gao, F.; Reed, B.C.; Huete, A. "Monitoring Vegetation Phenology Using Modis". *Remote Sensing of Environment*, 2003, 84, 471-475.

[20] Zhao Jing, Li Jing, Liu Qinhuo, Fan Wenjie, Zhong Bo, Wu Shanlong, Yang Le, Zeng Yelu, Xu Baodong, Yin Gaofei. "Leaf Area Index Retrieval Combining HJ1/CCD and Landsat8/OLI Data in the Heihe River Basin", *China. Remote Sensing*, 7(6), 6862-6885.

[21] Zhao X, Liang S, Liu S, et al. "The Global Land Surface Satellite (GLASS) Remote Sensing Data Processing System and Products". *Remote Sensing*, 2013, 5(5):2436-2450.

[22] 曾也鲁、李静、柳钦火:《全球 LAI 地面验证方法及验证数据综述》,《地球科学进展》2012 年第 27 期，第 165~174 页。

[23] 曾也鲁、李静、柳钦火等:《基于 NDVI 先验知识的 LAI 地面采样方法》,《遥感学报》2013 年第 1 期，第 107~121 页。

[24] 高帅、柳钦火、康峻等:《中国与东盟地区 2013 年 1km 分辨率植被净初级生产力数据集 (MuSyQ–NPP–1km–2013)》，全球变化科学研究数据出版系统，2015。

[25] 高帅:《1 公里植被净初级生产力产品算法文档》，中国科学院遥感与数字地球研究所，2014。

[26] 李静、柳钦火、尹高飞等:《中国与东盟 1km 分辨率叶面积指数数据集 (2013)(MuSyQ–LAI–1km–2013)》，全球变化科学研究数据出版系统，2015。

[27] 李静、王聪、夏传福等:《1 公里植被物候期产品算法文档》，中国科学院遥感与数字地球

研究所，2014。

[28] 李静、尹高飞、范渭亮等:《1 公里叶面积指数产品算法文档》，中国科学院遥感与数字地球研究所，2014。

[29] 穆西晗、黄帅、阮改燕等:《1 公里植被覆盖度产品算法文档》，北京师范大学，2014。

[30] 穆西晗、柳钦火、阮改燕等:《中国—东盟 1km 分辨率植被覆盖度数据集 (MuSyQ–FVC–1km–2013)》，全球变化科学研究数据出版系统，2015。

[31] 王聪、李静、柳钦火等:《黑河流域遥感物候产品验证与分析》,《遥感学报》2017 年第 3 期，第 442~457 页。

[32] 徐保东、李静、柳钦火等:《地面站点观测数据代表性评价方法研究进展》,《遥感学报》2015 年第 5 期，第 703~718 页。

[33] 徐保东、李静、柳钦火等:《地面站点叶面积指数观测的空间代表性评价——以 CERN 站网观测为例》,《遥感学报》2015 年第 6 期，第 910~927 页。

[34] 于文涛、李静、柳钦火等:《中国地表覆盖异质性参数提取与分析》,《地球科学进展》2016 年第 10 期，第 1067~1077 页。

G.3
2010~2015年中国大气质量

相比环保系统的地面监测资料，大气环境遥感监测数据具有覆盖面广、实时观测、空间连续和不破坏监测对象物化属性等优点，可追溯监测卫星完整观测时期全部覆盖范围的大气污染状况。

3.1 2010~2015年中国NO_2柱浓度

3.1.1 大气NO_2遥感监测

大气污染直接影响大气环境质量状况和全球气候变化，是全世界关注的重要环境问题之一，如何减轻大气污染已成为全世界需要解决的共同问题。近20多年来，随着中国工业化和城市化进程加快，大气污染物高强度、集中性排放，大大超过了环境承载能力，导致空气质量严重退化。在中国东部，以及京津冀地区，长江三角洲地区和珠江三角洲地区，大气复合污染问题已成为影响城市和区域可持续发展的重要因素。各种大气污染物中，高浓度的NO_2可严重危害人体健康、影响辐射收支平衡和生态平衡，引发酸雨、灰霾、光化学烟雾等一系列大气环境污染问题。近年来中国霾天气频发，灰霾前体物NO_2的高浓度排放及区域输送是其主要原因之一。

卫星遥感技术以其覆盖面广、实时观测和空间连续等优势被广泛应用于城市群与区域大尺度污染气体的监测，可同时获得区域大气污染分布情况，便于对大气污染进行动态监测和预报，具有广阔的应用前景。当前大气污染遥感监测技术在国际上正得到快速发展，在发达国家和地区，卫星遥感已成为大气环境监测和大气质量预报的重要手段。在国内，结合环境保护的卫星遥感大气监测工作目前还处于起步阶段，必须加强大气环境遥感监测的研究和应用力度。

3.1.2 2010~2015年中国NO_2柱浓度

基于AURA/OMI卫星数据，对中国地区大气中的NO_2进行监测，2010~2015年中国大气NO_2柱浓度遥感监测详细情况如下（见图1~6）。

近6年来，中国大气NO_2柱浓度的高值区主要集中在京津冀地区、长江三角

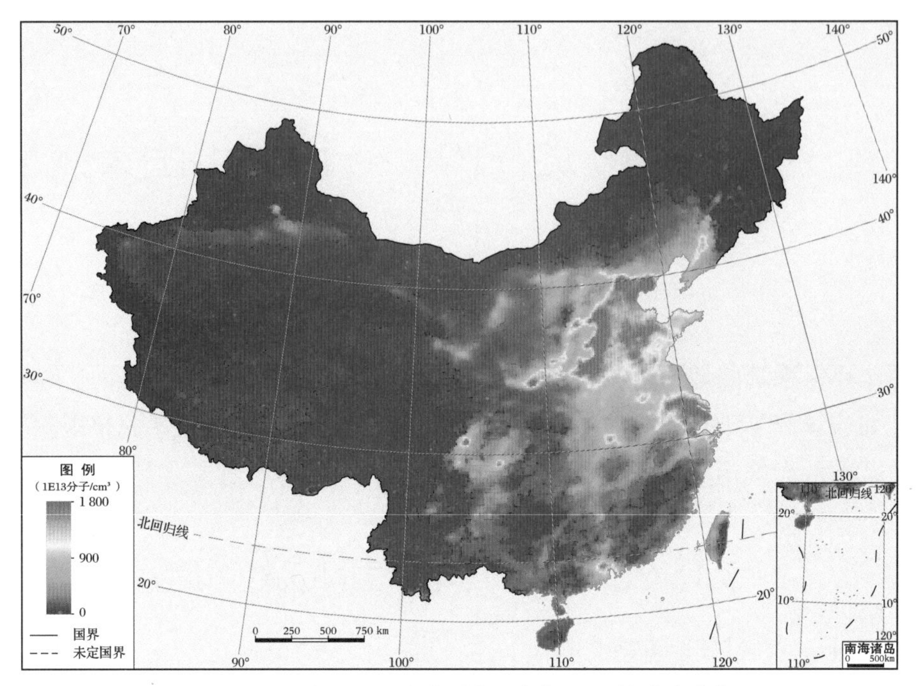

图 1　2010 年卫星遥感监测中国大气 NO_2 柱浓度分布

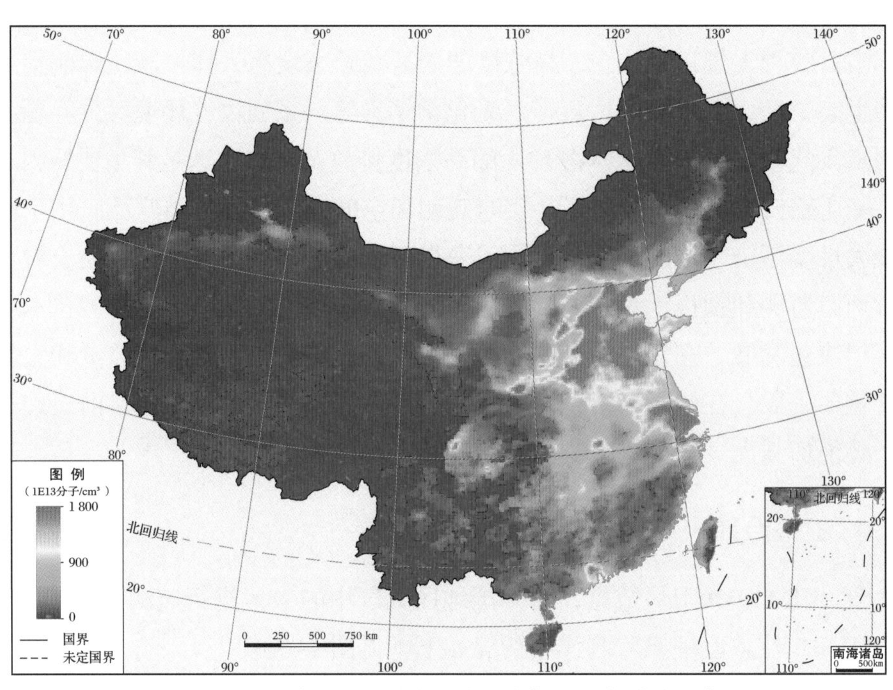

图 2　2011 年卫星遥感监测中国大气 NO_2 柱浓度分布

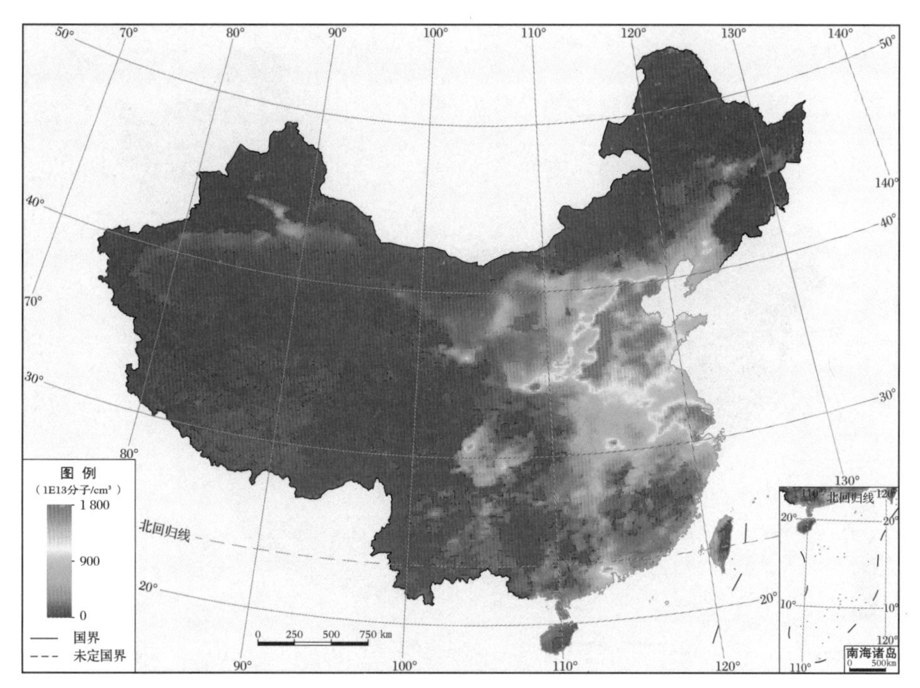

图 3　2012 年卫星遥感监测中国大气 NO_2 柱浓度分布

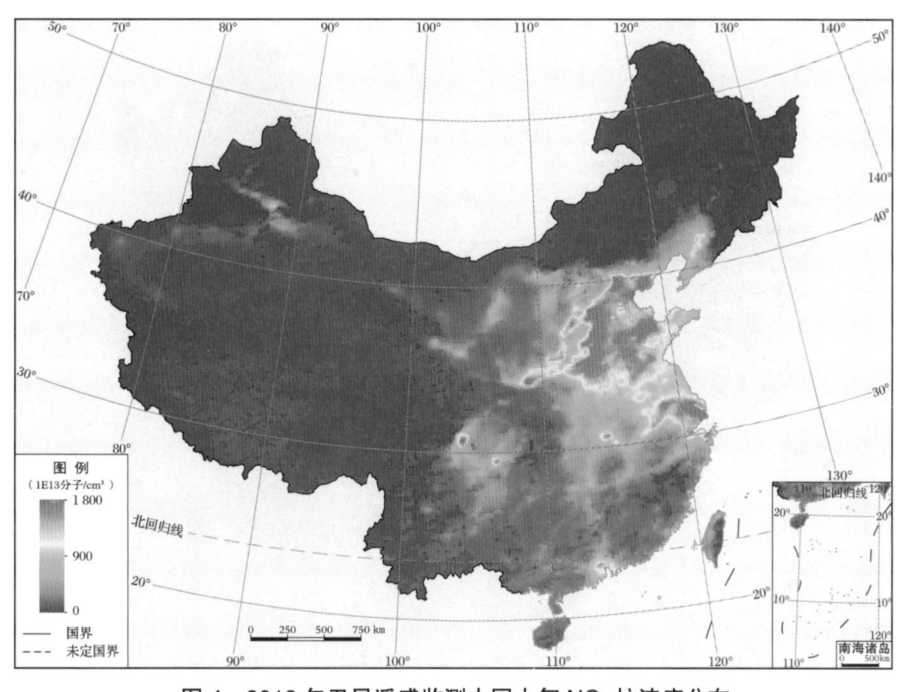

图 4　2013 年卫星遥感监测中国大气 NO_2 柱浓度分布

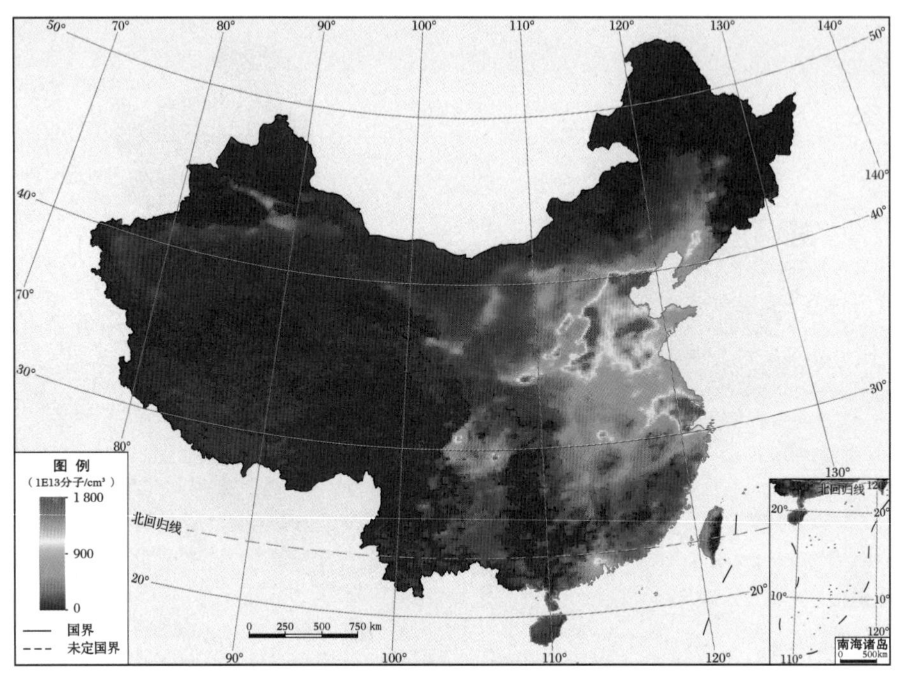

图 5　2014 年卫星遥感监测中国大气 NO_2 柱浓度分布

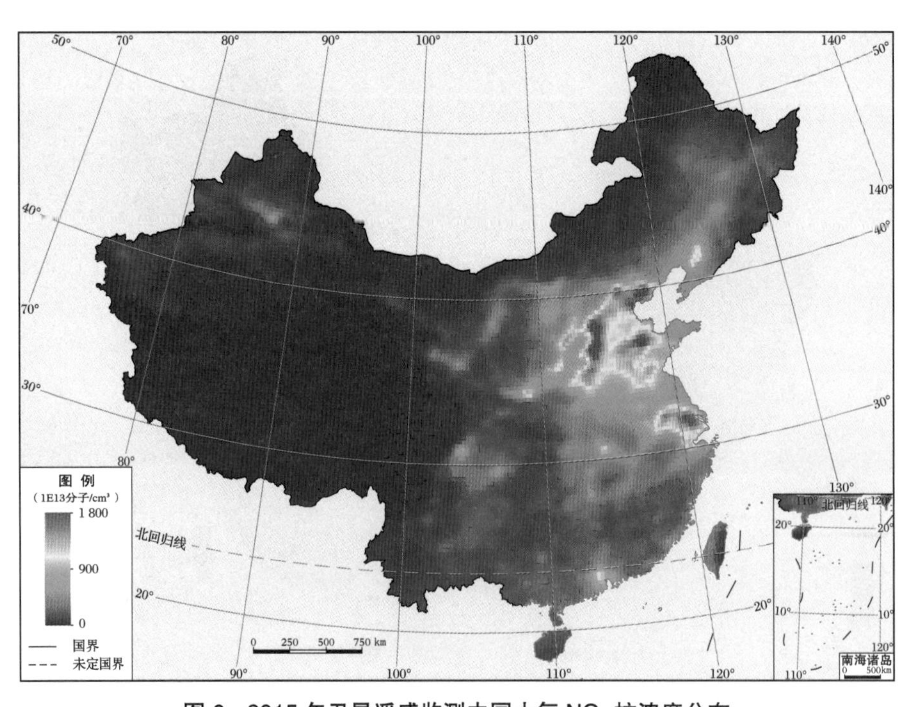

图 6　2015 年卫星遥感监测中国大气 NO_2 柱浓度分布

洲地区和珠江三角洲地区，其次是河南北部、山东西部，新疆乌鲁木齐和陕西西安等地也存在不同程度的 NO_2 高值区。NO_2 柱浓度的高低，与当地的机动车数量、煤炭消耗等工业活动强度、气象条件、本地地形等因素密切相关，在一定程度上可反映当地的工业排放量。整体上 2010~2015 年中国 NO_2 柱浓度的高值区范围有所缩小，且京津冀地区、长江三角洲地区和珠江三角洲地区等常年 NO_2 浓度较高，是大气污染较严重的区域，目前 NO_2 浓度均已有不同程度的降低。中国大部分地区 NO_2 浓度的降低，有力证明了中国近年来大气污染控制政策的有效施行。以京津冀、长三角和珠三角地区 NO_2 浓度变化为例，2010~2015 年，京津冀地区 NO_2 浓度由 12.13×10^{15} molec/cm^2 下降到 9.72×10^{15} molec/cm^2，NO_2 浓度下降幅度达到 19.87%；长三角地区 NO_2 浓度由 10.57×10^{15} molec/cm^2 下降到 7.92×10^{15} molec/cm^2，NO_2 浓度下降幅度达到 25.07%；珠三角地区 NO_2 浓度由 7.14×10^{15} molec/cm^2 下降到 5.97×10^{15} molec/cm^2，NO_2 浓度下降幅度达到 16.39%。

3.2 2010~2015年中国大气浑浊度遥感指数

近几十年来，由于我国经济与城市规模的迅速发展，工业燃烧、居民生活以及交通运输产生的烟雾与粉尘等大气中的颗粒物大量增加，造成了明显的公共健康效应和经济损失。尽管采取了很多应对措施，我国面临的大气污染问题依然严峻。《2015 年中国环境状况公报》指出，2015 年，全国 338 个地级以上城市中，有 265 个城市环境空气质量超标，占监测城市总数的 78.4%。超标天数中以 PM2.5 和 PM10 为首要污染物的居多，分别占超标天数的 66.8% 和 15%。特别是大型城市由于人口规模大，生产生活活动频繁，能源消耗密集，空气中主要污染物超标比例明显高于中小城市，亟须从全国及区域尺度上定量了解我国大气污染状况的空间分布特点。

大气污染物主要成分之一是大气中的颗粒物。当颗粒物浓度超标，达到有害的程度时，大气污染会对人类的生存发展和生态系统造成危害。不仅如此，颗粒物浓度增高，与不同微粒的混合方式、环境湿度等因素还共同导致对太阳光的削弱作用增强，造成了大气浑浊，这也是我们对于大气污染的一个直观感受。对太阳光的削弱能力主要是颗粒物浓度和颗粒物大小等因素的影响。因此，大气浑浊程度是整层大气垂直大气柱中颗粒物浓度的表征。

通常提到的可吸入颗粒物 PM10，是在环境空气中长期飘浮的悬浮微粒，对大气浑浊度影响很大。可吸入颗粒物的来源可分为一次气溶胶（以微粒形式直接从发生源进入大气）和二次气溶胶（在大气中由一次污染物转化生成）两种。它们可以来自自然扬沙、沙尘暴和海盐粒子等自然源，也可以来自工业生产和燃烧过程排放等人为源。可吸入颗粒物中的细颗粒物 PM2.5 粒径更小，进入呼吸道的部位更深，对人体健康的危害更大。细颗粒物多来源于人为排放的大气颗粒物，主要来自化石燃料的燃烧等。自然源的细颗粒物则包括了风扬尘土、火山灰、森林火灾以及漂浮的海盐、花粉、真菌孢子、细菌。人为源的颗粒物是影响大气浑浊度的主要因素之一，也是造成我国大气环境恶化的主要诱因。

大气浑浊度指数通常通过地面观测获得，相比地面获取的传统方法，卫星遥感技术提供了重构大气浑浊度空间分布的长期观测数据源，可追溯得到卫星完整观测时期全部覆盖范围的大气浑浊度。为了准确评估我国大气浑浊程度空间分布，课题组将重构得到的大气浑浊度遥感指数划分为 5 个等级，表示不同的大气浑浊程度。5 个等级由清洁到浑浊分别表示为：第一级清洁大气、第二级较清洁大气、第三级轻度浑浊大气、第四级中度浑浊大气和第五级重度浑浊大气。

3.2.1　2015年中国大气浑浊度遥感指数监测

2015 年中国大气浑浊度指数基本呈现沿“胡焕庸线”东高西低的空间分布（见图 7)，“胡焕庸线”在某种程度上体现了城镇化水平的分割，表明人为因素产生的颗粒物是影响我国东部地区大气环境的主要来源之一。特别是华北平原、华中地区、长江三角洲和珠江三角洲等经济较为发达的地区，化石燃料燃烧和交通污染等是造成中度—重度浑浊大气的主要因素之一。四川盆地受到亚热带湿润季风气候和盆地

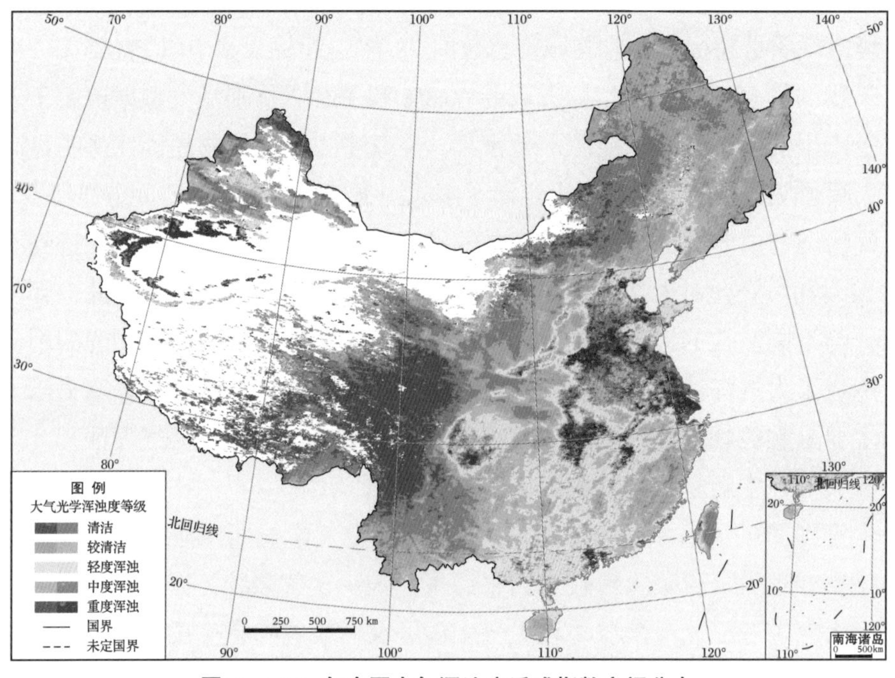

图 7　2015 年全国大气浑浊度遥感指数空间分布

地形因素的双重影响，亚热带湿润季风气候使得该地区湿度较高，引起吸湿性颗粒膨胀；而特殊的盆地地形提供了地面风速较小、逆温层和盆地周边地带的山谷风环流等影响颗粒物质扩散的气象因素，二者共同作用导致四川盆地地区大气较为浑浊。在“胡焕庸线”以西的塔克拉玛干沙漠地区，自然环境形成的扬沙、沙尘暴等是导致该地区重度浑浊的主要因素。图 7 中的空白区缺少相应的大气浑浊度数据。

从空间分布上，2015 年全国平均大气浑浊度遥感指数等级为较清洁大气。其中，大气清洁的区域占全国可监测面积的 33.2%，较清洁大气占 39.2%，主要分布在云贵高原、东北等地区。浑浊大气共占 27.6%，其中，轻度浑浊大气占可监测面积的 14.4%，中度和重度浑浊大气各占 8.6% 和 4.6%，主要分布于华北平原、长江三角洲地区、珠江三角洲地区等，大气浑浊度遥感指数等级较高（见图 8）。

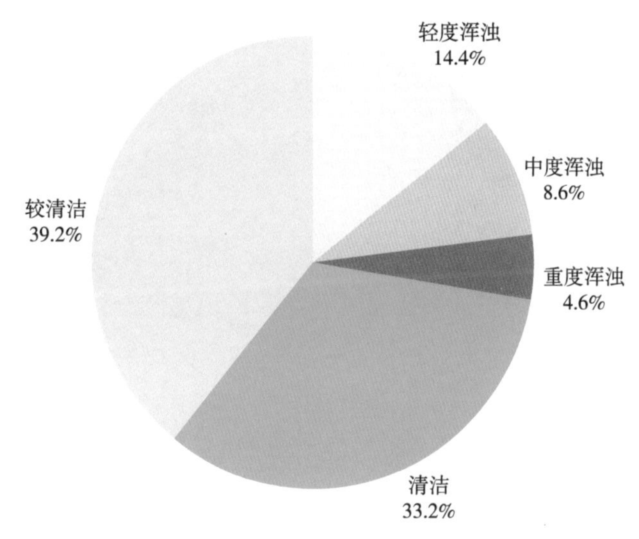

图 8　2015 年全国各等级大气浑浊度遥感指数比例分布

3.2.2　2015年中国重点区域大气浑浊度遥感指数监测

分别对华北平原、长江三角洲、珠江三角洲、四川盆地、华中地区、东北地区、云贵高原七个重点区域进行重构，得到高分辨率大气浑浊度指数空间分布图（见图 9、表 1）。

其中，华北地区 2015 年平均大气浑浊度遥感指数等级为中度浑浊大气，并以中度浑浊大气为主构成。在华北地区大气浑浊度遥感指数等级中，其清洁大气及较清洁大气的面积为 3.08 万平方千米，占华北地区可监测面积的 7.8%；浑浊大气覆盖面积为 36.11 万平方千米，占华北地区可监测面积的 92.2%，其中轻度浑浊大

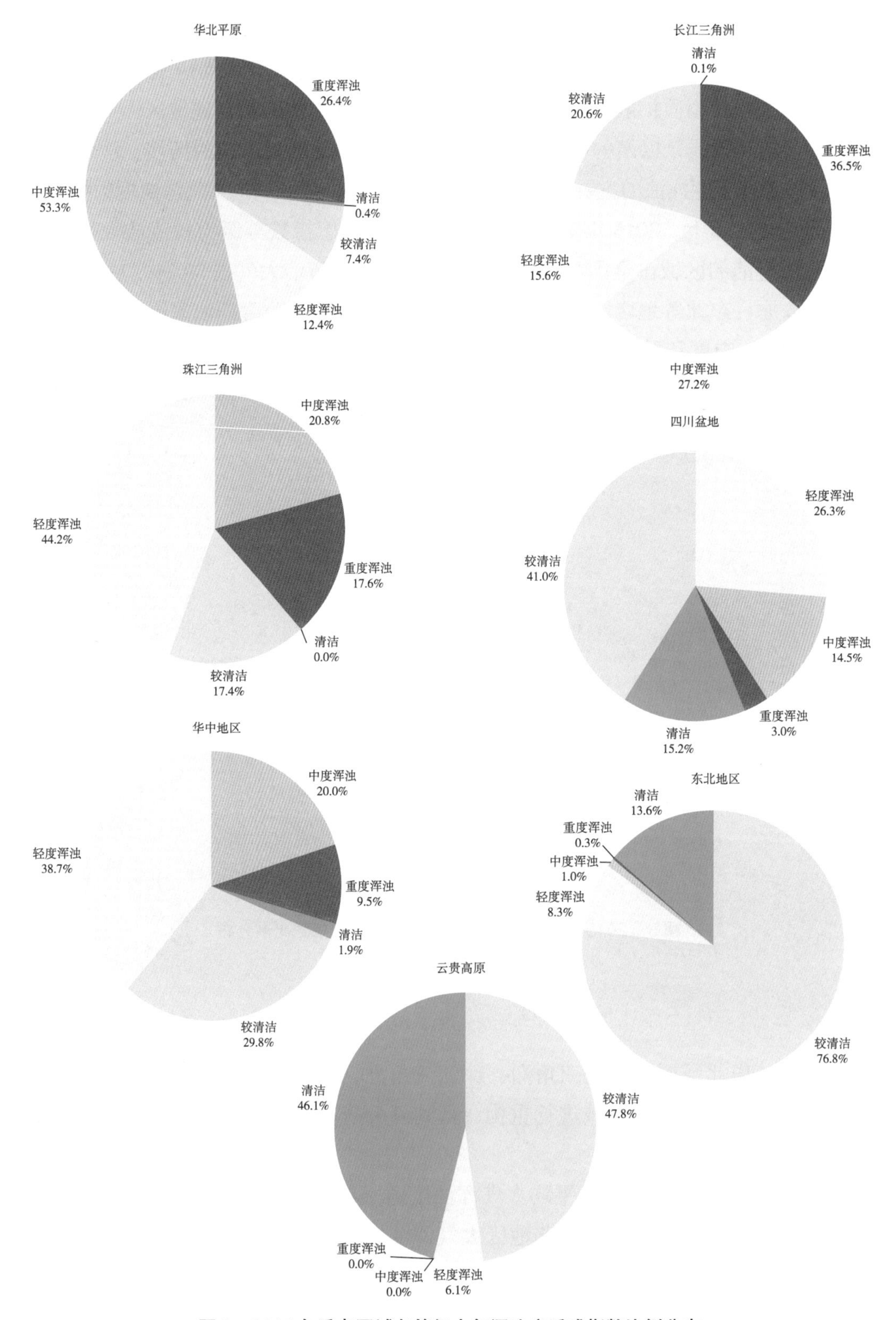

图 9　2015 年重点区域各等级大气浑浊度遥感指数比例分布

气、中度浑浊大气以及重度浑浊大气的覆盖面积分别为4.90万平方千米、20.87万平方千米、10.34万平方千米，分别占华北地区可监测面积的12.4%、53.3%以及26.4%。华北平原严重的污染状况主要源于化石燃料燃烧及交通排放等。平坦的地形使得人为因素产生的颗粒物在平原地区分布较均匀。

2015年长江三角洲地区平均大气浑浊度遥感指数等级为中度浑浊大气，并以重度浑浊大气为主构成。清洁及较清洁大气的覆盖面积为2.04万平方千米，占该地区可监测面积的20.6%。浑浊大气覆盖面积为7.82万平方千米，占该地区可监测面积的79.3%，其中轻度浑浊大气、中度浑浊大气以及重度浑浊大气的覆盖面积分别为1.54万平方千米、2.68万平方千米、3.60万平方千米，分别占该地区可监测面积的15.6%、27.2%和36.5%。工业排放和交通污染等是造成该地区中度浑浊的主要因素之一。

2015年珠江三角洲地区平均大气浑浊度遥感指数等级为轻度浑浊大气，并以轻度浑浊大气为主构成。空间分布特点呈现为：珠三角中心的大气严重浑浊、由中心向周边扩散。其中，轻度浑浊大气覆盖面积为2.06万平方千米，占整个珠三角地区可监测面积的44.2%。中度浑浊大气和重度浑浊大气的覆盖面积分别为0.97万平方千米和0.82万平方千米，分别占该地区的20.8%和17.6%。较清洁大气及清洁大气的覆盖面积为0.80万平方千米，占该地区可监测面积的17.4%。工业排放和交通污染等是造成该地区中心严重浑浊的主要因素之一。

四川盆地2015年平均大气浑浊度遥感指数等级为轻度浑浊大气，并以较清洁大气为主构成。空间分布呈现中心高、周边低的特点。其中，清洁大气及较清洁大气的面积为19.40万平方千米，占四川盆地可监测面积的56.2%，浑浊大气覆盖面积为15.13万平方千米，占四川盆地可监测面积的43.8%，其中轻度浑浊大气、中度浑浊大气以及重度浑浊大气的覆盖面积分别为9.09万平方千米、5.01万平方千米、1.03万平方千米，分别占四川盆地可监测面积的26.30%、14.5%以及3.0%。四川盆地中心大气浑浊度指数高，主要是受到了盆地地形因素和亚热带湿润季风气候的双重影响。由于盆地内部通常情况下地面风速较小、湿度较大，白天混合层发展经常受到逆温层的限制，水平扩散条件很差，盆地周边地带通常条件下的山谷风环流同样阻止了大小颗粒物向盆地外的扩散。另外，四川盆地属亚热带湿润季风气候，湿度也是影响大气浑浊度比较敏感的一个因素，在悬浮颗粒物浓度一定的情况下，湿度增加会导致吸湿性粒子膨胀，从而使大气浑浊度较高。

华中地区2015年平均大气浑浊度遥感指数等级为轻度浑浊大气，并以轻度浑浊大气为主构成。华中地区大气浑浊度指数高值区位于河南中北部、湖北中西部和湖南中部。其中，清洁大气及较清洁大气的面积为15.33万平方千米，占华中地区可监测面积的31.7%。浑浊大气覆盖面积为32.99万平方千米，占华中地区可监测面积的68.3%，其中轻度浑浊大气、中度浑浊大气以及重度浑浊大气的覆盖面积分别为18.71万平方千米、9.68万平方千米、4.60万平方千米，分别占华中地区可监测面积的38.7%、20.0%以及9.5%。工业化和城市化等因素是导致华中地区大气浑浊度指数高值区产生的主要原因。

东北地区2015年平均大气浑浊度遥感指数等级为较清洁大气，并以较清洁大气为主构成。东北地区大气浑浊度指数高值区主要位于人口密度较高的地区。其中，清洁大气及较清洁大气的面积为70.42万平方千米，占东北地区可监测面积的90.4%，浑浊大气覆盖面积为7.46万平方千米，占东北地区可监测面积的9.6%，其中轻度浑浊大气、中度浑浊大气以及重度浑浊大气的覆盖面积分别为6.43万平方千米、0.77万平方千米、0.26万平方千米，分别占东北地区可监测面积的8.3%、1.0%以及0.3%。除了工业排放外，东北地区大气浑浊度指数高值区还受到冬季供暖化石燃料燃烧的影响。

云贵高原2015年平均大气浑浊度遥感指数等级为较清洁大气，并以较清洁大气为主构成。云贵高原大气浑浊度指数分布呈现东部高西部低、东北部最高西北部最低的特点。其中，清洁大气及较清洁大气的面积为44.93万平方千米，占云贵高原可监测面积的93.9%，浑浊大气覆盖面积为2.94万平方千米，占云贵高原可监测面积的6.1%，其中轻度浑浊大气覆盖面积为2.92万平方千米，占云贵高原可监测面积的6.1%。云贵高原较好的空气质量主要得益于高原地形因素以及远离工业排放的位置优势。

在七个重点区域中，2015年东北地区、云贵高原清洁大气及较清洁大气所占的比例较大，浑浊大气所占比例较小，大气浑浊度等级较低；华北、长三角、珠三角地区清洁大气及较清洁大气所占的比例较小，其浑浊大气所占比例较大，大气浑浊度等级较高。

表1　2015年全国重点区域大气浑浊度各等级覆盖面积

单位：万平方千米

大气浑浊度遥感指数等级	华北地区	长三角	珠三角	四川盆地	华中地区	东北地区	云贵高原
清洁大气	0.18	0.01	0	5.25	0.91	10.60	22.04
较清洁大气	2.90	2.03	0.80	14.15	14.42	59.82	22.89
轻度浑浊大气	4.90	1.54	2.06	9.09	18.71	6.43	2.92
中度浑浊大气	20.87	2.68	0.97	5.01	9.68	0.77	0.02
重度浑浊大气	10.34	3.60	0.82	1.03	4.60	0.26	0

3.2.3 2010~2015年中国大气浑浊度遥感指数监测

2010~2015 年全国平均大气浑浊度等级为较清洁。清洁无污染面积占可监测面积的 68.7%，其中清洁大气占可监测面积的 35.8%，较清洁大气占可监测面积的 32.9%，主要分布在云贵高原、东北等地区。浑浊大气占可监测面积的 31.4%，其中轻度浑浊大气与中度浑浊大气分别占总监测面积的 14.4% 和 8.8%；重度浑浊大气占可监测面积的 8.2%，主要集中分布在华北平原、长江三角洲地区、珠江三角洲地区等，大气浑浊度遥感指数等级较高（见图 10、图 11）。

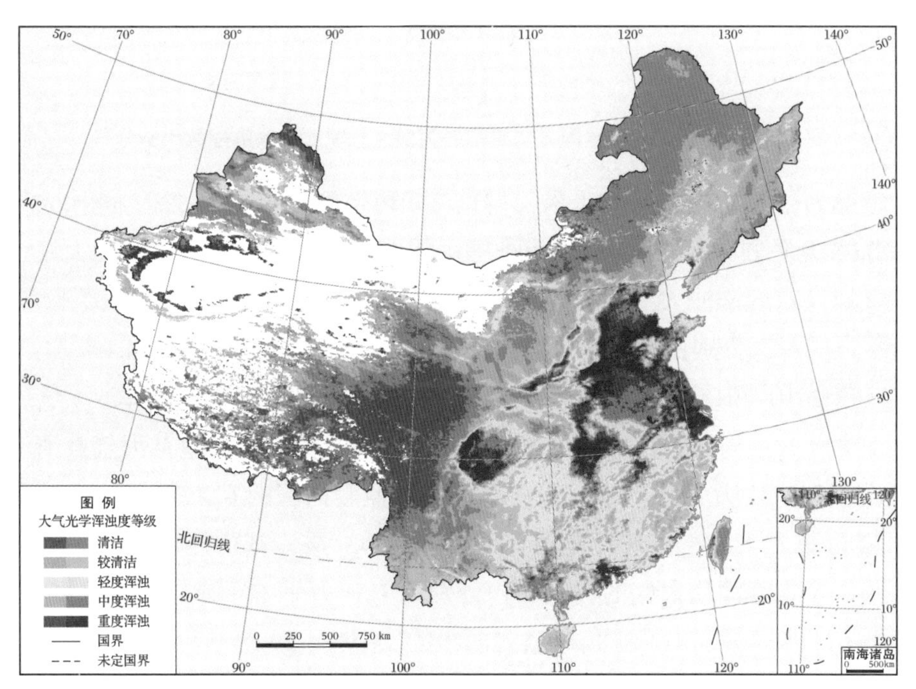

图 10 2010~2015 年全国 6 年平均大气浑浊度遥感指数空间分布

其中，华北地区 2010~2015 年 6 年平均大气浑浊度遥感指数等级为重度浑浊大气，并以重度浑浊大气为主构成。在华北地区大气浑浊度遥感指数等级中，清洁大气及较清洁大气的面积为 2.48 万平方千米，占华北地区可监测面积的 6.3%，浑浊大气覆盖面积为 36.83 万平方千米，占华北地区可监测面积的 93.7%，其中轻度浑浊大气、中度浑浊大气以及重度浑浊大气的覆盖面积分别为 2.15 万平方千米、10.72 万平方千米、23.96 万平方千米，分别占华北地区可监测面积的 5.5%、27.3% 以及 61.0%。

长三角 2010~2015 年 6 年平均大气浑浊度遥感指数等级为中度浑浊大气，并以重度浑浊大气为主构成。在长三角大气浑浊度遥感指数等级中，较清洁大气及清洁

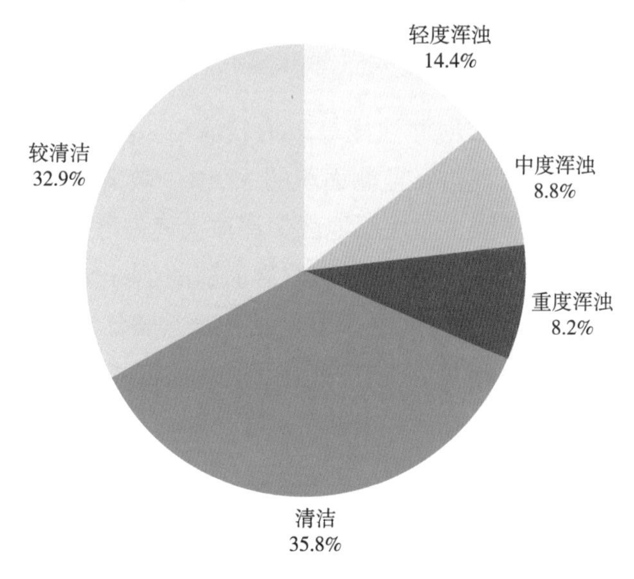

图 11　2010~2015 年全国 6 年平均各等级大气浑浊度遥感指数比例分布

大气的覆盖面积为 1.37 万平方千米，占长三角可监测面积的 13.2%，浑浊大气覆盖面积为 8.98 万平方千米，占长三角可监测面积的 86.8%，其中轻度浑浊大气、中度浑浊大气以及重度浑浊大气的覆盖面积分别为 1.82 万平方千米、2.60 万平方千米、4.56 万平方千米，分别占长三角可监测面积的 17.6%、25.1% 以及 44.1%。

珠三角 2010~2015 年 6 年平均大气浑浊度遥感指数等级为中度浑浊大气，并以轻度浑浊大气为主构成。在珠三角大气浑浊度遥感指数中，较清洁大气及清洁大气的覆盖面积为 0.32 万平方千米，只占珠三角可监测面积的 6.9%，浑浊大气覆盖面积为 4.32 万平方千米，占珠三角可监测面积的 93.1%，其中轻度浑浊大气、中度浑浊大气以及重度浑浊大气的覆盖面积分别为 1.65 万平方千米、1.38 万平方千米、1.29 万平方千米，分别占珠三角可监测面积的 35.5%、29.7% 以及 27.8%。

四川盆地 2010~2015 年 6 年平均大气浑浊度遥感指数等级为轻度浑浊大气，并以较清洁大气为主构成。在四川盆地大气浑浊度遥感指数等级中，清洁大气及较清洁大气的面积为 12.53 万平方千米，占四川盆地可监测面积的 36.3%，浑浊大气覆盖面积为 22.02 万平方千米，占四川盆地可监测面积的 63.7%，其中轻度浑浊大气、中度浑浊大气以及重度浑浊大气的覆盖面积分别为 9.22 万平方千米、6.39 万平方千米、6.41 万平方千米，分别占四川盆地可监测面积的 26.7%、18.5% 以及 18.6%。

华中地区 2010~2015 年 6 年平均大气浑浊度遥感指数等级为轻度浑浊大气，并以轻度浑浊大气为主构成。在华中地区大气浑浊度遥感指数等级中，清洁大气及较清洁大气的面积为 8.83 万平方千米，占华中地区可监测面积的 18.2%，浑浊大气覆盖面积为 39.49 万平方千米，占华中地区可监测面积的 81.8%，其中轻度浑浊大气、中度浑浊大气以及重度浑浊大气的覆盖面积分别为 17.47 万平方千米、13.42 万平方千米、8.60 万平方千米，分别占华中地区可监测面积的 36.2%、27.8% 以及 17.8%。

东北地区 2010~2015 年 6 年平均大气浑浊度遥感指数等级为较清洁大气，并以较清洁大气为主构成。在东北地区大气浑浊度遥感指数等级中，清洁大气及较清洁大气的面积为 71.06 万平方千米，占东北地区可监测面积的 90.7%，浑浊大气覆盖面积为 7.27 万平方千米，占东北地区可监测面积的 9.3%，其中轻度浑浊大气、中度浑浊大气以及重度浑浊大气的覆盖面积分别为 5.82 万平方千米、1.08 万平方千米、0.37 万平方千米，分别占东北地区可监测面积的 7.4%、1.4% 以及 0.5%。

云贵高原 2010~2015 年 6 年平均大气浑浊度遥感指数等级为较清洁大气，并以较清洁大气为主构成。在云贵高原大气浑浊度遥感指数等级中，清洁大气及较清洁大气的面积为 40.56 万平方千米，占云贵高原可监测面积的 84.6%，浑浊大气覆盖面积为 7.42 万平方千米，占云贵高原可监测面积的 15.4%，其中轻度浑浊大气、中度浑浊大气覆盖面积分别为 7.31 万平方千米、0.11 万平方千米，占云贵高原可监测面积的 15.2% 及 0.2%。

在七个重点区域中，2010~2015 年东北地区、云贵高原 6 年平均清洁大气及较清洁大气所占的比例较大，浑浊大气所占比例较小，大气浑浊度等级较低；华北、长三角、珠三角地区清洁大气及较清洁大气所占的比例较小，其浑浊大气所占比例较大，大气浑浊度等级较高（见表 2、图 2）。

表 2 2010~2015 年全国重点区域大气浑浊度各等级覆盖面积

单位：万平方千米

大气浑浊度遥感指数等级	华北地区	长三角	珠三角	四川盆地	华中地区	东北地区	云贵高原
清洁大气	0.07	0.01	0	3.06	0.40	21.09	14.19
较清洁大气	2.41	1.36	0.32	9.47	8.43	49.97	26.37
轻度浑浊大气	2.15	1.82	1.65	9.22	17.47	5.82	7.31
中度浑浊大气	10.72	2.60	1.38	6.39	13.42	1.08	0.11
重度浑浊大气	23.96	4.56	1.29	6.41	8.60	0.37	0

3.2.4 2010~2015年中国及重点区域大气浑浊度逐年变化趋势

从时间趋势上，2010~2015 年全国平均大气浑浊度在整体上呈现降低的趋势，空气质量在 6 年尺度上有所改善，其中，2011 年全国平均大气浑浊度指数最高（5 级），属于轻度浑浊大气。2015 年全国平均大气浑浊度指数最低（4 级），属于较清洁大气。2015 年全国大气浑浊度遥感指数与 2011 年相比下降了 19.5%，与 2010 年相比下降了 6%（见图 13）。

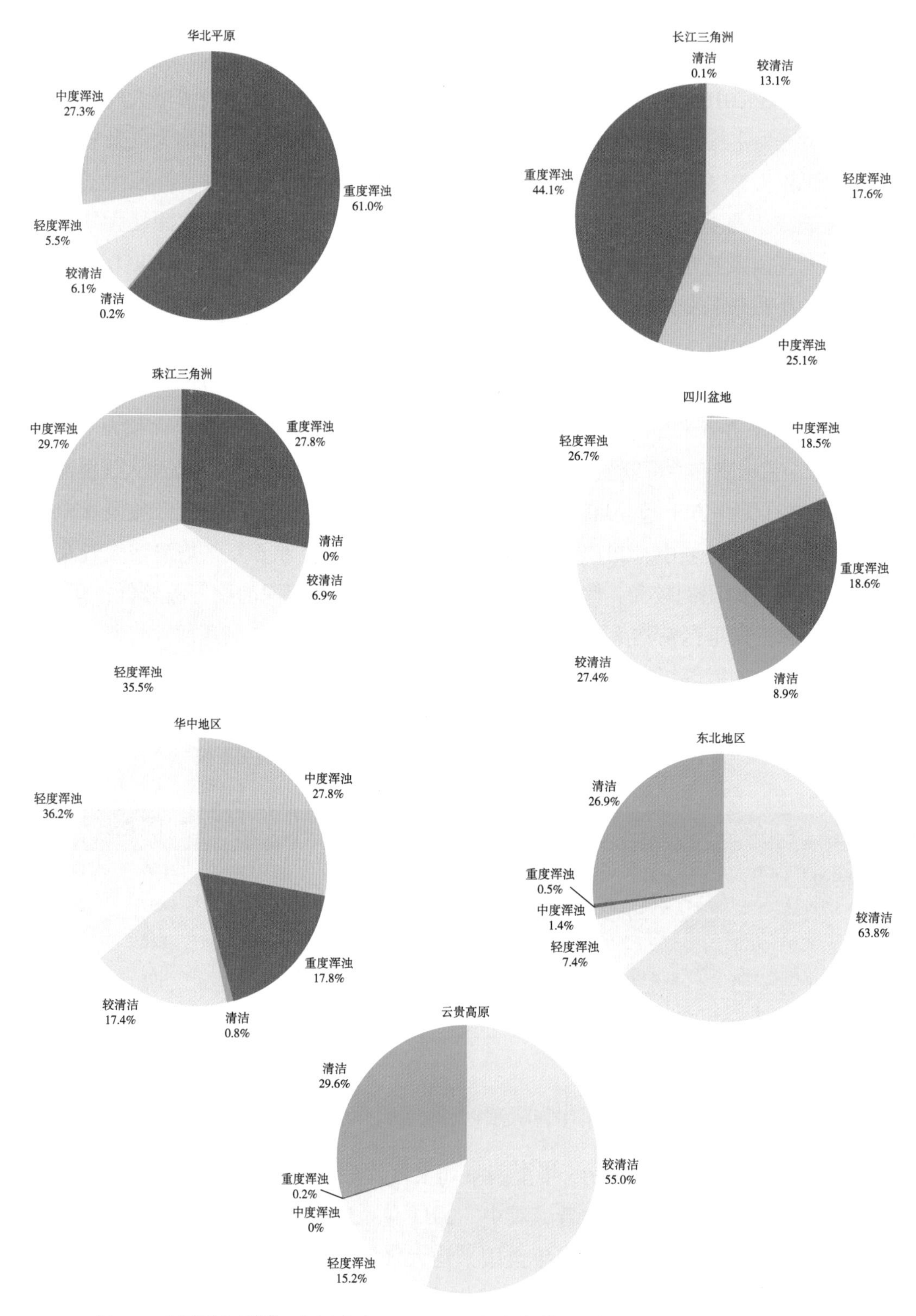

图 12　全国重点区域 6 年平均（2010~2015 年）各等级大气浑浊度遥感指数比例分布

2010 年全国大气浑浊度遥感指数空间分布

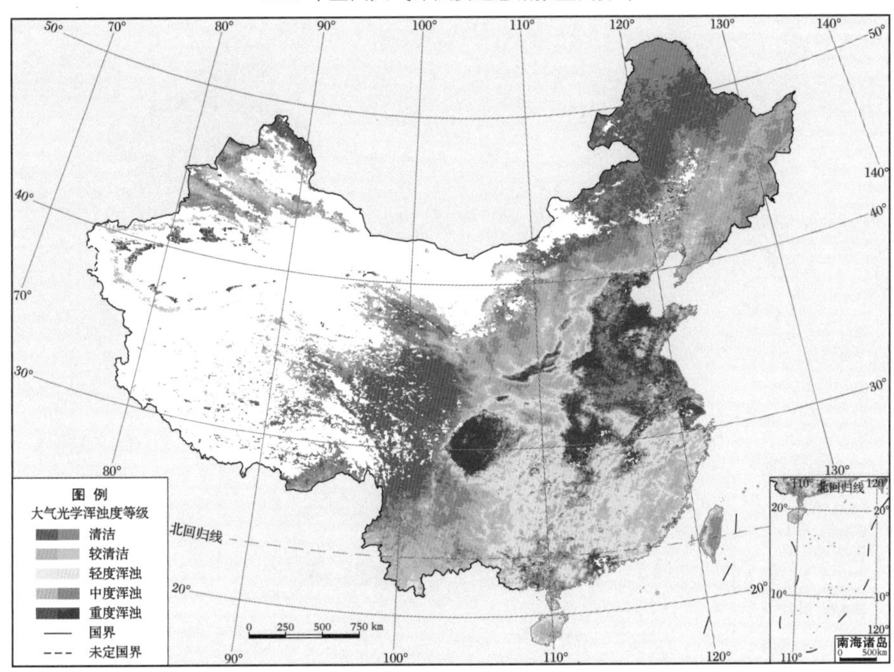

2011 年全国大气浑浊度遥感指数空间分布

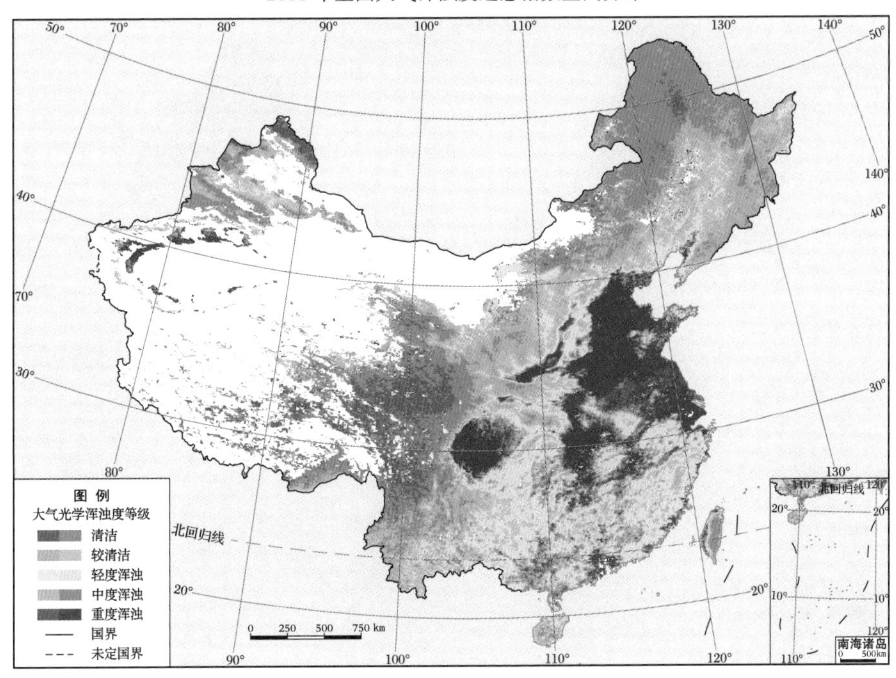

2012 年全国大气浑浊度遥感指数空间分布

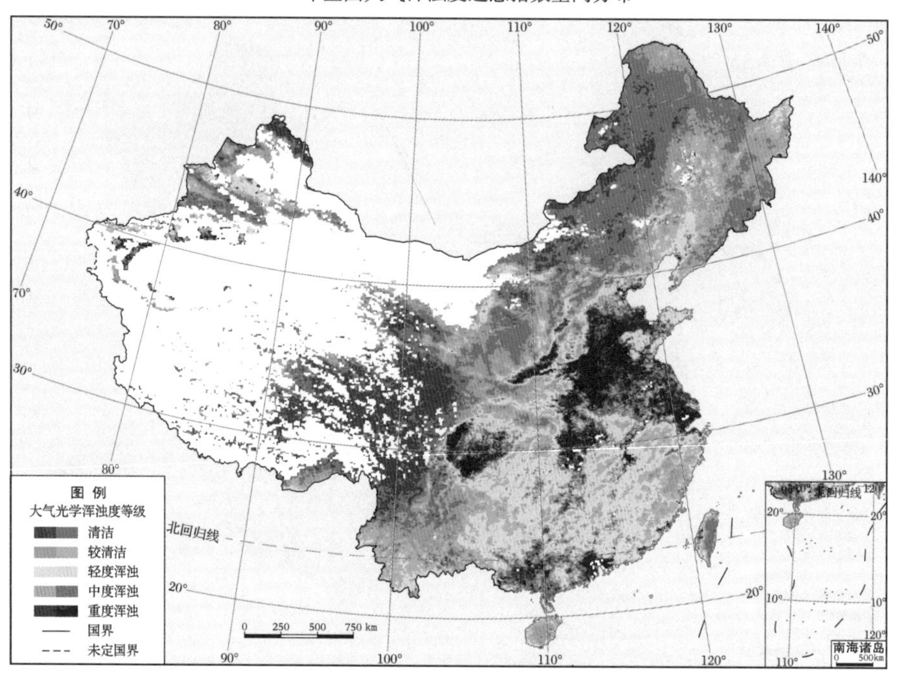

2013 年全国大气浑浊度遥感指数空间分布

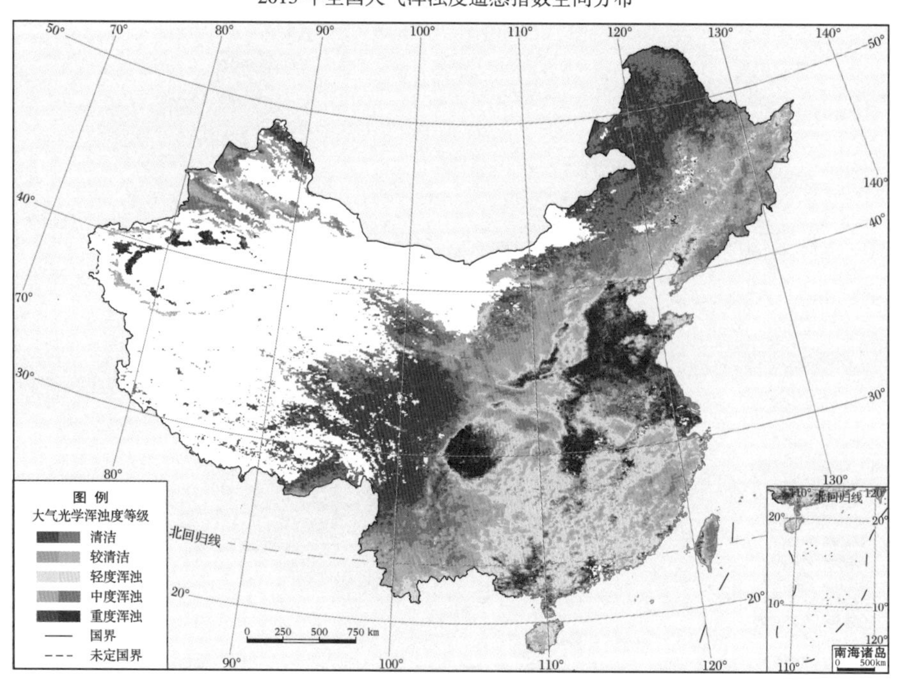

2014 年全国大气浑浊度遥感指数空间分布

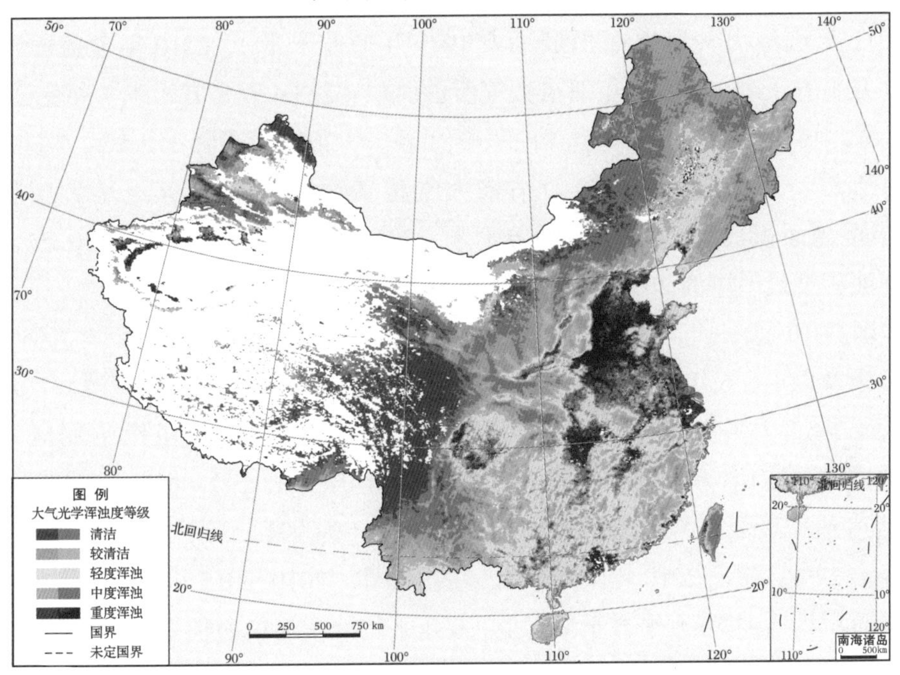

2015 年全国大气浑浊度遥感指数空间分布

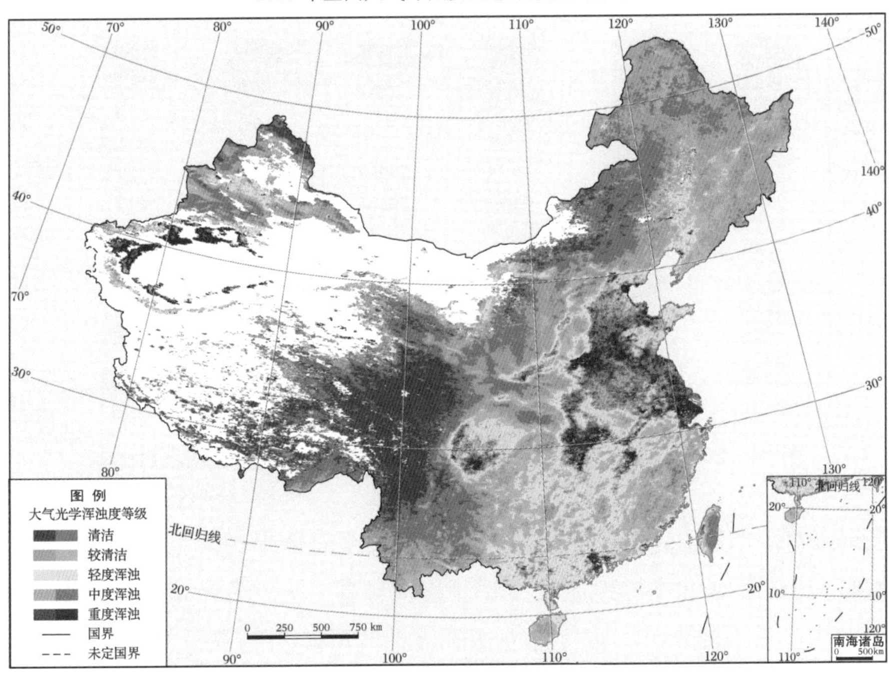

图 13 2010~2015 年全国大气浑浊度遥感指数空间分布

2010~2015 年全国大气浑浊度遥感指数等级覆盖面积呈现如下特点及趋势。

2011 年清洁大气覆盖面积最小（208.5 万平方千米），2010 年覆盖面积最大（255.0 万平方千米），2015 年清洁大气所占面积（233.4 万平方千米）相比 2011 年上升了 11.9%，相比清洁大气覆盖面积峰值年——2012 年下降了 8.5%。

对于较清洁大气，2010 年较清洁大气覆盖面积最小（196.4 万平方千米），2015 年覆盖面积最大（275.5 万平方千米，2015 年比 2010 年上升了 40.3%，相比大气浑浊程度最严重的 2011 年上升了 34.5%。

全国 2010~2015 年浑浊大气（轻度浑浊大气及以上）的覆盖面积均达到 190 万平方千米及以上，6 年平均值为 225.5 万平方千米。其中，2011 年浑浊大气覆盖面积最大（265.8 万平方千米）。随后污染面积呈逐年降低趋势，虽然在 2014 年有小幅度的回弹（221.0 万平方千米，相比 2013 年上升了 1.4%），但是 2015 年污染面积仍然达到了最低水平，低于 200 万平方千米，为 194.1 万平方千米，相比 2011 年下降了 27%，相比 2010 年下降了 12.4%。此外，2010~2015 年全国重度浑浊大气的覆盖面积均达到 30 万平方千米以上，6 年平均严重污染面积为 57.7 万平方千米。其中，2011 年严重污染面积最大，为 89.8 万平方千米，随后逐年降低，于 2015 年达到最低值（32.4 万平方千米），相比 2011 年下降了 63.9%，相比 2010 年下降了 46.8%（见图 14）。

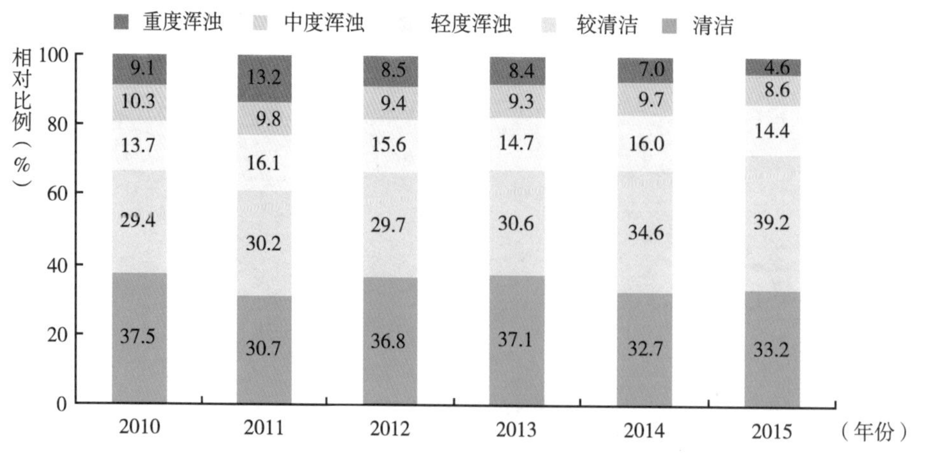

图 14　2010~2015 年全国大气浑浊度遥感指数等级覆盖面积相对比例

在 6 年时间尺度上，华北平原平均大气浑浊度总体呈现降低的趋势，空气质量有所改善。2011 年华北平原地区大气浑浊程度最高，大气浑浊度遥感指数是最严重的 10 级，为严重浑浊大气，重度浑浊达到该地区可监测面积的 82.7%，这一年清洁大气覆盖面积也最小。其余 5 年的大气浑浊度遥感指数均为 8 级，为中度浑浊大气。

其中，2012 年清洁大气覆盖面积最大，为 1.3 万平方千米。2015 年重度浑浊大气所占面积最小，为 10.3 万平方千米，相比浑浊程度最严重的 2011 年减少了 68.1%。

2010~2015 年华北平原重度浑浊大气覆盖面积变化明显。6 年平均的严重污染面积为 20.9 万平方千米。6 年间严重污染面积缩小，空气质量显著升高。其中，2011 年严重污染面积最大，为 32.3 万平方千米，2015 年严重污染面积最小，相比 2011 年和 2010 年分别下降了 68.1% 和 48.5%。

2010~2015 年华北平原地区浑浊大气（轻度浑浊大气及以上）的平均覆盖面积为 36.7 万平方千米，随时间变化幅度不大。其中，2011 年覆盖面积最大，为 37.9 万平方千米，随后面积呈现下降趋势，2012 年污染面积最小，为 35.7 万平方千米，相比 2011 年下降了 5.8%。

对于较清洁大气，华北平原地区 2011 年较清洁大气覆盖面积最小，为 1.1 万平方千米；2015 年覆盖面积最大，达到了 2.9 万平方千米，相比 2011 年增加了 163.6%（见图 15）。

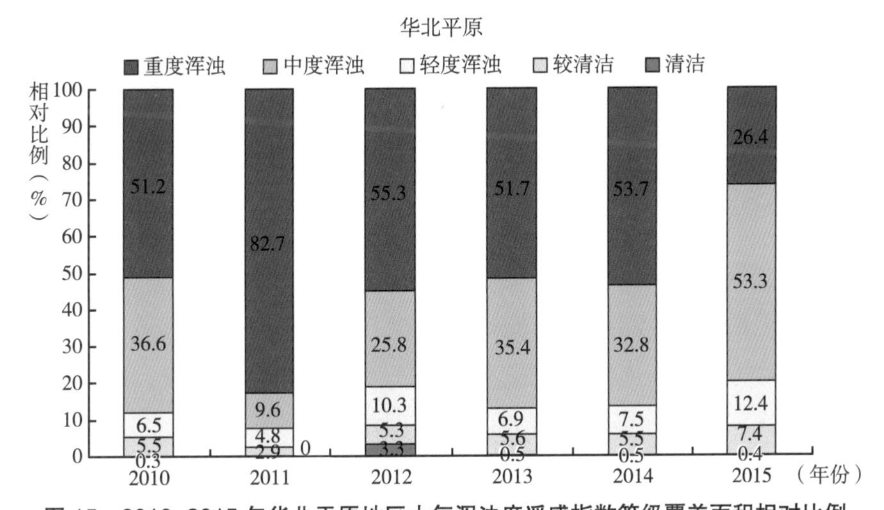

图 15　2010~2015 年华北平原地区大气浑浊度遥感指数等级覆盖面积相对比例

长三角地区大气浑浊程度较高，清洁大气覆盖的面积极少。2011 年大气浑浊度等级高达 9 级，属于重度浑浊大气，该年重度浑浊覆盖面积达到峰值，占了该地区可监测面积的 63.1%。在 2015 年虽然有所改善，但大气浑浊度等级依旧较高，为 7 级，属于中度浑浊大气。

2010~2015 年长三角地区浑浊大气（轻度浑浊大气及以上）的平均覆盖面积为 9.0 万平方千米。2011 年污染面积最大，为 10.1 万平方千米。随后污染面积呈现下降趋势。2015 年污染面积最小，为 7.8 万平方千米，相比 2011 年下降了 22.8%。

2010~2015 年长三角地区重度浑浊大气覆盖面积变化明显。6 年平均的严重污染面积为 4.55 万平方千米。2011 年严重污染面积最大，为 6.6 万平方千米。2011 年后呈现逐年下降趋势。2015 年严重污染面积达到最低值，为 3.6 万平方千米，相比 2011 年下降了 45.5%，大气环境与浑浊度改善明显。但是相比 2010 年有小幅度的上升（上升了 2.0%）。

对于较清洁大气，2011 年较清洁大气覆盖面积最小，为 0.3 万平方千米，2015 年最大，为 2.5 万平方千米，相比 2011 年上升了 733.3%，相比 2010 年上升了 127.3%（见图 16）。

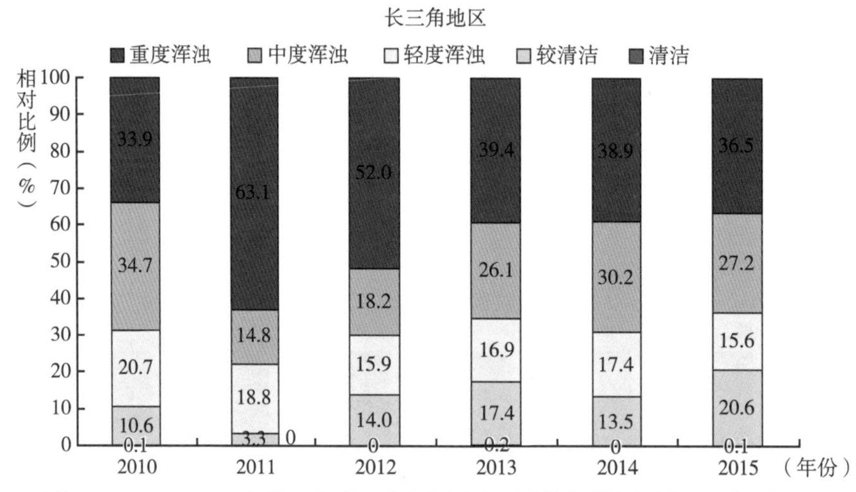

图 16　2010~2015 年长三角地区大气浑浊度遥感指数等级覆盖面积相对比例

珠三角地区平均大气浑浊度在整体上呈现下降趋势，空气质量有所改善。2011 年珠三角地区大气浑浊度遥感指数最高，大气浑浊度等级为 8 级，属于中度浑浊大气。2015 年大气浑浊度等级为 6 级，属于轻度浑浊大气。

2010~2015 年清洁大气覆盖的面积极少，对于较清洁大气，2011、2012 年较清洁大气覆盖面积最小，为 0.1 万平方千米，2015 年较清洁大气覆盖面积最大，为 0.8 万平方千米，相比 2011、2012 年增大了七倍。

2010~2015 年珠三角地区浑浊大气（轻度浑浊大气及以上）的平均覆盖面积为 4.3 万平方千米。6 年时间尺度上呈现逐年降低的趋势。2011、2012 年达到最高，且污染面积相当，为 46 万平方千米，2015 年污染面积最小，为 3.8 万平方千米，相比 2011 年和 2012 年下降了 91.7%。

2010~2015 年珠三角地区重度浑浊大气各年间变化明显。2011 年后总体呈现逐年下降趋势。2012 年严重污染面积最大，为 1.8 万平方千米。2015 年严重污染面积达到最低，为 0.7 万平方千米，相比 2012 年下降了 61.1%，相比大气浑浊程度最严重的 2011 年下降了 56.3%。严重污染平均覆盖面积为 1.3 万平方千米（见图 17）。

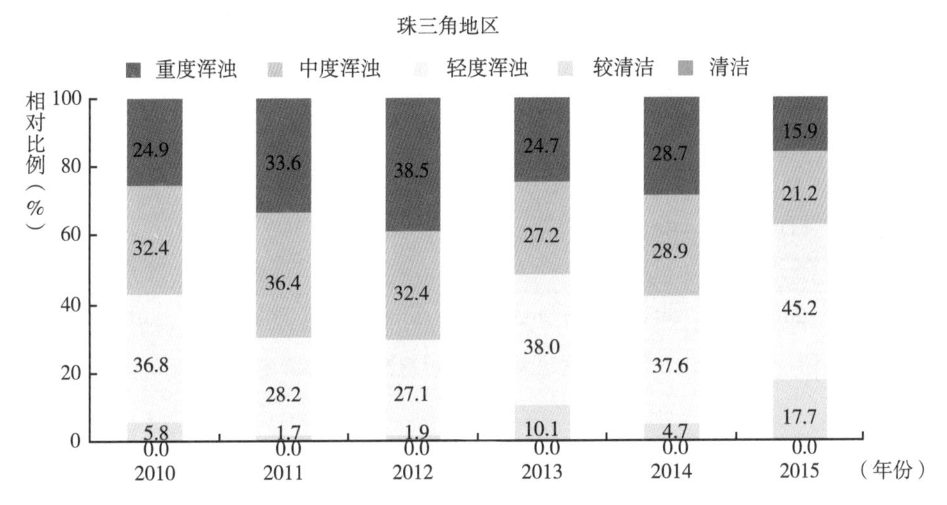

图 17　2010~2015 年珠三角地区大气浑浊度遥感指数等级覆盖面积相对比例

6 年间四川盆地大气浑浊度指数等级呈现每两年下降一级的趋势。其中，2010 年和 2011 年大气浑浊度指数等级最高，为 7 级中度浑浊大气。2012 年和 2013 年大气浑浊度指数等级为 6 级轻度浑浊大气。2014 年和 2015 年大气浑浊度指数等级最低，为 5 级轻度浑浊大气。

2010~2015 年四川盆地浑浊大气（轻度浑浊大气及以上）的平均覆盖面积为 20.9 万平方千米。6 年时间尺度上呈现逐年降低的趋势。2011 年达到最高，为 25.1 万平方千米，2015 年污染面积最小，为 15.1 万平方千米，相比 2010 年下降了 39.8%。

2010~2015 年四川盆地重度浑浊大气面积各年间变化明显，总体呈现逐年下降趋势。2010 年严重污染面积最大，为 10.3 万平方千米。2015 年严重污染面积达到最低，为 1.0 万平方千米，相比大气浑浊程度最严重的 2010 年下降了 90.3%。

2010~2015 年清洁大气覆盖的面积很少。对于较清洁大气，2010 年较清洁大气覆盖面积最小，为 6.5 万平方千米，2015 年较清洁大气覆盖面积最大，为 14.1 万平方千米，相比 2010 年增大了 116.9%（见图 18）。

6 年间华中地区大气浑浊度指数等级呈现下降趋势。其中，2011 年大气浑浊度指数等级最高，为 8 级中度浑浊大气。2011 年后，中度和重度浑浊大气覆盖面积呈现逐年降低的趋势，同时轻度浑浊和较清洁大气覆盖面积逐年增加。

2013~2015 年大气浑浊度指数等级最低，为 6 级轻度浑浊大气。

2010~2015 年华中地区浑浊大气（轻度浑浊大气及以上）的平均覆盖面积为

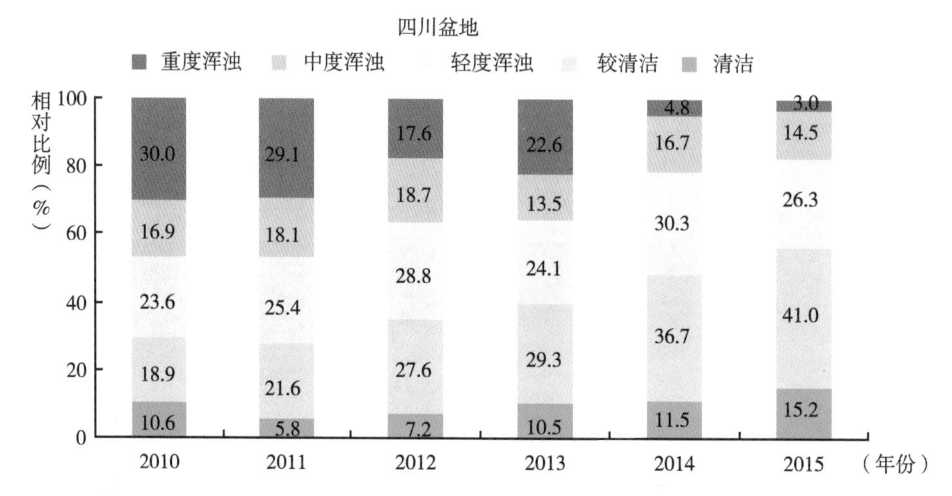

图 18　2010~2015 年四川盆地大气浑浊度遥感指数等级覆盖面积相对比例

38.1 万平方千米。6 年时间尺度上呈现逐年降低的趋势。2011 年达到最高，为 42.6 万平方千米，2015 年污染面积最小，为 33 万平方千米，相比 2011 年下降了 22.5%。

2010~2015 年华中地区重度浑浊大气面积各年间变化明显，总体呈现逐年下降趋势。2011 年严重污染面积最大，为 10.3 万平方千米。2015 年严重污染面积达到最低，为 1.0 万平方千米，相比大气浑浊程度最严重的 2011 年下降了 90.3%。

2010~2015 年清洁大气覆盖的面积很少。对于较清洁大气，2011 年较清洁大气覆盖面积最小，为 6.5 万平方千米，2015 年较清洁大气覆盖面积最大，为 14.1 万平方千米，相比 2011 年增大了 116.9%（见图 19）。

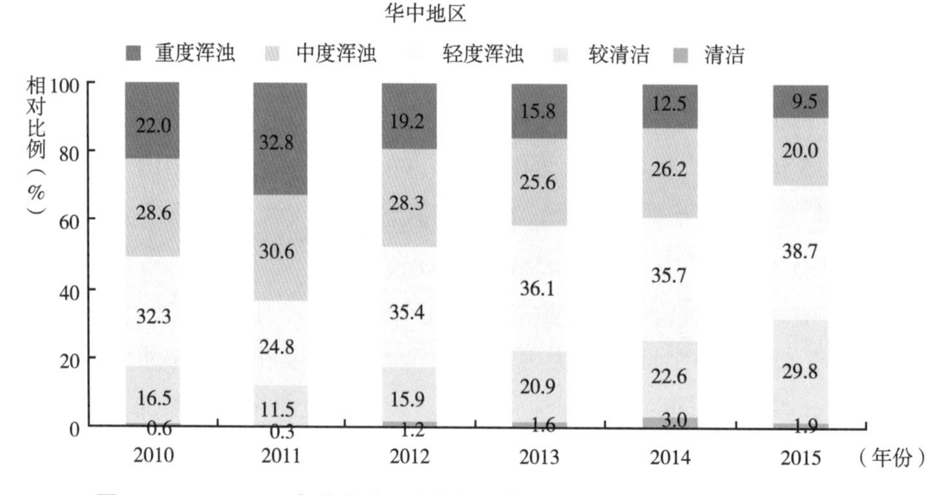

图 19　2010~2015 年华中地区大气浑浊度遥感指数等级覆盖面积相对比例

2010~2015 年东北地区大气较为清洁，除了 2014 年为 4 级较清洁大气，其他年份均为 3 级较清洁大气。

6 年间重度浑浊和中度浑浊大气覆盖面积很少。轻度浑浊大气覆盖面积各年间变化明显。2010 年轻度浑浊大气覆盖面积最小，为 3 万平方千米。2014 年最大，为 14.5 万平方千米，相比 2010 年增加了 383.3%。

2010~2015 年较清洁大气覆盖面积总体呈现上升趋势。2010 年面积最小，为 33.6 万平方千米。2015 年最大，为 59.8 万平方千米，相比 2010 年增加了 78.0%。

2010~2015 年清洁大气覆盖的面积总体呈现下降趋势。2010 年清洁大气覆盖面积最大，为 39.5 万平方千米。2014 年覆盖面积最小，为 10.6 万平方千米，相比 2010 年下降了 73.2%（见图 20）。

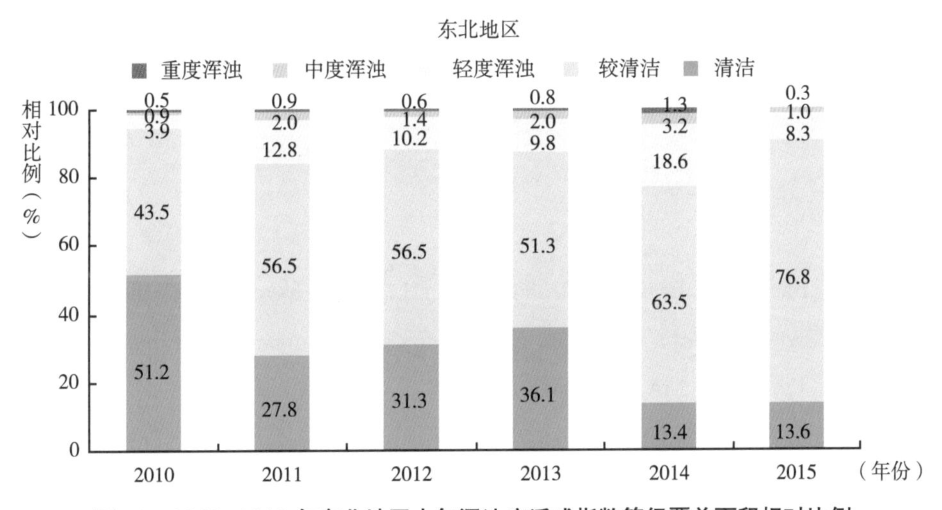

图 20　2010~2015 年东北地区大气浑浊度遥感指数等级覆盖面积相对比例

6 年间云贵高原大气浑浊度指数等级为较清洁大气。其中，2011 年和 2012 年最高，为 4 级较清洁大气，其他年份为 3 级较清洁大气。

2010~2015 年重度浑浊和中度浑浊大气覆盖面积很少。轻度浑浊大气覆盖面积呈现逐年降低趋势。2011 年轻度浑浊大气覆盖面积最大，为 11.8 万平方千米。2015 年最小，为 2.9 万平方千米，相比 2011 年减少了 75.4%。

6 年间较清洁大气覆盖面积变化不明显。清洁大气覆盖面积总体呈现上升趋势。其中，2010~2012 年逐年下降，2012 年清洁大气覆盖面积最小，为 11.4 万平方千米。2013~2015 年逐年增加，2015 年清洁大气覆盖面积最大，为 22 万平方千米，相比 2012 年增加了 93.0%（见图 21）。

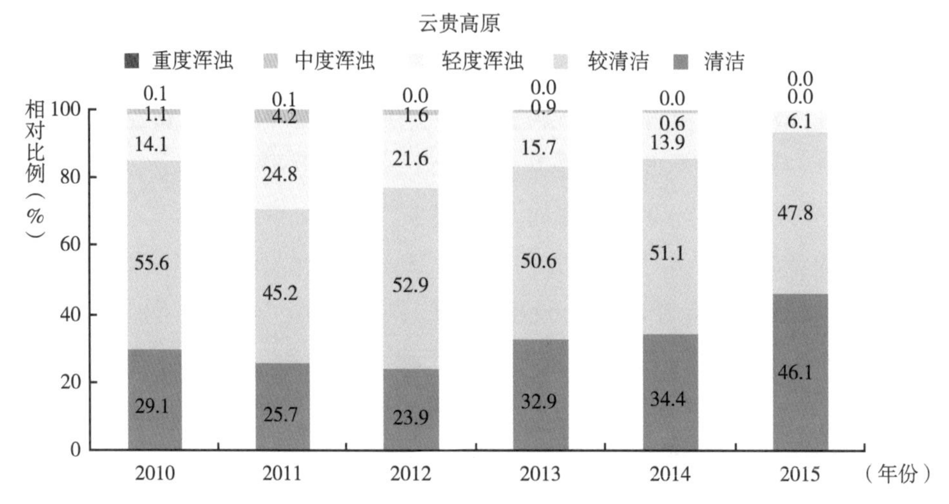

图 21　2010~2015 年云贵高原大气浑浊度遥感指数等级覆盖面积相对比例

参考文献

[1] Boersma, F., Bucsela, E., Brinksma, E. and Gleason, J.F., 2002. NO_2. In: K. Chance (Editor), *OMI Algorithm Theoretical Basis Document, OMI Trace Gas Algorithms. Smithsonian Astrophysical Observatory*, Cambridge, MA, pp. 13-48.

[2] Boersma, K.F., Eskes, H.J., Veefkind, J.P., Brinksma, E.J., van der A, R.J., Sneep, M., van den Oord, G.H.J., Levelt, P.F., Stammes, P., Gleason, J.F. and Bucsela, E.J., 2007. "Near-Real Time Retrieval of Tropospheric NO_2 from OMI". *Atmospheric Chemistry and Physics*, 7(8): 2103-2118.

[3] Boersma K F, Jacob D J, Bucsela E J, et al. "Validation of OMI Tropospheric NO_2 Observations during INTEX-B and Application to Constrain NOx Emissions over the Eastern United States and Mexico". *Atmospheric Environment*, 2008, 42(19): 4480-4497.

[4] Boersma K F, Jacob D J, Trainic M, et al. "Validation of Urban NO_2 Concentrations and Their Diurnal and Seasonal Variations Observed from Space (SCIAMACHY and OMI sensors) using in Situ Measurements in Israeli Cities". *Atmos Chem Phys Discuss*, 2009, 9(1): 4301-4333.

[5] Bucsela E J, Perring A E, Cohen R C, et al. "Comparison of Tropospheric NO_2 from in Situ Aircraft Measurements with Near-Real-Time and Standard Product Data from OMI". *J Geophys Res*, 2008, 113: D16S31.

[6] Chen, L.F., Tao, J. H., Wang, Z. F., Li, S. S., Han, D., Yu, C., Zhang, Y., Su, L., 2009. "Monitoring of Air Quality during Haze Days in Beijing and its Surround Area during Olympic Games".

Journal of Atmoshperic and Environmental Optics, 4(4): 256-265.

[7] Martin R V, Jacob D J, Chance K, Kurosu T P, Palmer P I and Evans M J. "Global Inventory of Nitrogen Oxide Emissions Constrained by Space-Based Observations of NO_2 Columns". *Journal of Geophysical Research*, 2003, 108(D17): 4537-4548.

[8] Martin R V, Parrish D D, Ryerson T B, et al. Evaluation of GOME Satellite Measurements of Tropospheric NO_2 and HCHO Using Regional Data from Aircraft Campaigns in the Southeastern United States". *J Geophys Res*, 2004, 109: D24307.

[8] Remer, L. A., Kaufman, Y. J., Tanré, D., Mattoo, S., Chu, D. A., Martins, J. V., Li, R.-R., Ichoku, C., Levy, R. C., Kleidman, R. G., Eck, T. F., Vermote, E., Holben, B. N.: "The MODIS Aerosol Algorithm, Products, and Validation", *Journal of Atmospheric Sciences*, 2005(4).

[9] Sapkota B., Dhaubhadel R."Atmospheric Turbidity over Kathmandu Valley", *Atmospheric Environment*, 2002(8).

[10] 沈志宝、文军:《沙漠地区春季的大气浑浊度及沙尘大气对地面辐射平衡的影响》,《高原气象》1994 年第 3 期。

[11] 田文寿、黄建国、陈长和:《兰州西固地区冬季太阳辐射与大气浑浊度》,《高原气象》1995 年第 4 期。

G. 4
2010~2015年中国粮食生产形势

中国粮食生产形势监测所使用的遥感数据包括中国环境与减灾监测预报小卫星星座（HJ-1A/B）、高分一号（GF-1）、资源一号（ZY-1）02C星、资源三号（ZY-3）、风云二号（FY-2）、风云三号（FY-3）气象卫星，以及美国对地观测计划系统的陆地星和海洋星的中分辨率成像光谱仪（MODIS）、热带测雨卫星（TRMM）数据。分析过程中所使用的参数数据包括归一化植被指数（NDVI）、温度、光合有效辐射（PAR）、降水、植被健康指数（VHI）、潜在生物量等，在此基础上采用农业气象指标、复种指数（CI）、耕地种植比例（CALF）、最佳植被状况指数（VCIx）、作物种植结构、时间序列聚类分析以及NDVI过程监测等方法进行四种大宗粮油作物（玉米、小麦、水稻和大豆）的生长环境评估、长势监测以及生产与供应形势分析。针对中国粮食主产区，综合利用农业气象条件指标和农情指标（最佳植被状况指数、耕地种植比例和复种指数）分析作物种植强度与胁迫因子在作物生育期内的变化特点，阐述与其相关的影响因素。

中国大宗粮油作物主产区的确定参考了孙颔主编的《中国农业区划方案》以及国家测绘局编制的《中华人民共和国地图（农业区划版）》，选用其中覆盖中国主要粮油作物产区的七个农业分区作为分析单元（见图1），包括东北区、内蒙古及长城沿线区、黄淮海区、黄土高原区、长江中下游区、西南区和华南区，上述区域大宗粮油作物产量占全国同类作物产量的80%以上。

1. 农业环境指标获取

农业环境指标包括环境三要素（降水、温度、PAR）和潜在生物量，为粮油作物生产形势等农情分析提供大范围的全球环境背景信息。农业环境指标的计算基于25千米空间分辨率的光、温、水数据，利用多年平均潜在生物量作为权重（像元的潜在生产力越高，权重值越大），结合耕地掩膜计算降水、温度和PAR在不同区域以及用户定义时段内的累积值。其中，降水、温度、PAR等因子并不是实际的环境变量，而是在各个农业生态区的耕地上经农业生产潜力加权平均后的指标。例如，具有较高农业生产潜力地区的降水指标是对该区耕地面积上的平均降水赋予较高权重值，进行加权平均计算得出的一个表征指标；温度、PAR指标的计算与此类似。

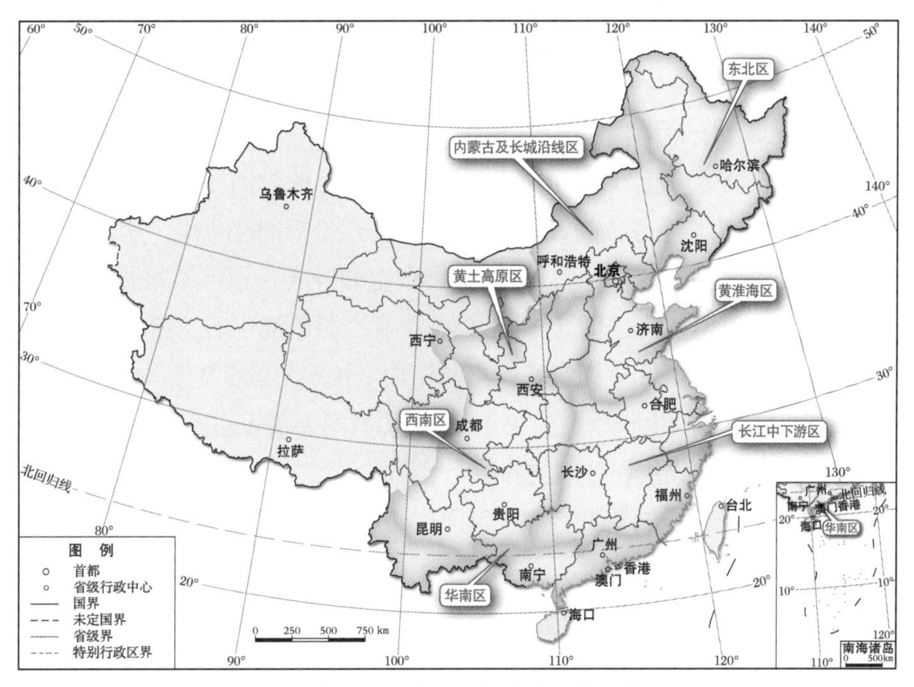

图 1　中国大宗粮油作物主产区监测范围

2. 复种指数（CI）提取

复种指数（CI）是考虑同一田地上一年内接连种植两季或两季以上作物的种植方式，是描述耕地在生长季中利用程度的指标，通常以全年总收获面积与耕地面积比值计算，也可以用来描述某一区域的粮食生产能力。本报告采用经过平滑后的 MODIS 时间序列 NDVI 曲线，提取曲线峰值个数、峰值宽度和峰值等指标，计算耕地复种指数。

3. 耕地种植比例（CALF）计算

报告引入耕地种植比例是为了明确用户关心时期内，特定区域内的耕地播种面积变化情况。基于像元 NDVI 峰值、多年 NDVI 峰值均值（NDVIm）以及标准差（NDVIstd），利用阈值法和决策树算法区分耕种与未耕种耕地。

4. 植被状况分析

报告基于 Kogan 提出的植被状况指数（VCI），采用最佳植被状况指数（VCIx）来描述监测期内当前的最佳植被状况与历史同期的比较。最佳植被状况指数的值越高，代表研究期内作物生长状态越好，最佳植被状况指数大于 1 时，说明监测时段的作物长势超过历史最佳水平。因此，最佳植被状况指数更适宜描述生育期内的作物状况。

5. 植被健康指数（VHI）

植被健康指数（VHI）可以有效地指示作物生长受水分胁迫的状况。本报告利用科根（Kogan）提出的温度状态指数（TCI）和植被状态指数（VCI），采用加权的方法计算 VHI。当作物生长期 VHI 小于 35 天且降水距平为负值时，说明监测时段的作物生长受到旱情影响。

6. 时间序列聚类分析

时间序列聚类方法是自动或半自动地比较各像元的时间序列曲线，把具有相似特征曲线的像元归为同一类别，最终输出不同分类结果的过程。这种方法的优势在于能够综合分析时间序列数据，捕捉其典型空间分布特征。本报告应用比利时法兰德斯研究院（VITO）为欧盟联合研究中心农业资源监测中心（JRC/MARS）开发的 SPIRITS 软件，对 NDVI 时间序列影像（当前作物生长季与近 5 年平均数的差值）以及降水量和温度（当前作物生长季与过去 14 年平均数的差值）进行了时序聚类分析。

7. 基于NDVI的作物生长过程监测

基于 NDVI 数据，绘制研究区耕地面积上的平均 NDVI 值时间变化曲线，并与该区上一年度、近 5 年平均数、近 5 年最大 NDVI 的过程曲线进行对比分析，以此反映研究区作物长势的动态变化情况。

8. 作物种植结构采集

作物种植结构是指在某一行政单元或区域内，每种作物的播种面积占总播种面积的比例，该指标仅用于中国的作物种植面积估算。作物种植结构数据通过利用种植成数地面采样仪器（GVG）在特定区域内开展地面观测，来估算该区域各种作物的种植比例。

9. 作物种植面积估算

利用作物种植比例和作物种植结构对播种面积进行估算。中国的耕地种植比例基于高分辨率的环境星（HJ-1 CCD）数据和高分一号（GF-1）数据，通过非监督分类获取中国的作物种植结构，通过 GVG 系统由田间采样获取。

10. 作物总产量估算

CropWatch 基于上一年度的作物产量，通过对当年作物单产和面积相比上一年变化幅度的计算，估算当年的作物产量。计算公式如下：

$$\text{总产}_i = \text{总产}_{i-1} \times (1+\Delta\ \text{单产}_i) \times (1+\Delta\ \text{面积}_i)$$

式中，i 代表关注年份，分别为当年单产和面积相比上一年的变化比例。

各种作物的总产量通过单产与面积的乘积进行估算，公式如下：

$$\text{总产} = \text{单产} \times \text{面积}$$

11. 数据验证

中国的观测站点包括山东禹城、黑龙江红星农场、广东台山、河北衡水、浙江德清等试验站；另外，通过与正大集团以及中国科学院东北地理所的合作，获取了中国 2000 多个样方的作物单产调查数据，为国内省级尺度的作物生产形势监测提供了数据与验证支持。

4.1 2015年中国粮食生产形势

4.1.1 中国夏粮作物长势

2015 年越冬期内，适宜的农业气候条件使得夏粮作物顺利越冬。越冬期后，湖北省由于遭受持续阴雨天气，作物成熟和产量的形成受到影响，长势不及 2014 年和近 5 年平均水平。江苏北部和安徽北部，降雨之后的大风天气导致部分小麦倒伏，长势偏差。其余夏粮主产区作物长势总体处于或好于平均水平。至 2015 年 5 月上旬，大部分冬小麦处于抽穗至灌浆的关键期，农业气象条件总体良好，2015 年夏粮作物长势好于 2014 年。

农业旱情遥感监测结果显示（见图 2），安徽南部、湖南东北部和陕西中部受轻度水分胁迫的影响，其余地区水分条件良好，总体有利于作物播种和生长，山东西部和河南大部分地区作物健康状况明显好于其他区域。

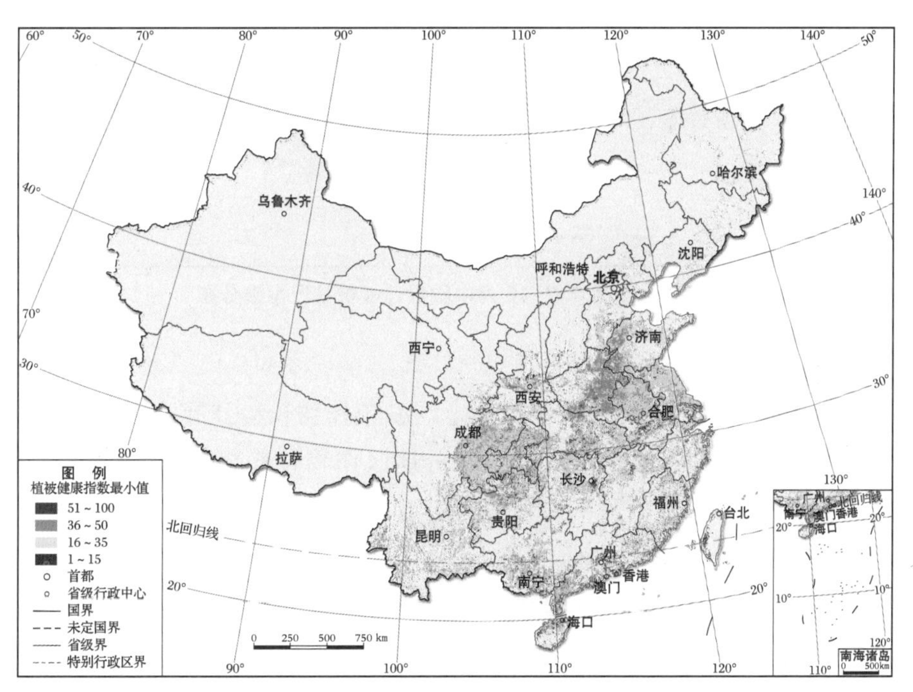

图 2　2015 年夏粮生育期内植被健康指数最小值

4.1.2 中国秋粮作物长势

综合利用最佳植被状况指数和全国作物长势实时监测方法开展全国秋粮作物长

势遥感监测。最佳植被状况指数图显示（见图 3），中国南方和东北地区的最佳植被状况指数高于其他地区，最佳植被状况指数低值区主要分布于华中和华北地区。宁夏中部和陕西北部地区最佳植被状况指数最低，表明该地区秋粮作物长势较差。东北地区虽然农业气象指数处于平均水平，但作物长势处于平均水平之上，秋粮作物单产较 2014 年有所增加。

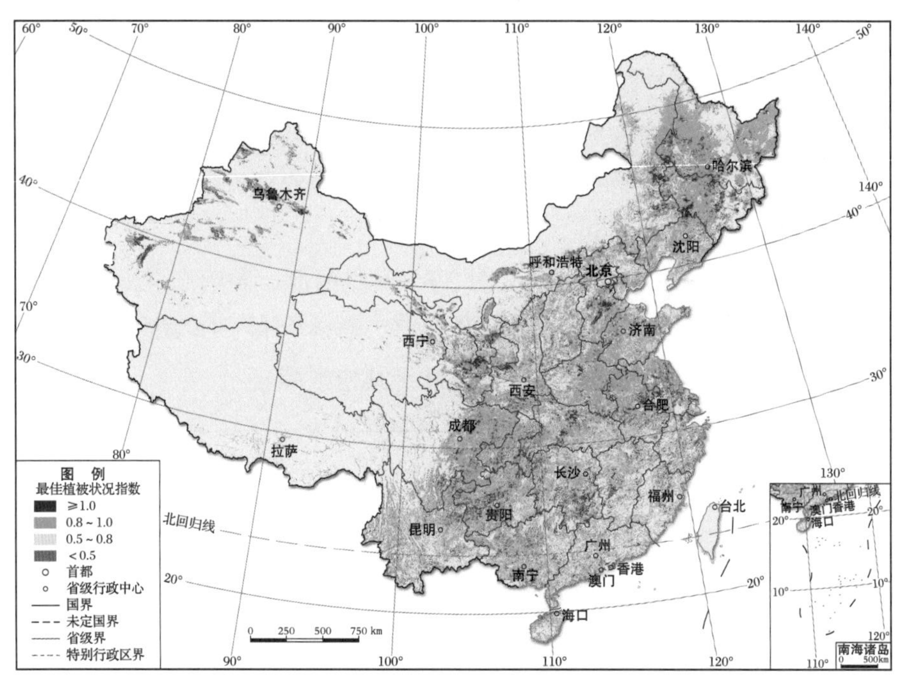

图 3　2015 年 7~10 月中国最佳植被状况指数分布

利用 2015 年 9 月中旬的遥感数据对全国秋粮作物长势开展监测（见图 4），监测结果显示，9 月中旬，水稻主产区大部分地区作物长势与近 5 年平均水平持平，局部地区作物长势好于或不及平均水平。四川与重庆交界地区长势明显好于平均水平；河南南部地区、湖北西部地区及广东与广西南部地区长势低于平均水平。玉米主产区作物长势总体与过去 5 年平均水平相当。局部地区玉米长势较差，辽宁西部受旱情影响，长势明显不及平均水平；陕西中部及山西南部地区长势低于平均水平。黑龙江大部及吉林西北部地区大豆长势略好于近 5 年平均水平，内蒙古东北部大豆长势略低于平均水平。

总体上，虽然 2015 年秋粮作物生育期内病虫害发生状况偏重，但并未对作物长势产生严重影响，2015 年秋粮作物总体处于平均水平之上。

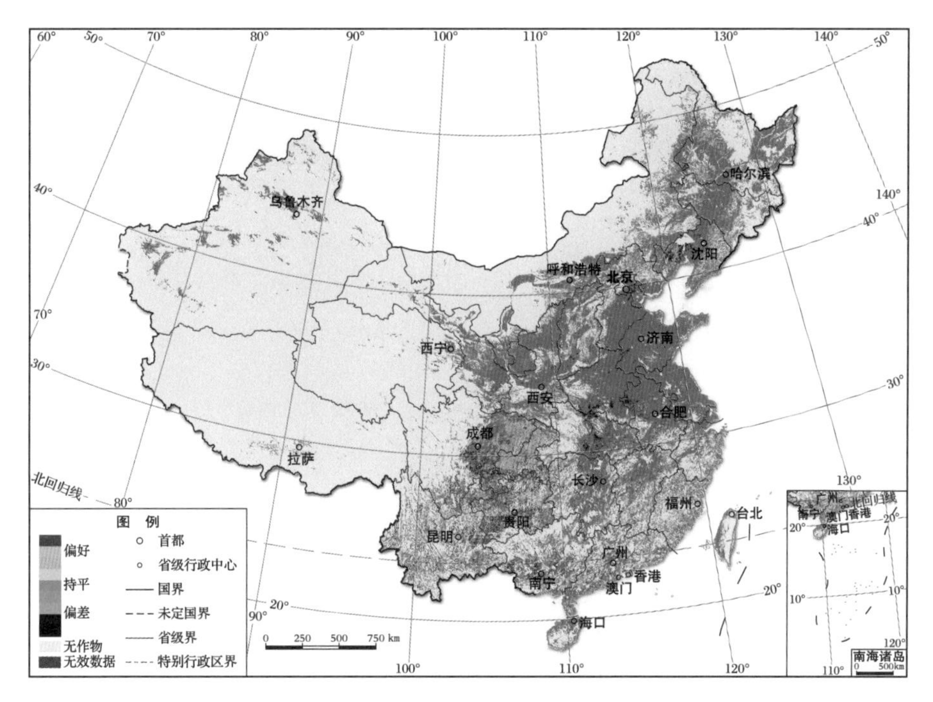

图 4　2015 年 9 月中旬全国作物长势

4.1.3　中国大宗粮油作物产量

2015 年四种大宗粮油作物总产量为 56377 万吨，较 2014 年大宗粮油作物总产量增加 432 万吨，增幅为 0.8%。其中，小麦产量为 12161.3 万吨，同比增加 1.6%；水稻产量 20232.5 万吨，同比增加 0.6%；大豆产量 1301.4 万吨，同比减少 0.5%；玉米总产量 19373.4 万吨，同比增加 0.9%（见表 1）。受小麦种植面积扩大和单产增长的双重影响，全国小麦产量同比增长。受益于 2014 年全国中稻产量的显著增加（与 2013 年相比增产 1.0%），全国水稻产量同比增加。2015 年秋粮生长季内，包括河南、山东、河北等省份气候适宜，玉米单产大幅提高，促使 2015 年全国玉米产量同比升高。由于全国大豆种植面积进一步缩减，2015 年全国大豆产量继续减少。

表 1　2015 年中国各省份小麦、水稻、玉米、大豆产量及增幅

	玉米		水稻		小麦		大豆	
	产量（万吨）	增幅（%）	产量（万吨）	增幅（%）	产量（万吨）	增幅（%）	产量（万吨）	增幅（%）
安徽	359.8	−0.9	1736.9	1.3	1124.5	−1.1	110.9	1.0
重庆	216.2	3.0	488.7	2.1	111.8	−0.1		
福建			288.1	2.5				

续表

	玉米		水稻		小麦		大豆	
	产量（万吨）	增幅（%）	产量（万吨）	增幅（%）	产量（万吨）	增幅（%）	产量（万吨）	增幅（%）
甘肃	481.5	4.6			160.7	-0.9		
广东			1103.7	-0.3				
广西			1126.8	2.6				
贵州	495.2	-1.0	521.9	1.4				
河北	1725.1	6.2			1073.0	1.1	18.0	4.8
黑龙江	2592.0	-1.5	2030.4	0.4			458.1	-0.1
河南	1677.5	4.8	394.0	1.1	2599.2	0.9	77.4	5.0
湖北			1600.1	0.6	432.8	-2.7		
湖南			2535.3	-0.2				
内蒙古	1426.3	-0.7					82.7	-1.1
江苏	224.9	1.0	1697.0	2.4	960.6	1.1	79.2	1.4
江西			1741.5	0.3				
吉林	2429.5	1.1	506.9	0.9			66.9	1.4
辽宁	1275.5	-1.0	483.1	2.6			51.6	0.9
宁夏	172.6	-4.0	54.2	-0.6				
陕西	364.0	-5.9	105.3	1.2	399.7	1.1		
山东	1882.4	2.6			2288.1	4.5	67.7	2.7
山西	877.1	-8.6			210.9	0.7	17.3	-7.6
四川	717.8	1.1	1488.6	1.4	467.3	1.7		
云南	581.6	3.6	531.6	-0.3				
浙江			645.5	-0.2				
小计	18162.5	0.8	19079.5	0.9	9828.6	1.4	1029.8	0.7
其他	1210.9	2.6	1153.1	-4.4	1563.9	2.4	271.5	-4.8
中国总计*	19373.4	0.9	20232.5	0.6	12161.3	1.6	1301.4	-0.5

注：* 中国总产量中不包含台湾、香港和澳门的作物产量。

2015 年中国单一作物分省产量占该作物全国总产量比例最高的是黑龙江省的大豆，大豆产量占全国大豆总产量的 35%。安徽、河南、内蒙古、江苏、吉林和山东也是中国的大豆主产省区，大豆产量占全国大豆总产量的比例也都高于 5%。黑龙江、吉林和山东三省是中国的玉米主产区，玉米产量占全国总产量的比例分别为 13.4%、12.5% 和 9.7%。河南和山东作为全国小麦的主产区，小麦产量占全国小麦总产量的比例高达 21.4% 和 18.8%，同属于全国小麦主产省的安徽、河北和江苏，各自小麦产量占全国小麦总产量的比例也都大于 7%。作为中国水稻主产省的湖南、黑龙江、安徽、江西、江苏、湖北和四川，水稻产量合计占全国水稻总产量的比例高达 63%。

在监测的 24 个省份中，辽宁和广西的水稻产量受单产大幅提升的影响，产量增幅达 2.6%。山西、陕西和宁夏的玉米产量降幅最大，同比分别减少 8.6%、5.9%

和4.0%，这主要是由于单产和种植面积均有所下降。河北和河南玉米单产大幅增长，总产量同比增加6.2%和4.8%；山东省小麦种植面积和单产增加，促使小麦产量增加4.5%。与全国其余大豆主产省产量均呈现下降趋势不同，河北和河南大豆产量受种植面积和单产增加的影响，大豆产量分别增加4.8%和5.0%，山西受种植面积和单产降低的影响，大豆产量大幅下滑7.6%。

对于不同生长季的水稻，中稻主产省产量增加，同比增产1.0%，晚稻略增0.2%，而早稻主产省产量较2014年下降约0.7%（见表2）；主要原因是中稻生育期内，农业气象条件总体正常，单产得到保证，而早稻主产区受台风、暴雨（如广东、广西）等不利天气的影响，单产有所降低。

根据CropWatch 8~9月监测的病虫害对水稻、玉米的影响，其中安徽、河北、黑龙江、河南、湖北、湖南、内蒙古、江西和吉林病虫害较重，但是对全省产量影响较小，全国产量未受影响。

表2　2015年中国各省份早、中、晚稻产量及增幅

	早稻		中稻		晚稻	
	产量（万吨）	增幅（%）	产量（万吨）	增幅（%）	产量（万吨）	增幅（%）
安徽	184.0	-3.7	1374.3	2.2	178.7	-0.3
重庆			488.7	2.1		
福建	173.3	3.2			114.8	1.4
广东	530.5	1.9			573.3	-2.3
广西	559.1	3.0			567.6	2.2
贵州			521.9	1.4		
河南						
湖北			2030.4	0.4		
湖南			394.0	1.1		
江苏	232.0	-3.3	1088.0	1.8	280.1	-0.9
江西	820.7	-0.9	853.2	2.3	861.4	-1.9
吉林			1697.0	2.4		
辽宁	736.7	1	287.3	-0.1	717.5	-0.2
宁夏			506.9	0.9		
陕西			483.1	2.6		
四川			54.2	-0.6		
云南			105.3	1.2		
浙江			1488.6	1.4		
小计	3318.4	0.4	12379.0	1.5	3382.1	-0.7
其余省份	194.0	-17.1	771.6	-5.5	187.4	20.6
中国总计*	3512.3	-0.7	13150.7	1.0	3569.5	0.2

注：*中国总产量中不包含台湾、香港和澳门的作物产量。

受秋粮生育期内适宜的光温条件影响，2015 年秋粮增产 242 万吨，为 40726 万吨；夏粮总产量为 12570 万吨，增产约 216 万吨；全年粮食总产量为 56808 万吨，同比增产 431 万吨，增幅为 0.8%。

4.2　2010~2015年中国粮食生产形势变化

CropWatch 监测结果显示（见表 3），2010~2015 年，中国粮食总产量呈现逐年增加的趋势。2010 年粮食总产量为 54949 万吨，到 2015 年达到 56808 万吨，5 年间共增产 1859 万吨，增幅为 3.38%。

2010~2015 年，中国夏粮产量由 12246 万吨增加至 12570 万吨，共增产 324 万吨，增幅为 2.65%。尽管整个时段的产量增加，但不同年份产量呈现不同的增减变化趋势。其中，2010~2011 年，夏粮产量由 12246 万吨下降至 11978 万吨，减产 268 万吨，减幅为 2.19%；2011~2012 年夏粮增产 428 万吨，增幅达 3.57%；2012~2013 年夏粮产量又减产 219 万吨；2013~2015 年夏粮产量连年增加，由 12187 万吨增加至 12570 万吨，共增产 383 万吨，增幅为 3.14%。

中国早稻产量在 2010~2015 年变动较小。2010 年早稻产量为 3559 万吨，到 2015 年减至 3512 万吨，仅减产 47 万吨，减幅为 1.32%。其中 2010~2012 年，早稻产量逐年增加，由 3559 万吨增加至 3578 万吨，共增加 19 万吨；2012~2015 年，早稻产量逐年下降，由 3578 万吨减至 3512 万吨，共减少 66 万吨，减幅为 1.84%。

2010~2015 年，中国秋粮产量由 39144 万吨增至 40726 万吨，共增产 1582 万吨，增幅达 4.04%。其中，2010~2011 年，秋粮产量由 39144 万吨增至 40040 万吨，增产 896 万吨，增幅为 2.29%；2011~2012 年秋粮产量有所下降；2012~2015 年，秋粮产量又逐年增加，由 40003 万吨增至 40726 万吨，共增产 723 万吨，增幅为 1.81%。

表 3　2010~2015 年中国粮食产量

单位：万吨

项目＼年份	2010	2011	2012	2013	2014	2015
粮食总产量	54949	55588	55987	56432	56377	56808
夏粮	12246	11978	12406	12187	12354	12570
早稻	3559	3570	3578	3577	3539	3512
秋粮	39144	40040	40003	40668	40484	40726

参考文献

[1] Census 2016. http://www.census.gov/population/international/data/worldpop/table_population.php China Meteorological Administration (CMA), http://www.scio.gov.cn/xwfbh/gbwxwfbh/xwfbh/qxj/Document/1473467/1473467.htm).

[2] Climate gov. 2016. https://www.climate.gov/sites/default/files/geopolar-ssta-monthly-nnvl--1000X555--2016-07-00.png and https://www.climate.gov/enso.

[3] Earthscan/FAO 2011. The state of the world's land and water resources for food and agriculture, managing systems at risk. Earthscan and FAO Rome 285 pp. http://www.fao.org/docrep/017/i1688e/i1688e.pdf.

[4] ECOMENA 2016. http://www.ecomena.org/food-middle-east/, http://www.ecomena.org/water-scarcity-in-mena/, http://www.ecomena.org/water-arab/.

[5] Economist 2016. Global food security index 2016. The Economist Intelligence Unit Limited, London. 40 pp. http://foodsecurityindex.eiu.com/Home/DownloadResource?fileName=EIU%20Global%20Food%20Security%20Index%20%202016%20Findings%20%26%20Methodology.pdf.

[6] FAO 2016. Global map of irrigated agriculture, GMIA, version 4.0.1. http://www.fao.org/nr/water/aquastat/irrigationmap/index.stm.

[7] FAOSTAT, http://faostat3.fao.org/faostat-gateway/go/to/home/E GEO5 2012. Global environmental outlook: environment for the future we want. UNEP, Nairobi. 528 pp. Grieser J, Gommes R, Bernardi M 2006 New LocClim - the Local Climate Estimator of FAO. http://www.juergengrieser.de/downloads/ClimateInterpolation/ClimateInterpolation.htm.

[8] GWP/INBO 2012. The handbook for integrated water resources management in transboundary basins of rivers, lakes and aquifers. International Network of Basin Organizations (INBO, Paris, France) and the Global Water Partnership (GWP, Stockholm, Sweden), 120 pp. http://www.gwp.org/Global/ToolBox/References/The%20Handbook%20for%20Integrated%20Water%20Resources%20Mana gement%20in%20Transboundary%20Basins%20of%20Rivers,%20Lakes,%20and%20Aquifers%20(INBO,%20GWP,%202012)%2 0ENGLISH.pdf.

[9] Hendrix C, H Brinkman 2013. Food Insecurity and Conflict Dynamics: Causal Linkages and Complex Feedbacks. Stability: International Journal of Security & Development, 2(2)26:1-18.

[10] Islar, M. 2012. Privatised hydropower development in Turkey: A case of water grabbing? Water Alternatives 5(2): 376-391 Jury W A, H J Vaux 2007. The emerging global water crisis: managing

scarcity and conflict. Adv. Agronomy 95: 1-76. LPI 2011. Water, a source of development and conflict. New Routes 15(3). http://www.life-peace.org/wpcontent/uploads/2013/06/nr_2011_031.pdf.

[11] Mekkonen M M, A Y Hoekstra 2016. Four billion people facing severe water scarcity. Sci. Adv. 2:1-6. RBAS 2008. Arab human development report, challenges to human security in the Arab countries. UNDP, Regional bureau for Arab states. New-York. 265 pp.

[12] Siddiqi A, L D Anadon. 2011. The Water-energy nexus in Middle East and North Africa. Energy Policy 39(8):4529-4540. Also available here: https://www.researchgate.net/publication/227415765_The_Waterenergy_nexus_in_Middle_East_and_North_Africa.

[13] Sowers J, A Vengosh, E Weinthal 2011. Climate change, water resources, and the politics of adaptation in the Middle East and North Africa. Climatic Change 104:599–627.

[14] UNHCR 2016. Overview on UNHCR's operations in the Middle East and North Africa (MENA). http://www.unhcr.org/excom/excomrep/57e8eee97/overview-unhcrs-operations-middle-east-north-africa-mena.html.

[15] UNU 1995. http://archive.unu.edu/unupress/unupbooks/80858e/80858E04.htm World Bank 2011. The Changing Wealth of Nations, Measuring Sustainable Development in the New Millennium. World Bank, Washington. 221 pp. http://data.worldbank.org/indicator/NY.GDP.PETR.RT.ZS https://openknowledge.worldbank.org/bitstream/handle/10986/2252/588470PUB0Weal101public10BOX353816B.pdf.

[16] World Bank/FAO/IFAD 2009. Improving Food Security in Arab Countries. The World Bank, Washington. 57pp. http://siteresources.worldbank.org/INTMENA/Resources/FoodSecfinal.pdf.

[17] Wergosum 2011. http://wergosum.com/oil-water-and-food-in-saudi-arabia/ World Bank, 2016, http://data.worldbank.org/indicator.

G.5
2000~2015年中国水分盈亏状况与水环境

水是生命之源，是人类社会可持续发展不可或缺的要素。水的质量也关乎人类生命的质量，是人类生存环境的一项关键性指标，监测水资源与水环境自然也成为资源与环境保护的一项十分重要的工作。中国经济历经 30 多年的飞速发展，创造了巨大的社会财富，同时，也导致了环境问题的日益突出，特别是水资源匮乏、水体污染和湿地退化等问题，业已成为影响中国经济和社会可持续发展的一个突出问题。

遥感技术不仅能大范围监测从内陆到海洋多种形态的水体，还可以及时捕捉到水体在地球系统中不断循环的各种动态平衡状态。本部分利用遥感技术分析了 2001~2015 年中国水分盈亏状况、2000~2015 年中国大型湖泊和水库的水质状况以及 2000~2015 年中国湿地面积和类型时空分布变化。

全国水资源、水环境与湿地状况分析是一项长期而艰巨的任务，本次绿皮书发布仅仅是一个开始。今后将加强对现有遥感数据产品的验证与完善，并将湖泊、水库、湿地监测范围扩大至内陆河流等。致力于为中国政府、研究机构的水问题研究和政策制定提供依据，同时也为全世界关注中国水问题的团体和个人提供新的视角和工具。

5.1　2001~2015年中国水分盈亏状况

水是维系人类乃至整个生态系统生存发展的重要自然资源，也是经济社会可持续发展的重要基础资源。人多水少、水资源时空分布不均是我国的基本国情和水情。根据 2010 年 10 月国务院批复的《全国水资源综合规划》中的全国水资源调查评价成果，全国多年（1956~2000 年）平均水资源总量为 28412 亿立方米，水资源总量居世界第 6 位，其中地表水资源量为 27388 亿立方米，地下水资源量为 8218 亿立方米，地下水资源与地表水资源不重复量为 1024 亿立方米。我国人口约占全球的 20%，人均水资源量为 2100 立方米，不足世界人均值的 30%，是全球人均水资源最贫乏的国家之一。目前我国正处于城市化和工业化的快速发展期，随着人口持续增长、经济规模不断扩张以及全球气候变化影响加剧，人均水资源量不断减少，水资源短缺已成为制约经济社会可持续发展的瓶颈。

降水、蒸散和径流是陆表水循环过程的三个主要环节，决定区域水量动态平衡和水资源总量。降水（包括降雨和降雪）和蒸散（包括土壤和水体的水分蒸发以及植物的水分蒸腾）是垂直方向上的水分交换过程，是水分在地表和大气之间循环、更新的基本形式。降水是水资源的根本性源泉（广义水资源），降水量扣除蒸散量以后所形成的地表水及与地表水不重复的地下水，就是通常所定义的水资源总量（狭义水资源）。因此，基于遥感估算降水、蒸散及其二者之间的差值（称为水分盈亏，正值表示降水盈余，负值表示降水亏缺，反映了不同气候背景下大气降水的水分盈余、亏缺特征），对于分析 2001~2015 年中国水资源时空分布格局具有重要意义。本部分根据多源遥感数据、欧洲中期天气预报中心（ECMWF）大气再分析数据以及地表蒸散遥感估算模型 ETMonitor 生产了 2001~2015 年全国蒸散产品，空间分辨率为 1 千米，时间分辨率为 1 天。本部分使用的全国降水数据来自卫星遥感数据与气象站点观测数据融合的 CMORPH BLENDED 1.0 版本产品，空间分辨率为 25 千米，时间分辨率为 1 天。

5.1.1 2015年中国水分盈亏

（1）降水

2015 年中国降水空间分布的总趋势是从东南沿海向西北内陆递减，总体上南方多、北方少，东部多、西部少，山区多、平原少。南方地区面积占全国的 36%，但降水量占 67.8%；北方地区面积占全国的 64%，但降水量仅占 32.2%。东南沿海的大部分地区降水量在 1600 毫米以上；淮河、秦岭一带，长江中下游地区以及辽东半岛降水量为 800~1600 毫米；黄河下游、海河流域以及东北大兴安岭以东大部分地区降水量为 400~800 毫米；西北内陆干旱区降水量通常小于 200 毫米，最小不足 50 毫米，而在西北内陆地区的高大山区随着海拔升高降水量达到 400 毫米以上（见图 1）。

2015 年，全国暴雨洪涝、干旱等灾害总体偏轻，气候属正常年景，全国平均降水量为 650.1 毫米，比 2001~2015 年平均值（592.2 毫米）偏多 9.8%，降水量在近 15 年来仅次于 2010 年（656.7 毫米）。从水资源分区看，松花江区、辽河区、海河区、黄河区、淮河区、西北诸河区 6 个水资源一级区（以下简称北方 6 区）平均降水量为 366.7 毫米，比 2001~2015 年平均值（348.1 毫米）偏多 5.3%；长江区（含太湖流域）、东南诸河区、珠江区、西南诸河区 4 个水资源一级区（以下简称南方 4 区）平均降水量为 1240.5 毫米，比 2001~2015 年平均值（1100.2 毫米）偏多 12.8%，降水量为近 15 年来最多，2015 年汛期（5~9 月）暴雨过程频繁，但暴雨洪涝灾害偏轻，没有发生大范围流域性暴雨洪涝灾害。从行政分区看，东部 11 个省级行政区（以下简称东部地区，包括北京、天津、河北、辽宁、上海、江苏、浙江、福建、山东、广东、海南）

平均降水量为 1180.9 毫米，比 2001~2015 年平均值（1058.1 毫米）偏多 11.6%，降水量在近 15 年来仅次于 2010 年（1227.7 毫米）；中部 8 个省级行政区（以下简称中部地区，包括山西、吉林、黑龙江、安徽、江西、河南、湖北、湖南）平均降水量为 1012.3 毫米，比 2001~2015 年平均值（897.6 毫米）偏多 12.8%，降水量在近 15 年来仅次于 2010 年（1036.2 毫米）；西部 12 个省级行政区（以下简称西部地区，包括四川、重庆、贵州、云南、西藏、陕西、甘肃、青海、宁夏、新疆、广西、内蒙古）平均降水量为 476.2 毫米，比 2001~2015 年平均值（441.8 毫米）偏多 7.8%。

（2）蒸散

全国地表蒸散的空间分布格局主要由不同气候条件下的区域热量条件（太阳辐射、气温）和水分条件（降水）所决定。由于水热条件差异的影响，2015 年东南沿海气候湿润地区的蒸散高达 1000 毫米，而西北干旱区的蒸散则低于 100 毫米，呈现由低纬至高纬、沿海至内陆逐渐递减的趋势。西北干旱半干旱地区地处中纬度地带的亚欧大陆腹地，以山、盆相间地貌格局为特点，并且河流均发源于山区，水分的时空分布和补给转化等方面的特点十分鲜明。由于人类活动对水资源的开发和利用，依靠河流及地下水的灌溉而发育有较大面积的耕地类型，土壤肥沃，灌溉条件便利，形成温带荒漠背景下的灌溉绿洲景观。这些地区在植被生长季节（5~9 月）水热资源充足，有利于植物光合作用及蒸腾作用的进行，因而年蒸散量能够维持在 500 毫米以上（见图 1）。

2015 年，全国平均蒸散量为 423.4 毫米，比 2001~2015 年平均值（403.8 毫米）偏多 4.9%。从水资源分区看，北方 6 区平均蒸散量为 301.0 毫米，比 2001~2015 年平均值（267.8 毫米）偏多 12.4%，蒸散量在近 15 年来仅次于 2013 年（318.5 毫米）；南方 4 区平均蒸散量为 637.7 毫米，与 2001~2015 年平均值（642.7 毫米）基本持平，主要是因为虽然降水偏多，但阶段性低温阴雨寡照天气导致日照时数较常年偏少，因而蒸散量与常年基本持平。从行政分区看，东部地区平均蒸散量为 824.3 毫米，比 2001~2015 年平均值（762.4 毫米）偏多 8.1%，蒸散量在近 15 年来仅次于 2013 年（830.4 毫米）；中部地区平均蒸散量为 669.4 毫米，比 2001~2015 年平均值（620.4 毫米）偏多 7.9%，蒸散量在近 15 年来仅次于 2013 年（672.0 毫米）；西部地区平均蒸散量为 281.8 毫米，与 2001~2015 年平均值（273.5 毫米）基本持平。

（3）水分盈亏

降水大于蒸散说明降水有盈余，降水小于蒸散说明降水不能满足蒸散耗水需求，需要水平方向上径流的补给。利用降水与蒸散遥感数据产品之间的差值来分析 2015 年全国水分盈亏空间分布格局，水分盈余区的整体空间分布格局与降水相一致，而水分亏损区则主要反映了人类活动对水资源的开发和利用所表现出来的土地覆盖类型特征。水分亏损区主要分布在华北平原以及成斑块状散布于西北干旱地区山麓的灌溉绿洲区。在西北干旱半干旱地区的内陆河流域（乌鲁木齐河、塔里木河、石羊河、黑河、疏勒河等）及沿黄河分布的河套平原等，耕地开发所需要的农业灌溉用水主要依靠河流和水库的灌渠引水。华北平原的耕地除了依赖引黄灌溉以及太行山、燕山的出山径流之外，地下水也是重要的水分来源之一（见图 1）。

2015 年，全国平均水分盈余量为 226.7 毫米，比 2001~2015 年平均值（188.4 毫米）偏多 20.3%，水分盈余量在近 15 年来仅次于 2010 年（251.4 毫米）。从水资源分区看，北方 6 区平均水分盈余量为 65.6 毫米，比 2001~2015 年平均值（80.2 毫米）偏少 18.2%，主要是由于 2015 年我国出现了区域性和阶段性的干旱，并且干旱主要发生在北方地区，除辽宁干旱影响较重外，其他地区干旱灾害持续时间短、影响总体偏轻，在干旱的气候条件下蒸散耗水过程大量消耗了土壤中储存的水量；南方 4 区平均水分盈余量为 602.8 毫米，比 2001~2015 年平均值（457.5 毫米）偏多 31.8%，水分盈余量为近 15 年来最多，主要是由于降水明显偏多引起。从行政分区看，东部地区平均水分盈余量为 356.6 毫米，比 2001~2015 年平均值（295.7 毫米）偏多 20.6%；中部地区平均水分盈余量为 343.0 毫米，比 2001~2015 年平均值（277.2 毫米）偏多 23.7%；西部地区平均水分盈余量为 194.4 毫米，比 2001~2015 年平均值（168.3 毫米）偏多 15.5%，水分盈余量在近 15 年来仅次于 2010 年（197.9 毫米）。

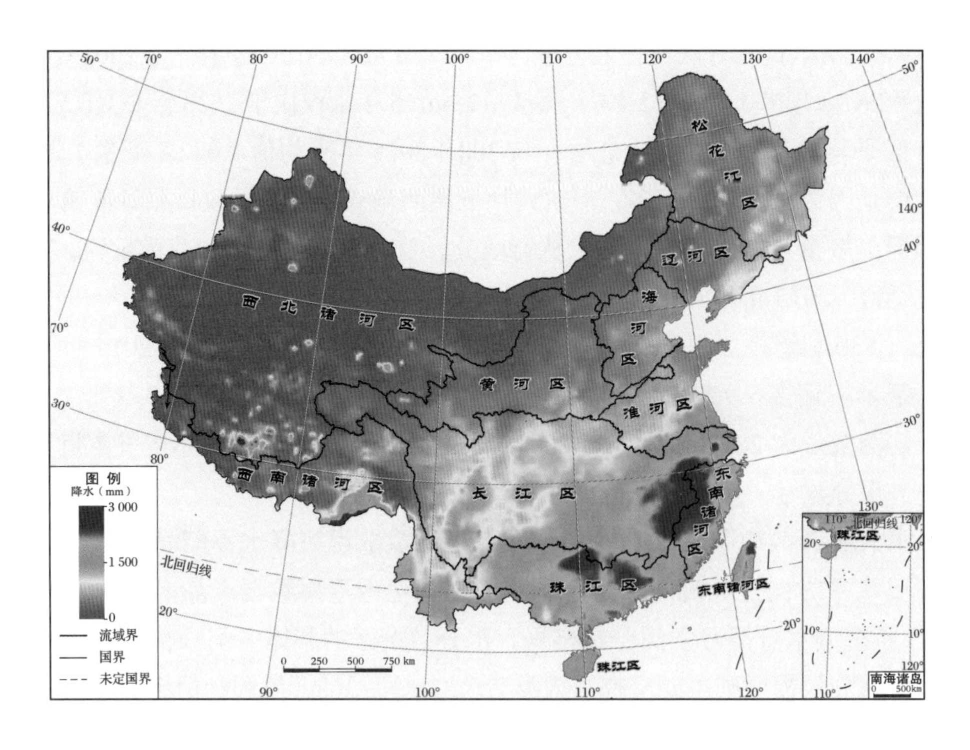

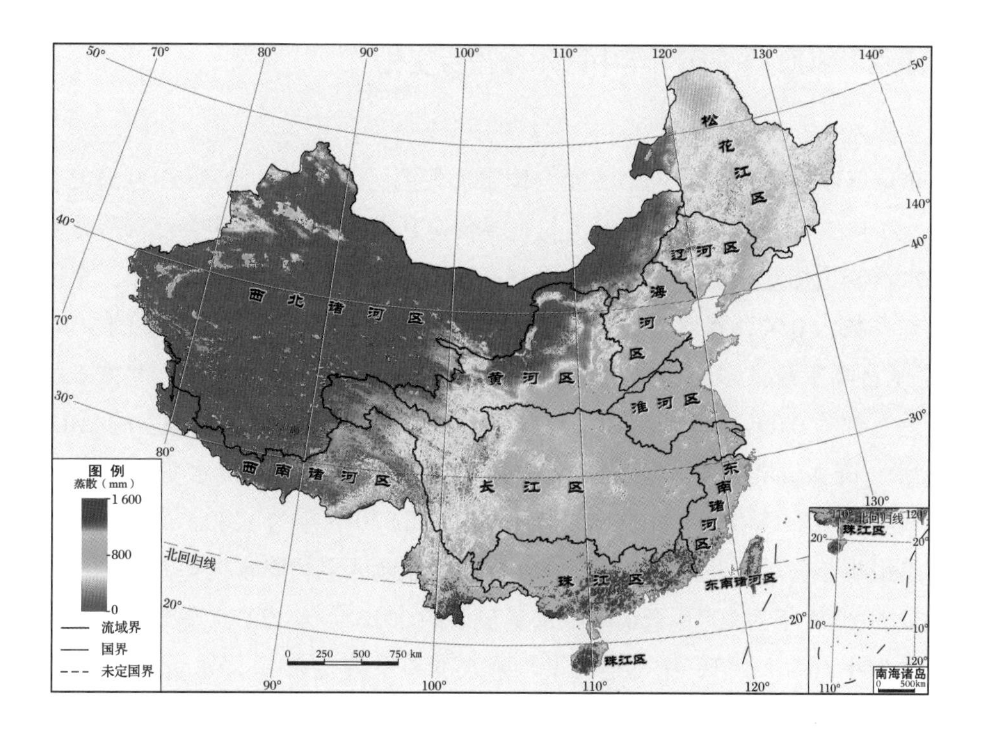

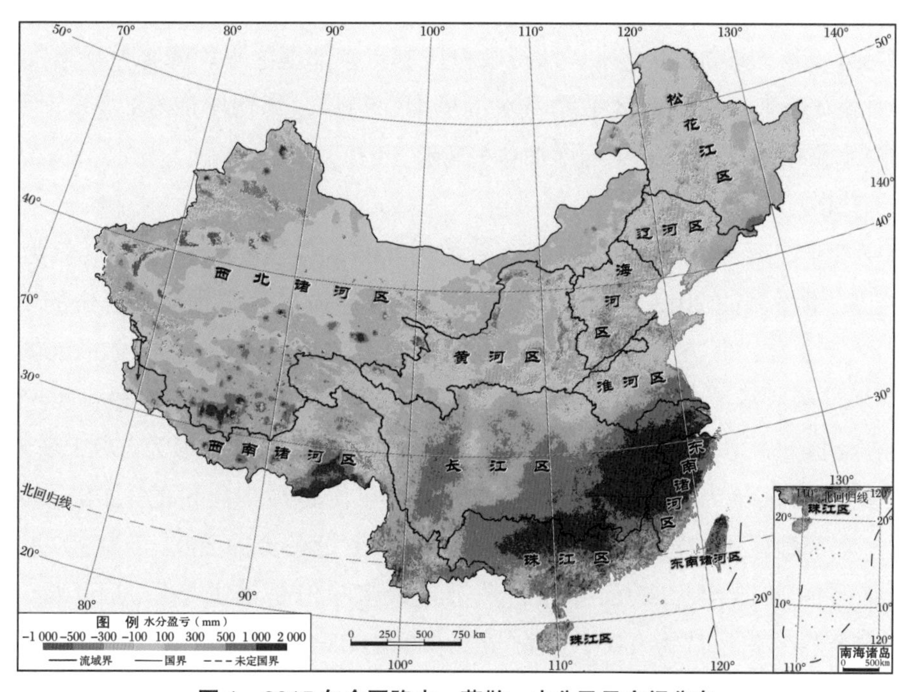

图 1　2015 年全国降水、蒸散、水分盈亏空间分布

5.1.2　2001～2015年中国水分盈亏变化

（1）降水

在全球气候变暖背景下，2015 年全国平均气温为 10.5℃，比常年（9.55℃）偏高 0.95℃，为 1961 年以来最暖的一年。与气温普遍升高相比，遥感定量反演降水数据表明，降水具有更加复杂的时空变化格局和高度的不确定性。2001~2015 年，全国平均降水变差系数为 0.07，降水量最少的 2011 年为 543.6 毫米，降水量最多的 2010 年为 656.7 毫米，降水量最多年份是最少年份的 1.2 倍。从水资源分区看，北方 6 区平均降水变差系数为 0.09，降水量最少的 2001 年为 289.6 毫米，降水量最多的 2013 年为 387.1 毫米，降水量最多年份是最少年份的 1.3 倍；南方 4 区平均降水变差系数为 0.08，降水量最少的 2011 年为 949.4 毫米，降水量最多的 2015 年为 1240.5 毫米，降水量最多年份是最少年份的 1.3 倍。从行政分区看，东部地区平均降水变差系数为 0.09，降水量最少的 2004 年为 909.9 毫米，降水量最多的 2010 年为 1227.7 毫米，降水量最多年份是最少年份的 1.4 倍；中部地区平均降水变差系数为 0.1，降水量最少的 2001 年为 729.3 毫米，降水量最多的 2010 年为 1036.2 毫米，降水量最多年份是最少年份的 1.4 倍；西部地区平均降水变差系数为 0.08，降水量最少的 2006 年为 392.3 毫米，降水量最多的 2013 年为 479.6 毫米，降水量最多年份是最少年份的 1.2 倍（见图 2）。

2001~2015 年，全国平均降水量呈增加趋势，年均增加 5.3 毫米。从水资源分区看，北方 6 区平均降水量呈增加趋势，年均增加 3.9 毫米；南方 4 区平均降水量呈增加趋势，年均增加 7.9 毫米。从行政分区看，东部地区平均降水量呈增加趋势，年均增加 9.0 毫米；中部地区平均降水量呈增加趋势，年均增加 6.8 毫米；西部地区平均降水量呈增加趋势，年均增加 4.4 毫米。

（2）蒸散

2001~2015 年，全国平均蒸散变差系数为 0.05，蒸散量最少的 2003 年为 372.7 毫米，蒸散量最多的 2013 年为 452.2 毫米，蒸散量最多年份是最少年份的 1.2 倍。从水资源分区看，北方 6 区平均蒸散变差系数为 0.08，蒸散量最少的 2004 年为 242.9 毫米，蒸散量最多的 2013 年为 318.5 毫米，蒸散量最多年份是最少年份的 1.3 倍；南方 4 区平均蒸散变差系数为 0.05，蒸散量最少的 2003 年为 579.3 毫米，蒸散量最多的 2013 年为 687.1 毫米，蒸散量最多年份是最少年份的 1.2 倍。从行政分区看，东部地区平均蒸散变差系数为 0.05，蒸散量最少的 2003 年为 703.5 毫米，蒸散量最多的 2013 年为 830.4 毫米，蒸散量最多年份是最少年份的 1.2 倍；中部地区平均蒸散变差系数为 0.05，蒸散量最少的 2003 年为 564.1 毫米，蒸散量最多的 2013 年为 672.0 毫米，蒸散量最多年份是最少年份的 1.2 倍；西部地区平均蒸

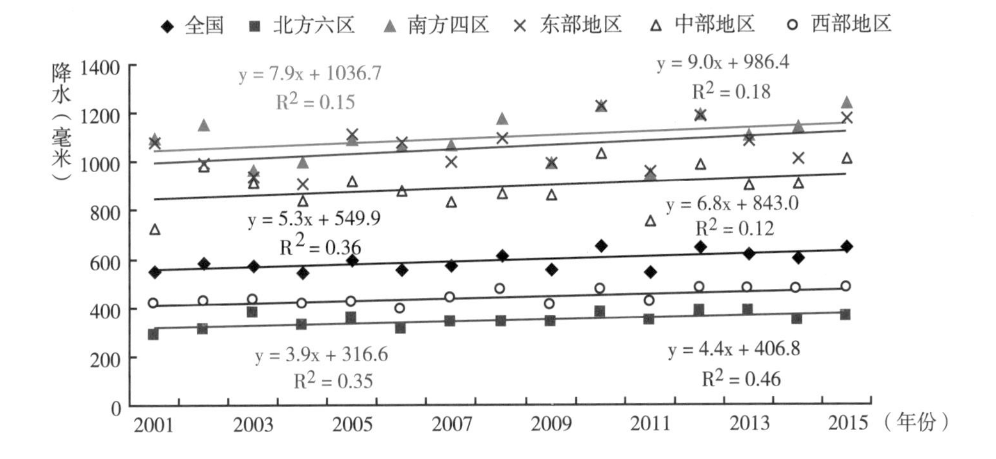

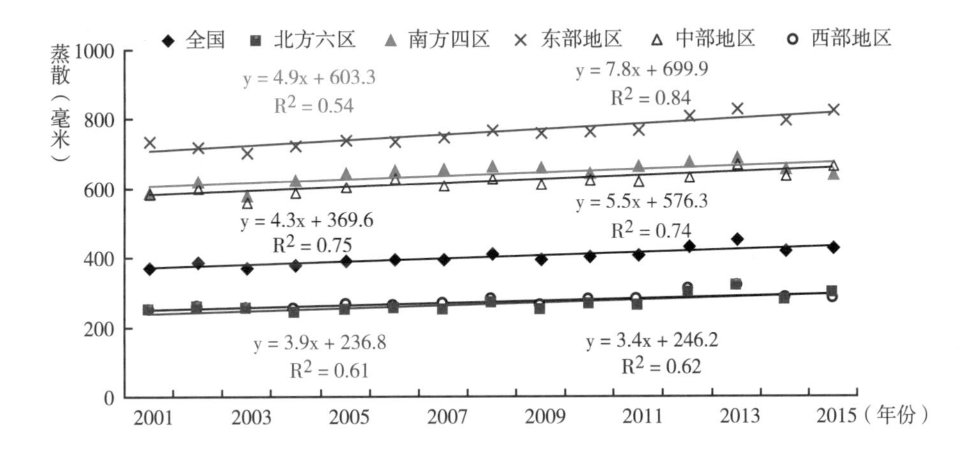

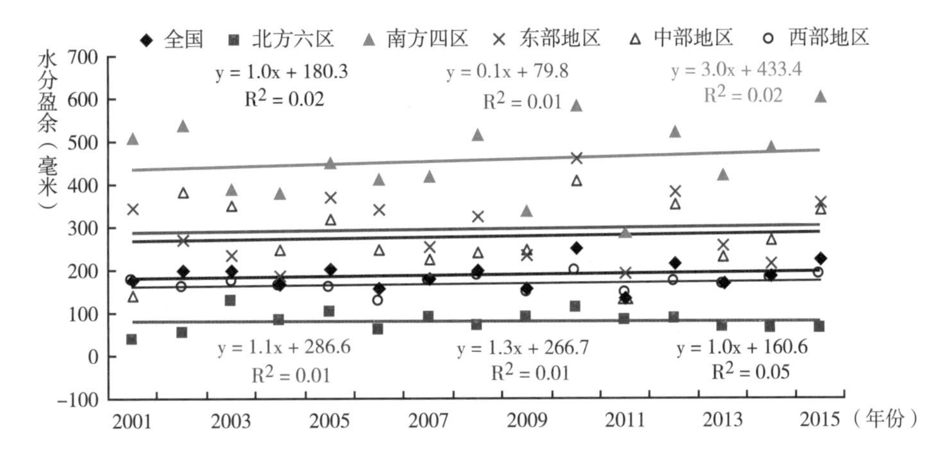

图2　2001~2015年全国、北方六区、南方四区、东部地区、中部地区、西部地区的降水、蒸散、水分盈余年际变化

散变差系数为 0.07，蒸散量最少的 2001 年为 245.6 毫米，蒸散量最多的 2013 年为 318.7 毫米，蒸散量最多年份是最少年份的 1.3 倍（见图 2）。

2001~2015 年，随着一系列生态保护与恢复工程的实施，干旱半干旱地区的植被覆盖度增加，荒漠地区的面积呈减少趋势，以及受到全球气候变暖的影响，全国平均蒸散量呈增加趋势，年均增加 4.3 毫米。从水资源分区看，北方 6 区平均蒸散量呈增加趋势，年均增加 3.9 毫米；南方 4 区平均蒸散量呈增加趋势，年均增加 4.9 毫米。从行政分区看，东部地区平均蒸散量呈增加趋势，年均增加 7.8 毫米；中部地区平均蒸散量呈增加趋势，年均增加 5.5 毫米；西部地区平均蒸散量呈增加趋势，年均增加 3.4 毫米。

（3）水分盈亏

2001~2015 年，全国平均水分盈余变差系数为 0.16，水分盈余量最少的 2011 年为 134.3 毫米，水分盈余量最多的 2010 年为 251.4 毫米，水分盈余量最多年份是最少年份的 1.9 倍。从水资源分区看，北方 6 区平均水分盈余变差系数为 0.29，水分盈余量最少的 2001 年为 37.2 毫米，水分盈余量最多的 2003 年为 128.4 毫米，水分盈余量最多年份是最少年份的 3.5 倍；南方 4 区平均水分盈余变差系数为 0.20，水分盈余量最少的 2011 年为 286.7 毫米，水分盈余量最多的 2015 年为 602.8 毫米，水分盈余量最多年份是最少年份的 2.1 倍。从行政分区看，东部地区平均水分盈余变差系数为 0.27，水分盈余量最少的 2004 年为 186.6 毫米，水分盈余量最多的 2010 年为 461.0 毫米，水分盈余量最多年份是最少年份的 2.5 倍；中部地区平均水分盈余变差系数为 0.29，水分盈余量最少的 2011 年为 136.3 毫米，水分盈余量最多的 2010 年为 410.5 毫米，水分盈余量最多年份是最少年份的 3.0 倍；西部地区平均水分盈余变差系数为 0.12，水分盈余量最少的 2006 年为 127.3 毫米，水分盈余量最多的 2010 年为 197.9 毫米，水分盈余量最多年份是最少年份的 1.6 倍（见图 2）。

2001~2015 年，全国平均水分盈余量无明显变化趋势。从各个分区看，北方 6 区、南方 4 区、东部地区、中部地区、西部地区平均水分盈余量亦无明显变化趋势，年均增加量微弱。

5.2 2000~2015年中国大型地表水体水质状况

通过遥感传感器获得的水体颜色光谱推演水体质量状况称为水色遥感。水色可以理解为水体的颜色，水色遥感就可以简单地理解为通过水体的颜色来判断水体的性质。

根据研究对象的不同，水色遥感可以分为海洋水体水色遥感和内陆水体水色遥感。1970 年后欧美发达国家先后针对大洋水体专门发射了一系列海洋水色卫星传感器，目前基于 SeaWiFS 和 MODIS 已经发布了全球海洋水色产品集，增进了对全球海洋水质的理解。但是，对于全球的内陆水体，还没有发布规模化的产品集。这是因为目前已有的卫星系列还存在一些限制：如中低空间分辨率较难达到小区域水体的观测要求，在大气校正和生物光学算法方面，难以找到一种持续的、可精确反演的水质参数的算法。为了尽可能发挥遥感技术在大范围长时间内陆水体水环境监测中的作用，需要找到一种参量，它的遥感反演模型没有区域和季节局限性，而且能够反映水质状况。水体颜色就是这样一种参量。水体颜色是太阳光与水体中的物质相互作用的结果，与水体中各种水色要素（叶绿素 a、悬浮物、黄色物质）的吸收和散射作用密切相关，在传统地面水质调查中水体颜色也是一项重要内容[①]。中国科学院遥感地球所水环境课题组选择从水质状况遥感指数，即水体颜色指数入手，开展了 2012 年度全球大型湖泊和水库的水质遥感监测研究，并于 2015 年度首次开展全国大型湖泊和水库的水质状况监测工作，发布 2000~2015 年全国大型湖泊和水库的水质状况报告。

水质状况遥感指数计算采用的遥感数据源为：MOD09A1 数据，即 MODIS 地表反射率 8 天合成产品，空间分辨率为 500 米，覆盖全国范围 2000~2015 年共 14600 景数据。

水质监测对象仅包括面积大于 50 平方千米的湖泊、水库等大型地表水体，不包括河流、冰川、沼泽、湿地等。需要指出的是，本报告中的研究水体必须有 2000~2015 年连续数据，由于高原湖泊持续结冰、常年云覆盖导致的任意一整年数据缺失，会使相应水体不在研究统计范围内。

本报告水质监测指标是水质状况遥感指数，也就是水体颜色指数（Forel-Ule Index，FUI）。FUI 划分为 1~21 个等级数，映射到遥感图像上的水体颜色是从深蓝到红褐色共 21 个颜色，同时，FUI 等级数越低水体越清洁，等级数越高水体越浑浊。遥感水体 FUI 提取方法详见《基于 MODIS 的内陆水体颜色参量提取及分级》[②]。根据 FUI 可以将水体分为 4 个大类：A 类：FUI 在 1~6 时，水体呈蓝色，水体清洁；B 类：FUI 在 6~9 时，水体呈蓝绿色，水体较清洁；C 类：FUI 在 9~13 时，水体呈绿色，水体浑浊；D 类：FUI 在 13~21 时，水体呈黄绿到红褐色，水体非常浑浊。需要说明的是：水质状况遥感指数（FUI）的水体分类主要基于水体的光学特征，不同于传统基于各项生化指标的《地表水环境质量标准》的地表水体分类。

① Wernand M.R., "Poseidon's Paintbox: Historical Archives of Ocean Colour in Global-Change Perspective", Ph.D. dissertation, Netherlands: Utrecht University, chap. 5, pp.131-141, 2011.

② Wang S.L., et al. "MODIS-Based Radiometric Color Extraction and Classification of Inland Water with the Forel-Ule Scale: A Case Study of Lake Taihu". Selected Topics in Applied Earth Observations and Remote Sensing, *IEEE Journal*. 2015, 8（2）: 907-918.

水质遥感监测的数据处理方法主要包括：① 数据预处理：对 MOD09A1 数据进行几何校正和二次大气校正，提取水体离水反射率；② 大型地表水体自动提取：基于校正后的离水反射率图像，利用单个水体自动阈值判断法对其进行水陆分割，提取面积大于 50 平方千米的大型地表水体；③ 水质状况遥感指数（FUI）提取：基于可见光波段的离水反射率图像计算色度，进一步映射到 FUI。

精度检验与统计方法如下。① 精度检验：FUI 提取精度为 92%，利用 FUI 指示水体浑浊程度的精度为 63%。② 统计方法：空间上，按照中国划分的五大湖区（青藏高原湖区、东部平原湖区、东北山地与平原湖区、蒙新高原湖区、云贵高原湖区），分别对 FUI 进行统计；时间上，对每个水体对象的 FUI 进行年平均值计算，统计其 2000~2015 年年平均值。

5.2.1 2015年中国大型地表水体水质状况遥感指数

统计结果显示，全国 50 平方千米以上的水体共有 175 个，2015 年全国大型地表水体 FUI 变化范围为 2~16，表明水体颜色多样、从深蓝到黄褐色变化，浑浊程度也存在很大差异。其中，FUI 在 4~10 的水体占 70.1%，表明我国大型地表水体以蓝色和绿色为主（见图 3），以清洁类和较清洁类为主。以下将分别从 FUI 所表明的水体颜色和浑浊程度展开说明。

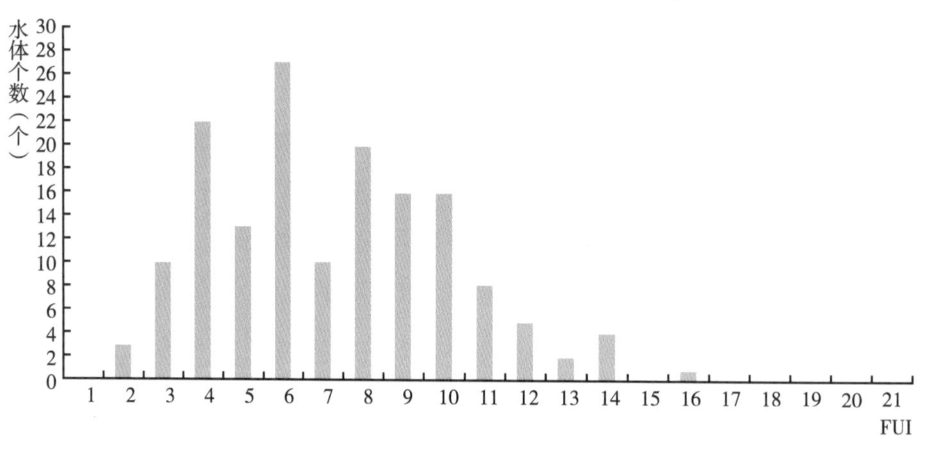

图 3 2015 年全国大型地表水体 FUI 统计

我国大型地表水体空间分布不均，水体颜色空间分布也很不均匀（见图 4）。整体来看，西部水体偏蓝，东部水体偏绿偏黄。FUI 偏低的大型地表水体主要集中于青藏高原湖区，该区域是世界上海拔最高的地区，也是我国地表水体密度最大的地区，统计的该地区 50 平方千米以上的水体共有 117 个，水体主要呈蓝色，2015 年 FUI 平均值为 5.1。东部平原也是我国大型地表水体较密集的湖区，该地区湖泊主要分布于长江及淮河中下游、黄河及海河下游和大运河沿岸，统计的该地区大型水体共有 36 个，水体主要呈绿色或黄绿色，2015 年 FUI 平均值为 10.3。相比之下，东北山地与平原湖区、蒙新高原湖区和云贵高原湖区大型地表水体较少，统计的大型以上的水体分别有 4 个、13 个、5 个，FUI 均值分别为 14.2、8.2、7.8。

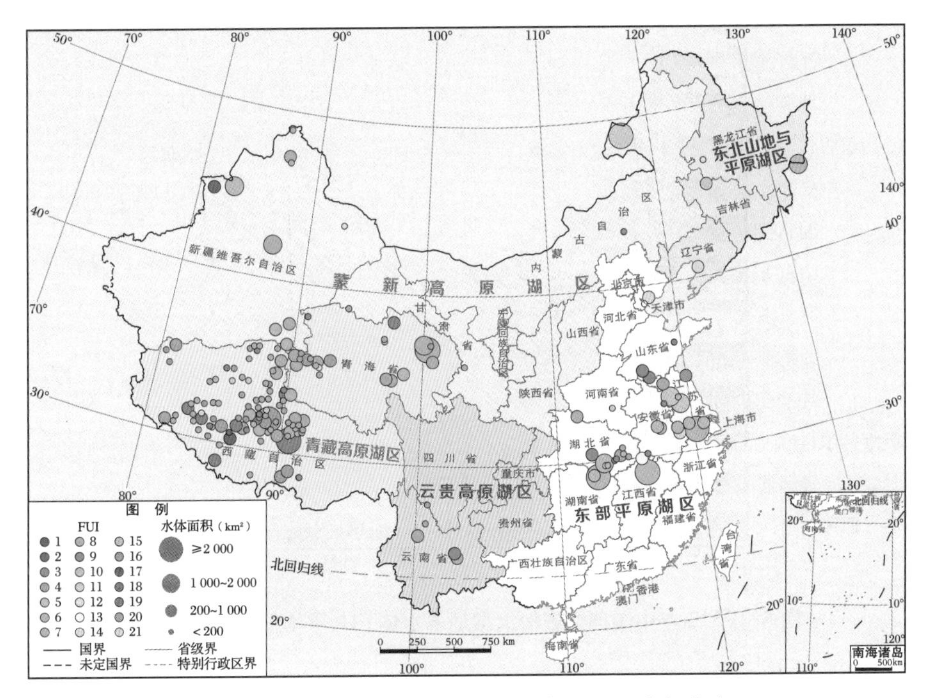

图 4　2015 年全国大型地表水体年均 FUI 空间分布

按照湖区统计，2015 年各大湖区大型地表水体 FUI 由低到高依次为：青藏高原湖区（5.1）、云贵高原湖区（7.8）、蒙新高原湖区（8.2）、东部平原湖区（10.3）、东北山地与平原湖区（14.2）（见表 1）。

表 1　中国五大湖区大型地表水体个数以及 2015 年 FUI 年均值

湖区	青藏高原湖区	东部平原湖区	东北山地与平原湖区	蒙新高原湖区	云贵高原湖区
水体个数（个）	117	36	4	13	5
FUI 年均值	5.1	10.3	14.2	8.2	7.8

按照省份统计，2015 年大型地表水体 FUI 较低的省份有：西藏自治区（6.0）、青海省（6.2）、新疆维吾尔自治区（7.2）、云南省（7.7）；2015 年大型地表水体 FUI 较高的省份有：江苏省（10.8）、吉林省（11.3）、辽宁省（11.9）、黑龙江省（13.0）、天津市（13.5）（见图 5）。

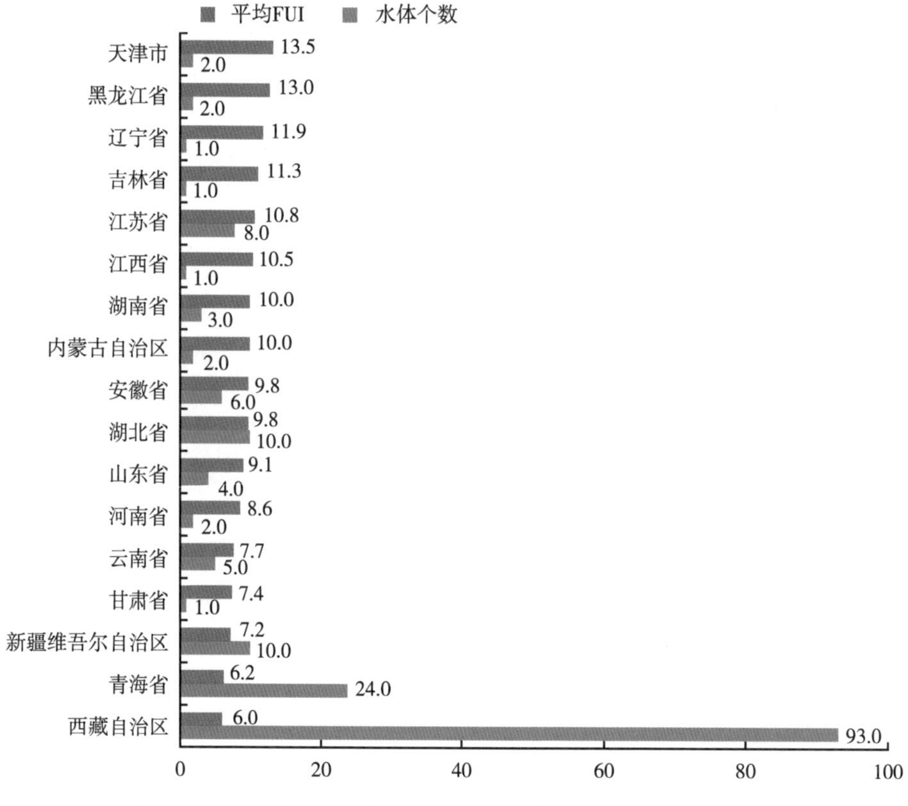

图 5　2015 年中国典型省份大型地表水体 FUI 平均值和水体个数

从水体浑浊程度来看，在全国空间分布图上可以看出，西部水体以清洁和较清洁为主，东部水体以浑浊为主（见图 6）。统计 2015 年全国大型地表水体 FUI 年均值，并将其划分到 4 类水中发现：清洁水体个数占 36%，较清洁水体个数占 39%，浑浊水体个数占 22%，非常浑浊水体占 3%（见图 7）。

5.2.2　2000~2015年中国大型地表水体水质状况遥感指数变化

2000~2015 年中国大型地表水体 FUI 监测结果如图 8 所示。过去 16 年间，中国大型地表水体 FUI 平均值呈现逐渐下降趋势，从 2000 年的均值 8.2 下降到 2015 年的 7.2。这表明，过去的 16 年，从全国总体来看，大型地表水体浑浊程度有下降趋势。

2000~2015 年，从全国统计的 175 个大型地表水体中，A 类清洁水体个数从 48 个上升到 63 个，B 类较清洁水体个数从 64 个上升到 68 个，C 类浑浊水体个数从 46 个下降到 38 个，D 类非常浑浊水体个数从 17 个下降到 6 个。在过去 16 年间，

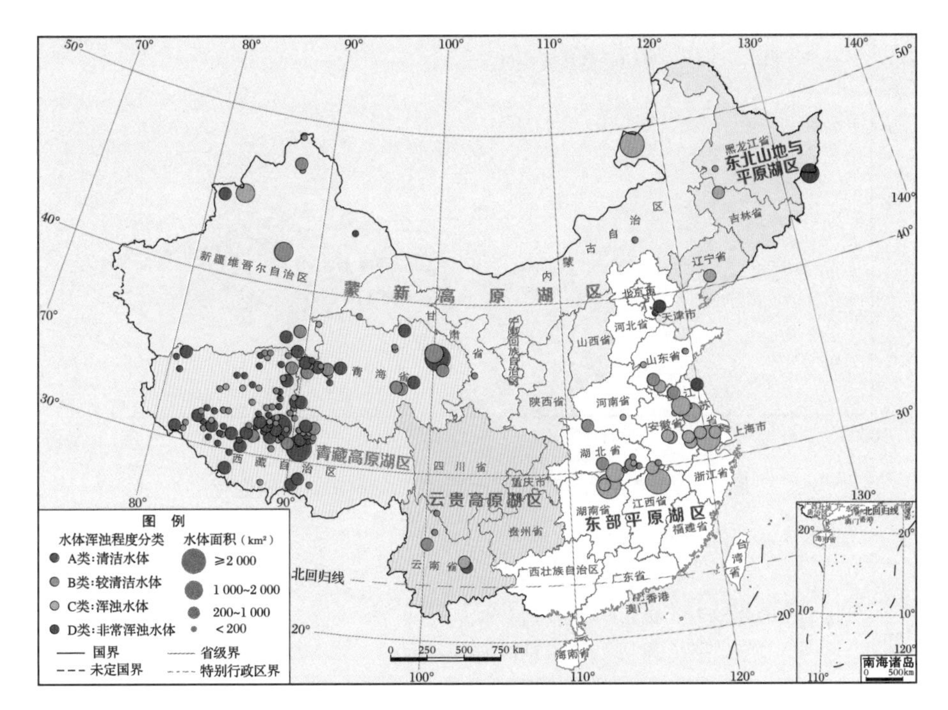

图 6　2015 年中国大型地表水体浑浊程度空间分布

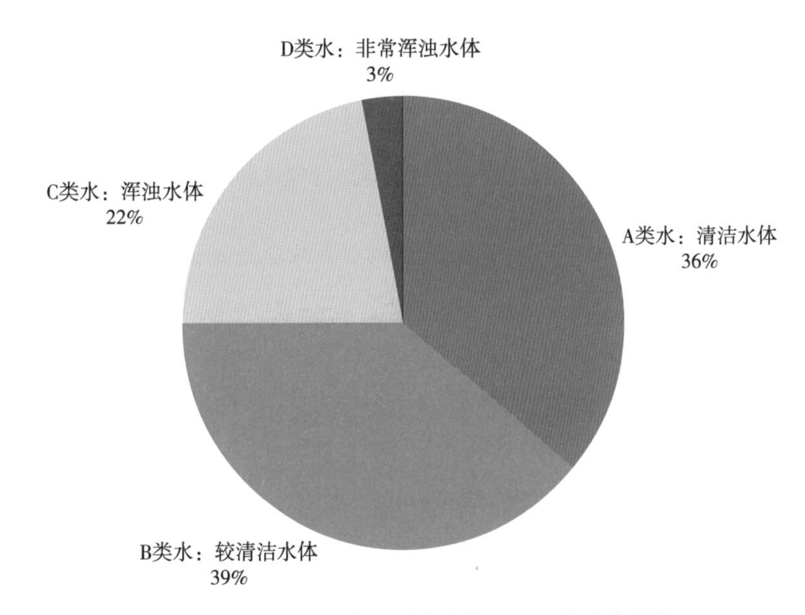

图 7　2015 年中国大型地表水体浑浊程度分类比例

虽然年间有波动，整体来看，全国 A 类 B 类水体个数在上升，C 类 D 类水体个数在下降（见图 9）。

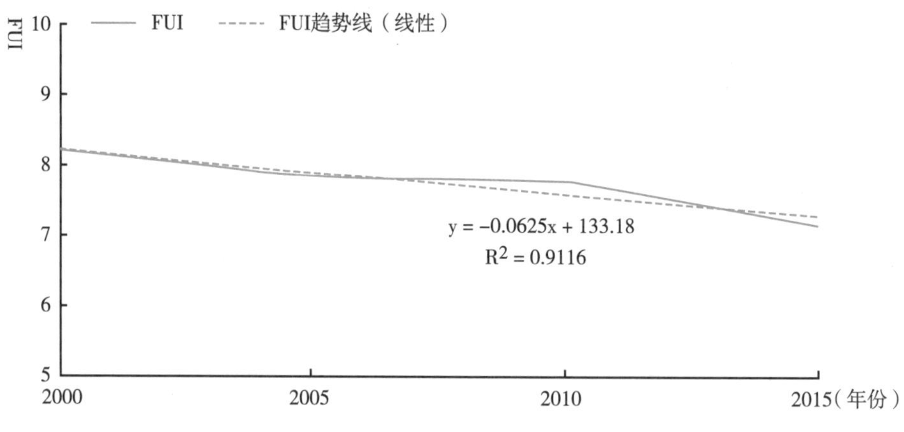

图 8　2000~2015 年中国大型地表水体 FUI 均值变化

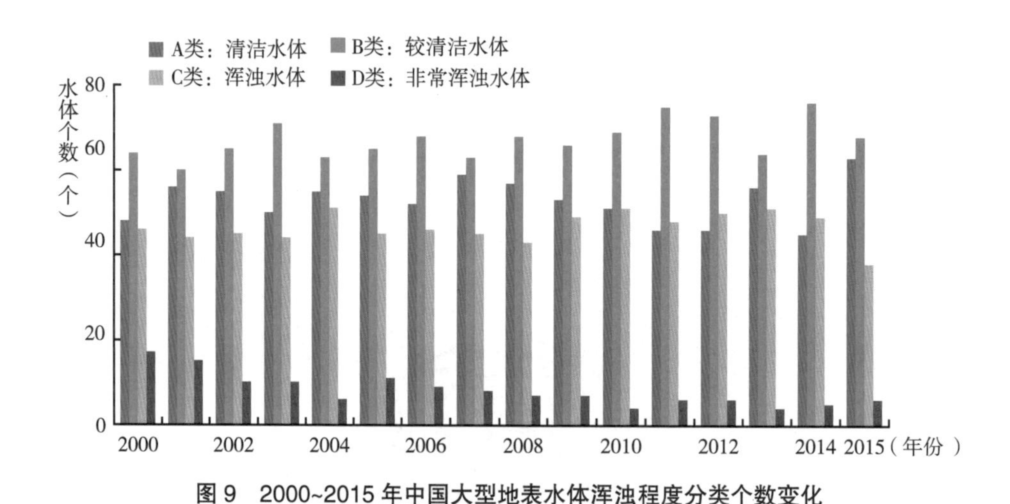

图 9　2000~2015 年中国大型地表水体浑浊程度分类个数变化

5.3　2000~2015年中国湿地变化特征

湿地不仅是地球表层最富生物多样性的生态系统之一，也是人类赖以生存和发展的重要环境资本。湿地具有涵养水源、净化水质、调节气候、维护物种多样性等多种重要的生态服务功能和价值，有“地球之肾”“物种的基因库”和“文明的发源地”的美誉，与森林、海洋并称为全球三大生态系统。

世界各国对湿地保护高度重视，1971 年 2 月 2 日，18 个国家的代表在伊朗拉姆萨尔共同签署了《关于特别是作为水禽栖息地的国际重要湿地公约》（以下简称《湿地公约》）。中国政府 1992 年正式加入《湿地公约》。我国湿地资源丰富，不仅湿地面积大，而且湿地分布广，类型齐全。但是随着经济发展和人类活动的不断加剧，全国范围内许多湿地发生了明显的退化甚至消失，由此引发了一系列生态和环境问题。

及时了解和掌握湿地的数量、类型和分布，监测湿地的动态变化，对于合理利用湿地资源，确保湿地红线，制定科学有效的湿地保护政策，实现我国生态文明建设具有重要意义。遥感具有传统技术手段不具备的技术优势，能够高效、准确和客观地在大尺度上对湿地的时空分布和动态变化进行监测。本部分利用时间序列的卫星遥感数据，分别对 2000 年、2005 年、2010 年和 2015 年全国湿地的分布状况及其变化进行了监测分析。

根据《湿地公约》，"湿地"是指"不问其为自然或人工、长久或暂时性的沼泽地、泥炭地或水域地带、静止或流动、淡水、半咸水、咸水体，包括低潮时水深不超过 6 米的水域"。"国际重要湿地"是指根据《湿地公约》规定，每个缔约国指定的其领土内列入《国际重要湿地名录》的湿地。这些湿地在生态学、植物学、动物学、湖沼学或水文学方面具有国际意义，一年四季的任何一段时间内对水禽具有国际意义。截止到 2015 年，中国被列入《国际重要湿地名录》的国际重要湿地达 46 处，总面积超过 400 万公顷。

由于湿地具有明显的动态性特征，单期遥感影像无法满足湿地监测的需要，本报告采用了时间序列遥感影像数据［中等分辨率成像光谱仪（MODIS）8 天合成的反射率产品，每年 46 期，空间分辨率为 250 米］，实现对全国湿地的监测和分析。考虑到所采用卫星遥感影像的空间分辨率和遥感技术的实际分类能力，本报告将湿地分为永久性水体、永久性沼泽、季节性沼泽、洪泛湿地和水田 5 种湿地类型。

为实现我国湿地保护的战略目标，2004 年，国务院批准了由国家林业局等 10 个部门共同编制的《全国湿地保护工程规划（2002~2030 年）》。该规划以保护湿地生态系统和改善湿地生态功能为主要内容，将中国湿地划分为八大区域（见图 19）：东北湿地区、黄河中下游湿地区、长江中下游湿地区、滨海湿地区、东南和南部湿地区、云贵高原湿地区、蒙新干旱半干旱湿地区和青藏高寒湿地区。本报告以此分区为依据，对全国湿地的分布及变化进行分析。

5.3.1 2015年中国湿地分布

中国 2015 年湿地遥感监测的总面积为 530675.63 平方千米，包括永久性水体、永久性沼泽、季节性沼泽、洪泛湿地和水田 5 种湿地类型（见图 10）。湿地类型构成中，水田所占比例最大，面积为 335292.75 平方千米，所占比例达到 63.18%；永久性沼泽和永久性水体次之，面积分别为 97477.31 平方千米和 70359.06 平方千米，

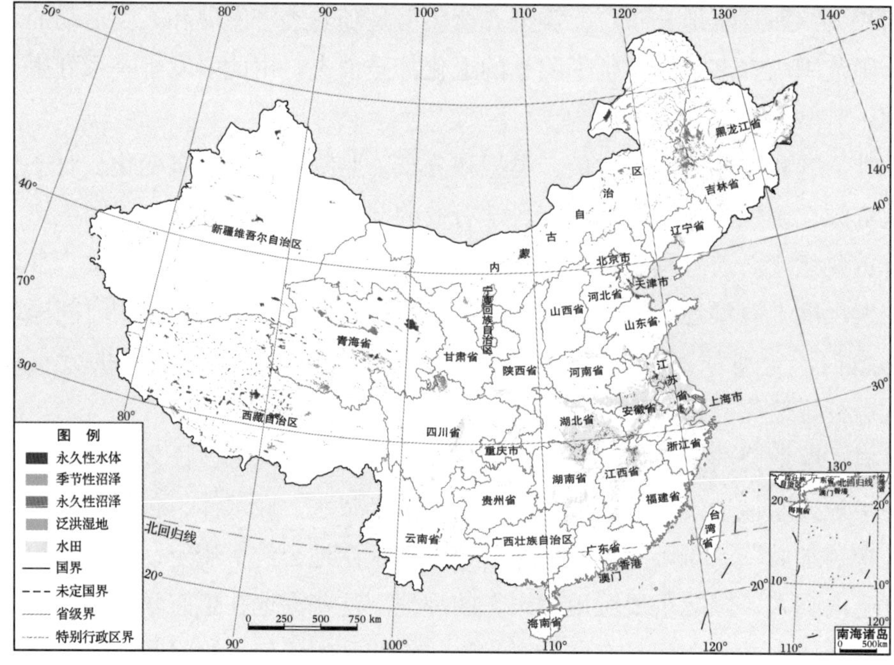

图 10　2015 年中国湿地分布

占湿地总面积的 18.37% 和 13.26%；季节性沼泽和洪泛湿地比例最小，面积分别为 14572.06 平方千米和 12974.44 平方千米，所占比例仅为 2.75% 和 2.44%。不同类型的湿地面积数量相差悬殊，水田占湿地总面积的比例超过一半，而季节性沼泽和洪泛湿地的总面积则不足十分之一（见图 11、图 12）。

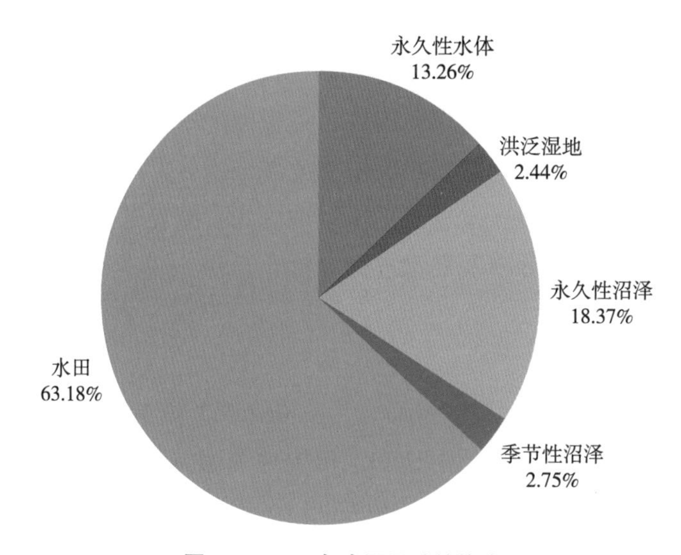

图 11　2015 年中国湿地的构成

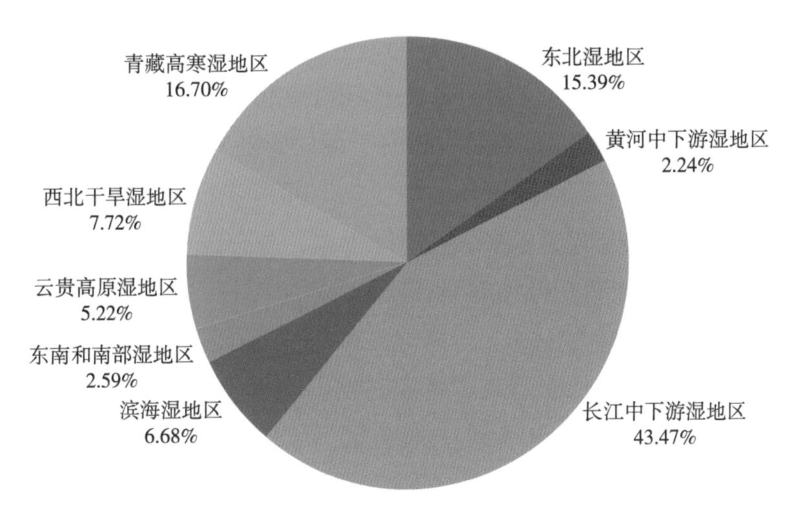

图 12　2015 年中国湿地的区域分布

1. 永久性沼泽

永久性沼泽是一年之中地表始终为水所覆盖，或土壤处于饱和 / 过饱和状态，自然生长有湿生、沼生或水生植被的土地类型，主要分布在纬度高、气温低、蒸发较弱以及多年冻土分布的区域。永久性沼泽在我国主要集中分布在青藏高寒湿地区、东北湿地区和西北干旱湿地区，不仅面积大且集中分布，占全国永久性沼泽总面积的比例高达 95.22%（见图 13）。受历史上和近期长期农业开发的影响，长江中下游湿地区的永久性沼泽仅占全国永久性沼泽总面积的 2.14%，主要集中分布在

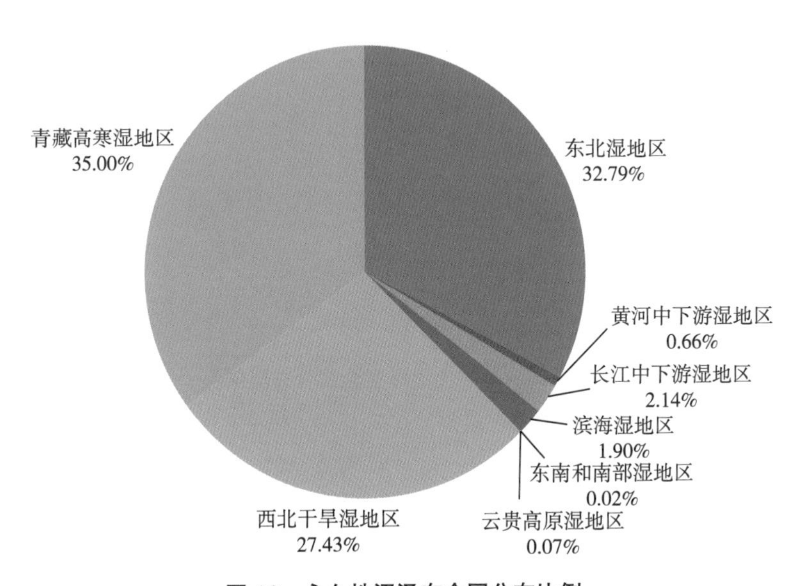

图 13　永久性沼泽在全国分布比例

洞庭湖和鄱阳湖及周边地区，为珍稀鸟类及鱼类提供了重要的栖息地环境和食物来源。滨海湿地区的永久性沼泽主要分布在长江口南北区域，仅占全国永久性沼泽总面积的 1.9%，且分布零散。滨海湿地区由于多处于陆地生态系统和海洋生态系统的过渡地带，可以敏感地指示地理环境的变化。黄河中下游湿地区、云贵高原湿地区及东南和南部湿地区也有少量永久性沼泽分布，占全国永久性沼泽总面积的比例小于 1%，主要零星地分布在低洼的河谷区域。

2. 季节性沼泽

季节性沼泽是指在生长季节或者特定时段内地表积水或土壤处于过饱和状态，且地表自然植被覆盖率超过 30% 的土地类型，包括季节性草本沼泽和木本沼泽。受季风气候影响，我国的季节性沼泽主要分布在河流、湖泊的周边，以及干旱和半干旱地区季节性 / 时令性河流的河谷地带和入湖三角洲地区等，我国以季节性草本沼泽为主。地理上季节性沼泽主要分布在长江中下游湿地区，占季节性湿地总面积的 54.32%。其次是滨海湿地区和黄河中下游湿地区，分别占 17.90% 和 8.91%（见图 14）。

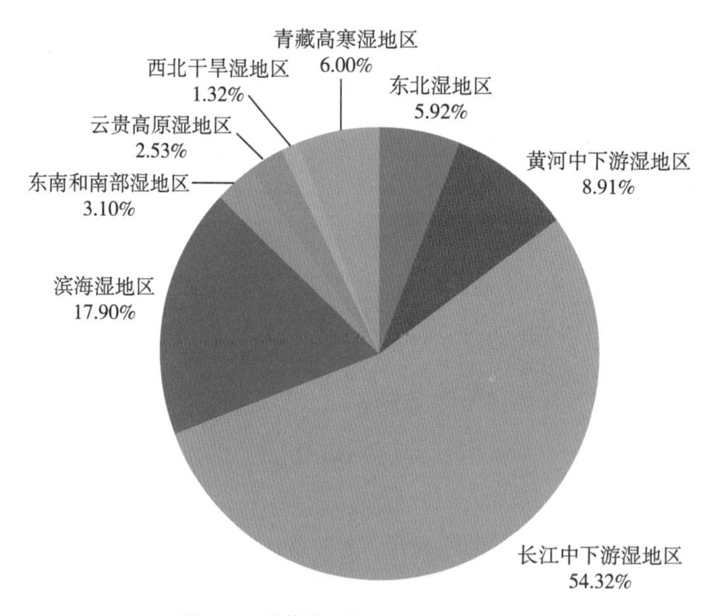

图 14　季节性沼泽在全国分布比例

3. 永久性水体

永久性水体是指一年内开放水面持续存在 180 天以上的各类地表水体，包括河流、湖泊、河口水域、水产养殖 / 盐场、水库和其他人工水体等。永久性水体的水源补给包括降水、冰雪融水和地下水等类型。我国永久性水体总面积为 70359.06 平方千米，主要集中分布在人口稀少的青藏高寒湿地区，面积为 34607.13 平方千米，占永久性水体总面积的 49.19%（见图 15），主要以天然大型的湖泊形式存在。其次是长江中下游湿地区，主要以湖泊、河流和人工库塘等形式存在，占永久性水体总面积的 17.18%。西北干旱湿地区由于蒸发量较大及受畜牧业灌溉等的影响，永久性水体面积相对较小，占永久性水体总面积的 12.59%。滨海湿地区的永久性水体包括河口水域、水产养殖 / 盐场和其他人工水体等类型，占永久性水域面积的 12.49%，主要分布在环渤海沿海和江苏沿海区域。东北湿地区的永久性水体主要依靠降雪补给，以天然湖泊形式分布，占永久性水体总面积的 4.93%。其余区域包括云贵高原湿地区、东南和南部湿地区、黄河中下游湿地区的永久性水体分布较少，不超过总面积的 4%。

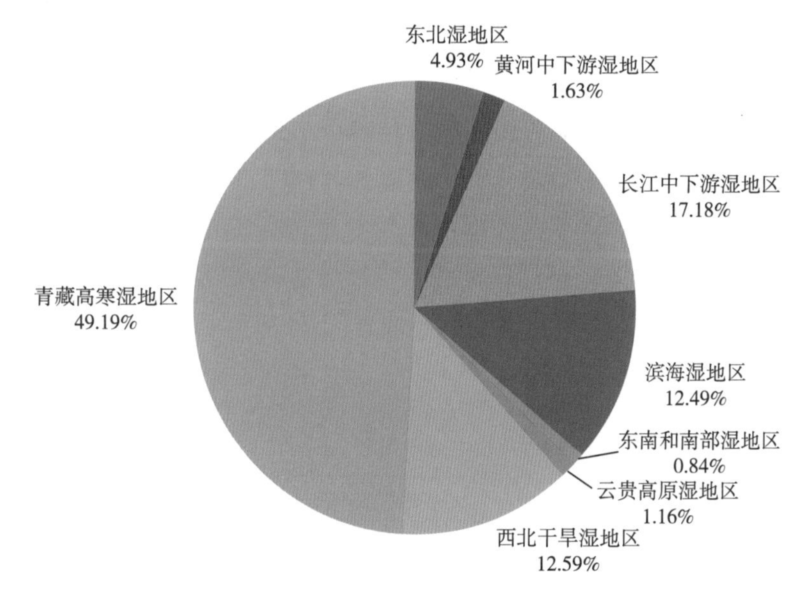

图 15　永久性水体在全国分布比例

4. 洪泛湿地

洪泛湿地指被水体季节性或临时性淹没、土壤处于饱和或过饱和状态且地表自然植被覆盖小于 30% 的土地类型，包括内陆洪泛湿地和河口沙洲 / 沙岛等。空间上一般紧邻永久性水体，主要分布在河流和湖泊的周边，在丰水季节往往被水淹没。我国的洪泛湿地主要分布在西北干旱湿地区、青藏高寒湿地区和东北湿地区，分别占洪泛湿地面积的 28.57%、28.47% 和 23.68%。其次是长江中下游湿地区和滨海湿地区，占洪泛湿地总面积的 8.31% 和 7.53%（见图 16）。

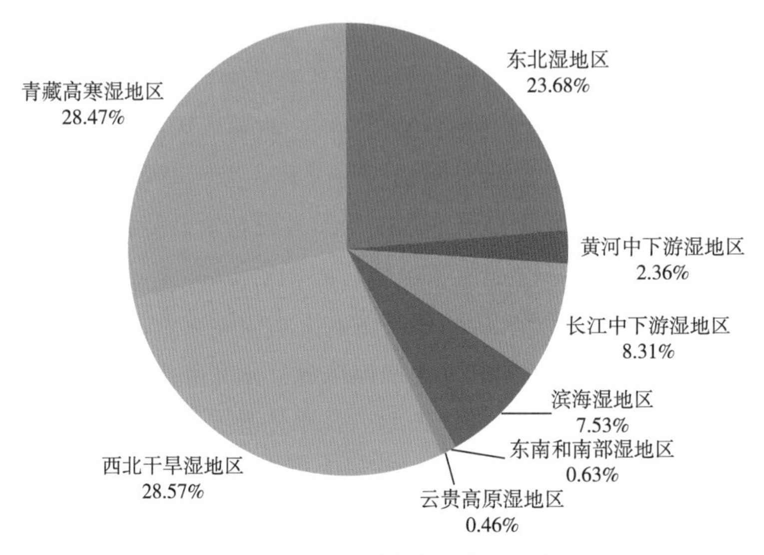

图 16　洪泛湿地在全国分布比例

5. 水田

水田是指可以蓄水，用以种植水稻、莲藕等水生作物的农地，是重要的人工湿地类型之一。我国是水田面积最大的国家之一，同时水田也是我国面积最大的湿地类型。从地理分布看，长江中下游湿地区和东北湿地区是我国水田分布最集中的区域，特别是长江中下游区，不仅数量多，而且呈片状分布，这 2 个湿地区内水田的面积为 24.98 万平方千米，占全国水田总面积的 74.51%（见图 17）。在这两个区域

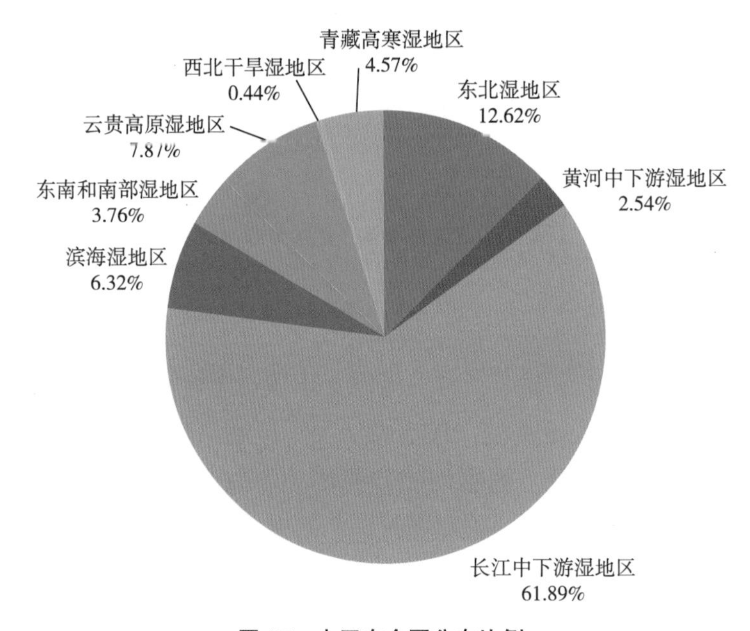

图 17　水田在全国分布比例

中，分布较多的省份有湖南、湖北、安徽、江苏和黑龙江。浙江、江西、福建、广东、广西、云南、贵州和四川等地区虽然有一定数量的水田分布，但由于受地形地貌条件的影响，分布零散，地块比较破碎。其他区域由于受水分条件的限制，水田分布极为稀少。

5.3.2 2000~2015年中国湿地变化

长时间序列卫星影像监测结果表明，2000~2015 年中国湿地总面积表现为持续减少的特征，湿地面积总体净减少约 3.00 万平方千米，减少约 5.36%。但整体来看湿地面积减少的速率变小，湿地减少速率由 2000~2005 年的 2200 平方千米 / 年减少到 2010~2015 年的 1500 平方千米 / 年（见图 18）。

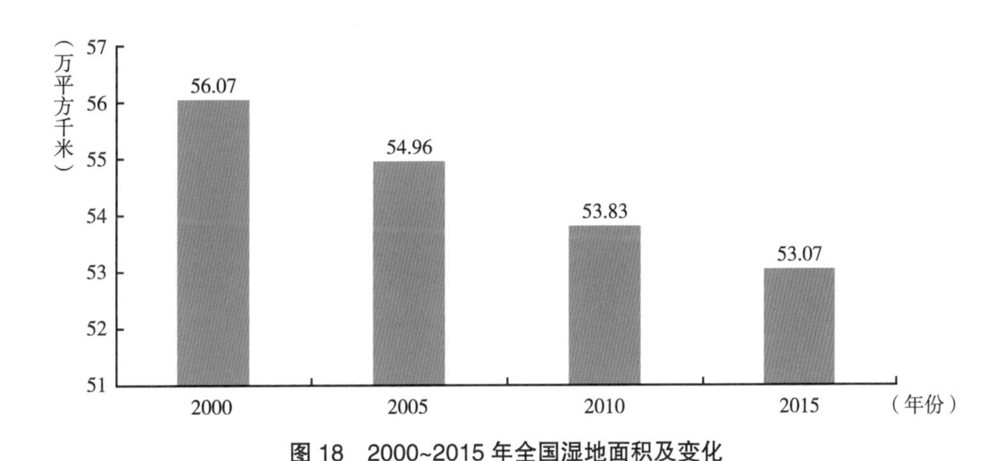

图 18　2000~2015 年全国湿地面积及变化

中国湿地在不同的类型间分布不均，数量相差悬殊，各湿地类型按面积从大到小依次为水田、永久性沼泽、永久性水体、洪泛湿地和季节性沼泽，2000 年到 2015 年这种类型间的比例基本保持不变（除 2015 年季节性沼泽略大于洪泛湿地）。虽然各湿地类型整体上都表现了持续减少的特征（见表 2），但类型间变化并不相同。其中永久性沼泽和水田在过去 15 年间表现为连续减少的趋势特征，而季节性沼泽和洪泛湿地在 2005~2010 年以及永久性水体在 2010~2015 年表现为增加的特征。2000~2015 年，水田面积净减少约 2.00 万平方千米，是面积减少最大的类型；其次是永久性沼泽，面积减少约 1.28 万平方千米；而永久性水体面积净增加约 5008 平方千米。

表 2　2000~2015 年中国湿地类型面积及比例的变化

单位：平方千米，%

湿地类型	2000 年湿地面积	2000~2005 年		2005~2010 年		2010~2015 年	
		面积	比例	面积	比例	面积	比例
永久性水体	65351.13	–154.94	–0.24	–380.63	–0.58	5543.5	8.55
洪泛湿地	15088.69	–407.56	–2.70	3284.31	22.37	–4991.00	–27.78
永久性沼泽	110242.81	–2306.44	–2.09	–5517.31	–5.39	–4941.75	–4.83
季节性沼泽	14725.25	–315.94	–2.15	1389.13	9.64	–1226.38	–7.76
水田	355309.25	–7922.94	–2.22	–10038.31	–2.89	–2055.25	–0.61
总计	560717.13	–11107.82	–1.98	–11262.81	–2.05	–7670.88	–1.42

全国范围内，不同区域间湿地的变化也不一致（见表 3）。除黄河中下游湿地区外，其余各区域都表现了湿地的持续性减少。其中以东南和南部湿地区减少幅度最大，2000~2015 年减少比例高达 42.76%，湿地减少主要发生在 2010 年之前；其次是西北干旱湿地区，湿地净减少比例为 12.08%，湿地减少主要发生在 2010~2015 年；滨海湿地区的湿地净减少比例约为 10.53%，在 2000~2015 年持续减少。与湿地减少明显不同的是黄河中下游湿地区，湿地总面积增加 3144 平方千米，增加比例约为 35.94%。湿地的增加主要发生在 2000~2010 年，2010~2015 年湿地面积基本维持不变。面积分布较为集中的东北湿地区的湿地减少与全国平均水平相当，约为 4.77%，但湿地减少主要集中在 2000~2005 年。其他区域的湿地相对变化不大。

表 3　2000~2015 年中国湿地面积的区域变化特征

单位：平方千米，%

湿地分区	2000 年湿地面积	2000~2005 年		2005~2010 年		2010~2015 年	
		面积	比例	面积	比例	面积	比例
东北湿地区	85766.19	–1923.94	–2.24	–1375.63	–1.64	–790.94	–0.96
黄河中下游湿地区	8748.19	1482.00	16.94	1745.88	17.07	–83.44	–0.70
长江中下游湿地区	236632.75	–2339.50	–0.99	–2629.00	–1.12	–989.75	–0.43
滨海湿地区	39590.63	–1515.31	–3.83	–1808.44	–4.75	–844.13	–2.33
东南和南部湿地区	23992.75	–4046.81	–16.87	–5984.75	–30.00	–227.50	–1.63
云贵高原湿地区	28196.31	–271.25	–0.96	–126.06	–0.45	–107.25	–0.39
西北干旱湿地区	46591.19	–1248.94	–2.68	–944.94	–2.08	–3434.63	–7.74
青藏高寒湿地区	91199.13	–1244.06	–1.36	–139.88	–0.16	–1193.25	–1.33
总计	560717.13	–11107.81	–1.98	–11262.81	–2.05	–7670.88	–1.42

5.3.3 2000~2015年中国国际重要湿地保护区的湿地变化

1. 东北湿地区

该湿地区内有 10 处国际重要湿地，分别是黑龙江南翁河国家级自然保护区、黑龙江扎龙自然保护区、黑龙江洪河自然保护区、黑龙江三江自然保护区、黑龙江兴凯湖自然保护区、黑龙江七星河国家级自然保护区、黑龙江珍宝岛国家级自然保护区、黑龙江东方红湿地国家级自然保护区、吉林向海自然保护区、吉林莫莫格国家级自然保护区。2000~2015 年保护区内湿地总面积净减少了 603.50 平方千米，以永久性沼泽的面积减少为主。这些减少的湿地主要分布在珍宝岛湿地保护区、东方红湿地保护区、三江湿地保护区和兴凯湖湿地保护区内。而湿地面积相对稳定的湿地保护区包括洪河湿地保护区、南翁河湿地保护区、七星河湿地保护区等。

2. 西北干旱湿地区

该湿地区内分布有 2 处国际重要湿地，分别是内蒙古达赉湖国家级自然保护区和内蒙古鄂尔多斯遗鸥国家级自然保护区。主要的湿地类型为永久性水体、永久性沼泽、洪泛湿地和季节性沼泽。2000~2015 年，湿地面积总体减少 255.25 平方千米，其中以永久性水体减少为主，大约有 17900 平方千米水体转化为非湿地，主要分布在达赉湖湿地保护区。鄂尔多斯湿地保护区湿地面积相对稳定。

3. 青藏高寒湿地区

该湿地分区内共有 7 个国际重要湿地，分别是青海湖国家级自然保护区、青海鄂陵湖湿地保护区、青海扎陵湖自然保护区、西藏麦地卡湿地保护区、西藏玛旁雍错湿地保护区、四川若尔盖湿地国家级自然保护区、甘肃省尕海则岔国家级自然保护区。主要的湿地类型为永久性水体、永久性沼泽、洪泛湿地和季节性沼泽。2000~2015 年整体变化趋势为：湿地总面积基本不变，与该湿地区内的国际重要湿地较少受到人类干扰有关。

4. 云贵高原湿地区

该湿地分区内共 4 个国际重要湿地，分别是云南大山包湿地保护区、云南碧塔海湿地保护区、云南纳帕海湿地保护区、云南拉什海湿地保护区。主要的湿地类型为永久性水体、永久性沼泽、水田、洪泛湿地和季节性沼泽。2000~2015 年整体变化趋势为：总的湿地面积基本保持不变。这表明该湿地分区内的 4 个国际重要湿地得到了较好的保护。

5. 长江中下游湿地区

该湿地分区内共 8 个国际重要湿地，分别是江西鄱阳湖国家级自然保护区、湖南东洞庭湖国家级自然保护区、湖北沉湖自然保护区、湖南南洞庭湖省级自然保护区、湖南汉寿西洞庭湖省级自然保护区、浙江杭州西溪国家湿地公园、湖北洪湖湿地保护区、神农架大九湖国家湿地公园。2000~2015 年整体变化趋势为：总的湿地面积微弱较少，减少了 167.5 平方千米，比例是 4.33%，其中以永久性沼泽的面积减少为主，表现为永久性沼泽向非湿地转化，而水田表现为增长趋势。2000~2015 年大约有 14500 平方千米永久性沼泽转化为非湿地，主要分布在南洞庭湖湿地保护区和东洞庭湖湿地保护区。其他保护区湿地面积变化较小。

6. 滨海湿地区

该湿地分区内共 15 个国际重要湿地，分别是辽宁双台河口湿地、大连斑海豹国家级自然保护区、上海市崇明东滩鸟类自然保护区、海南东寨港国家级自然保护区、香港米埔—后海湾湿地保护区、广东惠东港口海龟国家级自然保护区、广西山口红树林国家级自然保护区、福建漳江口红树林国家级自然保护区、广西北仑河口国家级自然保护区、广东海丰公平大湖省级自然保护区、上海市长江口中华鲟自然保护区、江苏盐城国家级珍禽自然保护区、江苏大丰麋鹿国家级自然保护区、广东湛江红树林国家级自然保护区、山东黄河三角洲国家级湿地保护区。2000~2015 年整体变化趋势为湿地面积增加，主要表现为水体面积增加 449 平方千米，主要分布在黄河三角洲湿地保护区、盐城湿地保护区和湛江红树林湿地保护区。由于自然湿地的生态功能价值远大于其社会经济价值，是人类生存和社会发展重要的自然资本，而人工湿地的主要功能是突出的经济效益，生态效益和社会效益要小很多。因此，要以合理的管理方法来保护自然湿地的生态功能（见表 4、图 19）。

表 4　不同区域国际重要湿地保护区内湿地变化统计

单位：平方千米，%

湿地区域	2000 年湿地面积	2000~2005 年		2005~2010 年		2010~2015 年	
		面积	比例	面积	比例	面积	比例
东北湿地区	6846.63	–2167.75	–31.66	1679.94	35.90	–115.69	–1.82
西北干旱湿地区	2800.68	23.56	0.84	–316.19	–11.20	37.38	1.5
青藏高寒湿地区	3036.25	–33.06	1.09	14.75	0.49	–7.81	–0.26
云贵湿地区	31.875	–1.81	–5.69	–1.5	–4.99	–5	–17.51
长江中下游湿地区	3870.06	3017.69	77.98	–3036	–44.09	–149.19	–3.87
滨海湿地区	509.19	43	8.44	159.13	28.82	1371.25	192.78

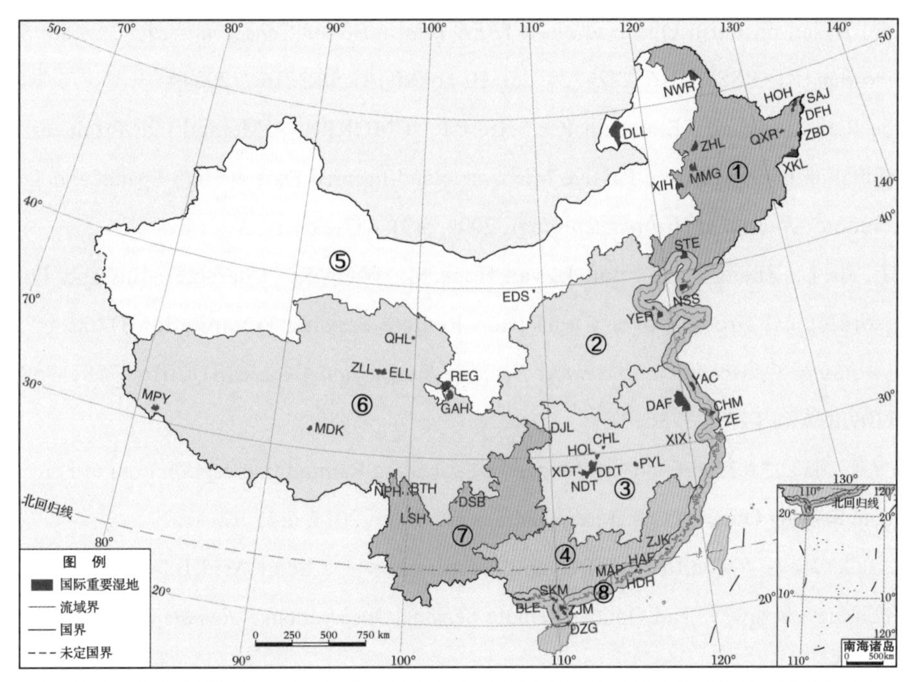

图 19　中国国际重要湿地和湿地分区（①东北湿地区；②黄河中下游湿地区；③长江中下游湿地区；④东南和南部湿地区；⑤西北干旱湿地区；⑥青藏高寒湿地区；⑦云贵高原湿地区；⑧滨海湿地区）

注：①东北湿地区：NWR（黑龙江南翁河国家级自然保护区）、ZHL（黑龙江扎龙自然保护区）、HOH（黑龙江洪河自然保护区）、SAJ（黑龙江三江自然保护区）、XKL（黑龙江兴凯湖自然保护区）、QXR（黑龙江七星河国家级自然保护区）、ZBD（黑龙江珍宝岛国家级自然保护区）、DFH（黑龙江东方红湿地国家级自然保护区）、XIH（吉林向海自然保护区）、MMG（吉林莫莫格国家级自然保护区）；②黄河中下游湿地区：YER（山东黄河三角洲国家湿地公园）；③长江中下游湿地区：PYL（江西鄱阳湖国家级自然保护区）、DDT（湖南东洞庭湖国家级自然保护区）、CHL（湖北沉湖自然保护区）、NDT（湖南南洞庭湖省级自然保护区）、XDT（湖南汉寿西洞庭湖省级自然保护区）、XIX（浙江杭州西溪国家湿地公园）、HOL（湖北洪湖湿地保护区）、DJL（神农架大九湖国家湿地公园）；④东南和南部湿地区：DZG（海南东寨港国家级自然保护区）、MAP（香港米埔—后海湾湿地保护区）、HDH（广东惠东港口海龟国家级自然保护区）、SKM（广西山口红树林国家级自然保护区）、ZJK（福建漳江口红树林国家级自然保护区）、BLE（广西北仑河口国家级自然保护区）、HAF（广东海丰公平大湖省级自然保护区）、ZJM（广东湛江红树林国家级自然保护区）；⑤西北干旱湿地区：DLL（内蒙古达赉湖国家级自然保护区）、EDS（内蒙古鄂尔多斯遗鸥国家级自然保护区）；⑥青藏高寒湿地区：QHL（青海湖国家级自然保护区）、ELL（青海鄂陵湖湿地保护区）、ZLL（青海扎陵湖自然保护区）、MDK（西藏麦地卡湿地保护区）、MPY（西藏玛旁雍错湿地保护区）、REG（四川若尔盖湿地国家级自然保护区）、GAH（甘肃省尕海则岔国家级自然保护区）；⑦云贵高原湿地区：DSB（云南大山包湿地保护区）、BTH（云南碧塔海湿地保护区）、NPH（云南纳帕海湿地保护区）、LSH（云南拉什海湿地保护区）；⑧滨海湿地区：STE（辽宁双台河口湿地）、NSS（大连斑海豹国家级自然保护区）、CHM（上海市崇明东滩鸟类自然保护区）、YZE（上海市长江口中华鲟自然保护区）、YAC（江苏盐城国家级珍禽自然保护区）、DAF（江苏大丰麋鹿国家级自然保护区）。

参考文献

[1] Hu G.C., Jia L. “Monitoring of Evapotranspiration in a Semi-Arid Inland River Basin by Combining Microwave and Optical Remote Sensing Observations”. *Remote Sensing*, 2015, 7(3): 3056–3087.

[2] Zheng C.L., Jia L., Hu G.C., Lu J., Wang K. “Global Evapotranspiration Derived by ETMonitor

Model Based on Earth Observations". *IEEE International Geoscience and Remote Sensing Symposium* (IGARSS), 2016: 222–225. doi: 10.1109/IGARSS.2016.7729049.

[3] Joyce R.J., Janowiak J.E., Arkin P.A., Xie P.P. "CMORPH: A Method that Produces Global Precipitation Estimates from Passive Microwave and Infrared Data at High Spatial and Temporal Resolution". *Journal of Hydrometeorology*, 2004, 5(3): 487–503.

[4] Lu J., Jia L., Zheng C.L., Zhou J., van Hoek M., Wang K. "Characteristics and Trends of Meteorological Drought over China from Remote Sensing Precipitation Datasets". *IEEE International Geoscience and Remote Sensing Symposium* (IGARSS), 2016: 7581–7584. doi: 10.1109/IGARSS.2016.7730977.

[5] Cui Y.K., Jia L. "A Modified Gash Model for Estimating Rainfall Interception Loss of Forest Using Remote Sensing Observations at Regional Scale". *Water*, 2014, 6(4): 993–1012.

[6] Hu G.C., Jia L. "Monitoring of Evapotranspiration in a Semi-Arid Inland River Basin by Combining Microwave and Optical Remote Sensing Observations". *Remote Sensing*, 2015, 7(3): 3056–3087.

[7] Zheng C.L., Jia L., Hu G.C., Lu J., Wang K. "Global Evapotranspiration Derived by ETMonitor Model Based on Earth Observations". *IEEE International Geoscience and Remote Sensing Symposium* (IGARSS), 2016: 222–225. doi: 10.1109/IGARSS.2016.7729049.

[8] Secretariat R. C. The Ramsar Convention Manual: A Guide to the Convention on Wetlands (Ramsar, Iran, 1971). Ramsar Convention Secretariat, Gland：Switzerland; 2006

[9] 国家林业局等:《全国湿地保护工程规划（2002~2030）》2003 年第 7 期。

分 报 告

G.6 20世纪80年代末至2010年中国土地利用的省域特点

1978 年 12 月的十一届三中全会决定中国实行对内改革、对外开放的政策，以“解放和发展社会生产力，提高综合国力，进一步解放人民思想，建设有中国特色的社会主义”为实质的“改革开放”，使中国发生了巨大的变化。随着社会经济的持续高速发展，我国土地资源的利用方式和强度产生了显著的改变。遥感监测的 20 世纪 80 年代末期至 2010 年，是我国土地利用方式变化最明显的时期，有 2.80% 的国土面积（遥感监测以陆地部分为主）改变了利用属性（一级类型）。如果考虑一级土地利用类型内部的转变，这一比例更大。土地利用变化改变了不同类型土地的面积、分布和区域土地利用构成，而且这种改变在不同地区和不同省域存在显著的时空差异。

6.1 北京市土地利用

北京市土地利用类型中林地面积占比最大，其次是城乡工矿居民用地。20 世纪 80 年代末至 2010 年，城乡工矿居民用地面积增加显著，较监测初期净增加了 77.49%。耕地面积显著减少，较监测初期净减少了 27.41%。其中，

由于城市化进程的加快，耕地变为城乡工矿居民用地的面积最大，占耕地减少面积的 82.97%。同期，林地和水域有所增加，草地面积稍有减少。北京市土地利用变化在 2005 年之前持续加剧，在 2005~2010 年土地利用变化有所放缓。

6.1.1　2010年北京市土地利用状况

北京市遥感监测土地面积为 16386.30 平方千米，涵盖了 17 种土地利用二级类型。2010 年北京市土地利用类型以林地为主，面积 7691.48 平方千米，占全市土地总面积的 46.94%；其次是城乡工矿居民用地和耕地，面积分别为 3305.43 平方千米和 2689.53 平方千米，各占 20.17% 和 16.41%；草地和水域面积较小，分别有 1047.31 平方千米和 393.96 平方千米，各占 6.39% 和 2.40%；未利用土地面积仅有 0.49 平方千米；另有耕地内非耕地 1258.09 平方千米。

林地中有林地面积最大，占林地面积的 62.85%；其次是灌木林地、其他林地、疏林地，分别占林地面积的 21.61%、8.05% 和 7.49%。林地主要分布在海拔较高的西部和北部山区，包括百花山、妙峰山和军都山等。

城乡工矿居民用地中城镇用地所占比例达 57.54%；农村居民点和工交建设用地分别占 32.40% 和 10.05%。北京市主城区的城镇用地面积最大，空间上呈集中连片分布；郊区城镇用地也表现为集中连片分布，但面积相对较小。农村居民点零星分布在耕地中，且平原区农村居民点相对于山区的密度更大。

耕地绝大部分为旱地，占耕地面积的 99.95%。北京市耕地主要分布在平原地区以及延庆盆地。

草地中高覆盖度草地最多，占草地面积的 90.53%，中覆盖度草地占 7.33%，低覆盖度草地占 2.14%。草地主要分布于西部和北部山区。

水域以水库坑塘为主，占水域面积的 48.35%，滩地占 28.06%，河渠占 23.59%。其中，水库主要分布在西部和北部山区，包括密云水库、怀柔水库和十三陵水库等；坑塘主要散布在农村居民点附近的耕地中。

6.1.2　20世纪80年代末至2010年北京市土地利用变化

20 世纪 80 年代末至 2010 年，全市土地利用一级类型变化总面积为 1846.27 平方千米，占总面积的 11.27%。在此期间，北京市土地利用变化主要特点是耕地减少和城乡工矿居民用地增加显著。其中，耕地变为城乡工矿居民用地的面积最大，占耕地减少面积的 82.97%，2000~2005 年为其面积增加最快的时间段，2005 年后增速放缓。耕地面积减少与城乡工矿居民用地面积增加的变化趋势基本一致。耕地转变为城乡工矿居民用地主要发生在东南部平原区。同期，林地和水域有所增加，草地面积稍有减少（见表 1、图 1）。

表 1 北京市 20 世纪 80 年代末至 2010 年土地利用分类面积变化

单位：平方千米

	耕地	林地	草地	水域	城乡工矿居民用地	未利用土地	耕地内非耕地
新增	37.68	184.62	35.81	127.52	1444.94	—	15.70
减少	1053.00	94.45	104.51	53.50	1.82	—	538.99
净变化	-1015.32	90.17	-68.70	74.02	1443.12	—	-523.30

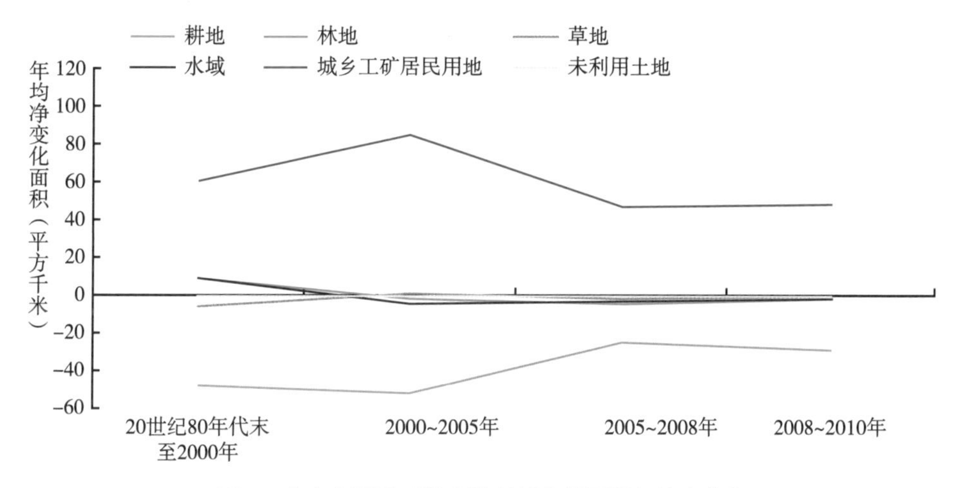

图 1 北京市不同时段土地利用分类面积年均净变化

北京市城乡工矿居民用地面积净增加显著，较 20 世纪 80 年代末净增加了 77.49%。新增城乡工矿居民用地面积中，城镇用地、农村居民点用地和工交建设用地分别占 48.18%、36.40% 和 15.42%（见图 2）。耕地转变为城乡工矿居民用地面积最多，占城乡工矿居民用地新增面积的 60.47%；林地、草地、水域转变为城乡工矿居民用地面积相对较少，分别占 4.22%、1.51% 和 1.69%。城乡工矿居民用地内部的转化面积为 266.11 平方千米，以农村居民点转化为城镇用地为主，表明在城市扩展过程中，一些农村居民点被并入城镇用地范围。监测期间，城乡工矿居民用地面积持续增加，年均净增加面积均保持在 40.00 平方千米以上；2000~2005 年为其面积增加最快的时间段，年均净增加面积达到 85.21 平方千米；2005 年后增速放缓，并稳定在每年增加 50.00 平方千米左右。

林地面积较监测初期净增加了 1.19%。新增面积中，其他林地的增加面积占 89.56%，疏林地、灌木林地和有林地则分别占 2.08%、3.71% 和 4.65%。耕地是新

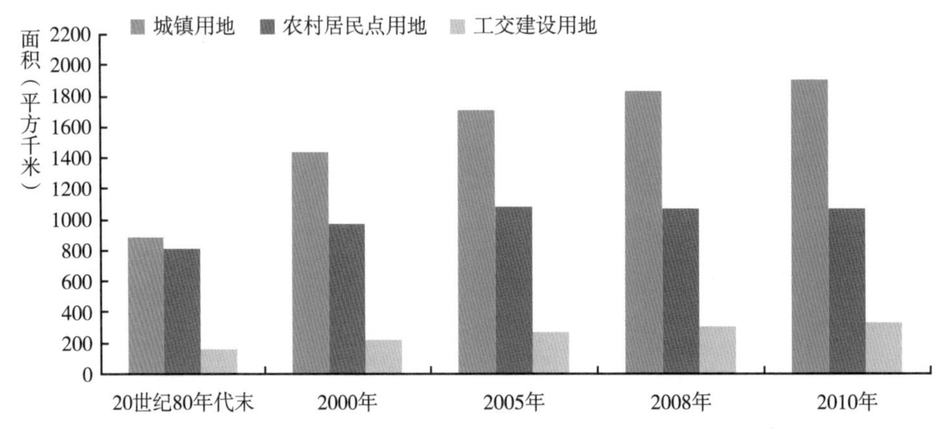

图 2　北京市 20 世纪 80 年代末至 2010 年城乡工矿居民用地面积

增林地的主要土地来源，占 55.52%；其次是草地，占 19.56%。林地面积减少以林地转变为城乡工矿居民用地为主，占林地减少面积的 64.62%；林地转变为耕地和草地的面积分别占林地减少面积的 13.81% 和 15.01%。北京市新增林地主要分布于密云区和昌平区，林地减少主要发生在大兴区。20 世纪 80 年代末至 2000 年，林地面积稍有增加。2000 年后，北京市林地面积基本保持不变。

水域增加面积较少，但变化幅度较大，较监测初期净增加了 23.14%。新增水域基本为水库坑塘，面积占 94.87%。新增水域主要来自耕地和草地，分别占 52.55% 和 23.40%。水域面积减少以水域转变为城乡工矿居民用地为主，占水域减少面积的 45.74%；水域转变为耕地和林地的面积各占 21.58% 和 15.93%。

耕地面积显著减少，较监测初期净减少了 27.41%。平原旱地减少面积最多，占耕地减少面积的 87.56%。耕地面积减少以耕地转变为城乡工矿居民用地为主，占耕地减少面积的 82.97%；另外，耕地转变为林地的占耕地减少面积的 9.73%。耕地转变为城乡工矿用地的动态类型中，平原旱地转变为城镇用地面积最多，其次为平原旱地转变为农村居民点用地。新增耕地面积仅有 37.68 平方千米，其中平原旱地占 64.65%；新增耕地主要来自于林地、草地和水域，分别为新增耕地面积的 34.62%、33.64% 和 30.64%。监测期间，北京市耕地面积持续减少，其中 20 世纪 80 年代末至 2005 年减少速度较快，年均净减少面积保持 50.00 平方千米左右；2005 年后，耕地减少速度放缓，年均净减少 25.00 平方千米左右。

草地面积较监测初期净减少了 6.16%。草地面积减少以转变为林地、水域和城乡工矿居民用地为主，分别为草地减少面积的 34.56%、28.55% 和 20.86%，另外草地转变为耕地的面积占草地减少面积的 12.13%，密云区草地面积减少较多。新增草地面积很少，且主要来自林地、耕地和水域，分别占新增草地面积的 39.61%、27.25% 和 23.81%。

6.2 天津市土地利用

天津市土地利用类型以耕地和城乡工矿居民用地为主，二者合计占区域面积的 65.11%。20 世纪 80 年代末至 2010 年，城乡工矿居民用地面积持续增加，较监测初期净增加了 52.02%。而耕地面积持续减少，净减少了 11.83%。同期，水域面积有所增加，未利用土地、草地和林地稍有减少。天津市土地利用变化在 2005~2008 年较为显著，其后在 2008~2010 年变化最为剧烈，该时期耕地、城乡工矿居民用地和水域的年均净变化面积达到最大。

6.2.1 2010年天津市土地利用状况

天津市遥感监测土地面积为 11633.09 平方千米，包含了 18 种土地利用二级类型。2010 年天津市土地利用类型以耕地和城乡工矿居民用地为主，耕地面积 4398.32 平方千米，占天津市面积的 37.81%；城乡工矿居民用地面积 3175.84 平方千米，占 27.30%；其次是水域，面积为 1850.51 平方千米，占 15.91%；林地和草地面积分别为 402.28 平方千米和 58.64 平方千米，占 3.46% 和 0.50%；未利用土地面积仅有 35.89 平方千米，占 0.31%；另有耕地内非耕地 1711.62 平方千米。

耕地以旱地为主，占耕地面积的 93.57%，大片分布在整个平原区。水田面积占 6.43%，主要分布在天津市东北部，城市周边也有零散分布。

城乡工矿居民用地中城镇用地和工交建设用地分别占 40.91% 和 30.97%，农村居民点占 28.12%。滨海地区分布有一些大的盐场，农村居民点则散布在耕地中。

水域以水库坑塘、河渠和滩地为主，分别占水域面积的 59.48%、22.18% 和 17.35%。天津市内河流水系发达，市内水库数量众多，且面积较大，有于桥水库、北大港水库和团泊洼水库等。在河流和水库周围还分布着一定面积的滩地，临近海域处分布有海涂。

林地中以有林地和其他林地为主，分别占林地面积的 70.32% 和 22.58%；其次是灌木林地和疏林地，分别占 4.33% 和 2.77%。林地主要分布在北部的山地丘陵区。

草地中高覆盖度草地和中覆盖度草地分别占草地面积的 93.70% 和 6.30%。草地主要分布在北部山地丘陵区以及平原区水体周边。

未利用土地中以沼泽地和盐碱地为主，分别占未利用土地面积的 80.92% 和 19.08%。

整体而言，天津市林地和草地集中分布在北部的山地丘陵区，耕地、城乡工矿居民用地和水域在平原区集中连片分布。

6.2.2 20世纪80年代末至2010年天津市土地利用变化

天津市土地利用一级类型动态总面积为1508.95平方千米，占天津市总面积的12.97%。其中，城乡工矿居民用地面积增加显著，水域面积有所增加，耕地面积减少较多，未利用土地、草地和林地稍有减少（见表2）。耕地面积减少与城乡工矿居民用地面积增加的变化趋势基本一致，2008~2010年，耕地、城乡工矿居民用地和水域的年均净变化面积均达到最大（见图3）。

表2 天津市20世纪80年代末至2010年土地利用分类面积变化

单位：平方千米

	耕地	林地	草地	水域	城乡工矿居民用地	未利用土地	海域	耕地内非耕地
新增	35.20	2.86	7.23	342.96	1106.25	—	—	14.45
减少	625.23	5.04	32.65	288.14	19.52	42.28	218.64	277.46
净变化	-590.03	-2.19	-25.41	54.82	1086.73	-42.28	-218.64	-263.01

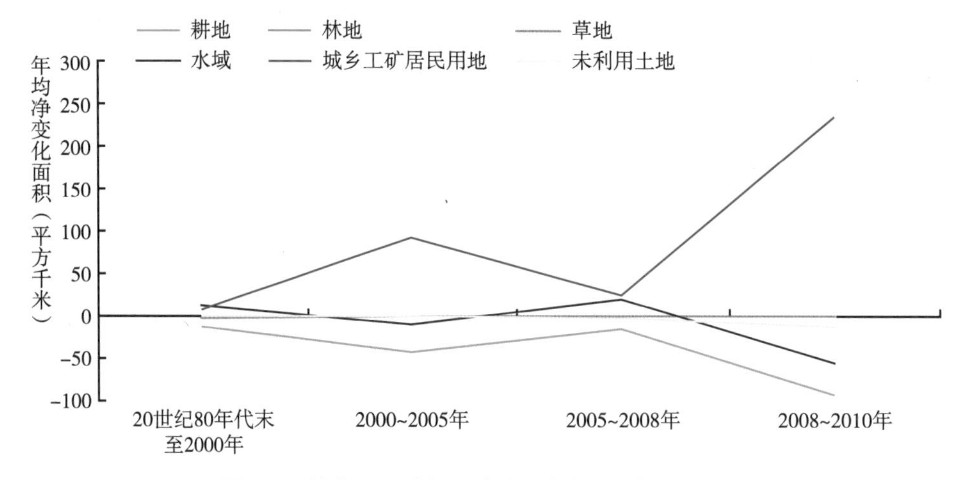

图3 天津市不同时段土地利用分类面积年均净变化

天津市城乡工矿居民用地面积持续增加，较20世纪80年代末净增加了52.02%。城镇用地和工交建设用地增加面积较多，分别占新增城乡工矿居民用地面积的47.62%和41.98%；农村居民点用地增加面积相对较少，仅占10.40%（见图4）。新增城乡工矿居民用地的土地来源中，耕地和水域的比例较大，分别为43.15%和21.98%。城乡工矿居民用地内部的转化面积为260.67平方千米，以工交建设用地转化为城镇用地为主。2000~2005 年，城乡工矿居民用地扩展速度达到第一个峰值，年均净增加面积达 91.66 平方千米；2005 年后，扩展速度有所放缓；但在 2008~2010 年扩展速度达到历史最高，年均新增面积达 234.33 平方千米。城乡工矿居民用地面积增加主要发生在天津市区周边的北辰区、东丽区、津南区和西青区等。

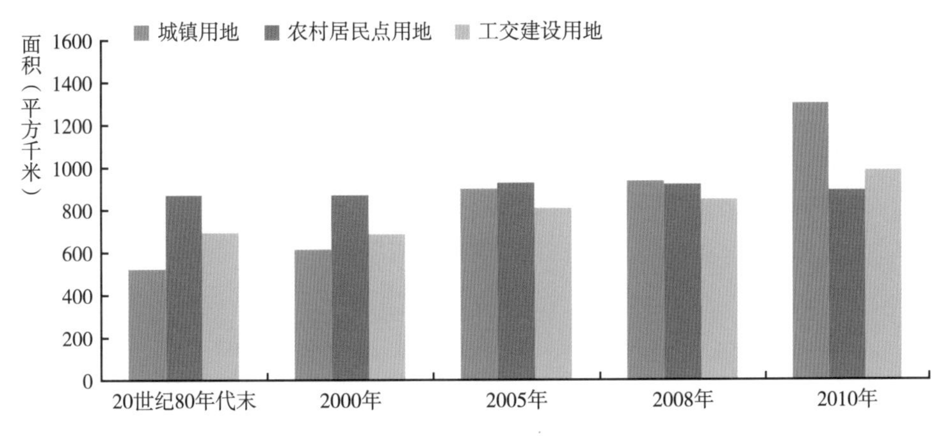

图 4　天津市 20 世纪 80 年代末至 2010 年城乡工矿居民用地面积

水域面积较监测初期净增加了 3.05%。新增水域以水库坑塘和海涂为主，分别占 75.27% 和 23.85%。耕地是新增水域的主要土地来源，占新增水域面积的 42.40%。减少的水域主要转变为城乡工矿居民用地，占水域减少面积的 84.41%；另外，水域转变为耕地的占水域减少面积的 10.28%。天津市水域面积变化主要发生在滨海新区，水域面积新增与减少都比较显著，呈现先增后减再增到快速减少的趋势。2008 年前，水域的年均净变化面积均小于 20 平方千米。2008~2010 年，天津市水域年均净减少面积达 54.05 平方千米。

耕地减少面积最多，较监测初期净减少了 11.83%。平原水田和平原旱地减少面积较多，分别占耕地减少面积的 26.92% 和 72.22%。耕地减少动态以耕地转变为水域和城乡工矿居民用地为主，分别占耕地减少面积的 23.26% 和 76.36%。天津市耕地面积持续减少，且减少速度呈加快趋势。2008 年前，耕地年均净减少面积均小于 50 平方千米；2008~2010 年耕地减少最快，年均净减少 92.04 平方千米。天津市区周边的北辰区、东丽区、南津区和西青区耕地减少显著。

未利用土地面积较监测初期净减少了 54.09%。未利用土地减少面积中盐碱地占 86.90%，盐碱地转变为水库坑塘和城镇用地的面积分别占未利用土地减少面积的 37.10% 和 34.72%。天津市未利用土地减少主要发生在滨海新区，其减少速度不断加快，2008~2010 年年均净减少面积最多，达 11.89 平方千米。

草地面积较监测初期净减少了30.24%。草地变化面积比较少，年均净减少面积小于2.00平方千米。高覆盖度草地和中覆盖度草地减少面积较多，分别占草地减少面积的50.25%和49.75%。减少的草地面积主要转变为城乡工矿居民用地，占草地减少面积的55.19%，其中高覆盖度草地转变为工交建设用地的面积最多；草地转变为水域的面积占草地减少面积的40.29%。草地面积减少主要发生在北部蓟县和滨海新区。

林地变化面积较少，林地面积较监测初期净减少了0.54%。监测期间，林地年均净减少面积均小于0.15平方千米，其他林地减少面积最多，占林地减少面积的87.29%。城乡工矿居民用地占用林地是林地减少的主要原因，占林地减少面积的93.24%。津南区林地减少面积相对较多。

6.3 河北省土地利用

河北省土地利用类型以耕地为主，林地和草地次之。20世纪80年代末至2010年，城乡工矿居民用地面积显著增加，净增加了33.12%。耕地和草地面积显著减少，耕地净减少了2.97%，草地净减少了1.83%。同期，未利用土地和水域稍有减少，林地新增和减少面积持平。20世纪80年代末以来，河北省的各土地利用类型年均变化量维持在一个较高水平，且有小幅度增长。

6.3.1 2010年河北省土地利用状况

河北省遥感监测土地面积为188167.00平方千米，包含22种土地利用二级类型。作为黄淮海农业区的重要组成部分，河北省土地利用以耕地为主，面积69699.14平方千米，占全省面积的37.04%。林地面积40329.85平方千米，占21.43%；草地面积29322.30平方千米，占15.58%；城乡工矿居民用地和水域面积分别为16913.34平方千米和4064.96平方千米，各占8.99%和2.16%；未利用土地面积1514.62平方千米，占0.80%；另有耕地内非耕地26322.78平方千米。

耕地以旱地为主，占耕地总面积的96.75%，水田面积仅占3.25%。耕地主要分布在低平原农区、太行山山麓平原农区和燕山山麓平原农区等区域，在坝上高原牧农林区和冀西北山间盆地农林牧区的盆地中也有相当面积的分布。

林地以有林地和灌木林地为主，分别占林地面积的52.13%和38.02%；其次是疏林地和其他林地，占7.26%和2.59%。林地主要分布在燕山山地丘陵林牧区、冀西北山间盆地农林牧区和太行山山地丘陵林农牧区。

草地中，高覆盖度草地、中覆盖度草地和低覆盖度草地分别占70.63%、

25.20% 和 4.17%。草地主要分布在坝上高原牧农林区、燕山山地丘陵林牧区、冀西北山间盆地农林牧区和太行山山地丘陵林农牧区。整体而言，西部草地面积大于东部，草地所处海拔低于林地。

城乡工矿居民用地以农村居民点用地为主，占城乡工矿居民用地总面积的 62.54%；城镇用地占 16.71%；工交建设用地占 20.76%。城乡工矿居民用地主要分布在华北平原和山区盆地。

水域以滩地、河渠和水库坑塘为主，分别占水域面积的 41.52%、26.41% 和 25.62%。

未利用土地中沼泽地占 73.71%，主要分布在坝上高原的湖泊及河漫滩周围。另外，沙地和盐碱地分别占 15.93% 和 8.16%。

6.3.2 20世纪80年代末至2010年河北省土地利用变化

20 世纪 80 年代末至 2010 年河北省土地利用一级类型动态总面积为 5815.28 平方千米，占河北省总面积的 3.09%。其中，城乡工矿居民用地面积显著增加，耕地和草地面积显著减少，未利用土地和水域稍有减少，林地新增和减少面积持平（见表 3）。

表 3 河北省 20 世纪 80 年代末至 2010 年土地利用分类面积变化

单位：平方千米

	耕地	林地	草地	水域	城乡工矿居民用地	未利用土地	海域	耕地内非耕地
新增	597.03	280.20	101.56	271.86	4216.95	81.82	20.91	244.95
减少	2732.62	285.98	648.41	461.36	8.64	306.83	268.14	1103.29
净变化	-2135.60	-5.79	-546.85	-189.49	4208.31	-225.01	-247.23	-858.35

城乡工矿居民用地净增加面积占监测初期城乡工矿居民用地面积的 33.12%。新增面积中，城镇用地、农村居民点用地和工交建设用地面积增加分别占城乡工矿居民用地新增面积的 29.73%、35.14% 和 35.13%。城乡工矿居民用地新增面积的来源中，耕地所占比例最大，占 58.18%。平原旱地转变为农村居民点用地是面积最大的动态类型，占耕地转变为城乡工矿居民用地面积的 42.81%。其他类型转变为城乡工矿居民用地所占比例较小。城乡工矿居民用地内部的转化面积为 335.33 平方千米，以农村居民点转化为城镇用地为主。河北省城乡工矿居民用地面积增加主要发生在河北省南部各市，北部的唐山和张家口市也有增加。沧州市的面积增加最大，其次是保定市，承德市的面积增加最小。城乡工矿居民用地是河北省变化最显著的土地利用类型，其面积从监测初期开始持续增加，在 2000~2005 年稍有放缓，

2005年后年均净增加面积又逐渐增加。城乡工矿居民用地的年均净增加面积在整个监测时段内均高于100.00平方千米，且在2008~2010年达到最大值253.49平方千米（见图5）。

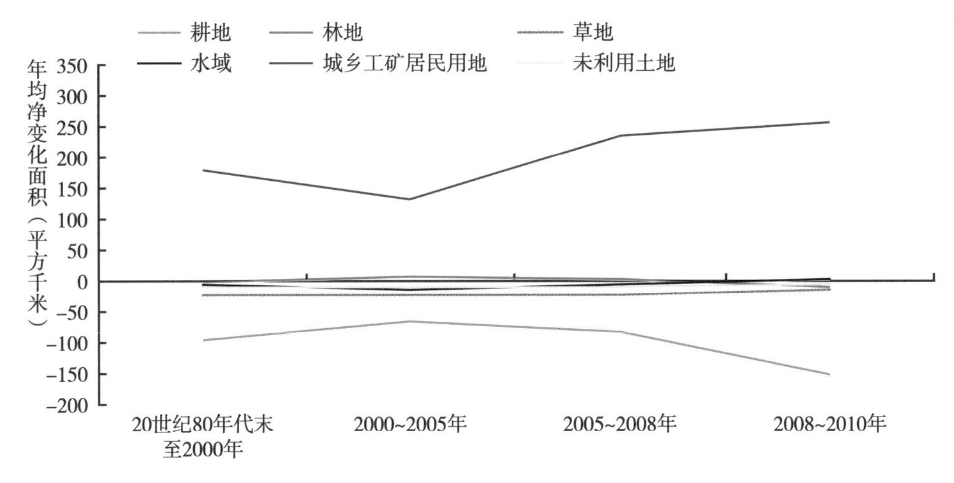

图5　河北省不同时段土地利用分类面积年均净变化

耕地净减少面积占20世纪80年代末耕地面积的2.97%（见图6）。耕地减少面积中，主要为平原旱地，占91.36%。平原旱地转变为城乡工矿居民用地的面积占耕地减少面积的83.67%。平原旱地转变为农村居民点用地是河北省面积最大的动态类型，面积为1050.19平方千米，占耕地减少面积的38.43%。耕地面积增加以平原旱地和丘陵旱地为主，分别占河北省耕地新增面积的60.79%和25.07%。耕地新增面积主要由林地、水域和未利用土地转变而来。与城乡工矿居民用地增加的空间

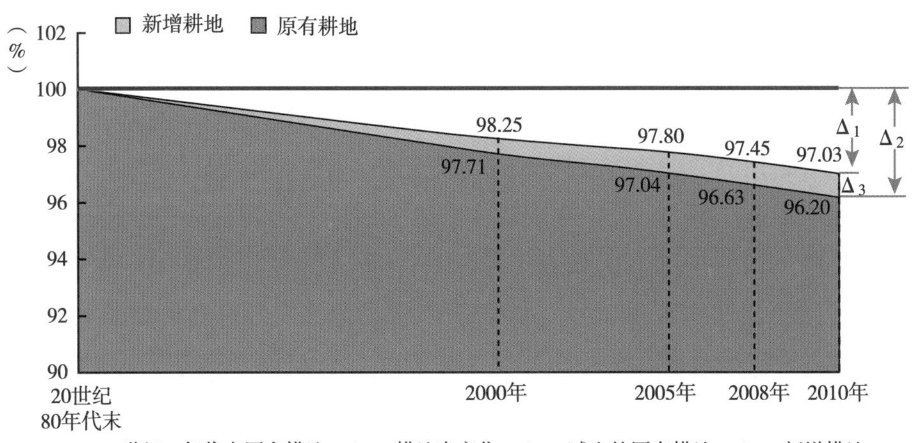

图6　河北省20世纪80年代末至2010年耕地变化

位置相对应，河北省耕地面积减少同样主要发生在河北省南部各市，保定市和沧州市耕地面积减少较多，承德市最少。监测期间，耕地面积持续减少，年均净减少面积均高于 50.00 平方千米，2000~2008 年减少速度略有放缓，在 2008~2010 年达最大值 151.66 平方千米。

草地净减少面积占 20 世纪 80 年代末草地面积的 1.83%。草地减少面积中，高覆盖度草地、中覆盖度草地和低覆盖度草地分别占到 60.98%、21.39% 和 17.63%。草地减少的面积主要转变成为城乡工矿居民用地，占草地减少面积的 35.06%。其中，草地转变为工交建设用地的面积占草地减少面积的 34.13%。其次是草地转变为耕地和林地，分别占草地减少面积的 33.86% 和 15.67%。另外，草地新增面积主要来自于林地，林地转变为草地的面积占草地新增面积的 66.91%。草地面积减少主要发生在保定市、石家庄市、秦皇岛市和张家口市。监测期间，草地面积持续减少，且年均净减少面积稳定在 20.00 平方千米左右。

未利用土地净减少面积占 20 世纪 80 年代末未利用土地面积的 12.93%。减少面积最多的未利用土地类型是沼泽地，占未利用土地减少面积的 63.36%；其次是盐碱地和沙地，分别占 20.48% 和 16.10%。减少的未利用土地主要被利用成了耕地和城乡工矿居民用地，分别占 40.12% 和 26.02%。未利用土地转变为城乡工矿居民用地这一动态类型中，主要是转变为工交建设用地。未利用土地面积减少主要发生在唐山市，监测期间年均净减少面积保持在 10.00 平方千米左右。

水域净减少面积占 20 世纪 80 年代末水域面积的 4.45%。面积减少的水域类型主要是滩地、海涂和水库坑塘，分别占 48.96%、30.30% 和 18.21%。水域面积减少主要是转变为耕地和城乡工矿居民用地，分别占 35.99% 和 30.28%。水域面积减少主要发生在唐山市和保定市。

林地面积基本稳定，净减少面积仅占 20 世纪 80 年代末林地面积的 0.01%。林地新增和减少的面积几乎相等。林地新增面积主要来自于草地和耕地，分别占林地新增面积的 36.27% 和 35.37%。林地减少面积主要转变为城镇工矿居民用地、耕地和草地，分别占减少面积的 33.47%、29.40% 和 23.76%。林地面积减少主要发生在唐山市、秦皇岛市和保定市等地。

6.4　山西省土地利用

耕地、草地和林地是山西省的主要土地利用类型，且三者面积相近；其次是城乡工矿居民用地面积。山西省土地利用类型空间差异主要受制于地貌，从东到西可划分为东部山地林、草、耕地区，中部旱地区，西部林、耕、草地区。土地利用变化集中体现在城乡工矿居民用地的显著增加和耕地的显著减少，新增城乡工矿居民用地面积的近六成来自旱地，且以平原旱地为主，占其新增面积的46.61%；城乡工矿居民用地在不同的监测时段均呈持续增加态势，且增速不断加快。新增草地和林地的来源主要是丘陵旱地退耕还林（草）。

6.4.1 2010年山西省土地利用状况

山西省2010年遥感监测面积为15.66万平方千米，土地利用类型以耕地为主，面积47198.88平方千米，占全省面积的32.52%；其次是草地和林地，面积为45552.56平方千米和44522.49平方千米，分别占31.39%和30.68%；城乡工矿居民用地面积6063.35平方千米，占4.18%；水域较少，面积1683.22平方千米，占1.16%；未利用土地最少，面积107.71平方千米，仅占0.07%；另有耕地内非耕地11435.73平方千米。

耕地基本全为旱地，占耕地面积的99.94%，主要分布在大同盆地、忻定盆地、太原盆地、临汾盆地和运城盆地，另外在河谷的山间平地、山区和丘陵区也有分布；水田有少量分布，主要出现在中南部盆地。

草地资源较为丰富，低覆盖度草地分布面积最多，占草地面积的48.66%；高覆盖度草地占26.76%，中覆盖度草地占24.58%。草地主要分布在东西两侧的中高山、低山、丘陵及河流两岸。

林地中有林地分布面积最大，占林地面积的43.42%，其次是灌木林地，占37.94%，疏林地占15.53%，其他林地占3.12%。林地主要集中分布在管涔山、关帝山、太岳山、中条山、五台山、吕梁山、太行山和黑茶山等八大林区，其他地区则分布稀少。

城乡工矿居民用地中农村居民点用地超过 半，占城乡工矿居民用地的51.00%，城镇和工交建设用地相当，分别占25.15%和23.85%。除广大农村居民用地较分散外，城镇及工交建设用地大部分集中在盆地。

水域中滩地分布面积最大，占水域面积的47.87%，其次是河渠和水库坑塘，分别占31.74%和19.46%，湖泊分布很少，仅占0.93%。水域分布零散，包括区域内的黄河水面、水库坑塘和滩地等。

未利用土地中以盐碱地为主，占未利用土地面积的50.56%；其次是裸土地，占29.83%，裸岩石砾地占13.90%，沼泽地占5.71%。

6.4.2 20世纪80年代末至2010年山西省土地利用变化

20世纪80年代末至2010年山西省一级类型动态总面积为3091.96平方千米，

占全省面积的 1.97%。其中，城乡工矿居民用地面积增加显著，草地有所增加，未利用土地略有增加；耕地减少较为显著，林地和水域有所减少（见表 4）。

表 4　山西省 20 世纪 80 年代末至 2010 年土地利用分类面积变化

单位：平方千米

	耕地	林地	草地	水域	城乡工矿居民用地	未利用土地	耕地内非耕地
新增	418.95	450.21	687.30	151.73	1289.67	2.89	91.20
减少	1470.48	499.69	550.42	198.48	12.13	1.29	359.47
净变化	-1051.53	-49.48	136.88	-46.75	1277.54	1.60	-268.27

20 世纪 80 年代末至 2010 年山西省城乡工矿居民用地面积净增加最为显著，占 20 世纪 80 年代末城乡工矿居民用地面积的 26.69%。新增城乡工矿居民用地中，城镇用地、农村居民点用地和工交建设用地增加分别占城乡工矿居民用地增加面积的 37.50%、14.92% 和 47.58%。其中旱地变为城乡工矿居民用地面积最大，占其新增面积的 59.21%；其次是草地，占其新增面积的 17.87%，林地占其新增面积的 7.94%。城乡工矿居民用地转变成其他类型的面积很少，仅 107.43 平方千米。城乡工矿居民用地增加的主要分布在太原市、大同市、长治市、阳泉市、晋城市、朔州市和河津市等地，以城市扩展和工交建设用地为主；城乡工矿居民用地减少的主要分布在太原市、大同市、阳泉市、晋中市、朔州市和平遥县等地，呈零星分布，以农村居民点用地和县（市）相连而变成城镇用地为主。20 世纪 80 年代末至 2010 年山西省城乡工矿居民用地在不同的监测时段呈持续净增加态势，且增速不断加快。2008~2010 年的年增速是 20 世纪 80 年代末至 2000 年的 7.65 倍（见图 7）。

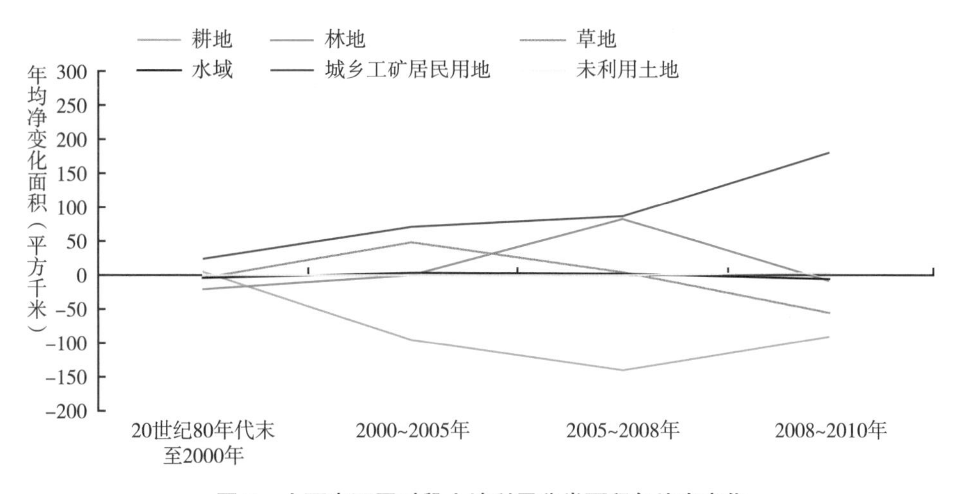

图 7　山西省不同时段土地利用分类面积年均净变化

草地面积呈现净增加，相比20世纪80年代末净增加了0.30%。新增草地的22.42%是丘陵旱地退耕还草而来的，17.65%是山区旱地退耕还草而来的，还有20.31%是由灌木林地转变的。草地减少以变为城乡工矿居民用地为主，占草地减少面积的41.88%；其次是草地变为旱地，占草地减少面积的38.74%；转变为林地的面积占草地减少面积的10.05%。草地增加主要分布在朔州市、右玉县、岢岚县、吉县、大宁县、永和县和蒲县等地；草地减少主要分布在大同市、阳泉市、平定县、阳曲县、平遥县、灵石县、闻喜县、万荣县和河津市等地。20世纪80年代末至2010年山西省草地在不同的监测时段呈先略减后增再减少态势。在2000年之前草地面积略有减少，2000~2008年为草地面积增加阶段，2008~2010年为草地面积再呈减少阶段。

耕地面积净减少显著，占20世纪80年代末耕地面积的2.18%。新增耕地中平原旱地、丘陵旱地和山区旱地增加分别占其增加的48.70%、26.06%和25.03%。新增耕地23.29%是低覆盖度草地转变的，14.09%是高覆盖度草地转变的，13.51%是中覆盖度草地转变的，还有30.92%是水域转变的。耕地减少以转变为城乡工矿居民用地为主，占耕地减少面积的52.06%；其次是转变为林地和草地，分别占耕地减少面积的20.65%和20.07%，转变为水域的占7.11%。耕地减少的主要分布在西北部的大同、朔州和忻州地区，另外在太原市、平遥县、介休市、阳泉市、平定县、长治市、河津市、晋城市、运城市和平陆县等地也有分布；耕地增加主要分布在大同市、太原市、平定县、平遥县、灵石县和临汾市等地。20世纪80年代末至2010年山西省耕地在不同的监测时段呈先增后减态势。在2000年之前为耕地面积净增加阶段，2000~2008年为耕地快速减少阶段，2008~2010年耕地面积减少速度下降（见图8）。

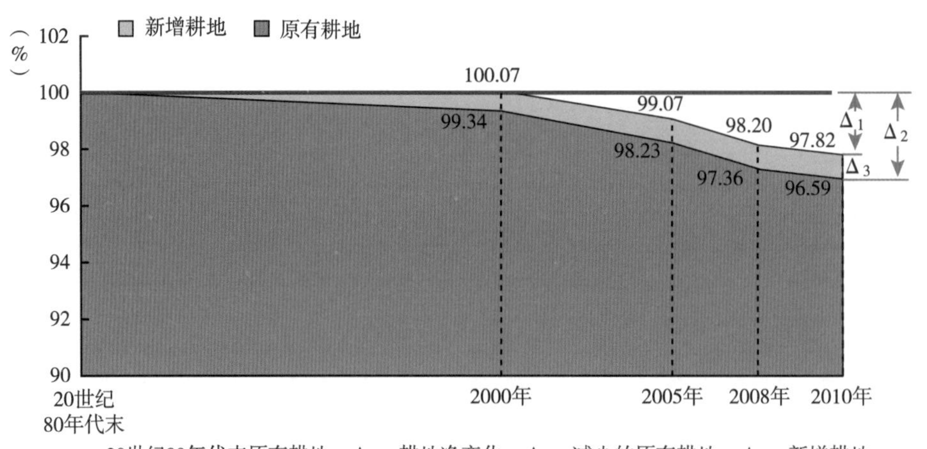

图8　山西省20世纪80年代末至2010年耕地变化

林地面积呈现净减少，占 20 世纪 80 年代末林地面积的 0.11%。新增林地的 38.91% 是由丘陵旱地退耕还林而来，19.69% 由平原区旱地转变而来，8.80% 由山区旱地转变而来，4.66% 由高覆盖度草地转变而来，中覆盖度草地和低覆盖度草地转变为林地的面积只占新增面积的 4.08% 和 3.54%。林地减少以转变为草地为主，占林地减少面积的 58.14%；其次是转变为城乡工矿居民用地，占 20.50%；转变为旱地的占 15.18%。林地减少的主要分布在大同市、定襄县、和顺县、昔阳县、左权县、介休市、沁源县、沁县、蒲县、洪洞县和吉县；林地增加的主要分布在大同市、神池县、五寨县、和顺县和昔阳县等地。20 世纪 80 年代末至 2010 年山西省林地在不同的监测时段呈先减后增再减少态势。在 2000 年之前为林地面积减少阶段，2000~2008 年为林地面积快速增加阶段，2008~2010 年为林地面积再呈减少阶段。

6.5 内蒙古自治区土地利用

内蒙古自治区土地利用类型以草地和未利用土地为主，林地次之。土地利用类型空间分布呈现明显的阶梯性，从东北向西南表现为林地向耕地、草地向未利用土地逐渐过渡。20 世纪 80 年代末至 2010 年，内蒙古自治区土地利用年均变化面积先增后减，于 2000 年至 2005 年达到峰值。土地利用变化以耕地的明显增加和草地的显著减少为主，主要出现在内蒙古自治区的中部地区和大兴安岭山麓沿线。

6.5.1 2010年内蒙古自治区土地利用状况

2010 年，内蒙古自治区土地面积 1143330.56 平方千米，土地利用类型以草地为主，其次是未利用土地，林地、耕地、水域和城乡工矿居民用地较少。草地和未利用土地面积分别为 472134.79 平方千米和 350121.25 平方千米，占该自治区土地面积的 41.29% 和 30.62%。林地、耕地和水域面积分别为 178977.96 平方千米、99439.21 平方千米和 14068.62 平方千米，分别占 15.65%、8.70% 和 1.23%，三者面积之和不足草地的 2/3。虽然城乡工矿居民用地承载着高密度的社会、经济活动，占地却最少，面积 12590.21 平方千米，仅占 1.10%；另有耕地内非耕地 15998.52 平方千米。

草地是内蒙古自治区最主要的土地利用类型，覆盖度普遍较高，以中覆盖度草地为主，其次是高覆盖度草地，低覆盖度草地最少，三者分别占草地面积的 44.10%、36.19% 和 19.71%。草地主要集中连片出现在内蒙古中部地区和北部的呼伦贝尔地区，在大兴安岭地区的南部也有大量分布。草地覆盖度自东向西、自北向

南逐渐降低。

未利用土地面积仅次于草地，以戈壁为主，面积160626.96平方千米，占未利用土地面积的45.88%；其次是沙地、裸岩石砾地、沼泽地和盐碱地，分别占19.15%、13.55%、13.14%和6.72%；裸土地最少，面积4240.37平方千米，仅为戈壁面积的2.64%。未利用土地主要分布在内蒙古自治区中西部地区，阴山山脉以西最为密集。

林地是居第三位的主要土地利用类型，面积远少于草地与未利用土地，约为草地的三分之一和未利用土地的半数。林地以有林地为主，占林地面积的78.56%；其次是灌木林地和疏林地，分别占13.35%和7.39%；其他林地最少，面积1259.30平方千米，不足有林地的百分之一。林地集中分布在内蒙古自治区北部的大兴安岭地区，并向南呈带状延伸；此外，在阴山山脉也有成片林地出现。

耕地面积位列土地利用类型的第四位，面积约为草地的五分之一，以旱地为主，鲜有水田出现。耕地大致呈东西走向的带状分布，集中连片出现在内蒙古自治区的中部、大兴安岭东麓以及水源相对充沛的呼伦贝尔地区。

受制于环境条件，内蒙古自治区水域较少，面积略多于城乡工矿居民用地，仅为草地面积的2.98%。水域以滩地和湖泊为主，二者共占水域面积的75.74%；河渠和水库坑塘面积较少，分别为2687.55平方千米和726.07平方千米，占19.10%和5.16%。水域的空间分布较为离散，主要分布在呼伦贝尔地区、内蒙古自治区的中部和东南部地区。

城乡工矿居民用地是面积最小的土地利用类型，以农村居民点用地为主，其次是城镇用地，工交建设用地的面积最少，三者分别占城乡工矿居民用地的79.98%、12.44%和7.58%。城乡工矿居民用地空间分布具有较高的离散性和空间差异性，且个体规模较小，主要散布在内蒙古自治区的中部、大兴安岭东麓和呼伦贝尔地区。

6.5.2 20世纪80年代末至2010年内蒙古自治区土地利用变化

20世纪80年代末至2010年，内蒙古自治区土地利用一级类型动态总面积为53530.84平方千米，占全自治区土地面积的4.68%（见表5），主要出现在大兴安岭沿线、呼伦贝尔地区和内蒙古自治区的中部。土地利用年均总变化面积先增后减，2008~2010年的年均变化面积不足20世纪80年代末至2000年的四分之一。内蒙古自治区各类土地利用类型的变化存在显著差异，耕地净增加面积显著，未利用土地和城乡工矿居民用地有所增加，草地显著减少，水域和林地略有减少（见图9）。

表 5　内蒙古自治区 20 世纪 80 年代末至 2010 年土地利用分类面积变化

单位：平方千米

	耕地	林地	草地	水域	城乡工矿居民用地	未利用土地	耕地内非耕地
新增	17946.38	3867.33	14257.58	1781.69	1182.35	11672.20	2823.33
减少	6919.94	4414.10	29634.03	2394.69	15.41	8729.76	1422.92
净变化	11026.43	−546.78	−15376.45	−613.00	1166.94	2942.44	1400.41

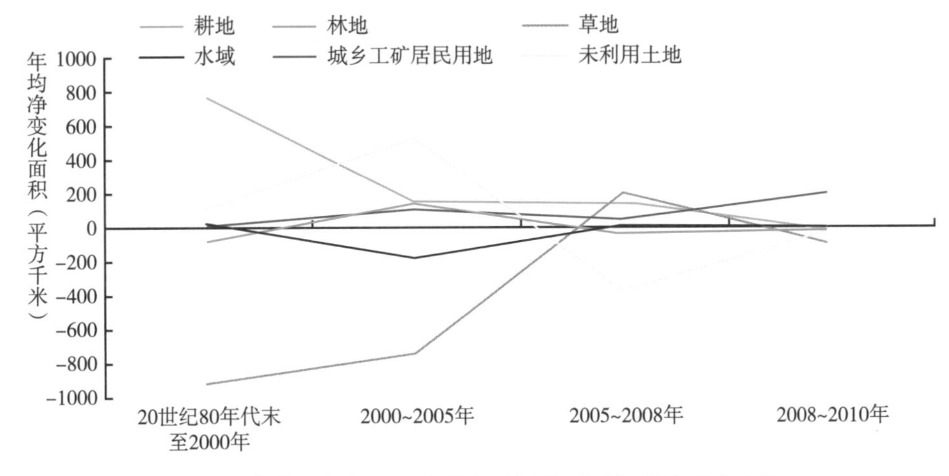

图 9　内蒙古自治区不同时段土地利用分类面积年均净变化

耕地是净增加面积最多的土地利用类型，净增加面积占 20 世纪 80 年代末耕地总面积的 12.47%。20 世纪 80 年代末至 2008 年，耕地年均净增加面积不断减少，在 2008 年之后呈现净减少态势，年均净减少面积为 25.08 平方千米；2005~2008 年的年均净增加面积不足 20 世纪 80 年代末至 2000 年的五分之一。新增耕地面积是减少面积的 2.59 倍（见图 10）。耕地与草地之间的互相转换是耕地变化的主要特点，草地既是新增耕地的重要土地来源，又是耕地减少的主要去向，共 13880.15 平方千米草地转变为耕地，占新增耕地的 77.34%，减少耕地的 74.14% 变为草地。新增耕地与减少耕地的空间分布具有高度一致性，主要出现在内蒙古自治区中部的呼和浩特市与包头市、大兴安岭沿线的呼伦贝尔市、兴安盟和通辽市以及地处环渤海经济区和东北经济区腹地的赤峰市。

未利用土地净增加面积仅次于耕地，占 20 世纪 80 年代末未利用土地总面积的 0.85%。该类土地在 2005 年之前呈净增加态势，且年均净增加面积显著增加，由 20 世纪 80 年代末至 2000 年的 113.40 平方千米增至 2000~2005 年的 531.34 平方千米；2005 年之后，未利用土地呈净减少态势，年均净减少面积不断减少，于 2008~2010 年降至 29.20 平方千米。草地既是新增未利用土地的主要土地来源，也是未利用土地减少的重要去向。20 世纪 80 年代末至 2010 年，共有 9452.86 平方千

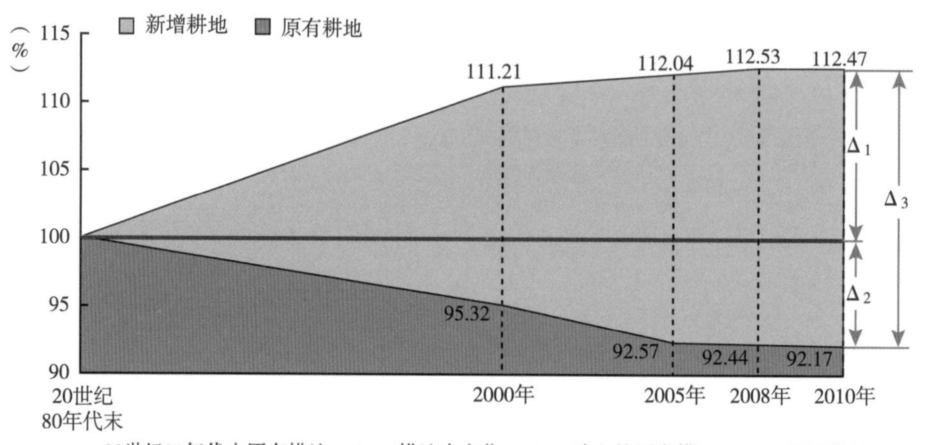

图 10　内蒙古自治区 20 世纪 80 年代末至 2010 年耕地变化

米草地转变为未利用土地，占新增未利用土地的 80.99%，且以低覆盖度草地为主。新增未利用土地以沙地为主，其次是盐碱地和沼泽地，三者占新增未利用土地面积的 90.07%。共有 6191.69 平方千米未利用土地转变为草地，占未利用土地减少总量的 70.93%。未利用土地的变化主要出现在内蒙古自治区的中东部，尤以鄂尔多斯市、锡林郭勒盟、赤峰市、通辽市和呼伦贝尔市最为集中。

城乡工矿居民用地的净增加面积仅次于未利用土地，占 20 世纪 80 年代末该类土地面积的 10.22%。新增城乡工矿居民用地以工交建设用地为主，其次是农村居民点用地，城镇用地较少，三者新增面积比例分别为 42.12%、36.17% 和 21.71%。20 世纪 80 年代末至 2010 年，城乡工矿居民用地年均净变化面积持续增加，于 2008~2010 年达到 198.83 平方千米，是 20 世纪 80 年代末至 2000 年的 20.12 倍；但相比其他土地利用类型，城乡工矿居民用地的年均净变化面积变化幅度较小。草地和耕地是城乡工矿居民用地扩展的主要土地来源，分别占该类土地新增面积的 58.97% 和 21.95%。新增城乡工矿居民用地主要出现在巴彦淖尔市、鄂尔多斯市、呼和浩特市、锡林郭勒盟、赤峰市和通辽市境内。

内蒙古自治区是中国重要牧区之一，草地资源丰富，变化显著，是净变化面积最多的土地利用类型。20 世纪 80 年代末至 2010 年，草地净变化面积是 20 世纪 80 年代末草地总面积的 3.15%。草地年均净变化面积呈减少趋势，在 2005~2008 年呈净增加变化，在其他三个时段均呈净减少变化。草地年均净变化面积在 20 世纪 80 年代末至 2000 年最大，达 925.82 平方千米。新增草地面积约为减少面积的半数，未利用土地和耕地是其主要土地来源，二者占新增草地的 79.41%。新增草地集中出现在呼伦贝尔市、赤峰市、锡林郭勒盟、赤峰市和巴彦淖尔市。减少的草地主要转变为耕地和未利用土地，主要分布在内蒙古自治区的中东部地区，尤以通辽市、赤峰市、包头市和阿拉善盟东部最为集中。

6.6 辽宁省土地利用

辽宁省土地利用以林地为主，耕地其次，城乡工矿居民用地面积位居第三。20 世纪 80 年代末至 2010 年，动态变化显著的是城乡工矿居民用地、耕地和林地。城乡工矿居民用地年均增加面积持续上升，总体净增加了 9.97%。新增城乡工矿居民用地的土地来源始终以耕地为主，2008~2010 年海域成为仅次于耕地的第二大土地来源。耕地和林地变化阶段性特征明显，二者变化显著的时期是 2000 年前。耕地在 2000 年前净增加，2000 年后逐年减少，整个监测时段相比监测初期增加了 2.63%。与耕地相对应，林地在 2000 年前减少迅速，2000 年后林地面积稳定。

6.6.1 2010年辽宁省土地利用状况

2010 年，辽宁省遥感监测土地面积 146905.63 平方千米，土地利用类型以林地和耕地为主。林地面积 61359.56 平方千米，占省域面积的 41.77%，耕地面积 52095.96 平方千米，占省域面积的 35.46%，该两种土地利用类型占据了绝大部分省域面积。城乡工矿居民用地面积较大，为 11850.19 平方千米，占省域面积的 8.07%。其他土地利用类型面积普遍较小，水域、草地和未利用土地占省域面积的比例依次为 3.79%、3.21% 和 1.05%；另有耕地内非耕地 9766.01 平方千米。

林地是辽宁省最主要的土地利用类型，且以有林地为主，占林地总面积的 83.01%。其次为灌木林地和疏林地，分别占林地总面积的 7.46% 和 7.36%。有林地主要分布在东部的长白山支脉，西部的黑山和医巫闾山等也有少量分布。灌木林地和疏林地主要分布在西部的努鲁儿虎山、松岭等地，东部辽东半岛丘陵区有少量分布。

耕地面积仅次于林地，以旱地为主，占耕地面积的 85.05%，水田其次，占 14.95%。耕地主要分布在辽宁中部的辽河平原以及西部低山丘陵的河谷地带，山地、丘陵间也有散布，其中水田集中在辽河下游冲积平原。

城乡工矿居民用地是面积居第三位的类型，以广布的农村居民点为主，占该类面积的 66.67%；城镇用地次之，占 21.66%；工交建设用地占该类面积的 11.66%，主要为大城市周边的独立工厂和沿海盐场。

水域面积较小，其中滩地占水域面积的 35.58%，其次是水库坑塘和河渠，分别占 32.13% 和 21.46%，此外还有少量海涂和湖泊。

草地面积同样较小，以中覆盖度草地为主，占草地总面积的 70.01%；高覆盖度草地次之，占 23.34%；低覆盖度草地最少，占 6.65%。草地主要分布在辽西北的低山丘陵区。

未利用土地面积最小，86.80% 为沼泽地，较集中地分布在靠近辽河入海口的辽河下游冲积平原。

6.6.2 20世纪80年代末至2010年辽宁省土地利用变化

20 世纪 80 年代末至 2010 年，辽宁省土地利用一级类型动态变化面积 7442.88 平方千米，占省域面积的 5.07%。变化的主要特点是城乡工矿居民用地增加显著，耕地和水域有所增加，林地、草地和未利用土地不同程度减少（见表 6）。

表 6 辽宁省 20 世纪 80 年代末至 2010 年土地利用分类面积变化

单位：平方千米

	耕地	林地	草地	水域	城乡工矿居民用地	未利用土地	海域	耕地内非耕地
新增	2972.75	1139.47	920.81	487.14	1212.04	92.81	54.56	563.29
减少	1600.61	3248.58	1334.61	330.36	30.25	276.14	294.11	328.21
净变化	1372.15	-2109.11	-413.81	156.78	1181.79	-183.33	-239.55	235.08

城乡工矿居民用地增加显著，面积净增加 1181.79 平方千米，相比监测初期增加了 9.97%，增加面积及幅度均很大，是辽宁土地利用变化的主要特点。新增的城乡工矿居民用地中，城镇用地和工交建设用地面积相当，分别占新增总面积的 36.25% 和 35.57%，其余的 28.18% 为新增农村居民点用地面积。20 世纪 80 年代末以来，城乡工矿居民用地逐渐增加，且年均净增加面积持续上升，由 20 世纪 80 年代末至 2000 年的 33.36 平方千米增加到 2008~2010 年的 111.67 平方千米，增长了 2.35 倍（见图 11）。新增城乡工矿居民用地始终以占用耕地为主，耕地在新增城乡工矿居民用地土地来源中的比例为 56.06%，其次为林地和水域，分别占 10.27% 和 8.46%。海域在 2008~2010 年成为城乡工矿居民用地的重要土地来源，在该时期占新增城乡工矿居民用地的 25.68%，仅次于耕地。

耕地在 2000 年前净增加，2000 年后逐年减少，整个监测时段净增加 1372.15 平方千米，相比监测初期增加了 2.63%，净增加幅度不大（见图 12）。耕地的动态变化以新增耕地为主，新增面积 2972.75 平方千米，同时因建设占用等原因导致耕地面积减少 1600.61 平方千米。2000 年前是新增耕地面积最大的时期，此时段新增耕地面积占整个监测时段新增耕地的 88.14%，耕地年均新增面积 201.56 平方千米，

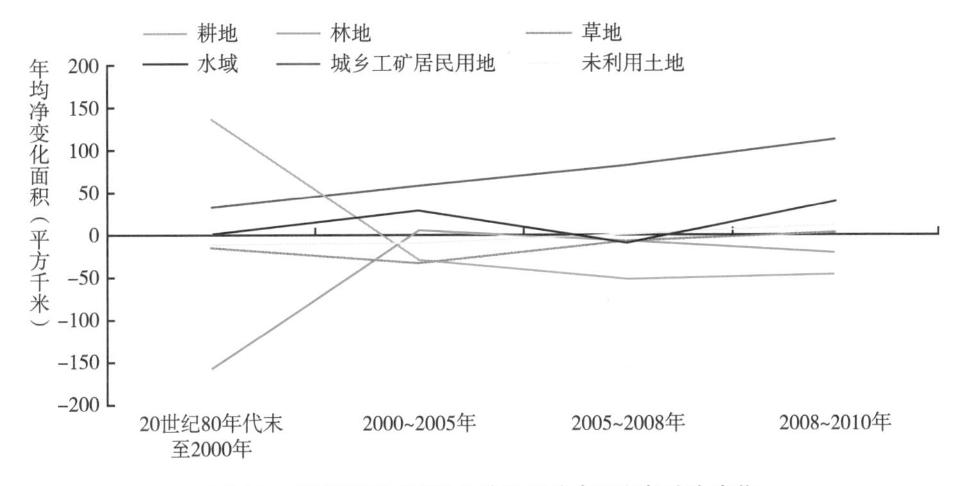

图 11　辽宁省不同时段土地利用分类面积年均净变化

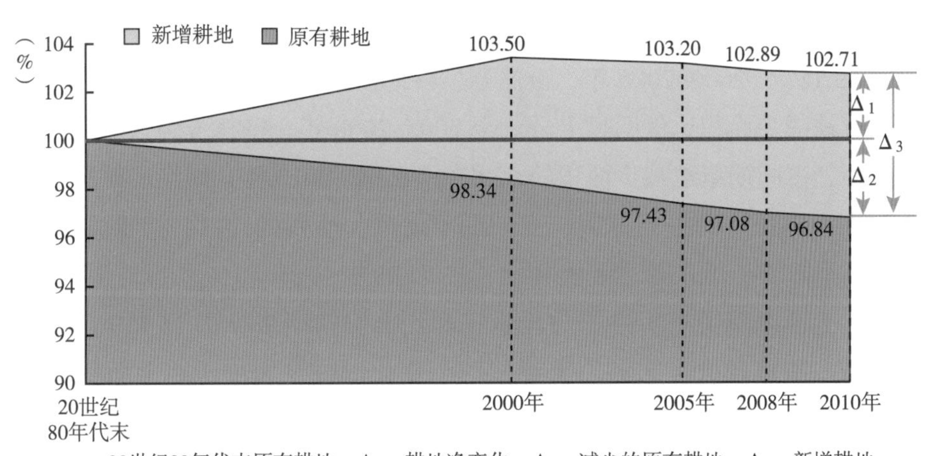

图 12　辽宁省 20 世纪 80 年代末至 2010 年耕地变化

2000 年后显著下降，耕地年均新增面积仅为 35.25 平方千米。耕地减少的速度较为平缓，耕地年均减少面积在各个监测时段相近，但土地去向有所不同。2000 年前，耕地减少主要转变为林地，占耕地减少面积的 52.22%。2000 年以后，耕地减少主要是城乡工矿居民用地建设占用，占耕地减少面积的 57.69%，建设占用成为该时期耕地减少的最主要原因。

水域净增加 156.78 平方千米，相比监测初期增加了 4.75%，净增加面积与幅度均较小。水域的动态变化中，新增水域 487.14 平方千米，主要来自海域开发，占新增水域面积的 40.57%。水域减少 330.36 平方千米，主要为城乡工矿居民用地占用，占减少水域面积的 31.03%。

林地净减少 2109.11 平方千米，相比监测初期减少了 3.44%，净减少面积较大，但净减少的幅度不大。林地的动态变化以减少为主，减少面积3248.58平方千米，同时有少量的新增林地，为1139.47平方千米。林地大面积减少的现象主要发生在2000年前，占整个监测时段林地减少面积的89.63%，年均减少223.98平方千米，主要由毁林开垦所致，2000年前林地变为耕地的面积占同期林地减少总面积的63.60%。2000年后林地减少不再显著，年均减少面积约为33.69平方千米。新增林地速度较为稳定，不同时段的年均新增面积相近，主要土地来源是耕地和草地，分别占新增林地总面积的51.08%和36.10%。林地变化主要发生在2000年前，面积下降显著，2000年后林地面积趋于平稳。

草地净减少413.81平方千米，相比监测初期减少了8.78%%，净减少面积不大，减少幅度较大。草地的动态变化以减少为主，减少面积1334.61平方千米，同时有少量的新增草地，为920.81平方千米。草地减少的速度逐渐下降，在各时期草地减少的主要原因不同。2000年前，草地减少主要由开垦耕地所致，占同期草地减少面积的59.16%。2000~2005年，虽然开垦耕地仍然是草地减少的主要因素，但造林导致的草地减少面积比例明显上升。至2005~2008年，造林成为该时期草地减少的主要原因，占同期草地减少面积的52.82%。2008~2010年，城乡工矿居民用地占用是该时期草地减少的主要原因，占同期草地减少面积的59.14%。新增草地的速度同样逐渐下降，土地来源主要为林地，占75.99%。

未利用土地净减少183.33平方千米，相比监测初期减少了11.85%，净减少面积很小，减少幅度较大。未利用土地的动态变化以减少为主，减少面积276.14平方千米，同时有少量的新增未利用土地，为92.81平方千米。沼泽地减少是未利用土地减少的最主要类型，占未利用土地减少总面积的87.61%，其次为盐碱地减少，占12.39%。新开垦的耕地是未利用土地减少的最主要去向，占未利用土地减少总面积的53.22%，其次是转变为水域，占26.77%。从时间过程看，未利用土地减少主要发生在2005年之前，年均减少面积14.82平方千米，2005年后未利用土地基本稳定。

6.7 吉林省土地利用

吉林省土地利用以林地为主，耕地次之，其他土地类型面积普遍不大。20世纪80年代末至2010年，动态变化显著的是耕地、草地和城乡工矿居民用地。耕地净增加面积最大，其变化的阶段性差异明显，2005年之前持续增加，2005年之后逐渐减少，整个监测时段耕地面积净增加了6.46%。草地显著减少，面积净减少一半以上，减少最剧烈的时期在2000年前，2000年后减少幅度不大。城乡工矿居民用地净增加 6.39%，新增城乡工矿居民用地始终以占用耕地为主。林地基本维持了数量上的动态平衡，且新增和减少的林地区域特征明显，减少的林地主要是长白山脉向松嫩平原过渡地带的林地，新增的林地集中分布在松辽平原西部的科尔沁草原东陲。

6.7.1 2010年吉林省土地利用状况

吉林省遥感监测土地面积 191093.59 平方千米，土地利用类型以林地和耕地为主。林地面积 84647.93 平方千米，占省域面积的 44.30%，耕地面积 63856.57 平方千米，占 33.42%，该两种土地利用类型占据了省域面积的绝大部分。其余土地利用类型面积均较小，从大到小依次是未利用土地、城乡工矿居民用地、草地和水域，占省域面积的比例依次是 6.33%、3.86%、3.74% 和 2.23%；另有耕地内非耕地 11713.34 平方千米。

林地是吉林省最主要的土地利用类型，且以有林地为主，占林地总面积的 94.98%。灌木林地等其他林地比例仅 5.02%。林地集中分布在东部的长白山区。

耕地面积仅次于林地，以旱地为主，与水田的面积比例为 6∶1。耕地主要分布在中西部平原，东部山区的居民点周围也有散布。

未利用土地是面积居第三位的类型，主要为盐碱地，占该类面积的 67.28%，沼泽地次之，占该类面积的 29.94%。未利用土地主要分布在吉林省西部科尔沁草原和松辽平原交汇地带。

城乡工矿居民用地是面积居第四位的类型，以广布的农村居民点为主，占该类面积的 78.38%；城镇用地次之，占 18.84%。城乡工矿居民用地在中部松辽平原和嫩江平原西部分布相对密集。

草地面积较小，以高、中覆盖度草地为主，分别占草地总面积的 52.85% 和 41.67%。草地在吉林省西部的科尔沁草原和松辽平原交汇地带分布较多，在林区也有散布。

水域面积最小，其中湖泊占水域面积的 31.11%，其次是滩地和水库坑塘，分别占 26.02% 和 25.52%，此外的 17.36% 为河渠。

6.7.2 20世纪80年代末至2010年吉林省土地利用变化

20 世纪 80 年代末至 2010 年，吉林省土地利用一级类型动态变化面积 12645.44 平方千米，占省域面积的 6.62%。变化的主要特点是耕地大面积增加，城乡工矿居民用地有所增加，草地显著减少，水域、未利用土地和林地面积不同程度缩减（见表 7）。

表 7　吉林省 20 世纪 80 年代末至 2010 年土地利用分类面积变化

单位：平方千米

	耕地	林地	草地	水域	城乡工矿居民用地	未利用土地	耕地内非耕地
新增	5647.03	1835.06	1665.05	328.30	476.85	1816.12	877.03
减少	1520.10	1930.34	5307.03	1237.68	5.37	2379.56	265.35
净变化	4126.93	−95.28	−3641.98	−909.39	471.48	−563.44	611.68

耕地在 2005 年之前持续增加，2005 年之后逐渐减少，整个监测时段内，耕地面积净增加 4126.93 平方千米，相比监测初期增加了 6.46%，增加面积与增加幅度均很大，是吉林省土地利用变化的主要特点之一。进一步剖析耕地的动态变化（见图 13），新增耕地 5647.03 平方千米，同时耕地减少面积 1520.10 平方千米。新增耕地现象在 2000 年前最为明显，仅 2000 年前新增耕地的面积占整个监测时段新增耕地总面积的 83.90%。新增耕地主要来源于开垦草地，占新增耕地面积的 54.07%，其次为毁林种植和开垦未利用土地，分别占 20.65% 和 18.92%。耕地减少的面积主要转变为林地，其次为城乡工矿居民用地，再次为草地，分别占耕地减少面积的 49.42%、23.86% 和 17.21%。不同时段耕地减少的主要原因有所不同，2005 年之前，耕地减少主要变为林地和草地，而 2005 年之后，城乡工矿居民用地占用是耕地减少的最主要原因，占耕地减少总面积的六成以上。

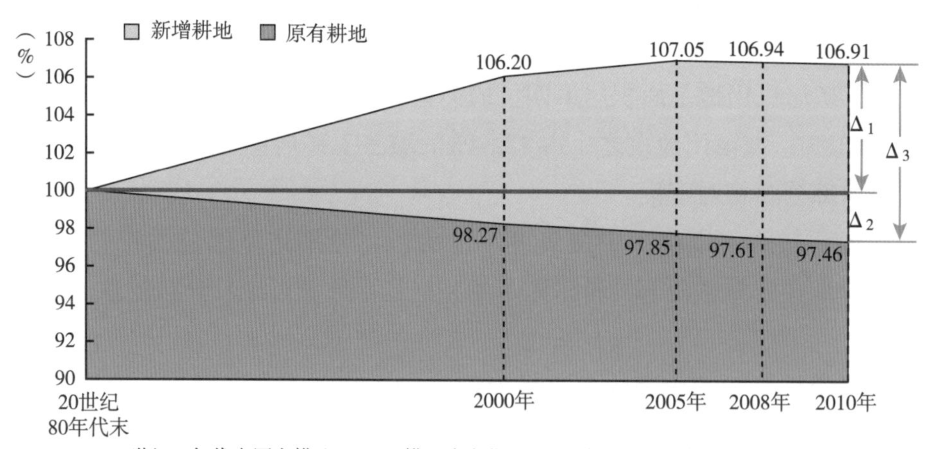

图 13　吉林省 20 世纪 80 年代末至 2010 年耕地变化

城乡工矿居民用地净增加 471.48 平方千米，相比监测初期增加了 6.39%，增加幅度较大。新增的城乡工矿居民用地以城镇用地为主，占 62.93%，使得 2010 年的城镇用地在城乡工矿居民用地中的比例相比 20 世纪 80 年代末提高了 3.51 个百分点。20 世纪 80 年代末以来，城乡工矿居民用地逐渐增加，增速也不断上升，直到

2008~2010 年增速有所下降（见图 14）。新增城乡工矿居民用地的土地来源始终以占用耕地为主，在各个时期，耕地在新增城乡工矿居民用地土地来源中所占的比例始终在 72.94%~79.54%。除耕地以外，新增城乡工矿居民用地的其他土地来源主要为林地。

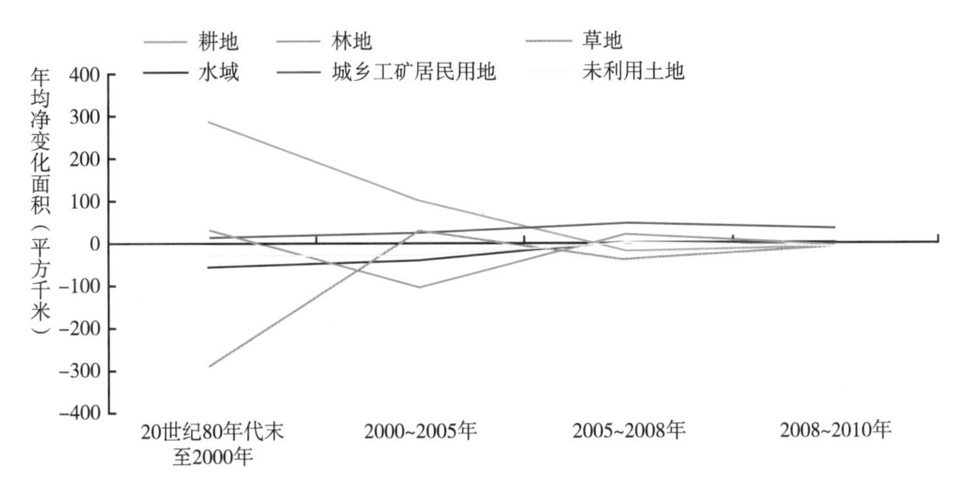

图 14　吉林省不同时段土地利用分类面积年均净变化

草地净减少 3641.98 平方千米，相比监测初期减少了 51.01%，是减少最显著的土地类型。草地的动态变化以减少为主，减少面积 5307.03 平方千米，同时有少量的新增草地，为 1665.05 平方千米。草地显著减少发生在 2000 年前，该时期草地减少的面积占整个监测时段草地减少总面积的 86.73%。2000 年后，草地减少的速度大幅下降。草地减少的最主要原因是开垦耕地，占草地减少总面积的 57.54%，其次是变为未利用土地和林地，占草地减少总面积的 17.33% 和 15.79%。2005~2008 年与整体规律略有不同，草地减少的主要去向是林地，占 64.37%，其次为耕地。新增草地的主要土地来源是未利用土地、林地和耕地，分别占新增草地总面积的 49.11%、29.00% 和 15.72%。

未利用土地净减少 563.44 平方千米，相比监测初期减少了 4.66%，净减少面积与幅度相比其他类型均处于中等。未利用土地的动态变化以减少为主，减少面积 2379.56 平方千米，以沼泽地为主，占未利用土地减少总面积的 50.97%；同时有少量的新增未利用土地，为 1816.12 平方千米，以盐碱地为主，占未利用土地新增总面积的 59.54%。开垦的耕地是未利用土地减少的最主要去向，占未利用土地减少总面积的 44.89%，其次为草地，占 34.36%。未利用土地减少的现象主要发生在 2005 年之前，2005 年之后其面积基本稳定。新增未利用土地的土地来源主要是草地和水域，分别占新增未利用土地的 50.64% 和 40.84%。

林地净减少 95.28 平方千米，相比监测初期减少了 0.11%。虽然净减少面积和幅度均很小，但是林地的增减变化依然较大，原有林地减少 1930.34 平方千米，同时新增林地 1835.06 平方千米，基本维持了数量上的动态平衡。虽然减少和新增的林地均以有林地为主，其各自分布区域不同。减少的林地主要分布于长白山脉向松嫩平原过渡地带，而新增的林地集中分布在松辽平原西部的科尔沁草原东陲。林地减少的主要原因是耕地开垦，占林地减少面积的 60.42%，其次是变为草地，占 25.01%。新增林地的主要土地来源是草地和耕地，分别占新增林地总面积的 45.68% 和 40.94%。

水域净减少 909.39 平方千米，相比监测初期减少了 21.30%，净减少面积不大，但净减少幅度较大，仅次于草地。水域动态变化以减少为主，减少面积 1237.68 平方千米，以湖泊为主，占 66.12%，主要去向是未利用土地中的沼泽地。同时新增水域 328.30 平方千米，以滩地和湖泊为主，分别占 49.81% 和 36.70%，主要土地来源是未利用土地。

6.8 黑龙江省土地利用

黑龙江省土地利用以林地为主，耕地其次，林业与农业的优势地位突出。20 世纪 80 年代末至 2010 年，耕地面积大幅增加，净增加了 12.59%，且主要发生在 2000 年之前，该时期耕地净增加面积占整个监测时段的近九成。以沼泽地为主的未利用土地、草地和林地等以自然属性为主的土地类型全面减少。其中，草地减少最显著，净减少面积与幅度均较大，主要原因始终为草地开垦。城乡工矿居民用地少量增加，增加幅度不大，为 4.99%。20 世纪 80 年代末至 2000 年黑龙江省土地利用变化最为剧烈，占整个监测时段动态变化总量的 75.25%，2000 年后土地利用变化缓慢，利用方式趋于稳定。

6.8.1 2010年黑龙江省土地利用状况

2010 年，黑龙江省遥感监测土地面积 452563.28 平方千米，土地利用类型以林地和耕地为主。林地面积 196001.02 平方千米，占省域面积的 43.31%，耕地面积 148208.82 平方千米，占 32.75%，该两种土地利用类型占据了绝大部分省域面积。未利用土地和草地面积较大，面积分别为 36372.34 平方千米和 35765.28 平方千米，分别占 8.04% 和 7.90%。水域和城乡工矿居民用地为 12290.74 平方千米和 9868.78 平方千米，各占 2.72% 和 2.18%，是面积较小的土地利用类型；另有耕地内非耕地 14056.29 平方千米。

林地是黑龙江省最主要的土地利用类型，且以有林地为主，占林地总面积的94.30%。灌木林地等其他林地比例为 5.70%。林地主要呈西北—东南向延伸，集中分布在西北和北部的大小兴安岭及东南部的张广才岭、老爷岭和完达山脉。

耕地面积仅次于林地，以旱地为主，与水田的面积比例为 5 : 1。耕地主要分布在黑龙江西南部的松嫩平原和东北部的三江平原，其中水田主要集中在三江平原。

未利用土地是面积居第三位的类型，主要为沼泽地，占该类面积的 88.08%，盐碱地次之，占该类面积的 10.92%。沼泽地主要分布在三江平原和乌裕尔河流域南部，在大小兴安岭也有较大面积的分布。

草地是面积居第四位的类型，以高覆盖度草地为主，占草地总面积的 81.54%；中覆盖度草地次之，占 17.58%；少有低覆盖度草地，占 0.88%。草地成片分布在松嫩平原中部和三江平原的西南部等地，另外在林区也有散布。

水域面积较小，其中滩地占水域面积的 38.21%，其次是湖泊和河渠，分别占26.89% 和 22.78%，此外的 12.11% 为水库坑塘。主要湖泊有兴凯湖、镜泊湖、连环湖等，主要河流包括黑龙江、乌苏里江、松花江、绥芬河四大水系。

城乡工矿居民用地以广布的农村居民点为主，占该类面积的 74.54%；城镇用地次之，占 21.01%，在西部松嫩平原和东北部三江平原分布相对密集；工交建设用地面积不大，仅占该类面积的 4.45%，主要分布在东南部鸡西市和东北部双鸭山市。

6.8.2 20世纪80年代末至2010年黑龙江省土地利用变化

20 世纪 80 年代末至 2010 年，黑龙江省土地利用一级类型动态变化面积33591.05 平方千米，占省域面积的 7.42%。变化的主要特点是耕地增加显著，城乡工矿居民用地有所增加，以自然属性为主的林地、草地、水域和未利用土地面积全面减少，其中草地和未利用土地减少最显著（见表 8）。

表 8 黑龙江省 20 世纪 80 年代末至 2010 年土地利用分类面积变化

单位：平方千米

	耕地	林地	草地	水域	城乡工矿居民用地	未利用土地	耕地内非耕地
新增	21622.92	3014.13	4076.15	839.28	562.15	1546.83	1929.58
减少	2968.12	11159.88	11688.91	1423.42	69.72	6015.91	265.09
净变化	18654.80	–8145.75	–7612.75	–584.14	492.43	–4469.08	1664.49

耕地增加显著，面积净增加 18654.80 平方千米，相比监测初期增加了 12.59%，增加幅度同样很大，是黑龙江土地利用变化的最主要特点。进一步剖析耕地的动态

变化（见图 15），新增耕地 21622.92 平方千米，同时因生态恢复或建设占用等导致的耕地减少面积 2968.12 平方千米。新增耕地的类型构成接近耕地原有类型构成中旱地和水田的比例 5∶1，新增规模和速度在 2000 年之前十分可观，年均新增耕地 1387.09 平方千米，2000 年之后新增速度明显下降，年均新增耕地 359.07 平方千米，且呈现逐渐下降的态势。新增速度下降，但耕地的总面积仍持续增加。2000 年前后新增耕地的土地来源也发生了较大变化，2000 年前主要来源于毁林垦殖，占同期新增耕地面积的 44.09%，其次为草地和未利用土地的开垦，分别占 35.58% 和 18.36%。2000 年后毁林垦殖显著减少，开垦草地和未利用土地成为新增耕地的主要方式，分别占新增地面积的 55.81% 和 24.55%，毁林垦殖在新增耕地中的比例降至 16.77%。另外，耕地减少的土地去向主要为林地、草地和未利用土地，分别占耕地减少面积的 35.74%、24.46% 和 15.87%，驱动因素包括生态恢复以及撂荒等，城乡工矿居民用地的建设占用导致耕地减少所占的比例并不大，为 15.87%，但这一比例在监测末期的 2008~2010 年显著上升为 61.28%，建设占用成为该时期耕地减少的最主要原因。

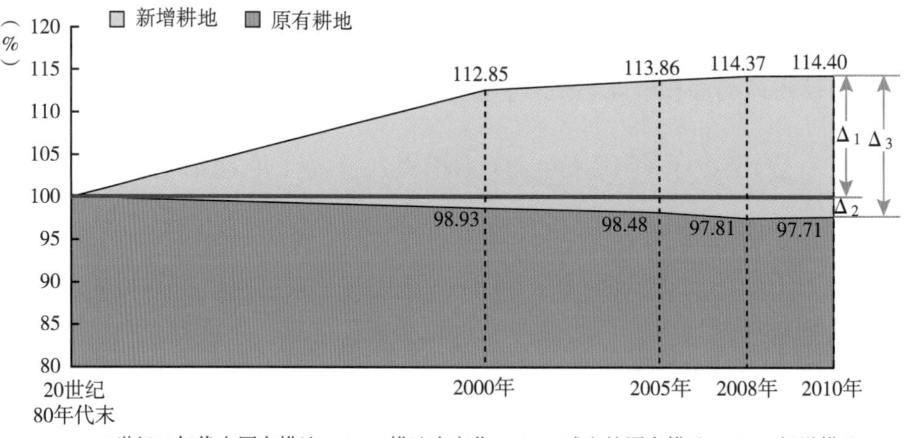

图 15　黑龙江省 20 世纪 80 年代末至 2010 年耕地变化

城乡工矿居民用地净增加 492.43 平方千米，相比监测初期增加了 4.99%，增加幅度不大。新增的城乡工矿居民用地中，城镇用地和农村居民点约各占四成，其余的 20.17% 为工交建设用地。20 世纪 80 年代末以来，城乡工矿居民用地逐渐增加，增速也不断上升（见图 16）。2000 年前增速较慢，年均新增 14.64 平方千米；2000~2005 年，年均新增面积 25.15 平方千米，相较前一监测时段增加了 0.72 倍；2005~2008 年，增速又增加了 0.90 倍，达到年均新增 47.79 平方千米；2008~2010 年，年均新增面积 51.37 平方千米，增速上升的幅度减小。新增城乡工矿居民用地的土地来源始终以占用耕地为主，在各个时期，耕地在新增城乡工矿居民用地土地来源中所占的比例始终在 75.55%~82.74%。除耕地以外，新增城乡工矿居民用地的其他土地来源主要为林地和草地。

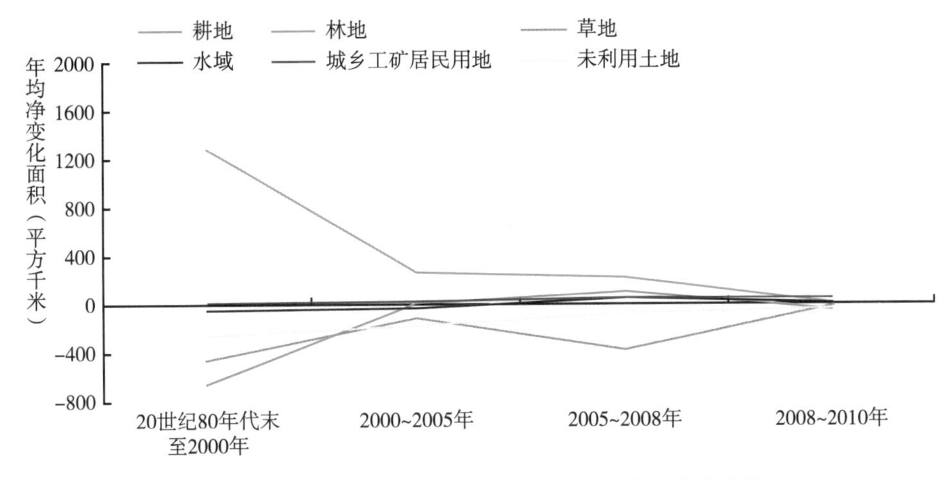

图 16　黑龙江省不同时段土地利用分类面积年均净变化

林地净减少 8145.75 平方千米，相比监测初期减少了 4.16%，净减少面积较大，但净减少的幅度不大。林地的动态变化以林地减少为主，减少了 11159.88 平方千米，同时有少量的新增林地，为 3014.13 平方千米。林地大面积减少的现象主要发生在 2000 年前，占整个监测时段林地减少面积的 88.21%，年均减少 757.25 平方千米，主要由毁林开垦所致，2000 年前林地变为耕地的面积占同期林地减少总面积的 80.76%。2000 年后林地减少不再显著，年均减少面积约为 131.57 平方千米，且呈现逐渐平稳的趋势。新增林地的主要土地来源是草地和耕地，分别占新增林地总面积的 59.55% 和 35.20%。林地新增速度相对较快的时期是 2005~2008 年，年均新增 273.26 平方千米，是整个监测时段林地年均新增速度的 2.09 倍。

草地净减少 7612.75 平方千米，相比监测初期减少了 21.29%，净减少面积与幅度均较大。草地的动态变化以减少为主，减少面积 11688.91 平方千米，同时有少量的新增草地，为 4076.15 平方千米。草地减少的速度呈现波动下降趋势，各时期草地减少的最主要原因均为草地开垦，草地变为耕地的面积占草地减少总面积的 72.02%，特别是在 2000 年前，这一比例高达 78.75%。新增草地的主要土地来源是林地、未利用土地和耕地，分别占新增草地总面积的 44.43%、25.48% 和 17.81%。2005~2008 年与整体规律略有不同，新增草地的主要来源是耕地，占 52.92%，其次为林地。

未利用土地净减少 4469.08 平方千米，相比监测初期减少了 12.29%，净减少面积与幅度相比其他类型均处于中等。未利用土地的动态变化以减少为主，减少面积6015.91平方千米，同时有少量的新增未利用土地，为1546.83平方千米。沼泽地是未利用土地减少的最主要类型，占未利用土地减少总面积的91.36%。开垦的耕地是未利用土地减少的最主要去向，占未利用土地减少总面积的69.68%。从时间过程看，未利用土地持续减少，但减少的速度逐渐缓慢。

水域净减少584.14平方千米，相比监测初期减少了4.75%，净减少面积与幅度均较小，是相对稳定的土地类型。

6.9 上海市土地利用

上海市土地利用类型以耕地和城乡工矿居民用地为主，二者面积占比相近，分别为33.79%和29.78%，其次为水域。城乡工矿居民用地是20世纪80年代末至2010年扩展最快的类型，占上海市总面积比例从20世纪80年代末的13.80%增加到2010年的29.78%，增加了1.16倍。城乡工矿居民用地面积在2008年之前持续快速增加，在2008~2010年增加速度有所回落。耕地是城乡工矿居民用地扩展最主要的土地来源，占其新增面积的67.37%。

6.9.1 2010年上海市土地利用状况

上海市2010年遥感监测土地总面积为8265.86平方千米，以耕地、城乡工矿居民用地和水域为主。其中耕地面积为2793.27平方千米，占上海市总面积的33.79%；城乡工矿居民用地面积为2461.78平方千米，占29.78%；水域面积为1949.52平方千米，占23.59%；林地面积为103.73平方千米，占1.25%；草地面积非常稀少，为14.83平方千米，仅占0.18%；另有耕地内非耕地942.73平方千米。

上海市耕地以水田为主，面积为2496.35平方千米，占耕地面积的89.37%；旱地面积为296.92平方千米，占耕地面积的10.63%。水田在上海市辖区内广泛分布，旱地则主要分布在奉贤区的杭州湾沿岸和崇明岛北部和东部的长江口沿岸。

城乡工矿居民用地中城镇建设用地面积最大，达到了1127.56平方千米，占城乡工矿居民用地面积的45.80%；其次是农村居民点用地，面积为983.10平方千米，占39.93%；工交建设用地面积最少，为351.42平方千米，占14.28%。上海市中心建成区主要分布在黄浦江两侧。农村居民点则环中心建成区密集分布，随着离市中心的距离增加其分布密度逐渐降低，沿海地带和崇明岛的农村居民点分布密度最低。工交建设用地主要分布在上海市的沿海地带，多为码头和工厂等。

河渠是上海市水域中面积最大的一个类型，达 1302.01 平方千米，占水域面积的 66.79%；其次是水库坑塘，面积为 272.20 平方千米，占 13.96%；滩地面积与水库坑塘近似，为 265.22 平方千米，占 13.60%；海涂面积为 108.45 平方千米，占 5.56%；湖泊面积最小，仅有 1.64 平方千米，占 0.08%。上海市地处长江入海口，境内水网密布，长江水面和江心滩地是水域最主要的构成部分，而水库坑塘多分布于与江苏和浙江交界地区。

林地中绝大部分是其他林地，面积为 94.11 平方千米，占上海市林地面积的 90.73%；其次是有林地，面积为 7.59 平方千米，占 7.32%；最少的是疏林地，面积仅有 2.04 平方千米，占 1.97%。林地在上海市内呈现分散零星分布，崇明岛、长兴岛和横沙岛是林地的主要分布地区，杭州湾沿岸也有少量林地分布。

上海市的草地类型全部都是高覆盖度草地，主要分布在长兴岛和横沙岛沿岸，崇明岛的长江口沿岸以及松江区的佘山附近也有分布。

6.9.2 20世纪80年代末至2010年上海市土地利用变化

20 世纪 80 年代末至 2010 年上海市土地利用一级类型变化总面积为 1517.73 平方千米，占上海市总面积的 18.36%。其中城乡工矿居民用地面积体现为净增加，耕地、林地、草地和水域面积全部体现为净减少，同时，土地利用动态变化主要集中于耕地和城乡工矿居民用地的变化（见表 9）。

表 9 上海市 20 世纪 80 年代末至 2010 年土地利用分类面积变化

单位：平方千米

	耕地	林地	草地	水域	城乡工矿居民用地	未利用土地	海域	耕地内非耕地
新增	62.51	13.96	10.53	87.55	1323.89	—	0.79	18.51
减少	926.75	16.41	41.96	159.71	0.26	—	16.26	356.39
净变化	-864.24	-2.45	-31.43	-72.16	1323.63	—	-15.48	-337.87

城乡工矿居民用地是 20 世纪 80 年代末至 2010 年上海市各土地利用类型中唯一面积净增加的类型，净增加了 1323.63 平方千米。从 20 世纪 80 年代末开始，上海市城乡工矿居民用地年均净增加面积持续上升（见图 17、图 18），直到 2005~2008 年达到年均净增加 123.59 平方千米的最高点，随后在 2008~2010 年年均净增加速度有所放缓，下降至 67.09 平方千米。相比 20 世纪 80 年代末，2010 年上海市城乡工矿居民用地面积增加了 1.16 倍，其中农村居民点用地面积净增加最多，达到了 535.78 平方千米，其次是城镇用地，净增加了 469.54 平方千米，工交建设用地面积净增加了 318.30 平方千米。城乡工矿居民用地面积增加的最主要来

源就是耕地，20 世纪 80 年代末至 2010 年共有 891.89 平方千米的耕地（其中水田 816.22 平方千米，旱地 75.67 平方千米）转变为城乡工矿居民用地，占了城乡工矿居民用地新增面积的 67.38%。

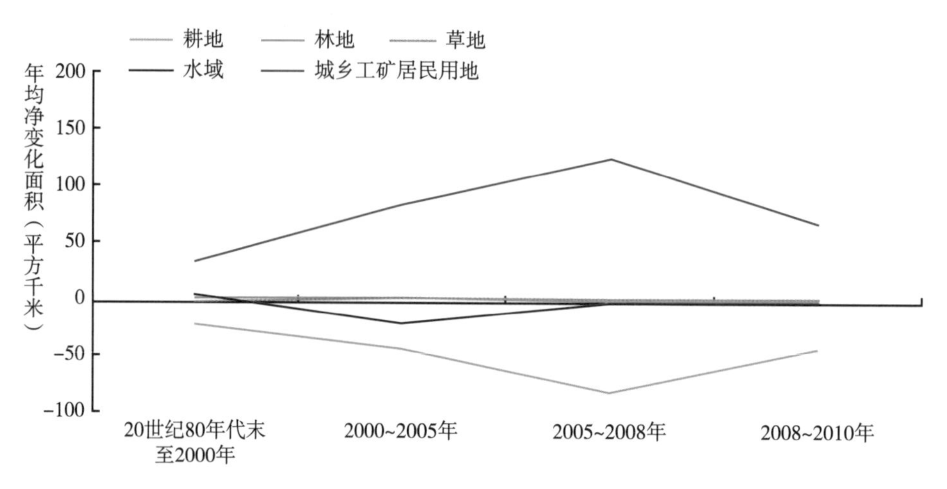

图 17　上海市不同时段土地利用分类面积年均净变化

受城乡工矿居民用地扩展的影响，耕地是 20 世纪 80 年代末至 2010 年上海市面积减少最多的土地利用类型，净减少 864.25 平方千米，减少的耕地有 96.24% 流向了城乡工矿居民用地。其中，耕地转变为城镇用地面积为 315.61 平方千米，转变为农村居民点面积为 395.70 平方千米，转变为工交建设用地面积为 180.57 平方千米。水库坑塘是耕地流向的第二类型，有 20.70 平方千米的耕地转变成为水库坑塘。这也使得上海市耕地面积比例由 20 世纪 80 年代末的 44.33% 下降至 2010 年的 33.79%。由于城乡工矿居民用地扩张大部分占用的是耕地，耕地的年均变化面积与城乡工矿居民用地正好相反，在 2008 之前耕地年均净减少速度持续增加，之后耕

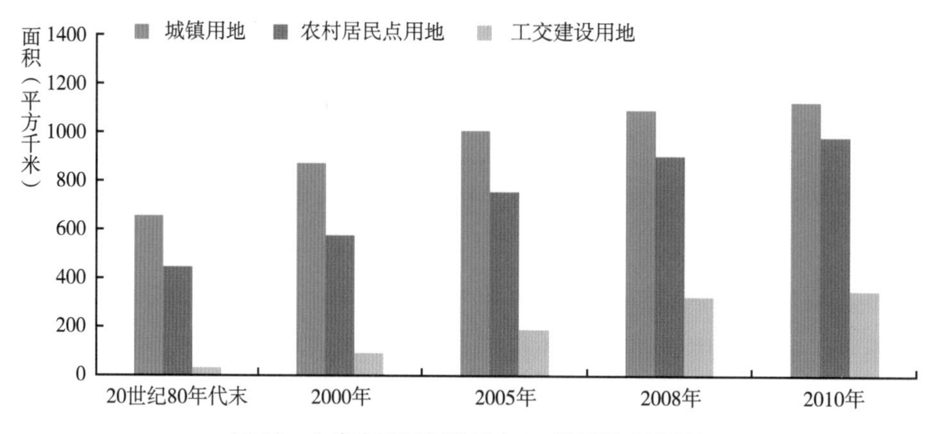

图 18　上海市不同时段城乡工矿居民用地面积

地减少速度开始放缓。

上海市水域类型动态变化也较多，20 世纪 80 年代末至 2010 年水域新增面积的主要来源是草地，共有 35.62 平方千米的草地转变成为水域，占水域新增面积的 40.69%。水域减少的面积大部分流向了城乡工矿建设用地以及耕地这两大类型，其中水域转变成城乡工矿建设用地的面积为 67.52 平方千米，占水域减少面积的 42.28%；转变成为耕地的面积为 62.02 平方千米，占 38.83%。水域在各个时间段变化平缓，仅在 2000~2005 年减少较多。

虽然 20 世纪 80 年代末至 2010 年上海市草地变化面积较小，总的动态面积只有 52.49 平方千米，但是相对于草地总面积而言，变化非常剧烈。20 世纪 80 年代末至 2010 年上海市草地累计变化量是 20 世纪 80 年代初草地总面积的 1.13 倍，草地面积从 20 世纪 80 年代末的 46.26 平方千米减少至 2000 年的 7.69 平方千米，随后又增加至 2010 年的 14.83 平方千米。

6.10　江苏省土地利用

江苏省土地利用类型以耕地为主，其面积占比为 44.91%，城乡工矿居民用地和水域次之。涉及城乡工矿居民用地和耕地这两种类型的变化面积占江苏省 20 世纪 80 年代末至 2010 年土地利用变化总面积的 93.23%。其变化特征主要体现在耕地减少和城乡工矿居民用地增加，并且耕地减少量的 87.41% 都转变成为城乡工矿居民用地。2005 年之后耕地减少速度进一步加快，到 2010 年江苏省 20 世纪 80 年代末的原有耕地留存比例仅有 90.74%，而 2010 年城乡工矿居民用地面积相比 20 世纪 80 年代末则增加了 43.32%。

6.10.1　2010年江苏省土地利用状况

江苏省 2010 年遥感监测土地总面积为 103397.04 平方千米，土地利用类型构成当中以耕地为主，面积为 46435.52 平方千米，占江苏省土地总面积的 44.91%。第二大土地利用类型是城乡工矿居民用地，面积为 19773.33 平方千米，占 19.12%。水域面积为 15345.40 平方千米，占 14.84%。林地、草地和未利用土地在江苏省分布稀少，面积分别仅为 3126.68 平方千米、837.15 平方千米和 167.92 平方千米。监测土地总面积包括 17711.04 平方千米的耕地内非耕地。

江苏省地处中国水田和旱地分布的过渡带，水田和旱地在省内都有广泛的分布。水田在江苏的分布范围最广且面积最大，2010 年水田面积为 30255.71 平方千米，占耕地面积的 65.16%，主要分布于苏北灌溉总渠以南，同时徐州和连云港地区也有大片分布。旱地面积为16179.81平方千米，占耕地面积的34.84%，主要分布在江苏省东部的滨海平原区、东南部的长江三角洲平原区沿海区域以及北部苏北灌溉总渠——洪泽湖以北的徐淮黄泛平原区。

城乡工矿居民用地以农村居民点用地面积最大，2010年的面积为11011.08平方千米，占城乡工矿居民用地面积的55.69%，主要分布在长江以北的苏中和苏北地区。其次是城镇用地，面积为7606.63平方千米，占38.47%，主要分布在苏南城市群。工交建设用地面积为1155.62平方千米，占5.84%，集中分布于苏北连云港市周边的海岸带，多为码头。

江苏省境内水网稠密，湖荡众多，湖泊是水域中面积最大的类型，达到5795.40平方千米，占水域面积的37.77%。江苏省共有大小湖泊近300处，主要湖泊有太湖、洪泽湖、高邮湖、骆马湖、石臼湖和阳澄湖等，主要分布在长江三角洲、淮安和扬州地区。水库坑塘是水域的第二大类型，面积为4528.57平方千米，占水域面积的29.51%，散布于长江以北的耕地区中，另外江苏沿海一线也有大量水库坑塘分布。河渠面积有2301.20平方千米，占水域面积的15.00%。长江、淮河是江苏省最主要的两条河流，京杭运河南北纵贯全省。滩地和海涂面积相近，分别为1377.07平方千米和1343.16平方千米，占水域面积的8.97%和8.75%。

林地中以有林地面积最大，为2158.84平方千米，占林地面积的69.05%。其次为疏林地，面积是478.61平方千米，占15.31%。灌木林地和其他林地面积分别为248.88平方千米和240.36平方千米，各占7.96%和7.69%。林地主要分布在江苏省西南的丘陵岗地地区，以及洪泽湖南部与安徽交界处，江苏省东北部云台山也有少量林地分布。

草地中有98.67%的面积都是高覆盖度草地，主要分布在江苏省东部沿海以及西南丘陵岗地地区。

未利用土地以裸土地为主，面积为105.02平方千米，占未利用土地面积的62.54%，其次是裸岩，面积为61.90平方千米，占36.86%。未利用土地零星分布在南京市和镇江市的丘陵山地，多因采石和林木采伐造成。

6.10.2 20世纪80年代末至2010年江苏省土地利用变化

20世纪80年代末至2010年，江苏省土地利用一级类型动态总面积为7287.18平方千米，占江苏省总面积的7.05%。土地利用动态变化绝大部分集中于城乡工矿居民用地和耕地的变化，涉及城乡工矿居民用地和耕地的动态变化面积占动态变化总面积的93.23%（见表10）。

表 10　江苏省 20 世纪 80 年代末至 2010 年土地利用分类面积变化

单位：平方千米

	耕地	林地	草地	水域	城乡工矿居民用地	未利用土地	海域	耕地内非耕地
新增	191.00	23.38	15.69	986.28	5998.64	0.42	—	71.76
减少	4720.29	92.06	338.82	222.08	21.65	1.59	44.56	1846.12
净变化	-4529.29	-68.68	-323.13	764.20	5976.99	-1.17	-44.56	-1774.36

在 20 世纪 80 年代末至 2010 年，江苏省的城乡工矿居民用地面积大幅增加，净增加了 5976.99 平方千米，相比 20 世纪 80 年代末增加了 43.32%。其中，农村居民点是面积净增加最多的类型，达到 2969.99 平方千米，占城乡工矿居民用地净增加面积的 49.69%，城镇用地净增加面积为 2406.55 平方千米，工交建设用地面积净增加了 600.45 平方千米。城乡工矿居民用地扩展主要占用的是其周边的耕地，共有 4126.15 平方千米的耕地转变为城乡工矿居民用地，占城乡工矿居民用地新增面积的 68.78%。2005 年之前的两个时段，城乡工矿居民用地面积增加速度较为平稳（见图 19），年均净增加面积都在 200 平方千米左右，但是在 2005~2008 年速度大幅加快，年均净增加面积达到了 577.12 平方千米，是 2000~2005 年的 2.86 倍。之后在 2008~2010 年速度有所回落，下降至年均净增加 422.02 平方千米。

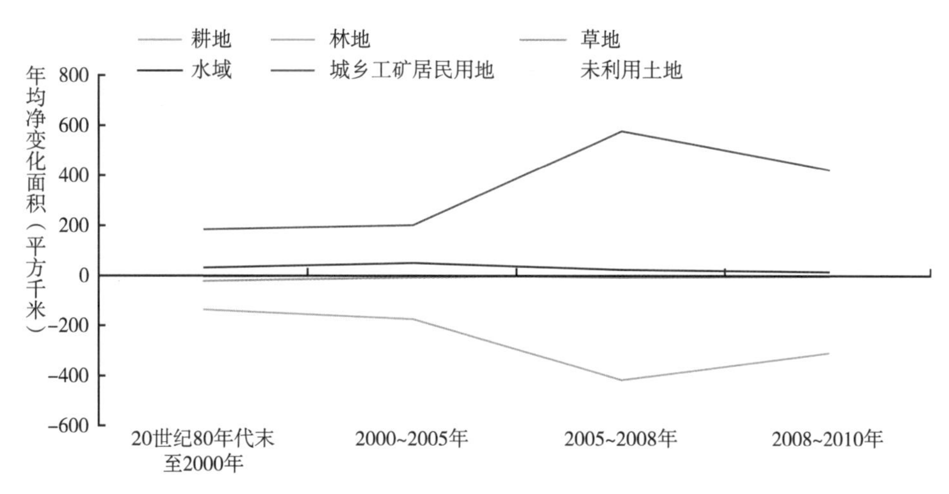

图 19　江苏省不同时段土地利用分类面积年均净变化

水域面积在 20 世纪 80 年代末至 2010 年也呈现持续增加的态势，但是面积增加的幅度远小于城乡工矿居民用地。其中水库坑塘面积增加最多，净增加了 763.88 平方千米。海涂和湖泊面积略有增加，河渠和滩地面积略有减少。

受城乡工矿居民用地面积扩展的影响，江苏省耕地面积在 20 世纪 80 年代末至2010年大幅减少，净减少了4529.29平方千米（其中水田净减少3665.90平方千米，旱地减少863.38平方千米），占20世纪80年代末江苏省耕地总量的8.89%（见图20）。耕地减少量的87.41%都转变成为城乡工矿居民用地，减少的耕地主要分布在苏南长三角城市群地区。另外有578.10平方千米的耕地转变成为水域，主要转变成为水库坑塘。江苏省耕地面积在2005年之后呈现加速减少的趋势，年均净减少面积从2000~2005年的174.57平方千米增加到2005~2008年的416.98平方千米，增加了1.39倍。与此相对应，江苏省20世纪80年代末的原有耕地面积也在持续减少，2010年原有耕地留存比例只有90.74%。

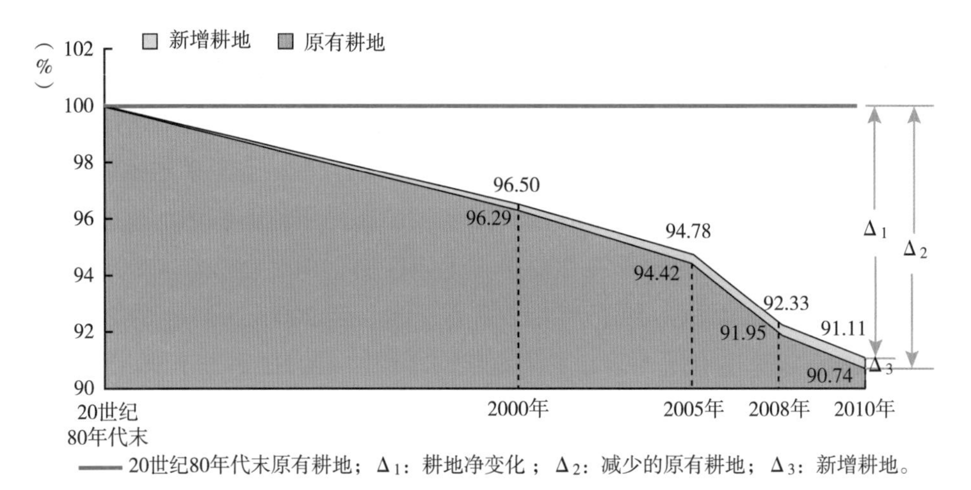

图20 江苏省20世纪80年代末至2010年耕地变化

由于江苏省草地面积总量较小，虽然草地面积净减少只有323.13平方千米，但是草地的面积变化比例较高。从20世纪80年代末至2010年，草地面积减少了27.85%，减少的草地大部分转变成为水库坑塘，其次是工交建设用地。

6.11 浙江省土地利用

浙江省土地利用类型构成中，林地所占比重最大，耕地和城乡工矿居民用地次之，水域、草地和未利用土地比重较小。20世纪80年代末至2010年，耕地持续减少和城乡工矿居民用地持续增加是浙江省土地利用变化的主要特征。从不同时段来看，2000~2005年耕地和城乡工矿居民用地的净变化总量和年均净变化面积均达到最大值。水域、草地表现为小幅净增加，林地面积有所减少。东部沿海地区和北部平原地区是全省土地利用类型变化较为剧烈的地区。

6.11.1 2010年浙江省土地利用状况

2010 年浙江省土地利用遥感监测总面积为 103344.76 平方千米，土地利用类型构成中，林地占主导地位，面积为 64383.63 平方千米，占全省面积的 62.30%；其次是耕地和城乡工矿居民用地，其中耕地面积 19463.60 平方千米，占 18.83%，城乡工矿居民用地面积 7711.08 平方千米，占 7.46%；水域面积、草地和未利用土地面积相对较小，分别为 4178.61 平方千米、2266.82 平方千米和 50.99 平方千米，依次占全省面积的 4.04%%、2.19% 和 0.05%；另有耕地内非耕地 5290.03 平方千米。

林地是浙江省最主要的土地利用类型，其中有林地面积 55537.44 平方千米，占林地面积的 86.26%；疏林地面积 5007.67 平方千米，占 7.78%；其他林地和灌木林地面积较小，分别占 3.09% 和 2.88%。林地广泛分布于浙南山地、浙西丘陵和浙东丘陵。

浙江省耕地以水田为主，面积为 16545.7 平方千米，占耕地面积的 85.01%，旱地面积为 2917.80 平方千米，占耕地面积的 14.99%，耕地主要分布于浙北平原、中部金衢盆地和东部沿海地区。

城乡工矿居民用地构成中，农村居民点用地 3058.49 平方千米，占城乡工矿居民用地总面积的 39.66%；城镇用地 2841.64 平方千米，占 36.85%；工交建设用地 1810.96 平方千米，占 23.49%。城乡工矿居民用地主要分布在浙江省东部沿海地区和北部平原地区。

草地构成中，高覆盖度草地 1644.15 平方千米，占草地面积的 72.53%，中覆盖度草地占 17.73%，低覆盖度草地占 9.74%。草地主要分布在浙江省西部和南部的山地丘陵地区，如丽水、衢州等地区。

水域以水库坑塘分布最多，占水域面积的 59.26%；其次是河渠和海涂，分别占 21.71% 和 11.12%；湖泊和滩地分别占 4.57% 和 3.33%。

6.11.2 20世纪80年代末至2010年浙江省土地利用变化

20 世纪 80 年代末至 2010 年，浙江省土地利用一级类型动态总面积为 5992.90 平方千米，占全省面积的 5.80%。城乡工矿居民用地面积净增加最为显著（见表 11），水域和草地面积表现为小幅净增加；耕地面积持续净减少最多，林地、草地以及未利用土地均表现为小幅净减少。从不同监测时段来看，2000~2005 年浙江省耕地和城乡工矿居民用地的年均净变化面积最大（见图 21），且主要是由于城乡工矿居民用地占用耕地引起的。

表 11　浙江省 20 世纪 80 年代末至 2010 年土地利用分类面积变化

单位：平方千米

	耕地	林地	草地	水域	城乡工矿居民用地	未利用土地	海域	耕地内非耕地
新增	335.92	819.97	362.69	660.30	3705.13	23.73	0.00	85.15
减少	3289.74	1098.93	133.76	265.83	30.29	46.61	241.54	886.20
净变化	–2953.82	–278.97	228.94	394.47	3674.85	–22.87	–241.54	–801.05

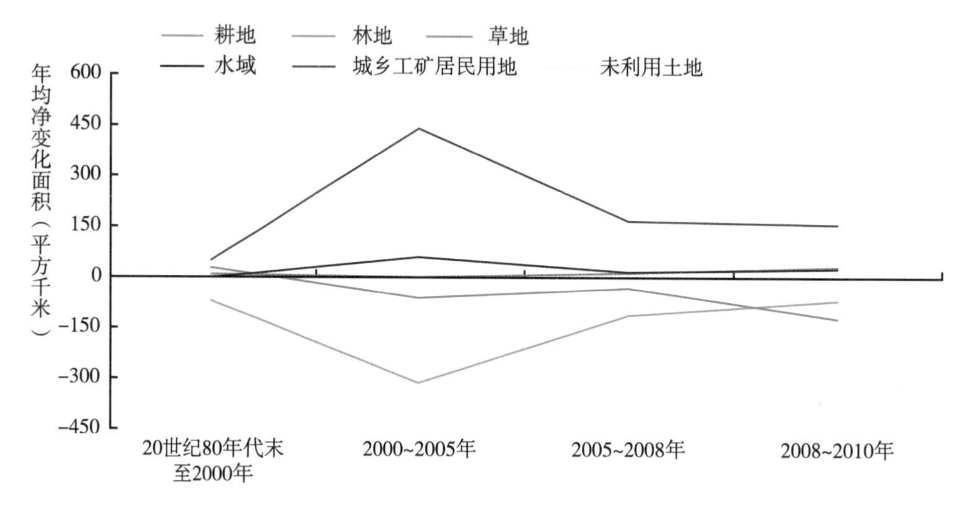

图 21　浙江省不同时段土地利用分类面积年均净变化

城乡工矿居民用地是净增加面积最大的土地利用类型，相比 20 世纪 80 年代末净增加了 91.05%。城乡工矿居民用地新增面积主要集中在城镇用地和工交建设用地上，分别占新增面积的 39.25% 和 36.01%。耕地是新增面积的最主要来源，占 65.54%，且以平原水田为主；林地次之，占 11.71%。监测期间浙江省城乡工矿居民用地持续增加，其中 2000~2005 年增加较快，该时段净增加面积占所有时段净增加面积的 77.93%，年均净增加面积达 440.04 平方千米。从空间上看，城乡工矿居民用地面积的增加以东部沿海地区和北部地区较为显著，南部和西部的山地丘陵区不太明显。

水域面积的变化表现为净增加，相比 20 世纪 80 年代末净增加了 10.42%。水域新增面积以水库坑塘为主，占新增面积的 72.17%。耕地是新增面积的主要来源，占 40.60%；海域次之，占 30.42%，且以转为水库坑塘和海涂为主；另有 14.19% 的新增面积由林地转入。水域的减少以转变为耕地和城乡工矿居民用地为主，分别占水域减少面积的 40.29% 和 34.32%。从不同监测时段来看，水域面积的增加集中在 2000~2005 年，该时段水域净增加面积占所有时段净增加面积的 76.14%。

草地面积的变化表现为净增加，相比 20 世纪 80 年代末净增加了 11.23%。林地是新增草地的最主要来源，占新增面积的 82.54%，且其中 75.89% 是由有林地转变而来；另有 9.60% 的新增草地由耕地转变而来。草地面积的增加主要集中在西部和南部山区。林地也是草地减少的主要去向，占减少面积的 64.38%。草地的减少以高覆盖度草地为主，占草地减少量的 67.56%。

耕地是净减少面积最大的土地利用类型，相比 20 世纪 80 年代末净减少了 13.18%。耕地减少面积构成中，水田减少 2694.80 平方千米，占 81.92%，旱地减少 594.94 平方千米，占 18.08%。耕地的减少以转变为城乡工矿居民用地为主，转出面积为 2428.39 平方千米，占耕地减少面积的 73.82%；林地和水域也是耕地减少的重要去向，面积分别为 556.70 平方千米和 268.10 平方千米，占耕地减少面积的 16.92% 和 8.15%。耕地减少，尤其是水田的减少主要分布在浙江省东部沿海地区和北部地区，其中又以发达地区最为明显，如温州、宁波、杭州和嘉兴等地。20 世纪 80 年代末至 2010 年，浙江省耕地面积持续减少（见图 22），其中 2000~2005 年耕地净减少量占所有时期净减少量的 52.91%，该时段耕地的年均净减少面积达 312.55 平方千米。耕地新增面积不大，新增量的 62.07% 为水田，37.93% 为旱地。耕地新增面积中有 63.11% 来自林地，31.89% 来自水域，其他类型转入量相对较小。

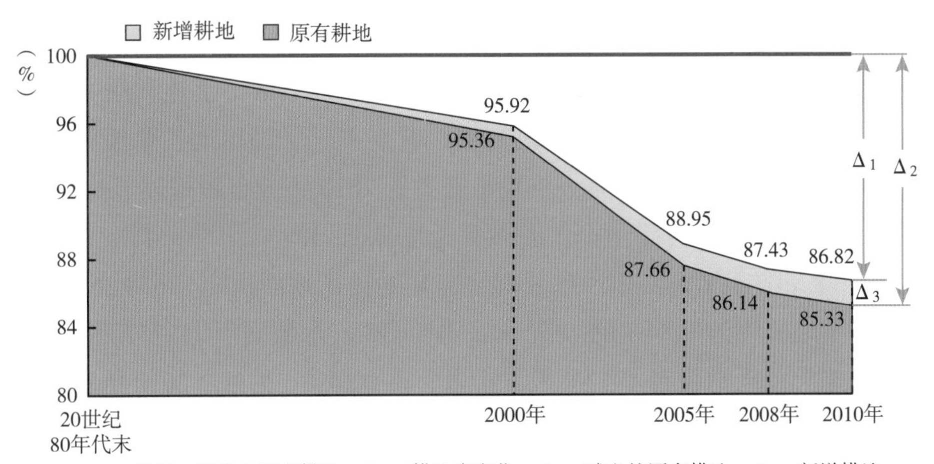

图 22 浙江省 20 世纪 80 年代末至 2010 年耕地变化

林地面积的变化表现为净减少，因基数较大，林地面积的减幅较小。林地减少面积构成中，有林地占 67.85%，其他林地占 11.78%，疏林地占 11.77%，灌木林地所占比例较小。林地转为城乡工矿居民用、草地和耕地的面积分别为 433.76

平方千米、299.36平方千米和212.01平方千米，分别占林地减少面积的39.47%、27.24%和19.29%。耕地是林地新增面积的最主要来源，占67.89%，草地次之，占10.50%。从不同监测时段来看，以2000~2005年为分界线，浙江省林地面积变化表现为先增后减的特点。

20世纪80年代末至2010年，有241.54平方千米的海域转变为陆地，主要转变为水域和城乡工矿居民用地，面积分别为200.85平方千米和37.76平方千米，分别占海域减少面积的83.15%和15.63%。其中，海涂和水库坑塘是转为水域的主要类型，海域转为城乡工矿居民用地的部分几乎全部转成工交建设用地。

6.12　安徽省土地利用

安徽省土地利用类型以耕地为主，其面积占比为42.29%；其次为林地，面积占比为22.97%。20世纪80年代末至2010年土地利用变化集中体现在耕地减少和城乡工矿居民用地增加，且减少的耕地大部分转变为城乡工矿居民用地。监测期间安徽省耕地面积持续减少，且在2005年之后耕地减少速度进一步加快。至2010年，20世纪80年代末原有耕地减少了3.79%，而城乡工矿居民用地面积则比20世纪80年代末增加了27.24%。

6.12.1　2010年安徽省土地利用状况

安徽省2010年遥感监测总面积为140165.08平方千米，土地利用一级类型在安徽省均有分布，但是以耕地和林地为主，城乡工矿居民用地、草地和水域面积较少，未利用土地仅有零星分布。耕地是安徽省2010年分布面积最多的一个类型，面积达到了59275.84平方千米，占安徽省土地总面积的42.29%；其次是林地，面积为32195.78平方千米，占22.97%；城乡工矿居民用地面积为13678.26平方千米，占9.76%；草地面积为7884.73平方千米，占5.63%；水域面积为7757.55平方千米，占5.53%；未利用土地仅有191.96平方千米，占0.14%。另外，2010年安徽省监测土地总面积还包括19180.96平方千米的耕地内非耕地。

同江苏省类似，安徽省也地处中国水田和旱地分布的过渡带，以淮河为界，淮河以北主要是旱地，南部多为水田。总体来说耕地以水田为主，其中水田面积31670.29平方千米，占安徽省耕地面积的53.43%，旱地面积27605.55平方千米，占46.57%。水田主要分布于淮河以南的江淮丘陵区、沿江平原和皖南山区的休屯盆地、黟县盆地等丘陵盆地区。而旱地则主要分布于淮河以北的淮北平原。

林地当中有林地面积最大，达到23121.55平方千米，占安徽省林地面积的

71.82%，其次是灌木林地，面积为 8430.47 平方千米，占 26.19%，疏林地和其他林地面积稀少，分别仅有 352.00 平方千米和 291.76 平方千米。安徽省林地主要分布于皖南山区和大别山区，东北部的江淮丘陵区也有少量分布。

安徽省是农业大省，因此农村居民点也是城乡工矿居民用地当中面积最大的类型。安徽省 2010 年农村居民点面积为 10846.25 平方千米，占城乡工矿居民用地面积的 79.30%。城镇用地面积为 2563.09 平方千米，占 18.74%；工交建设用地面积为 268.92 平方千米，占 1.97%。安徽省的城乡工矿居民用地分布极为广泛，但主要集中分布在长江以北的平原区，尤其是淮北平原。

草地中绝大部分是高覆盖度草地，共有 7871.10 平方千米，占草地面积的 99.83%。草地类型在安徽省分布并不广，与林地类似，也大多分布于皖南山区、大别山区和江淮丘陵区，同时在长江沿岸也有少量分布。

湖泊是安徽省水域中面积最大的类型，2010 年安徽省湖泊面积是 3267.77 平方千米，占水域面积的 42.12%；其次是水库坑塘，面积为 2184.74 平方千米，占 28.16%；河渠和滩地面积分别占水域的 18.48% 和 11.23%。安徽省主要河流包括横穿全省的长江、淮河和新安江三大水系，湖泊主要包括巢湖、龙感湖、南漪湖和太平湖等。

6.12.2 20世纪80年代末至2010年安徽省土地利用变化

20 世纪 80 年代末至 2010 年，安徽省土地利用一级类型动态总面积为 3872.47 平方千米，占安徽省总面积的 2.76%。土地利用变化总体情况是：城乡工矿居民用地、水域和草地面积体现为净增加，耕地和林地面积体现为净减少，未利用土地变化微弱（见表 12）。土地利用动态变化主要集中于城乡工矿居民用地和耕地的变化，涉及城乡工矿居民用地和耕地这两种类型的动态面积占动态总面积的 89.10%。

表 12　安徽省 20 世纪 80 年代末至 2010 年土地利用分类面积变化

单位：平方千米

	耕地	林地	草地	水域	城乡工矿居民用地	未利用土地	耕地内非耕地
新增	266.91	141.08	213.25	217.42	2947.18	0.38	86.25
减少	2326.12	416.51	184.14	171.30	—	—	774.40
净变化	-2059.21	-275.42	29.11	46.12	2947.18	0.38	-688.15

城乡工矿居民用地是 20 世纪 80 年代末至 2010 年安徽省面积净增加最多的土地利用类型，净增加了 2947.18 平方千米，相比 20 世纪 80 年代末增加了 27.24%。

其中农村居民点净增加面积最大，达到 1551.77 平方千米，占城乡工矿居民用地净增加面积的 52.65%，其次是城镇用地，净增加了 1029.14 平方千米，工交建设用地面积净增加了 366.27 平方千米。耕地是城乡工矿居民用地新增面积最主要的来源类型，共有 2089.72 平方千米的耕地转变为城乡工矿居民用地，占城乡工矿居民用地新增面积的 70.91%。城乡工矿居民用地面积在 20 世纪 80 年代末至 2000 年和 2000~2005 年增长平缓（见图 23），但是在 2005 年之后，面积增长速度迅速上升。年均净变化面积由 2000~2005 年的 60.99 平方千米增加到 2005~2008 年的 251.93 平方千米，在 2008~2010 年更是增加到了 394.57 平方千米，是 2005~2008 年的 6.47 倍。

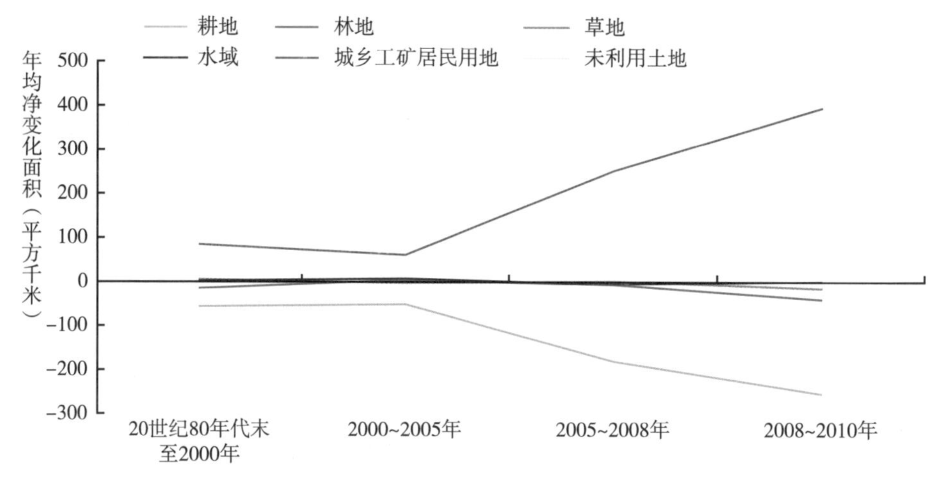

图 23　安徽省不同时段土地利用分类面积年均净变化

水域面积净增加了 46.12 平方千米，其变化主要体现在水库坑塘和平原区耕地的相互转化上，水域面积的减少还有一部分是因为对湖泊和滩地的开垦所致，这部分水域主要分布在安徽省中西部瓦埠湖和城东湖周边。新增的水域大多是水库坑塘，散布于长江以北的耕地区。

20 世纪 80 年代末至 2010 年安徽省草地面积净增加了 29.11 平方千米。新增草地绝大部分由皖南山区的林地转变而来，占草地新增面积的 91.53%。

耕地是受城乡工矿居民用地面积扩张影响最大的类型，20 世纪 80 年代末至 2010 年安徽省耕地面积持续减少，净减少了 2059.21 平方千米（其中水田净减少 1405.28 平方千米，旱地净减少 653.93 平方千米），占 20 世纪 80 年代末安徽省耕地总量的 3.36%。绝大部分减少的耕地都转变成为城乡工矿居民用地，广泛分布于淮北平原、江淮丘陵农业区和沿江平原的城镇和农村居民点周边。这部分耕地面积达到 2089.72 平方千米，占安徽省耕地减少面积的 89.84%。其他减少的耕地则主要流向水域、林地和草地，面积总共为 236.40 平方千米，与从水域、林地和草地三个类型开垦而来的新增耕地面积（266.91 平方千米）大体相同。安徽省耕地面积呈现持续减少的趋势，2005 年之后，耕地面积净减少速度迅速增大，从 2000~2005 年的年均净减少 52.30 平方千米增加到 2008~2010 年的年均净减少 254.01 平方千米，增加了 3.86 倍。与此相对应，安徽省 20 世纪 80 年代末的原有耕地面积也在持续减少，2010 年安徽省原有耕地留存比例只有 96.21%（见图 24）。

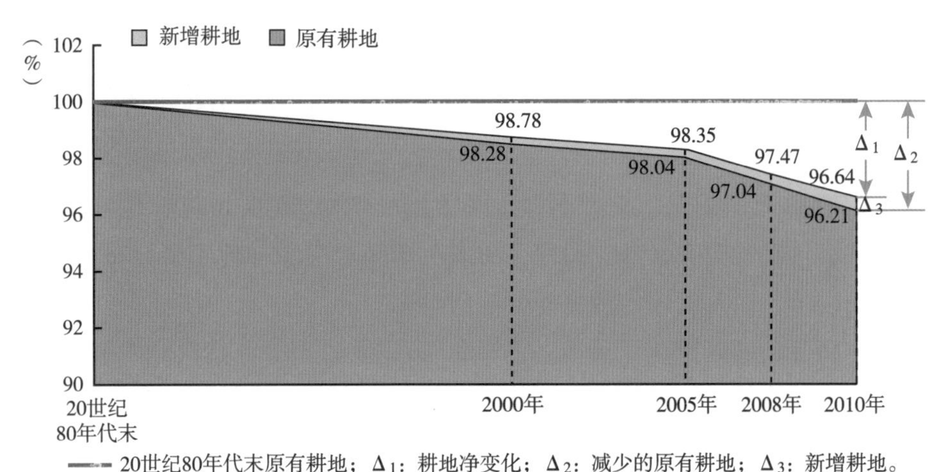

图 24　安徽省 20 世纪 80 年代末至 2010 年耕地变化

20 世纪 80 年代末至 2010 年林地面积表现为净减少 275.42 平方千米。草地是林地减少面积的最主要去处，共有 195.21 平方千米的林地转变为草地；其次是城乡工矿居民用地，有 113.57 平方千米的林地转变为城乡工矿居民用地。受林地分布区域的影响，林地减少的变化主要分布在长江以南的皖南山区。新增林地面积较少，主要来自于耕地，20 世纪 80 年代末至 2010 年仅有 67.05 平方千米的耕地转变为林地，大多分布在皖西大别山区。在 2008 年之前，林地的年均变化微弱，但在 2008~2010 年林地面积加速减少。

6.13　福建省土地利用

福建省土地利用类型以林地为主，草地其次，主要分布在山地和丘陵地区。城乡工矿居民用地面积占比较小，但增长幅度最大，主要集中在沿海平原地区。20 世纪 80 年代末至 2010 年，福建省土地利用变化表现为城乡工矿居民用地和林地大量增加，耕地和草地显著减少。城乡工矿居民用地的增加和耕地的减少主要发生在 2000 年以后，表现为沿海平原区城市扩展占用大量耕地。林地的增加和草地的减少集中出现在20世纪80年代末至2000年，表现为大面积草地转变为林地。

6.13.1 2010年福建省土地利用状况

2010年福建省土地面积为122746.28平方千米，土地利用类型丰富，以林地为主，面积75048.06平方千米，占全省面积的61.14%；其次是草地和耕地，面积分别为18972.61平方千米和14966.33平方千米，占15.46%和12.19%；城乡工矿居民用地、水域和未利用土地较少，面积分别为5433.21平方千米、2611.92平方千米和86.64平方千米，占4.43%、2.13%和0.07%；另有耕地内非耕地5627.52平方千米。

林地中有林地面积最大，占林地面积的66.97%；其次是疏林地，占17.32%；灌木林地和其他林地分布较少，分别占9.46%和6.25%。林地主要分布在闽西大山带和闽中大山带，以及两大山带之间的河谷地区。

草地中高覆盖度草地面积最大，占草地面积的52.58%；其次是中覆盖度草地，占37.81%；其余为低覆盖度草地，占9.61%。福建省草地分布较分散，在山地、丘陵、河谷盆地和沿海平原地区都有零散分布。

耕地以水田为主，占耕地面积的66.14%，其余为旱地。耕地主要分布在闽东南沿海平原地区，福州、厦门、漳州、泉州和莆田五市周边分布最为集中，其次分布在闽江、九龙江、晋江、交溪和汀江等沿河流域，少量分布在山间谷地与低山丘陵地区。

城乡工矿居民用地中工交建设用地和农村居民点用地面积较为接近，分别占城乡工矿居民用地的37.47%和35.81%，城镇用地面积最少，占26.72%。城乡工矿居民用地集中分布在沿海平原地区，内陆山区分布较少。

福建水系密布、河流众多，水资源丰富，依托闽江、九龙江、晋江、交溪和汀江等水系形成众多大型水库。水域中水库坑塘面积最大，占水域面积的40.48%；作为沿海省份，海涂是福建省一种重要土地利用类型，占水域面积的27.45%；河渠面积仅次于海涂，占24.83%；湖泊和滩地面积均很小。

未利用土地以裸土地和裸岩石砾地为主，分别占未利用土地的40.90%和53.73%，其余为少量的盐碱地和沼泽地。未利用土地分布较为分散，裸土地和裸岩石砾地主要分布在山地区，盐碱地和沼泽地主要分布在各大水系周边。

6.13.2 20世纪80年代末至2010年福建省土地利用变化

20世纪80年代末至2010年福建省土地利用一级类型动态总面积为7069.67平

方千米，占全省土地面积的 5.76%，土地利用变化幅度显著。各土地利用类型中，城乡工矿居民用地净增加面积最多，林地和水域有所增加；草地净减少面积最多，其次是耕地和海域，未利用土地变化最小（见表 13）。

表 13 福建省 20 世纪 80 年代末至 2010 年土地利用分类面积变化

单位：平方千米

	耕地	林地	草地	水域	城乡工矿居民用地	未利用土地	海域	耕地内非耕地
新增	227.85	2933.82	897.97	462.42	2422.69	42.89	—	82.03
减少	1211.33	1893.32	3003.09	127.60	25.27	56.06	286.06	466.94
净变化	−983.48	1040.50	−2105.12	334.82	2397.42	−13.17	−286.06	−384.91

城乡工矿居民用地净增加面积占 20 世纪 80 年代末该类土地总面积的 78.97%，增长幅度显著。其中，工交建设用地净增长面积最多，增长了 3.20 倍；其次为城镇用地，净增长了 1.02 倍；农村居民点用地净增长幅度最小，仅净增长了 6.28%。新增城乡工矿居民用地主要由耕地和林地转变而来，分别占新增城乡工矿居民用地面积的 38.43% 和 30.31%。填海造陆是沿海省份土地利用变化的重要特点，共 25.19 平方千米新增城乡工矿居民用地源自对海域的改造。城乡工矿居民用地的增长主要集中在东部沿海地区，泉州、厦门和漳州等经济发达地区最为明显，其年均净增加面积呈先增后减的变化趋势（见图 25），60.03% 的净增加面积出现在 2000~2005 年。

林地是净增加面积居第二位的土地利用类型，净增加面积占 20 世纪 80 年代末林地总面积的 1.41%。虽然林地是福建省的主要土地利用类型，其变化幅度并不

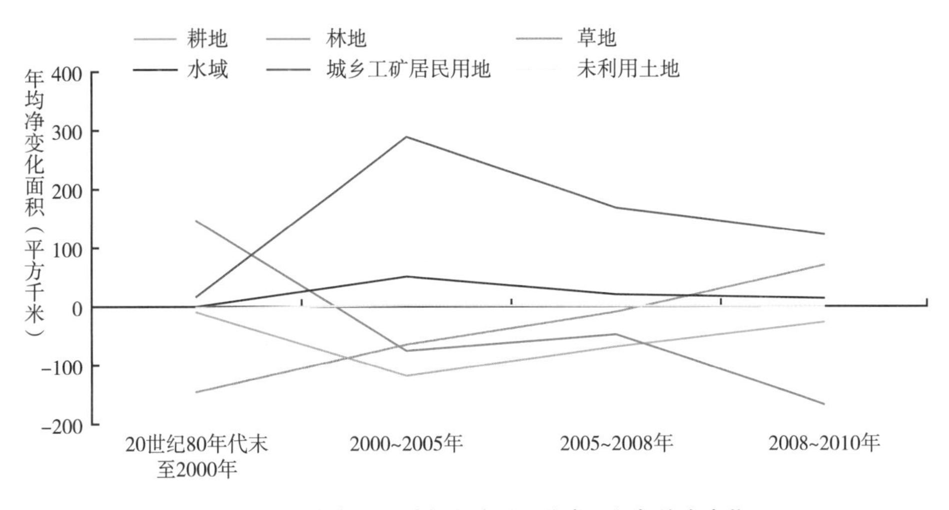

图 25 福建省不同时段土地利用分类面积年均净变化

明显。林地在20世纪80年代末至2000年呈净增加变化，在其他三个时段均呈现净减少变化，且年均净减少面积在2008~2010年有所增加。新增林地主要来源于草地，占新增林地面积的90.02%，少量来源于耕地。新增林地主要分在内陆山区，沿海地区较少。减少的林地主要转变为草地和城乡工矿居民用地，分别占林地减少面积的44.70%和38.79%，少量转变为耕地。减少的林地在全省范围内都有分布，转变为草地的林地主要分布在内陆山区，转变为城乡工矿居民用地的林地主要分布在沿海地区，转变量呈现从南到北递减的规律。

水域净增加面积占20世纪80年代末水域总面积的14.70%，增加幅度较大。20世纪80年代末至2000年水域呈净减少变化，年均净减少面积仅0.35平方千米；2000年以后水域呈净增加变化，但年均净增加面积呈持续减少趋势，由2000~2005年的50.48平方千米减少到2008~2010年的13.37平方千米。新增水域主要来源于海域，占水域新增面积的56.25%，其次为耕地，占19.26%。由海域转变的水域主要分布在海岸线附近，表现为海域转变为海涂；由耕地转变的水域主要分布在沿海地区，表现为耕地转变为水库坑塘。减少的水域主要转变为城乡工矿居民用地，大部分分布在沿海各大城市周边，占水域减少面积的74.08%。

草地净减少面积占20世纪80年代末草地总面积的9.99%，减少幅度较大。新增草地主要来源于林地，占草地新增面积的94.25%。减少的草地主要转变为林地，占草地减少面积的87.95%。草地的变化均匀分布在内陆山区，沿海地区较少，主要表现为草地和林地的相互转化。20世纪80年代末至2008年，草地面积呈净减少变化，年均净减少面积从20世纪80年代末至2000年的145.64平方千米减少至2005~2008年的9.30平方千米。2008~2010年草地面积呈净增加变化，年均净增加面积为69.82平方千米。

耕地净减少面积占20世纪80年代末耕地总面积的6.00%（见图26）。新增耕地主要来源于林地，占耕地新增面积的73.54%，其余的来源于草地。减少的耕地主要转变为城乡工矿居民用地，占耕地减少面积的76.87%，少量耕地转变为林地和草地。耕地转变为林地和草地以及林地和草地转变为耕地在空间分布上具有一致性，都主要分布在内陆的山间谷地与低山丘陵地区；转变为城乡工矿居民用地的耕地主要集中分布在沿海平原区，表现为城镇用地以及工交建设用地的扩展对耕地的占用。20世纪80年代末至2010年耕地呈净减少变化，且耕地年均净变化面积的变化趋势与城乡工矿居民用地相对应，体现了城乡工矿居民用地增长和耕地减少的内在联系。

减少的海域主要转变为水域，占海域减少面积的90.93%，其次为城乡工矿居

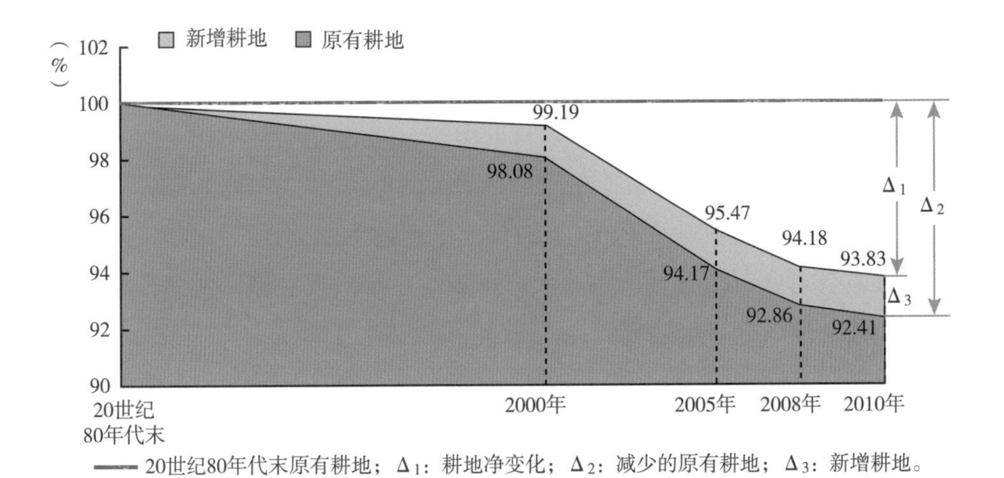

图 26 福建省 20 世纪 80 年代末至 2010 年耕地变化

民用地，占的 8.81%。由海域转变的水域以海涂为主，由海域转变的城乡工矿居民用地以工交建设用地为主。海域变化主要分布在漳州、厦门和泉州附近。

6.14 江西省土地利用

江西省土地利用类型以林地为主，多分布在山区，其次是耕地，约为林地的三分之一。20 世纪 80 年代末至 2010 年，江西省土地利用年均变化面积呈先增后减趋势，于 2000 年至 2005 年达到峰值。土地利用变化以城乡工矿居民用地的持续增加和草地的显著减少为主，多发生在地势相对平坦的北部和中部地区，尤以鄱阳湖周边区域最为显著。

6.14.1 2010年江西省土地利用状况

2010 年，江西省土地面积 166960.29 平方千米，以林地为主，其次是耕地，水域、草地、城乡工矿居民用地和未利用土地较少。林地面积 103610.03 平方千米，耕地面积约为林地的三分之一，两种土地利用类型占全省面积的 83.46%。水域、草地和城乡工矿居民用地的面积分别为 6984.18 平方千米、6806.82 平方千米和 3762.56 平方千米，占 4.18%、4.08% 和 2.25%。未利用土地面积最少，仅占 0.39%；监测面积中另有耕地内非耕地 9415.73 平方千米。

林地是江西省最主要的土地利用类型，以有林地为主，其次是疏林地和灌木林地，其他林地较少。有林地面积 73092.67 平方千米，占林地面积的 70.55%；疏林地 20229.06 平方千米，占 19.52%；灌木林地 9272.63 平方千米，占 8.95%；其他林地仅 1015.67 平方千米，不足林地总面积的百分之一。林地空间分布以东北—西南向为主体，与省域山脉走向吻合，尤以省域边缘最为集中，包括东北部的怀玉山，东部沿赣闽省界延伸的武夷山脉，南部的大庾岭和九连山，西北与西部的幕阜山脉、九岭山和罗霄山脉。

耕地面积仅次于林地，却只有林地面积的34.49%。耕地以水田为主，面积26166.16平方千米，占耕地面积的73.23%，旱地约为水田的三分之一，与水田交错分布。耕地空间分布广泛且呈北多南少态势，在鄱阳湖平原和江南丘陵区呈集中连片分布，其余地区分布较为零散。

江西省水网稠密，水域是居第三位的主要土地利用类型，以滩地为主，其次是水库坑塘、河渠和湖泊，且四者面积相对均衡，依次是2389.01平方千米、1620.91平方千米、1545.51平方千米和1428.76平方千米，分别占水域面积的34.21%、23.21%、22.12%和20.46%。江西省南高北低，水域主要分布在北部的鄱阳湖周边，此外九江段、赣江、抚河、信江、饶河、修河、洪门水库和柘林水库等也是水域聚集地。

草地面积略少于水域，省域草地覆盖度总体较高。草地以高覆盖度草地为主，其次是中覆盖度草地，低覆盖度草地最少，三者分别占草地面积的67.20%、31.28%和1.52%。草地空间分布总体较为零散、均衡，但在江西省的东北部和中南部相对集中。

城乡工矿居民用地面积仅高于未利用土地，以农村居民点用地为主，其次是城镇用地，工交建设用地最少，三者面积分别占该类土地的63.25%、26.95%和9.80%。城乡工矿居民用地空间分布呈北多南少态势，集中分布在鄱阳湖平原和江南丘陵区。

未利用土地面积最少，不足林地的百分之一，以沼泽地为主，另有少量裸土地和裸岩石砾地。沼泽地占该类土地的97.12%，主要分布在水系发达的鄱阳湖周边；另有12.31平方千米和6.39平方千米的裸土地和裸岩石砾地零星分布在江西省境内。

6.14.2 20世纪80年代末至2010年江西省土地利用变化

20世纪80年代末至2010年，江西省土地利用一级类型动态总面积为4099.72平方千米，占全省土地面积的2.46%，主要发生在江西省的北部和中部地区，鄱阳湖周边区域变化尤为显著，南部地区变化较小，全省土地利用变化东部多于西部。土地利用年均总变化面积呈先增后减态势，在2005~2008年达到峰值。从净变化面积来看，各类土地间存在较大差异，城乡工矿居民用地增加明显，水域略有增加，草地显著减少，耕地和未利用土地有所减少，林地略有减少（见表14）。

表 14　江西省 20 世纪 80 年代末至 2010 年土地利用分类面积变化

单位：平方千米

	耕地	林地	草地	水域	城乡工矿居民用地	未利用土地	耕地内非耕地
新增	745.37	988.11	240.28	695.27	1103.51	123.44	203.75
减少	1071.46	1004.90	820.74	551.49	7.40	353.71	290.01
净变化	-326.09	-16.79	-580.47	143.77	1096.11	-230.27	-86.26

城乡工矿居民用地是净增加面积最多的土地利用一级类型，净增加面积相当于 20 世纪 80 年代末城乡工矿居民用地总面积的 41.11%。新增城乡工矿居民用地面积远多于减少面积，且以城镇用地为主，其次是工交建设用地，农村居民点用地较少，三者新增面积比例分别为 44.32%、29.64% 和 26.04%。城乡工矿居民用地年均净增加面积呈持续增加趋势，2008~2010 年为 114.59 平方千米，较 20 世纪 80 年代末至 2000 年增加了 7.20 倍（见图 27）。20 世纪 80 年代末至 2010 年，城镇用地年均净增加面积在 2000~2005 年达到峰值 49.57 平方千米之后持续减少；农村居民点用地和工交建设用地的年均净增加面积在 2000~2005 年达到峰值后先降后升，于 2008~2010 年分别达 37.59 平方千米和 54.84 平方千米。耕地是各时期新增城乡工矿居民用地最主要的土地来源，共 600.02 平方千米被占用，占新增城乡工矿居民用地面积的 54.37%；此外，城乡工矿居民用地扩展对林地也产生较大影响，共占用林地 284.42 平方千米，占新增城乡工矿居民用地的 25.77%。城乡工矿居民用地的变化分布比较集中，主要出现在江西省北部和中西部地区的南昌、萍乡和宜春等地。

草地是净减少面积最大的土地利用类型，净减少面积是 20 世纪 80 年代末草地总面积的 7.86%。草地年均净减少面积先增加后减少，在 2005~2008 年达到峰值 62.89 平方千米后，于 2008~2010 年迅速回落至 0.68 平方千米。新增草地面积仅为

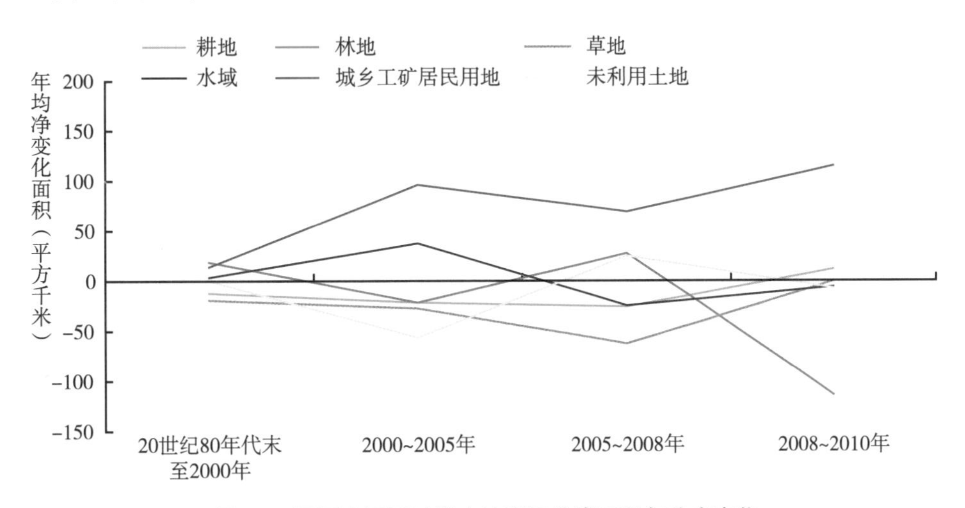

图 27　江西省不同时段土地利用分类面积年均净变化

草地减少面积的 29.28%，主要土地来源是林地，其次是耕地，二者占新增草地的 86.47%。新增草地空间分布较离散，零星分布在江西省北部的鄱阳县以及中南部的丰城市、宜黄县和赣县境内。草地的减少主要是草地造林导致的，20 世纪 80 年代末至 2010 年，共 711.87 平方千米草地变为林地，占草地减少总量的 86.73%。减少的草地空间分布较为均衡，在江西省境内均有出现且分布较为零散。

耕地净减少面积仅次于草地，20 世纪 80 年代末至 2010 年，净减少面积占 20 世纪 80 年代末耕地总面积的 0.90%(见图 28)。2008 年之前，耕地呈现净减少变化，且年均净减少面积小幅增加，由 20 世纪 80 年代末至 2000 年的 12.42 平方千米增至 2005~2008 年的 25.99 平方千米；2008~2010 年，耕地以年均 11.46 平方千米的速度净增加。林地和水域是新增耕地的主要土地来源，分别有 402.13 平方千米林地和 284.77 平方千米水域变为耕地，二者占新增耕地的 92.16%。耕地减少面积是新增面积的 1.44 倍，且半数以上转变为城乡工矿居民用地；此外，水域淹没对耕地减少也有一定影响，减少耕地的 21.79% 变为水域。新增和减少的耕地空间分布均有一致性，均呈现北部明显多于南部和东部略多于西部的态势，主要集聚在江西北部地区的鄱阳湖平原。

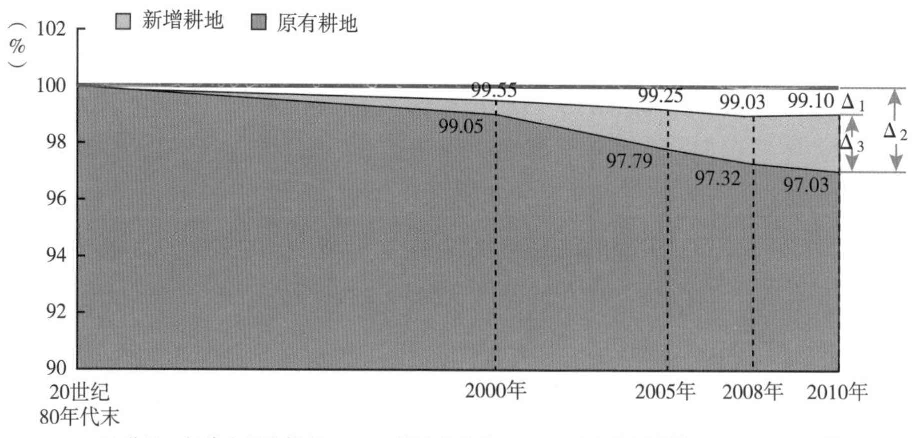

图 28　江西省 20 世纪 80 年代末至 2010 年耕地变化

江西省是中国南方重点林业省区之一，虽然林地净变化面积很少，仅占 20 世纪 80 年代末林地总面积的 0.02%，却是总变化面积最多的土地利用类型。20 世纪 80 年代末至 2010 年，共 1993.01 平方千米林地发生变化，且林地减少面积略多于新增面积。林地年均净变化面积持续增加，于 2008~2010 年达到 114.37 平方千米，是 20 世纪 80 年代末至 2000 年的 6.22 倍。20 世纪 80 年代末至 2000 年与 2005~2008 年表现为净增加，2000~2005 年与 2008~2010 年表现为净减少。江西省草地造林成效显著，新增林地的 72.04% 来源于草地；此外，新增林地对耕地也有一定影响，共 196.05 平方千米耕地被林地占用。减少的林地主要变成了耕地和城乡工矿居民用地，二者共占减少林地总面积的 68.32%。新增林地和减少林地空间分布较为均衡，散布在全省境内。

6.15 山东省土地利用

山东省土地利用类型构成中，耕地占主导地位，城乡工矿居民用地次之，林地、水域、草地和未利用土地所占比重相对较小，各类型分布的区域差异明显，土地利用率整体较高。20 世纪 80 年代末至 2010 年，土地利用变化以耕地持续减少和城乡工矿居民用地显著增加为主要特征，且城乡工矿居民用地占用是耕地减少的最主要原因。林地面积长期无明显变化，草地表现为净减少，水域变化表现为净增加。黄河三角洲地区是全省土地利用类型变化最为剧烈的地区。

6.15.1 2010年山东省土地利用状况

2010 年山东省土地利用遥感监测总面积为 156538.14 平方千米。耕地是最主要的土地利用类型，面积 85073.32 平方千米，占全省面积的 54.35%；其次是城乡工矿居民用地，面积为 25785.19 平方千米，占 16.47%；林地面积为 10944.96 平方千米，占 6.99%；水域、草地和未利用土地面积相对较小，分别为 7422.34 平方千米、5391.23 平方千米和 1355.22 平方千米，依次占 4.74%%、3.44% 和 0.87%；另有耕地内非耕地 20565.88 平方千米。

耕地构成以旱地为主，面积 84317.06 平方千米，占耕地总面积的 99.11%，广泛分布于胶莱平原区、鲁西平原区、黄河三角洲东部地区、鲁中南山地丘陵区以及胶东丘陵区；水田面积仅占耕地总面积的 0.89%，集中分布在南四湖周边范围。

城乡工矿居民用地是第二大类型，其中农村居民点用地 15666.98 平方千米，是城乡工矿居民用地的主体，占其总面积的 60.76%，散布于整个省域范围内；城镇用地和工交建设用地面积相当，分别为 5982.96 平方千米和 4135.24 平方千米，分别占 23.20% 和 16.04%。城乡工矿居民用地主要分布于沿海地区和内陆平原地区，黄河三角洲平原区和鲁西平原区是城镇用地和农村居民点用地分布较为密集的地区。

林地构成中，有林地 7809.85 平方千米，占林地总面积的 71.36%；灌木林地、疏林地和其他林地所占的比重相对较小，分别为 11.62%、9.98% 和 7.04%。林地集中分布于鲁中南山地丘陵区和胶东丘陵区。

水域类型较为丰富，其中水库坑塘分布最多，面积为 3711.60 平方千米，占水域总面积的50.01%；其次是河渠，占18.91%；滩地和海涂的面积接近，分别占水域总面积的11.76%和11.31%；湖泊所占比例较小，为8.01%。水域主要分布在内陆南四湖地区、黄河入海口、莱州湾、胶州湾等地区。

草地构成中，中覆盖度草地2471.52平方千米，占草地总面积的45.84%；高覆盖度草地2127.36平方千米，占39.46%；低覆盖度草地792.34平方千米，占14.70%。草地主要分布于鲁中南山地丘陵区和胶东丘陵区，在黄河三角洲地区也有零星分布。

未利用土地以沼泽地所占比重最大，占70.33%，且主要分布于黄河三角洲地区；盐碱地次之，占25.58%，其他类型面积相对较小。

6.15.2　20世纪80年代末至2010年山东省土地利用变化

20世纪80年代末至2010年，山东省土地利用一级类型动态总面积为8982.47平方千米，占全省面积的5.74%。城乡工矿居民用地面积净增加最多（见表15），水域面积表现为净增加；耕地面积净减少最多，未利用土地次之，草地、林地和海域均表现为小幅净减少。监测期间耕地和城乡工矿居民用地持续显著变化，且在2005~2008年年均净变化面积最大，2000~2005年草地的年均净减少面积最大（见图29）。

表15　山东省20世纪80年代末至2010年土地利用分类面积变化

单位：平方千米

	耕地	林地	草地	水域	城乡工矿居民用地	未利用土地	海域	耕地内非耕地
新增	1035.23	57.16	66.24	1869.05	5385.60	215.40	136.75	217.04
减少	3883.64	82.10	751.63	943.29	19.00	2106.42	276.93	919.46
净变化	−2848.41	−24.95	−685.39	925.76	5366.60	−1891.02	−140.19	−702.42

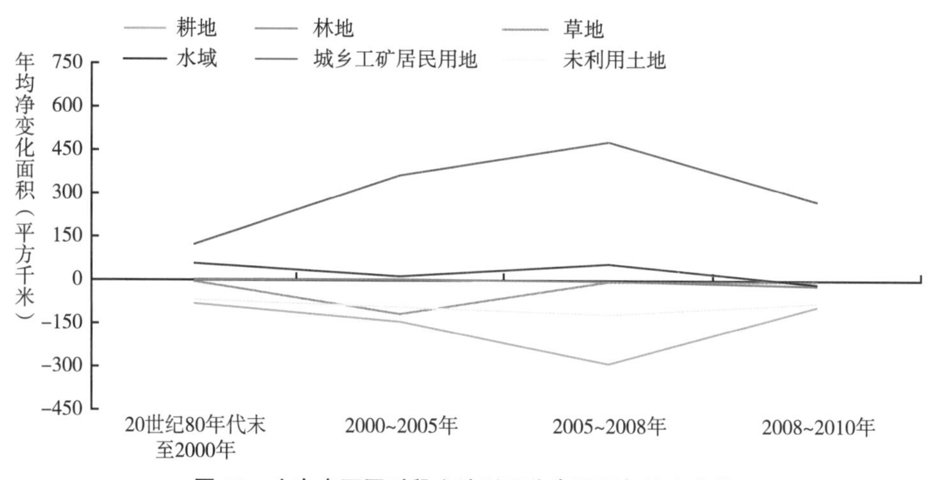

图29　山东省不同时段土地利用分类面积年均净变化

城乡工矿居民用地的净增加面积最多，相比 20 世纪 80 年代末净增加了 26.28%，且以城镇用地和工交建设用地净增加为主，两者分别占城乡工矿居民用地净增量的 41.02% 和 34.36%。耕地是新增城乡工矿居民用地的最主要来源，占新增面积的 59.92%；未利用土地次之，占新增面积的 15.76%。监测期间城乡工矿居民用地面积持续增加，且在 2005~2008 年年均净增加面积最大，为 478.49 平方千米。

水域面积的变化表现为净增加，相比 20 世纪 80 年代末净增加了 14.25%。新增面积以水库坑塘的增加为主，占新增面积的 61.37%；湖泊和海涂次之，分别占 22.87% 和 12.15%。新增面积的来源中，来自未利用土地 785.75 平方千米，占新增面积的 42.04%；来自耕地 596.35 平方千米，占新增面积的 31.91%。水域减少面积构成中，海涂减少 570.11 平方千米，占 60.44%；水库坑塘减少 219.24 平方千米，占 23.24%。水域转变为城乡工矿居民用地面积为 342.46 平方千米，占水域减少面积的 36.30%，以近海城市扩展和工业区开发占用为主，分布于莱州湾地区和滨州市等地区；转变为耕地 209.15 平方千米，占 22.17%，主要分布在黄河三角洲地区。

耕地的净减少面积最大，相比 20 世纪 80 年代末净减少了 3.24%，20 世纪 80 年代末原有耕地的留存比例为 95.58%（见图 30）。耕地减少主要表现为被城乡工矿居民用地占用，面积为 3227.01 平方千米，占耕地减少面积的 83.09%；水域也是耕地减少的重要去向，面积为 596.35 平方千米，占耕地减少面积的 15.36%，主要发生在较大的水库和河湖周边地区。耕地新增面积构成中，39.10% 来自草地，37.49% 来自未利用土地，20.20% 来自水域。从不同监测时段看，2000 年以后耕地面积持续减少，且在 2005~2008 年减幅最大，年均净减少面积达到 289.99 平方千米。

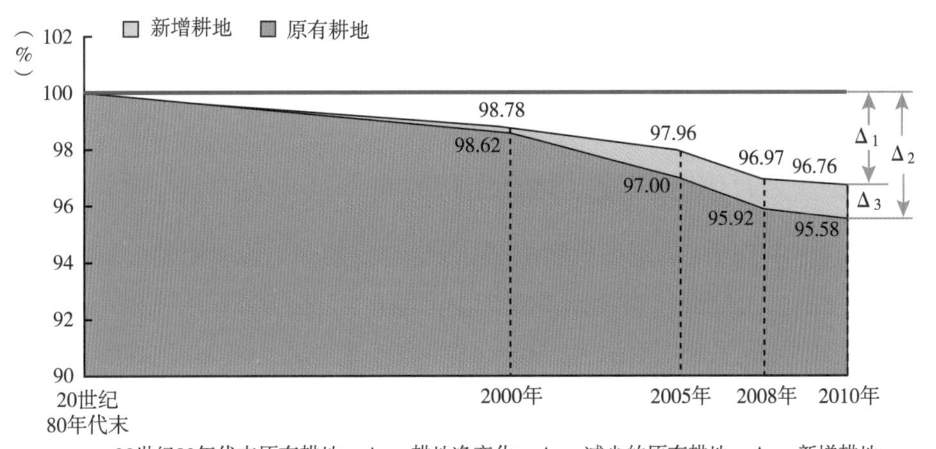

图 30　山东省 20 世纪 80 年代末至 2010 年耕地变化

未利用土地的净减少面积仅次于耕地，相比20世纪80年代末净减少了58.25%。未利用土地的去向中，转变为城乡工矿居民用地848.72平方千米，且几乎全为工交建设用地，占未利用土地减少面积的40.29%，主要分布在滨州市沿海地区及寿光市沿海地区；转变为水域785.75平方千米，占37.30%，且主要转变为湖泊和水库坑塘，分布在滨州市沿海地带；开垦为耕地388.07平方千米，占18.42%，以东营市河口区最多。水域是新增未利用土地的主要来源，占新增面积的65.99%。

草地面积的变化表现为净减少，相比20世纪80年代末净减少11.28%。草地减少以高覆盖度草地的减少为主，占草地减少面积的61.52%。开垦耕地是引起草地减少的主要原因，占草地减少面积的53.85%，集中分布在东营市的河口区和垦利县等地区；转变为水域的面积占草地减少面积的15.39%，主要分布在沿湖、沿海的低洼地区；另有12.90%的草地减少面积被城乡工矿居民用地占用，主要出现在黄河三角洲地区的沿海城市。从不同监测时段来看，草地净减少主要集中在2000~2005年，净减少585.00平方千米，占所有时期净减少面积的85.35%，年均净减少117.00平方千米。

林地面积的变化相对稳定，减幅极小，2010年山东省林地面积相比20世纪80年代末仅净减少了0.23%。

6.16 河南省土地利用

河南省以耕地为主，其次是林地和城乡工矿居民用地。全省耕地面积集中分布在平原区。20世纪80年代末至2010年土地利用变化集中体现在城乡工矿居民用地的显著增加和耕地的显著减少，新增城乡工矿居民用地面积的近七成来自旱地，且以平原旱地为主，占其新增面积的65.51%；城乡工矿居民用地在不同的监测时段均呈增加态势，且2000~2005年的增速最快。

6.16.1 2010年河南省土地利用状况

河南省2010年遥感监测面积为16.56万平方千米，土地利用类型较为丰富，涵盖了18种类型。土地利用类型以耕地为主，面积82561.83平方千米，占全省面积的49.85%；其次是林地，面积为33069.41平方千米，占19.97%；城乡工矿居民用地面积19263.12平方千米，占11.63%；草地面积5353.40平方千米，占3.23%；水域面积4190.69平方千米，占2.53%；未利用土地最少，面积10.44平方千米，仅占0.01%；另有耕地内非耕地21171.11平方千米。

耕地以旱地为主，占耕地面积的 92.93%，主要分布在豫北、豫中、豫东黄淮海平原地区以及南阳盆地中部和东南部，另外在豫西丘陵山区和南阳盆地边缘岗地区也有分布；水田分布较少，占 7.07%，主要分布在淮河和黄河两岸地区。

林地中有林地分布面积最大，占林地面积的 87.36%，灌木林地、疏林地和其他林地分别占林地面积的 5.30%、3.11% 和 4.23%。林地资源总量较少且分布不均，林地主要分布在豫西山区、伏牛山、豫北太行山区中段、豫东平原西端、南阳盆地南缘、桐柏山区及大别山区等。

城乡工矿居民用地中农村居民点用地最大，占城乡工矿居民用地的 75.90%，其次是城镇用地，占 16.83%，工交建设用地占 7.28%。除广大农村居民点用地较分散外，城镇及工矿用地大部分集中在平川地区。

草地资源较少，高覆盖度草地分布面积最多，占草地面积的 80.36%；中覆盖度草地占 16.61%，低覆盖度草地占 3.03%。草地主要分布于桐柏山区及豫东平原低洼地区，伏牛山东端也有少量分布。

水域中河渠分布面积最大，占水域面积的 32.83%，其次是水库坑塘和滩地，分别占 40.85% 和 26.32%。水域主要包括水系，以及耕地区的主干渠、水库坑塘等。滩地主要分布在淮南各水系的两岸以及黄河故道的下游，豫中、豫东地区各大小型水库附近也有少量分布。

未利用土地以沼泽地为主，占未利用土地面积的 60.42%；其次是裸土地和沙地，分别占 17.97% 和 10.91%。沼泽主要分布在颍河、洪河、汝河流域以及白露河和淮河的冲积地，大别山及桐柏山区低洼湿地。

6.16.2 20世纪80年代末至2010年河南省土地利用变化

20 世纪 80 年代末至 2010 年河南省一级类型动态总面积为 5922.46 平方千米，占全省面积的 3.58%。其中，城乡工矿居民用地面积增加最为显著，林地有所增加，水域略有增加；耕地减少较为显著，草地减少明显，未利用土地有所减少（见表 16）。

表 16 河南省 20 世纪 80 年代末至 2010 年土地利用分类面积变化

单位：平方千米

	耕地	林地	草地	水域	城乡工矿居民用地	未利用土地	耕地内非耕地
新增	1321.04	584.51	217.25	945.84	2436.89	26.07	390.84
减少	2591.41	487.36	1079.61	906.07	12.12	145.86	700.05
净变化	-1270.36	97.16	-862.35	39.78	2424.77	-119.78	-309.21

20世纪80年代末至2010年河南省城乡工矿居民用地面积净增加最为显著，占20世纪80年代末城乡工矿居民用地面积的14.40%。新增城乡工矿居民用地中，城镇用地、农村居民点用地和工交建设用地增加分别占城乡工矿居民用地新增面积的57.37%、22.22%和20.41%。其中旱地变为城乡工矿居民用地面积最大，占其新增面积的69.62%，且以平原旱地为主，占65.51%；其次是水田，占其新增面积的6.82%。林地占其新增面积的1.77%，草地占其新增面积的1.21%。城乡工矿居民用地转变成其他类型的面积很少，仅12.12平方千米。城乡工矿居民用地增加的主要分布在郑州市、新乡市、安阳市、孟津县、商丘市、南阳市等，以高速路两边的城市扩展为主；城乡工矿居民用地减少的主要分布在城市和县城的周边，呈零星分布，以农村聚落和县（市）相连而转入城镇建设用地为主。20世纪80年代末至2010年河南省城乡工矿居民用地在不同的监测时段均呈增加态势，且2000~2005年的增速最快（见图31）。

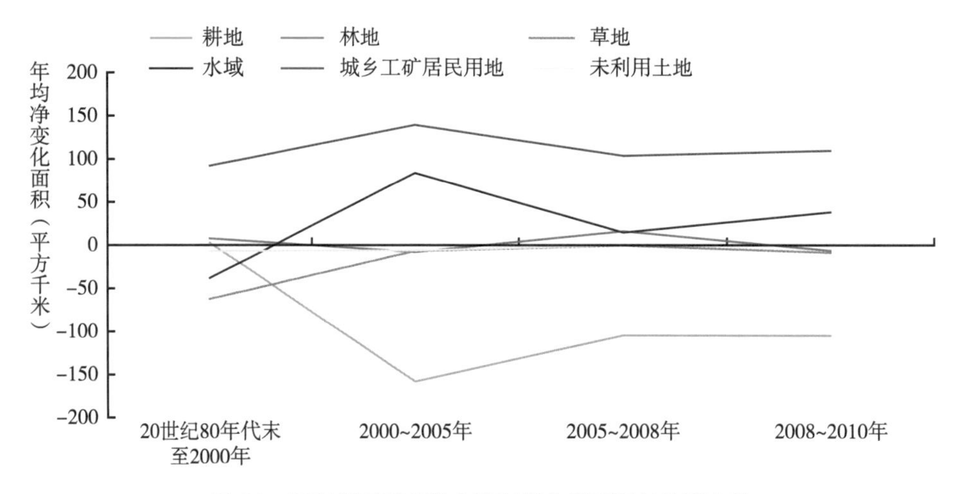

图31 河南省不同时段土地利用分类面积年均净变化

林地面积净增加部分占20世纪80年代末林地面积的0.29%。新增林地的7.22%是由丘陵旱地退耕还林而来，5.18%是由平原区旱地转变而来，1.11%是由山区旱地转变而来；51.58%是由中覆盖度草地转变而来，高覆盖度草地转变的林地占林地新增面积的20.17%，低覆盖度草地转变的占5.25%，滩地转变的占林地新增面积的2.63%。林地减少以转变为旱地为主，占林地减少面积的43.78%；其次是转变为草地，占27.00%；转变为城乡工矿居民用地和水域的分别占8.87%和8.41%。林地增加的部分主要分布在济源市、新安县、宜阳县、汝阳县、方城县、舞钢市、方城县和桐柏县等地；林地减少的部分主要分布在灵宝市、卢氏县、济源市、南召县、信阳市、商城县、新县、光山县和中牟县等地。20世纪80年代末至2010年河南省林地在不同的监测时段呈增—减—增—再减的态势。在2000年之前为林地面积增加阶段，2005~2008 年为林地面积快速增加阶段，2000~2005 年和 2008~2010 年均是林地面积呈减少阶段。

水域面积净增加，占 20 世纪 80 年代末水域面积的 0.96%。新增水域面积 46.05% 是由平原旱地转变而来，11.37% 由丘陵区旱地转变而来，2.16% 由山区旱地转变而来，4.82% 由水田转变而来，8.60% 由草地转变而来，林地转变的占水域新增面积的 4.34%。水域减少以转变为旱地为主，占水域减少面积的 68.94%；其次是转变为草地，占 3.20%；转变为林地和城乡工矿居民用地的分别占 2.42% 和 2.37%。水域增加的主要分布在济源市、原阳县、南召县、泌阳县及黄河两边等。水体减少的主要分布在黄河两边以及丹江口水库和南湾水库周边等；20 世纪 80 年代末至 2010 年河南省水域在不同的监测时段呈先减后增态势。在 2000 年之前为水域面积减少阶段，2000~2010 年为水域面积增加阶段，2000~2005 年水域面积增加较快。

耕地面积净减少显著，占 20 世纪 80 年代末耕地面积的 1.52%。新增耕地中平原旱地、丘陵旱地和山区旱地增加分别占 68.29%、27.74% 和 2.89%。新增耕地来源多样，25.31% 是滩地转变的，15.25% 是河渠转变的，15.51% 是中覆盖度草地转变的，9.01% 是高覆盖度草地转变的，16.16% 是林地转变的，还有 7.59% 是水库坑塘转变的。耕地减少以变为城乡工矿居民用地为主，占耕地减少面积的 65.47%；其次是变为水域，占 21.75%；变为林地和草地的，分别占耕地减少面积的 3.05% 和 1.41%。耕地减少主要出现在以郑州市为中心的高速路两边，城镇建设用地增加区域基本一致；耕地增加主要出现在濮阳县、淮滨县、舞钢市、泌阳县和商城县等地。20 世纪 80 年代末至 2010 年河南省耕地在不同的监测时段呈先增后减态势。在 2000 年之前耕地面积略有增加，2000~2005 年耕地快速减少，2005~2010 年耕地面积平稳减少（见图 32）。

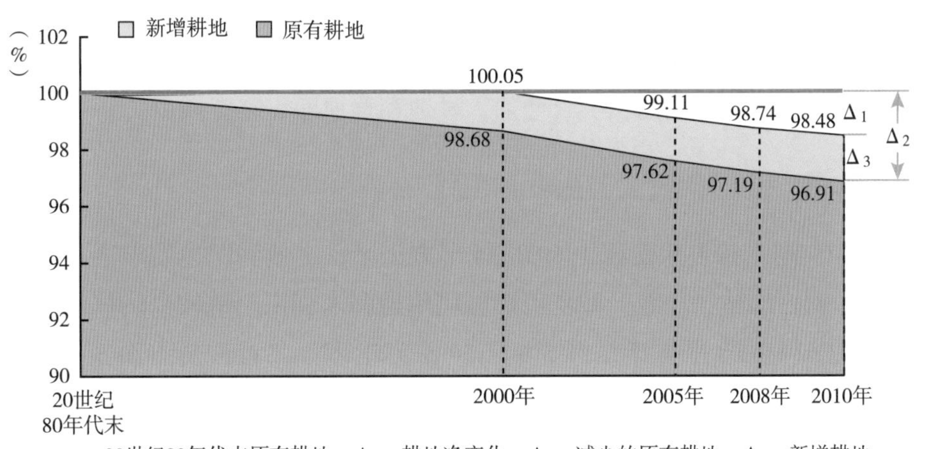

图 32 河南省 20 世纪 80 年代末至 2010 年耕地变化

草地面积净减少，占20世纪80年代末草地面积的13.87%。新增草地的60.58%是由林地转变的，16.78%是旱地退耕而来的，其中13.49%是平原旱地退耕而来的，还有13.33%是由水域转变的。草地减少以变为林地为主，占草地减少面积的41.68%；其次是草地变为旱地，占35.59%；变为水域的占7.54%，变为城乡工矿居民用地的占2.72%。草地减少主要分布在济源市、渑池县、新安县、汝阳县、鲁山县、方城县、方城县、兰考县和民权县等地，草地增加主要分布在灵宝市、卢氏县、商城县和淅川县等地。20世纪80年代末至2010年河南省草地在不同的监测时段呈持续减少态势。在2000年之前草地面积减少较快，2000~2010年草地面积减少缓慢。

未利用土地面积净减少，占20世纪80年代末未利用土地面积的91.99%。未利用土地减少以变为旱地为主，占未利用土地减少面积的55.03%；其次是变为水域，占18.14%。新增未利用土地面积很少，77.03%是由水域转变的。未利用土地面积减少主要分布在黄河两边的兰考县、范县和台前县等地；未利用土地面积增加主要分布在黄河两边的沙地等。20世纪80年代末至2010年河南省未利用土地在不同的监测时段先略减后稳定，在2005年之前面积略有减少，2005年之后保持不变。

6.17　湖北省土地利用

湖北省土地利用类型以林地和耕地为主，水域次之。耕地、水域、城乡工矿居民用地和未利用土地主要分布在江汉平原和长江沿线，林地和草地集中分布在地势相对较高的鄂西山区、鄂东南丘陵区和鄂东北丘陵区。20世纪80年代末至2010年，湖北省土地利用变化持续加强，主要发生在经济发达、交通便利、人口增长较快的长江和汉水沿线。土地利用变化以城乡工矿居民用地与水域的显著增加和耕地的持续减少为主，未利用土地面积少量增加，林地和草地面积略有减少。

6.17.1　2010年湖北省土地利用状况

2010年，湖北省土地面积185950.34平方千米，土地利用类型丰富，以林地为主，耕地为辅，水域、草地、城乡工矿居民用地和未利用土地较少。林地和耕地的面积分别为92736.28平方千米和50911.54平方千米，二者占全省面积的77.25%。水域、草地和城乡工矿居民用地的面积分别为12290.41平方千米、6963.24平方千米和6779.78平方千米，分别占6.61%、3.74%和3.65%，三种土地利用类型面积之和仅为林地面积的28.07%；未利用土地最少，面积379.22平方千米，仅占全省面积的 0.20%；另有耕地内非耕地 15889.87 平方千米。

林地是湖北省最主要的土地利用类型，以有林地、疏林地和灌木林地为主，三者分别占林地面积的 44.13%、31.92% 和 23.08%，其他林地仅 810.11 平方千米，不足林地总面积的百分之一。林地主要分布在鄂西山区、鄂东南丘陵区、鄂东北丘陵区和大洪山附近地区。

耕地面积仅次于林地，以水田为主，旱地其次，两种耕地类型的面积分别为 29341.14 平方千米和 21570.40 平方千米，占耕地面积的 57.63% 和 42.37%。耕地主要分布在湖北省的中部，尤以江汉平原最为集中，在鄂东南丘陵区、鄂东北丘陵区以及桐柏山区的曾都区、广水市和大悟县也集中连片出现。

湖北省素有“千湖之省”之称，水域面积较大，仅次于林地和耕地，以水库坑塘为主，其次是湖泊和河渠，滩地的面积最小。水库坑塘面积 5085.29 平方千米，占水域面积的 41.38%；湖泊和河渠面积相当，分别占 25.44% 和 23.03%；滩地的面积仅有 1247.17 平方千米，占 10.15%。水域主要分布在鄂中南的江汉平原区、鄂东沿江地带和鄂北岗地丘陵区。

草地的面积位列土地利用类型的第四位，且覆盖度普遍较高。高覆盖度草地面积 4072.69 平方千米，占草地总面积的 58.49%；其次是中覆盖度草地，面积 2732.53 平方千米，占 39.24%；低覆盖度草地的面积极少，仅占 2.27%。草地分布鲜有集中连片出现，主要散布在鄂西山区、鄂东南丘陵区和鄂东北丘陵区。

城乡工矿居民用地面积较少，仅多于未利用土地，且半数以上为农村居民点用地，城镇用地和工交建设用地面积分别为 1881.18 平方千米和 1125.20 平方千米，占该类面积的 27.75% 和 16.60%。城镇用地主要分布在长江和汉水沿线，农村居民点用地和工交建设用地在江汉平原分布最为密集，与周边城镇用地保持较强的通达性。

未利用土地的面积最少，且以沼泽地为主，占该类面积的 87.51%，主要分布在河网密集、水系发达的江汉平原；其次是裸岩石砾地和裸土地，二者面积合计 47.38 平方千米，仅占未利用土地面积的 12.49%，分布较为零散。

6.17.2 20世纪80年代末至2010年湖北省土地利用变化

20 世纪 80 年代末至 2010 年，湖北省土地利用一级类型动态总面积为 4345.03 平方千米，占全省土地面积的 2.34%，主要出现在经济发达、交通便利、人口增长较快的长江和汉水沿线，且年均净变化面积持续增加，2008~2010 年的年均净变化面积是 20 世纪 80 年代末至 2000 年的 3.19 倍。湖北省各类土地的变化存在较大差异，城乡工矿居民用地和水域的净增加面积显著，未利用土地略有增加，耕地显著减少，林地有所减少，草地略有减少（见表 17）。

表 17　湖北省 20 世纪 80 年代末至 2010 年土地利用面积变化

单位：平方千米

	耕地	林地	草地	水域	城乡工矿居民用地	未利用土地	耕地内非耕地
新增	381.05	300.13	95.49	1683.75	1627.77	137.17	119.67
减少	2190.03	714.63	118.22	553.09	7.61	96.18	665.25
净变化	-1808.98	-414.50	-22.73	1130.66	1620.16	40.99	-545.58

城乡工矿居民用地的扩展是一种难以逆转的过程，面积变化以增加为主，鲜有减少，净增加面积是 20 世纪 80 年代末城乡工矿居民用地总面积的 31.40%。新增城乡工矿居民用地以工交建设用地为主，其次是城镇用地，农村居民点用地较少，三者净增加面积比例分别为 63.39%、29.43% 和 7.18%。城乡工矿居民用地扩展剧烈，2005 年以后尤为显著，年均净增加面积在 2008~2010 年达到最大值 295.60 平方千米（见图 33）。20 世纪 80 年代末至 2010 年，工交建设用地年均净增加面积持续增加，而城镇用地和农村居民点用地在 2005~2008 年达到峰值后呈下降趋势。耕地是各时期新增城乡工矿居民用地最主要的土地来源，共计 895.36 平方千米耕地被占用，占新增城乡工矿居民用地总面积的 55.01%；此外，城乡工矿居民用地扩展对林地也产生较大影响，共占用林地 322.05 平方千米，占新增城乡工矿居民用地的 19.78%。该类土地的减少主要是水域淹没造成的。城乡工矿居民用地的变化主要发生在湖北省城镇化速度较快的武汉、鄂州、黄石和宜昌市等长江沿岸城市。

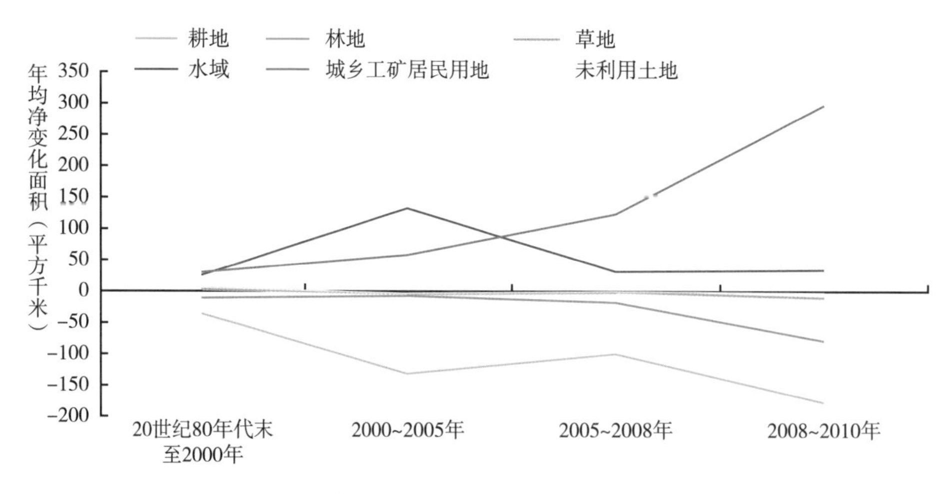

图 33　湖北省不同时段土地利用分类面积年均净变化

湖北省湖泊密布、水源充沛，水域面积的变化较为显著，新增面积是减少面积的 3.04 倍，净增加面积仅次于城乡工矿居民用地，是 20 世纪 80 年代末的 10.13%。水域年均净增加面积先增加后减少，在 2000~2005 年达到峰值 131.32 平方千米。

新增水域对耕地的影响最大，20 世纪 80 年代末至 2010 年共计 1091.46 平方千米耕地变为水域，占新增水域总面积的 64.82%。减少的水域主要变为耕地，其次是未利用土地和城乡工矿居民用地，分别占水域减少面积的 37.34%、23.94% 和 17.72%。水域的变化主要发生在长江支流汉水和沮水沿线，在河湖密布的江汉平原区也较为密集。

耕地是净减少面积最多的土地利用类型，20 世纪 80 年代末至 2010 年，耕地净减少面积占 20 世纪 80 年代末耕地总面积的 3.43%（见图 34）。耕地年均净减少面积呈上升趋势，于 2008~2010 年达到 178.40 平方千米，是 20 世纪 80 年代末至 2000 年的近五倍。新增耕地面积不足减少面积的五分之一，半数以上来自水域，其次是林地，占新增耕地面积的 39.15%。耕地对水域增加和城乡工矿居民用地扩展的贡献较大，减少耕地的 90.72% 变为这两种土地利用类型；另有 8.36%、0.81% 和 0.11% 分别变为林地、草地和未利用土地。耕地变化在全省范围内均有出现，集中分布在大中城市及其周边地区，如武汉、仙桃、洪湖、沙市、天门、嘉鱼、黄梅、襄樊、汉川、鄂州和黄石等。

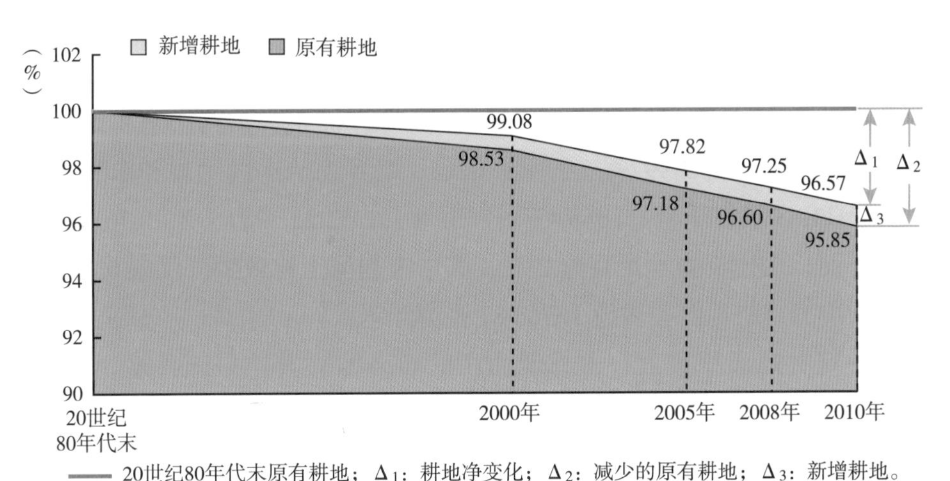

图 34　湖北省 20 世纪 80 年代末至 2010 年耕地变化

林地净减少面积仅次于耕地，却不足耕地净减少面积的四分之一。20 世纪 80 年代末至 2010 年，林地净减少面积仅占 20 世纪 80 年代末林地总面积的 0.44%。虽然林地是湖北省主要的土地利用类型，但其年均净变化面积的变化幅度远小于耕地和城乡工矿居民用地。林地年均净减少面积总体呈上升趋势，在 2008 年之前涨幅较小，于 2008~2010 年达 79.60 平方千米，是 20 世纪 80 年代末至 2000 年的 6.56 倍。耕地是新增林地的主要土地来源，共 183.07 平方千米耕地转变为林地，占新增林地面积的 61.00%。林地减少面积是新增面积的 2.38 倍，主要变为城乡工矿居民用地、水域和耕地。新增和减少的林地空间分布具有共性，零散分布在鄂西山地的十堰市、宜昌市和恩施土家族苗族自治州，鄂东北丘陵的随州市和黄冈市以及鄂东南丘陵的咸宁市。此外，新增林地在荆州市也成片出现。

6.18 湖南省土地利用

湖南省土地利用类型以林地为主，耕地其次，主要分布在山地和丘陵地区。20世纪80年代末至2010年，湖南中东部长株潭城市群周边土地利用动态最大，主要表现为城乡工矿居民用地大面积扩展，占用大量城市周边耕地和林地。除此以外，湖南中部和南部低山丘陵区、盆地区和洞庭湖区，人口规模也相对较大，土地利用动态集中。湘东南丘陵区、湘南丘陵区、湘西山区和湘中南山地丘陵区土地利用类型变化主要为耕地、林地和草地之间的相互转化。20世纪80年代末至2010年，湖南省土地利用动态面积整体呈逐渐增加趋势，在2008~2010年达到最大值。

6.18.1 2010年湖南省土地利用状况

2010年湖南省土地面积为211816.40平方千米，土地利用类型丰富，以林地为主，面积为132272.50平方千米，占全省面积的62.45%；其次是耕地，面积为44314.38平方千米，占20.92%；水域、草地、城乡工矿居民用地和未利用土地面积分别为7411.83平方千米、7038.47平方千米、4252.25平方千米和763.16平方千米，占全省面积的比重均不足百分之五，其中未利用土地最少，仅占0.36%；监测土地总面积中另有耕地内非耕地15763.81平方千米。

林地中有林地面积最大，占林地面积的66.44%；其次是疏林地，占24.69%；灌木林地和其他林地分布较少，分别占6.84%和2.03%。林地主要分布在湘西山地区、湘南丘陵山地区和湘东山地丘陵区。

耕地中以水田为主，占耕地面积的73.35%，其余为旱地。湖南耕地主要分布于洞庭湖区及湘、资、沅、澧四水尾闾的河湖冲积平原，少量分布在湘东南丘陵区、湘南丘陵区、湘西山地区和湘中南山地丘陵区。

水域中以河渠为主，占水域面积的33.14%；其次为湖泊和水库坑塘，分别占29.44%和25.55%；滩地分布最少，占11.87%。水域主要分布在洞庭湖区和湘、资、沅、澧四大水系所在区。

草地中以高覆盖度草地为主，占草地面积的80.98%；其次是中覆盖度草地，占18.00%；剩下的是低覆盖度草地。湖南的草地和林地交互分布，因此草地和林地的空间分布高度一致，也主要分布在湘西山地区、湘南丘陵山地区和湘东山地丘陵区。

城乡工矿居民用地中城镇用地和农村居民点用地面积相差不大，分别占城乡工矿居民用地面积的 39.78% 和 39.04%；其余为工交建设用地，占 21.18%。城镇用地和工交建设用地在长株潭城市群所在地及周边分布最为集中，农村居民点用地在洞庭湖周边分布最集中。

未利用土地中以沼泽地为主，占未利用土地的 95.52%，其余的为裸土地和裸岩石砾地。沼泽地主要分布在洞庭湖周边。

6.18.2 20世纪80年代末至2010年湖南省土地利用变化

20 世纪 80 年代末至 2010 年湖南省土地利用一级类型动态总面积为 2801.01 平方千米，占全省土地面积的 1.32%。各土地利用类型变化中，城乡工矿居民用地净增加面积最多，增加幅度也最大，水域面积也有大量增加。耕地净减少面积最多，其次为林地和草地，未利用土地略有减少（见表 18）。

表 18 湖南省 20 世纪 80 年代末至 2010 年土地利用分类面积变化

单位：平方千米

	耕地	林地	草地	水域	城乡工矿居民用地	未利用土地	耕地内非耕地
新增	144.46	510.48	111.65	568.02	1333.80	82.77	49.83
减少	1006.44	970.27	209.28	173.04	2.62	90.74	348.62
净变化	-861.98	-459.79	-97.63	394.98	1331.18	-7.97	-298.79

城乡工矿居民用地净增加面积占 20 世纪 80 年代末该类土地总面积的 45.57%。新增城乡工矿居民用地主要由耕地和林地转变而来，分别占城乡工矿居民用地新增面积的 38.96% 和 44.28%。新增城乡工矿居民用地主要出现在长沙、湘潭、株洲、常德、浏阳及其周边地区。工交建设用地是城乡工矿居民用地中增长幅度最为显著的土地利用类型，从 20 世纪 80 年代末的 107.99 平方千米增至 2010 年的 900.78 平方千米，增长了 7.34 倍。城乡工矿居民用地年均净增加面积呈持续增长趋势，从 20 世纪 80 年代末至 2000 年的 20.06 平方千米增至 2008~2010 年的 220.99 平方千米，增长了 10.02 倍，且 55.86% 的净增加面积出现在 2005~2010 年（见图 35）。

水域净增加面积占 20 世纪 80 年代末水域总面积的 5.63%。新增水域主要来源于耕地和林地，分别占新增水域面积的 42.01% 和 26.55%；少量来源于未利用土地，主要指沼泽地。减少的水域主要转变为耕地和未利用土地，分别占减少水域面积的 27.66% 和 42.10%。新增和减少的水域空间分布具有高度一致性，主要分布在洞庭湖周边。20 世纪 80 年代末至 2000 年水域面积净增加 230.47 平方千米，这一时期

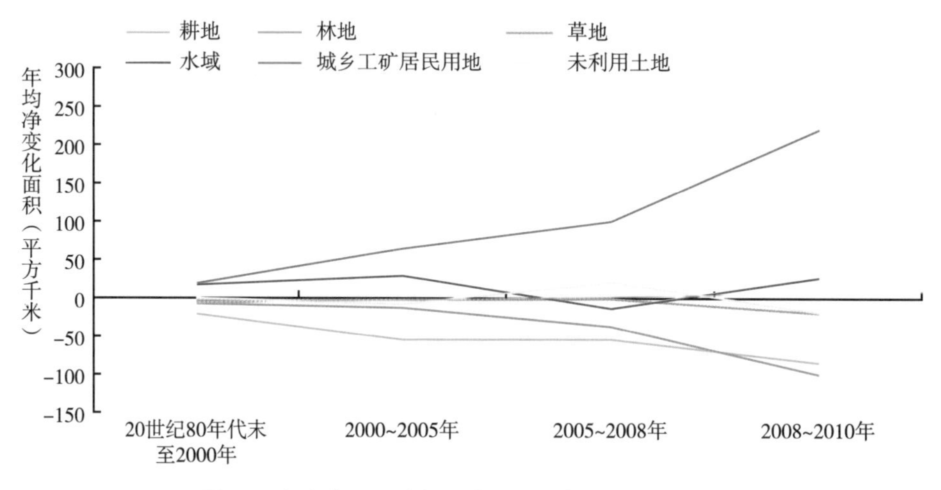

图 35　湖南省不同时段土地利用分类面积年均净变化

水田转变为水库坑塘的现象较明显，但同时也存在大量的水域转变为耕地和未利用土地的现象。2000 年以后水域转变为耕地的现象逐渐减少，与国家实行的“平垸行洪，退田还湖”等湿地保护政策在时间上具有一致性，但水域转变为沼泽地的现象仍较明显。除 2005~2008 年水域面积呈净减少变化，其余时段水域面积均呈净增加变化。

耕地净减少面积占 20 世纪 80 年代末耕地总面积的 1.91%（见图 36）。新增耕地面积较少，主要由林地转变而来，占耕地新增面积的 62.97%；其次为水域，占耕地新增面积的 33.14%。减少的耕地主要转变为城乡工矿居民用地，占耕地减少面积的 51.63%；其次转变为林地和水域，分别占耕地减少面积的 23.81% 和 23.71%。减少的耕地主要分布在长沙、湘潭、株洲、常德和郴州市区及周边，洞庭

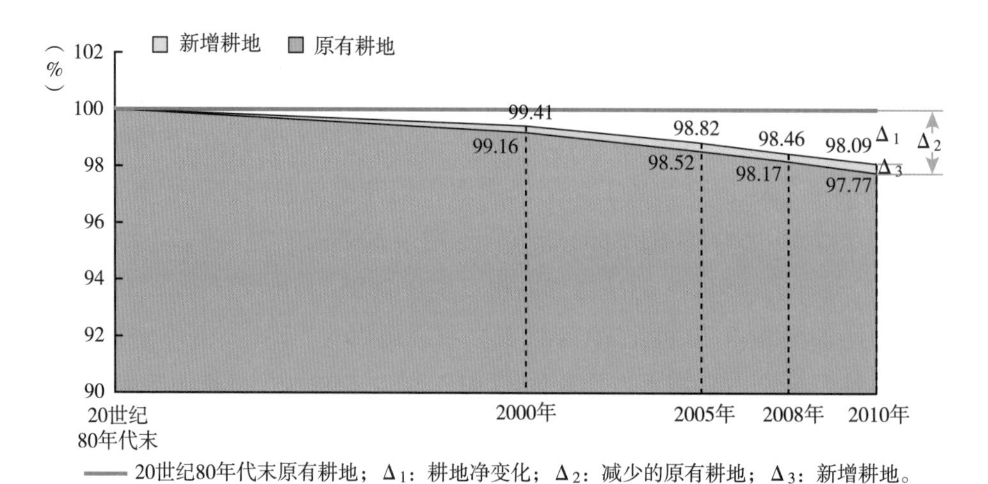

图 36　湖南省 20 世纪 80 年代末至 2010 年耕地变化

湖区及岳阳市周边。市区及周边主要表现为耕地被侵占，转变为城镇用地和工交建设用地，洞庭湖区主要表现为耕地转变为林地和水域。耕地年均净减少面积呈持续增加趋势，2008~2010 年耕地年均净减少面积为 84.02 平方千米，是 20 世纪 80 年代末至 2000 年的 4.13 倍。

林地是净减少面积位居第二的土地利用类型，仅次于耕地，净减少面积占 20 世纪 80 年代末林地总面积的 0.35%。虽然林地是福建省最主要的土地利用类型，其变化并不明显。20 世纪 80 年代至 2010 年，林地面积呈净减少变化，且年均净减少面积持续增加。2008~2010 年林地年均净减少面积为 99.63 平方千米，是 20 世纪 80 年代末至 2000 年的 14.54 倍。新增林地主要来源于耕地和草地，分别占林地新增面积的 46.95% 和 33.41%。减少的林地主要转变为城乡工矿居民用地，占林地减少面积的 60.87%，其余转变为耕地、草地和水域。转变为城乡工矿居民用地的林地主要分布在各大城市周边。林地与耕地、林地与草地之间的相互转换主要出现在湘东南和湘南丘陵区、湘西山地区以及湘中南山地丘陵区。

草地净减少面积占 20 世纪 80 年代末草地总面积的 1.37%，年均净减少面积呈先减后增的变化趋势，在 2005~2008 年达到最小值 0.69 平方千米，2008~2010 年达到最大值 18.96 平方千米。新增草地主要来源于林地，占草地新增面积的 88.16%。减少的草地主要转变为林地，占草地减少面积的 81.49%。草地的变化主要表现为草地和林地的相互转换，湘西山地区草地转变为林地的动态最为集中。

6.19 广东省、香港和澳门土地利用

广东省、香港和澳门土地利用类型以林地为主，耕地次之。20 世纪 80 年代末至 2010 年，土地利用变化显著的是城乡工矿居民用地和耕地。其中城乡工矿居民用地净增加 68.62%，变化集中发生在 20 世纪 80 年代末至 2005 年，新增面积大部分位于珠江三角洲地区，主要来源于耕地，但来自林地的比例逐渐增大。广东省、香港和澳门耕地面积净减少 9.50%，主要转变为城乡工矿居民用地，北部山区耕地变化不显著。林地面积不断减少，但由于其基数大，变化幅度较小。香港、澳门特别行政区土地利用与广东省合并监测。

6.19.1 2010年广东省、香港和澳门土地利用状况

2010 年，广东省、香港和澳门遥感监测土地面积 179767.58 平方千米，各土地利用类型中林地面积最大，为 113464.18 平方千米，占全区面积的 63.12%；其次是耕地，面积 29186.62 平方千米，占 16.24%；城乡工矿居民用地面积 12510.39 平方

千米，占 6.96%；水域面积 9093.96 平方千米，占 5.06%；草地面积 4153.93 平方千米，占 2.31%；未利用土地最少，面积 153.06 平方千米，占 0.09%；另有耕地内非耕地 11205.44 平方千米，占监测总面积的 6.23%。

广东省、香港和澳门林地以有林地为主，面积 96659.64 平方千米，占林地面积的 85.19%；其他林地、疏林地和灌木林地面积依次为 8333.69 平方千米、4690.86 平方千米和 3780.00 平方千米，占 7.34%、4.13% 和 3.33%。林地主要分布在北部及周边地区。

耕地主要分布在西部和珠江三角洲地区，其中水田面积大于旱地。水田面积 18285.65 平方千米，占耕地面积的 62.65%，主要分布于珠江、西江和北江三江汇集的中南部地区以及东南部地区。

城乡工矿居民用地中城镇用地面积最大，为 5981.62 平方千米，占城乡工矿居民用地面积的 47.81%；其次是农村居民点用地，面积 4459.42 平方千米，占 35.65%；剩余为工交建设用地，面积 2069.35 平方千米，占 16.54%。城镇用地和工交建设用地主要分布于珠江三角洲地区，农村居民点用地主要分布于中部和西南地区。

水域中水库坑塘的面积最大，为 5734.30 平方千米，占水域面积的 63.06%；其次是河渠，面积 2558.97 平方千米，占 28.14%；滩地面积 419.04 平方千米，占 4.61%；海涂面积 374.90 平方千米，占 4.12%；湖泊较少，面积 6.76 平方千米，占 0.07%。河渠分布广泛，包括东江、北江、西江和韩江等。海涂和滩地主要分布于东部、西部和雷州半岛等地。

草地以高覆盖度草地为主，面积 3645.78 平方千米，占草地面积的 87.77%；中覆盖度草地面积 485.36 平方千米，占 11.68%；低覆盖度草地最少，面积 22.79 平方千米，占 0.55%。草地主要分布于北部和西部沿海地区。

未利用土地以沙地为主，面积 102.94 平方千米，占未利用土地的 67.25%；其次是沼泽地，面积 37.74 平方千米，占 24.66%；有少量的盐碱地，面积 9.24 平方千米，占 6.04%；还有 3.14 平方千米的其他未利用土地，占 2.05%。沙地主要分布在东南沿海一带。

6.19.2 20世纪80年代末至2010年广东省、香港和澳门土地利用变化

20 世纪 80 年代末至 2010 年，广东省、香港和澳门土地利用一级类型变化总面积 7342.15 平方千米，占全区面积的 4.08%。各土地利用类型中城乡工矿居民用地面积净增加最多，水域略有增加；耕地面积减少最为显著，林地、草地、海域均有所减少，未利用土地变化最小（见表 19）。

表 19 广东省、香港和澳门 20 世纪 80 年代末至 2010 年土地利用分类面积变化

单位：平方千米

	耕地	林地	草地	水域	城乡工矿居民用地	未利用土地	海域	耕地内非耕地
新增	162.81	600.52	50.90	1335.01	5101.84	11.93	19.38	59.76
减少	3226.63	1359.70	253.58	760.06	10.76	43.06	272.19	1416.16
净变化	-3063.82	-759.18	-202.68	574.94	5091.08	-31.13	-252.81	-1356.41

城乡工矿居民用地净增加 5091.08 平方千米，相较于 20 世纪 80 年代末增加 68.62%，是变化最显著且增加面积最大的土地类型。新增城乡工矿居民用地的土地来源以占用耕地为主，面积 2202.47 平方千米，占新增面积的 43.17%，且被占用的耕地主要是水田；其次来自林地，面积 1153.38 平方千米，占 22.61%；来自水域的面积为 578.52 平方千米，占 11.34%。在整个监测时段，耕地作为城乡工矿居民用地新增面积主要土地来源的比例不断下降，20 世纪 80 年代末至 2000 年该比例为 44.40%，而 2008~2010 年该比例下降至 27.91%，林地作为主要土地来源的比例则升高至 53.18%。城乡工矿居民用地的增加集中发生在 20 世纪 80 年代末至 2005 年，该时段内新增面积占整个监测时段的 77.87%，其中 2000~2005 年增加速度最显著，年均净变化面积 476.62 平方千米（见图 37）。珠江三角洲地区是城乡工矿居民用地变化最集中的区域。

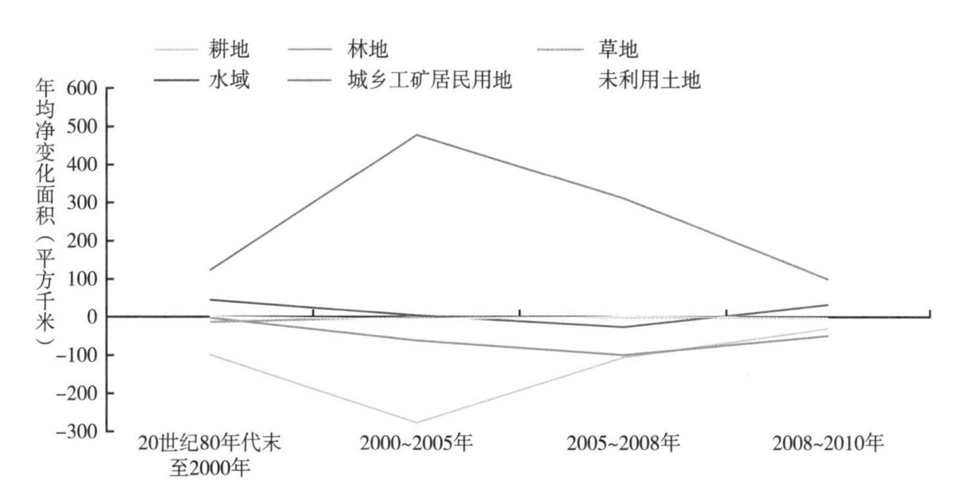

图 37 广东省、香港和澳门不同时段土地利用分类面积年均净变化

水域面积净增加 574.94 平方千米，新增面积是减少面积的 1.76 倍。新增的主要是水库坑塘，面积 1230.85 平方千米，占新增面积的 92.20%。新增水域主要来自耕地，面积 747.07 平方千米，占新增面积的 55.96%；来自海域的面积为 139.04 平方千米，占 10.42%。减少的水域中 578.52 平方千米转变为城乡工矿居民用地，占

减少面积的 76.12%。除 2005~2008 年水域的面积略有减少以外，其他时段水域面积均为净增加，且在 20 世纪 80 年代末至 2000 年，水域面积增加最显著，占整个监测时段新增总面积的 64.03%。

耕地是 20 世纪 80 年代末至 2010 年净减少面积最多的土地类型，相比监测初期减少 9.50%（见图 38），且减少的大部分是水田。减少的耕地主要转变为城乡工矿居民用地，面积 2202.47 平方千米，占减少面积的 68.26%；其次转变为水域，面积 747.07 平方千米，占 23.15%。20 世纪 80 年代末至 2000 年，近一半的耕地减少面积是由于城乡工矿居民用地占用导致的，该比例在 2005 年至 2008 年增加到 92.57%，之后略有下降。新增耕地中来自水域的面积为 99.19 平方千米，占新增面积的 60.92%；其次来自林地，面积 51.63 平方千米，占 31.71%。耕地面积总体呈持续减少状态，减少速度先升后降，且在 2000~2005 年减少速度最显著。珠江三角洲地区是耕地减少最集中的区域。

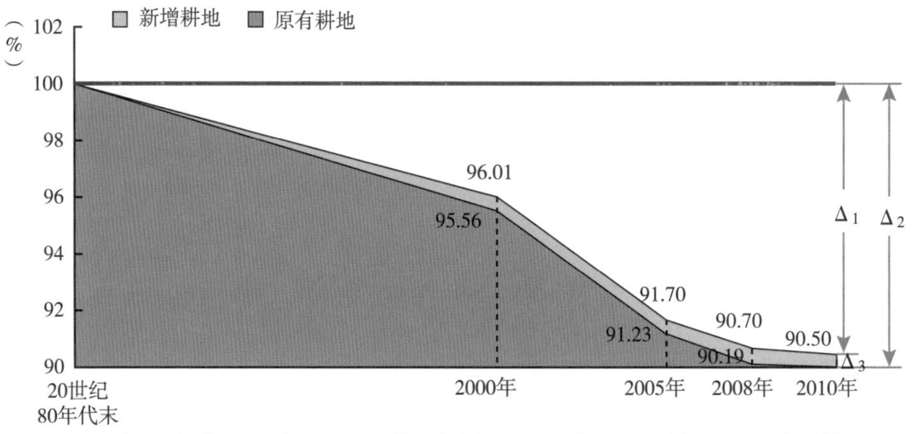

图 38　广东省、香港和澳门 20 世纪 80 年代末至 2010 年耕地变化

林地净减少面积仅次于耕地，但林地基数大，因此变化幅度小，相比 20 世纪 80 年代末减少 0.66%，并以有林地减少为主，占减少面积的 63.14%。林地减少主要转变为城乡工矿居民用地，面积 1153.38 平方千米，占减少面积的 84.83%；另有 78.40 平方千米林地转变为水域，占 5.77%；少量转变为耕地和草地，分别占 3.80% 和 3.62%。建设占用始终是林地减少的主要原因，20 世纪 80 年代末至 2000 年，因建设占用导致的林地减少面积占林地减少总面积的比例为 68.11%，之后该比例不断增加，在 2008~2010 年增加到 97.95%。新增林地的土地来源包括各个地类，其中来自耕地的面积最大，占新增面积的 46.09%，且主要来自旱地。林地面积减少主要发生在珠江三角洲地区，面积增加主要集中在雷州半岛。

海域的减少面积中 139.04 平方千米转变为水域，占减少面积的 51.08%，主要变为水域中的海涂和水库坑塘；其余部分主要转变为城乡工矿居民用地，面积 122.67 平方千米，占 45.08%。

草地面积略有减少，且减少的绝大部分是高覆盖度草地，占减少面积的 92.03%。草地减少主要转变为林地，面积 175.83 平方千米，占减少面积的 69.34%；此外有 50.56 平方千米草地转变为城乡工矿居民用地，占 19.94%。在各时段中，草地减少始终以转变成林地为主，但转变为城乡工矿居民用地和水域的比例不断增加。草地面积减少主要集中在 20 世纪 80 年代末至 2000 年，减少面积占整个监测时段的 91.16%。草地新增面积中 49.24 平方千米来自林地，占新增面积的 96.74%。

未利用土地面积净减少 31.13 平方千米，相比 20 世纪 80 年代末减少 16.90%。减少的未利用土地主要转变为水域和林地，面积分别为 20.08 平方千米和 18.70 平方千米，占减少面积的 46.63% 和 43.43%。

6.20　广西壮族自治区土地利用

广西壮族自治区土地利用类型以林地为主，耕地次之。20 世纪 80 年代末至 2010 年，城乡工矿居民用地增加最显著，草地显著减少，林地和耕地持续减少但变化幅度较小。其中城乡工矿居民用地净增加 18.54%，变化主要发生在 2000~2010 年，该时段净增加面积占整个监测时段的近六成。草地面积净减少 4.83%，是净减少面积最大的土地类型，主要转变为林地。耕地面积净减少 0.50%，其大面积增加与减少都发生在 20 世纪 80 年代末至 2000 年。2000 年后耕地以减少为主，且净减少面积逐渐增大。广西壮族自治区南部及北部湾沿海是土地利用变化最显著的区域。

6.20.1　2010年广西壮族自治区土地利用状况

2010 年广西壮族自治区遥感监测土地面积 236926.21 平方千米，其中林地面积 159537.88 平方千米，占全区面积的 67.34%；其次是耕地，面积 41215.93 平方千米，占 17.40%；草地面积 13081.38 平方千米，占 5.52%；城乡工矿居民用地面积 5491.61 平方千米，占 2.32%；水域面积 4299.01 平方千米，占 1.81%；未利用土地 15.73 平方千米，占 0.01%；另有耕地内非耕地 13284.66 平方千米，占全区面积的 5.61%。

广西壮族自治区林地面积广阔，其中 109024.97 平方千米为有林地，占林地面积的 68.34%；其次是灌木林地，面积 32210.29 平方千米，占 20.19%。林地主要分布在广西壮族自治区北部、西部和东部，包括大容山、六万大山、十万大山和大瑶山等区域。

耕地中旱地面积较大，为22298.63平方千米，占耕地面积的54.10%。耕地的空间分布广泛，主要位于广西壮族自治区东部、南部和中部地区的浔江平原、郁江平原、宾阳平原和南流江三角洲等区域。其中水田主要分布于东部及南部地势较低平、水源条件较好的区域，旱地主要分布于西部和中部地区。

草地以高覆盖度草地为主，面积11831.15平方千米，占草地面积的90.44%；中覆盖度草地面积1240.62平方千米，占9.48%；低覆盖度草地9.61平方千米，占0.07%。大面积连片草地主要分布在人口稀疏的西部、北部山区，其余多为零星分布。

城乡工矿居民用地以农村居民点用地为主，面积3448.20平方千米，占城乡工矿居民用地面积的62.79%；城镇用地面积1140.55平方千米，占20.77%；工交建设用地面积902.87平方千米，占16.44%。城乡工矿居民用地主要集中在盆地中部以及东南沿海一带。

水域中水库坑塘面积最大，为2036.20平方千米，占水域面积的47.36%；其次是河渠，面积1734.88平方千米，占40.36%；海涂和滩地的面积分别为271.40平方千米和254.85平方千米，占6.31%和5.93%。广西壮族自治区境内河流众多，水网密布，西江流域从西向东贯穿广西，南部河流注入北部湾，西南有属于红河水系的河流。

未利用土地以沙地、裸土地和裸岩石砾地为主，面积分别为5.08平方千米、4.48平方千米和3.85平方千米，占未利用土地的32.29%、28.48%和24.48%；此外有少量沼泽地，面积2.33平方千米，占14.81%。未利用土地中的沙地、裸土地和裸岩石砾地主要分布在沿海一带。

6.20.2 20世纪80年代末至2010年广西壮族自治区土地利用变化

20世纪80年代末至2010年，广西壮族自治区土地利用一级类型变化总面积2920.64平方千米，占全区面积的1.23%。城乡工矿居民用地是面积净增加最多的土地类型，水域面积略有增加；草地面积净减少最多，其次是耕地，海域和林地面积略有减少，未利用土地变化最小（见表20）。

表20 广西壮族自治区20世纪80年代末至2010年土地利用分类面积变化

单位：平方千米

	耕地	林地	草地	水域	城乡工矿居民用地	未利用土地	海域	耕地内非耕地
新增	446.85	869.77	174.92	393.27	863.29	0.07	9.34	163.12
减少	655.29	953.40	838.29	58.82	4.33	0.25	197.21	213.06
净变化	-208.44	-83.62	-663.37	334.46	858.96	-0.18	-187.86	-49.94

城乡工矿居民用地是变化最显著且增加面积最大的土地类型，相比 20 世纪 80 年代末增加 18.54%。该类新增面积 863.29 平方千米，其中 55.38% 是城镇用地，34.06% 是农村居民点用地，10.56% 是工交建设用地。新增面积中来自耕地的面积最大，为 466.55 平方千米，占新增面积的 54.04%；其次来自林地，面积 180.42 平方千米，占 20.90%。从时间变化上看，耕地作为城乡工矿居民用地新增面积主要土地来源的比例持续下降，从监测初期 20 世纪 80 年代末至 2000 年的 65.67% 下降到 2008~2010 年的 40.74%；林地所占比例逐渐上升，草地、水域和海域的比例也略有增加，说明广西壮族自治区的开发方式在不断发生变化。2008~2010 年是城乡工矿居民用地变化速度最显著的时期，年均净变化面积 124.58 平方千米，是监测初期变化速度的 4.69 倍（见图 39）。城乡工矿居民用地面积增加在全区大部分区域都有发生，但在南宁市区域最为集中。

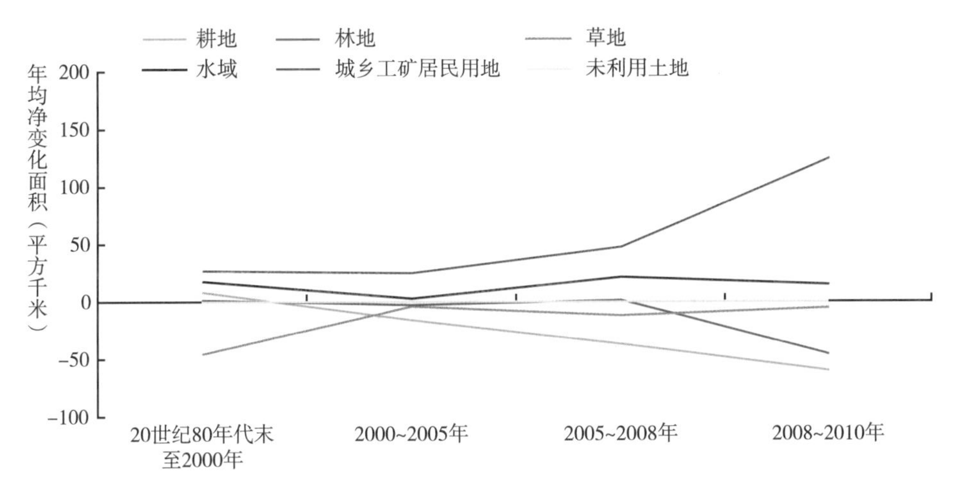

图 39　广西壮族自治区不同时段土地利用分类面积年均净变化

水域面积的变化以增加为主，新增面积 393.27 平方千米，相比 20 世纪 80 年代末增加 8.44%。新增的主要是水库坑塘和海涂，分别占新增面积的 48.30% 和 44.04%。水域的新增面积主要来自海域，面积 175.15 平方千米，占新增面积的 44.54%；其次来自耕地和林地，面积分别为 92.08 平方千米和 86.79 平方千米，占 23.41% 和 22.07%。在不同时段，水域面积增加的主要土地来源也不同，20 世纪 80 年代末至 2000 年主要来自海域，之后耕地、林地所占比例大幅增加。总体而言，水域面积呈持续增加状态，但在 2000~2005 年变化速度大幅下降。

草地是净减少面积最大的土地类型，相比 20 世纪 80 年代末减少 4.83%。减少的草地绝大部分是高覆盖度草地，占减少面积的 97.68%。草地减少部分主要转变为林地，面积 736.69 平方千米，占减少面积的 87.88%。从时间变化看，草地减少始终以变成林地为主，但该比例从20世纪80年代末至2000年的89.59%不断降低到2008~2010年的64.79%，城乡工矿居民用地占用的比例则逐渐从1.06%升高至35.21%。草地新增面积中，169.81平方千米来自林地，占新增面积的97.08%。20世纪80年代末至2010年，草地面积一直呈净减少状态，且2000年前草地变化最显著。

广西壮族自治区的耕地变化并不显著，相比20世纪80年代末减少0.50%（见图40），且减少的耕地中超过一半是旱地。耕地减少面积中466.55平方千米转变为城乡工矿居民用地，占减少面积的71.20%；其次转变为林地和水域，面积分别为93.66平方千米和92.08平方千米，占14.29%和14.05%。在各时段中，建设占用始终是耕地减少的主要原因，耕地新增面积中372.66平方千米来自林地，占新增面积的83.40%。新增耕地的主要土地来源在各时段具有差异性，20世纪80年代末至2000年84.82%来自林地，之后来自水域、草地和城乡工矿居民用地的比例逐渐增加，2008~2010年水域成为主要土地来源。耕地总体呈先增加后减少态势，且变化幅度较小。耕地减少在全区几乎都有发生，但在南部区域最为显著；耕地增加集中出现在北部湾沿海区域。

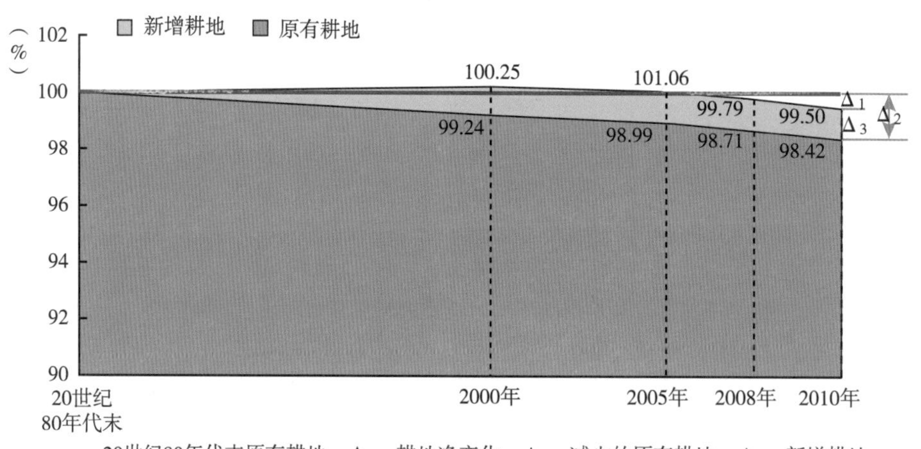

图40　广西壮族自治区20世纪80年代末至2010年耕地面积变化

海域减少面积中175.15平方千米转变为水域，占减少面积的88.82%；其余部分转变为城乡工矿居民用地，面积22.05平方千米，占11.18%。

林地的新增面积和减少面积较为接近，且面积基数大，因此变化并不显著，相比20世纪80年代末减少0.05%。林地的减少面积中47.02%是灌木林地，其次是有林地，占25.46%。减少的林地主要转变为耕地，面积372.66平方千米，占减少面积的39.09%；其次转变为城乡工矿居民用地和草地，面积分别为180.42平方千米和 169.81 平方千米，占 18.92% 和 17.81%。林地的新增面积大部分来自草地，面积 736.69 平方千米，占新增面积的 84.70%；此外还有部分来自耕地，面积 93.66 平方千米，占 10.77%，且主要来自旱地。从 20 世纪 80 年代末起，林地面积时增时减，但总体而言变化并不显著。

未利用土地变化较小，其减少面积全部转变为水域，增加的面积全部来自水域，且转变集中发生在未利用土地中的沼泽地与水域中的水库坑塘之间。

6.21 海南省土地利用

海南省土地利用类型以林地和耕地为主，接近海南岛面积的九成。20 世纪 80 年代末至 2010 年土地利用变化以城乡工矿居民用地面积增加和草地面积减少为主要特点，林地和耕地变化面积也较多，但变化幅度较小。城乡工矿居民用地扩展在沿海地区较为集中，且在 2008 年后扩展速度明显加快。林地、草地和耕地之间相互转换面积比较多，林地新增面积主要来自草地和耕地，集中分布于海南岛东北部和西部的台地、丘陵和平原区；草地面积持续减少，主要转变为林地；新增耕地主要来自林地，在海南岛中部和南部的山地边缘和平原区分布较为集中，减少的耕地主要转变为城乡工矿居民用地和林地。

6.21.1 2010年海南省土地利用状况

遥感监测海南岛面积为 3.41 万平方千米，其土地利用类型较为丰富，涵盖了所有一级土地利用类型和其中 21 个二级土地利用类型。海南岛土地利用类型以林地为主，面积 21537.45 平方千米，占 68.58%；其次是耕地，面积 6864.47 平方千米，占 21.86%；其他各种土地利用类型比例较小，水域面积 1274.70 平方千米，占 4.06%；城乡工矿居民用地面积 1057.14 平方千米，占 3.37%；草地面积 607.00 平方千米，占 1.93%；未利用土地最少，面积为 65.66 平方千米，仅占 0.21%；另有耕地内非耕地 2693.08 平方千米。

林地中有林地的面积最多，占林地面积的 56.81%；其次是其他林地，占 36.79%；灌木林地和疏林地面积较少，分别占 4.54% 和 1.85%。有林地主要分布在海南岛中部的山地和丘陵区，其他林地分布比较广泛，灌木林地和疏林地仅有零星分布。

耕地以旱地为主，占耕地面积的 68.95%，水田占耕地面积的 31.05%。耕地主要分布在山地周围的丘陵、台地和阶地平原区。

水域类型较为丰富，其中水库坑塘面积最大，占水域面积的 61.13%，其次是河渠和滩地，分别占14.64%和14.42%；湖泊和海涂分布较少，分别占5.99%和3.82%。水域分布范围较广，且较为零散。

城乡工矿居民用地中农村居民点用地面积接近一半，占城乡工矿居民用地面积的45.47%，城镇用地和工交建设用地面积相当，分别占28.69%和25.83%。城乡工矿居民用地集中分布于海南岛的台地和平原区域。

草地几乎全为高覆盖度草地，占草地总面积的91.24%，中覆盖度草地占7.69%，低覆盖度草地仅占1.07%。草地在海南岛的分布范围比较广泛，在中部山地和北部沿海相对集中。

未利用土地以沙地为主，占未利用土地面积的75.78%，其次是沼泽地，占22.63%，均主要分布在滨海区域。

6.21.2 20世纪80年代末至2010年海南省土地利用变化

20世纪80年代末至2010年，海南省城乡工矿居民用地面积增加显著，林地和水域面积也有所增加；草地面积减少较为显著，其次为耕地，再次为未利用土地（见表21）。监测期间，海南省土地利用一级类型动态总面积为1058.05平方千米，占海南岛面积的3.10%。城乡工矿居民用地面积始终净增加，耕地面积始终净减少，耕地面积减少与城乡工矿居民用地面积增加的变化趋势一致，城乡工矿居民用地在2008~2010年的扩展速度急剧上升，是2005~2008年扩展速度的3.21倍，耕地减少速度在2005~2008年最小，在2008~2010年最大。林地在20世纪80年代末至2000年年均净增加面积最多，此后林地变化表现为净减少；草地面积始终净减少，并且在2000年前减少最快（见图41）。

表21 海南省20世纪80年代末至2010年土地利用分类面积变化

单位：平方千米

	耕地	林地	草地	水域	城乡工矿居民用地	未利用土地	海域	耕地内非耕地
新增	142.83	388.33	32.91	161.58	293.91	1.38	34.66	2.45
减少	308.46	259.79	266.22	37.70	3.45	71.32	95.03	16.08
净变化	-165.63	128.53	-233.31	123.88	290.46	-69.94	-60.37	-13.62

城乡工矿居民用地净增加面积最多，相比20世纪80年代末净增加了37.88%，增加幅度较大。净增加城乡工矿居民用地主要为城镇用地和工交建设用地，分别占净增加城乡工矿居民用地面积的55.46%和40.83%。城乡工矿居民用地新增面积主要来自耕地，占新增面积的45.93%，且主要来自旱地；其次是林地，占新增面积的28.38%。新增城乡工矿居民用地在沿海地区比较集中。监测期间，城乡工矿居民用

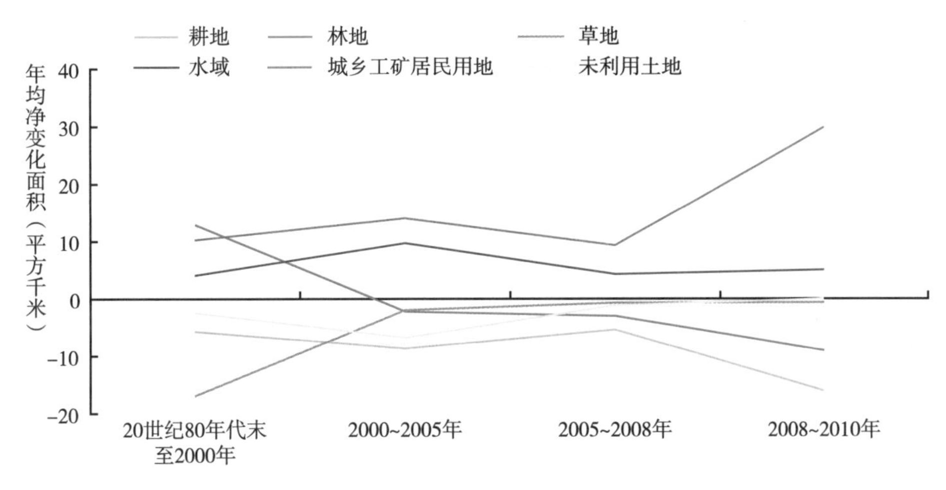

图 41 海南省不同时段土地利用分类面积年均净变化

地持续增加，且在 2008~2010 年增加速度最快，年均新增 29.90 平方千米。在不同监测阶段，城乡工矿居民用地中农村居民点用地面积最大，但其面积呈现减少趋势，主要转变为城镇用地；相比之下，城镇用地和工交建设用地面积持续增加，且城镇用地的增加幅度较大，其面积在 2000 年超过工交建设用地（见图 42）。

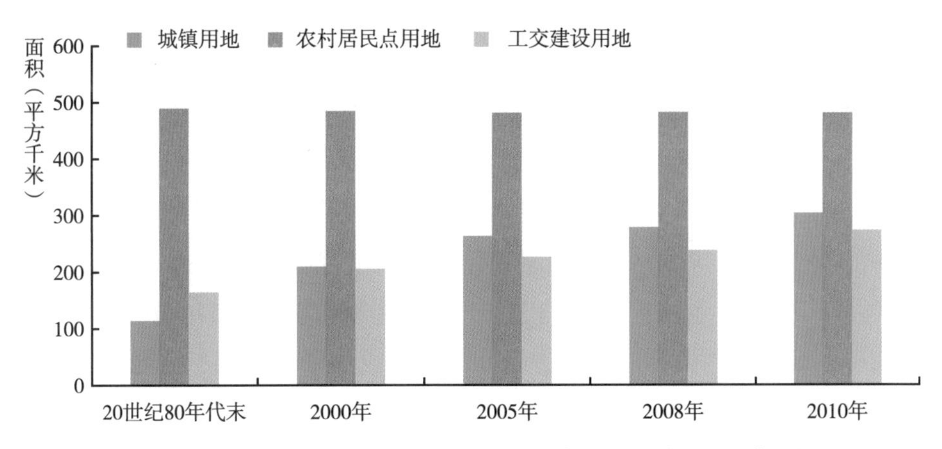

图 42 海南省 20 世纪 80 年代末至 2010 年城乡工矿居民用地面积

林地面积比 20 世纪 80 年代末净增加了 0.60%。林地在 20 世纪 80 年代末至 2000 年年均净增加面积最多，达 12.85 平方千米，此后林地面积变化表现为净减少。59.68% 的新增林地面积来自草地，且主要为高覆盖度草地；另有 24.31% 的新增林地面积来自耕地，主要为丘陵旱地。林地减少以林地开垦为耕地和转变为城乡工矿居民用地为主，分别占林地减少面积的 39.67% 和 32.11%；另外，分别有 13.23% 和 6.47% 的林地减少面积转换为水域和高覆盖度草地。新增林地主要分布在海南岛东北部和西部的台地、丘陵和平原区。减少的林地主要分布在海南岛东北部沿海地区和中部、南部的台地和平原地区。

水域面积相比20世纪80年代末净增加了10.76%。监测期间，海南省水域面积持续增加，其中水库坑塘面积净增加最多。新增水域面积的48.81%来自耕地，且主要来自旱地；另外，分别有21.28%和15.23%的新增面积来自林地和草地。水域减少面积以向城乡工矿居民用地和耕地转换为主，分别占水域减少面积的29.12%和22.67%；另外，分别有17.42%和16.71%的减少面积变为草地和林地。水域增加主要集中在海南岛东北部沿海地区以及西部地区，水域减少主要分布在海南岛北部沿海地区。

草地净减少面积最多，相比20世纪80年代末净减少了27.76%。草地面积始终呈净减少态势，并且在20世纪80年代末至2000年年均净减少面积最多，年均减少16.92平方千米，此后年均净减少面积下降较为明显。新增草地面积的51.06%来自林地；28.06%来自未利用土地，且主要来自其中的沙地；另有19.95%来自水域。草地减少以转变为林地为主，占草地减少面积的87.05%；其次是变为水域，占草地减少面积的9.24%。新增草地主要分布在海南岛中部山区以及东南部沿海地区。草地减少集中分布在东部的台地和平原区以及西部沿海地区，在中部山区有少量分布。

耕地面积相比20世纪80年代末净减少了2.36%。20世纪80年代末至2010年耕地面积始终呈净减少态势，并且在2008~2010年减少最快，年均净减少16.05平方千米。新增耕地面积的72.15%来自林地，其中由其他林地转变的耕地面积占43.77%，由有林地和灌木林地转变的耕地面积分别占14.78%和11.12%；另外，有19.85%的新增耕地来自沙地。耕地减少以转变为城乡工矿居民用地为主，占耕地减少面积的43.76%，其中，转变为城镇用地和工交建设用地的耕地分别占27.02%和14.71%；其次，耕地减少面积的30.61%转变为林地，25.57%转变为水域。新增耕地在海南岛中部和南部的山地边缘和平原区较为集中，减少耕地主要分布在城乡工矿建设用地周围。

未利用土地面积持续减少，相比20世纪80年代末净减少了51.58%，减少幅度较大。未利用土地新增面积极少，且主要来自草地。未利用土地减少面积主要开垦为耕地，占减少面积的40.02%，这些新开垦耕地多为平原旱地；另外，分别有30.51%和12.95%的未利用土地转换为林地和草地。未利用土地减少主要分布在西部滨海地区。

6.22　重庆市土地利用

重庆市土地利用类型中林地面积最大，耕地面积略小于林地，草地处于第三位，其他土地利用类型面积相对较小。20 世纪 80 年代末至 2010 年，城乡工矿居民用地面积大幅增加，净增加了 3.42 倍。新增城乡工矿居民用地有 66.23% 来源于耕地。耕地也是净减少面积最大的土地利用类型，减少幅度为 3.49%。另外，林地和草地之间的相互转换也较为突出。重庆市土地利用变化面积高于全国平均水平，相当于全国平均值的 1.21 倍。土地利用年均变化面积整体呈增加趋势，其中在 2005~2008 年最大，是 20 世纪 80 年代末至 2000 年的 4.55 倍。重庆市土地利用变化密集分布在市区周边以及北部山区。

6.22.1 2010年重庆市土地利用状况

2010 年重庆市遥感监测面积 82390.10 平方千米，土地利用类型以林地为主，面积为 32808.18 平方千米，占全市面积的 39.82%，以耕地次之，面积 28418.77 平方千米，占全市面积的 34.49%，草地处于第三位，面积为 8938.44 平方千米，占全省面积的 10.85%，城乡工矿居民用地、水域和未利用土地分布较少，分别占全市面积的 1.56%、1.39% 和 0.02%；另有耕地内非耕地 9776.52 平方千米。

林地中灌木林地分布面积最大，占林地面积的 38.06%，其次是有林地，占 30.36%，疏林地占 28.50%，其他林地占 3.08%。林地主要分布在北部和东南山区。另外，有林地在中部和西南山区呈现条带状分布特点。

耕地中旱地较多，占耕地面积的 69.33%，水田占 30.67%。重庆耕地明显集中在地势相对低缓的西部和西南地区，该区域主要处于四川盆地的东南边缘地带。地势高峻陡峭的东南和北部地区耕地分布稀少。

草地的中覆盖度草地面积最大，占草地面积的 77.36%，主要在东北部长江干流及其支流岷江水系附近、东南部乌江及其支流黔江附近、西南部綦江河流域附近分布较集中。高覆盖度草地占 17.46%，主要分布在东北和西南的河流沿岸地区。低覆盖度草地占 5.18%，在东北部的岷江与西南部的綦江河流域附近分布较集中。

城乡工矿居民用地中以城镇用地为主，占城乡工矿居民用地的 53.55%，城镇用地分布较为集中，主要分布在长江沿岸的低山丘陵地区，并以西南地区分布最为集中。农村居民点和工交建设用地相当，分别占 24.38% 和 22.07%，这两种类型的分布较为分散，没有明显密集区域。

水域中河渠分布面积最大，占水域面积的 78.86%，长江干流从南向北流经本市，而且主要支流嘉陵江、乌江、岷江和汉江分别在本市汇入干流，河渠分布密集，是水域中占比最大的类型。其次是和水库坑塘，占 18.61%，水库坑塘是处于第二位的水域类型，主要在东北的瞿塘峡附近以及东南的黔江沿岸集中分布。滩地与湖泊分布很少，分别占 1.63% 和 0.90%，其分布相对分散。

未利用土地全部为裸岩石砾地。裸岩石砾地在西北非喀斯特地区分布稀少，在所辖的喀斯特地貌区分布较广泛，并在东北的大巴山地区和东南的巫山、大娄山等山间峡谷地带分布较密集。

6.22.2 20世纪80年代末至2010年重庆市土地利用变化

20 世纪 80 年代末至 2010 年，重庆市土地利用一级类型变化总面积为 2796.30 平方千米，占全市面积的 3.39%，高于全国平均水平，相当于全国平均值的 1.21 倍。各类型土地利用变化差异显著，林地、耕地、草地和城乡工矿居民用地变化较为突出，分别占全市土地利用变化面积的 24.86%、24.69%、19.43% 和 18.35%。土地利用年均变化面积整体呈增加趋势，其中 2005~2008 年最大，是 20 世纪 80 年代末至 2000 年的 4.55 倍，2008~2010 年有所减小（见图 43）。

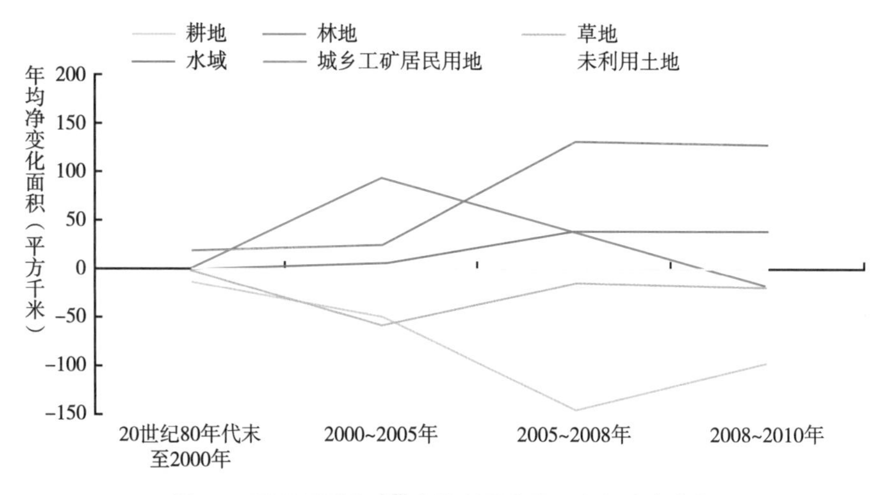

图 43 重庆市不同时段土地利用分类面积年均净变化

各土地利用类型中增加面积最为显著的是城乡工矿居民用地，其次是林地和水域。土地利用减少面积最为显著的是耕地，其次是草地，未利用土地略有减少（见表 22）。

表 22 重庆市 20 世纪 80 年代末至 2010 年土地利用分类面积变化

单位：平方千米

	耕地	林地	草地	水域	城乡工矿居民用地	未利用土地	耕地内非耕地
新增	175.99	980.70	341.97	234.61	1010.74	—	52.28
减少	1204.73	409.70	744.92	7.30	15.64	3.30	410.71
净变化	-1028.74	571.00	-402.94	227.32	995.10	-3.30	-358.43

城乡工矿居民用地变化以新增为主，净增加面积在所有土地利用类型中最大，是 20 世纪 80 年代末的 3.42 倍（见图 44）。城乡工矿居民用地净变化表现为逐渐增加趋势，特别是 2005 年以后增速更快，20 世纪 80 年代末至 2000 年，年均净增加面积 17.49 平方千米，年均净增长率仅 6.01%，2000~2005 年的年均净增加面积 24.00 平方千米，年均净增长率为 8.25%，到 2005~2010 年城乡工矿居民用地的年均净增加面积达 129.55 平方千米，年均净增长率 44.53%。新增城乡工矿居民用地主要来源于耕地，占其新增面积的 66.23%，其次是林地，占其新增面积的 7.29%，草地占其新增面积的 2.37%。新增城乡工矿居民用地主要分布在重庆市区周边以及沿长江干流河岸一带。

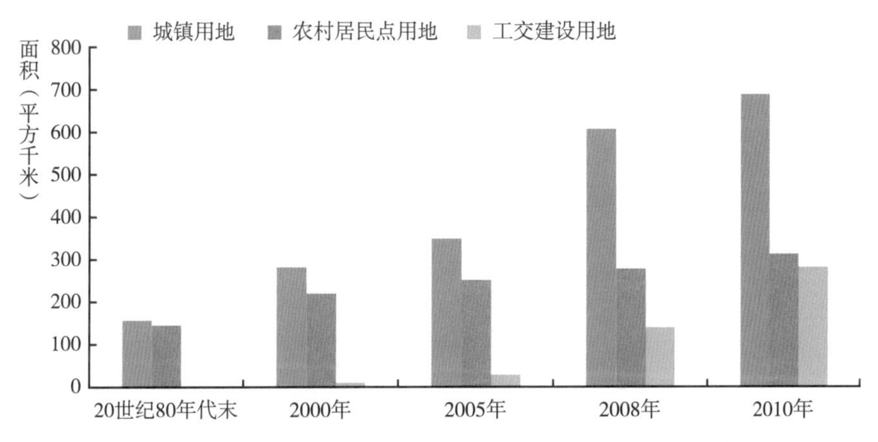

图 44　重庆市 20 世纪 80 年代末至 2010 年城乡工矿居民用地面积

林地净增加面积处于第二位，至 2010 年共增加了 1.77%。林地净变化呈现逐渐增加—增加放缓—减少的趋势，2000~2005 年林地净增加最快，年均净增加面积达 93.47 平方千米，年均净增长率 0.29%。2005 年以后，林地净增加速度持续下降，在 2008~2010 年甚至出现了林地净减少。新增林地主要来源于草地和耕地，分别占其新增面积的 54.79% 和 34.26%。新增林地在西北部大巴山和东南部武陵山附近较为集中，林地减少以转变为草地面积最多，占其减少面积的 46.86%，主要分布在重庆的北部山区。

水域净增加面积居于第三位，比 20 世纪 80 年代末净增加 24.66%。水域变化以新增为主，新增水域面积是减少面积的 32.15 倍。水域净变化呈逐渐增加趋势，并且在 2005 年前后变化幅度较大，20 世纪 80 年代末至 2000 年水域年均净增加面积只有 0.17 平方千米，年均净增长率为 0.02%，2000~2005 年，年均净增加面积 6.27 平方千米，年均净增长率为 0.68%，2005~2008 年水域净增加明显变快，年均净增加面积达 38.14 平方千米，年均净增长率为 4.14%，2008~2010 年以后水域净增加继续变快，年均净增加面积 39.64 平方千米，年均净增长率为 4.30%。新增水域主要来源于耕地、林地和草地，分别占新增水域面积的 36.01%、23.71% 和 20.42%。新增水域主要分布在重庆中部和东北部的长江干流沿线地区。

耕地净减少面积最大，比 20 世纪 80 年代末净减少了 3.49%。耕地净变化有减少放缓的趋势，20 世纪 80 年代末至 2000 年，年均净减少面积 12.33 平方千米，年均净减少率为 0.04%，2000~2005 年，年均净减少面积 48.84 平方千米，年均净减少率为 0.17%，2005~2008 年是耕地净减少最为显著的时段，年均净减少面积 143.78 平方千米，年均净减少率为 0.49%，2008 年以后耕地净减少变缓。耕地减少以变为城乡工矿居民用地为主，占耕地减少面积的 55.57%，其次是变为林地，占耕地减少面积的 27.89%，耕地减少面积的 9.53% 变为草地，新增耕地较少，有 59.92% 和 38.26% 的新增耕地分别来源于草地和林地。耕地减少主要密集分布在重庆市区周围、沿长江干流一线以及武陵山区。

草地净减少面积处于第二位，比 20 世纪 80 年代末净减少了 4.31%。草地净变化呈波动减少趋势，20 世纪 80 年代末至 2000 年，年均净减少面积 2.70 平方千米，年均净减少率为 0.03%，2000~2005 年，年均净减少面积 57.64 平方千米，年均净减少率为 0.62%，2005~2008 年草地净减少明显减缓，年均净减少面积 14.52 平方千米，年均净减少率为 0.16%。草地减少以转变为林地为主，占草地减少面积的 72.13%，转变为耕地的占 14.16%，转变为水域和城乡工矿居民用地的分别占 6.43% 和 3.22%，新增草地主要来源于林地和耕地，分别占新增草地的 54.79% 和 34.26%。草地减少在北部大巴山区、长江干流沿线和东南武陵山区等地分布较突出，新增草地主要分布在北部山区。

未利用土地变化全部表现为减少，比 20 世纪 80 年代末净减少了 20.33%。未利用土地的变化面积较小，主要出现在 2000~2005 年，年均净减少面积 0.63 平方千米，该时段未利用土地的净减少面积占整个监测时段未利用土地变化面积的 95.31%。未利用土地减少部分主要变为城乡工矿居民用地和林地，分别占未利用土地减少面积的 58.51% 和 25.66%。未利用土地减少部分主要出现在重庆的中部和东北部。

6.23 四川省土地利用

四川省土地利用类型中半数以上为草地和林地，且二者所占比重相近。草地集中分布在西北部和西南部山区，林地在东南部、北部偏东和西南部的山区较为密集。20 世纪 80 年代末至 2010 年，林地与草地之间的相互转换最为鲜明，2000 年以前和 2008 年以后的林草转换主要是林地转草地，而在 2000~2008 年则以草地转林地为主。其次，城乡工矿居民用地大幅增加，净增加了 87.62%，主要来源于耕地。四川省土地利用变化面积低于全国平均水平，相当于全国平均值的 46.67%。不同时段土地利用变化有逐渐加快趋势，在 2008~2010 年最快，是 20 世纪 80 年代末至 2000 年的 2.32 倍。四川省土地利用变化主要分布在四川盆地，并以成都市区周边最为密集。

6.23.1 2010年四川省土地利用状况

2010 年四川省遥感监测面积 483760.93 平方千米，土地利用类型中草地最多，面积为 169049.19 平方千米，占全省面积的 34.94%。其次是林地，面积 169004.21 平方千米，占 34.94%。耕地处于第三位，面积为 86838.30 平方千米，占 17.95%。未利用土地、城乡工矿居民用地和水域分布较少，面积分别为 17556.50 平方千米、4483.99 平方千米和 4065.76 平方千米，各占全省面积的 3.63%、0.93% 和 0.84%；另有耕地内非耕地 32762.97 平方千米。

草地以中覆盖度草地为主，占草地面积的 61.16%，高覆盖度草地占 28.16%，低覆盖度草地占 10.67%。草地主要分布在西北部的青藏高原东南边缘和西南部的大凉山区，东部四川盆地分布稀少。

林地中有林地分布面积最大，占林地面积的 44.01%，其次是灌木林地，占 37.32%，疏林地占 17.79%，其他林地占 0.88%。林地主要分布在东南部大雪山南缘，北部偏东的岷山地区，在西南部的大凉山地区也较为密集。

耕地中旱地较多，占耕地面积的 64.16%，水田占 35.84%。耕地集中分布在东部的四川盆地，旱地分布相对集中，主要分布在四川盆地的西南侧和西北侧。水田零散分布于四川盆地各处。

未利用土地以裸岩石砾地为主，占未利用土地面积的 76.62%，其次是沼泽地，占 22.44%，另外还有少量的沙地和裸土地分布，分别占未利用土地面积的 0.60% 和 0.33%。裸岩石砾地在东北部的大巴山西南边缘，东南部云贵高原的西北边缘，西部青藏高原东南边缘和大凉山东北边缘较为密集。

城乡工矿居民用地中农村居民点用地最多，占城乡工矿居民用地的 49.29%，其次是城镇用地，占 35.89%，工交建设用地最少，占 14.82%。城乡工矿居民用地在四川盆地北缘、西侧和南侧分布较为集中，且城镇用地以四川盆地西侧的成都市区周边最为密集。

水域中河渠分布面积最大，占水域面积的 42.81%，其次是水库坑塘，占 20.35%，冰川与永久积雪是处于第三位的水域类型，占 16.84%，滩地占

11.39%，湖泊分布较少，仅占8.61%。金沙江、岷江、嘉陵江、沱江和长江上游干流都流经四川，天然河流在水域的分布范围较广，主要分布在四川省中西部和东北部。

6.23.2 20世纪80年代末至2010年四川省土地利用变化

20世纪80年代末至2010年，土地利用一级类型变化总面积为6323.37平方千米，占全省面积的1.31%，低于全国平均水平，相当于全国平均值的46.67%。不同类型土地利用变化差异显著，其中林地、草地、耕地和城乡工矿居民用地变化较为突出，分别占全省土地利用变化面积的25.72%、23.47%、21.44%和17.11%。土地利用年均变化面积呈波动增加趋势，其中2008~2010年最大，20世纪80年代末至2000年变化相对缓慢（见图45）。

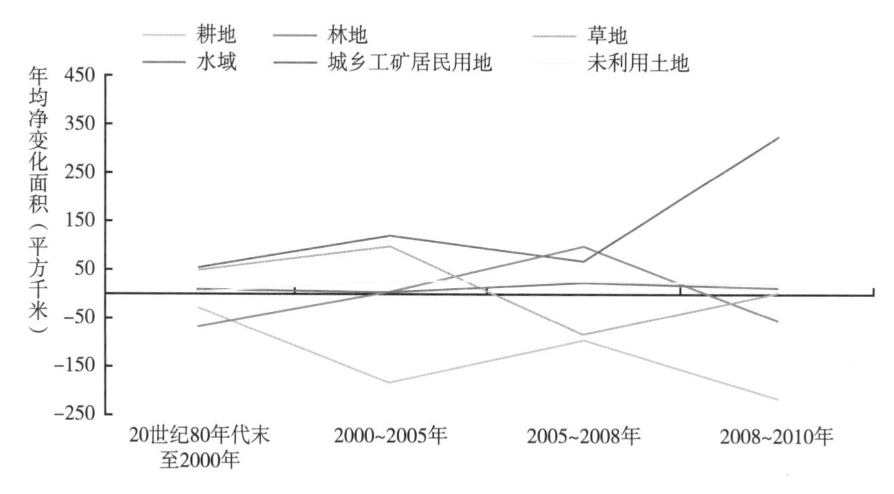

图45 四川省不同时段土地利用分类面积年均净变化

20世纪80年代末至2010年，各土地利用类型中增加面积最为显著的是城乡工矿居民用地，其次是草地，未利用土地和水域大致相当，也表现为净增加。土地利用减少面积最为显著的是耕地，其次是林地（见表23）。

表23 四川省20世纪80年代末至2010年土地利用分类面积变化

单位：平方千米

	耕地	林地	草地	水域	城乡工矿居民用地	未利用土地	耕地内非耕地
新增	346.57	1278.67	1934.23	236.58	2129.05	296.96	101.30
减少	2365.50	1973.57	1034.08	35.28	34.99	64.30	815.64
净变化	-2018.93	-694.90	900.15	201.30	2094.06	232.65	-714.34

城乡工矿居民用地净增加面积最多，比 20 世纪 80 年代末净增加了 87.62%（见图 46）。城乡工矿居民用地净变化呈波动增加趋势，20 世纪 80 年代末至 2000 年净增加速度最慢，年均净增加面积 51.30 平方千米，年均净增长率为 2.15%，2008~2010 年是城乡工矿居民用地净增加最快的时段，年均净增加面积达 322.98 平方千米，年均净增长率为 13.51%。新增城乡工矿居民用地主要来源于耕地，占其新增面积的 66.61%，城乡工矿居民用地转变成其他类型的面积很少。新增城乡工矿居民用地集中分布在东部四川盆地，以成都市区周边最为密集。

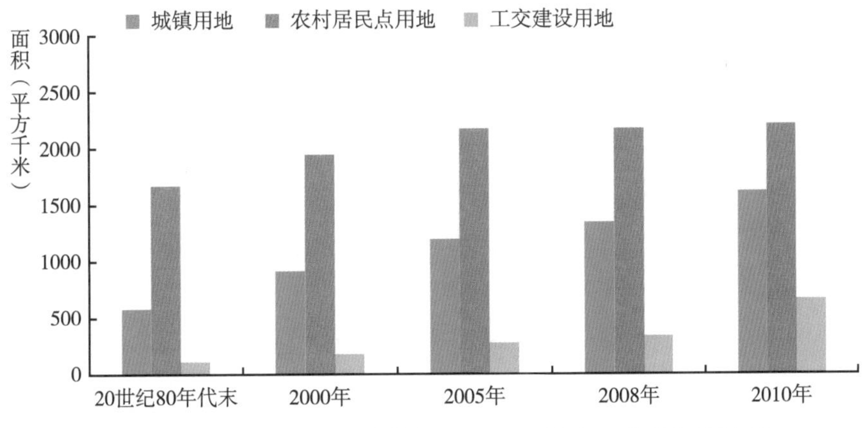

图 46　四川省 20 世纪 80 年代末至 2010 年城乡工矿居民用地面积

草地净增加面积居第二位，比 20 世纪 80 年代末净增加 0.54%。草地净变化呈增加—减少—增加态势，20 世纪 80 年代末至 2000 年，草地处于净增加阶段，年均净增加面积 51.18 平方千米，年均净增长率为 0.03%；2000~2005 年草地继续净增加，年均净增加面积 96.92 平方千米，年均净增长率为 0.06%；2005~2008 年草地出现净减少，年均净减少面积 83.57 平方千米，年均净减少 0.05%；2008~2010 年草地又表现为净增加，年均净增加面积 0.47 平方千米。草地减少以转变为林地为主，占草地减少面积的 64.47%，转变成未利用土地的占 16.47%，新增草地主要来源于林地和耕地，分别占新增草地的 72.58% 和 19.49%。草地减少在北部岷山北麓和南部大凉山地区分布较突出，新增草地主要分布在北部岷山中麓和中部偏南的山区。

未利用土地以增加为主，净增加面积是 20 世纪 80 年代末的 1.34%。未利用土地净变化呈先减少后连续增加态势，20 世纪 80 年代末至 2000 年，未利用土地处于净减少阶段，年均净减少面积仅 0.32 平方千米，未利用土地在 2000~2005 年净增加较快，年均净增加面积 24.89 平方千米，年均净增长率为 0.14%，2005~2008 年未利用土地净增加进一步加快，年均净增加面积达 25.19 平方千米，年均净增长率为 0.15%，2008~2010 年未利用土地净增加放缓，年均净增加面积 19.61 平方千米，年均净增长率为 0.11%。新增未利用土地主要来源于草地和林地，分别占新增未利用土地面积的 57.34% 和 40.24%，减少的未利用土地以转变为城乡工矿居民用地为主，占未利用土地减少面积的 67.31%，另有 16.95% 和 10.91% 分别变成林地和草地。未利用土地变化主要分布在岷山与邛崃山之间的北部山区以及四川中东部的成都市区周边。

水域也表现为净增加，比 20 世纪 80 年代末净增加 5.21%。水域净增加最快的时期为 2005~2008 年，年均净增加面积达 25.36 平方千米，年均净增长率为 0.66%。新增水域主要来源于耕地、草地和林地，分别占新增耕地面积的 46.15%、16.92% 和 16.23%，水域减少主要变为城乡工矿居民用地、耕地和草地，分别占水域减少面积的 32.72%、31.29% 和 14.51%。水域变化集中区域包括南部的雅砻江，中部的岷江、大渡河、沱江以及北部的嘉陵江等沿岸地区。

耕地的面积净减少最多，净减少了 2.27%。耕地净变化呈波动减少趋势，20 世纪 80 年代末至 2000 年，年均净减少面积 29.17 平方千米，年均净减少率为 0.03%，2000~2005 年，年均净减少面积 184.72 平方千米，年均净减少率为 0.21%，2005~2008 年耕地净减少放缓，年均净减少面积 95.36 平方千米，年均净减少率为 0.11%，2008~2010 年耕地净减少迅速加快，为净减少最快时期，年均净减少面积达 215.01 平方千米，年均净减少率达 0.24%。耕地减少主要变为城乡工矿居民用地、林地和草地，分别占耕地减少面积的 59.95%、19.25% 和 15.93%，新增耕地较少，有 71.19% 和 22.96% 的新增耕地分别来源于林地和草地。耕地减少主要密集分布在四川盆地，以成都市区周围最为密集。

林地净减少面积处于第二位，比 20 世纪 80 年代末净减少 0.41%。林地净变化呈减少—增加—减少态势，20 世纪 80 年代末至 2000 年，林地处于净减少阶段，年均净减少 68.10 平方千米，年均净减少率为 0.04%，2000~2005 年林地开始净增加，年均净增加面积为 4.89 平方千米，2005~2008 年林地净增加速度进一步加快，年均净增加面积达 93.70 平方千米，年均净增长率为 0.06%。在 2008~2010 年林地再次出现净减少，年均净减少面积 57.56 平方千米，年均净减少率为 0.03%。新增林地主要来源于草地和耕地，分别占其新增面积的 52.13% 和 35.61%，林地减少以转变为草地面积最多，占其减少面积的 71.13%。林地变化的区域差异较大，新增林地主要集中在东北部大巴山地区，林地减少部分的分布相对分散，主要集中在北部大巴山、四川盆地西缘和南部的大凉山区。

6.24 贵州省土地利用

贵州省土地利用类型中半数以上为林地，且林地中以灌木林地所占比重最大。

林地集中分布在西北部、东北部和东南部的山区。20 世纪 80 年代末至 2010 年，林地变化特征最为显著，在 2000 年前后由净减少转为净增加，林地也是净增加面积最大的土地利用类型。新增林地有 78.75% 来源于草地，草地是净减少面积最大的土地利用类型。另外，城乡工矿居民用地扩展对耕地的占用也很突出，并持续加速。贵州省土地利用变化面积略高于全国平均水平，相当于全国平均值的 1.06 倍。土地利用年均变化有加快趋势，以 2000~2005 年土地利用年均变化面积最大，是 20 世纪 80 年代末至 2000 年的 5.40 倍。贵州省各种土地利用变化密集出现在贵阳市区周边。

6.24.1 2010年贵州省土地利用状况

2010 年贵州省遥感监测面积 176109.72 平方千米，土地利用类型以林地为主，面积为 95506.27 平方千米，占全省面积的 54.23%；耕地次之，面积 40762.26 平方千米，占 23.15%；草地处于第三位，面积为 29589.12 平方千米，占 16.80%；城乡工矿居民用地、水域和未利用土地分布较少，面积分别为 843.06 平方千米、644.33 平方千米和 30.21 平方千米，分别占 0.48%、0.37% 和 0.02%；另有耕地内非耕地 8734.47 平方千米。

林地中灌木林地面积最大，占林地面积的 45.78%，其次是疏林地，占 28.55%，有林地占 25.35%，其他林地占 0.32%。林地中的灌木林地在西北部大娄山、东北部武陵山以及东南部山区分布都很密集，而疏林地集中分布在东南部山区，有林地则主要分布在东北部梵净山地区。

耕地中旱地较多，占耕地面积的 71.17%，水田占 28.83%。贵州省旱地分布较为集中，主要分布在西部的乌江中下游河谷、山间平地和丘陵区，在中东部的贵州高原分布也相对密集。水田分布范围较分散，除了分布在贵州中西部的山间平地与丘陵地区外，在西南部和中东部的高原也有分布。

草地中的中覆盖度草地面积最大，占草地面积的 81.27%，低覆盖度草地占 10.12%，高覆盖度草地占 8.61%。草地分布范围广泛，在西南部的六盘水地区和南盘江水系附近分布较为密集。

城乡工矿居民用地中的城镇用地、农村居民点和工交建设用地依次减少，分别占城乡工矿居民用地的 41.36%、31.55% 和 27.08%。城镇用地的分布相对集中，特别是在贵州中部的山间平地分布最密集。农村居民点和工交建设用地的分布较为分散，没有明显密集区域。

水域中的水库坑塘分布面积最大，占水域面积的 64.55%，是水域中占比最大的类型。其次是河渠，占 20.14%，湖泊是处于第三位的水域类型，占 14.12%，滩地分布很少，仅占 1.19%，贵州水域除西南部乌江上游和南北盘江水系附近较为密

集外，其他地区的水域分布较为分散。

未利用土地以裸岩石砾地为主，占未利用土地面积的 99.02%。另外有少量沼泽地和裸土地，分别占 0.86% 和 0.12%。裸岩石砾地广泛分布在贵州喀斯特地区，东南部和西北部的山间河谷地带较为密集，东北部非喀斯特地区分布稀少。

6.24.2　20世纪80年代末至2010年贵州省土地利用变化

20 世纪 80 年代末至 2010 年，土地利用一级类型变化总面积为 5218.24 平方千米，占全省面积的 2.96%，略高于全国平均水平，相当于全国平均值的 1.06 倍。不同类型土地利用变化特征差异显著，林地、草地和耕地土地利用变化较为突出，分别占全省土地利用变化面积的 36.47%、35.30% 和 18.51%。不同时段土地利用年均变化面积呈波动增加趋势，其中 2000~2005 年土地利用年均变化面积最大，是 20 世纪 80 年代末至 2000 年的 5.40 倍（见图 47）。

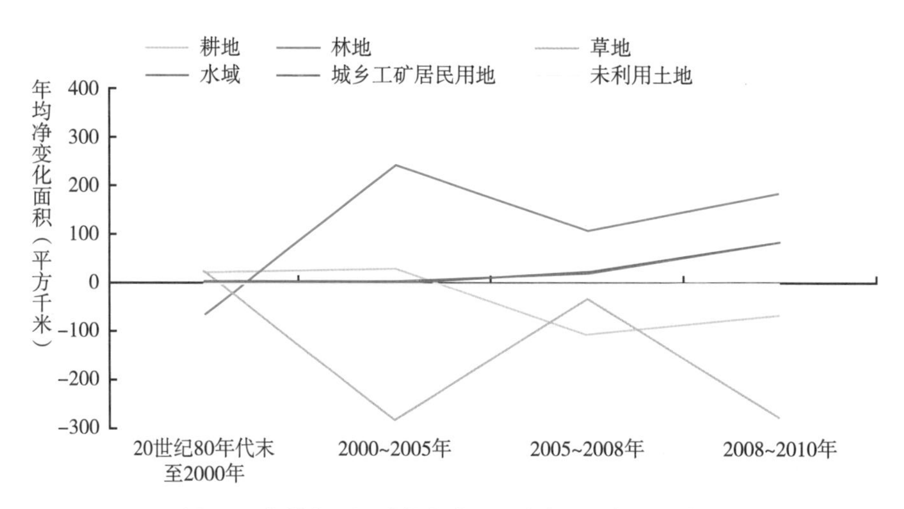

图 47　贵州省不同时段土地利用分类面积年均净变化

各土地利用类型中增加面积最为显著的是林地，其次是城乡工矿居民用地和水域，耕地略有增加。土地利用减少面积最为显著的是草地，未利用土地略有减少（见表 24）。

表 24　贵州省 20 世纪 80 年代末至 2010 年土地利用分类面积变化

单位：平方千米

	耕地	林地	草地	水域	城乡工矿居民用地	未利用土地	耕地内非耕地
新增	972.42	2450.13	983.40	266.20	334.98	1.72	209.39
减少	959.55	1355.66	2700.51	0.78	3.05	12.24	186.45
净变化	12.87	1094.47	-1717.11	265.43	331.93	-10.52	22.93

林地净增加面积最多，截至 2010 年共增加了 1.16%（见图 48）。林地净变化呈先减少后波动增加趋势，20 世纪 80 年代末至 2000 年，林地一直处于净减少状态，年均净减少 62.82 平方千米，年均净减少率为 0.07%；2000~2005 年林地净增加明显加快，年均净增加面积达 241.42 平方千米，年均净增长率 0.26%；2005~2008 年林地净增加速度有所放缓，年均净增加面积 111.22 平方千米，年均净增长率为 0.12%；2008~2010 年林地净增加速度又有所加快，年均净增加面积 185.21 平方千米，年均净增长率为 0.20%。新增林地主要来源于草地和耕地，分别占其新增面积的 78.75% 和 17.26%，林地减少以转变为草地面积最多，占其减少面积的 46.34%。新增林地主要集中在东部和北部的山区，林地减少部分主要分布在中部的贵阳市附近。

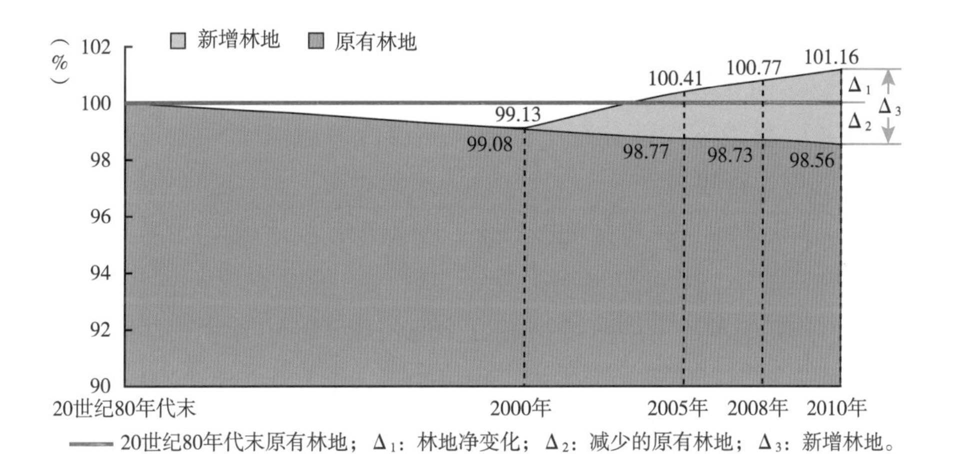

图 48　贵州省 20 世纪 80 年代末至 2010 年林地变化

城乡工矿居民用地净增加面积居第二位，至 2010 年已经增加了 64.94%。城乡工矿居民用地净变化表现为波动增加趋势，20 世纪 80 年代末至 2000 年，年均净增加面积 6.43 平方千米，年均净增长率为 1.26%；2000~2005 年城乡工矿居民用地净增加速度有所减缓，年均净增加面积 4.17 平方千米，年均净增长率为 0.82%；2005~2010 年城乡工矿居民用地净增加速度明显加快，年均净增加面积达 45.49 平方千米，年均净增长率为 12.62%。新增城乡工矿居民用地主要来源于耕地，占其新增面积的 46.67%，其次是林地，占 25.73%，草地占 18.47%。新增城乡工矿居民用地主要分布在贵阳市区周边以及沿北盘江岸边。

水域的净增加面积居第三位，比 20 世纪 80 年代末净增加了 70.05%。水域净变化呈波动增加趋势，20 世纪 80 年代末至 2000 年，水域年均净增加面积只有 1.64 平方千米，年均净增长率为 0.43%；2005~2008 年水域年均净增加面积已达 83.73

平方千米，年均净增长率达 22.10%。水域增加主要来源于林地、耕地和草地，分别占水域增加面积的 36.66%、29.24% 和 27.19%；水域减少以变为耕地和林地为主，分别占水域减少面积的 57.65% 和 21.58%。增加的水域较为集中地分布在贵州西部的乌江中游地区，西南部北盘江上游附近的水域增加也较为显著。

耕地也整体呈现净增加，净增加面积较小，仅比 20 世纪 80 年代末净增加 0.03%。耕地实际波动较大，仅次于林地和草地的波动面积，处于第三位。由于新增耕地与减少耕地面积相当，导致耕地净变化较小。贵州省耕地净变化以 2005 年为转折点，20 世纪 80 年代末至 2005 年耕地净增加，2005~2010 年耕地净减少，且耕地变化幅度有先增加后减小的趋势，在 2005~2008 年达到峰值，年均净减少面积为 106.24 平方千米，是 20 世纪 80 年代末至 2000 年耕地年均净变化面积的 4.48 倍。新增耕地主要来源于草地和林地，分别占新增耕地面积的 54.07% 和 45.68%，耕地减少部分主要变为林地、草地和城乡工矿居民用地，分别占耕地减少面积的 44.08%、31.51% 和 16.29%。新增耕地主要密集分布在乌江水系附近，耕地减少部分在中部的贵阳市区周边以及西北部赤水河与大娄山之间的区域较为密集。

草地净减少面积最大，比 20 世纪 80 年代末净减少了 5.48%。草地净变化呈先增加后波动减少态势，20 世纪 80 年代末至 2000 年，草地表现为净增加，年均净增加面积 25.15 平方千米，年均净增长率为 0.08%；2000~2005 年，草地表现为净减少，年均净减少面积 280.37 平方千米，年均净减少率为 0.90%；2005~2008 年草地净减少速度明显放缓，年均净减少面积 31.96 平方千米，年均净减少率为 0.10%；2008~2010 年，草地净减少速度加快，年均净减少面积 273.13 平方千米，年均净减少率为 0.87%。草地减少以转变为林地为主，占草地减少面积的 71.45%，转变为耕地占 19.47%；转变为水域和城乡工矿居民用地的面积较小，分别占 2.68% 和 2.29%。新增草地主要来源于林地和耕地，分别占新增草地的 63.88% 和 30.75%。草地减少部分主要集中在中部的贵阳市区南侧以及西北部的大娄山地区，草地增加部分密集分布在中部的贵阳市区东西两侧、西部的毕节市区周边以及东南部的柳江水系附近。

未利用土地也以面积净减少为主，比 20 世纪 80 年代末净减少了 25.82%。未利用土地净变化表现为先增加后减小趋势，20 世纪 80 年代末至 2000 年，未利用土地表现为净增加，年均净增加面积 0.11 平方千米，年均净增长率为 0.28%，2000~2005 年是未利用土地净减少最快的时期，年均净减少面积为 2.03 平方千米，年均净减少率为 4.99%。未利用土地变化主要集中在贵州中南部的云岭东麓和西部海拔较高的毕节东北部地区。

6.25　云南省土地利用

云南省土地利用类型中半数以上为林地，草地次之，耕地处于第三位，其他土地利用类型比重相对较小。20 世纪 80 年代末至 2010 年，城乡工矿居民用地大幅增加，净增加了 87.03%，且其增加速度呈加快趋势。新增城乡工矿居民用地主要来源于耕地，占其新增来源的 54.66%。耕地是净减少面积最大的土地利用类型。此外，林地的净增加也很突出，林地在 2000 年以前表现为净减少，2000 年以后转变为净增加，主要原因是草地上植树造林。云南省土地利用变化面积略低于全国平均水平，相当于全国平均值的 81.24%。土地利用年均变化面积呈先减少后增多趋势，变化最快时段 2008~2010 年是最慢时段 2000~2005 年的 4.32 倍。云南省土地利用变化在昆明、曲靖、大理、临沧和思茅等市区周边分布比较密集。

6.25.1　2010年云南省土地利用状况

2010 年云南省遥感监测面积 383102.70 平方千米，土地利用类型以林地为主，面积为 220683.17 平方千米，占全省面积的 57.60%；其次是草地，面积 86472.32 平方千米，占 22.57%；耕地处于第三位，面积为 50199.06 平方千米，占 13.10%；水域、城乡工矿居民用地和未利用土地分布较少，面积分别只有 2857.97 平方千米、2840.85 平方千米和 2099.77 平方千米，各占 0.75%、0.74% 和 0.55%；另有耕地内非耕地 17949.56 平方千米，占全省面积的 4.69%。

林地中灌木林地分布面积最大，占林地面积的 38.74%，其次是有林地，占 38.61%，疏林地占 20.30%，其他林地占 2.35%。林地主要分布在西北部的横断山、云岭和中部的哀牢山、无量山等山地区域。

草地中高覆盖度草地面积最大，占草地面积的 62.69%，中覆盖度草地占 34.32%，低覆盖度草地占 2.99%。草地在东部哀牢山以东，西部无量山以西，西北部高黎贡山和云岭之间的山地、丘陵和高原分布较为集中。

耕地主要为旱地，占耕地面积的 77.30%，水田占 22.70%。旱地在西南部无量山以西，澜沧江西岸与其支流双江交汇区域的山间平地和丘陵地带分布最为密集，此外在东南部南盘江上游的河谷地带分布相对集中。云南省的水田分布较为分散。

水域中湖泊分布面积最大，占水域面积的 43.56%，其次是河渠，占 26.15%，水库坑塘是处于第三位的水域类型，占 19.03%，滩地分布较少，仅占 4.41%。水

域中的湖泊分布较为集中，湖泊的最密集分布区在中部偏东北方向的滇池和中部偏西北的洱海，其他水域类型分布较为分散。

城乡工矿居民用地中的农村居民点面积最大，占城乡工矿居民用地的54.54%，城镇用地居第二位，占31.25%，工交建设用地占14.21%。云南省城镇用地在中部高原区分布较集中，在地势高峻的西北部地区分布较稀疏。

未利用土地以裸岩石砾地为主，占未利用土地面积的90.00%。沼泽地和裸土地分布较少，分别占未利用土地面积的6.26%和3.73%。裸岩石砾地主要分布在东南部南盘江的山间峡谷以及西部无量山以西的干热河谷地带，中部高原区分布较少。

6.25.2 20世纪80年代末至2010年云南省土地利用变化

20世纪80年代末至2010年，土地利用一级类型变化总面积为8716.54平方千米，占全省面积的2.28%，略低于全国平均水平，相当于全国平均值的81.24%。不同类型土地利用变化差异显著，其中林地、草地和耕地变化较为突出，分别占全省土地利用变化面积的37.80%、34.63%和14.14%。土地利用年均变化面积呈先减小后增加趋势，其中2008~2010年变化面积最大，是变化面积最小时段2000~2005年的4.32倍（见图49）。

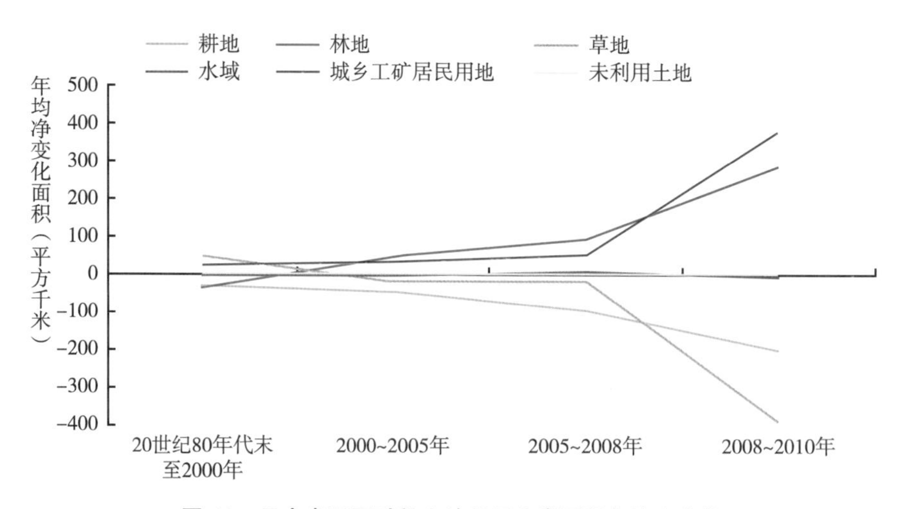

图49 云南省不同时段土地利用分类面积年均净变化

20世纪80年代末至2010年，各土地利用类型中增加面积最为显著的是城乡工矿居民用地，其次是林地和水域，未利用土地略有增加。土地利用减少面积最为显著的是耕地，其次是草地（见表25）。

表 25　云南省 20 世纪 80 年代末至 2010 年土地利用分类面积变化

单位：平方千米

	耕地	林地	草地	水域	城乡工矿居民用地	未利用土地	耕地内非耕地
新增	610.64	3598.33	2880.50	67.71	1322.90	0.53	235.93
减少	1854.52	2990.67	3157.24	35.17	0.98	0.18	677.78
净变化	–1243.88	607.66	–276.74	32.54	1321.92	0.35	–441.84

城乡工矿居民用地净增加面积最多，至 2010 年增加了 87.03%（见图 50）。城乡工矿居民用地净变化表现为持续增加趋势，20 世纪 80 年代末至 2000 年，年均净增加面积仅 19.96 平方千米，年均净增长率为 1.31%；2005~2010 年城乡工矿居民用地净增加速度最快，年均净增加面积达 373.96 平方千米，年均净增长率达 24.62%。新增城乡工矿居民用地主要来源于耕地，占其新增面积的 54.66%，其次是草地，占 13.74%，林地占 9.66%。新增城乡工矿居民用地主要分布在昆明、曲靖、大理、临沧和思茅等市周边。

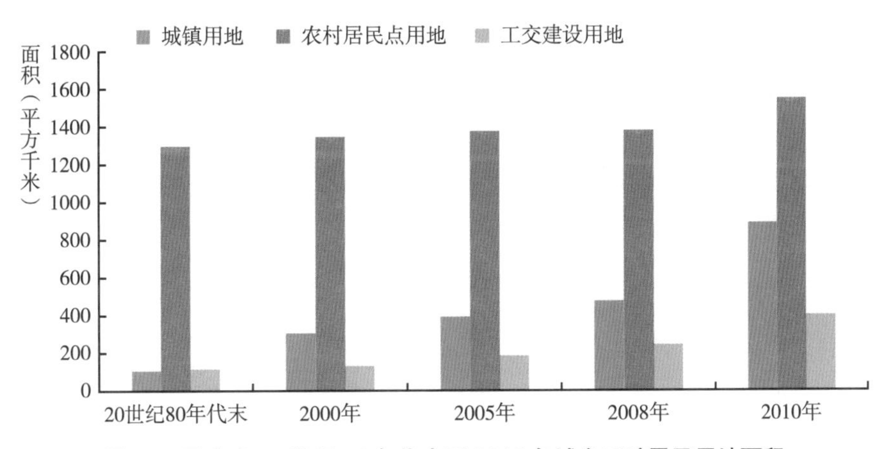

图 50　云南省 20 世纪 80 年代末至 2010 年城乡工矿居民用地面积

林地净增加面积居第二位，截至 2010 年净增加了 0.28%。林地净变化呈现先减少后持续增加的趋势，20 世纪 80 年代末至 2000 年，林地一直处于净减少状态，年均净减少 35.56 平方千米，年均净减少率为 0.02%；2000~2005 年林地开始净增加，年均净增加面积达 45.79 平方千米，年均净增长率 0.02%；2005~2008 年林地净增加速度进一步加快，年均净增加面积 92.34 平方千米，年均净增长率为 0.04%；2008~2010 年，林地净增加速度明显加快，年均净增加面积 281.96 平方千米，年均净增长率为 0.13%。新增林地主要来源于草地和耕地，分别占其新增面积的 76.10% 和 17.56%，林地减少以转变为草地面积最多，占其减少面积的 74.74%。新增林地主要集中在中西部和南部山区，包括哀牢山和无量山等地区，林地减少则以无量山和怒江以西地区较为密集，在西北部的云岭山区也较集中。

水域净增加面积处于第三位，比 20 世纪 80 年代末净增加了 1.15%。水域净变化呈波动增加趋势，20 世纪 80 年代末至 2000 年，水域处于净增加阶段，年均净增加面积 1.67 平方千米，年均净增长率为 0.06%；2000~2005 年水域出现净减少，年均净减少面积 1.25 平方千米，年均净减少率 0.04%；2005~2008 年水域变化转为增净加，年均净增加面积 6.91 平方千米，年均净增长率为 0.24%；2008~2010 年云南省水域再次出现净减少，年均净减少面积 1.83 平方千米，年均净减少率为 0.06%。新增水域主要来源于耕地、林地和草地，分别占新增耕地面积的 36.09%、31.87% 和 17.16%，水域减少则主要变为耕地、草地、城乡工矿居民用地和林地，分别占水域减少面积的 31.96%、27.18%、17.58% 和 12.36%。水域变化集中分布在云南东北方向的金沙江和牛栏江流域。

未利用土地面积也表现为净增加，净增加面积最小，仅比 20 世纪 80 年代末净增加了 0.02%。新增未利用土地主要出现在 2005 年以前，2005 年以后未利用土地几乎没有变化。新增未利用土地主要来源于林地和草地，分别占未利用土地新增面积的 58.78% 和 41.22%，减少的未利用土地主要变为草地和城乡工矿居民用地，分别占未利用土地减少面积的 67.71% 和 32.29%。未利用土地变化面积较小，没有明显的集中分布区。

耕地的面积净减少最多，比 20 世纪 80 年代末净减少了 2.42%。耕地净变化表现为持续减少趋势，20 世纪 80 年代末至 2000 年，年均净减少面积 27.24 平方千米，年均净减少率为 0.05%；2000~2005 年，年均净减少面积 42.68 平方千米，年均净减少率为 0.08%；2005~2008 年耕地净减少进一步加快，年均净减少面积 93.86 平方千米，年均净减少率为 0.18%；2008~2010 年耕地净减少最为显著，年均净减少面积 197.42 平方千米，年均净减少率达 0.38%。耕地减少主要密集分布在昆明、曲靖、大理、临沧和思茅等市区周围的山间平地、河谷和丘陵地区。耕地减少主要变为城乡工矿居民用地、林地和草地，分别占耕地减少面积的 38.99%、34.06% 和 25.63%。新增耕地较少，分别有 70.61% 和 27.48% 的新增耕地来源于林地和草地。

草地净减少面积居于所有减少类型的第二位，比 20 世纪 80 年代末减少了 0.32%。草地净变化有先增加后持续减少的趋势，20 世纪 80 年代末至 2000 年，草地处于净增加阶段，年均净增加面积 49.32 平方千米，年均净增长率为 0.06%；2000~2005 年草地开始净减少，年均净减少面积 17.85 平方千米，年均净减少率为 0.02%；2005~2008 年草地净减少稍有加快，年均净减少面积 20.90 平方千米，年均净减少率为 0.02%；2008~2010 年是草地净减少最快的时间段，年均净减少面积 382.99 平方千米，年均净减少率达 0.44%。草地减少以转变为林地为主，占草地减少面积的 86.73%。新增草地主要来源于林地，占新增面积的 77.60%。草地减少在云南省中西部山区较为密集，新增草地则主要分布在无量山以西的山地和东部南盘江上游地区。

6.26 西藏自治区土地利用

受地形和气候条件影响，西藏自治区土地利用类型以草地、未利用土地和林地为主，其他各种土地利用类型的比例相对较低。西藏拥有全国最多的草地面积和水域面积，水域中湖泊面积、冰川和永久积雪面积均为全国第一。20 世纪 80 年代末至 2010 年，随着西部大开发建设，西藏经济和旅游业的发展以及西藏铁路的加快修建，其土地利用也发生了一定的变化，林地、未利用土地和城乡工矿居民用地面积增加，草地、水域和耕地面积减少，但动态变化面积较少，仅为同期全国土地利用动态变化总面积的 1.69%。土地利用动态变化主要分布于西藏中南部的河谷地区。

6.26.1 2010年西藏自治区土地利用状况

西藏自治区遥感监测土地面积为 120.17 万平方千米，土地利用类型较为丰富，涵盖了所有一级土地利用类型和其中的 23 个二级土地利用类型。土地利用类型以草地为主，面积 836499.59 平方千米，占自治区总面积的 69.61%；其次是未利用土地，面积为 177956.63 平方千米，比例为 14.81%；林地面积为 127096.62 平方千米，比例为 10.58%；水域面积为 55267.19 平方千米，比例为 4.60%。耕地和城乡工矿居民用地面积较少，分别为 4618.55 平方千米和 214.08 平方千米，各占 0.38% 和 0.02%。

草地资源较为丰富，草地面积全国最多，占中国草地总面积的 29.53%。高、中、低覆盖度草地分别占自治区草地面积的 38.63%、35.15% 和 26.22%。草地分布广泛，集中分布于西藏中西部和北部的大部分地区以及藏东的部分地区。

未利用土地以裸岩石砾地为主，占未利用土地面积的 79.87%；其次为其他未利用土地和盐碱地，分别占 9.49% 和 7.64%；另有少量面积的沼泽地、沙地和裸土地。裸岩石砾地和其他未利用土地主要沿藏西、藏南和藏东的高大山脉分布，其他各种未利用土地主要分布于藏北高原。

林地中有林地的面积最大，占林地面积的 82.10%；其次是灌木林地，占 16.32%；其他林地和疏林地的面积较少，仅占林地总面积的 1.10% 和 0.48%。林地主要分布于藏东南地区。

西藏自治区的水域面积全国第一，占中国水域总面积的 20.97%。水域中湖泊、冰川和永久积雪面积均为全国第一，湖泊、冰川与永久积雪各占自治区水域面积的 50.15% 和 40.59%。其他水域面积相对较少，其中滩地占 6.84%，河渠占 2.25%，水库坑塘占 0.17%。西藏湖泊众多，藏北湖泊分布相对较多，其次为藏南，多属于断层湖；冰川和永久积雪依主要山脉分布；主要河流有雅鲁藏布江干流及其支流。

耕地大部分为旱地，占耕地面积的 95.80%。耕地主要分布于藏南的雅鲁藏布江干流台地及拉萨河、年楚河等支流谷地，东部和东南部也有少量分布。

城乡工矿居民用地主要为城镇用地，占城乡工矿居民用地的 57.38%；其次是农村居民点用地，占 23.20%；工交建设用地的面积比例最小，占城乡工矿居民用地的 19.42%。藏南的主要城市及其周边城乡工矿居民用地分布比较集中。

6.26.2 20世纪80年代末至2010年西藏自治区土地利用变化

20 世纪 80 年代末至 2010 年，西藏自治区土地利用一级类型动态总面积 375.08 平方千米，不到辖区面积的千分之一，土地利用动态度比较低。监测期间，自治区林地面积增加最多，其次是未利用土地和城乡工矿居民用地；草地减少面积最多，其次为水域和耕地（见表 26）。林地在 2000 年以前增加最快，草地、水域、城乡工矿居民用地和未利用土地的变化速度在 2000~2005 年最快，耕地在各时段的变化速度均比较小（见图 51）。

表 26　西藏自治区 20 世纪 80 年代末至 2010 年土地利用分类面积变化

单位：平方千米

	耕地	林地	草地	水域	城乡工矿居民用地	未利用土地
新增	7.41	149.06	3.36	57.19	52.97	105.09
减少	27.16	13.80	155.22	154.21	—	24.69
净变化	-19.75	135.26	-151.86	-97.01	52.97	80.40

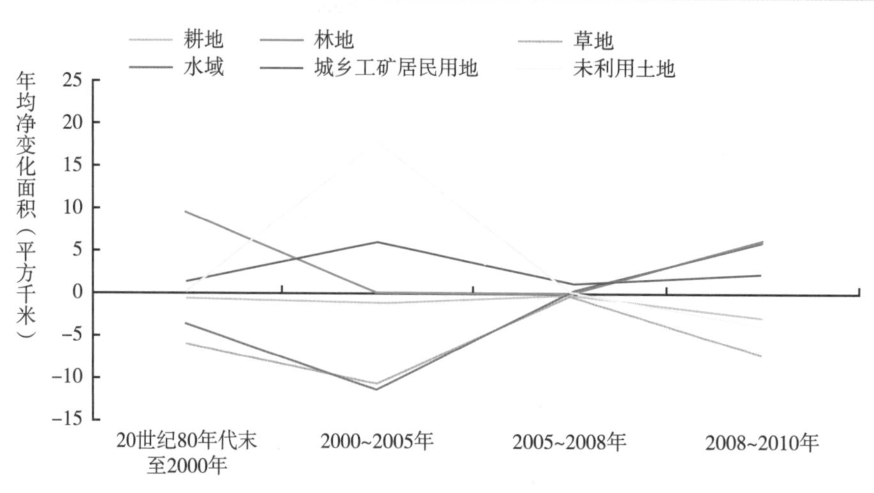

图 51　西藏自治区不同时段土地利用分类面积年均净变化

林地净增加面积最多，相比 20 世纪 80 年代末净增加了 0.11%，变化幅度较小。林地面积在 2000 年以前增长较快，在 2000~2008 年面积保持稳定，在 2008 年后又出现一定幅度的增长。其他林地面积净增加了 146.63 平方千米，而有林地、灌木林地和疏林地面积均为净减少。新增林地面积主要来自水域和草地，分别为新增林地面积的 48.72% 和 44.76%，新增林地在藏南雅鲁藏布江河谷分布相对较多。林地减少以变为裸岩石砾地为主，占林地减少面积的 63.95%；另有少量林地变为水域和草地，分别占林地减少面积的 19.26% 和 13.86%。

未利用土地面积相比 20 世纪 80 年代末净增加了 0.05%。未利用土地面积在 2000 年以前变化不大，2000~2005 年增加较多，2005 年后略有减少。新增未利用土地主要为盐碱地和裸岩石砾地，其新增面积的 77.37% 来自水域，且主要来自湖泊；另外，分别有 14.23% 和 8.40% 来自草地和林地。未利用土地转变为水域的面积较多，占未利用土地减少面积的 59.93%，且主要变为湖泊和水库坑塘；另外，有部分未利用土地变为林地，占减少面积的 39.29%，主要变为其他林地。新增未利用土地主要分布在藏北，减少未利用土地主要分布在藏南雅鲁藏布江河谷。

城乡工矿居民用地相比 20 世纪 80 年代末净增加了 32.88%，增加幅度较大，且城镇用地增加面积最多。城乡工矿居民用地面积在监测期间持续增加，且在 2000~2005 年增加速度最快。新增城乡工矿居民用地面积主要来自草地，占新增面积的 57.14%；其次是耕地，占新增面积的 41.22%。新增城乡工矿居民用地主要分布在拉萨市和日喀则市周边。

草地净减少面积最多，但变化幅度最小，相比 20 世纪 80 年代末仅减少了 0.02%。监测期间，草地面积持续减少，且在 2005 年以前减少较快，2005~2008 年面积相对稳定，2008~2010 年减少速度再次加快。新增草地面积的 56.99% 来自林地，其余均来自耕地。草地减少以转变为林地为主，占草地减少面积的 42.98%；其次是转变为水域，占草地减少面积的 23.11%；再次是转变为城乡工矿居民用地，占草地减少面积的 19.50%。草地动态集中分布在藏南谷地，低覆盖度草地和高覆盖度草地减少面积较多。

水域面积相比 20 世纪 80 年代末净减少了 0.17%。水域面积在 20 世纪 80 年代末至 2005 年减少较多，2005~2008 年保持稳定，2008~2010 年略有增加。净减少的面积主要为滩地和湖泊，河渠面积也有一定减少，而水库坑塘在监测期间为净增加。新增水域面积主要由草地转变而来，低覆盖度、高覆盖度草地分别占 37.31% 和 20.13%；其次，有 25.87% 的新增水域面积来自未利用土地，且多来自盐碱地和沼泽地。水域面积减少以向未利用土地转变为主，其中 52.28% 的减少面积转变为盐碱地；其次为向林地转变，其减少面积的 47.00% 转变为其他林地。水域动态集中分布在那曲河和雅鲁藏布江沿岸。

耕地面积呈现缓慢下降趋势，相比20世纪80年代末减少了0.45%。新增耕地面积很少，且全部来自草地，其中低覆盖度、中覆盖度草地分别占90.40%和9.60%。耕地减少以转变为城乡工矿居民用地为主，占耕地减少面积的80.39%，其中，转变为城镇用地的面积占耕地减少面积61.88%；另外，耕地减少面积中分别有14.22%和5.32%转变为水域和草地。耕地动态变化部分主要分布在藏南谷地。

6.27 陕西省土地利用

陕西省土地利用率高，草地、耕地和林地是主要土地利用类型，未利用土地、城乡工矿居民用地和水域面积相对较少。20世纪80年代末至2010年，陕西省林地、城乡工矿居民用地和草地面积增加明显，耕地、未利用土地和水域面积表现为净减少。陕北北部长城沿线林地、草地增加面积较多，与“三北”防护林建设、退耕还林还草工程实施以及沙地治理等有很大关系。2000年以后城乡工矿居民用地扩展速度明显加快，西安市周边新增城乡工矿居民用地最为集中，耕地是新增城乡工矿居民用地最主要的土地来源。2000年以后耕地减少较多，其中2000~2005年减少速度最快，生态工程实施与城镇化对耕地面积变化影响较大，关中平原及整个陕北耕地减少均比较普遍。

6.27.1 2010年陕西省土地利用状况

2010年，陕西省遥感监测土地面积205732.91平方千米。草地所占比重最大，其次为耕地，再次为林地，合计占土地总面积的89.39%。未利用土地、城乡工矿居民用地和水域面积相对较少。监测土地面积包括耕地内非耕地11568.52平方千米。

草地面积最多，面积为77691.85平方千米，是省域面积的37.76%，以中覆盖度草地和高覆盖度草地为主，草地覆盖度良好。中覆盖度草地分布广泛，全省自南至北均有分布；高覆盖度草地主要分布于陕南、陕北南部的山地和丘陵区；低覆盖度草地主要分布于陕北北部的黄土高原区。

耕地面积58372.38平方千米，土地垦殖率为28.37%，高于全国的14.98%。耕地以旱地为主，旱地和水田的比例分别为89.34%和10.66%。旱地在关中平原分布最为集中，其次为陕北的黄土高原区。水田主要分布于陕南的盆地和坪坝区，汉中盆地水田分布最为集中，在陕南山地和丘陵坪坝区的分布比较分散。

林地面积47831.28平方千米，林地覆盖率为23.25%，略低于全国平均水平。林地以有林地为主，其次为灌木林地和疏林地，其他林地面积最少，各类林地占林地总面积的比例分别为39.00%、30.99%、26.48%和3.53%。林地主要分布于陕南秦巴山地，以及陕北南部的子午岭和黄龙山。

未利用土地 4622.27 平方千米，是省域面积的 2.25%。沙地占未利用土地的比例达到 93.89%，主要分布于陕北北部的毛乌素沙漠。

城乡工矿居民用地 3877.56 平方千米，是省域面积的 1.88%。城镇用地、农村居民点和工交建设用地占城乡工矿居民用地总面积的比例分别为 21.52%、70.42% 和 8.05%。关中平原及汉中盆地是陕西省人口稠密区，城镇用地规模相对较大，农村居民点分布相对较多。工交建设用地分布相对分散，主要分布于关中平原和陕北北部。

水域面积 1769.04 平方千米，仅为省域面积的 0.86%，以河流沟渠和滩地为主，主要分布于汾渭谷地。

6.27.2　20世纪80年代末至2010年陕西省土地利用变化

20 世纪 80 年代末至 2010 年，陕西省土地利用一级类型动态总面积 7104.22 平方千米，为省域面积的 3.45%。林地、城乡工矿居民用地和草地面积增加明显，耕地、未利用土地和水域面积表现为净减少（见表 27）。2000~2005 年年均土地利用动态面积最多，其间林地年均净增加面积最多，耕地年均净减少面积最多（见图 52）。

表 27　陕西省 20 世纪 80 年代末至 2010 年土地利用分类面积变化

单位：平方千米

	耕地	林地	草地	水域	城乡工矿居民用地	未利用土地	耕地内非耕地
新增	902.44	1873.04	2653.95	260.90	1038.71	206.36	168.82
减少	2685.09	305.44	1680.48	290.30	0.74	1644.42	497.75
净变化	−1782.65	1567.60	973.47	−29.40	1037.97	−1438.06	-328.92

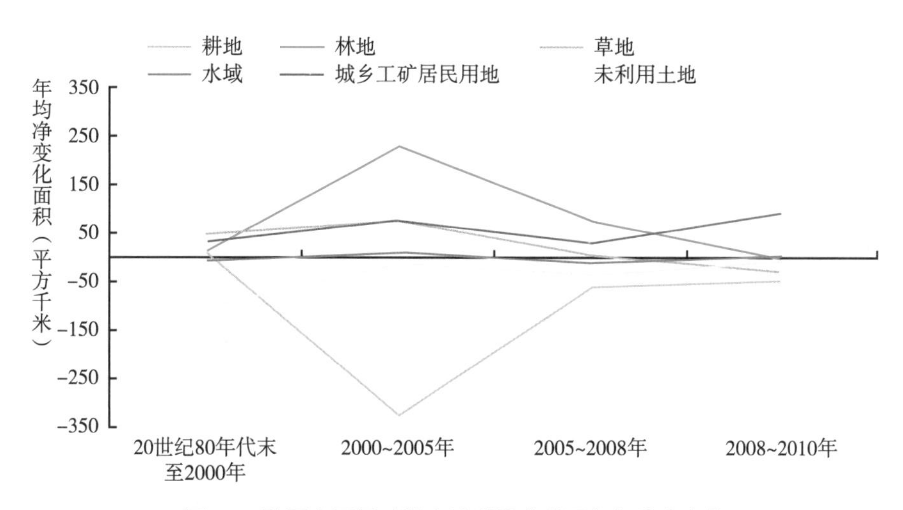

图 52　陕西省不同时段土地利用分类面积年均净变化

林地净增加面积最多，净增加了3.39%。由于“三北”防护林建设和退耕还林工程的实施，20世纪80年代末至2008年林地面积持续净增加。2010年前后林地面积表现为净减少，但减少面积非常有限。2000~2005年是林地面积增加最快的时期，年均新增林地239.37平方千米。林地变化主要表现为林地与耕地、草地之间的相互转化，耕地是新增林地的第一土地来源，其次为草地，新增林地以其他林地为主，其次为灌木林地；林地减少主要表现为林地变草地，其次为林地变耕地，以有林地和灌木林地面积减少为主。新增林地主要分布于陕北北部的长城以南区域，减少林地空间分布比较零散。

城乡工矿居民用地净增加了36.55%。城乡工矿居民用地动态基本为增加变化，农村居民点是新增面积最多的城乡工矿居民用地类型，其次为城镇用地，再次为工交建设用地。2000年后城乡工矿居民用地扩展速度明显加快，其中2008~2010年扩展速度最快，年均新增91.60平方千米。耕地是各时期新增城乡工矿居民用地最主要的土地来源，比例达68.73%，具体来看，新增城镇用地、农村居民点和工交建设用地的土地来源中，耕地所占比例均非常高，分别为58.85%、77.73%和45.58%。草地和林地占新增城乡工矿居民用地土地来源的比例分别为7.64%和3.83%。关中平原地区，特别是环西安市周边新增城乡工矿居民用地最为集中，位于陕北北端和鄂尔多斯高原南部的神木县和府谷县新增城乡工矿居民用地也较多。

草地净增加面积也相对较多，净增加了1.27%。与林地变化情况类似，20世纪80年代末至2008年草地面积持续净增加，2008~2010年表现为净减少，但减少面积比较有限。草地新增面积和减少面积均非常多，未利用土地和耕地是新增草地的主要土地来源，由于沙地治理等原因，沙地变低覆盖度草地面积较多，占新增草地面积的51.91%；耕地变草地面积所占比例为31.87%。草地减少主要表现为草地变林地和耕地，以中覆盖度草地减少为主。新增草地集中于陕北北长城沿线；草地减少主要分布在陕北的黄土高原区。

耕地净减少面积最多，净减少了2.96%。监测期间耕地面积年均新增31.69平方千米，年均减少116.74平方千米，减少速度远快于新增速度，耕地总量与传统耕地面积均持续减少（见图53）。耕地变化主要集中于21世纪前10年，2000年以前耕地面积表现为净增加，2000年后为净减少。2000年以前年均新增47.14平方千米，年均减少36.73平方千米；2000年后年均新增28.96平方千米，年均减少220.76平方千米，其间2000~2005年减少速度最快，年均减少360.03平方千米，后期减少速度趋缓，至2008~2010年年均减少60.58平方千米。退耕还林工程实施以及城市化是耕地减少的主要原因，并以旱地面积减少为主。2000~2008年耕地减少动态主要为耕地变林地和草地，占耕地减少面积的79.38%；2008~2010年耕地减少动态主要表现为耕地变城乡工矿居民用地，占耕地减少面积的 81.77%。新增耕地基本为旱地，各个时期，草地和水域均是新增耕地的主要土地来源，占新增耕地面积的比例分别为 66.44% 和 18.84%。耕地减少在关中平原及整个陕北均比较普遍；新增耕地主要集中于陕北南部，在陕北北部偏西也有少量分布。

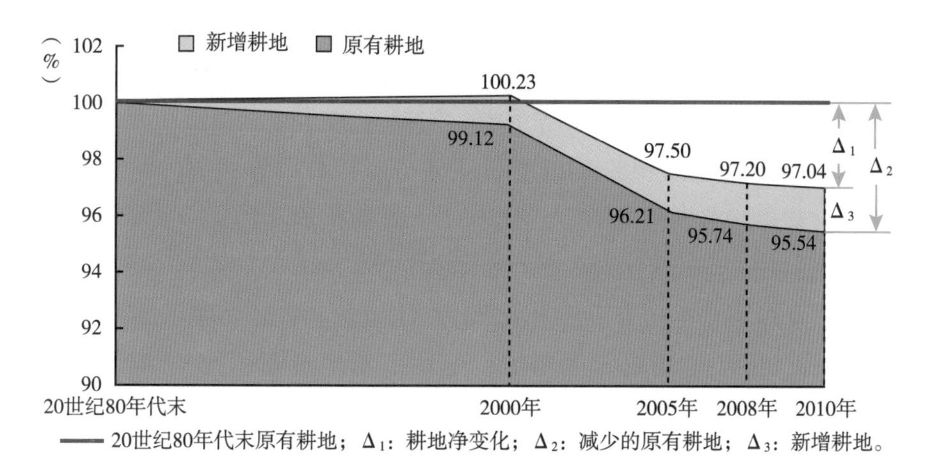

图 53　陕西省 20 世纪 80 年代末至 2010 年耕地变化

未利用土地面积净减少了 23.73%。未利用土地面积减少主要发生于 2000 年以前，年均减少 99.38 平方千米。未利用土地动态以沙地减少变化为主，集中于陕北北部的毛乌素沙漠边缘，20 世纪 80 年代末至 2010 年沙地变低覆盖度草地 1377.65 平方千米，占未利用土地减少面积的 83.66%。

水域变化面积比较少，净减少了 1.63%。水域面积变化主要与滩地开垦和河道变化有关，在汾渭河谷比较集中。

6.28　甘肃省土地利用

甘肃省土地利用类型丰富，土地利用率偏低。未利用土地和草地比例较大，耕地和林地比例较小，城乡工矿居民用地和水域比例均不足百分之一。20 世纪 80 年代末至 2010 年甘肃省土地利用变化以未利用土地面积减少，城乡工矿居民用地、耕地、林地和草地面积增加为主要特点。未利用土地 2000 年后减少面积比较多，以沙地、戈壁和盐碱地变耕地和草地为主，集中分布于河西走廊地区。城乡工矿居民用地 2000 年后扩展速度明显加快，耕地、未利用土地和草地是新增城乡工矿居民用地的主要土地来源。耕地总量在 2000 年达到最高，草地和未利用土地是新增耕地的主要土地来源。由于生态退耕和植树造林，2000~2008 年林地和草地新增面积较多。

6.28.1 2010年甘肃省土地利用状况

2010 年，甘肃省遥感监测土地面积 404627.15 平方千米。土地利用类型丰富，包含了除海涂之外的所有二级土地利用类型。以未利用土地和草地为主，二者合计占省域面积的 72.49%，其次为耕地和林地，城乡工矿居民用地和水域分布比较稀少；另有耕地内非耕地 8679.70 平方千米。

未利用土地面积 153604.70 平方千米，比例为 37.96%。戈壁、裸岩石砾地和沙地合计占未利用土地总面积的 84.94%，主要分布于甘肃省西部的河西走廊与北山山地。此外，盐碱地面积也较多，占未利用土地面积的 4.73%，主要分布于河西走廊内陆河下游。

草地面积 139715.34 平方千米，比例为 34.53%。中覆盖度草地居多，其次为低覆盖度草地，再次为高覆盖度草地，分别占草地总面积的 42.84%、38.05% 和 19.11%。草地分布广泛，其中高覆盖度草地主要分布于甘南高原和陇南山地以及河西走廊的祁连山地，中覆盖度草地主要分布于陇中和陇东黄土高原，低覆盖度草地主要分布于河西走廊与陇中黄土高原。

耕地面积 56707.31 平方千米，比例为 14.01%。耕地基本为旱地，主要分布于陇中和陇东黄土高原，陇南山地的河谷区，以及河西走廊的绿洲地带。

林地面积 38737.35 平方千米，比例为 9.57%。以灌木林地为主，其次为有林地，再次为疏林地，分别占林地总面积的 42.46%、36.41%、18.87%。林地主要分布于祁连山地、甘南高原、陇南山地以及陇东东部的子午岭。

城乡工矿居民用地面积 3984.07 平方千米，比例为 0.98%。城乡工矿居民用地中，农村居民点的比例达到 76.99%，城镇用地和工交建设用地比重偏小，分别为 14.98% 和 8.03%。重点城市及其周边城乡工矿居民用地分布相对比较集中。

水域面积 3198.68 平方千米，比例为 0.79%。河流与滩地相对较多，占水域面积的 63.08%。冰川与永久积雪占水域面积的 26.09%，分布于祁连山地。湖泊与水库坑塘偏少。

6.28.2 20世纪80年代末至2010年甘肃省土地利用变化

20 世纪 80 年代末至 2010 年，甘肃省土地利用一级类型动态总面积 7104.22 平方千米，为省域面积的 1.76%，动态类型中耕地与草地相互转化面积最多，其次为未利用土地转变为耕地和草地。城乡工矿居民用地、耕地、草地和林地面积变化表现为净增加，未利用土地和水域面积变化表现为净减少（见表 28）。2000~2005 年年均土地利用动态面积最多，其间未利用土地年均净减少面积最多，林地年均净增加面积最多（见图 54）。

表 28　甘肃省 20 世纪 80 年代末至 2010 年土地利用分类面积变化

单位：平方千米

	耕地	林地	草地	水域	城乡工矿居民用地	未利用土地	耕地内非耕地
新增	2340.68	740.02	2269.36	128.73	635.48	264.96	374.97
减少	1835.67	531.40	2023.11	183.06	0.49	1888.62	291.85
净变化	505.01	208.61	246.25	-54.33	634.99	-1623.66	83.13

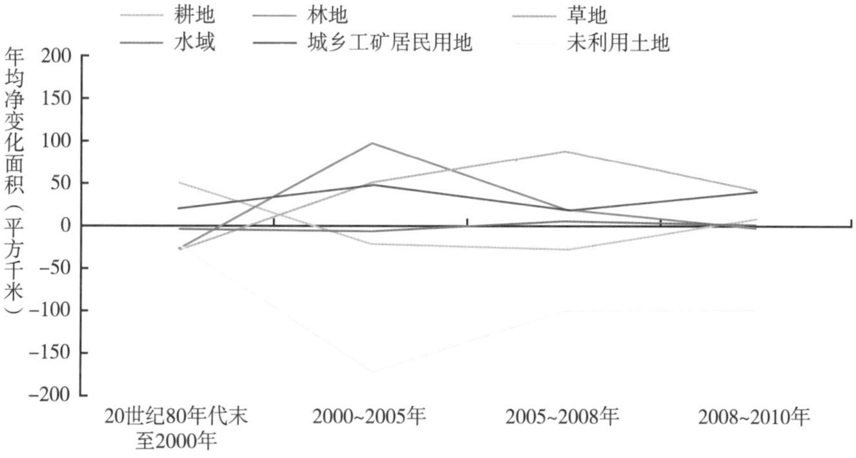

图 54　甘肃省不同时段土地利用分类面积年均净变化

城乡工矿居民用地净增加面积最多，净增加了 18.96%。城乡工矿居民用地基本呈增加态势，减少面积可以忽略不计。城乡工矿居民用地类型中农村居民点新增面积最多，其次为城镇用地，再次为工交建设用地。2000 年后城乡工矿居民用地扩展速度明显加快，2000~2005 年和 2008~2010 年两个阶段扩展速度较快，年均新增面积分别为 47.96 平方千米和 41.48 平方千米，年变率分别为 1.33% 和 1.06%。耕地、未利用土地和草地是新增城乡工矿居民用地的三种主要土地来源，比例分别为 66.76%、11.13% 和 8.20%，并且各个时期耕地所占的比例均为最高。兰州及其以西河西走廊绿洲的城乡工矿居民用地扩展比较明显，空间分布相对集中；在甘南、陇南和陇东扩展规模较小，空间分布较为分散。

耕地净增加面积也相对较多，净增加了 0.90%。20 世纪 80 年代末至 2000 年耕地净增加最多，耕地总量在 2000 年达到最高，2000 年后有所降低，传统耕地面积持续减少（见图 55）。2000~2005 年和 2005~2008 年两个阶段人类活动对耕地面积影响较大，年均新增面积和减少面积均非常多，该阶段耕地面积总体表现为净减少。2008~2010 年年均新增耕地面积和减少面积均有所减少，总体表现为净增加。草地是新增耕地最主要的土地来源，其次为未利用土地，占新增耕地面积的比例分别为 52.83% 和 39.85%。耕地减少以耕地变草地、城乡工矿居民用地和林地为主，占耕地减少面积的比例分别为 56.02%、23.11% 和 14.55%。新增耕地主要集中于河西走廊绿洲边缘，甘南高原也有少许分布；耕地减少部分主要分布于陇中和陇东黄土高原区以及陇南山地区。

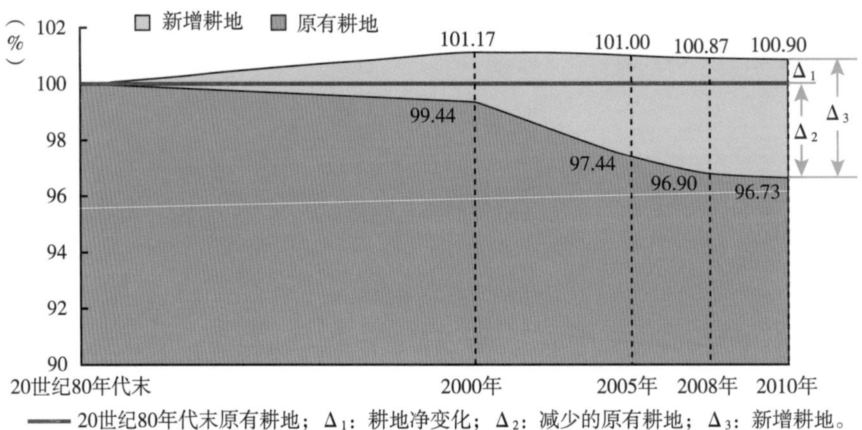

图 55　甘肃省 20 世纪 80 年代末至 2010 年耕地变化

草地净增加了 0.18%。草地变化比较强烈，新增面积和减少面积均非常多。2000 年以前草地面积变化表现为净减少，2000 年后草地面积表现为净增加。2000~2005 年年均新增草地面积最多，为 216.87 平方千米；其次为 2005~2008 年，年均新增 145.18 平方千米；2008~2010 年进一步下降至年均 93.40 平方千米。新增草地主要来自耕地、未利用土地和林地，分别占新增草地面积的 45.32%、28.64% 和 17.01%。草地减少以草地变耕地和林地为主，分别占草地减少面积的 61.12% 和 20.40%。新增草地和减少草地空间上交错分布，总体来看，陇东南部、陇中、甘南高原北部以及河西走廊石羊河下游和嘉峪关市周边新增草地面积较多，陇东北部、甘南高原北部、陇南山地靠近四川省部分，以及河西走廊中西部草地减少面积较多。

林地净增加面积最少，净增加了 0.54%。2000 年以前林地面积变化表现为净减少，年均新增 5.42 平方千米，年均减少 31.80 平方千米。2000 年后林地面积净增加，其中 2000~2005 年林地面积增加速度最快，年均新增林地面积 114.05 平方千米，年均减少 14.88 平方千米，增加速度是减少速度的 7.66 倍；2005 年后林地增加速度明显降低。林地动态主要表现为林地与草地、耕地之间的相互转化，草地、耕地变林地分别占新增林地面积的 55.76% 和 36.08%，新增林地以其他林地和灌木林地为主；林地变草地、耕地分别占林地减少面积的 72.63% 和 18.77%，减少林地以灌木林地和疏林地为主。陇东北部新增林地相对集中，甘南高原北部和陇东南部林地减少相对较多。

未利用土地净减少面积最多，减少比例为 1.05%。未利用土地变化以减少为主，减少面积是新增面积的 7.13 倍。未利用土地面积减少主要发生在 2000~2010 年，年均减少 156.50 平方千米，以沙地、戈壁和盐碱地变耕地和草地为主，集中分布于河西走廊地区。

水域净减少面积较少，减少比例为 1.67%。水域变化在河西走廊中部比较集中，滩地、冰川和永久积雪减少面积相对较多，湖泊和水库坑塘面积有所增加。

6.29 青海省土地利用

青海省土地利用类型中草地所占比重最大，其次为未利用土地，林地和水域比重较小，耕地和城乡工矿居民用地比重均不足百分之一。青海省是我国五大牧区之一，天然草地辽阔，集中分布在三江源地区和环青海湖地区。20 世纪 80 年代末至 2010 年青海省土地利用动态的典型特征是草地的减少和城乡工矿居民用地的增加。草地在监测期间减少的面积较大，但其幅度较小，草地沙化是草地面积减少的主要原因。城乡工矿居民用地面积比 20 世纪 80 年代末增加了 67.41%，其扩展的土地来源主要是未利用土地和草地。

6.29.1 2010年青海省土地利用状况

遥感监测青海省面积为 71.67 万平方千米，其土地利用类型较为丰富，涵盖了所有一级土地利用类型和其中 24 个二级土地利用类型。青海省土地利用类型中草地面积最多，为 379607.79 平方千米，占 53.10%；其次是未利用土地，面积为 268721.21 平方千米，占 37.59%；其他各种土地利用类型比例较小，水域和林地面积分别为 30053.20 平方千米和 28207.06 平方千米，分别占 4.20% 和 3.95%；耕地和城乡工矿居民用地面积分别为 6794.35 平方千米和 1534.50 平方千米，分别占 0.95% 和 0.21%；另有耕地内非耕地 1761.26 平方千米。

草地主要为低覆盖度草地，占草地面积的 55.68%，中覆盖度草地占 35.70%，高覆盖度草地占 8.62%。草地空间分布广泛，除了青海湖等较大的水体和青海省西北部地区以外，基本覆盖全省范围。

未利用土地以裸岩石砾地为主，占未利用土地面积的 33.32%；其次是戈壁和沙地，分别占22.64%和16.72%；其他未利用土地比例较小。裸岩石砾地、戈壁等主要分布在高大山体的顶部，沙地、盐碱地主要分布在西北部的柴达木盆地。

水域类型较为丰富，其中湖泊的面积最大，占水域面积的46.05%；其次是滩地，占32.87%；冰川与永久冰雪占16.05%；河渠和水库坑塘分布较少，分别占3.25%和1.78%。青海省水域分布范围广泛，湖泊、河渠主要包括青海湖、鄂陵湖和三江源头在内的众多湖泊河流，集中分布在青海省的东北部和西南部；滩地主要分布在湖泊、河渠的周围；冰川与永久冰雪主要分布在各大山脉的雪山地区，集中分布在祁连山山脉、昆仑山山脉和西南部的唐古拉山山脉。

林地中灌木林地面积最多，占林地面积的72.57%；其次是灌木林地和有林地，分别占16.97%和10.44%；其他林地面积较小。林地主要分布在青海省的东部，尤其是东北部和东南部地区，在柴达木盆地边缘也有一定的分布。

耕地几乎全为旱地，占耕地面积的99.99%。旱地主要分布在青海省东北部地区，在黄河谷地和湟水谷地比较集中，东南部地区也有少量分布。

城乡工矿居民用地中工交建设用地面积接近一半，占城乡工矿居民用地面积的49.68%；其次是农村居民点用地，占39.95%；城镇用地的面积比例最小，仅占城乡工矿居民用地的10.38%。城乡工矿居民用地主要分布在青海省东北部海拔较低的地区。

6.29.2 20世纪80年代末至2010年青海省土地利用变化

20世纪80年代末至2010年，青海省土地利用一级类型动态总面积为4646.57平方千米，占全省土地面积的0.65%，土地利用动态度比较低。城乡工矿居民用地和水域面积净增加显著，其次是耕地，未利用土地面积净增加较少；草地面积净减少较为显著，其次为林地（见表29）。监测期间，城乡工矿居民用地面积始终表现为净增加，且增加速度逐渐加快；水域面积在监测初期表现为净减少，此后表现为净增加，且在2000~2005年增加速度达到最快；未利用土地面积在2005年前表现为净增加，其后表现为净减少，且减少速度加快；草地面积始终表现为净减少，并且在2000~2005年减少速度最快；耕地和林地在各时段的变化均较小（见图56）。

表29 青海省20世纪80年代末至2010年土地利用分类面积变化

单位：平方千米

	耕地	林地	草地	水域	城乡工矿居民用地	未利用土地	耕地内非耕地
新增	391.51	90.87	646.74	1216.50	621.89	1566.17	112.89
减少	148.79	120.69	2146.67	622.75	4.00	1564.21	39.46
净变化	242.71	-29.82	-1499.93	593.75	617.89	1.97	73.43

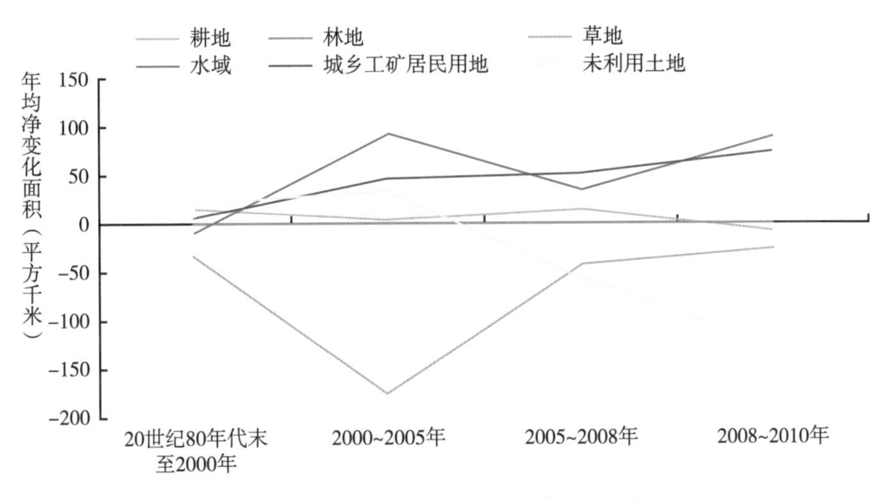

图 56　青海省不同时段土地利用分类面积年均净变化

城乡工矿居民用地净增加面积最大，相比 20 世纪 80 年代末净增加了 67.41%，增加幅度较大，且在监测期间持续加速扩展，到 2008~2010 年，增加速度达到 74.01 平方千米 / 年。净增加面积主要为工交建设用地，占净增加城乡工矿居民用地面积的 84.76%。城乡工矿居民用地新增面积主要来自未利用土地，占新增面积的 52.41%，且主要来自盐碱地和沼泽地；其次是草地，占新增面积的 25.55%。新增城乡工矿居民用地主要分布于青海省的东北部，集中分布在柴达木盆地的湖泊周边、湟水谷地等地区。其中，农村居民点用地面积在 2005 年前面积最大，且增加较为平缓；相比之下，工交建设用地面积增加显著，并在 2008 年超过农村居民点用地的面积；城镇用地作为面积最小的一种城乡工矿居民用地，其面积增加较为缓慢（见图 57）。

水域面积相比 20 世纪 80 年代末净增加了 2.02%。青海省水域面积在 2000

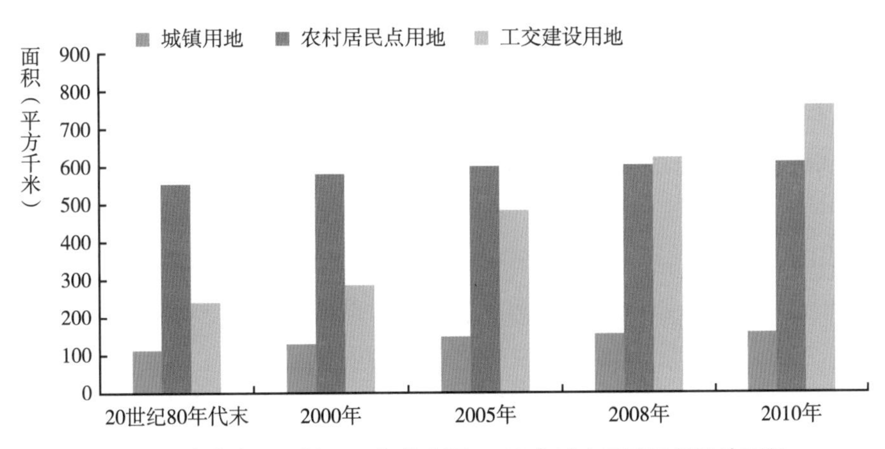

图 57　青海省 20 世纪 80 年代末至 2010 年城乡工矿居民用地面积

年前有所减少，但在2000年后持续增加，且在2000~2005年和2008~2010年增加速度较快，年均净增加面积分别为91.02平方千米和87.78平方千米。其中，河渠、湖泊和水库坑塘面积在监测期间表现为净增加，冰川与永久积雪和滩地面积表现为净减少。新增水域面积的68.82%来自未利用土地，且主要来自盐碱地、沼泽地和沙地；另外，有26.81%的新增水域面积来自草地。水域减少也主要转变为未利用土地，占水域减少面积的65.50%；另外，24.34%的减少水域面积转变为草地。水域动态分布较为广泛，集中分布于三江源地区、青海省东北部和青海湖周围。

耕地面积相比20世纪80年代末净增加了3.70%，2008年前耕地面积持续增加，此后略有减少。新增耕地面积的88.09%来自草地，低、中、高覆盖度草地转变面积分别占36.38%、30.30%和21.42%；另外，有6.08%的新增耕地面积来自林地。耕地减少以转变为城乡工矿居民用地为主，占耕地减少面积的46.53%，其中，转变为农村居民点用地和城镇用地的耕地分别占30.46%和9.75%；另外，耕地减少面积中分别有22.38%和21.86%转变为草地和水域。新增耕地集中在青海省东北部；减少的耕地分布较为广泛，主要分布于柴达木盆地的湖泊周围以及青海省东北部，在东南部也有出现。

未利用土地面积相比20世纪80年代末净变化极小，但未利用土地新增和减少面积相对较大。监测期间，未利用土地面积在2005年前增加，在2005年后减少，且减少的速度加快，在2008~2010年年均净减少面积达到123.84平方千米。新增未利用土地面积的72.46%来自草地；其次是来自水域，占新增面积的26.04%。未利用土地减少主要向水域转变，占减少面积的53.53%；其次是向草地和城镇工矿居民用地转变，分别占减少面积的24.19%和20.84%。未利用土地动态变化部分主要分布在青海省的北部和西南部地区，集中在三江源和柴达木盆地。

草地面积减少量最大，但相比20世纪80年代末仅减少了0.39%。监测期间虽然草地面积净减少较多，但其幅度较小，净减少面积主要为低覆盖度草地。20世纪80年代末至2010年草地面积始终表现为净减少，并在2000~2005年减少速度最快，年均减少174.07平方千米。新增草地面积的58.51%来自未利用土地；另外，分别有23.44%和10.87%来自水域和林地。草地减少以变为未利用土地为主，占草地减少面积的52.86%；其次是变为耕地和水域，分别占草地减少面积的16.07%和15.19%。草地变化在全省范围内广泛发生，在青海省东北部和西南部分布较多，在柴达木盆地东北部和鄂陵湖附近区域变化也较为明显。

林地面积相比20世纪80年代末净减少了0.11%，且监测期间林地面积持续缓慢减少。新增林地面积主要来自草地，占新增面积的90.36%；林地减少面积的

59.61% 变为草地，另有 19.62% 转变为耕地。林地动态面积较少，零星分布在青海省的东北部和南部。

6.30 宁夏回族自治区土地利用

宁夏回族自治区土地利用以草地和耕地为主。20 世纪 80 年代末至 2010 年自治区土地利用动态度比较大，土地利用一级类型动态面积占自治区总面积的 12.62%，远高于全国的 2.80%。土地利用变化以耕地、城乡工矿居民用地和林地面积净增加，草地和未利用土地面积净减少为主要特征。耕地净增加面积最多，总量在 2000 年达到最高，2000~2010 年有所减少，其间 2000~2005 年耕地减少最快，2005 年后耕地总量基本保持稳定。2008 年以前城乡工矿居民用地扩展速度持续加快，2008~2010 年有所减缓，耕地、草地和未利用土地是新增城乡工矿居民用地的主要土地来源，自治区北部铁路与黄河沿线新增城乡工矿居民用地比较集中。宁夏是全国唯一全境列入“三北”工程的省份，监测期间林地总面积持续增加，南部黄土高原区与东部鄂尔多斯台地区林地增加面积相对较多。

6.30.1 2010年宁夏回族自治区土地利用状况

2010 年，宁夏回族自治区遥感监测土地面积 51782.76 平方千米。土地总面积较小，但土地利用类型丰富，包含所有 6 个一级土地利用类型和其中 22 个二级土地利用类型。草地和耕地是主要的土地利用类型，合计占土地总面积的 74.93%，未利用土地、林地、城乡工矿居民用地和水域面积相对较小。另外，监测土地面积包括耕地内非耕地 2983.07 平方千米。

草地面积 23979.01 平方千米，占自治区土地面积的 46.31%。基本为低覆盖度草地和中覆盖度草地，分别为草地总面积的 50.30% 和 44.56%，高覆盖度草地较少，比例为 5.40%。草地分布广泛，自南至北均有分布，其中低覆盖度草地主要分布于黄土高原丘陵区，中覆盖度草地主要分布于东部的鄂尔多斯台地区，高覆盖度草地主要分布于北部的贺兰山和南部的六盘山。

耕地面积 14819.99 平方千米，比例为 28.62%。水田和旱地分别占耕地总面积的 22.46% 和 77.54%。水田主要分布于宁夏平原的引黄灌溉区，旱地主要分布于南部的黄土高原区。

未利用土地面积 4971.18 平方千米，比例为 9.60%。以沙地和戈壁为主，分别占未利用土地面积的 52.08% 和 24.52%。沙地主要分布于西部的腾格里沙漠，以及东部的鄂尔多斯台地，戈壁分布于贺兰山东麓。

林地面积 2795.54 平方千米，比例为 5.40%。灌木林地面积最多，其次为疏林地和其他林地，有林地面积最少。林地主要分布于北部的贺兰山和南部的六盘山。

城乡工矿居民用地面积 1262.07 平方千米，比例为 2.44%。城乡工矿居民用地中，农村居民点面积最多，比例达到 68.02%；城镇用地和工交建设用地相对较少，比例分别为 17.91% 和 14.07%。宁夏平原区的城乡工矿居民用地分布比较密集。

水域面积 971.89 平方千米，比例为 1.88%。水域类型主要为滩地、水库坑塘和河流沟渠。黄河干流自西向东北斜贯宁夏平原，两侧滩地和水库坑塘分布较多。

6.30.2 20世纪80年代末至2010年宁夏回族自治区土地利用变化

20 世纪 80 年代末至 2010 年，宁夏回族自治区土地利用一级类型动态总面积 6535.97 平方千米，为自治区土地面积的 12.62%，土地利用动态度比较大。耕地、城乡工矿居民用地、林地和水域面积变化表现为净增加；草地净减少面积最多，其次为未利用土地（见表 30）。2000~2005 年年均土地利用动态面积最多，其间仅耕地面积表现为净减少，并且耕地年均净减少面积达历史最多，同期林地和草地年均净增加面积达历史最多（见图 58）。

表 30　宁夏回族自治区 20 世纪 80 年代末至 2010 年土地利用分类面积变化

单位：平方千米

	耕地	林地	草地	水域	城乡工矿居民用地	未利用土地	耕地内非耕地
新增	2485.25	537.03	1347.60	322.58	484.71	795.37	563.43
减少	1435.79	160.34	3384.90	277.01	0.81	984.70	292.42
净变化	1049.46	376.69	-2037.29	45.57	483.90	-189.33	271.01

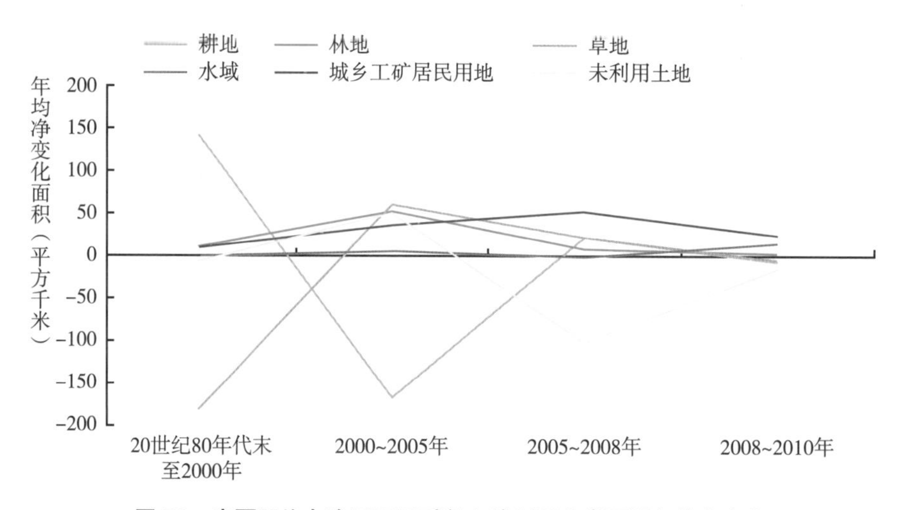

图 58　宁夏回族自治区不同时段土地利用分类面积年均净变化

耕地净增加面积最多，净增加了 1.87%。耕地面积增加主要发生在 2000 年以前，2000~2010 年耕地总量有所减少，其中 2000~2005 年耕地减少速度最快，2005 年后耕地总量基本保持稳定（见图 59）。20 世纪 80 年代末至 2000 年耕地年均新增 155.88 平方千米，年均减少 14.64 平方千米，增加速度是减少速度的 10.65 倍。2000~2005 年耕地年均新增 45.04 平方千米，年均减少 212.26 平方千米，减少速度是增加速度的 4.71 倍。2000 年以前草地是新增耕地最主要的土地来源，占新增耕地面积的比例达 87.45%；减少耕地主要转变为草地、林地和城乡工矿居民用地。2000 年以后新增耕地土地来源中未利用土地和水域的比例上升，草地、未利用土地和水域占新增耕地土地来源的比例依次为 53.47%、31.58%、12.57%；减少耕地主要流向草地、未利用土地和城乡工矿居民用地。耕地变化分布广泛，新增耕地和减少耕地在巴丹吉林沙漠以东、贺兰山以南和六盘山以北区域错综分布，其中在黄土高原区的分布相对稀疏，在宁夏平原区较为密集。

城乡工矿居民用地面积净增加了 14.45%。城乡工矿居民用地动态基本为增加变化，减少面积忽略不计。20 世纪 80 年代末至 2000 年年均新增城乡工矿居民用地面积 9.06 平方千米，2000 年后城乡工矿居民用地扩展速度明显加快，其间 2005~2008 年扩展速度最快，年均新增 33.96 平方千米。新增城乡工矿居民用地中城镇用地、农村居民点和工交建设用地的比例比较接近。耕地、草地和未利用土地是新增城乡工矿居民用地的主要土地来源，比例分别为 45.94%、22.69% 和 12.26%。新增城乡工矿居民用地主要分布于自治区北部的铁路与黄河沿线。

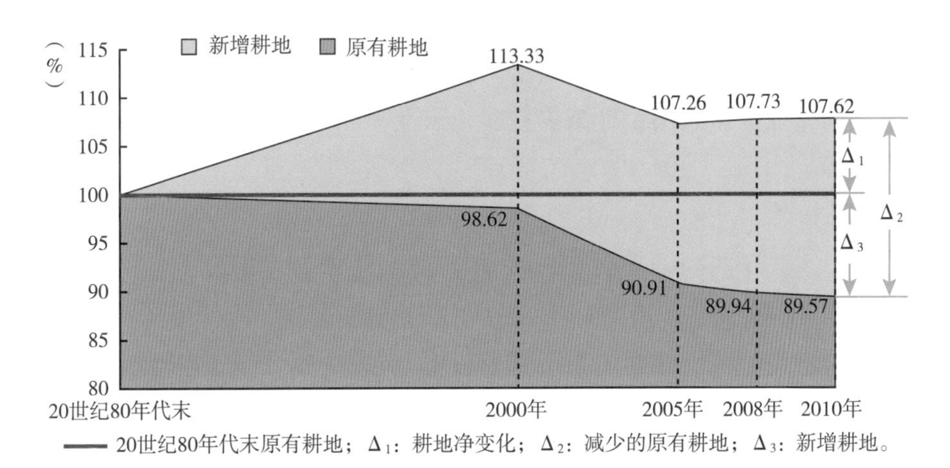

图 59　宁夏回族自治区 20 世纪 80 年代末至 2010 年耕地变化

林地净增加面积也相对较多，净增加了 0.98%。林地面积在各监测阶段变化均表现为净增加，20 世纪 80 年代末至 2010 年年均新增林地 23.35 平方千米，其间 2000~2005 年林地增加速度最快，年均新增 56.56 平方千米。林地减少面积比较少，

20世纪80年代末至2010年年均减少林地面积6.97平方千米。新增林地面积有一半以上来自草地，其次为耕地和未利用土地，新增林地以其他林地为主，其次为灌木林地和疏林地；减少林地以灌木林地为主，主要转变为未利用土地、草地和耕地。新增林地主要分布于自治区南部的黄土高原区和东部的鄂尔多斯台地区，减少林地主要分布于宁夏平原区。

水域净增加面积最少，净增加了1.40%。除2005~2008年水域面积净减少外，其他监测时段水域面积变化均为净增加，并且2000年以后水域净增加面积多于2000年以前。水域动态主要表现为水域与耕地、草地和未利用土地之间的相互转化，其中水域与耕地之间的相互转化面积最多。新增水域以水库坑塘、湖泊以及河流沟渠为主，减少水域主要为滩地。沿黄河水域变化比较集中，银川西北部新增水域面积较多。

草地净减少面积最多，净减少了1.46%。草地面积减少主要发生于2000年以前，2000年以后草地面积变化表现为净增加。20世纪80年代末至2000年草地年均减少203.11平方千米，年均增加20.43平方千米，减少速度是新增速度的9.94倍，减少草地主要转变为耕地，由于土地沙化与盐碱化，部分草地变为未利用土地。2000~2010年草地年均新增108.21平方千米，年均减少74.44平方千米，新增草地主要来自耕地和未利用土地。新增草地主要集中于南部黄土高原区与东部鄂尔多斯台地区；减少草地空间分布比较广，北部沿黄河两岸比较集中。

未利用土地净减少了0.12%。2005~2008年减少最快，年均减少114.92平方千米。未利用土地动态主要表现为未利用土地与草地、耕地的相互转化。减少未利用土地以沙地、戈壁和盐碱地为主，新增未利用土地以沙地和裸土地为主。贺兰山东麓和鄂尔多斯台地区未利用土地减少较多，宁夏平原向黄土高原过渡区新增未利用土地面积较多。

6.31 新疆维吾尔自治区土地利用

新疆维吾尔自治区土地利用类型以未利用土地为主，是全国未利用土地分布最集中的区域。草地是新疆重要的土地利用类型之一，接近全区总面积的四分之一。20世纪80年代末至2010年新疆土地利用变化特点主要表现为耕地大面积增加，草地和未利用土地大面积减少，反映了新疆土地开垦的现状。这一时期，耕地面积净增加14213.24平方千米，增长了28.80%，耕地开垦模式由开发天然绿洲和草地转向开垦未利用土地。2000~2005年和2008~2010年两个时段土地利用变化最为集中，耕地和城乡工矿居民用地的增加，草地和未利用土地的减少都在这两个时段最为剧烈。

6.31.1 2010年新疆维吾尔自治区土地利用状况

新疆土地面积为 1640011.03 平方千米，是陆地面积第一大省区。2010 年新疆土地利用类型以未利用土地为主，面积为 1090339.87 平方千米，占全省面积的 66.48%；其次是草地，面积为 404599.13 平方千米，占 24.67%；耕地、水域、林地和城乡工矿居民用地面积分别为 63563.94 平方千米、32887.96 平方千米、27336.92 平方千米和 5749.45 平方千米，占全区面积的比重均不足 5%，其中城乡工矿居民用地最少，占全区面积的比重不足 1%；另有耕地内非耕地 15533.74 平方千米。

未利用土地以沙地、戈壁和裸岩石砾地为主，分别占未利用土地面积的 33.74%、28.32% 和 32.12%。盐碱地、沼泽地和裸土地占未利用土地面积的比重很小，均不足 5%。沙地、戈壁和裸岩石砾地主要分布于平原荒漠区，如北疆准噶尔盆地的古尔班通古特沙漠、南疆塔里木盆地的塔克拉玛干沙漠和东部的库木塔格沙漠等。此外，裸岩石砾地在天山、阿勒泰山和昆仑山等高海拔地区以及山前洪积扇和洪积扇群地区分布也较为集中。盐碱地、沼泽地和裸土地主要分布于河流中下游的湖泊周边、干湖泊区域和山前洪积扇群间的冲沟与低洼地。

新疆草地资源较为丰富，大面积的草地使得新疆成为全国重要的牧区之一，其中低覆盖度草地面积最大，占草地面积的 45.53%，高覆盖度草地占 31.73%，中覆盖度草地占 22.74%。草地主要分布在天山、阿勒泰山和昆仑山等山地以及河流两岸和湖泊周边等地。

新疆地处中亚内陆干旱地区，耕地基本全为旱地，旱地占耕地面积的 99.71%，主要分布在各大绿洲和山前冲洪积扇地区。

水域面积较少，地表水资源匮乏。其中冰川与永久积雪占水域面积的 53.87%；其次为湖泊、滩地和河渠，分别占 18.56%、16.88% 和 7.33%；水库坑塘分布最少，仅占 3.36%。冰川与永久积雪主要分布于高海拔山地，是新疆重要的水源。湖泊、滩地、河渠和水库坑塘主要分布于山间盆地和河流中下游等地势低洼地区。

林地中有林地面积最大，占林地面积的 42.53%；其次是疏林地，占 36.27%；灌木林地分布较少，占 17.99%。新疆的林地所占比例相对较小，但分布集中，主要分布在各大山系的中高山带和各大河流两岸的平原地区。

城乡工矿居民用地中农村居民点用地面积最多，占城乡工矿居民用地的 57.05%，城镇用地和工交建设用地分别占 24.79% 和 18.16%，面积相差不大。新疆城乡工矿居民用地空间分布较分散。

6.31.2 20世纪80年代末至2010年新疆维吾尔自治区土地利用变化

20 世纪 80 年代末至 2010 年新疆土地利用一级类型动态总面积为 34341.69 平方千米，占全省土地面积的 2.09%。各土地利用类型变化中，耕地、城乡工矿居民用地和水域面积表现为净增加，草地、未利用土地和林地面积表现为净减少（见表 31）。耕地和草地变化最显著，变化量远高于其他土地利用类型。土地利用年均净变化面积呈先增加后减少再增加的变化趋势，峰值出现在 2000~2005 年和 2008~2010 年两个时段，不同土地利用类型年均净变化面积存在较大差异（见图 60）。

表 31 新疆维吾尔自治区 20 世纪 80 年代末至 2010 年土地利用分类面积变化

单位：平方千米

	耕地	林地	草地	水域	城乡工矿居民用地	未利用土地	耕地内非耕地
新增	16816.91	938.08	4534.46	2314.19	1659.38	3762.33	4316.34
减少	2603.67	1257.00	20680.09	1622.94	22.72	7488.26	667.01
净变化	14213.24	-318.92	-16145.63	691.25	1636.66	-3725.93	3649.33

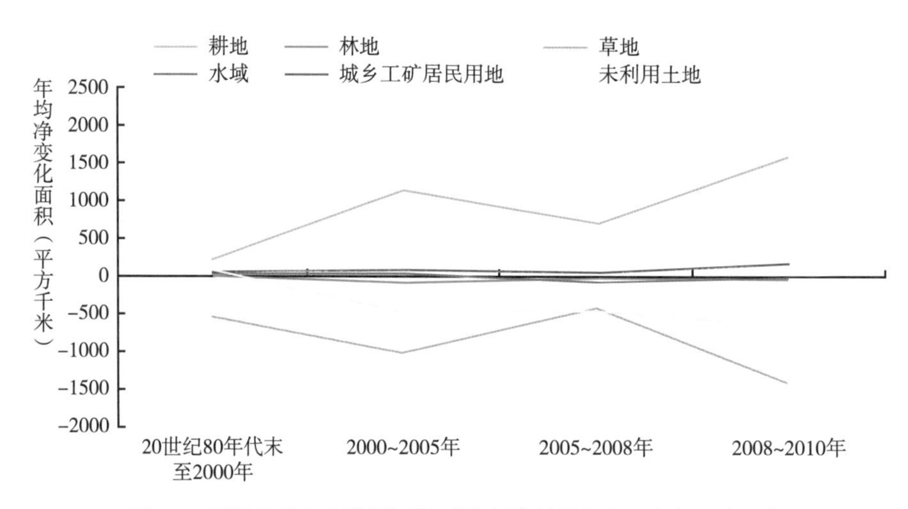

图 60 新疆维吾尔自治区不同时段土地利用分类面积年均净变化

耕地净增加面积占 20 世纪 80 年代末耕地总面积的 28.80%，增幅显著（见图 61）。耕地年均净增加面积呈先增后减再增加的变化趋势，20 世纪 80 年代末至 2000 年耕地年均净增加面积为 244.16 平方千米，在 2000~2005 年和 2008~2010 年两个时段分别达到 1149.21 平方千米和 1579.64 平方千米。新增耕地中，77.58% 是草地转变的，转变为耕地的草地中超过一半是低覆盖度草地；17.34% 的新增耕地是未利用土地转变的，仅有微量的新增耕地是林地、水域和农村居民点用地转变的。新增耕地主要分布在伊犁盆地、阿克苏地区、孔雀河流域、北疆沿天山一带和阿勒泰地区。减少的耕地主要变为草地，占耕地减少面积的 55.92%；其次为城乡工矿居民用地和未利用土地，分别占耕地减少面积的 19.65% 和 13.67%；只有少量耕地转变为林地和水域。

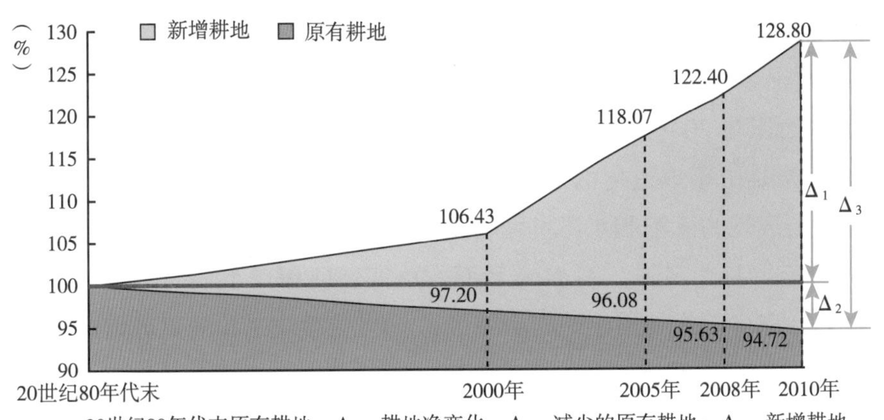

图 61　新疆维吾尔自治区 20 世纪 80 年代末至 2010 年耕地变化

城乡工矿居民用地净增加面积占 20 世纪 80 年代末该类土地总面积的 39.79%。城乡工矿居民用地年均净增加面积总体呈增长趋势，由 20 世纪 80 年代末至 2000 年的 52.65 平方千米增长至 2008~2010 年的 156.62 平方千米，增长了 1.97 倍。新增城乡工矿居民用地主要由未利用土地、耕地和草地转变而来，分别占城乡工矿居民用地新增面积的 38.70%、30.84% 和 19.70%。新增城乡工矿居民用地分布较分散，主要分布于天山南北各大绿洲。城乡工矿居民用地的扩展是一种难以逆转的过程，只有极少量转变为耕地和水域。

水域净增加面积占 20 世纪 80 年代末水域总面积的 2.15%。水域面积净增加量较小，但总变化量高达 3937.13 平方千米，是净增加面积的 5.70 倍。水域在 2005 年前呈净增加变化，在 2005 年后呈净减少变化。新增水域中，48.63% 是未利用土地转变的，43.11% 是草地转变的。减少的水域中，51.51% 转变为草地，37.13% 转变为未利用土地。冰川与永久积雪面积几乎没有变化。水域面积的变化主要由水域与草地、水域与未利用土地的相互转化导致，表现为盆地平原区湖泊水位升高，湖面扩大，河湖滩地面积减少。

草地净减少面积占 20 世纪 80 年代末草地总面积的 3.84%，虽然净减少面积数量较大，但草地基数大，减少幅度不明显。草地年均净减少面积呈先增后减再增加趋势，20 世纪 80 年代末至 2000 年草地年均净减少面积为 527.08 平方千米，在

2000~2005年和2008~2010年两个时段分别达到1037.07平方千米和1414.36平方千米。新增草地以低覆盖度草地为主，32.11%来自于耕地，38.00%来自于未利用土地，剩下的由林地和水域转变而来。减少的草地主要变为耕地，占草地减少面积的63.09%，分布与新增耕地的分布基本相同，主要集中在伊犁盆地、阿克苏地区、孔雀河流域、北疆沿天山一带和阿勒泰地区。

未利用土地净减少面积占20世纪80年代末该类土地总面积的0.34%。未利用土地在20世纪80年代末至2000年呈净增加变化，2000年以后呈现净减少变化，年均净减少面积在2008~2010年达到最大值659.36平方千米。未利用土地新增面积中，69.63%是由草地退化而来，其中又以低覆盖度草地为主；16.02%由水域转变而来，主要表现为湖泊和水库坑塘转变为盐碱地和沼泽地。未利用土地减少面积中，38.94%被开垦为耕地，23.11%转变为草地，15.03%转变为河渠、湖泊、水库坑塘和滩地。减少的未利用土地在塔城地区、阿勒泰地区和阿克苏地区最为集中。

6.32　台湾土地利用

台湾土地利用类型以林地为主，耕地次之。20世纪80年代末至2010年，土地利用变化显著的是城乡工矿居民用地、耕地、林地和草地。城乡工矿居民用地净增加11.31%，主要发生在台湾西侧沿海地区，2000~2005年是其面积增加最显著的时期。耕地作为城乡工矿居民用地新增面积主要土地来源的比例逐渐下降，林地的比例不断升高。耕地面积净减少2.73%，2000~2005年减少面积占整个监测时段的近七成。林地与草地相互转变但总体均表现为净减少，20世纪80年代末至2000年是林地和草地变化幅度最大的时期。

6.32.1　2010年台湾土地利用状况

2010年，台湾遥感监测土地面积36408.65平方千米，林地面积24577.56平方千米，占台湾面积的67.50%；耕地面积6538.58平方千米，占17.96%；城乡工矿居民用地面积2531.36平方千米，占6.95%；水域面积1672.90平方千米，占4.59%；草地面积1006.11平方千米，占2.76%；未利用土地最少，面积82.15平方千米，占0.23%。台湾的林业优势十分明显。

台湾林地以有林地为主，占林地面积的86.79%，疏林地占5.83%，灌木林地和其他林地分别占3.97%和3.41%。林地主要分布在台湾中部的中央山脉、雪山山脉、玉山山脉和阿里山山脉等区域。

耕地以水田为主，占耕地面积的90.59%，主要集中在台湾的沿海平原，尤其是西部的嘉南平原、屏东平原及东部的宜兰平原等区域。

城乡工矿居民用地中城镇用地面积最大，占城乡工矿居民用地的 55.68%；其次为农村居民点用地，占 33.46%；工交建设用地面积较少，占 10.86%。

水域中水库坑塘与河渠所占面积最大，分别占水域面积的 36.49% 和 32.72%；其次是海涂和滩地，分别占 17.64% 和 10.04%；湖泊面积较小，占 3.11%。水域在沿海与内陆均有分布，内陆地区分布较均匀，但总体上西部多于东部，河渠、湖泊和滩地主要集中在东部的花莲溪、秀姑峦溪和卑南溪等区域。

草地中以高覆盖度草地为主，占草地面积的 73.58%；中覆盖度草地和低覆盖度草地分别占 17.02% 和 9.40%。草地分布较零散，主要集中在中部山脉，部分零星散布于台湾岛周边的临海地区。

未利用土地以裸土地为主，占未利用土地面积的 54.30%，其次是裸岩石砾地，占 45.70%，且未利用土地的分布较为分散。

6.32.2 20世纪80年代末至2010年台湾土地利用变化

20 世纪 80 年代末至 2010 年，台湾土地利用一级类型动态总面积 696.22 平方千米，占台湾面积的 1.91%。各土地利用类型中城乡工矿居民用地面积增加最多，未利用土地和水域略有增加；耕地减少较为显著，林地和草地均有所减少（见表 32）。

表 32 台湾 20 世纪 80 年代末至 2010 年土地利用分类面积变化

单位：平方千米

	耕地	林地	草地	水域	城乡工矿居民用地	未利用土地	海域
新增	40.47	198.05	147.74	33.33	260.76	15.86	0.00
减少	224.07	258.22	186.44	20.76	3.62	0.34	2.77
净变化	−183.60	−60.18	−38.69	12.57	257.14	15.53	−2.77

城乡工矿居民用地净增加 257.14 平方千米，相较于 20 世纪 80 年代末增加 11.31%，是增加面积最大的土地利用类型，其中城镇用地、农村居民点用地和工交建设用地分别占新增面积的 47.23%、27.37% 和 25.40%。新增的城乡工矿居民用地主要来自耕地，面积 180.62 平方千米，占新增面积的 69.27%；其次来自林地，面积 60.08 平方千米，占新增面积的 23.04%；由水域和草地转变而来的面积均较小，分别占 4.27% 和 2.36%。从时间变化看，耕地占用作为城乡工矿居民用地新增面积主要土地来源的比例逐渐下降，从监测初期 20 世纪 80 年代末至 2000 年的 73.65% 下降到 2008~2010 年的 14.96%，而来自林地的比例逐渐增加到 74.63%。总体而言，

城乡工矿居民用地持续增加，其中2000~2005年增加速度最显著，年均净变化面积35.32平方千米（见图62）；此外，该时段内来自海域的面积是整个监测时段中导致城乡工矿居民用地变化的主要原因。

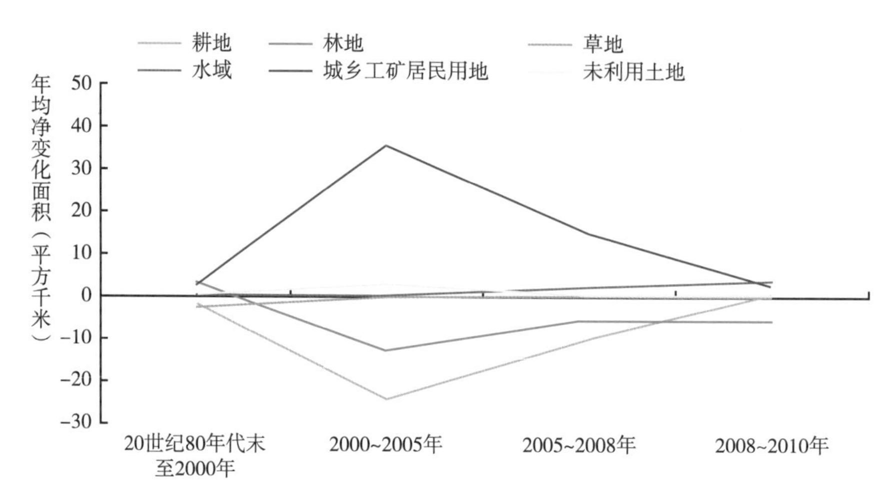

图62　台湾不同时段土地利用分类面积年均净变化

未利用土地净增加15.53平方千米，由于其基数小，变化幅度在各土地类型中最大，相比20世纪80年代末增加了23.30%。增加的面积主要来自林地和耕地，面积分别为7.38平方千米和5.87平方千米，占新增面积的46.53%和37.01%。未利用土地的变化速度一直较小。

水域净增加12.57平方千米，变化幅度小，新增面积中来自耕地的面积为18.91平方千米，占新增面积的56.74%；来自林地的面积为13.65平方千米，占新增面积的40.95%。水域的变化主要发生在2005~2010年，且保持净增长态势，这与台湾对水资源的保护密不可分。

耕地净减少183.60平方千米，是净减少最多的土地类型，相比20世纪80年代末减少了2.73%（见图63）。耕地减少面积224.07平方千米，其中180.62平方千米转变为城乡工矿居民用地，占减少面积的80.61%；少量变为水域和林地，分别占8.44%和7.77%。新增耕地主要来自林地，面积30.71平方千米，占新增面积的75.88%。耕地变化总体呈不断减少态势，在2000~2005年变化最为显著，年均净减少面积24.41平方千米，是20世纪80年代末至2000年变化速度的10.84倍，2008年之后耕地变化速度减小，至2010年年均净变化面积0.10平方千米。

林地属于新增面积和减少面积均较大的土地类型，由于林地的基数大，其变化幅度在各土地利用类型中反而最小，总体而言净减少60.18平方千米，相较于20世纪80年代末减少0.24%。林地减少以转变成草地为主，占减少面积的56.69%；

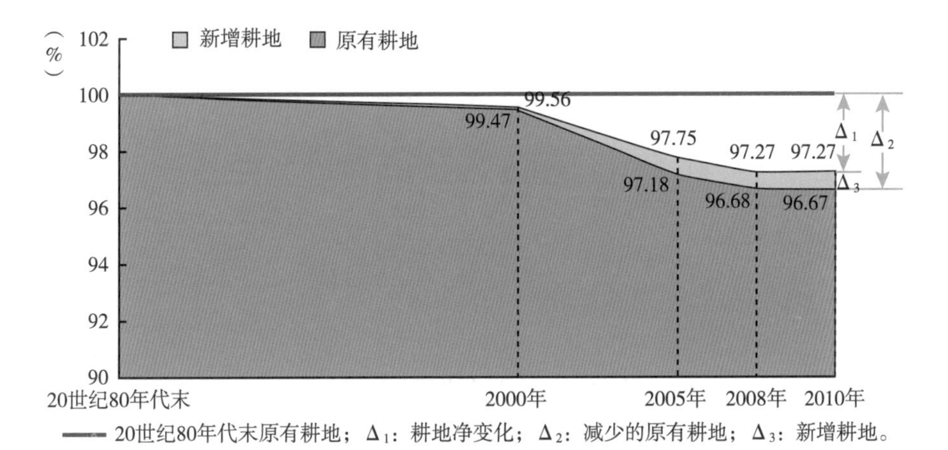

图 63　台湾 20 世纪 80 年代末至 2010 年耕地变化

其次转变为城乡工矿居民用地，占 23.27%。新增林地主要来自草地，占新增面积的 89.75%，且主要表现为高覆盖度草地向有林地的转变。在整个监测时段中，林地新增面积的主要土地来源逐渐由草地转变为耕地。总体而言，林地面积变化速度不断减小，大幅度的新增和减少都集中发生在 20 世纪 80 年代末至 2000 年。

草地属于新增面积和减少面积较为相近的地类，净减少 38.69 平方千米。草地减少面积 186.44 平方千米，其中 95.34% 转变为林地，3.30% 转变为城乡工矿居民用地。新增草地面积 147.74 平方千米，来自林地的面积占新增面积的 99.09%，且主要是从有林地和灌木林地转变而来。

G.7
2001~2014年中国植被的省域特点

7.1 北京市植被状况

7.1.1 2014年北京市植被状况

北京市2014年植被MLAI空间分布格局具有一定差异，MLAI总体介于2~6，空间分布呈现由东南向西北逐渐增加的趋势，且与地表覆盖类型密切相关（见图1）。北京市西部的房山区、门头沟区和北部的延庆县、怀柔区等山地区域，以森林覆盖类型为主，MLAI介于4~5，最高可达6；城中心及其周边区域的MLAI介于1~2。

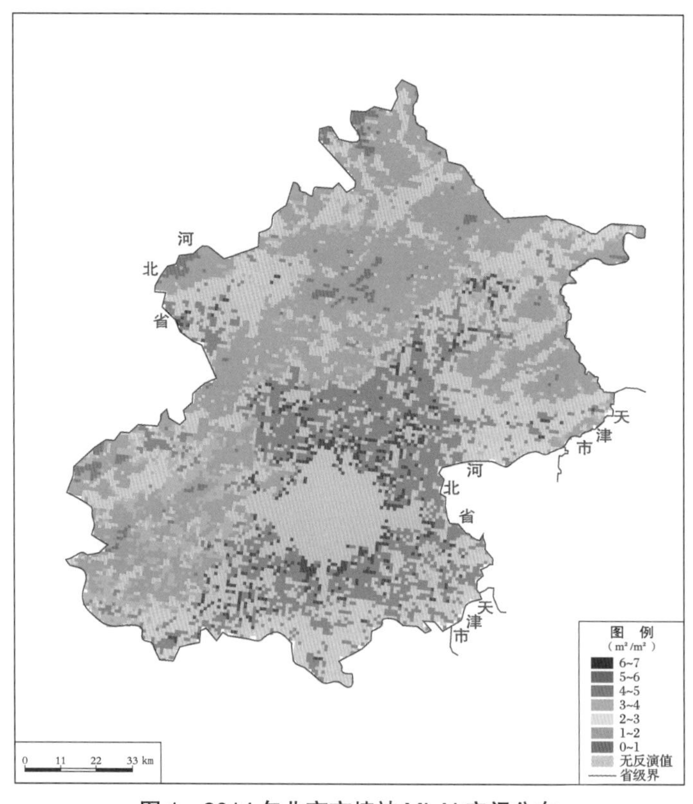

图1 2014年北京市植被MLAI空间分布

北京市 2014 年 MFVC 空间分布格局差异显著，具有典型的阶梯形分布特征（见图 2）。北京西部和北部山区以森林覆盖为主，MFVC 最高达到 97.5%；城中心区周边植被覆盖良好，MFVC 介于 70%~90%。MFVC 空间分布与 MLAI 空间分布具有较好的一致性。

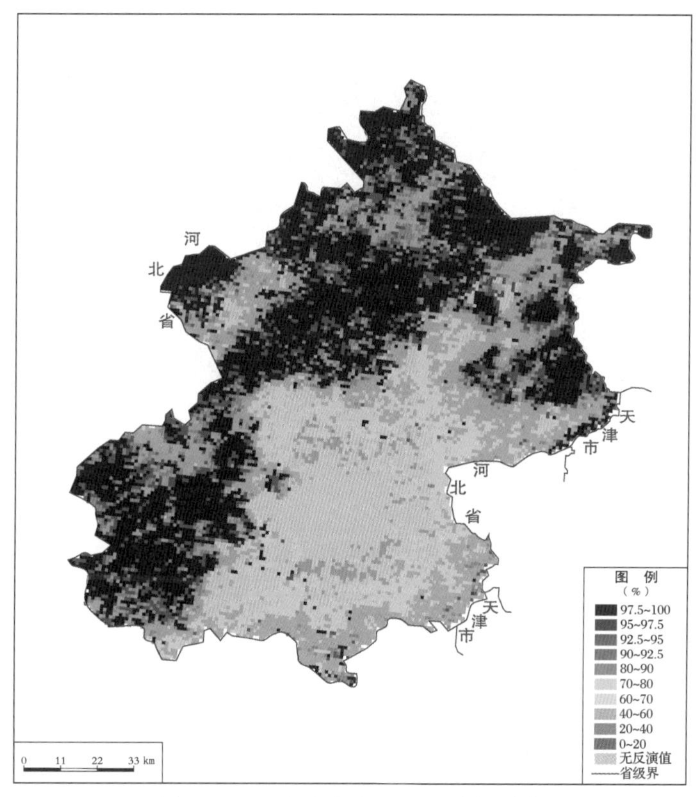

图 2　2014 年北京市 MFVC 空间分布

北京市 2014 年植被年 NPP 均值为 182.1 克碳每平方米，年 NPP 空间分布格局差异显著，其空间分布与地表覆盖类型密切相关（见图 3）。北京西部和北部山区以森林类型为主，森林类型固碳能力较强，年 NPP 较高，介于 300~400 克碳每平方米；城中心周边地区分布有绿化隔离带、绿化林、森林公园等，年 NPP 介于 50~150 克碳每平方米。年 NPP 空间分布与 MLAI、MFVC 空间分布具有较好一致性。

7.1.2　2001~2014年北京市植被变化

北京市 2001~2014 年植被 MLAI 变化率空间变化具有一定差异（见图 4）。北京西部和北部山区森林植被的 MLAI 变化率较大，每年平均增加 0.05~0.15；此外，北

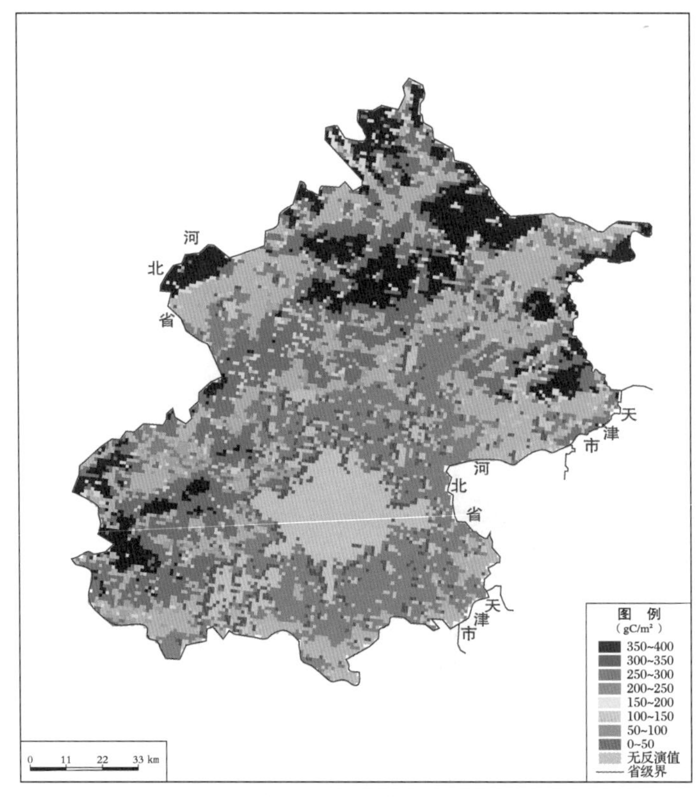

图 3　2014 年北京市植被年 NPP 空间分布

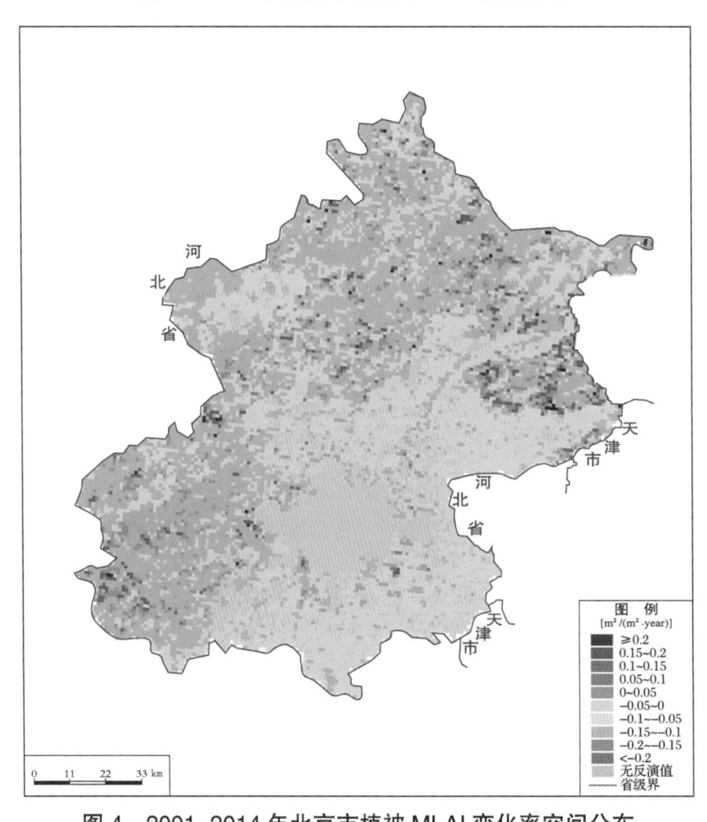

图 4　2001~2014 年北京市植被 MLAI 变化率空间分布

京东南部的密云区和平谷区也有大部分植被 MLAI 变化率每年平均增加 0.05，最高达到 0.15；在昌平区、顺义区、通州区和大兴区靠近城中心周边区域的植被 MLAI 变化率存在降低趋势，每年平均降低 0.10~0.15。

北京市 2001~2014 年 MFVC 变化率空间变化差异不明显（见图 5）。MFVC 只有在昌平区、顺义区、通州区和大兴区靠近城中心的周边区域具有下降趋势，每年平均降低 2%，局部地区 MFVC 变化率最高为每年平均降低 4%，此区域变化趋势与 MLAI 变化率一致；其余区域的 MFVC 变化率比较稳定，每年平均增加 0~1%。

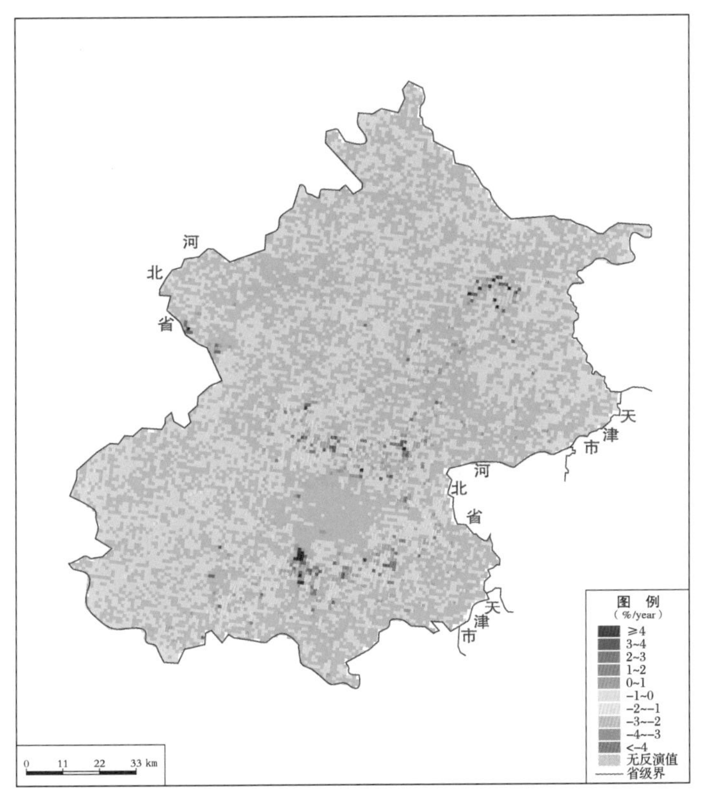

图 5　2001~2014 年北京市 MFVC 变化率空间分布

7.2　天津市植被状况

7.2.1　2014年天津市植被状况

天津市 2014 年植被 MLAI 空间分布格局具有一定差异，MLAI 总体介于 1~4（见图 6）。天津滨海新区南部和蓟县北部植被的 MLAI 较高，MLAI 介于 3~4，最大接近 5；位于天津中东部的宁河县 MLAI 接近 3，高于周围的宝坻区、武清

区和南部的静海县（MLAI 介于 2~3）；天津中心城区植被分布较少，MLAI 最大不超过 1。

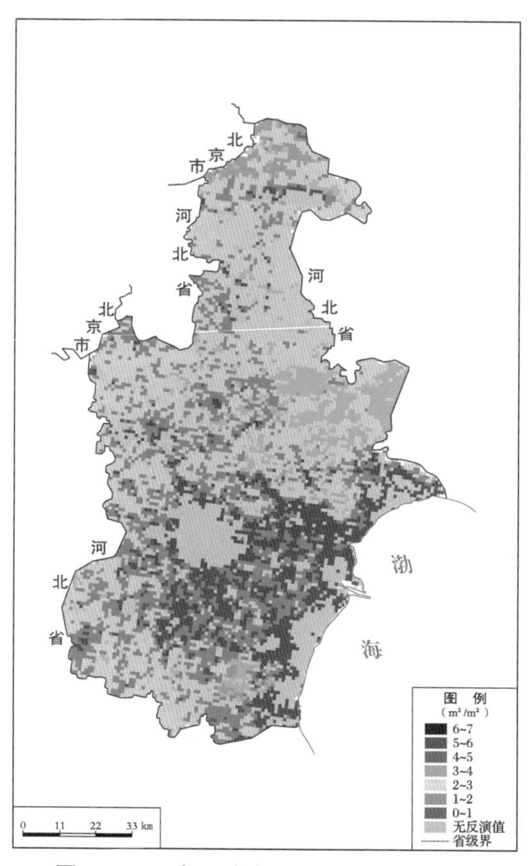

图 6　2014 年天津市植被 MLAI 空间分布

天津市 2014 年 MFVC 空间分布格局差异显著（见图 7）。天津北部地区 MFVC 较高，普遍高于 80%；南部中心城区周边的 MFVC 介于 40%~70%，局部地区 MFVC 最高达到 80%；天津东南部滨海新区临海区域的植被覆盖稀少，MFVC 最低，低于 20%。MFVC 空间分布与 MLAI 空间分布具有较好的一致性。

天津市 2014 年植被年 NPP 均值为 89.65 克碳每平方米，年 NPP 空间分布具有一定差异（见图 8）。年 NPP 空间分布呈现由北向南逐渐降低趋势，蓟县北部森林区年 NPP 达到 300~350 克碳每平方米；天津北部地区年 NPP 介于 100~150 克碳每平方米；天津南部地区年 NPP 介于 50~100 克碳每平方米；天津东南部滨海新区临海区域的年 NPP 最低，低于 50 克碳每平方米。天津市属于临海城市，地势平坦，地表覆盖以农田为主，固碳能力较弱。年 NPP 空间分布与 MLAI、MFVC 空间分布具有较好一致性。

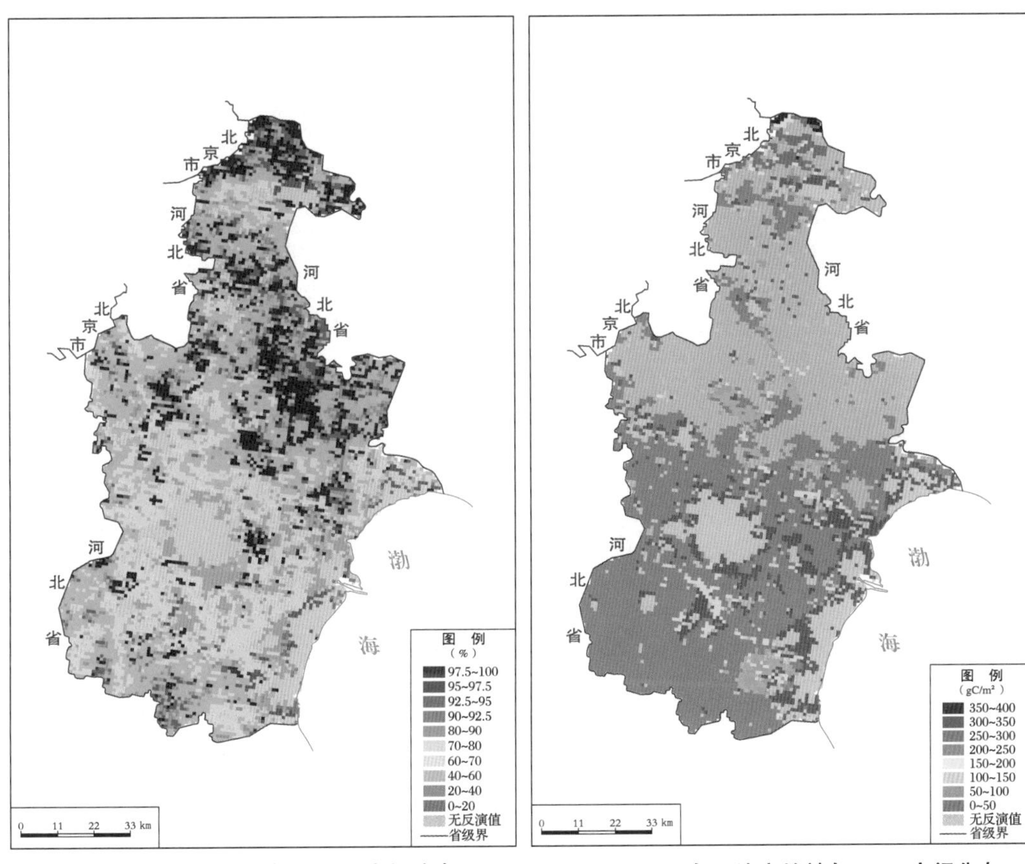

图 7　2014 年天津市 MFVC 空间分布

图 8　2014 年天津市植被年 NPP 空间分布

7.2.2　2001~2014年天津市植被变化

天津市 2001~2014 年植被 MLAI 变化率的空间变化呈现一定差异（见图 9）。天津蓟县北部的山地森林区 MLAI 变化率较高，呈显著增加趋势，每年平均增加 0.15~0.2；天津中东部宁河县、南部静海县和滨海新区南部的植被 MLAI 变化率也呈现增加趋势，每年平均增加 0~0.05；南部中心城区周边植被 MLAI 呈现显著下降趋势，每年平均降低 0.1~0.15，最高下降率为 0.2；其他区域植被 MLAI 处于缓慢降低趋势，每年平均降低 0.05。

天津市 2001~2014 年植被 MFVC 变化率具有一定空间差异（见图 10）。天津植被 MFVC 变化率整体呈增加趋势，MFVC 变化率每年平均增加 0~1%；而在南部中心城区周边，MFVC 变化率存在增加与降低并存的现象。

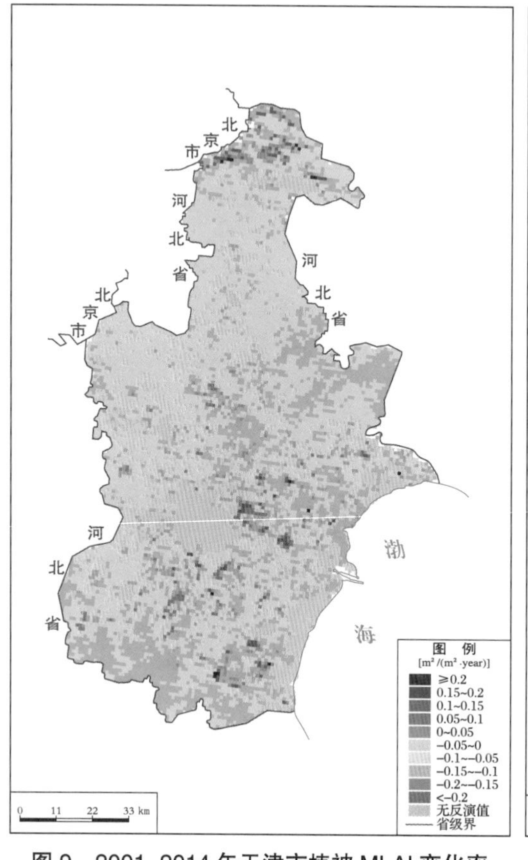

图 9　2001~2014 年天津市植被 MLAI 变化率空间分布

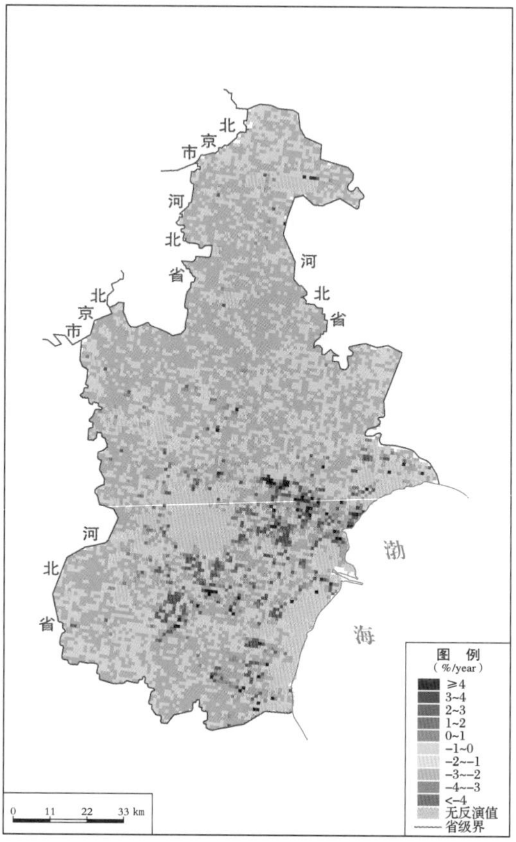

图 10　2001~2014 年天津市 MFVC 变化率空间分布

7.3　河北省植被状况

7.3.1　2014年河北省植被状况

河北省 2014 年植被 MLAI 空间分布格局差异显著，MLAI 总体介于 2~5，西北部地区 MLAI 最低，东北部林区 MLAI 最高（见图 11），其中承德南部、张家口东北部、保定西北部以森林为主的区域 MLAI 最高达 5~6；唐山和保定等地的农田区 MLAI 处于中等水平，介于 2~4；张家口西部以草地为主的区域 MLAI 普遍低于 2；西北部地区的 MLAI 低于 1。

河北省 2014 年 MFVC 空间差异较为明显（见图 12）。除张家口西北部地区、唐山和保定等市区外，省内其他地区 MFVC 普遍高于 80%；承德南部、张家口东北部、保定西北部等以森林为主的区域，MFVC 超过 95%；中部农田区域 MFVC 介于 80%~90%；张家口西部草原区 MFVC 介于 60%~70%，西北部地区 MFVC 低于 40%。MFVC 空间分布与 MLAI 空间分布具有较好的一致性。

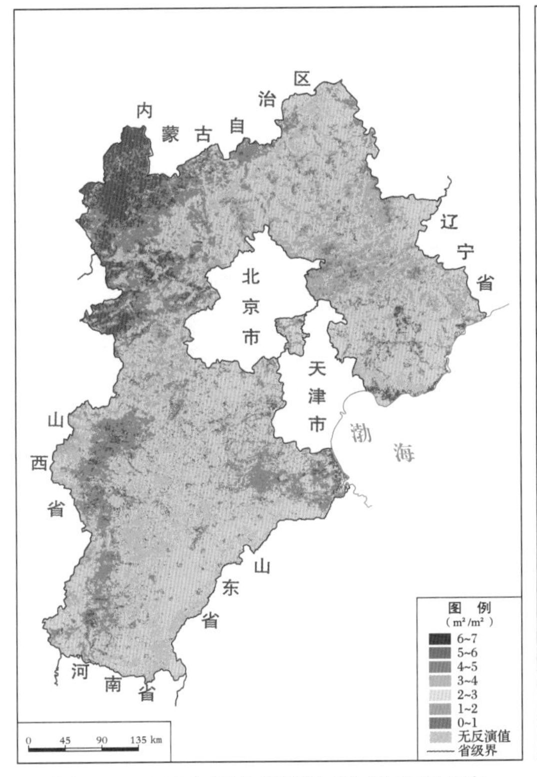

图 11　2014 年河北省植被 MLAI 空间分布

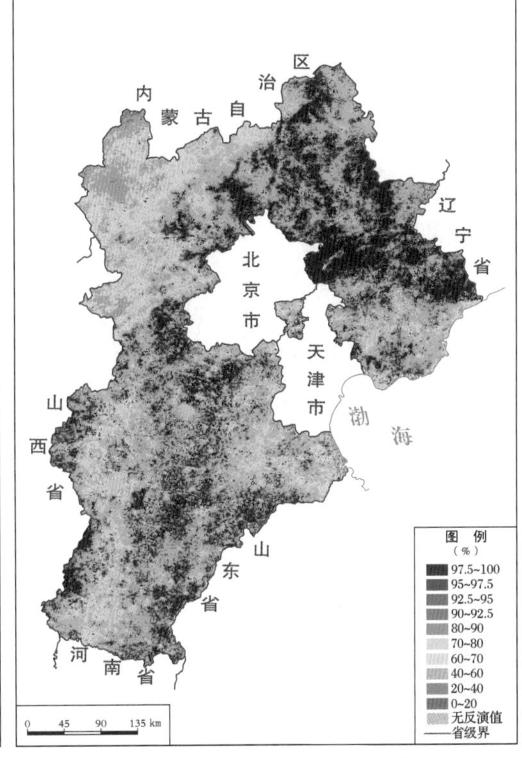

图 12　2014 年河北省 MFVC 空间分布

河北省 2014 年植被年 NPP 均值为 129.69 克碳每平方米，年 NPP 空间分布差异明显，其空间分布格局与地表覆盖变化密切相关（见图 13）。承德南部、张家口东北部、保定西北部森林区年 NPP 较高，介于 300~400 克碳每平方米；中南部以农田类型为主，年 NPP 介于 100~150 克碳每平方米；张家口西部草原区固碳能力较弱，年 NPP 低于 100 克碳每平方米。年 NPP 空间分布与 MLAI、MFVC 空间分布具有较好一致性。

7.3.2　2001~2014年河北省植被变化

河北省 2001~2014 年植被 MLAI 变化率的空间变化明显（见图 14）。承德南部和保定西北部的森林类型区域 MLAI 呈现增加趋势，MLAI 变化率每年平均增加 0.05~0.15；南部农田区 MLAI 呈现降低趋势，MLAI 变化率每年平均降低 0~0.15；其余地区的 MLAI 具有小幅增加趋势，MLAI 变化率每年平均增加低于 0.05。

河北省 2001~2014 年 MFVC 变化率的空间分布具有一定差异（见图 15）。张家口南部山区森林类型的 MFVC 变化率呈显著增加趋势，MFVC 变化率每年平均增加 2%~4%；张家口西北部地区 MFVC 呈现降低趋势，MFVC 变化率每年平均降低 2%；其余区域的 MFVC 变化率比较稳定，MFVC 变化率每年平均增加 0~1%。

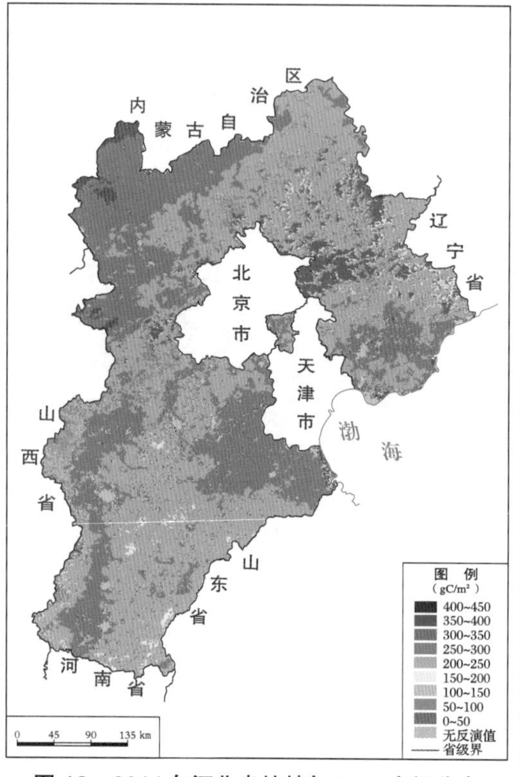

图 13　2014 年河北省植被年 NPP 空间分布

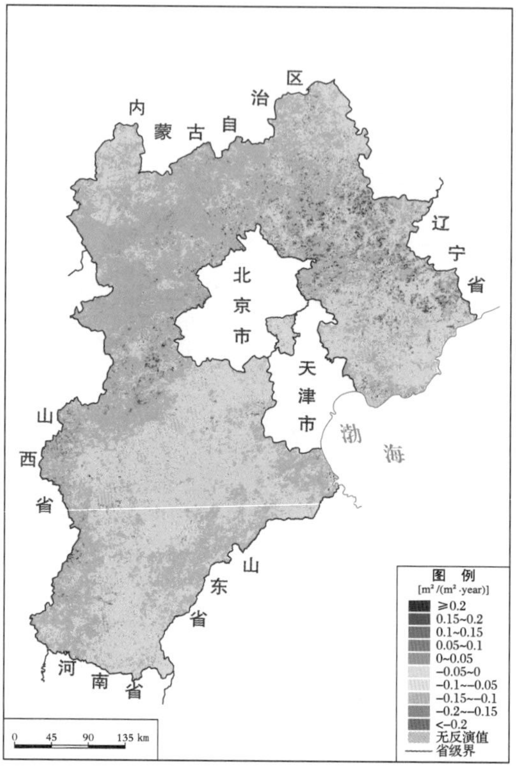

图 14　2001~2014 年河北省植被 MLAI 变化率空间分布

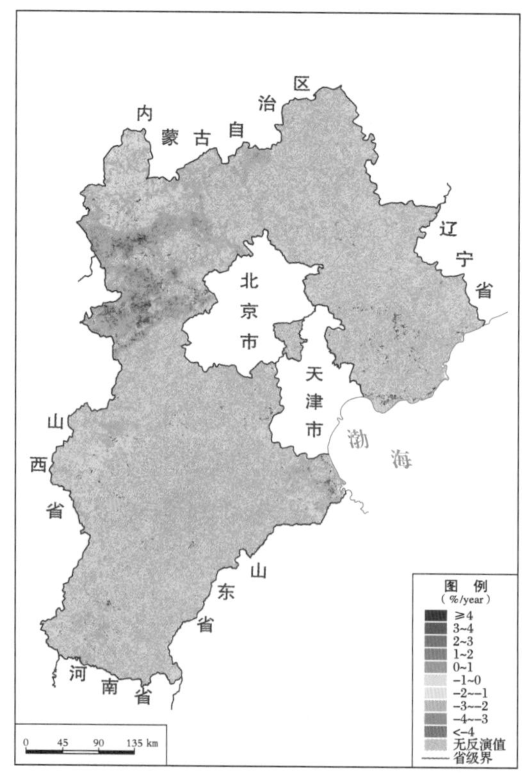

图 15　2001~2014 年河北省 MFVC 变化率空间分布

7.4 山西省植被状况

7.4.1 2014年山西省植被状况

山西省 2014 年植被 MLAI 空间分布格局差异显著，MLAI 总体介于 2~5，MLAI 空间分布呈现由北向南逐渐增加趋势，空间分布受地形影响较大（见图 16）。山西省地形总体表现为“两山夹一川”，东部为太行山山脉，西部为吕梁山山脉，中部为黄河支流汾河谷地。因此，植被 MLAI 也呈现相应变化，东西部山区植被的 MLAI 较高，介于 3~6；中部平原区植被 MLAI 较低，介于 2~3；北部大同市和朔州市植被 MLAI 最低，介于 0~1，煤炭开采对两地植被影响较大。

山西省 2014 年 MFVC 空间分布差异较为明显（见图 17），MFVC 空间分布与 MLAI 空间分布具有较好的一致性。东西部山区的 MFVC 最高，普遍高于 95%；山地周边的 MFVC 次之，高于 80%；平原区的 MFVC 介于 70%~80%；北部大同市和朔州市植被生长状况较差，MFVC 不超过 60%。

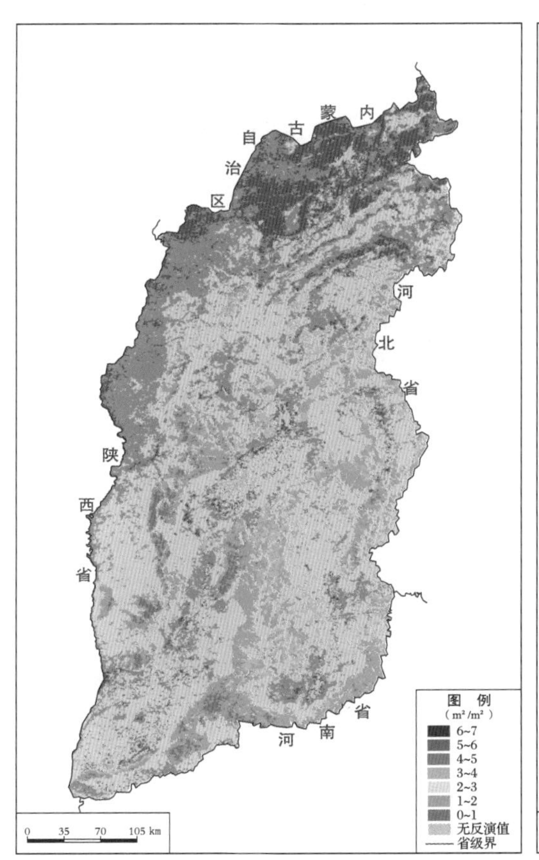

图 16 2014 年山西省植被 MLAI 空间分布

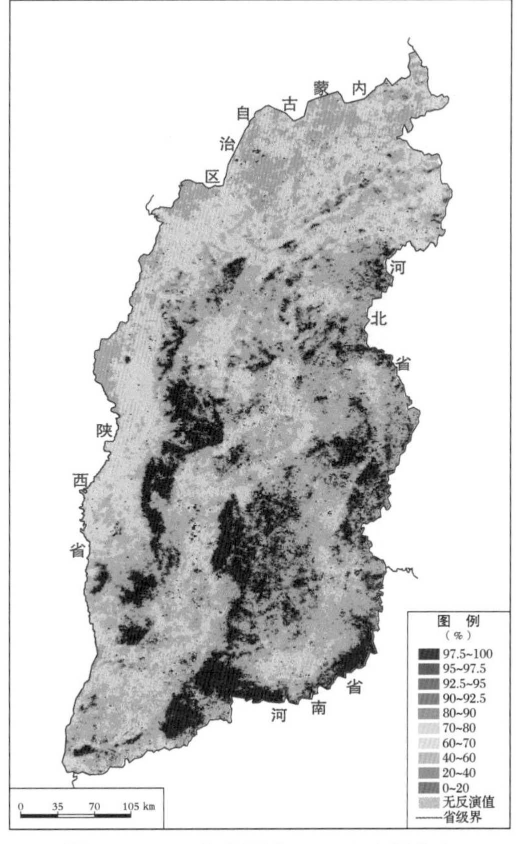

图 17 2014 年山西省 MFVC 空间分布

山西省 2014 年植被年 NPP 均值为 142.62 克碳每平方米，区域年 NPP 空间分布与 MLAI、MFVC 空间分布具有较好一致性（见图 18）。东西部山区植被以森林类型为主，固碳能力最强，年 NPP 介于 350~400 克碳每平方米，局部地区最高达到 450 克碳每平方米；省内平原地区以农田为主，固碳能力较弱，年 NPP 介于 100~150 克碳每平方米；城市周边区域以及北部的大同市和朔州市植被年 NPP 最低，不超过 50 克碳每平方米。

7.4.2 2001~2014年山西省植被变化

山西省 2001~2014 年植被 MLAI 变化率的空间分布具有一定差异（见图 19）。山西省 MLAI 变化率总体呈现增加趋势，MLAI 变化率每年平均增加 0~0.05；其中东部岳山与西部吕梁山附近植被 MLAI 变化率最高，每年平均增加 0.05~0.15，局部最大增加率为 0.2；但南部长治盆地和运城盆地植被 MLAI 变化率呈现显著降低趋势，MLAI 变化率介于每年平均降低 0~0.05，最大降低率为 0.1。

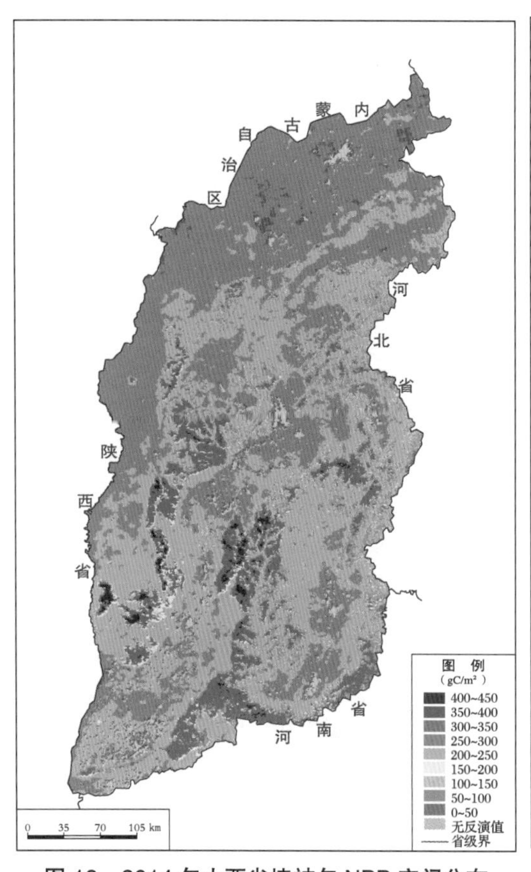

图 18　2014 年山西省植被年 NPP 空间分布

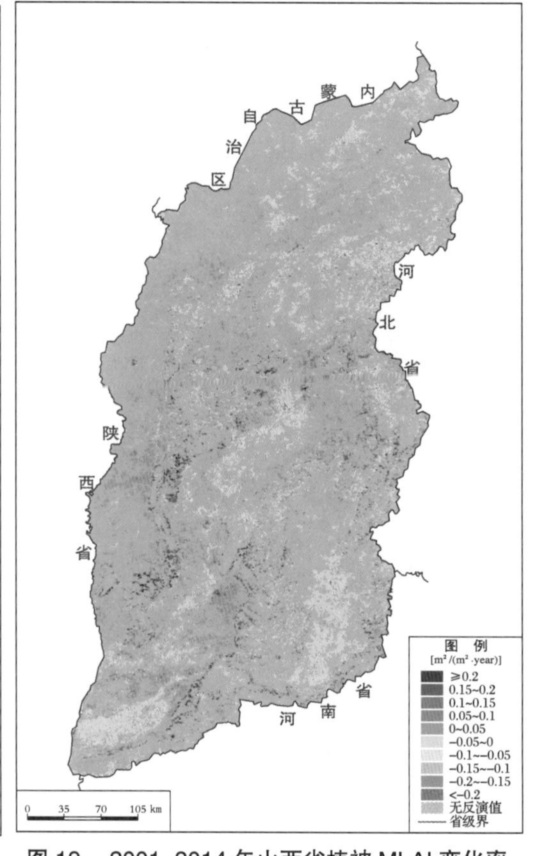

图 19　2001~2014 年山西省植被 MLAI 变化率空间分布

山西省 2001~2014 年 MFVC 变化率的空间变化显著（见图 20）。与 MLAI 变化率空间分布格局差异明显，MFVC 变化率总体呈现轻微降低趋势，MFVC 变化率每年平均降低 0~1%；但在西部和临汾盆地周边 MFVC 呈现显著增加趋势，MFVC 变化率每年平均增加 2%~4%，部分地区的 MFVC 增加率超过 4%。

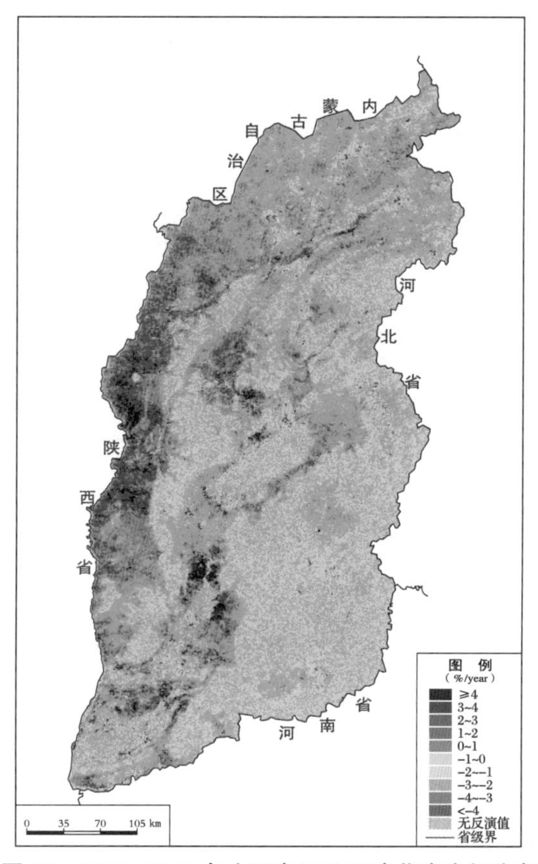

图 20　2001~2014 年山西省 MFVC 变化率空间分布

7.5　内蒙古自治区植被状况

7.5.1　2014年内蒙古自治区植被状况

内蒙古自治区 2014 年植被 MLAI 空间分布差异显著，MLAI 总体介于 1~5，空间上呈现由西南向东北逐渐增加的趋势，且与地表覆盖类型密切相关（见图 21）。内蒙古自治区范围较广，由东北向西南延伸 3000 多千米，地势由南向北、由西向东缓慢倾斜。内蒙古自治区东北部大兴安岭林区 MLAI 最高，介于 3~5，局部最高可达 6；中部以草地为主，赤峰、通辽和鄂尔多斯等地 MLAI 处于 2~3，部分地区低于 1；西部分布大片沙漠，MLAI 极低。

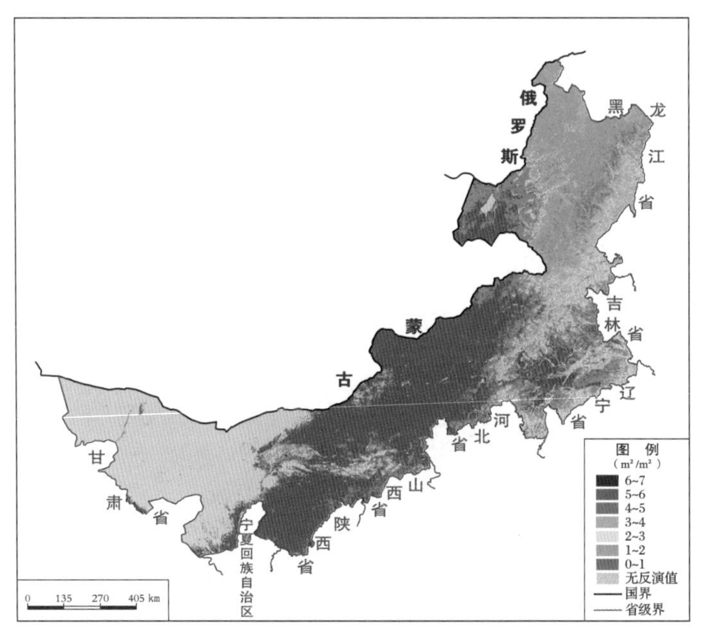

图 21　2014 年内蒙古自治区植被 MLAI 空间分布

内蒙古自治区 2014 年 MFVC 空间分布差异显著（见图 22）。空间分布格局与 MLAI 具有较好的一致性，呈现由西南向东北逐渐增加的趋势。内蒙古自治区东北部大兴安岭林区 MFVC 高于 95%；呼伦贝尔、锡林郭勒、赤峰、通辽和鄂尔多斯等草原区 MFVC 介于 70%~90%；其他地区 MFVC 低于 40%。

内蒙古自治区 2014 年植被年 NPP 均值为 67.55 克碳每平方米，年 NPP 空间分布差异显著，受地表类型影响显著，其空间分布格局与 MLAI、MFVC 空间分布具有较好一致性（见图 23）。内蒙古自治区东北部大兴安岭林区年 NPP 最高，介于 250~300 克碳每平方米；呼伦贝尔、锡林郭勒、赤峰、通辽和鄂尔多斯等草原分布区年 NPP 介于 50~150 克碳每平方米；中部其他区域年 NPP 低于 50 克碳每平方米。

7.5.2　2001~2014年内蒙古自治区植被变化

内蒙古自治区 2001~2014 年植被 MLAI 变化率的空间变化明显（见图 24）。内蒙古自治区东北部大兴安岭林区、赤峰和通辽西北部草原区、锡林郭勒东北部草原区以及包头、呼兰浩特和乌兰察布平原区植被 MLAI 呈现下降趋势，每年平均降低 0.05~0.1；呼伦贝尔西部高原区、鄂尔多斯草原区以及中部其他区域植被 MLAI 呈现增加趋势，每年平均增加 0~0.05，局部增加率最高达 0.15。

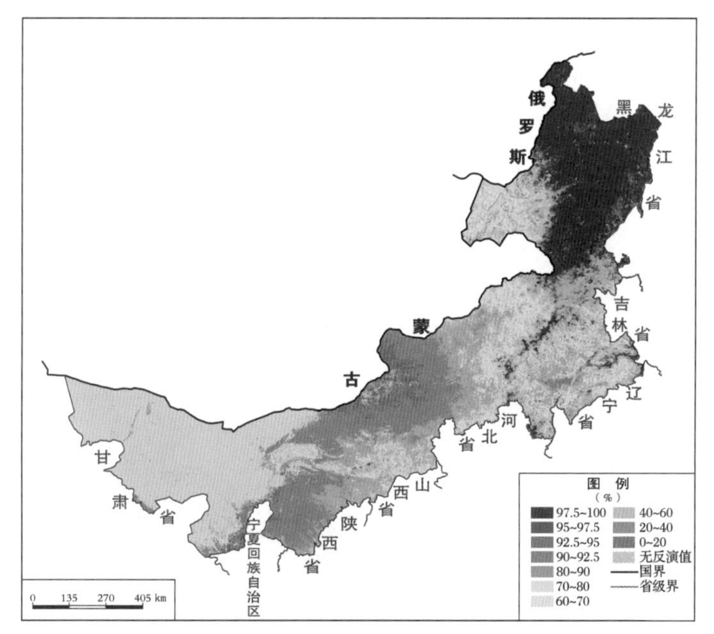

图 22　2014 年内蒙古自治区 MFVC 空间分布

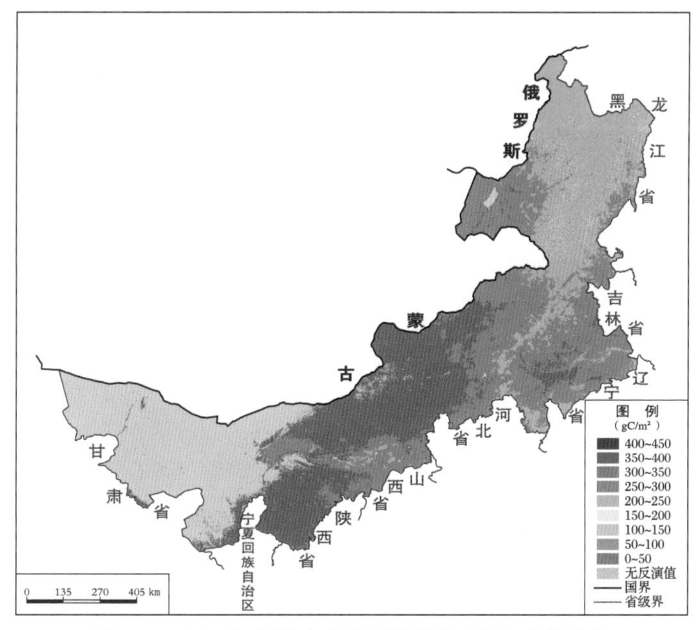

图 23　2014 年内蒙古自治区植被年 NPP 空间分布

内蒙古自治区 2001~2014 年 MFVC 变化率空间变化具有一定差异（见图 25）。内蒙古自治区 MFVC 总体呈现降低趋势，MFVC 变化率每年平均降低 0~1%；其中赤峰和通辽西北部草原区、锡林郭勒东北部草原区以及包头、呼兰浩特和乌兰察布平原区 MFVC 呈现下降趋势，每年平均降低 1%~2%，局部降低率最大为

3%；但呼伦贝尔西部高原区、锡林郭勒东北部高原区、鄂尔多斯草原区以及东部兴安盟的 MFVC 呈现增加趋势，MFVC 变化率每年平均增加 0~2%，局部增加率最高达 3%。

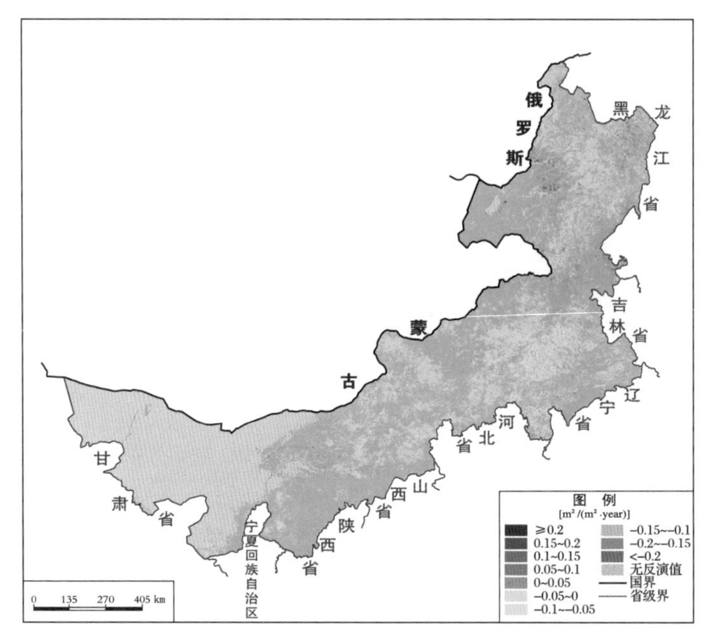

图 24　2001~2014 年内蒙古自治区植被 MLAI 变化率空间分布

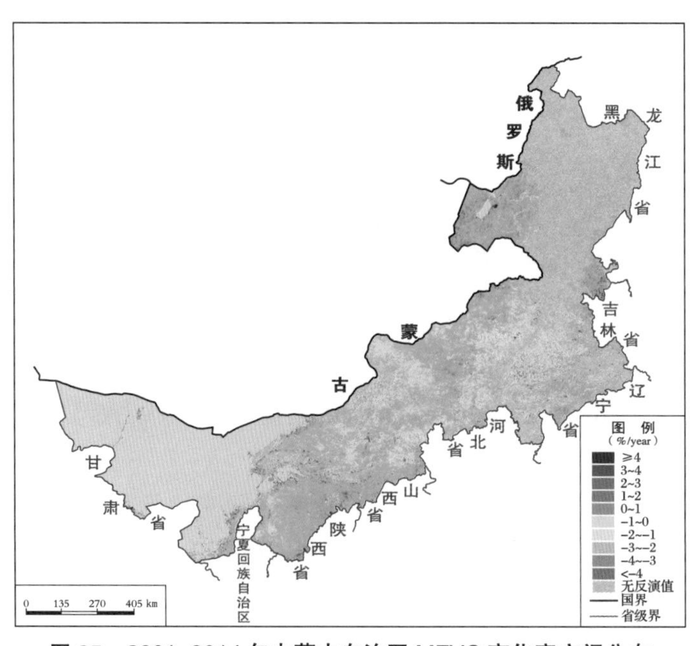

图 25　2001~2014 年内蒙古自治区 MFVC 变化率空间分布

7.6 辽宁省植被状况

7.6.1 2014年辽宁省植被状况

辽宁省 2014 年植被 MLAI 空间分布区域差异显著，MLAI 总体介于 2~6，整体呈现由西向东逐渐增加的趋势（见图 26）。辽宁省植被 MLAI 空间分布与植被类型、地形等有关，辽宁东部山地为长白山脉向西南的延伸部分，植被 MLAI 最高，达 4~6；中部为地势平坦的平原区，植被 MLAI 介于 3~4；西部为由东北向西南走向的松岭、黑山等构成的低海拔丘陵地带，植被 MLAI 最低，介于 2~3，其中最西侧 MLAI 低于 1。

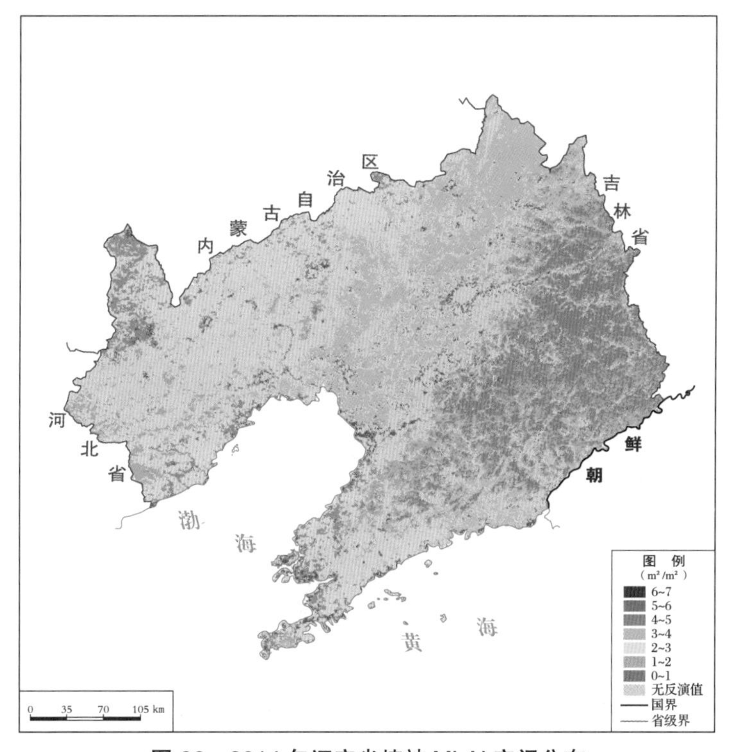

图 26　2014 年辽宁省植被 MLAI 空间分布

辽宁省 2014 年 MFVC 空间分布差异显著，其空间分布格局呈现由西南向东北增加趋势（见图 27）。辽宁省 MFVC 总体较高，普遍高于 80%；其中辽宁东北部山区 MFVC 最高，超过 95%；中部平原区以农田为主，MFVC 介于 90%~97.5%；西部丘陵山区和东南部大连市的 MFVC 较低，介于 70%~90%。MFVC 空间分布与 MLAI 空间分布具有较好的一致性。

辽宁省 2014 年植被年 NPP 均值为 155.05 克碳每平方米，区域年 NPP 空间分布格局差异显著，其空间分布与地表覆盖类型密切相关（见图 28）。辽宁

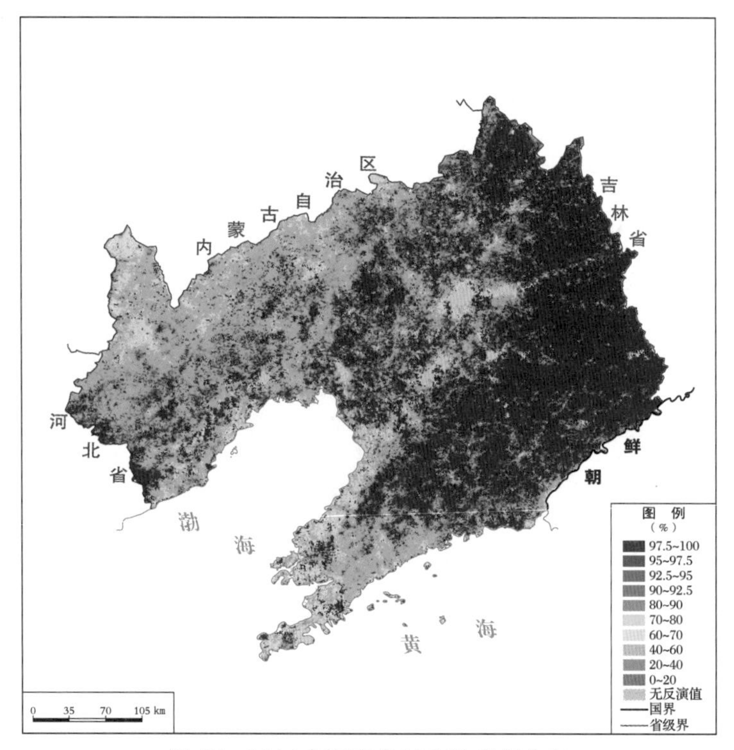

图 27　2014 年辽宁省 MFVC 空间分布

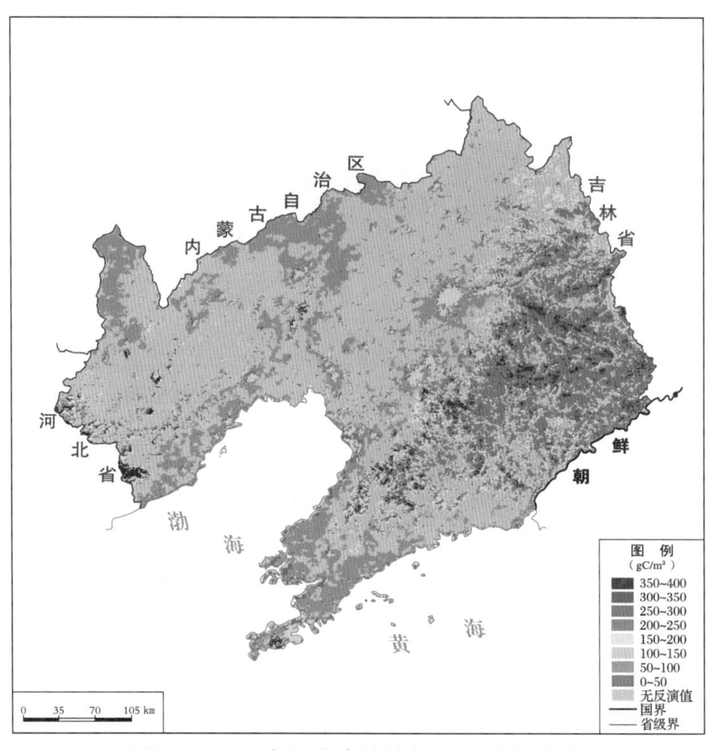

图 28　2014 年辽宁省植被年 NPP 空间分布

东部山区和西部部分丘陵地区以森林为主，年 NPP 较高，介于 300~350 克碳每平方米，最高可达 400 克碳每平方米；中部平原区和西部低矮丘陵区以农田和草地为主，年 NPP 较低，介于 50~150 克碳每平方米，城市周边的年 NPP 最低小于 50 克碳每平方米。年 NPP 空间分布与 MLAI、MFVC 空间分布具有较好一致性。

7.6.2 2001~2014年辽宁省植被变化

辽宁省 2001~2014 年植被 MLAI 变化率的空间变化明显（见图 29）。辽宁省年 MLAI 变化率总体呈现增加趋势，每年平均增加 0~0.05；东部山区和西部丘陵部分地区年 MLAI 具有显著增加趋势，MLAI 变化率每年平均增加 0.15~0.2；而中部的沈阳市、辽阳市，西南部的葫芦岛市以及南部的大连市等城市周边 MLAI 变化率呈下降趋势，每年平均降低 0.05，最大降低率不超过 0.2。

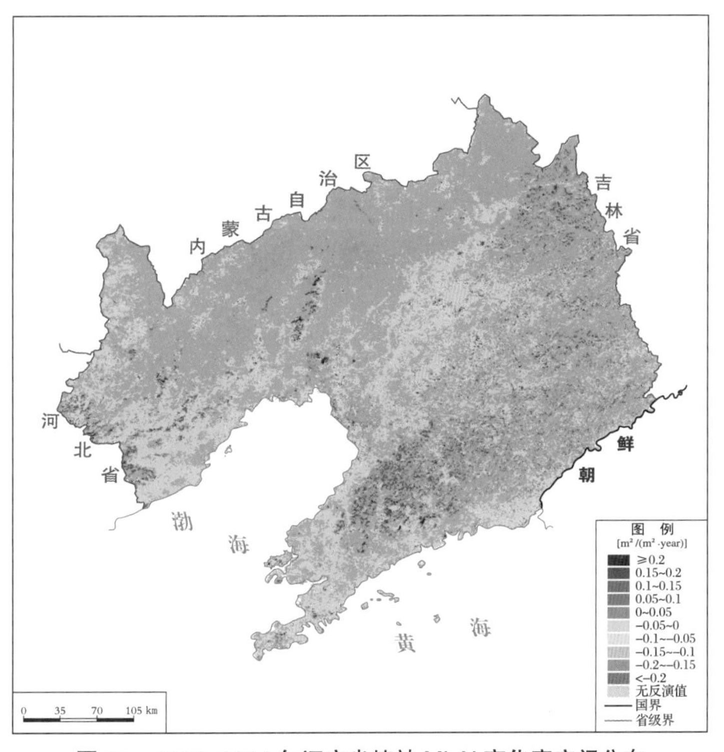

图 29　2001~2014 年辽宁省植被 MLAI 变化率空间分布

辽宁省 2001~2014 年 MFVC 变化率的空间变化差异不明显（见图 30），MFVC 变化率整体呈现轻微降低趋势，MFVC 变化率每年平均降低 0~1%；仅在海陆边界处存在部分 MFVC 变化率增加区域，MFVC 变化率每年平均增加不超过 2%。

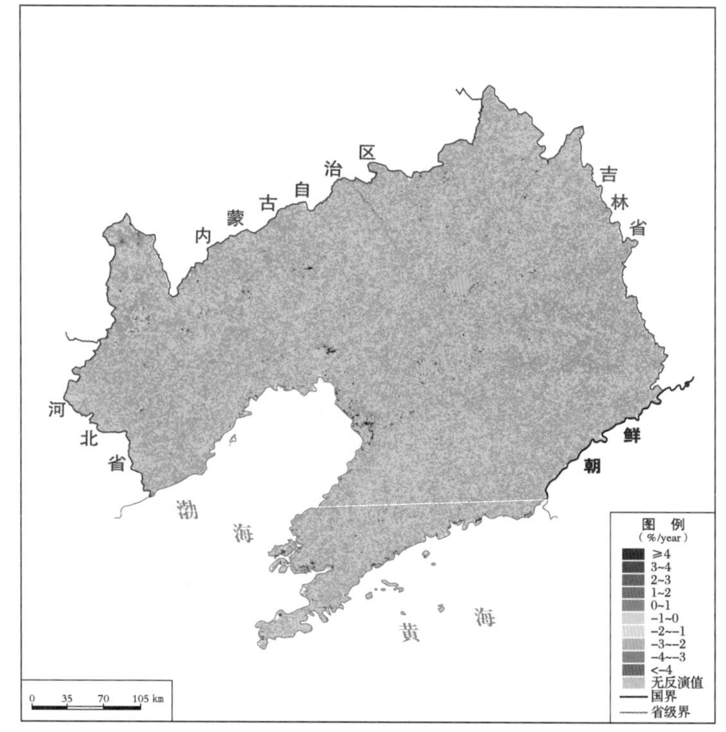

图 30　2001~2014 年辽宁省 MFVC 变化率空间分布

7.7　吉林省植被状况

7.7.1　2014年吉林省植被状况

吉林省 2014 年植被 MLAI 空间分布差异显著，MLAI 总体介于 1~6，空间分布呈现由西北向东南逐渐增加的趋势（见图 31）。吉林省地势呈现明显的东南高、西北低的特征，以中部黑山为界，东部长白山区的 MLAI 较高，普遍介于 4~6；中部台地平原区 MLAI 中等，介于 3~4；西部草甸和沙地区域的 MLAI 最低，普遍低于 3，局部低于 1。

吉林省 2014 年 MFVC 空间分布格局变化明显（见图 32）。吉林省东部山区和中部平原区的 MFVC 较高，普遍高于 95%；西部白城市 MFVC 也较高，介于 90%~97.5%；西部松原市 MFVC 处于中等水平，介于 80%~90%；西部草甸、沙地区域的 MFVC 较低，介于 40%~70%，极少区域达到 80%。MFVC 空间分布与 MLAI 空间分布具有较好的一致性。

吉林省 2014 年植被年 NPP 均值为 179.63 克碳每平方米，年 NPP 空间分布格局差异显著（见图 33），其空间分布与 MLAI、MFVC 空间分布具有较好一致性。吉林省东部山区森林固碳能力较强，年 NPP 最高，介于 250~350 克碳每平方米；

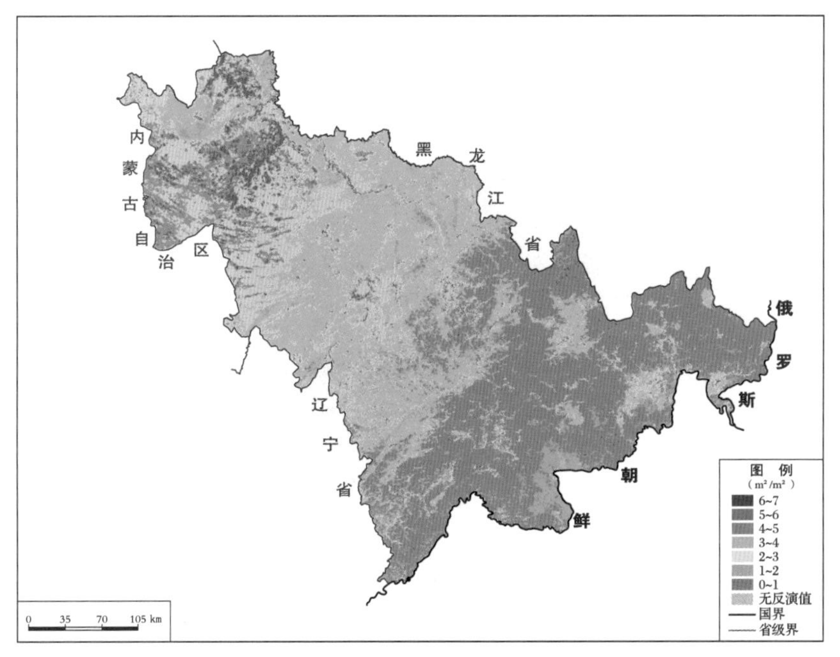

图 31 2014 年吉林省植被 MLAI 空间分布

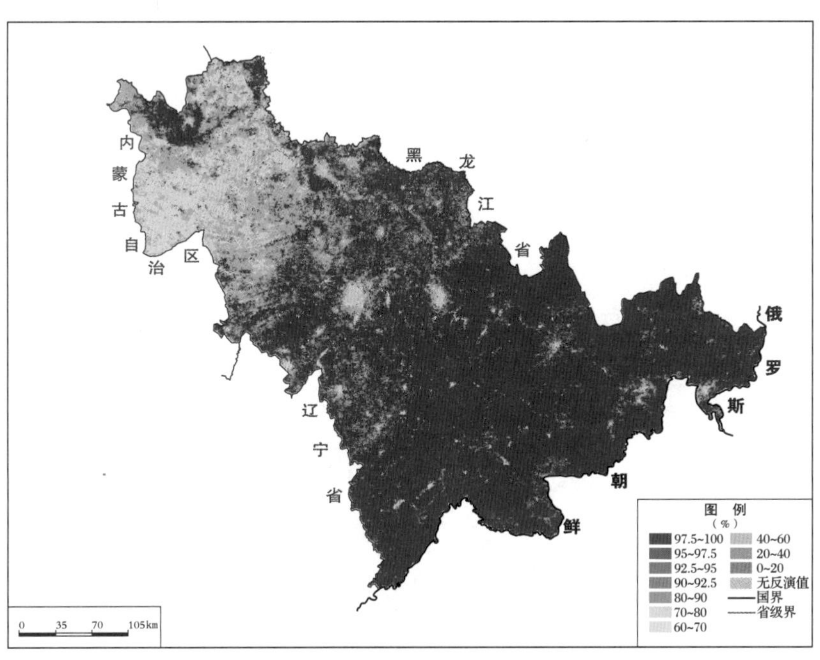

图 32 2014 年吉林省 MFVC 空间分布

中部平原区农作物固碳能力较弱，年 NPP 介于 100~150 克碳每平方米；而西部草甸、沙地区域的固碳能力很弱，年 NPP 低于 100 克碳每平方米。

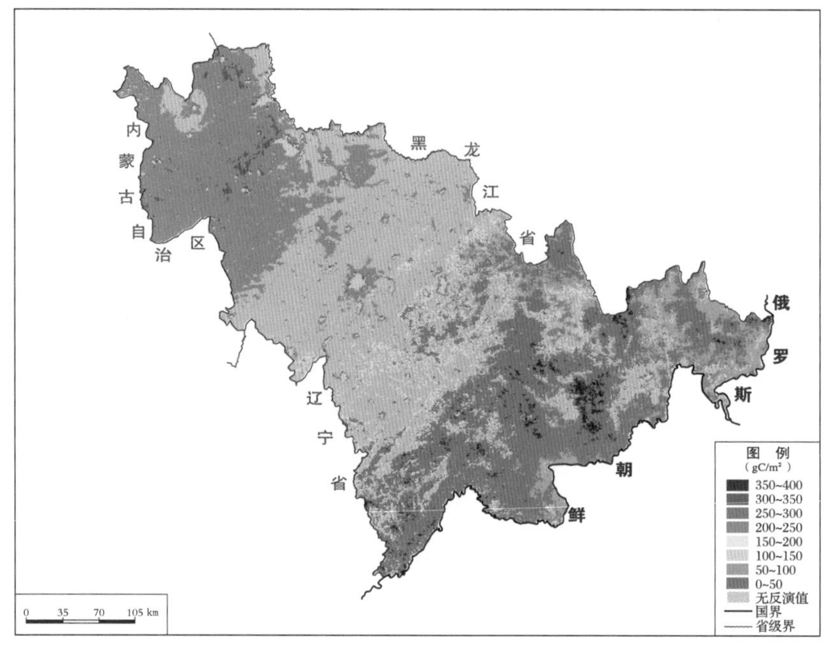

图 33 2014 年吉林省植被年 NPP 空间分布

7.7.2 2001~2014年吉林省植被变化

吉林省 2001~2014 年植被 MLAI 变化率的变化在空间上具有一定差异（见图 34）。吉林省植被 MLAI 变化率总体上呈现缓慢增加趋势，每年平均增加 0~0.05；

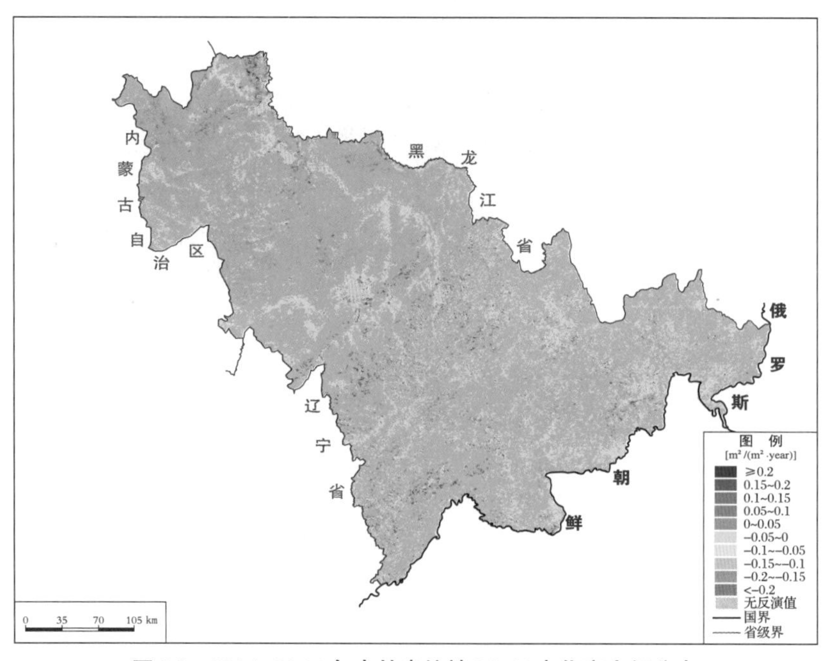

图 34 2001~2014 年吉林省植被 MLAI 变化率空间分布

白城市西北部的草甸、沙地部分区域 MLAI 变化率具有明显增加趋势，每年平均增加 0.1~0.15；流经松原市、长春市和吉林市的松花江周边区域、城市周边以及东部山脚下的低矮区域 MLAI 变化率具有下降趋势，每年平均降低 0.1，少部分地区降低率达到 0.15。

吉林省 2001~2014 年 MFVC 变化率的空间变化也具有一定差异（见图 35）。吉林省西部草甸、沙地区域的 MFVC 变化率呈现增加趋势，每年平均增加 1%，其中部分区域 MFVC 变化率每年平均增加 2%~3%；西部白城市查干湖周边的 MFVC 变化率出现显著下降，每年平均降低 1%~3%。

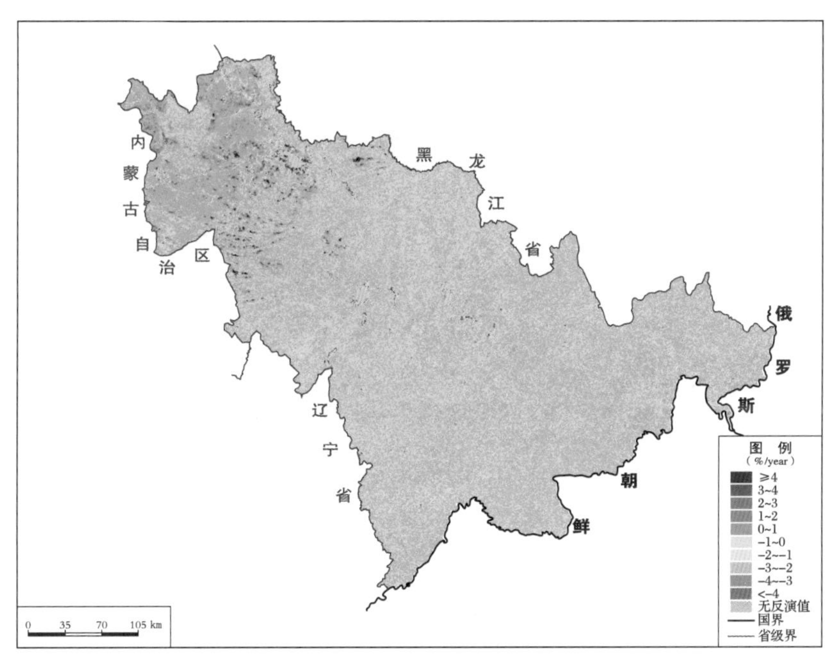

图 35　2001~2014 年吉林省 MFVC 变化率空间分布

7.8　黑龙江省植被状况

7.8.1　2014年黑龙江省植被状况

黑龙江省 2014 年植被 MLAI 空间分布格局具有明显差异，MLAI 总体介于 3~6，空间格局呈现阶梯式分布（见图 36）。中部的伊春市、牡丹江市和黑河市的森林区域 MLAI 最高，MLAI 总体处于 5~6；大兴安岭地区 MLAI 次之，普遍介于 4~5，局部达到 5~6；东部佳木斯市和双鸭山市以及中西部绥化市和哈尔滨市植被 MLAI 较低，普遍介于 3~4，局部最高达到 5 左右；西南部大庆市 MLAI 最低，MLAI 介于

2~3，局部最低小于1。黑龙江省整体森林覆盖率较高，但大庆市以工业为主，植被覆盖率较低，植被生长较差。

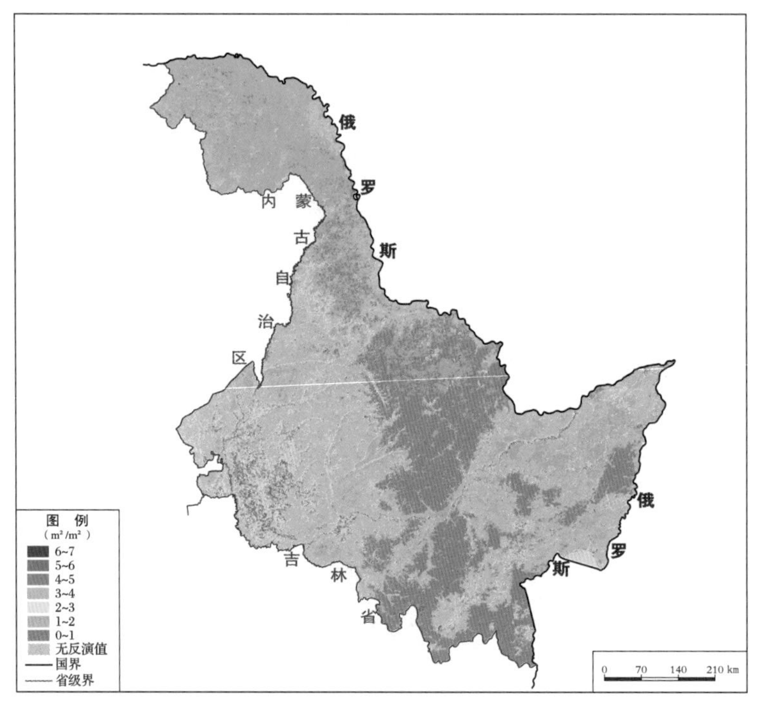

图36 2014年黑龙江省植被MLAI空间分布

黑龙江省2014年MFVC空间分布格局无明显差异（见图37）。除西南部的大庆市之外，全省其余区域的MFVC普遍高于95%；大庆市主要从事油田开采工业活动，植被覆盖率较低，MFVC低于80%，局部地区最少为40%。

黑龙江省2014年植被年NPP均值为173.14克碳每平方米，年NPP空间分布格局差异显著（见图38）。中部的伊春市和牡丹江市、黑河市以及大兴安岭地区的森林区，年NPP最高，介于250~350克碳每平方米，局部地区达到400克碳每平方米；东部佳木斯市和双鸭山市部分区域、中西部绥化市以及西南部大庆市的植被年NPP处于50~100克碳每平方米；省内其余区域植被年NPP在100~150克碳每平方米。年NPP空间分布与MLAI空间分布具有较好一致性。

7.8.2 2001~2014年黑龙江省植被变化

黑龙江省2001~2014年植被MLAI变化率的变化在空间上具有一定差异（见图39）。西南部齐齐哈尔市和大庆市的植被MLAI变化率呈现明显增加趋势，每年平均增加0.05~0.1，部分地区MLAI增加率最高达到0.15；中部的伊春市和牡丹江市、黑河市以及大兴安岭地区的森林区，部分地区MLAI变化率出现增加趋势，每年平

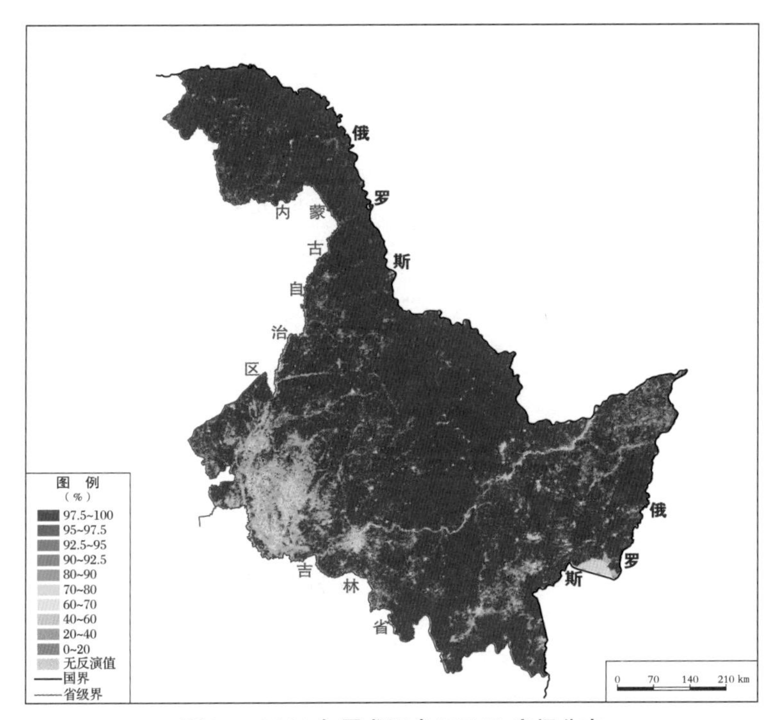

图 37　2014 年黑龙江省 MFVC 空间分布

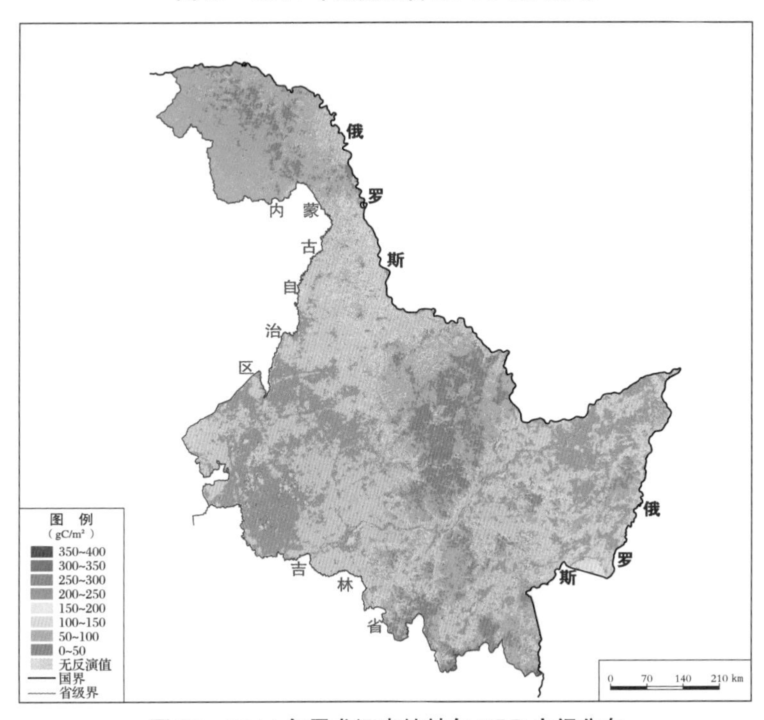

图 38　2014 年黑龙江省植被年 NPP 空间分布

均增加 0~0.05，局部区域每年平均增加约 0.01；其余区域出现缓慢下降趋势，每年平均降低 0~0.05。

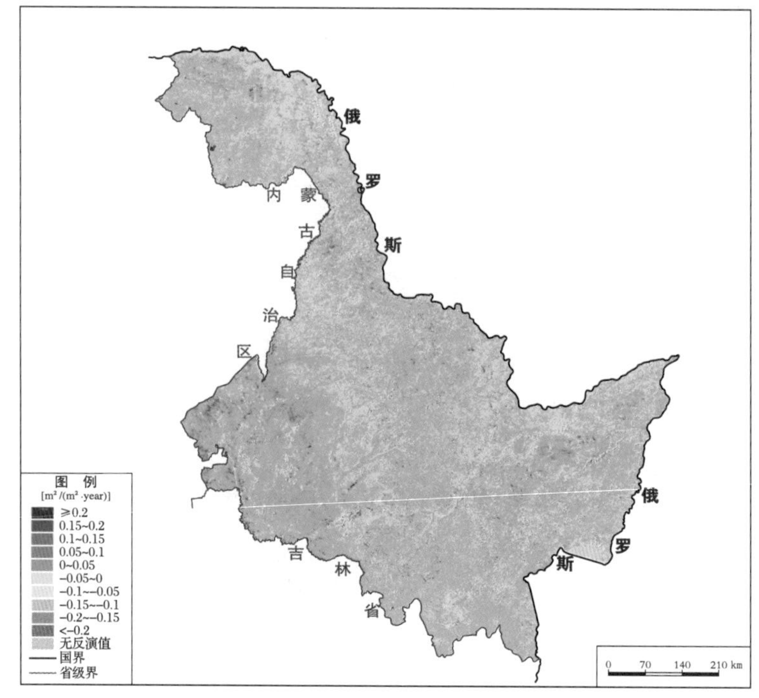

图 39 2001~2014 年黑龙江省植被 MLAI 变化率空间分布

黑龙江省 2001~2014 年 MFVC 变化率空间变化差异不明显（见图 40）。黑龙江全省 MFVC 较高，总体而言，全省 MFVC 多年变化趋势不明显；但在西南部齐

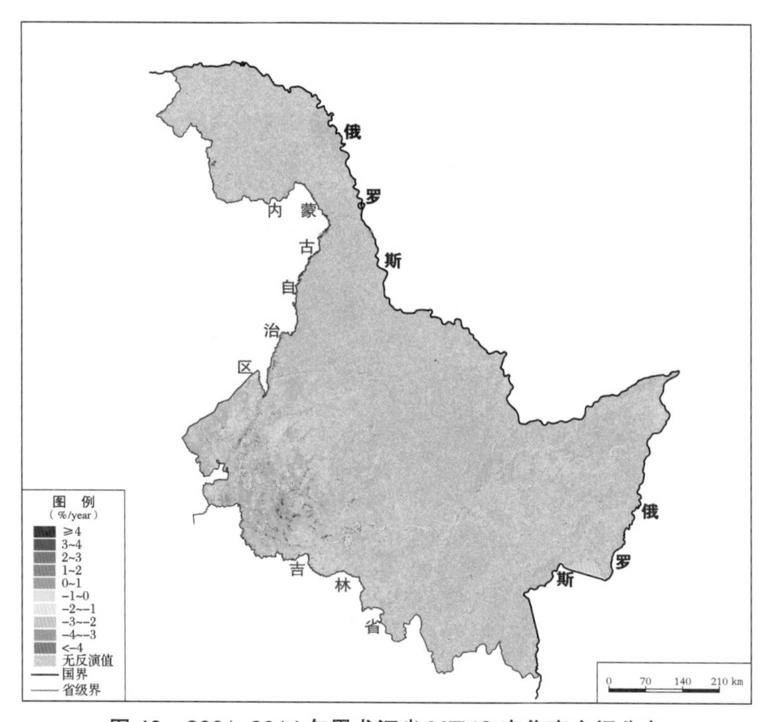

图 40 2001~2014 年黑龙江省 MFVC 变化率空间分布

齐哈尔市和大庆市，MFVC 变化率呈现增加趋势，每年平均增加 1%~2%，尤其是在城市周边增加最为显著，MFVC 变化率每年平均增加 2%~3%。MFVC 变化率与 MLAI 变化率空间分布具有较好一致性，说明齐齐哈尔市和大庆市内的植被恢复比较显著。

7.9 上海市植被状况

7.9.1 2014年上海市植被状况

上海市 2014 年植被 MLAI 空间分布格局差异不明显，MLAI 总体介于 1~3（见图 41）。上海市属于长江三角洲冲积平原的一部分，地势低矮平坦，平均海拔高度 4 米左右，市内 MLAI 较低，城区周边的 MLAI 不足 1，郊区 MLAI 在 2~3，局部地区能够达到 3~4；崇明区 LAI 整体较高，普遍高于 2~3，北部农田区 MLAI 能够达到 3~4。

上海市 2014 年 MFVC 空间分布格局具有一定差异（见图 42）。崇明区 MFVC 最高，整体平均高于 80%，西北部农田区 MFVC 最高超过 95%；上海市南部郊区的 MFVC 较高，介于 70%~90%；而城区周边和长兴岛的 MFVC 较低，介于 40%~60%。

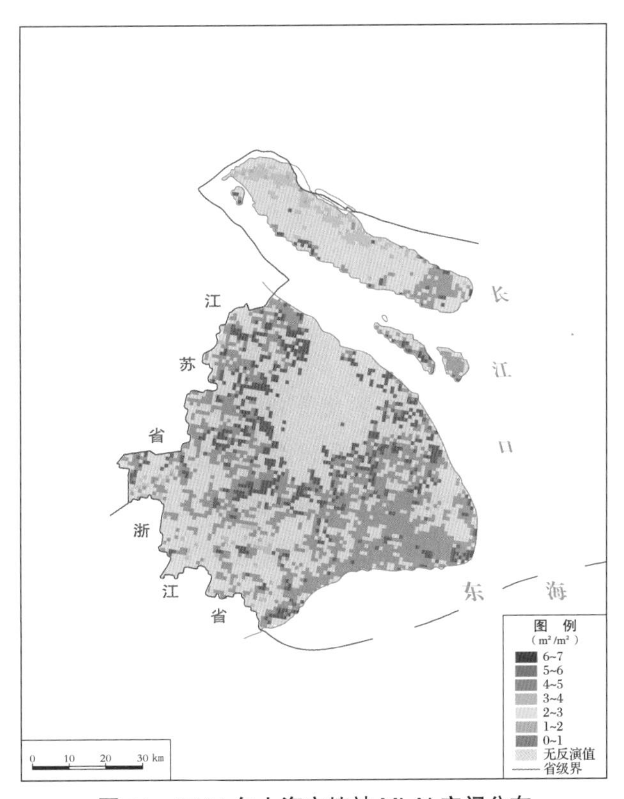

图 41　2014 年上海市植被 MLAI 空间分布

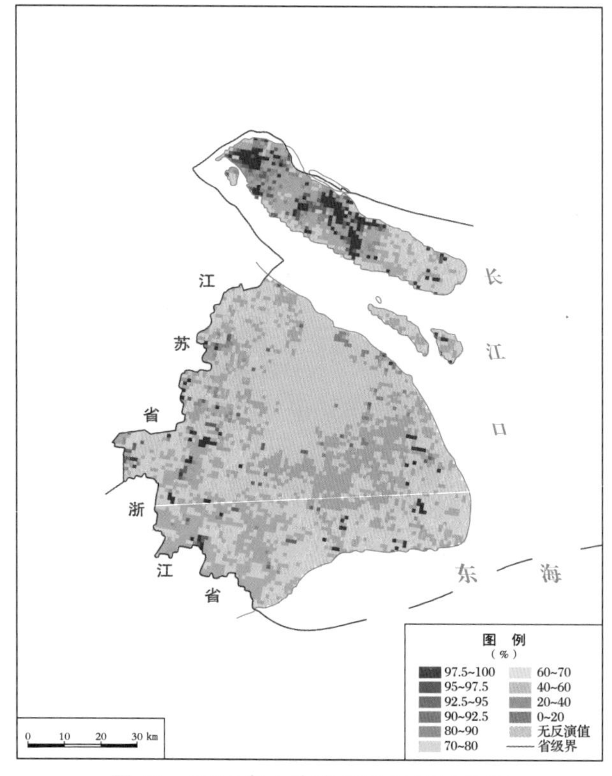

图 42　2014 年上海市 MFVC 空间分布

上海市 2014 年植被年 NPP 均值为 62.29 克碳每平方米，年 NPP 整体低于 150 克碳每平方米，空间分布格局无明显差异（见图 43）。除崇明区和南部郊区年 NPP 介于 100~150 克碳每平方米外，其余地区年 NPP 在 50~100 克碳每平方米，城市周边像元的年 NPP 低于 50 克碳每平方米。

7.9.2　2001~2014年上海市植被变化

上海市 2001~2014 年植被 MLAI 变化率的空间变化具有一定差异（见图 44）。上海市青浦区、松江区、奉贤区以及崇明区和长兴岛的MLAI变化率呈现增加趋势，每年平均增加 0~0.05，局部增加率达到 0.05~0.1；上海市陆地 MLAI 变化率整体为降低趋势，每年平均降低 0~0.01，而部分区域每年平均降低 0.1~0.15。

上海市 2001~2014 年 MFVC 变化率的空间变化具有一定差异（见图 45）。上海市南部的青浦区、松江区、金山区、奉贤区以及崇明区和长兴岛的 MFVC 变化率呈现增加趋势与降低趋势并存，MFVC 变化率处于每年平均降低 1% 到每年平均增加 1% 范围内；市区周边区域的 MFVC 变化率具有显著下降趋势，每年平均降低 1%~2%。

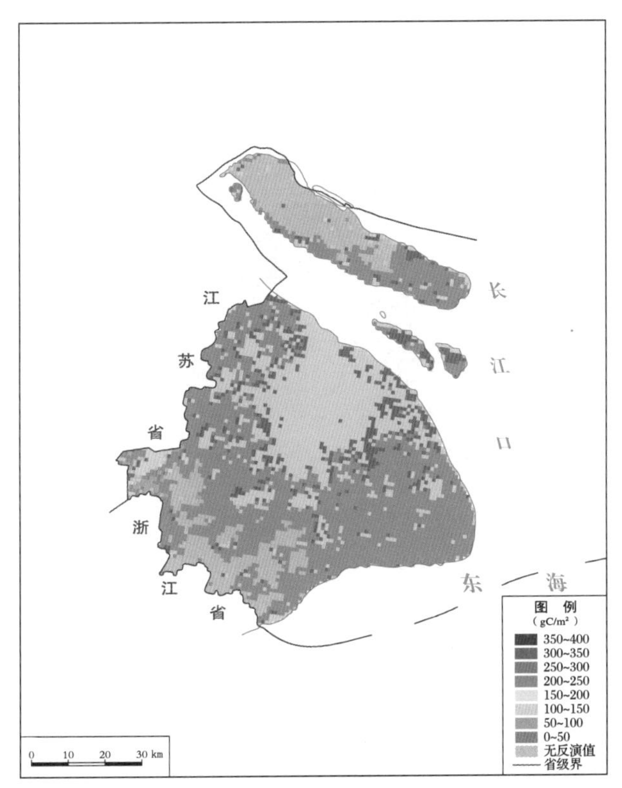

图 43　2014 年上海市植被年 NPP 空间分布

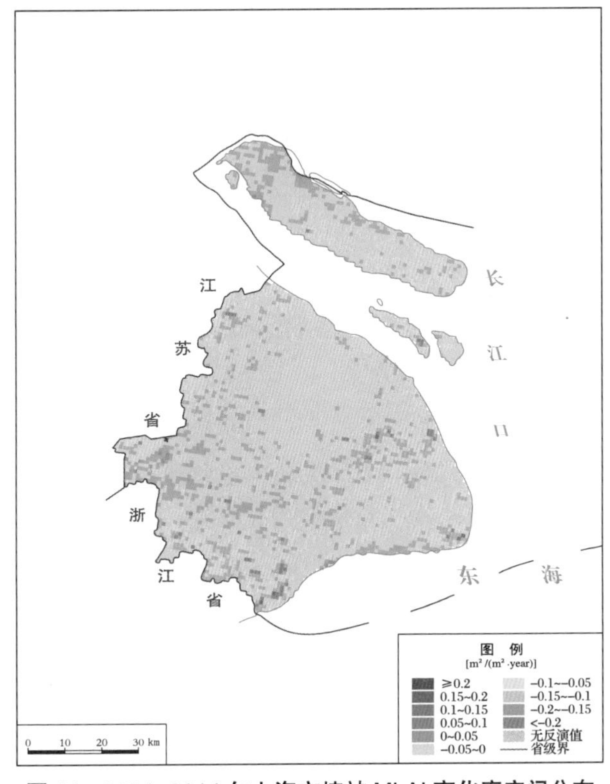

图 44　2001~2014 年上海市植被 MLAI 变化率空间分布

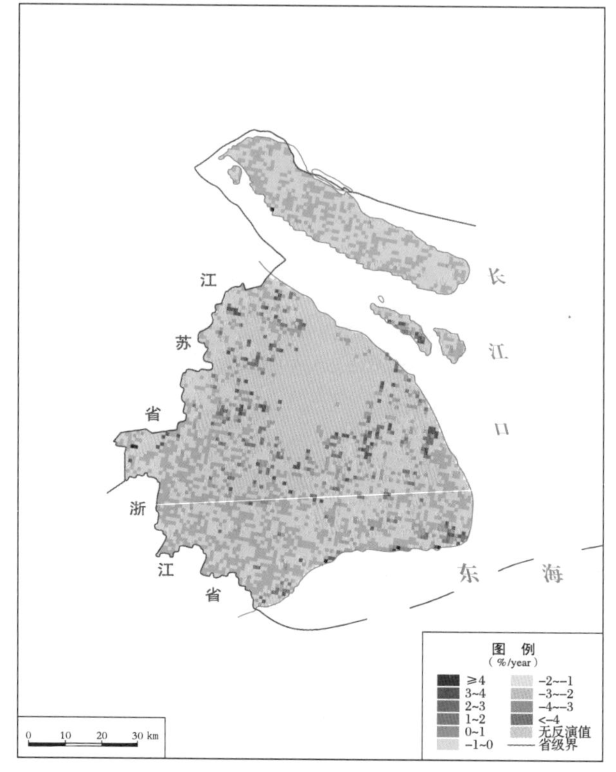

图 45　2001~2014 年上海市 MFVC 变化率空间分布

7.10　江苏省植被状况

7.10.1　2014年江苏省植被状况

江苏省 2014 年植被 MLAI 空间分布格局具有一定差异，MLAI 总体介于 2~4，呈现由东南向西北逐渐增加的趋势（见图 46）。江苏省地势低平，以平原为主，河湖水面占比较大。江苏中北部大部分区域 MLAI 处于 3~4，但海岸周边、河湖周边的 MLAI 最低小于 1；南部的南京市、镇江市、常州市、无锡市和苏州市内 MLAI 最低，介于 1~3，局部低于 1。

江苏省 2014 年 MFVC 空间分布格局差异显著，呈现由东南向西北逐渐增加的趋势（见图 47）。江苏省北部 MFVC 整体较高，平均高于 80%，但城市和水体周边的 MFVC 较低，处于 40%~70%；位于江苏南部的南京市、镇江市和常州市的 MFVC 介于 70%~90%，少部分地区 MFVC 达到 95%；江苏南部的无锡市和苏州市的 MFVC 全省最低，平均介于 60%~80%。

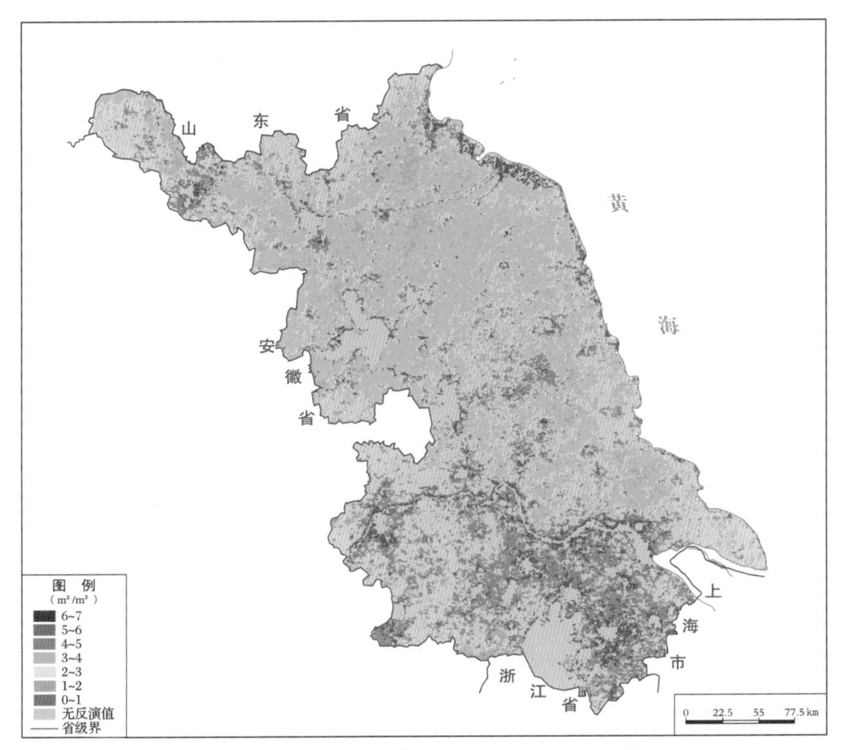

图 46　2014 年江苏省植被 MLAI 空间分布

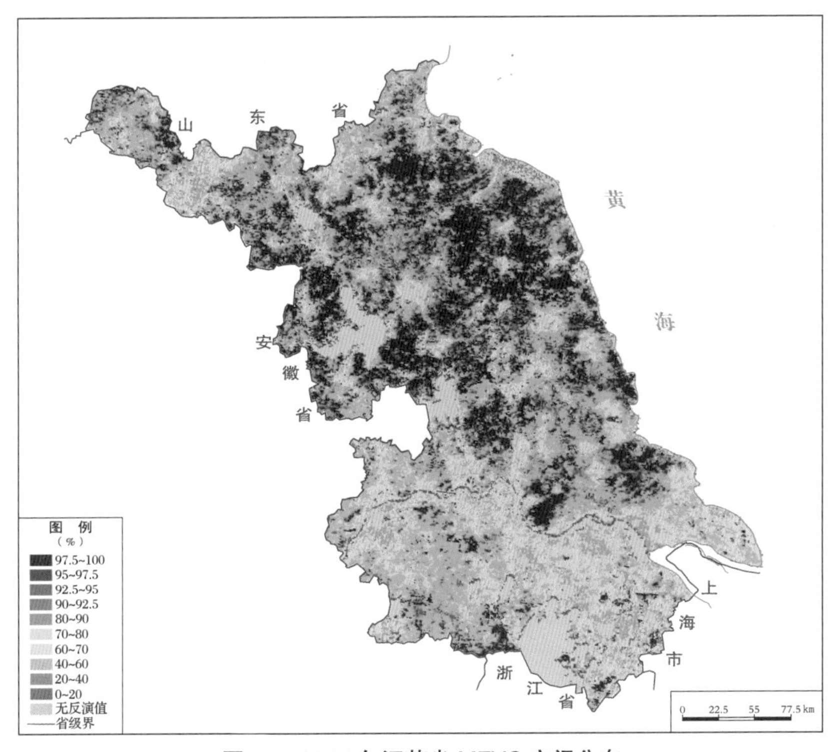

图 47　2014 年江苏省 MFVC 空间分布

江苏省2014年植被年NPP均值为107.91克碳每平方米，年NPP空间分布格局具有一定差异（见图48）。江苏省全省的年NPP较低，主要介于100~150克碳每平方米；中部扬州市湿地周边、无锡市南部部分区域的年NPP高于200克碳每平方米；西北部部分区域年NPP处于150~200克碳每平方米；东南部的无锡市和苏州市年NPP低于100克碳每平方米；东北部的连云港市与盐城市年NPP最低，低于50克碳每平方米。

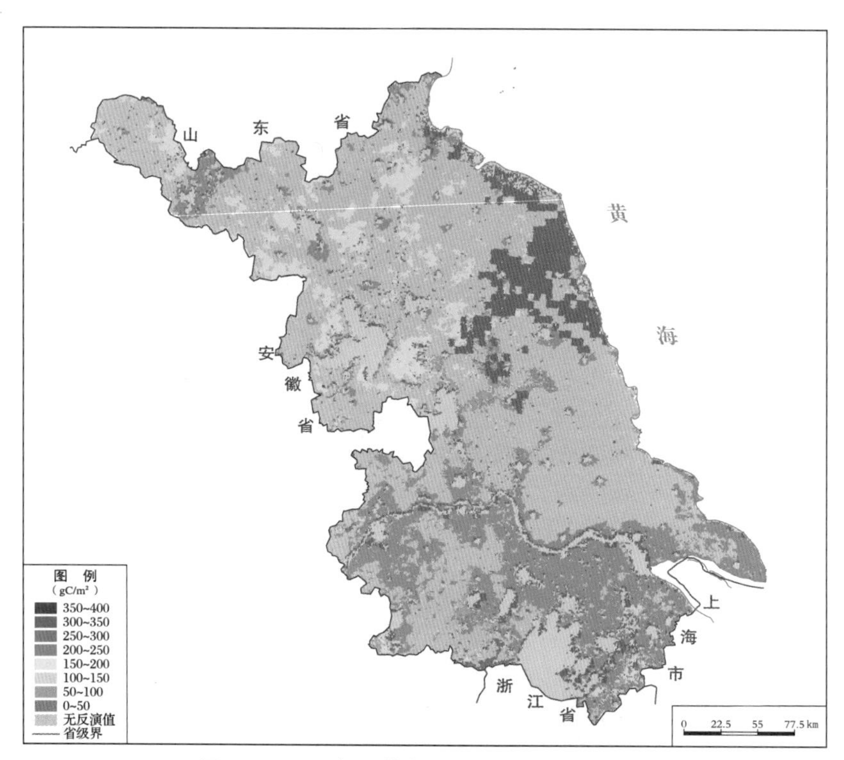

图48　2014年江苏省植被年NPP空间分布

7.10.2　2001~2014年江苏省植被变化

江苏省2001~2014年植被MLAI变化率空间变化具有一定空间差异（见图49）。江苏省MLAI变化率总体呈现轻微降低趋势，每年平均降低0~0.05；淮河入海水道北部的部分区域、洪泽湖周边区域的MLAI变化率呈现增加趋势，每年平均增加0~0.05；南部的南京市、镇江市、常州市、无锡市和苏州市城区MLAI变化率下降趋势明显，每年平均降低0.05~0.1，局部地区MLAI变化率每年平均降低0.15。

江苏省2001~2014年MFVC变化率的空间变化差异不明显（见图50）。江苏省全省MFVC变化率呈现增加趋势与降低趋势并存，MFVC变化率处于每年平均降

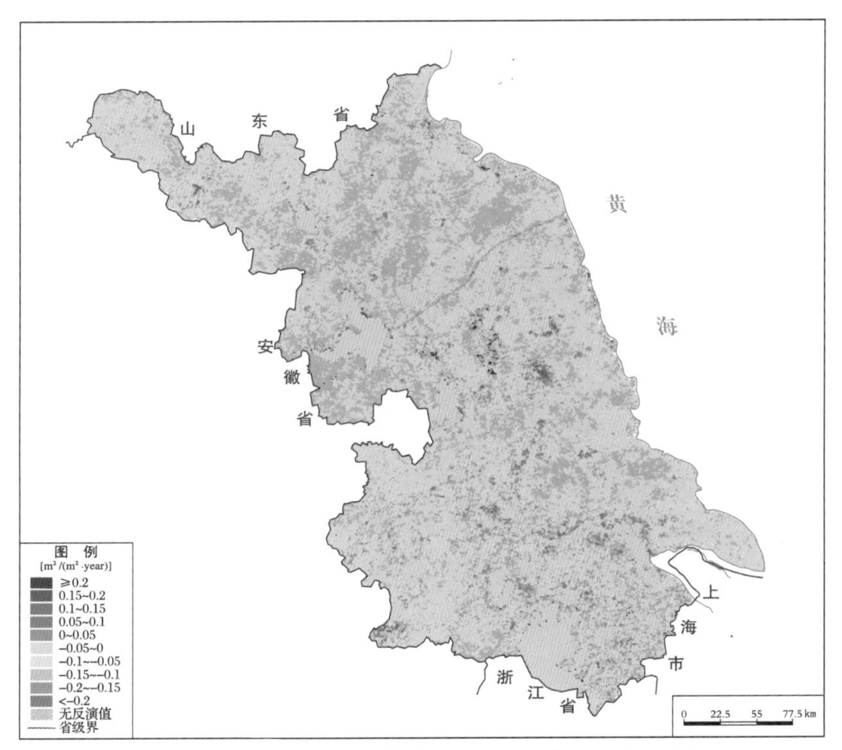

图 49　2001~2014 年江苏省植被 MLAI 变化率空间分布

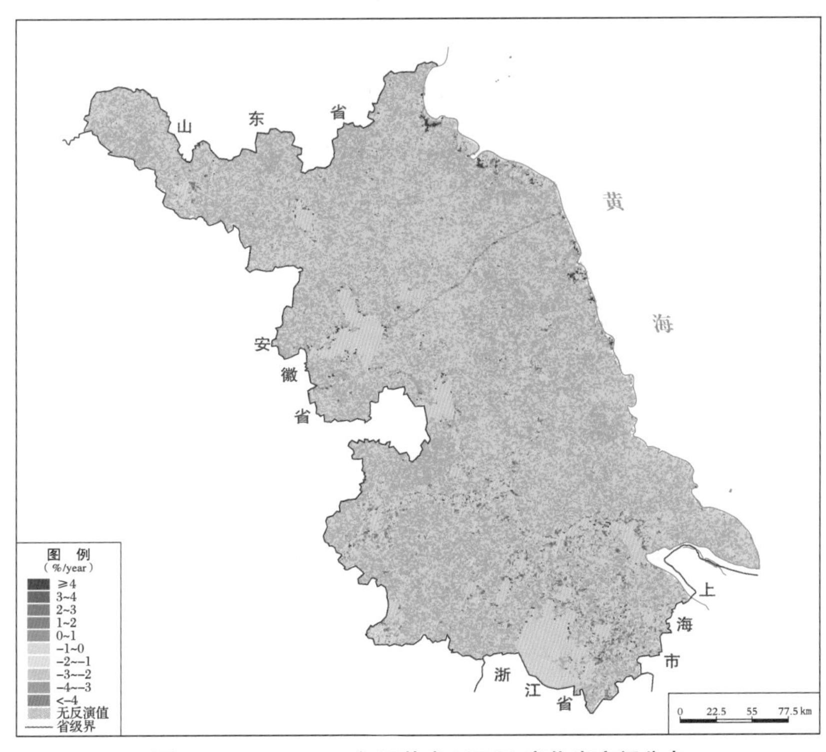

图 50　2001~2014 年江苏省 MFVC 变化率空间分布

低 1% 到每年平均增加 1% 范围内；东北部的连云港市与盐城市海岸带、淮河入海水道附近的 MFVC 变化率具有显著增加趋势，每年平均增加 3%~4%；而主要湖泊（尤其是太湖和长江入海口）和城市周边的 MFVC 变化率呈现下降趋势，每年平均降低 2%~4%。

7.11 浙江省植被状况

7.11.1 2014年浙江省植被状况

浙江省 2014 年植被 MLAI 空间分布格局具有一定差异，MLAI 总体介于 2~5，呈现由东北向西南逐渐增加的趋势（见图 51）。浙江省地势西南部高、东北部低，呈梯级下降，西南部山区以森林类型为主，MLAI 普遍介于 4~5；东北部的杭州湾周边与嘉兴市，中西部义乌市、金华市和衢州市一带，以及东南部沿海地区的 MLAI 普遍较低，介于 1~3，局部区域低于 1。

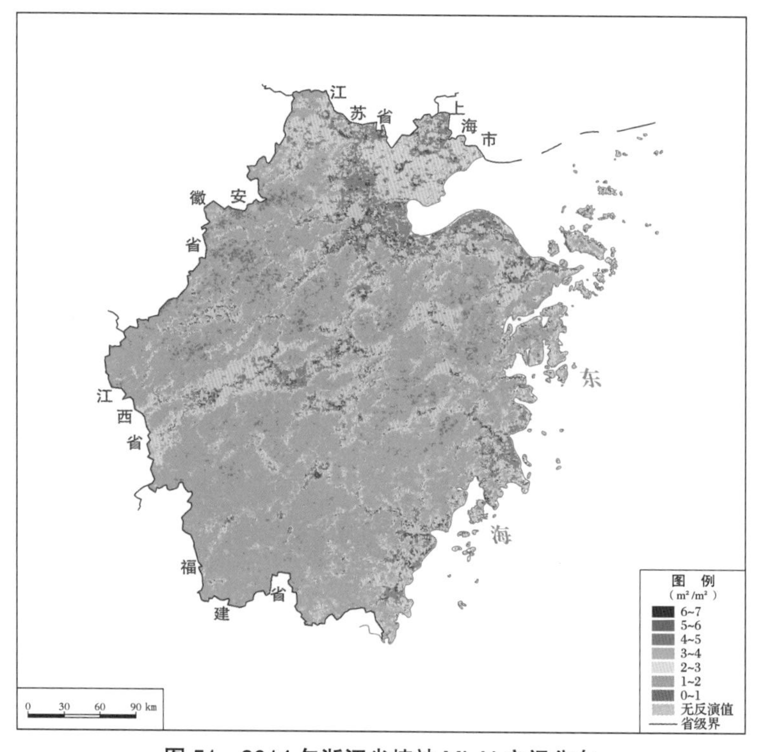

图 51 2014 年浙江省植被 MLAI 空间分布

浙江省 2014 年 MFVC 空间分布格局差异显著，与 MLAI 空间分布具有较好的一致性（见图 52）。浙江省全省 MFVC 普遍较高，西南部山地丘陵区域的 MFVC 超过 95%；北部嘉兴市，中西部义乌市、金华市和衢州市一带的 MFVC 处于 70%~90%；而东北部的杭州湾周边以及东南部沿海地区的 MFVC 最低，介于 20%~60%。

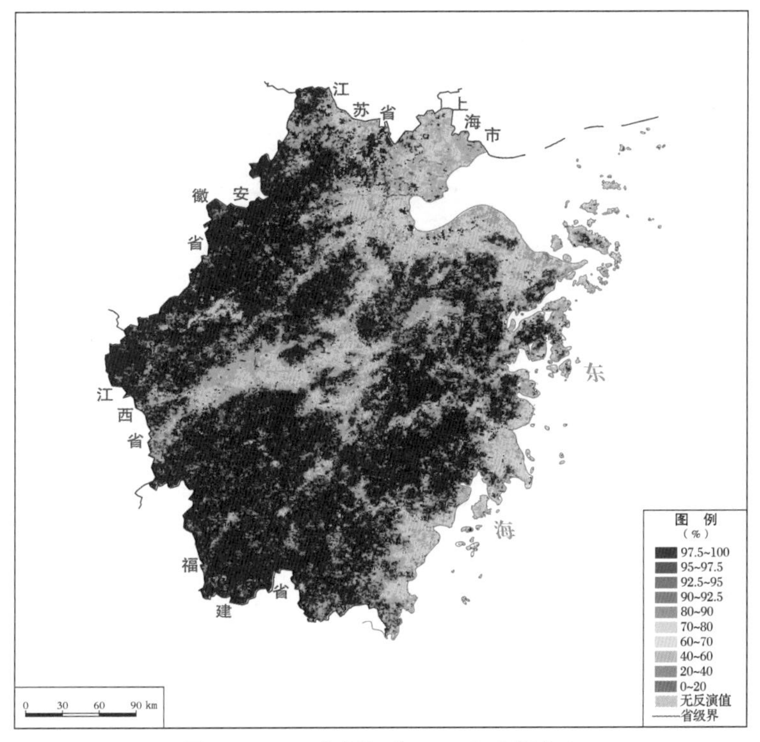

图 52　2014 年浙江省 MFVC 空间分布

浙江省 2014 年植被年 NPP 均值为 260.43 克碳每平方米，年 NPP 空间分布格局差异显著，其空间分布与地表覆盖类型密切相关（见图 53）。浙江西南部的山地丘陵区域以森林类型为主，年 NPP 最高，平均介于 350~400 克碳每平方米，最高达到 450 克碳每平方米；北部嘉兴市，中西部义乌市、金华市和衢州市一带的年 NPP 介于 100~150 克碳每平方米；而东北部的杭州湾周边以及东南部沿海地区的年 NPP 最低，低于 100 克碳每平方米。年 NPP 空间分布与 MLAI、MFVC 空间分布具有较好一致性。

7.11.2　2001~2014年浙江省植被变化

浙江省 2001~2014 年植被 MLAI 变化率空间变化具有一定差异（见图 54）。浙江省西南部山地丘陵区域的 MLAI 变化率呈现增加趋势，每年平均增加 0~0.05；东北部的杭州湾周边与嘉兴市，中西部义乌市、金华市和衢州市一带，以及东南部沿海地区 MLAI 变化率呈现降低趋势，每年平均降低 0.05~0.1，MLAI 降低率最高达 0.15。

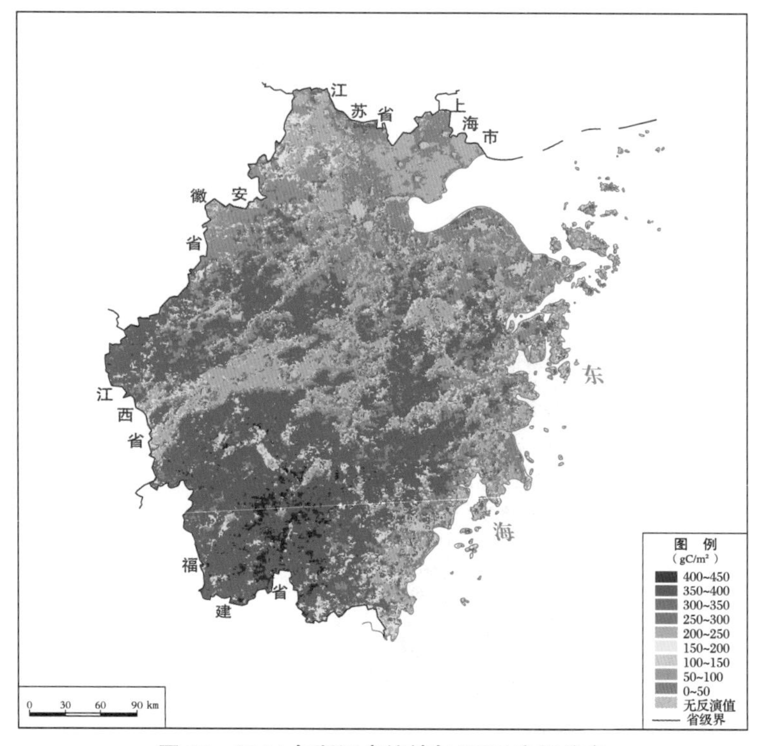

图 53　2014 年浙江省植被年 NPP 空间分布

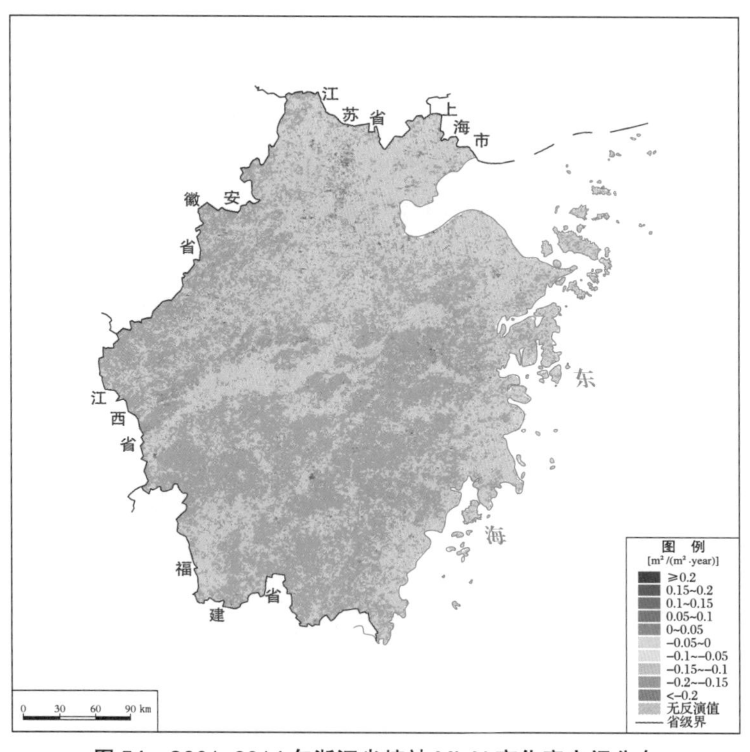

图 54　2001~2014 年浙江省植被 MLAI 变化率空间分布

浙江省 2001~2014 年 MFVC 变化率空间变化差异不明显（见图 55）。浙江省 MFVC 变化率呈现增加趋势与降低趋势并存，MFVC 变化率处于每年平均降低 1% 到每年平均增加 1% 范围内；而省内山地丘陵部分区域 MFVC 变化率具有显著增加趋势，每年平均增加 3%~4%；东北部的杭州湾周边与嘉兴市 MFVC 变化率呈现降低趋势，每年平均降低 2%~4%。

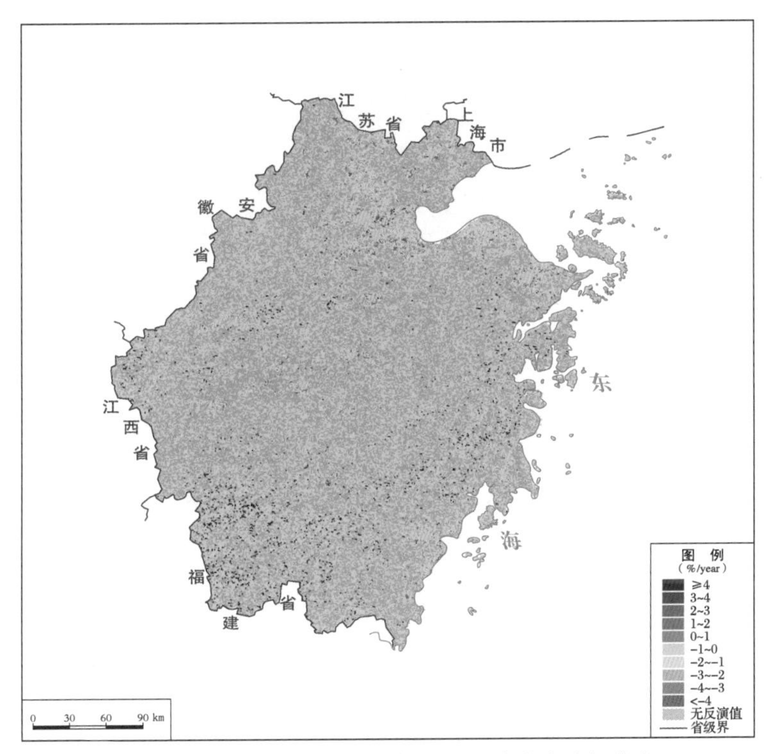

图 55　2001~2014 年浙江省 MFVC 变化率空间分布

7.12　安徽省植被状况

7.12.1　2014年安徽省植被状况

安徽省 2014 年植被 MLAI 空间分布格局差异显著，MLAI 总体介于 2~5，呈现由西北向东南逐渐增加的趋势（见图 56）。安徽南部的黄山市和安庆市属于山地区域，森林覆盖率高，区域内 MLAI 最高，介于 4~5；北部大部分市县的 MLAI 介于 3~4，局部地区 MLAI 在 2~3；中部的合肥市、巢湖市和芜湖市周边 MLAI 最低，MLAI 普遍低于 3。

安徽省 2014 年 MFVC 空间差异较为明显（见图 57）。安徽南部的黄山市和安庆市森林 MFVC 最高，达到 97.5%；北部农田区 MFVC 次高，MFVC 介于

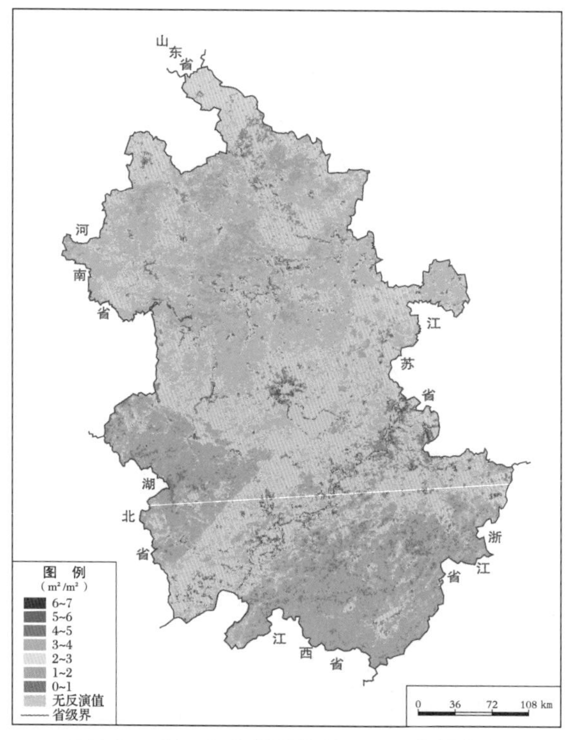

图 56　2014 年安徽省植被 MLAI 空间分布

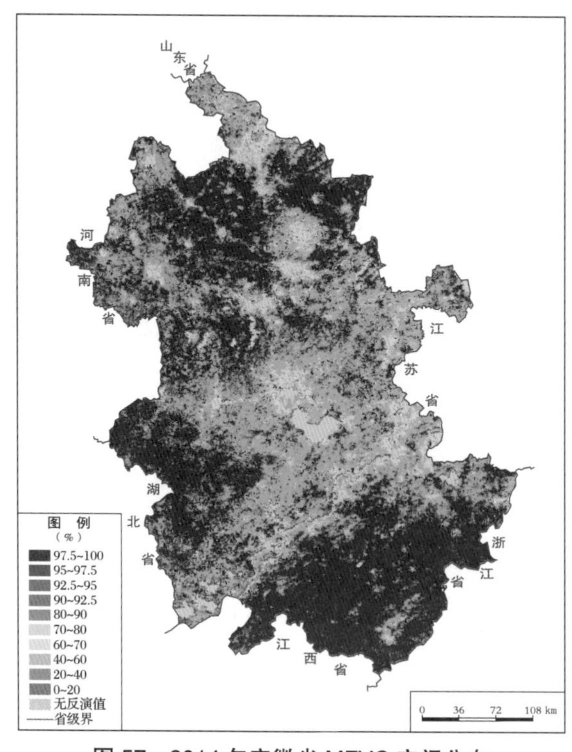

图 57　2014 年安徽省 MFVC 空间分布

92.5%~97.5%；中部的合肥市、巢湖市和芜湖市周边 MFVC 最低，介于 70%~90%。MFVC 空间分布与 MLAI 空间分布具有较好的一致性。

安徽省 2014 年植被年 NPP 均值为 171.37 克碳每平方米，年 NPP 空间分布具有一定差异，其空间分布格局与地表覆盖变化密切相关（见图 58）。安徽南部的黄山市和安庆市区域森林覆盖度高，年 NPP 较高，介于 300~400 克碳每平方米；北部大范围的农田类型年 NPP 较低，介于 100~200 克碳每平方米；省内主要水体周边的植被固碳能力最弱，年 NPP 普遍低于 50 克碳每平方米。年 NPP 空间分布与 MLAI、MFVC 空间分布具有较好的一致性。

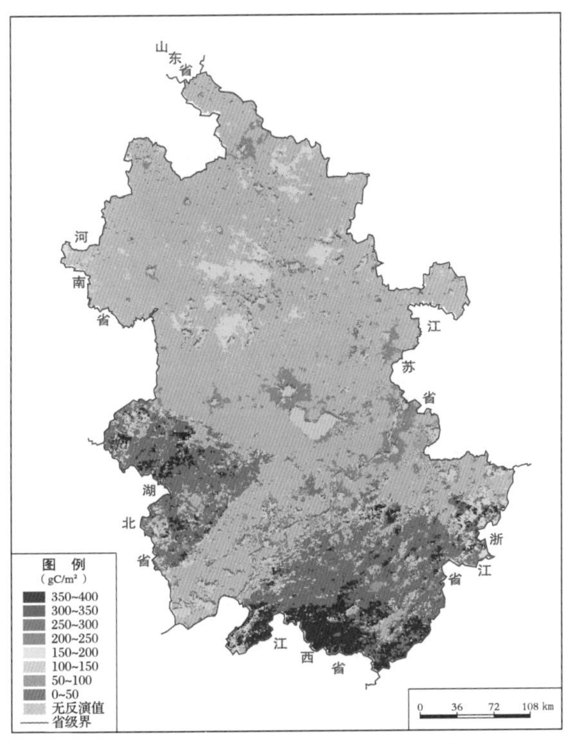

图 58　2014 年安徽省植被年 NPP 空间分布

7.12.2　2001~2014年安徽省植被变化

安徽省 2001~2014 年植被 MLAI 变化率空间变化具有一定差异（见图 59）。安徽南部黄山市和安庆市山区、北部大部分农田区的 MLAI 变化率呈增加趋势，MLAI 变化率每年平均增加 0~0.1，局部增加率最高达 0.15；中部的合肥市、巢湖市和芜湖市周边和最北部地区的 MLAI 变化率呈现降低趋势，MLAI 变化率每年平均降低 0~0.1，部分区域 MLAI 降低率为 0.15。

安徽省 2001~2014 年 MFVC 变化率空间变化差异不明显（见图 60）。省内淮

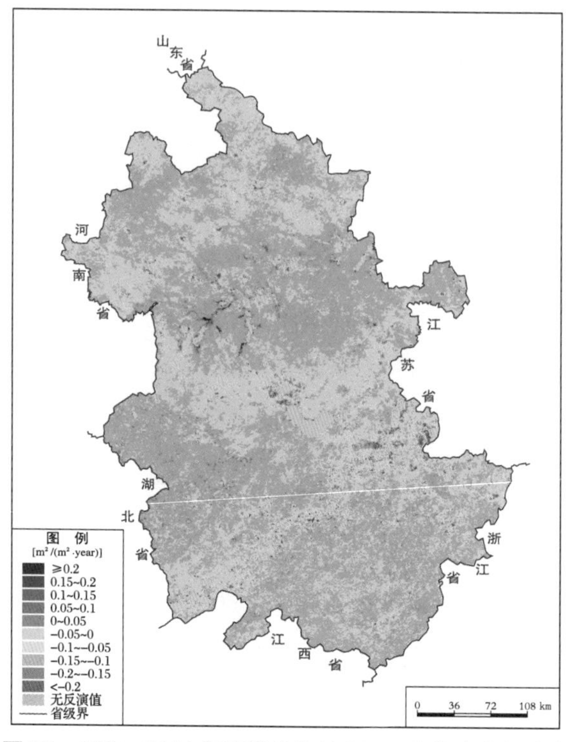

图 59 2001~2014 年安徽省植被 MLAI 变化率空间分布

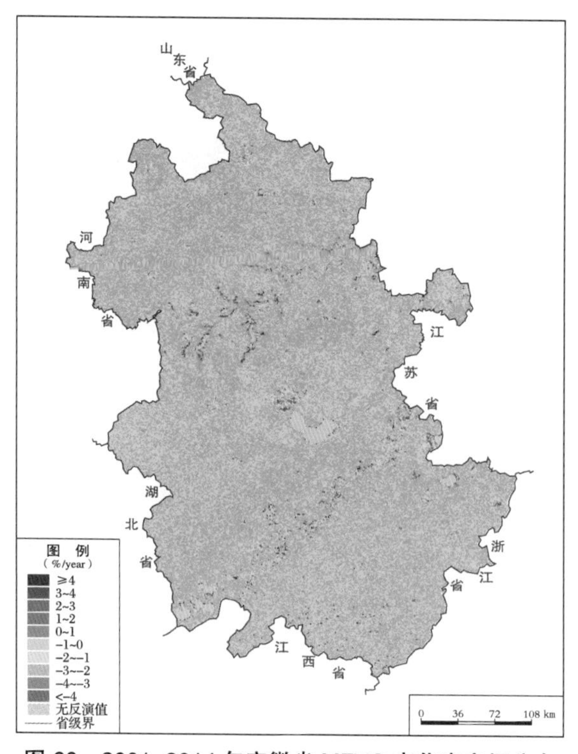

图 60 2001~2014 年安徽省 MFVC 变化率空间分布

南市和蚌埠市内部水体周边 MFVC 变化率呈显著增加趋势，每年平均增加 2%~4%；而合肥市和马鞍山市 MFVC 变化率呈降低趋势，每年平均降低 2%~4%；其余区域的 MFVC 变化率比较稳定，每年平均增加 0~1%。

7.13 福建省植被状况

7.13.1 2014年福建省植被状况

福建省 2014 年植被 MLAI 空间分布格局具有一定差异，MLAI 总体介于 2~5，空间分布呈现西高东低的特点，这与地表覆盖类型密切相关（见图 61）。福建省西部的南平市、三明市、龙岩市，以森林覆盖类型为主，MLAI 介于 4~5；福建省东部的厦门市、福州市、泉州市东部地区沿海经济较发达，受人类活动干预相对较大，MLAI 介于 2~3；尤其在厦门市、福州市市区附近，MLAI 介于 0~2。

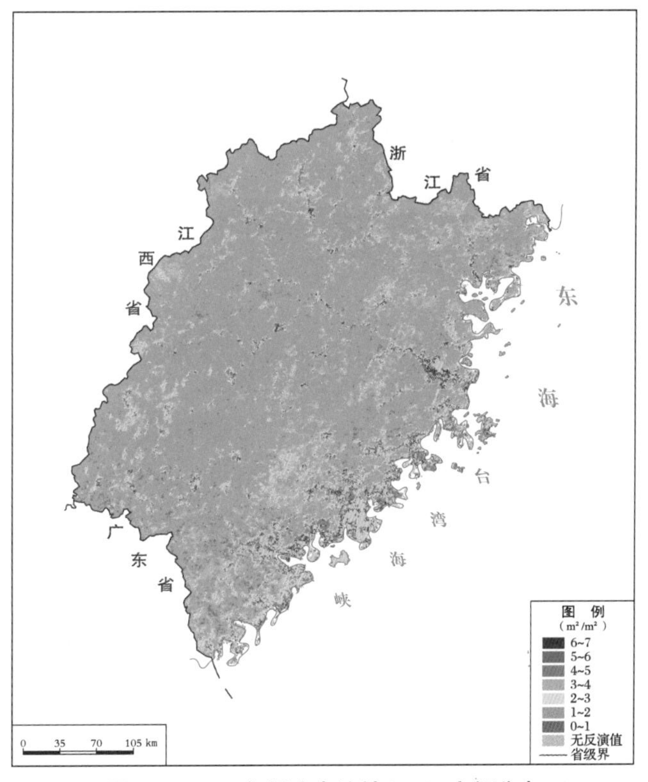

图 61 2014 年福建省植被 MLAI 空间分布

福建省 2014 年 MFVC 空间分布格局差异显著，具有典型的内陆—沿海特点（见图 62）。福建省西部的南平市、三明市、龙岩市，以森林覆盖类型为主，MFVC 高达 97.5%~100%；福建省东部的厦门市、福州市、泉州市属东部沿海地区经济较发达，受人类活动干预相对较大，MFVC 介于 80%~90%；在厦门市、福州市市区附近，MFVC 最低，仅为 40%~70%。MFVC 空间分布与 MLAI 空间分布具有较好的一致性。

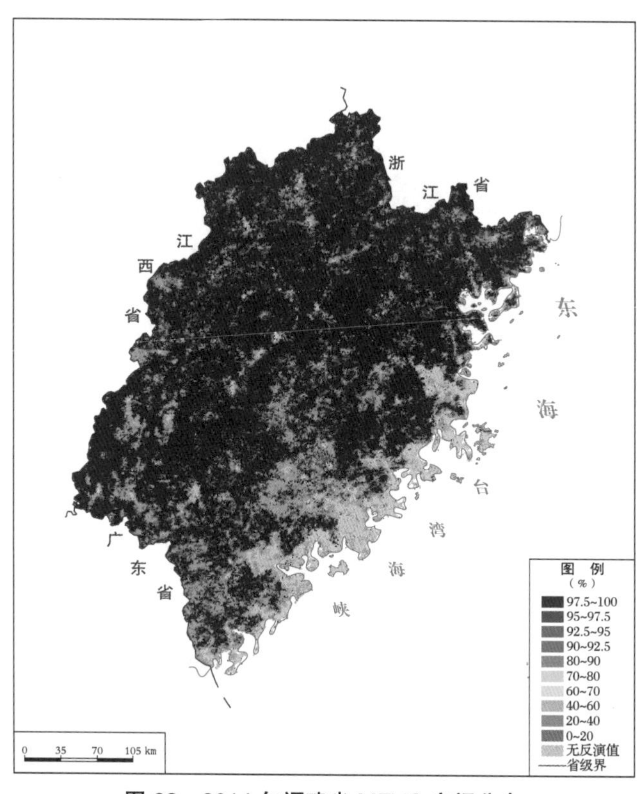

图 62　2014 年福建省 MFVC 空间分布

福建省 2014 年植被年 NPP 均值为 319.34 克碳每平方米，年 NPP 空间分布格局差异显著，其空间分布与地表覆盖类型密切相关（见图 63）。福建省西部的南平市、三明市、龙岩市丘陵地区以森林类型为主，森林类型固碳能力较强，年 NPP 较高，介于 300~450 克碳每平方米；福建省东部的厦门市、福州市、泉州市沿海地区经济发达，城区覆盖面积相对较大，年 NPP 介于 150~250 克碳每平方米；厦门市、福州市市区附近年 NPP 最低，介于 0~150 克碳每平方米。年 NPP 空间分布与 MLAI、MFVC 空间分布具有较好的一致性。

7.13.2　2001~2014年福建省植被变化

福建省 2001~2014 年植被 MLAI 变化率空间变化具有一定差异（见图 64）。福建省西部的森林地区 MLAI 变化率每年平均增加 0~0.1，局部地区可达 0.1~0.15；东部地区 MLAI 变化率每年平均降低 0~0.05；厦门市、福州市等市区附近区域

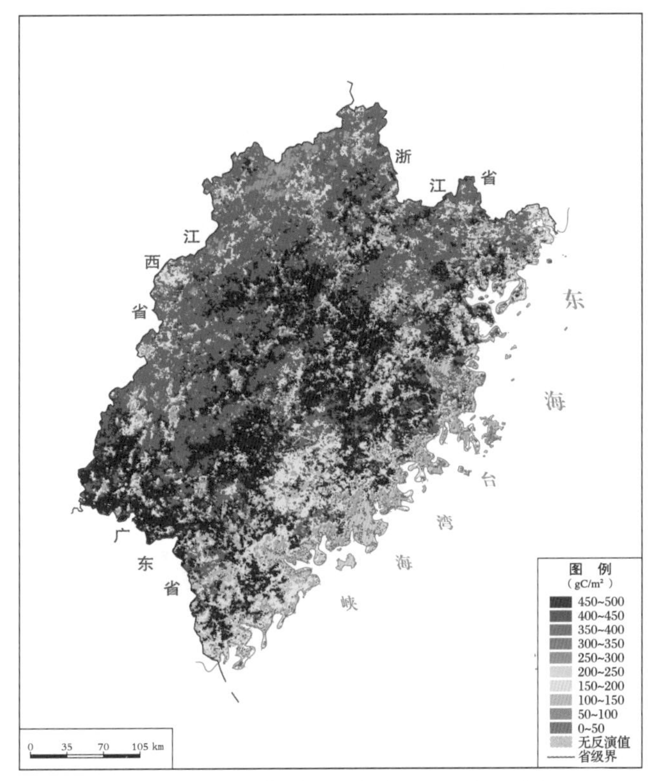

图 63 2014 年福建省植被年 NPP 空间分布

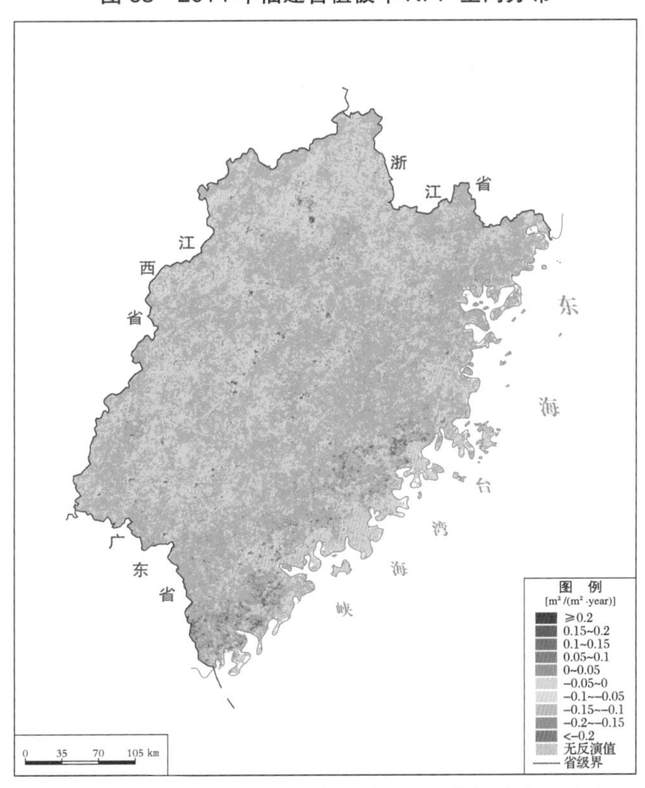

图 64 2001~2014 年福建省植被 MLAI 变化率空间分布

的植被 MLAI 存在降低趋势，MLAI 变化率每年平均降低 0~0.1，局部地区降低 0.1~0.15。

福建省植被 2001~2014 年 MFVC 变化率空间变化差异并不显著（见图 65），MFVC 变化相对稳定，绝大部分区域每年平均变化在 1% 以内。仅在厦门市、福州市城区附近，因受人类活动影响，存在 MFVC 每年平均降低 2%~4% 的零星区域；此外，在中西部地区，还存在 MFVC 每年平均变化大于 4% 的零星区域。

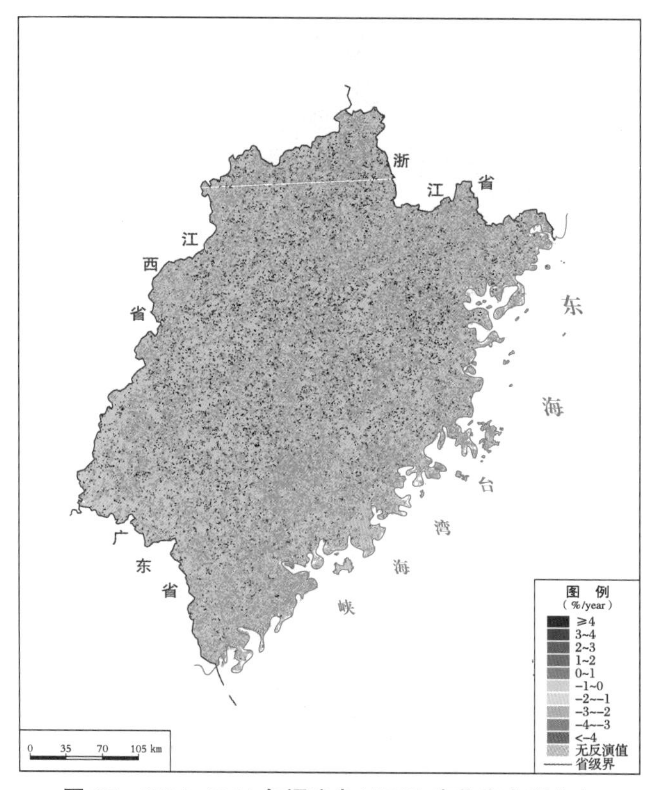

图 65　2001~2014 年福建省 MFVC 变化率空间分布

7.14　江西省植被状况

7.14.1　2014年江西省植被状况

江西省 2014 年植被 MLAI 空间分布格局具有一定差异，MLAI 总体介于 2~5，空间分布呈现中部低、四周高的特点，这与地形与地表覆盖类型密切相关（见图 66）。江西省中部的南昌市、新余市、吉安市，位于鄱阳湖平原上，MLAI 大多介于 2~3；以上三市的城区受人类活动影响，MLAI 仅为

0~1。江西省东部、西部和南部的上饶市、九江市、赣州市为丘陵地区，受人类活动的影响程度相对较低，MLAI 大多介于 4~5，赣州市南部的局部地区可达 5~6。

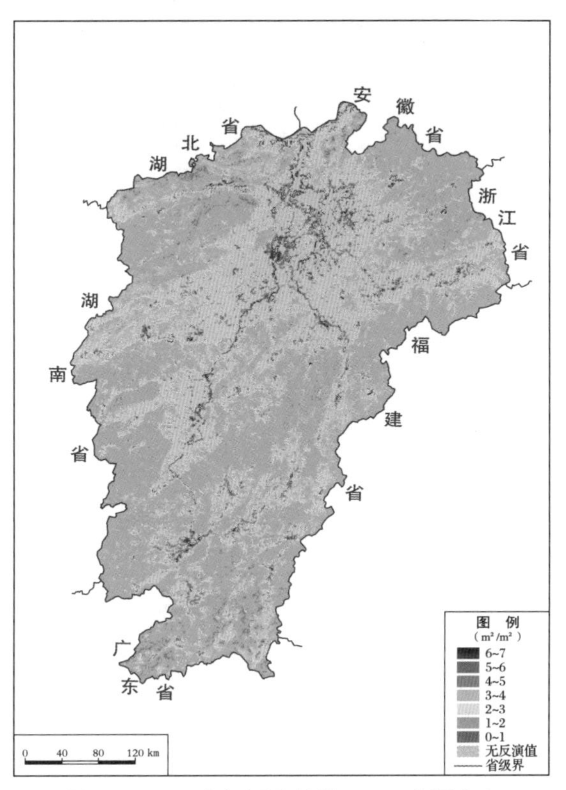

图 66　2014 年江西省植被 MLAI 空间分布

江西省 2014 年 MFVC 空间分布格局差异显著，具有典型的分区分布特点（见图 67）。江西省周边东部、西部和南部的上饶市、九江市、赣州市为丘陵地区，以森林类型为主，MFVC 可高达 97.5%~100%；中部的南昌市、新余市、吉安市位于鄱阳湖平原上，MFVC 介于 70%~90%；南昌市、吉安市、赣州市市区附近 MFVC 最低，仅为 20%~70%。MFVC 空间分布与 MLAI 空间分布具有较好的一致性。

江西省 2014 年植被年 NPP 均值为 251.02 克碳每平方米，年 NPP 空间分布格局差异显著，其空间分布与地形、地表覆盖类型密切相关（见图 68）。江西省东部、西部和南部的上饶市、九江市、赣州市为丘陵地区，以森林类型为主，森林类型固碳能力较强，年 NPP 较高，介于 250~400 克碳每平方米；赣州市南部的局部地区能达到 400~450 克碳每平方米。中部的南昌市、新余市、吉安市位于鄱阳湖平

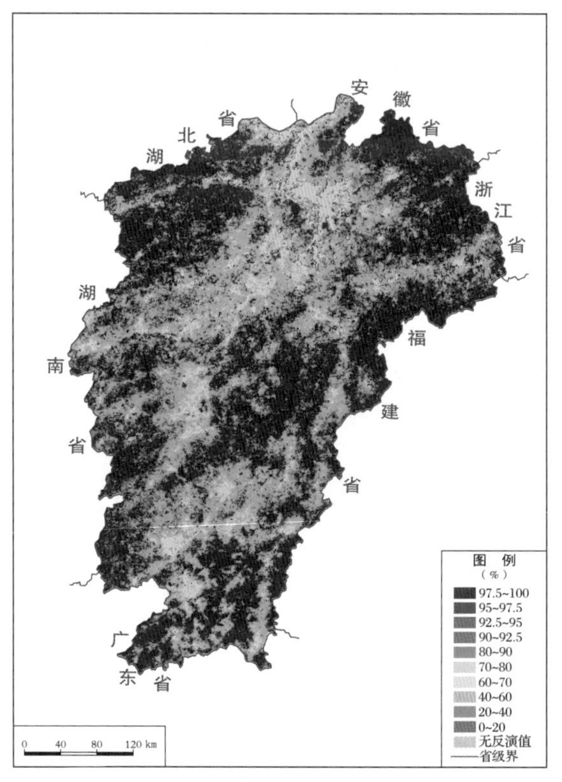

图 67　2014 年江西省 MFVC 空间分布

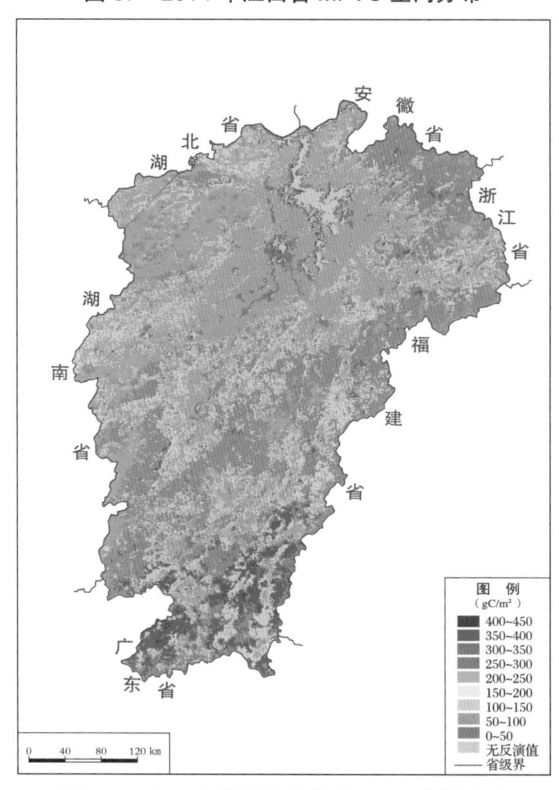

图 68　2014 年江西省植被年 NPP 空间分布

原上，以农田、湖泊为主，年 NPP 介于 100~150 克碳每平方米；南昌市城区附近年 NPP 最低，介于 0~50 克碳每平方米。年 NPP 空间分布与 MLAI、MFVC 空间分布具有较好一致性。

7.14.2 2001~2014年江西省植被变化

江西省 2001~2014 年植被 MLAI 变化率空间变化具有一定差异（见图 69）。江西省南部赣州市、东部上饶市、西部九江市的森林地区 MLAI 变化率每年平均增加 0~0.05，局部地区每年平均可达 0.1~0.15；中部鄱阳湖平原的 MLAI 变化率每年平均降低 0~0.05；南昌市、新余市城区附近区域的植被 MLAI 存在降低趋势，MLAI 每年平均降低 0~0.15。

江西省 2001~2014 年 MFVC 变化率空间变化差异并不显著（见图 70），MFVC 变化相对稳定，绝大部分区域每年平均变化处于 -1%~1%。仅在南昌市、新余市城区附近，因受人类活动影响，存在 MFVC 每年平均降低 2%~4% 的零星区域；此外，在西部的九江市以及东部的上饶市、抚州市的部分地区，还存在 MFVC 每年平均增加大于 4% 的零星区域。

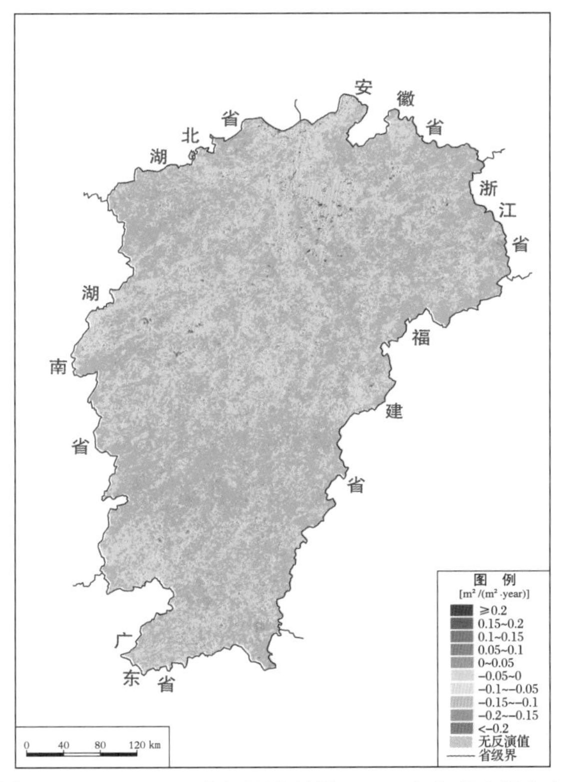

图 69 2001~2014 年江西省植被 MLAI 变化率空间分布

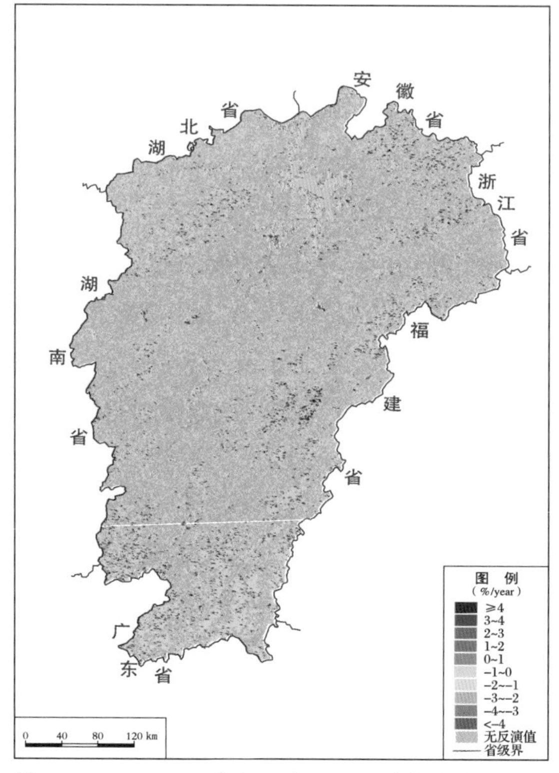

图 70　2001~2014 年江西省 MFVC 变化率空间分布

7.15　山东省植被状况

7.15.1　2014年山东省植被状况

山东省 2014 年植被 MLAI 空间分布格局具有一定差异，MLAI 总体介于 2~4，空间分布呈现西高东低、南高北低的特点，这与地形及地表覆盖类型密切相关（见图 71）。山东省西部的德州市、聊城市、菏泽市为华北平原的一部分，以农田为主，MLAI 介于 3~4；山东省东南部的临沂市、日照市、青岛市为山地丘陵区，MLAI 介于 2~3；山东省北部的东营市、潍坊市和山东半岛的烟台市沿海区域，以及青岛、济南、淄博、潍坊市城区，MLAI 介于 0~2。

山东省 2014 年 MFVC 空间分布格局差异显著，具有典型的内陆—沿海特点（见图 72）。山东省西部的德州市、聊城市、菏泽市，以农田类型为主，MFVC 可高达 97.5%~100%；山东省东南部的临沂市、日照市、青岛市，尤其是沿海地区，经济较发达，受人类活动干预相对较大，MFVC 介于 80%~90%；山东省北部的东营市、潍坊市、烟台市沿海区域，以及青岛、济南、淄博、潍坊市城区，MFVC 最

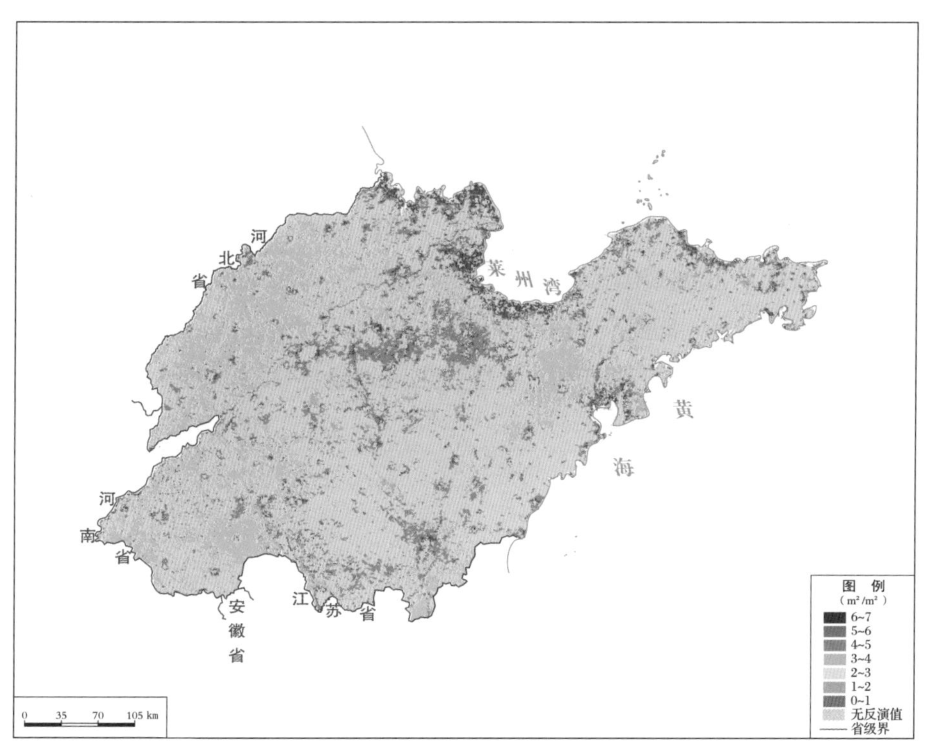

图 71　2014 年山东省植被 MLAI 空间分布

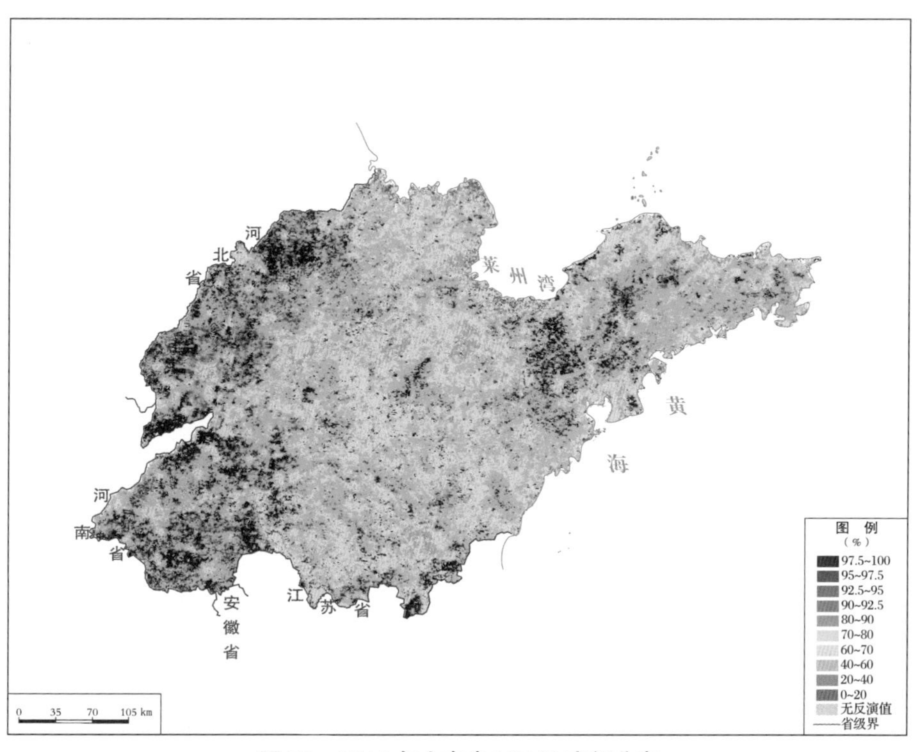

图 72　2014 年山东省 MFVC 空间分布

低，仅为20%~60%。MFVC空间分布与MLAI空间分布具有较好的一致性。

山东省2014年植被年NPP均值为105.61克碳每平方米，年NPP空间分布格局差异显著，其空间分布与地形及地表覆盖类型密切相关（见图73）。山东省西部的德州市、聊城市、菏泽市以农田覆盖类型为主，固碳能力较强，年NPP较高，介于100~150克碳每平方米；山东省东部位于山东半岛的青岛市、烟台市、威海市，年NPP也介于100~150克碳每平方米；山东省北部的东营市、潍坊市沿海区域，以及青岛、济南、淄博、潍坊市城区附近，年NPP最低，介于0~100克碳每平方米。年NPP空间分布与MLAI、MFVC空间分布具有较好一致性。

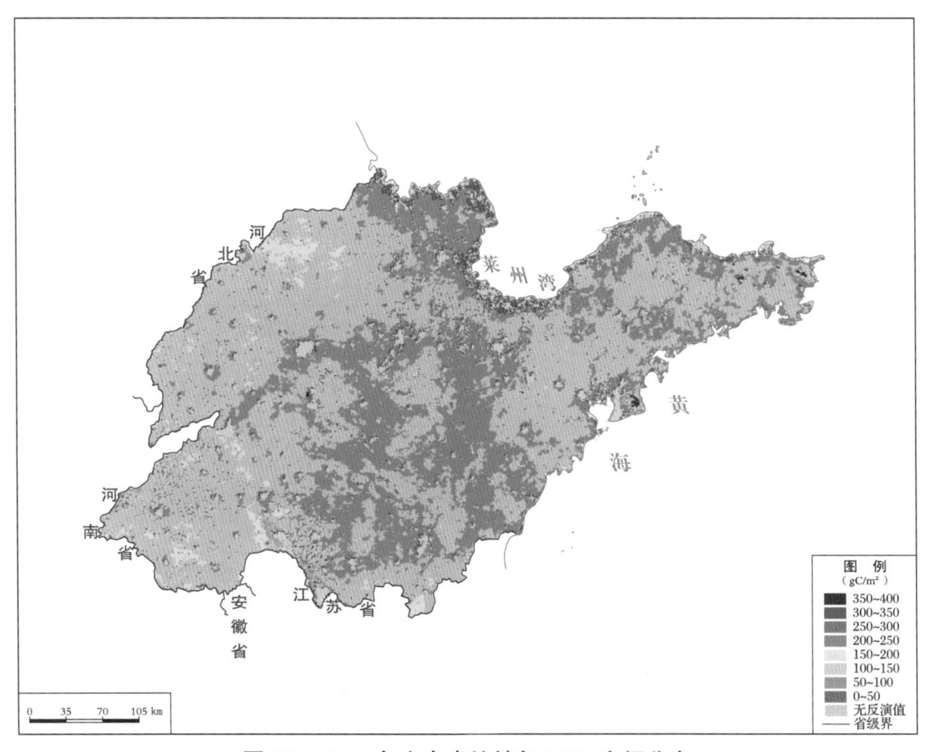

图73　2014年山东省植被年NPP空间分布

7.15.2　2001~2014年山东省植被变化

山东省2001~2014年MLAI变化率空间变化具有一定差异（见图74）。山东省西部的聊城市、菏泽市，南部的临沂市、枣庄市大部分地区MLAI变化率每年平均降低0~0.05，局部地区可达0.05~0.1；中部的淄博市，北部的东营市、烟台市沿海地区MLAI变化率每年平均增加0~0.05，其中东营市北部沿海的局部地区每年平均增加0.15~0.2。

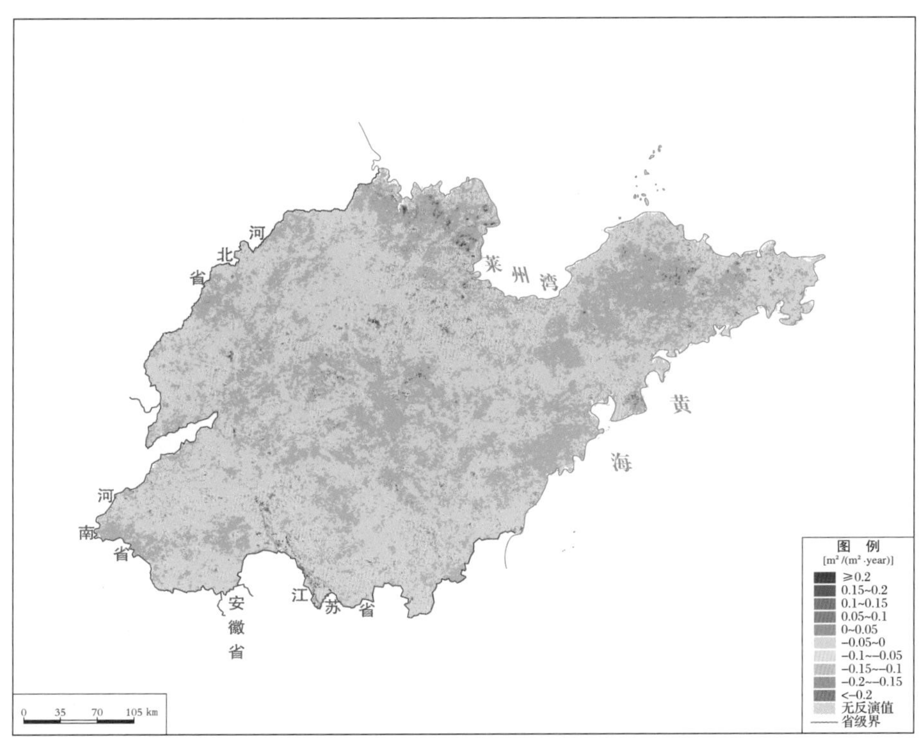

图 74 2001~2014 年山东省植被 MLAI 变化率空间分布

山东省 2001~2014 年植被 MFVC 变化率空间变化差异并不显著（见图 75），MFVC 变化相对稳定，绝大部分区域每年平均变化处在 –1%~1%。仅在青岛市城区附近，因受人类活动影响，存在 MFVC 每年平均降低 2%~4% 的零星区域；此外，在北部的东营市、滨州市、潍坊市沿海地区，还存在 MFVC 每年平均增加大于 4% 的零星区域。

7.16 河南省植被状况

7.16.1 2014年河南省植被状况

河南省 2014 年植被 MLAI 空间分布格局具有显著的分层特点，MLAI 总体介于 1~5，局部地区可达 5~6，空间分布呈现从东部到西部逐渐增加的趋势，这与地形与地表覆盖类型密切相关（见图 76）。河南省东部为辽阔的华北平原，如商丘市、周口市、驻马店市、信阳市，MLAI 大多介于 2~4。中部的洛阳市、郑州市受人类活动影响较为显著，MLAI 为 1~2，局部地区仅为 0~1。河南省西北部为太行山山脉、西部为秦岭余脉、南部为大别山山脉，如三门峡市、南阳市，以森林覆盖类型为主，MLAI 大多介于 4~5，局部地区可达 5~6。

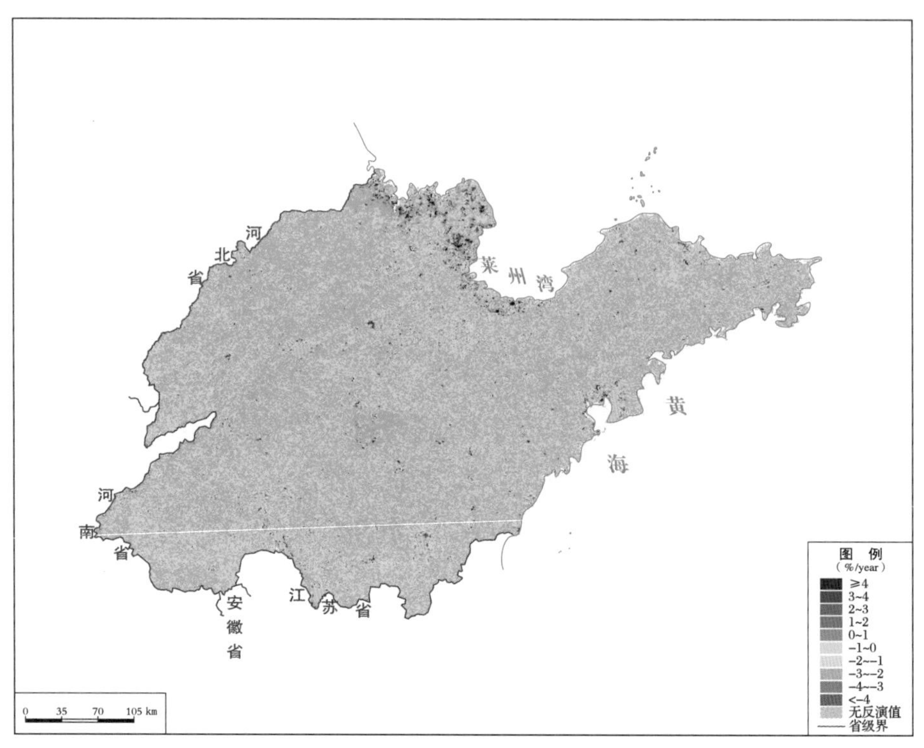

图 75　2001~2014 年山东省 MFVC 变化率空间分布

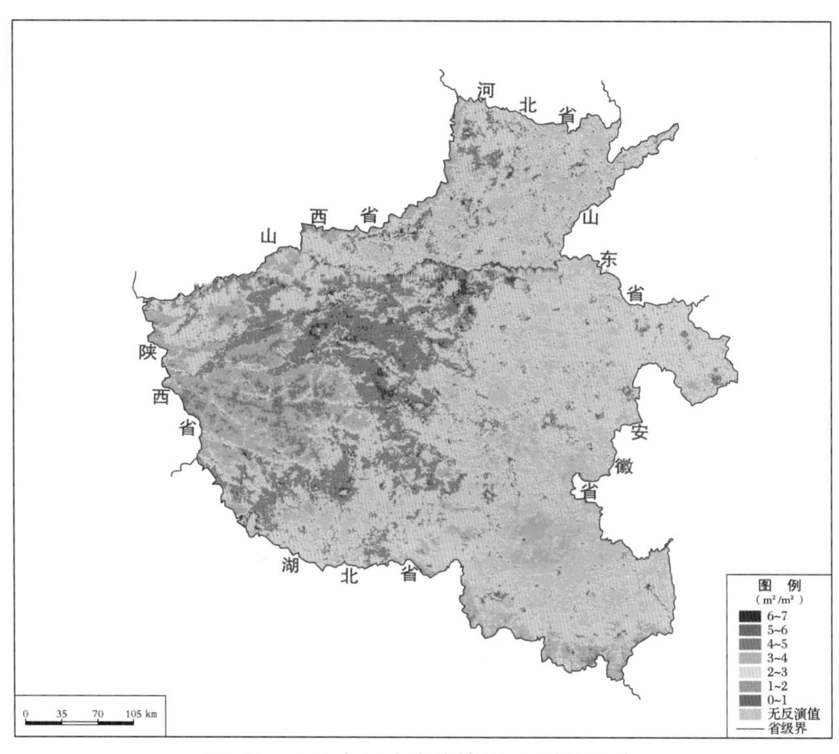

图 76　2014 年河南省植被 MLAI 空间分布

河南省 2014 年 MFVC 空间分布格局差异显著，具有典型的阶梯形分布特点（见图 77）。河南省西部以森林类型为主，东部以华北平原为主，MFVC 可高达 97.5%~100%；中部的洛阳市、郑州市受人类活动影响较为显著，MFVC 介于 60%~90%；郑州市、洛阳市城区附近 MFVC 最低，仅为 20%~60%。MFVC 空间分布与 MLAI 空间分布具有较好的一致性。

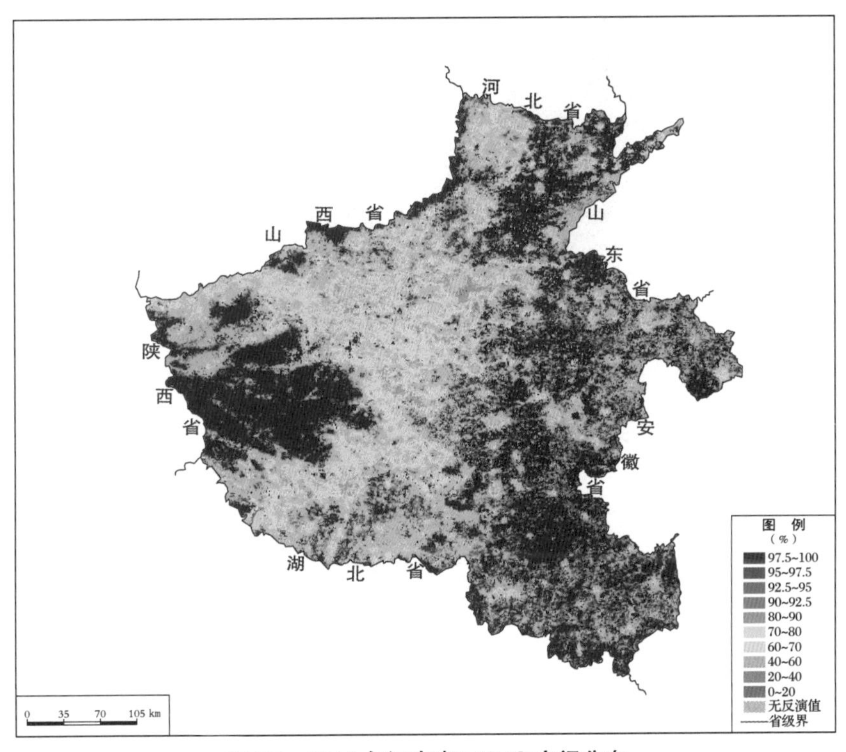

图 77　2014 年河南省 MFVC 空间分布

河南省 2014 年植被年 NPP 均值为 146.58 克碳每平方米，年 NPP 空间分布格局差异显著，其空间分布与地形、地表覆盖类型密切相关（见图 78）。河南省西部以森林类型为主，森林类型固碳能力较强，年 NPP 较高，介于 350~400 克碳每平方米；东部以华北平原为主，年 NPP 介于 100~200 克碳每平方米；中部的洛阳市、郑州市附近年 NPP 最低，介于 50~100 克碳每平方米。年 NPP 空间分布与 MLAI、MFVC 空间分布具有较好一致性。

7.16.2　2001~2014年河南省植被变化

河南省 2001~2014 年植被 MLAI 变化率空间变化具有一定差异（见图 79）。河南省西部的森林地区 MLAI 变化率每年平均增加 0~0.05，局部地区可达 0.05~0.1；

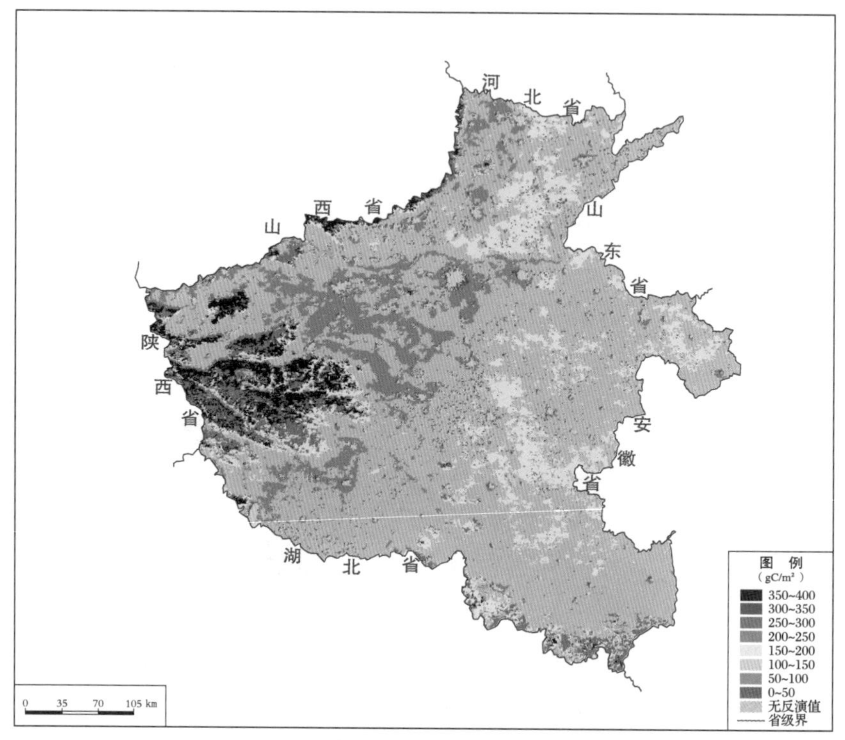

图 78　2014 年河南省植被年 NPP 空间分布

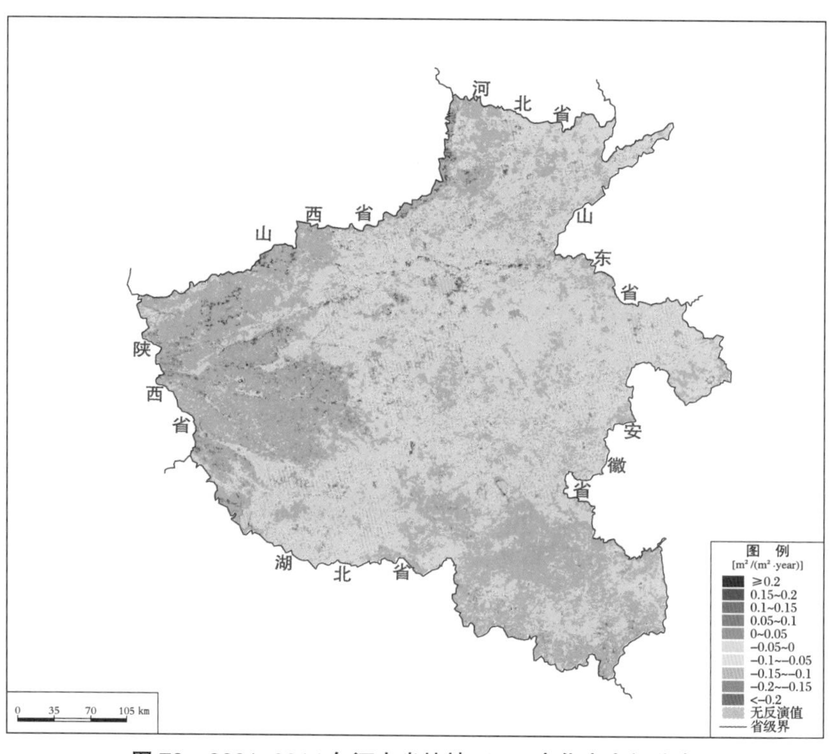

图 79　2001~2014 年河南省植被 MLAI 变化率空间分布

东部的华北平原地区 MLAI 变化率每年平均降低 0~0.05；中部的洛阳市、郑州市城区附近区域的植被 MLAI 存在降低趋势，MLAI 变化率每年平均降低 0~0.1，局部地区可达 0.15。

河南省 2001~2014 年 MFVC 变化率空间变化差异并不显著（见图 80），MFVC 变化相对稳定，绝大部分区域每年平均变化处于 -1%~1%。仅在郑州市、洛阳市城区附近，因受人类活动影响，存在 MFVC 每年平均降低 2%~4% 的零星区域；在西部的三门峡市部分地区，存在 MFVC 每年平均增加 1%~3% 的零星区域。

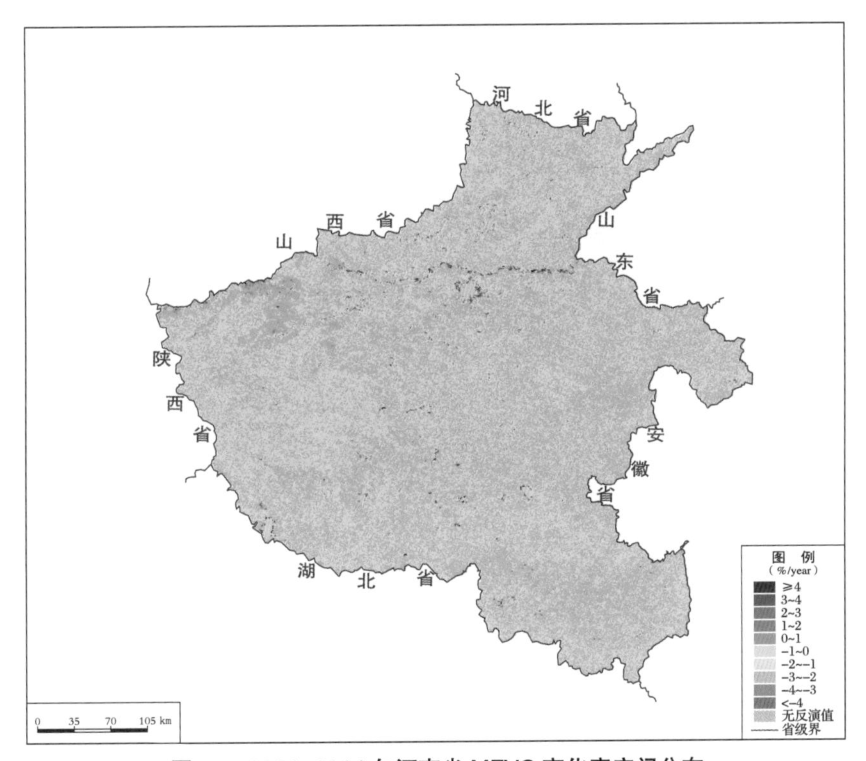

图 80　2001~2014 年河南省 MFVC 变化率空间分布

7.17　湖北省植被状况

7.17.1　2014年湖北省植被状况

湖北省 2014 年植被 MLAI 空间分布格局具有显著的分层特点，MLAI 总体介于 2~5，局部地区可达 5~6，空间分布呈现从东部到西部逐渐增加的趋势，这与地形与地表覆盖类型密切相关（见图 81）。湖北省东部为辽阔的江汉平原，如武汉市、荆州市，地形以平原为主，主要地表覆盖类型为农田与湖泊，MLAI 大多介于 2~4；其中，在武汉市长江沿岸、襄阳市汉江沿岸的城区附近部分区域，受人类活动影响，MLAI 仅为 0~1。湖北省西部为长江三峡地区与汉江上游地区，如恩施土家族苗族自治州、宜昌市、十堰市，以森林覆盖类型为主，MLAI 大多介于 4~5，局部地区可达 5~6。

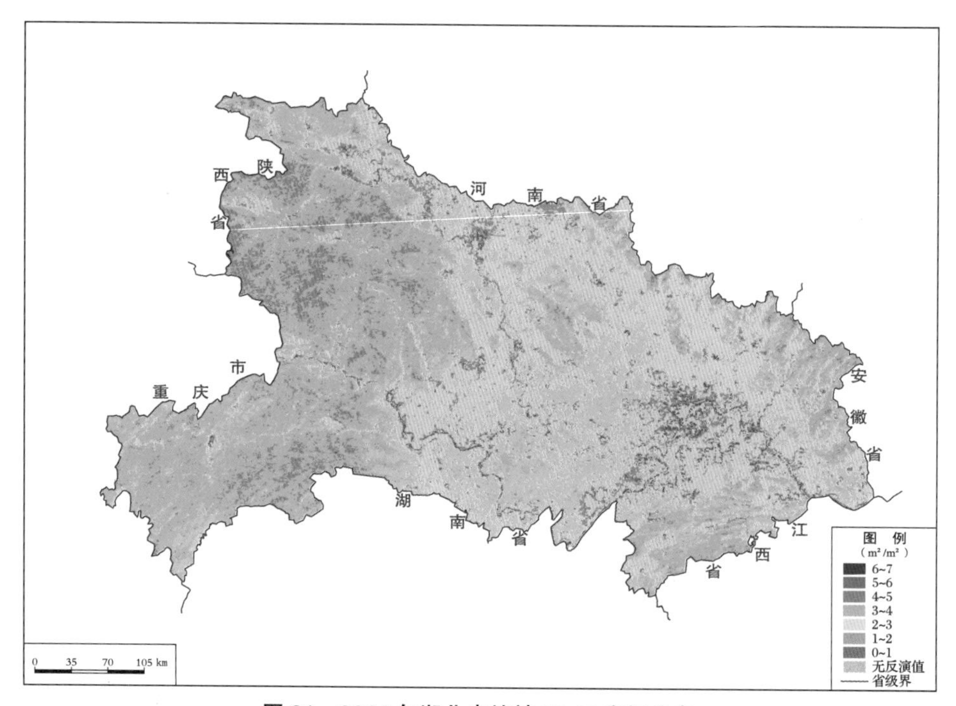

图 81　2014 年湖北省植被 MLAI 空间分布

湖北省 2014 年 MFVC 空间分布格局差异显著，具有典型的阶梯形分布特点（见图 82）。湖北省西部以森林类型为主，MFVC 可高达 97.5%~100%；东部以平原为主，MFVC 介于 80%~97.5%；武汉市、襄阳市城区附近 MFVC 最低，仅为 40%~70%。MFVC 空间分布与 MLAI 空间分布具有较好的一致性。

湖北省 2014 年植被年 NPP 均值为 195.49 克碳每平方米，年 NPP 空间分布格局差异显著，其空间分布与地形、地表覆盖类型密切相关（见图 83）。湖北省西部以森林类型为主，森林类型固碳能力较强，年 NPP 较高，介于 250~400 克碳每平方米；东部以农田、湖泊为主，年 NPP 介于 100~150 克碳每平方米；武汉市、襄阳市城区附近年 NPP 最低，介于 50~100 克碳每平方米。年 NPP 空间分布与 MLAI、MFVC 空间分布具有较好一致性。

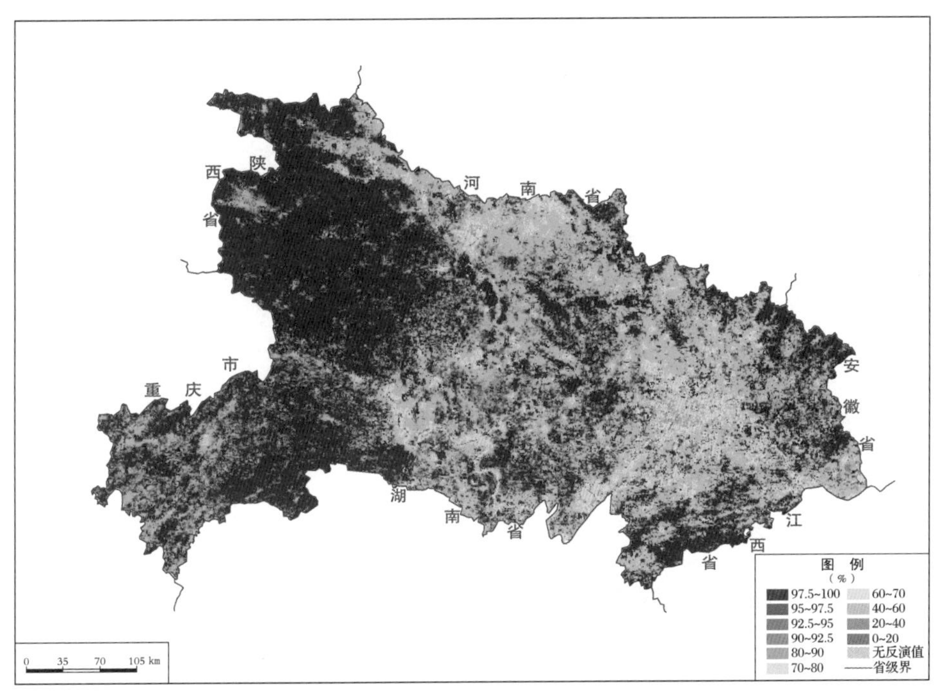

图 82　2014 年湖北省 MFVC 空间分布

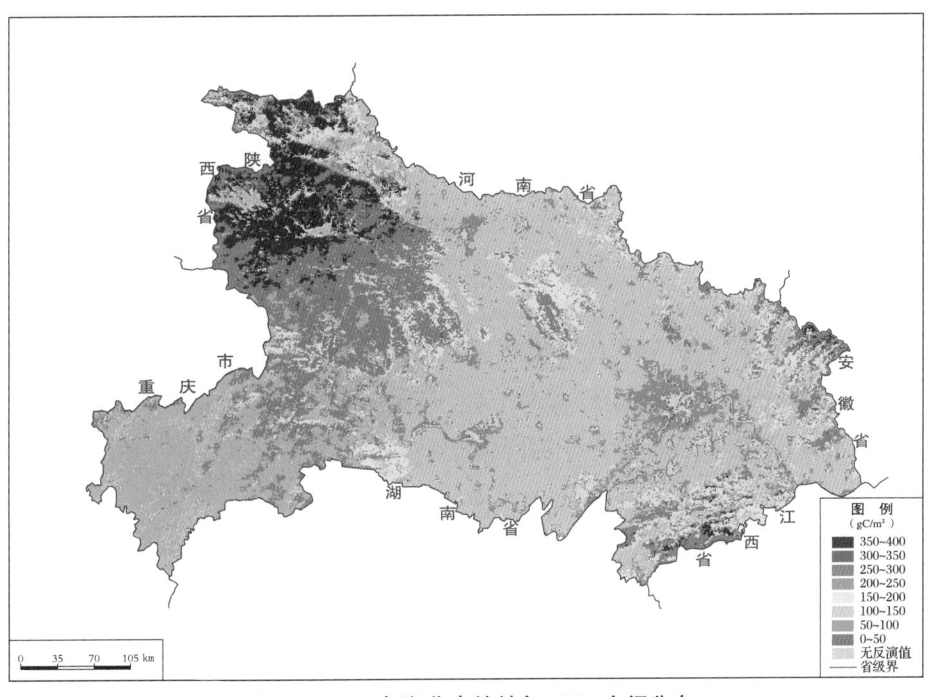

图 83　2014 年湖北省植被年 NPP 空间分布

7.17.2　2001~2014年湖北省植被变化

湖北省 2001~2014 年植被 MLAI 变化率空间变化具有一定差异（见图 84）。湖北省西部的森林地区 MLAI 变化率每年平均增加 0~0.05，局部地区可达 0.05~0.1；东部的江汉平原地区 MLAI 变化率每年平均降低 0~0.05；武汉市、襄阳市城区附近区域的植被 MLAI 存在降低趋势，MLAI 变化率每年平均降低 0~0.1，局部地区可达 0.15。

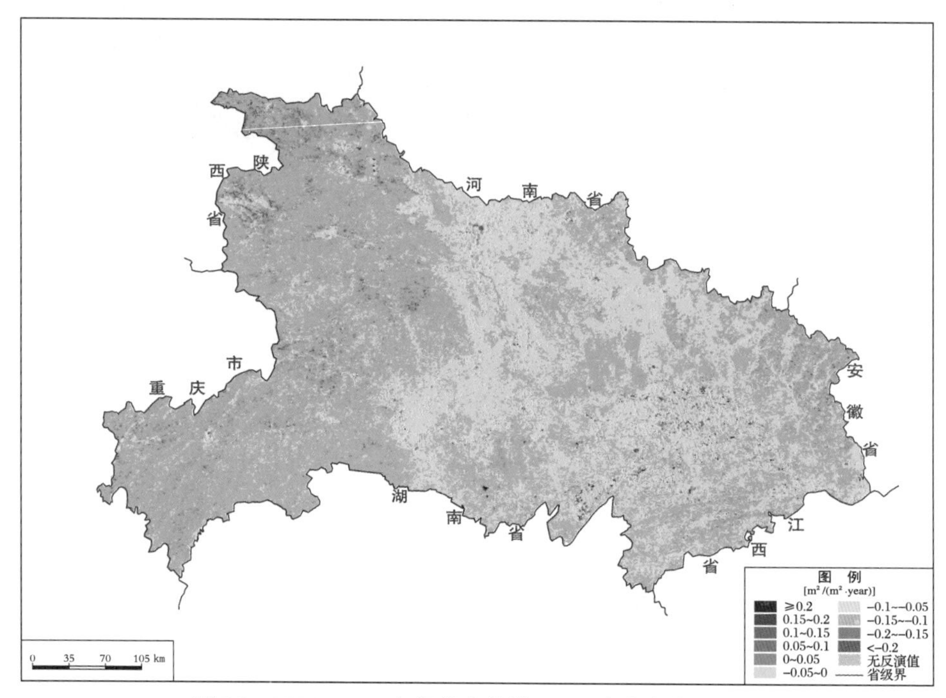

图 84　2001~2014 年湖北省植被 MLAI 变化率空间分布

湖北省 2001~2014 年 MFVC 变化率空间变化差异并不显著（见图 85），MFVC 变化比较稳定，每年平均变化在 -1%~1%。在武汉市、襄阳市城区附近区域，因受人类活动影响，存在 MFVC 每年平均降低 2%~4% 的零星区域。

7.18　湖南省植被状况

7.18.1　2014年湖南省植被状况

湖南省 2014 年植被 MLAI 空间分布格局具有显著的分层特点，MLAI 总体介于

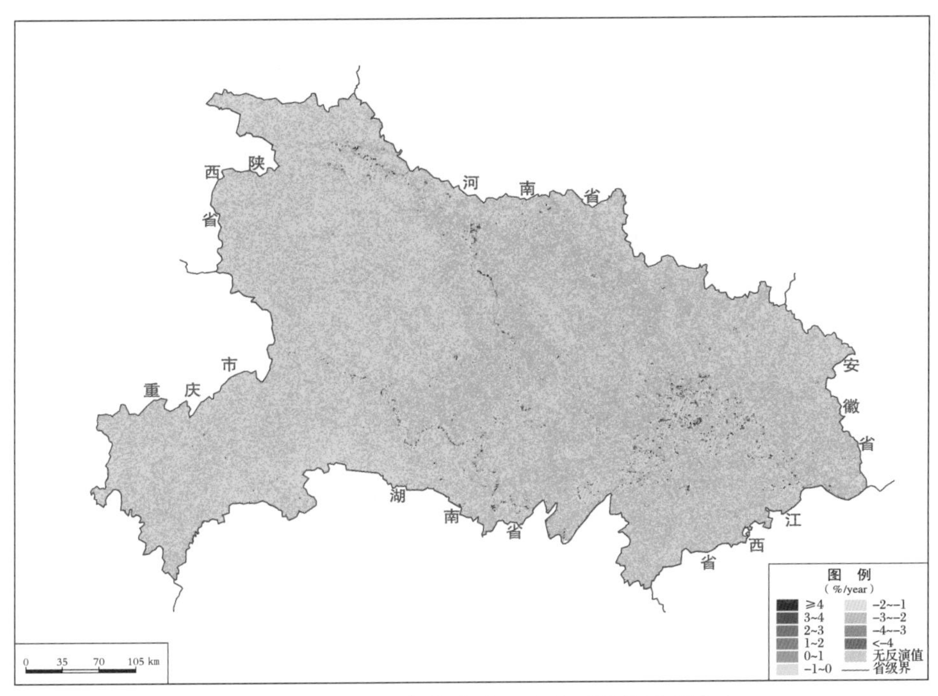

图 85　2001~2014 年湖北省 MFVC 变化率空间分布

2~5，空间分布呈现东、西、南三面高，中部、北部低的特点，这与地形与地表覆盖类型密切相关（见图 86）。湖南省东、西、南三面为山地或丘陵地区，如东部的郴州市，西部的湘西土家族苗族自治州、怀化市，南部的永州市，主要地表覆盖类型为森林，MLAI 大多介于 4~5；中部、北部为洞庭湖平原，包括中部的邵阳市、娄底市、衡阳市，北部的长沙市、岳阳市、益阳市，主要地表覆盖类型为农田、湖泊，MLAI 为 2~3。长沙市、岳阳市、益阳市的城区附近部分区域受人类活动影响，MLAI 仅为 0~1。

湖南省 2014 年 MFVC 空间分布格局差异显著，具有典型的分层分布特点（见图 87）。湖南省东、西、南三面为山地或丘陵地区，以森林类型为主，MFVC 可高达 97.5%~100%；中部及北部以平原为主，MFVC 介于 80%~90%；长沙市、岳阳市城区附近 MFVC 最低，仅为 40%~70%。MFVC 空间分布与 MLAI 空间分布具有较好的一致性。

湖南省 2014 年植被年 NPP 均值为 199.88 克碳每平方米，年 NPP 空间分布格局差异显著，其空间分布与地形、地表覆盖类型密切相关（见图 88）。湖南省东、西、南三面以森林类型为主，森林类型固碳能力较强，年 NPP 较高，介于 250~350 克碳每平方米；中部、北部以农田、湖泊为主，年 NPP 介于 100~200 克碳每平方米；

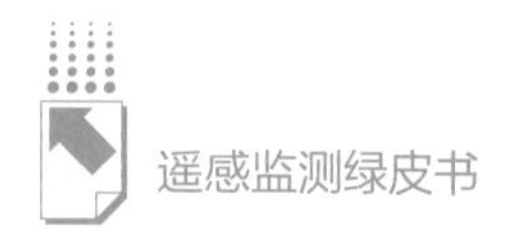

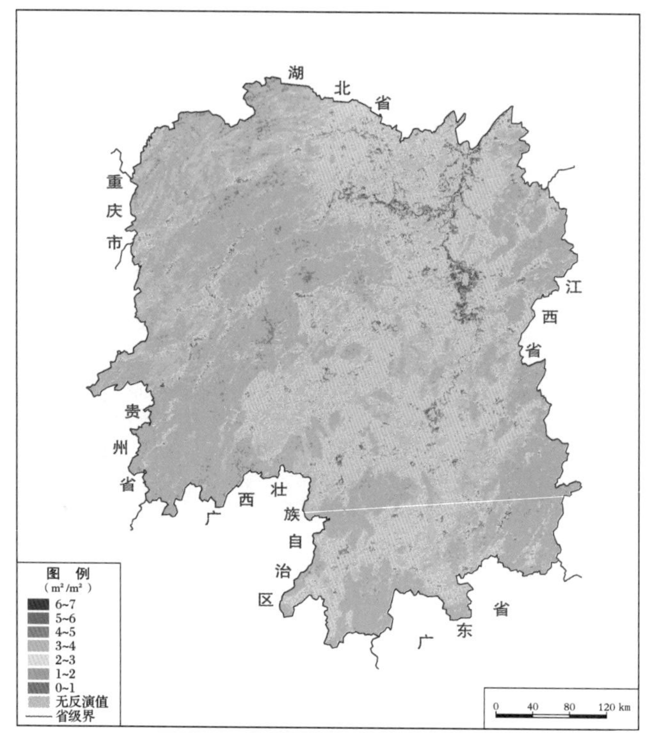

图 86　2014 年湖南省植被 MLAI 空间分布

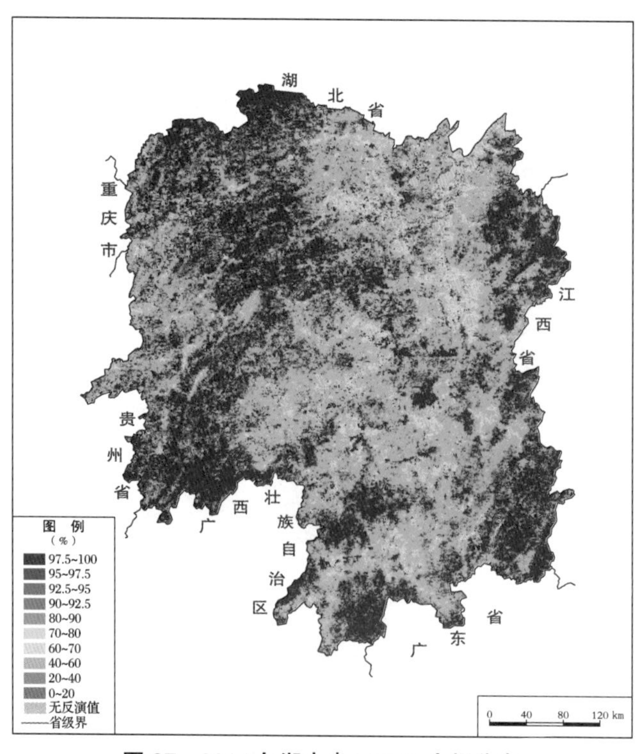

图 87　2014 年湖南省 MFVC 空间分布

长沙市、岳阳市城区附近年 NPP 最低，介于 50~100 克碳每平方米。年 NPP 空间分布与 MLAI、MFVC 空间分布具有较好一致性。

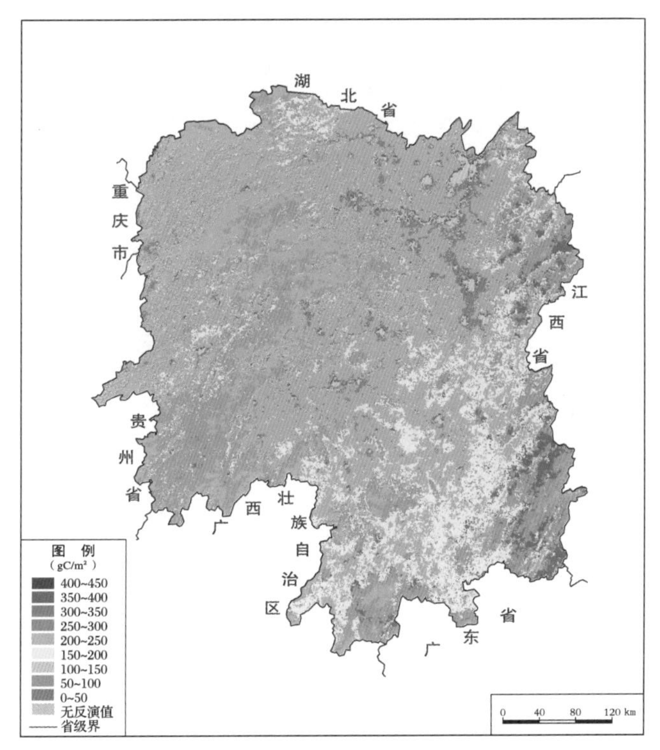

图 88　2014 年湖南省植被年 NPP 空间分布

7.18.2　2001~2014年湖南省植被变化

湖南省 2001~2014 年植被 MLAI 变化率空间变化具有一定差异（见图 89）。湖南省东、西、南三面的森林地区 MLAI 变化率每年平均增加 0~0.05，局部地区可达 0.05~0.1；中部、北部的洞庭湖平原地区 MLAI 变化率每年平均降低 0~0.05；长沙市、岳阳市城区附近区域的植被 MLAI 存在降低趋势，MLAI 平均每年减少 0~0.1，局部地区可达 0.1~0.15。

湖南省 2001~2014 年 MFVC 变化率空间变化差异并不显著（见图 90），MFVC 变化比较稳定，每年平均在 -1%~1%。长沙市、岳阳市城区附近区域因受人类活动影响，存在 MFVC 每年平均降低 2%~4% 的零星区域。

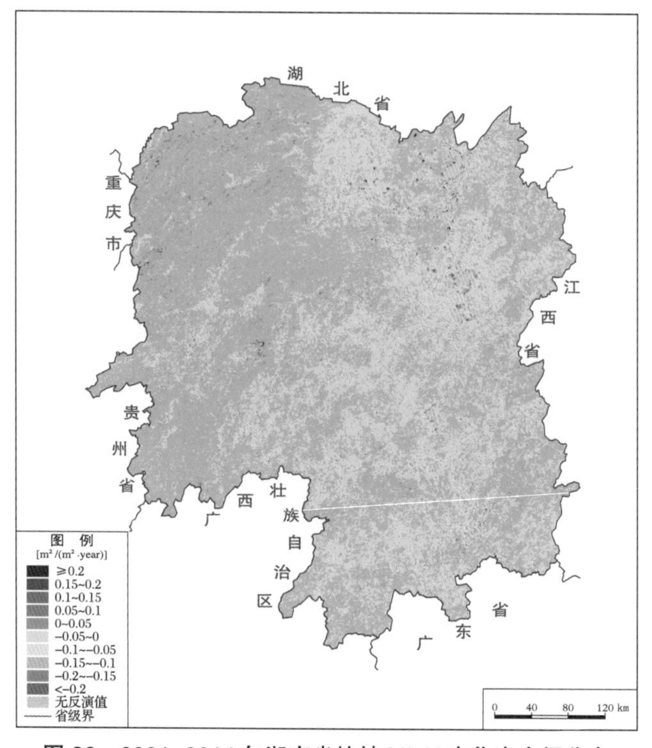

图 89　2001~2014 年湖南省植被 MLAI 变化率空间分布

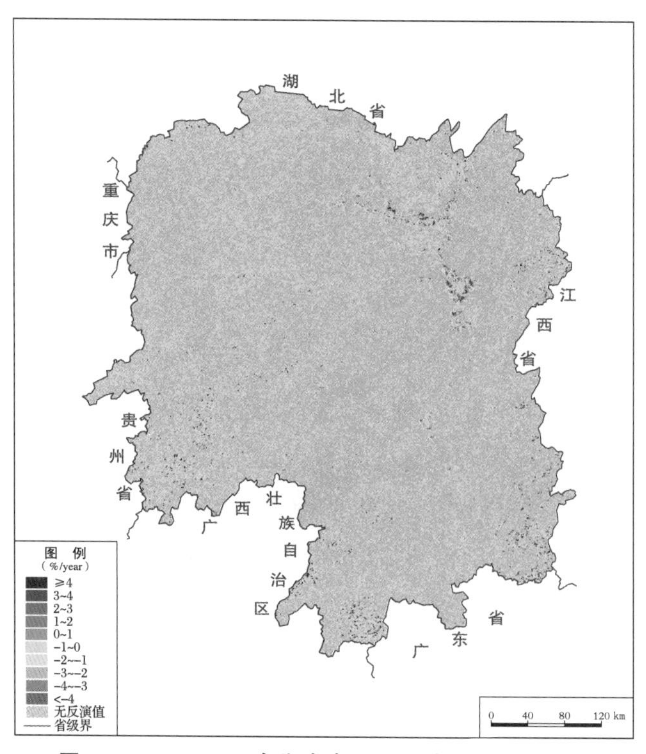

图 90　2001~2014 年湖南省 MFVC 变化率空间分布

7.19 广东省、香港、澳门植被状况

7.19.1 2014年广东省、香港、澳门植被状况

广东省、香港、澳门 2014 年植被 MLAI 空间分布格局具有一定差异，MLAI 总体介于 1~5，空间分布呈现北高南低的特点，这与地表覆盖类型密切相关（见图 91）。广东省北部内陆的清远市、韶关市、梅州市以森林覆盖类型为主，MLAI 介于 3~5；广东省南部的广州市、深圳市、汕头市、湛江市等沿海城市经济较发达，受人类活动干预相对较大，MLAI 介于 1~3；尤其在广州市、深圳市城区附近以及香港、澳门地区，MLAI 介于 0~1。

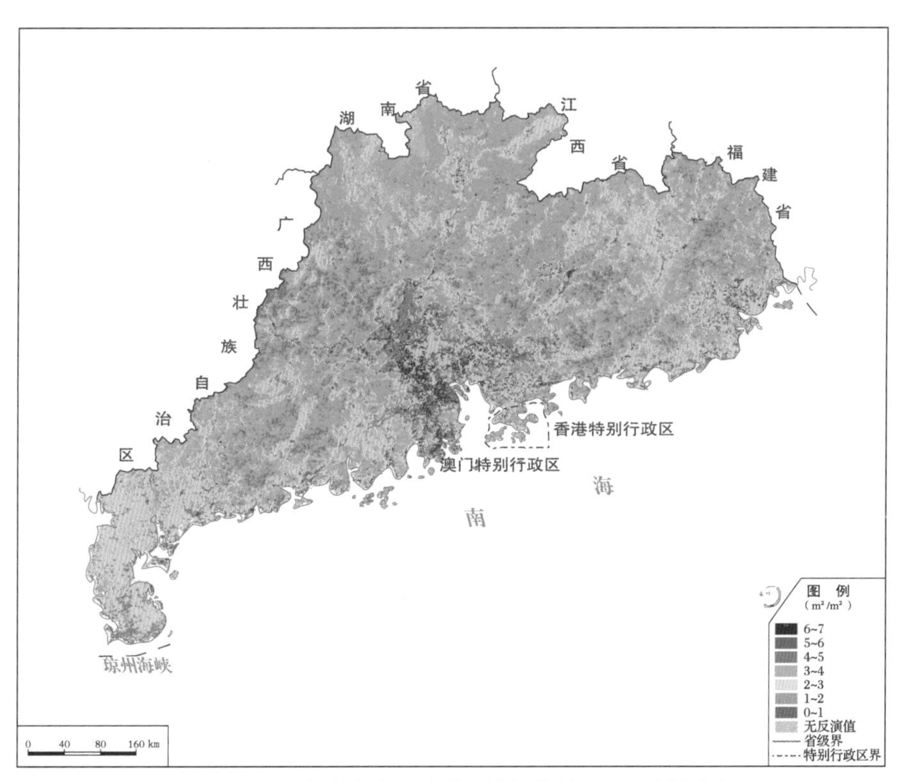

图 91 2014 年广东省、香港、澳门植被 MLAI 空间分布

广东省、香港、澳门 2014 年 MFVC 空间分布格局差异显著，具有典型的内陆—沿海特点（见图 92）。广东省北部的清远市、韶关市、梅州市以森林覆盖类型为主，MFVC 可高达 97.5%~100%；广东省南部沿海，包括位于珠江三角洲的广州市、深圳市，雷州半岛附近的湛江市，以及汕头市，经济较发达，受人类活动干预相对较大，MFVC 介于 60%~90%；在广州市、深圳市市区附近，以及香港、澳

门地区，MFVC 最低，仅为 20%~60%。MFVC 空间分布与 MLAI 空间分布具有较好的一致性。

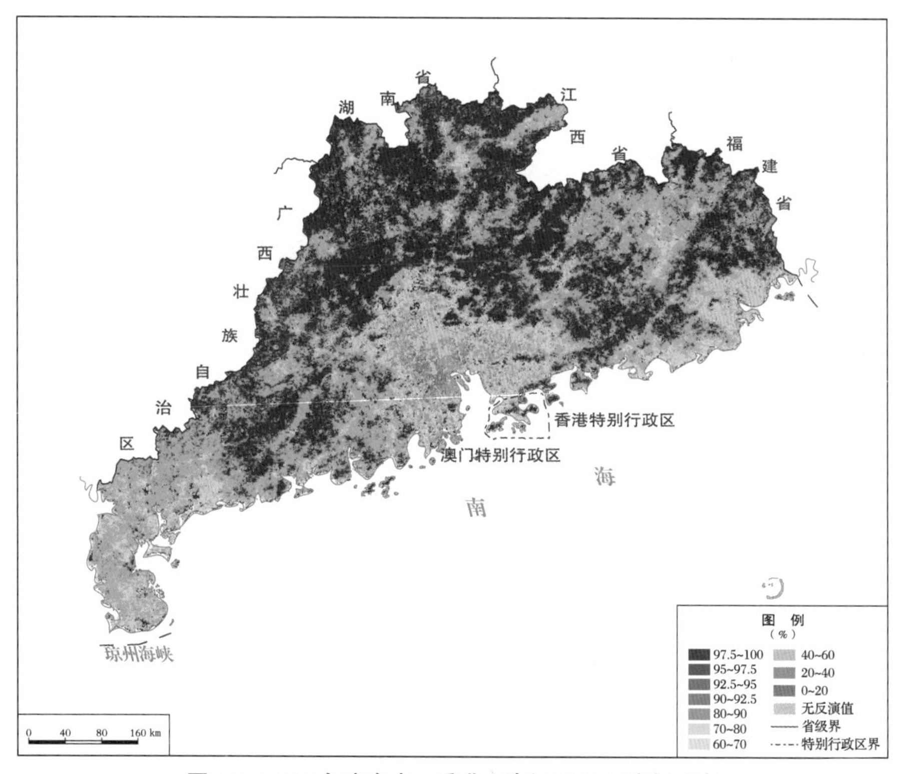

图 92　2014 年广东省、香港、澳门 MFVC 空间分布

广东省、香港、澳门 2014 年植被年 NPP 均值为 260.01 克碳每平方米，年 NPP 空间分布格局差异显著，其空间分布与地表覆盖类型密切相关（见图 93）。广东省北部的清远市、韶关市、梅州市以森林类型为主，森林类型固碳能力较强，年 NPP 较高，介于 300~400 克碳每平方米；广东省南部沿海的广州市、深圳市、汕头市、湛江市，经济发达，城区覆盖面积相对较大，年 NPP 介于 100~250 克碳每平方米；位于珠江三角洲的广州市、深圳市市区附近，以及香港、澳门地区，年 NPP 最低，介于 0~100 克碳每平方米。年 NPP 空间分布与 MLAI、MFVC 空间分布具有较好一致性。

7.19.2　2001~2014年广东省、香港、澳门植被变化

广东省、香港、澳门 2001~2014 年植被 MLAI 变化率空间变化具有一定差异（见图 94）。广东省北部内陆的森林地区 MLAI 变化率每年平均降低 0~0.05；南部大部分地区 MLAI 变化率每年平均增加 0~0.1；南部沿海位于珠江三角洲的广州市、

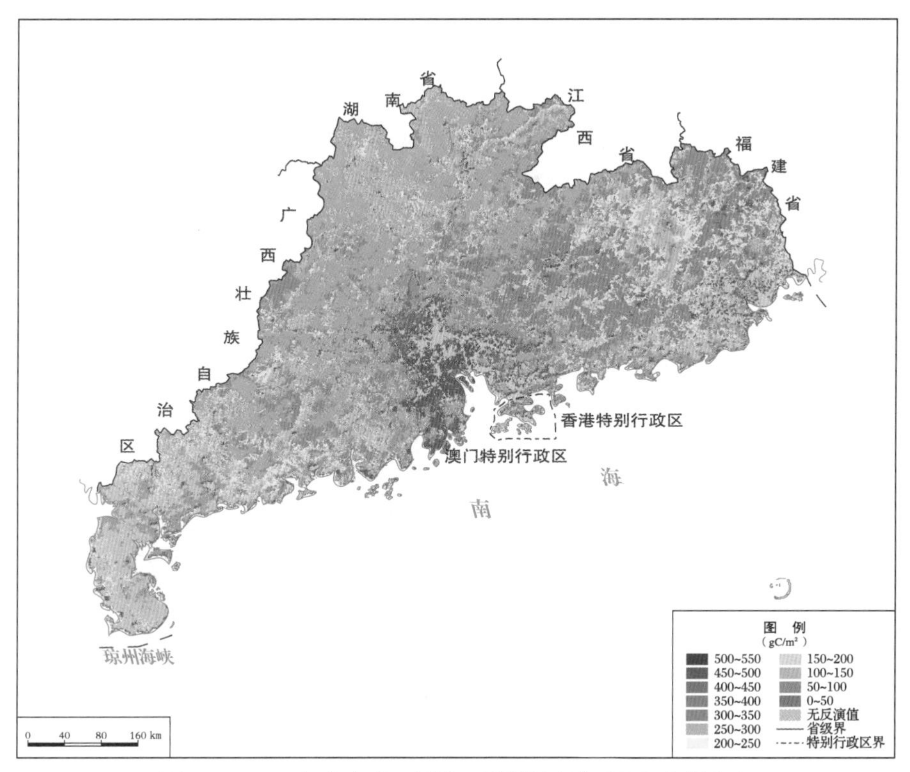

图 93 2014 年广东省、香港、澳门植被年 NPP 空间分布

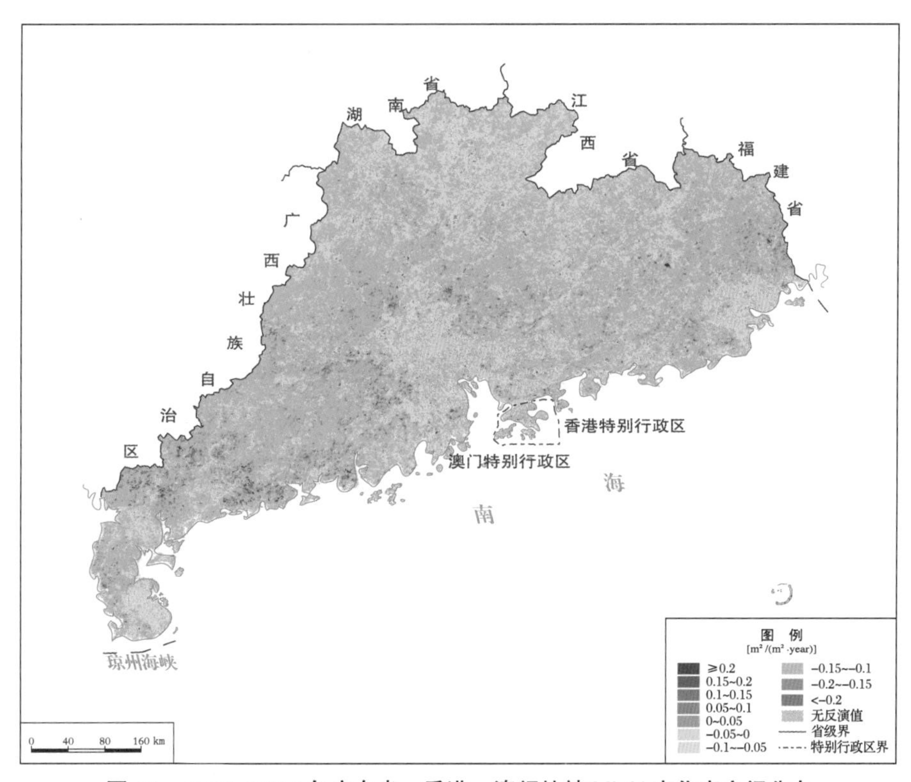

图 94 2001~2014 年广东省、香港、澳门植被 MLAI 变化率空间分布

深圳市市区附近，以及香港、澳门地区，植被 MLAI 存在降低趋势，MLAI 变化率每年平均降低 0~0.1。

广东省、香港、澳门 2001~2014 年 MFVC 变化率空间变化差异并不显著（见图 95），MFVC 变化相对稳定，绝大部分区域每年平均变化处在 –1%~1%。仅珠江三角洲的广州市、中山市附近部分区域因受人类活动影响，存在 MFVC 每年平均降低 2%~4% 的零星区域；此外，在中北部地区，还存在 MFVC 每年平均增加大于 4% 的零星区域。

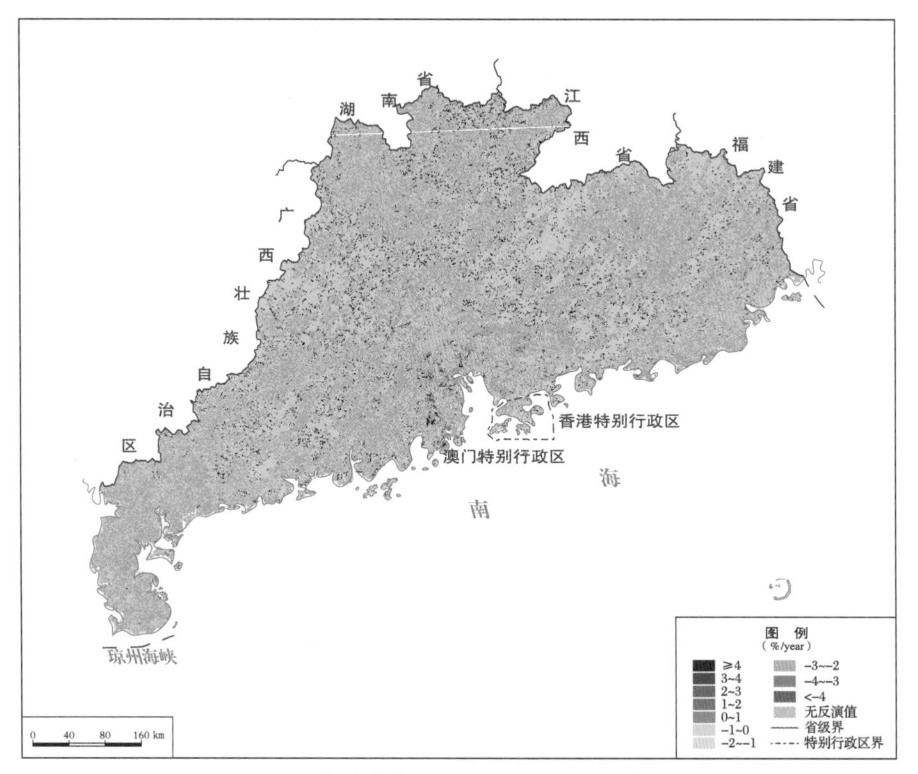

图 95　2001~2014 年广东省、香港、澳门 MFVC 变化率空间分布

7.20　广西壮族自治区植被状况

7.20.1　2014年广西壮族自治区植被状况

广西壮族自治区 2014 年植被 MLAI 空间分布格局具有显著的分层特点，MLAI 总体介于 2~5，局部地区可达 5~6，空间分布呈现北高南低的特点，这与地形与地表覆盖类型密切相关（见图 96）。广西壮族自治区北部为山地或高原，如桂林市、柳州市、梧州市，主要地表覆盖类型为森林，MLAI 大多介

于 4~5；中南部的南宁市、来宾市、贵港市以及南部沿海的北海市、防城港市，以平原或盆地为主，受人类活动影响较大，MLAI 仅为 2~3，局部地区仅为 1~2。

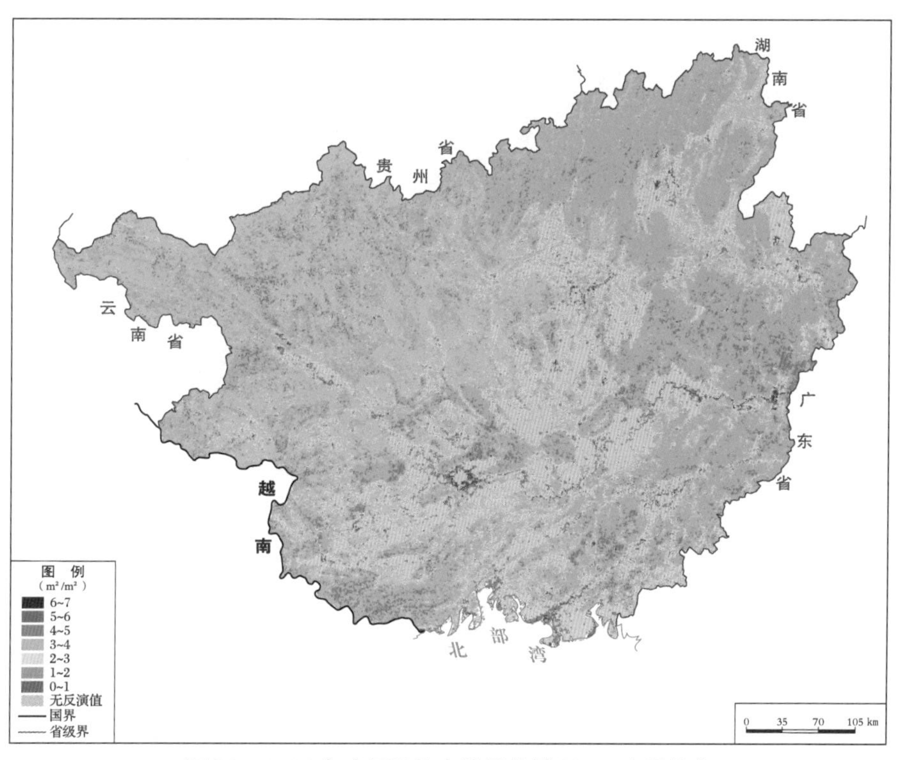

图 96 2014 年广西壮族自治区植被 MLAI 空间分布

广西壮族自治区 2014 年 MFVC 空间分布格局差异显著，具有典型的东西高、中南部低的分布特点（见图 97）。广西壮族自治区北部为山地或高原，以森林类型为主，MFVC 可高达 97.5%~100%；中南部以平原或盆地为主，MFVC 介于 80%~92.5%；南部沿海的北海市、防城港市城区附近 MFVC 最低，仅为 40%~70%。MFVC 空间分布与 MLAI 空间分布具有较好的一致性。

广西壮族自治区 2014 年植被年 NPP 均值为 237.88 克碳每平方米，年 NPP 空间分布格局差异显著，其空间分布与地形、地表覆盖类型密切相关（见图 98）。广西壮族自治区北部为山地或高原，以森林类型为主，森林类型固碳能力较强，年 NPP 较高，介于 250~400 克碳每平方米；中南部以平原或盆地为主，年 NPP 介于 100~250 克碳每平方米；北海市、南宁市、柳州市城区附近年 NPP 最低，介于 50~150 克碳每平方米。年 NPP 空间分布与 MLAI、MFVC 空间分布具有较好一致性。

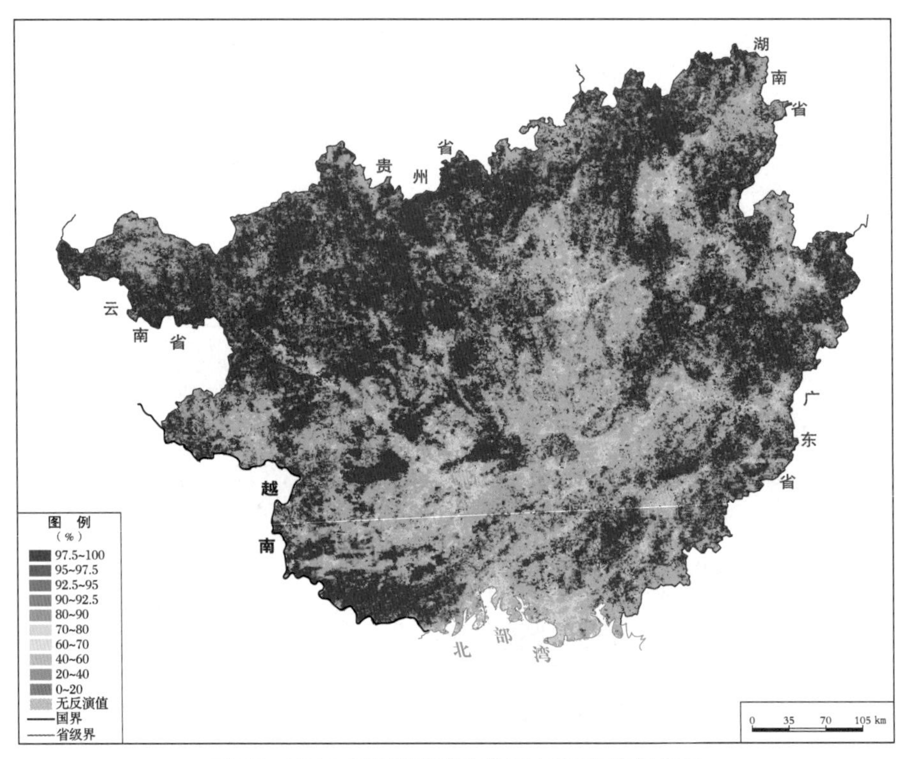

图 97　2014 年广西壮族自治区 MFVC 空间分布

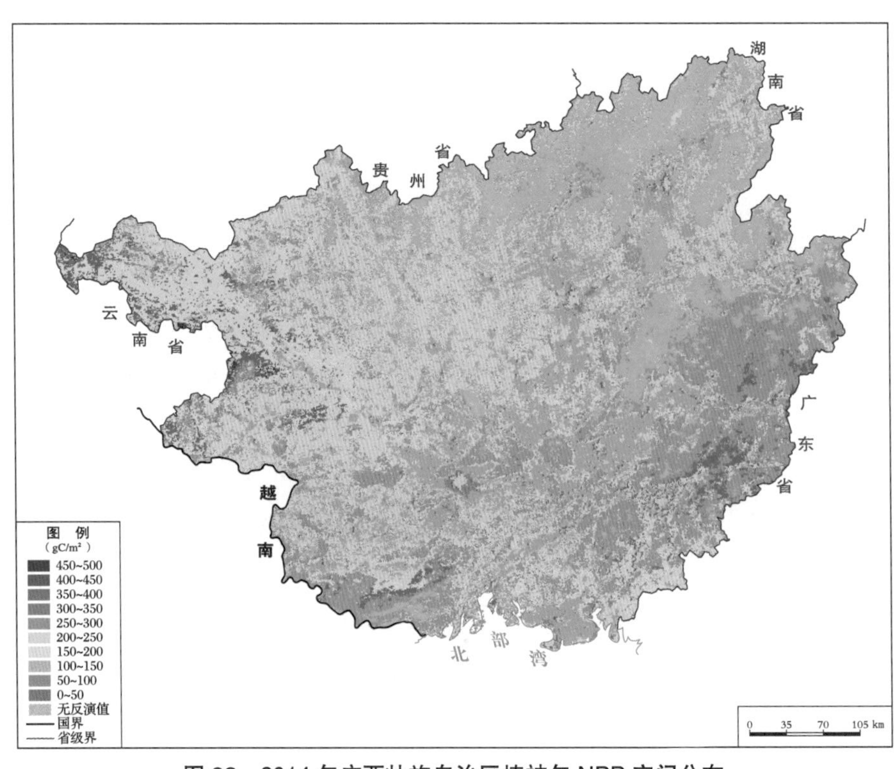

图 98　2014 年广西壮族自治区植被年 NPP 空间分布

7.20.2 2001~2014年广西壮族自治区植被变化

广西壮族自治区 2001~2014 年植被 MLAI 变化率空间变化具有一定差异（见图 99）。广西壮族自治区东北部的山地和高原地区，MLAI 变化率每年平均增加 0~0.05；中南部的平原或盆地地区，MLAI 变化率更高，局部地区每年平均增加 0.1~0.15。北海市、南宁市、柳州市城区附近区域的植被 MLAI 存在降低趋势，MLAI 变化率每年平均降低 0~0.1，局部地区可达 0.1~0.15。

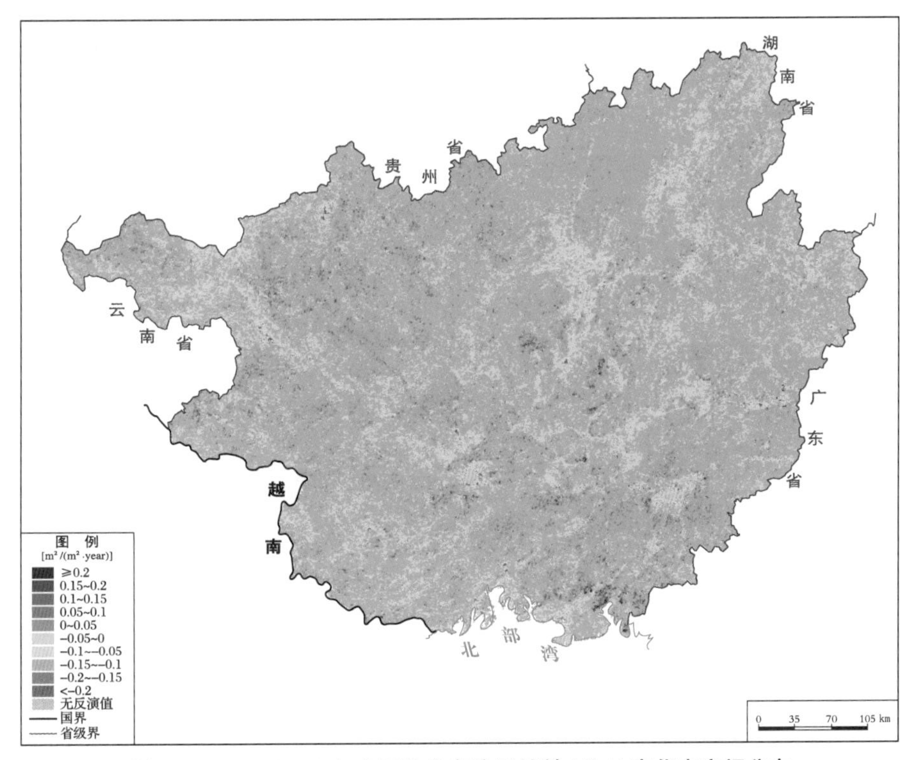

图 99 2001~2014 年广西壮族自治区植被 MLAI 变化率空间分布

广西壮族自治区 2001~2014 年 MFVC 变化率空间变化差异并不显著（见图 100），MFVC 变化比较稳定，大部分区域每年平均变化在 -1%~1%。北海市、南宁市、柳州市城区附近区域因受人类活动影响，存在 MFVC 每年平均降低 1%~3% 的零星区域。

7.21 海南省植被状况

7.21.1 2014年海南省植被状况

海南省 2014 年植被 MLAI 空间分布格局具有显著的分层特点，MLAI 总体介

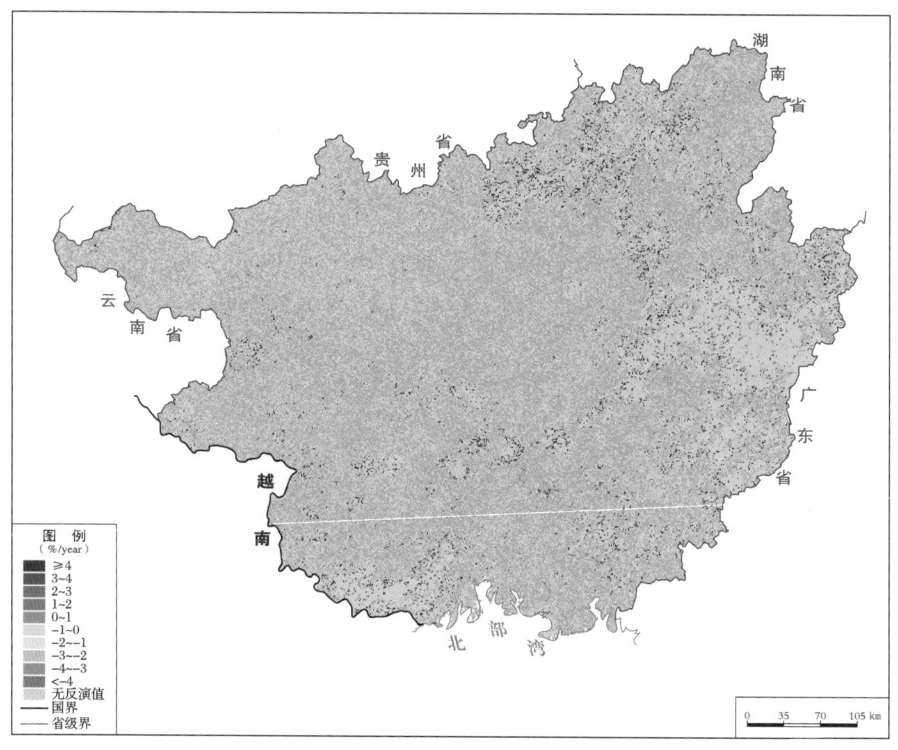

图 100 2001~2014 年广西壮族自治区 MFVC 变化率空间分布

于 2~6，海南岛空间分布呈现中间高、周围低的特点，这与地形与地表覆盖类型密切相关（见图 101）。海南岛中部为五指山等山脉，如五指山市、白沙黎族自治县、琼中黎族苗族自治县等，主要地表覆盖类型为森林，MLAI 大多介于 5~6；周围沿海区域为丘陵或平原地区，如海口市、文昌市、东方市，受人类活动影响，MLAI 仅为 1~3。

海南省 2014 年 MFVC 空间分布格局差异显著，具有典型的阶梯形分布特点（见图 102）。海南岛中部以森林类型为主，MFVC 可高达 97.5%~100%；周围沿海区域以平原或丘陵为主，MFVC 介于 80%~90%；海口市、三亚市城区附近 MFVC 最低，仅为 40%~70%。MFVC 空间分布与 MLAI 空间分布具有较好的一致性。

海南省 2014 年植被年 NPP 均值为 306.20 克碳每平方米，年 NPP 空间分布格局差异显著，其空间分布与地形、地表覆盖类型密切相关（见图 103）。海南岛中部以森林类型为主，森林类型固碳能力较强，年 NPP 较高，介于 400~550 克碳每平方米；周围沿海区域以平原或丘陵为主，年 NPP 介于 150~300 克碳每平方米；海口市、三亚市城区附近年 NPP 最低，介于 50~150 克碳每平方米。年 NPP 空间分布与 MLAI、MFVC 空间分布具有较好一致性。

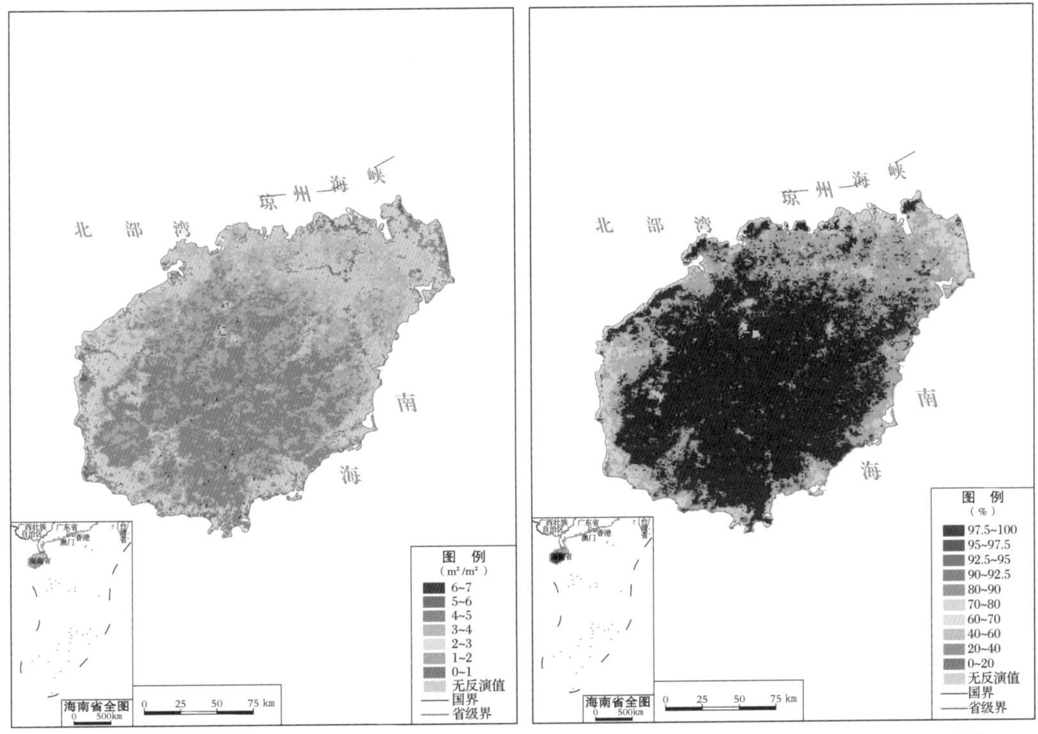

图 101　2014 年海南省植被 MLAI 空间分布

图 102　2014 年海南省 MFVC 空间分布

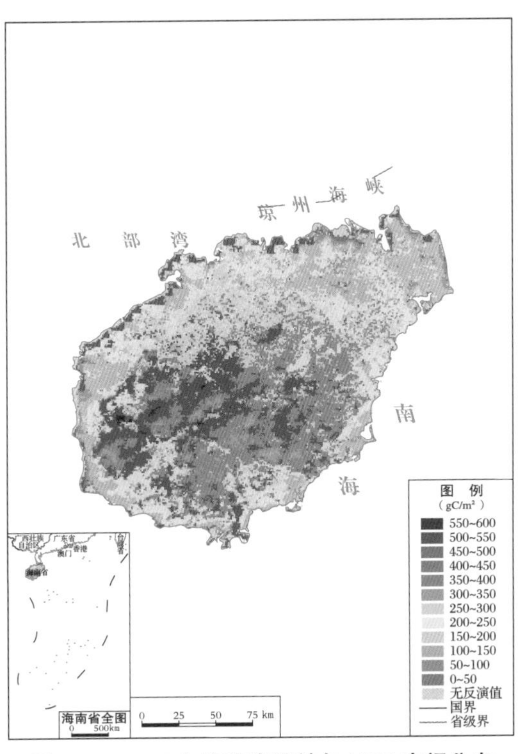

图 103　2014 年海南省植被年 NPP 空间分布

7.21.2　2001~2014年海南省植被变化

海南省 2001~2014 年植被 MLAI 变化率空间变化具有一定差异（见图 104）。海南岛北部地区 MLAI 变化率每年平均增加 0~0.05，局部地区可达 0.05~0.1；南部地区 MLAI 变化率每年平均降低 0~0.05；海口市、三亚市城区附近区域的植被 MLAI 存在降低趋势，MLAI 变化率每年平均降低 0~0.1。

海南省 2001~2014 年 MFVC 变化率空间变化差异并不显著（见图 105），MFVC 变化比较稳定，每年平均在 -1%~1%。海南岛北部地区 MFVC 变化率每年平均增加 0~1%，局部地区可达 1%~2%；南部地区 MFVC 变化率每年平均降低 0~1%。在海口市、三亚市城区附近区域，因受人类活动影响，存在 MFVC 每年平均降低 2%~4% 的零星区域。

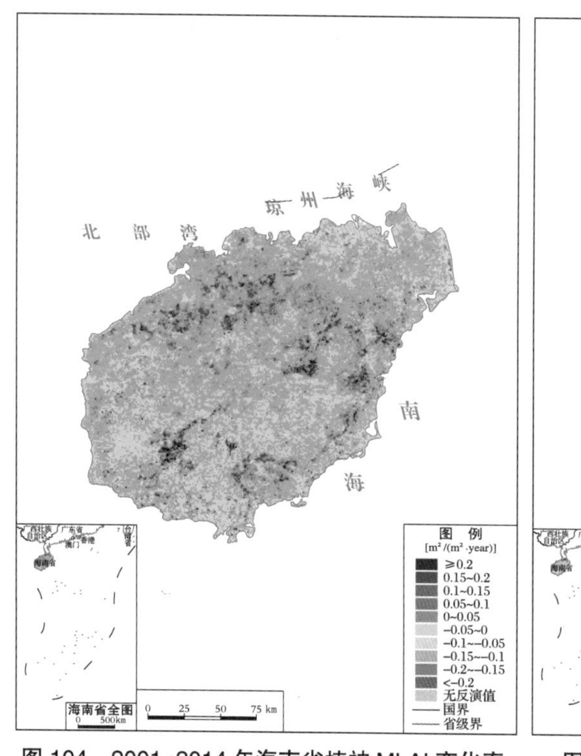

图 104　2001~2014 年海南省植被 MLAI 变化率空间分布

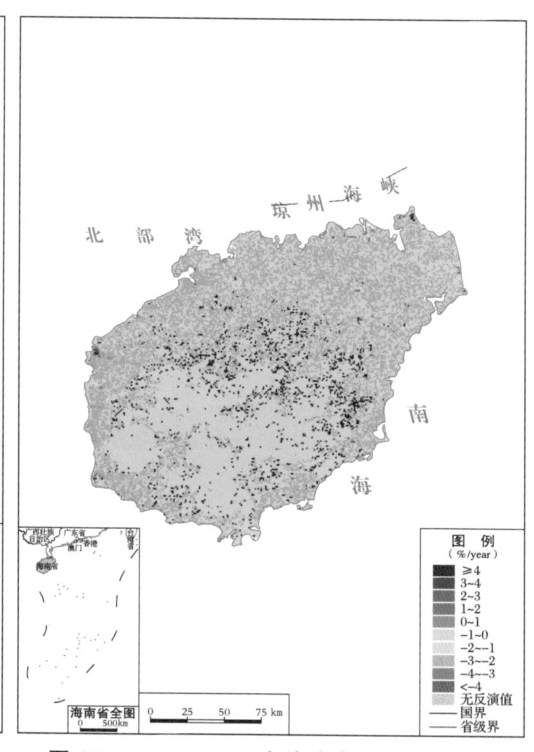

图 105　2001~2014 年海南省 MFVC 变化率空间分布

7.22　重庆市植被状况

7.22.1　2014年重庆市植被状况

重庆市 2014 年植被 MLAI 空间分布格局具有一定差异，MLAI 总体介于 2~6，空间分布呈现从西部到东部逐渐增加的趋势，这与地形与地表覆盖类型密切相关（见图 106）。重庆市东北部的城口县、巫溪县，东部的石柱土家族自治县、丰都县、武陵县，东南部的秀山、酉阳土家族苗族自治县等山地区域，以森林覆盖类型为主，MLAI 介于 4~5，在城口县、巫溪县最高可达 6。重庆市西部的潼南县、合川区、永川区，中西部的垫江县、长寿区，以丘陵、农田为主，地形起伏相对较缓，处在长江流域且经济较发达，MLAI 介于 2~3。主城区附近受人类活动干预相对较大，MLAI 介于 0~1。

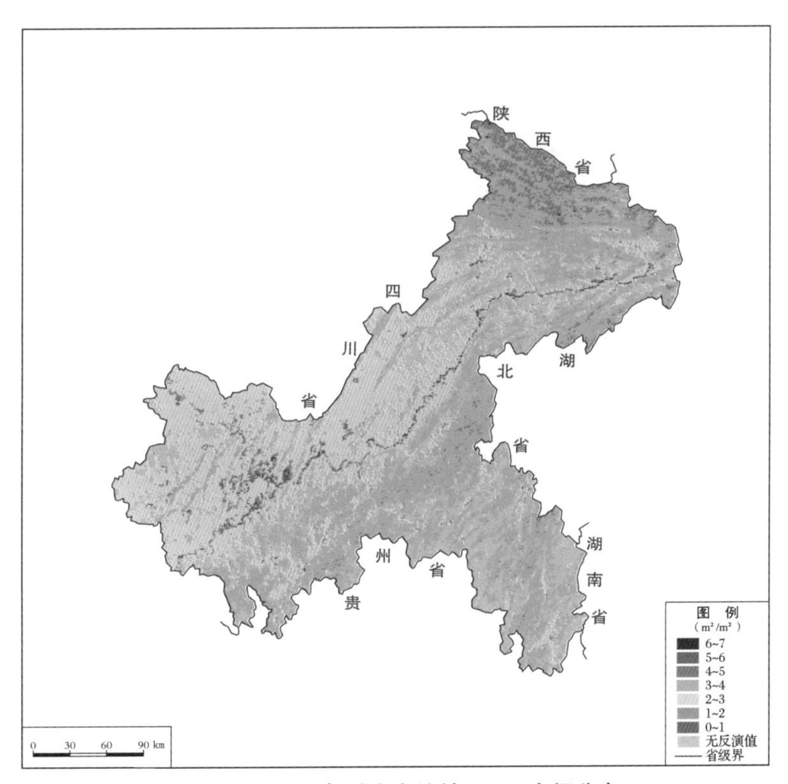

图 106　2014 年重庆市植被 MLAI 空间分布

重庆市 2014 年 MFVC 空间分布格局差异显著，具有典型的分区分布特点（见图 107）。重庆市东北部、东部山区以森林类型为主，MFVC 可高达 97.5%~100%；中西部以丘陵、农田为主，MFVC 介于 70%~90%；主城区附近 MFVC 最低，仅为 40%~80%。MFVC 空间分布与 MLAI 空间分布具有较好的一致性。

重庆市 2014 年植被年 NPP 均值为 182.74 克碳每平方米，区域年 NPP 空间分布格局差异显著，其空间分布与地形、地表覆盖类型密切相关（见图 108）。重庆市东北部、东部山区以森林类型为主，森林类型固碳能力较强，年 NPP 较高，介

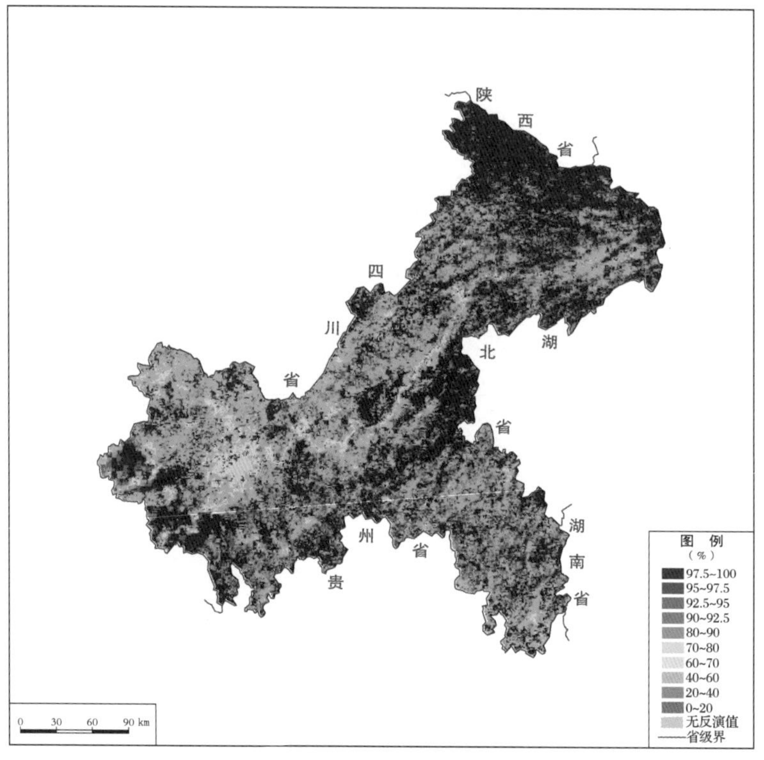

图 107　2014 年重庆市 MFVC 空间分布

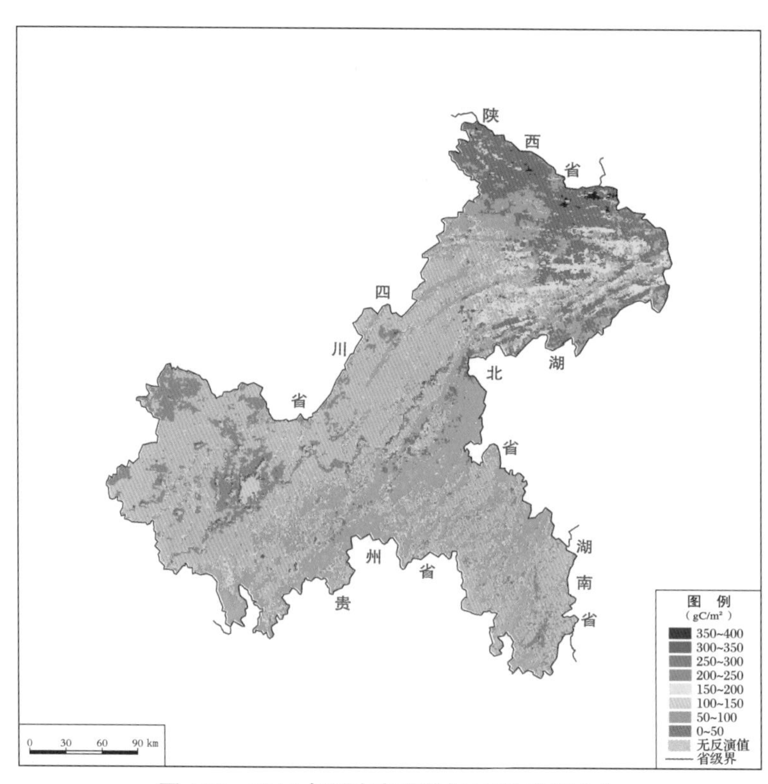

图 108　2014 年重庆市植被年 NPP 空间分布

于 250~350 克碳每平方米；中西部以丘陵、农田为主，年 NPP 介于 100~150 克碳每平方米；主城区附近年 NPP 最低，介于 0~100 克碳每平方米。年 NPP 空间分布与 MLAI、MFVC 空间分布具有较好一致性。

7.22.2 2001~2014年重庆市植被变化

重庆市 2001~2014 年植被 MLAI 变化率空间变化具有一定差异（见图 109）。重庆市东北部、东部的森林地区 MLAI 变化率每年平均增加 0~0.1，局部地区可达 0.1~0.15；中西部地区 MLAI 变化率每年平均降低 0~0.05；主城区附近区域的植被 MLAI 存在降低趋势，MLAI 变化率每年平均降低 0~0.15，局部地区可达 0.15~0.2。

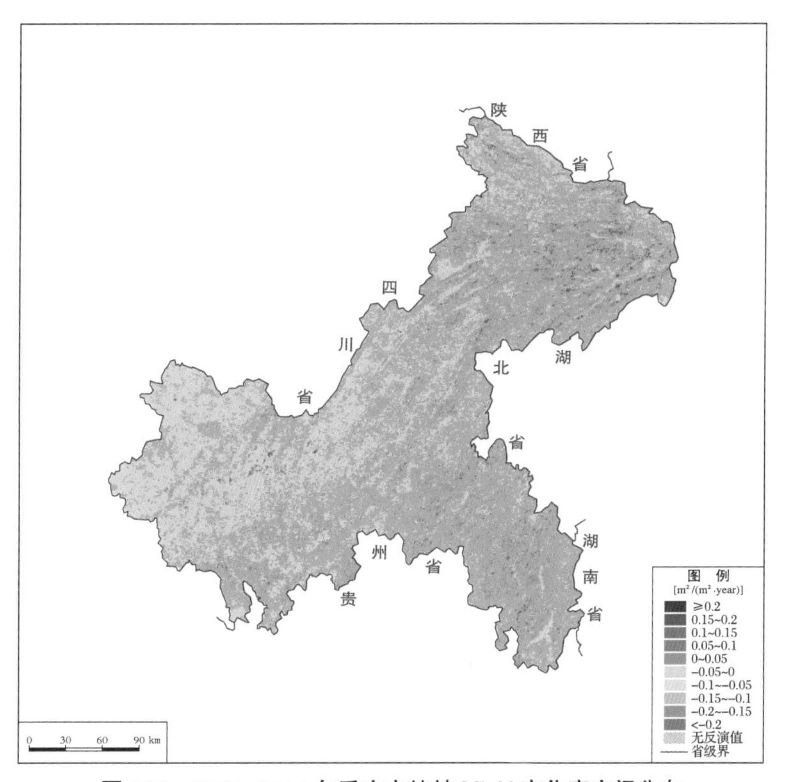

图 109 2001~2014 年重庆市植被 MLAI 变化率空间分布

重庆市 2001~2014 年 MFVC 变化率空间变化差异并不显著（见图 110），MFVC 变化比较稳定，每年平均变化均在 -1%~1%。仅在主城区附近，以及长江流域沿线的局部地区，因受人类活动影响，存在 MFVC 每年平均降低 2%~4% 的零星区域。

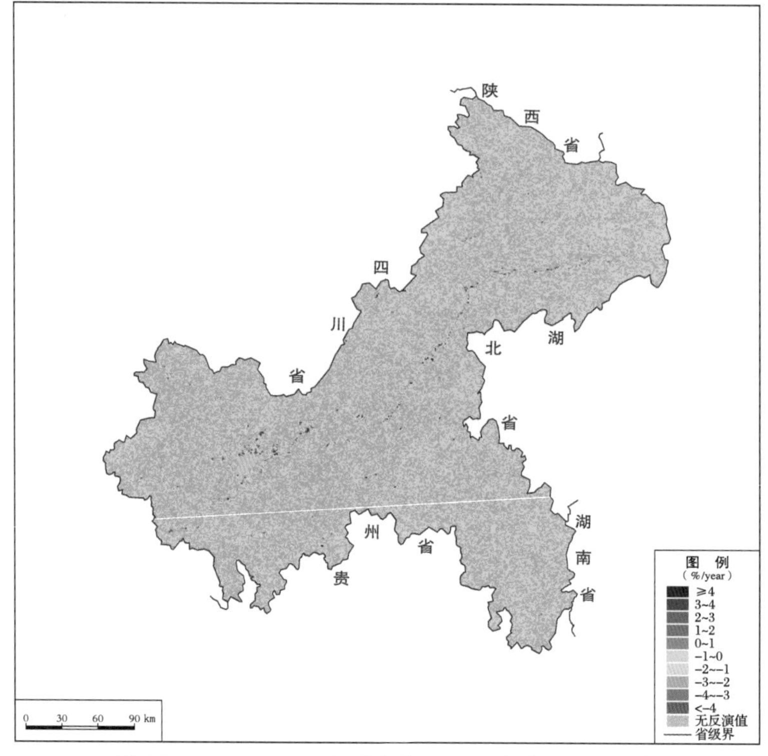

图 110　2001~2014 年重庆市 MFVC 变化率空间分布

7.23　四川省植被状况

7.23.1　2014年四川省植被状况

四川省 2014 年植被 MLAI 总体上介于 2~5，在空间上呈现中间高两边低的分布特征（见图 111）。其中西部地区以草地为主的高海拔山地 MLAI 最低，普遍低于 2。中部地区如成都、眉山、乐山等以混合林为主的区域 MLAI 最高，介于 6~7；东部地区的农田区 MLAI 处于中等水平，平均介于 3~5。

四川省 2014 年 MFVC 空间差异十分明显，整体呈现由西向东逐渐增加的趋势（见图 112），与四川省的海拔分布较为吻合。西北部海拔 4500 米以上的山区植被覆盖度极低，小于 10%；海拔在 2000~4500 米的西部和中部地区，MFVC 介于 60%~80%；东部海拔小于 2000 米的农田区 MFVC 介于 60%~80%；而东部海拔小于 2000 米的森林区，MFVC 超过 90%。

四川省 2014 年植被年 NPP 均值为 167.88 克碳每平方米，年累积 NPP 空间分布具有一定差异，其空间分布格局与地表覆盖变化密切相关（见图 113）。雅安市、

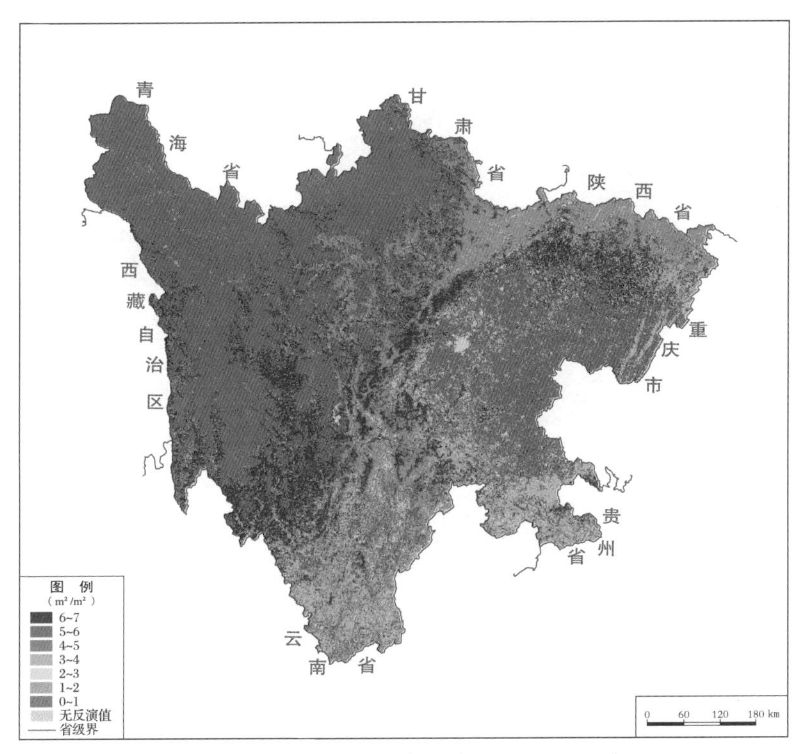

图 111　2014 年四川省植被 MLAI 空间分布

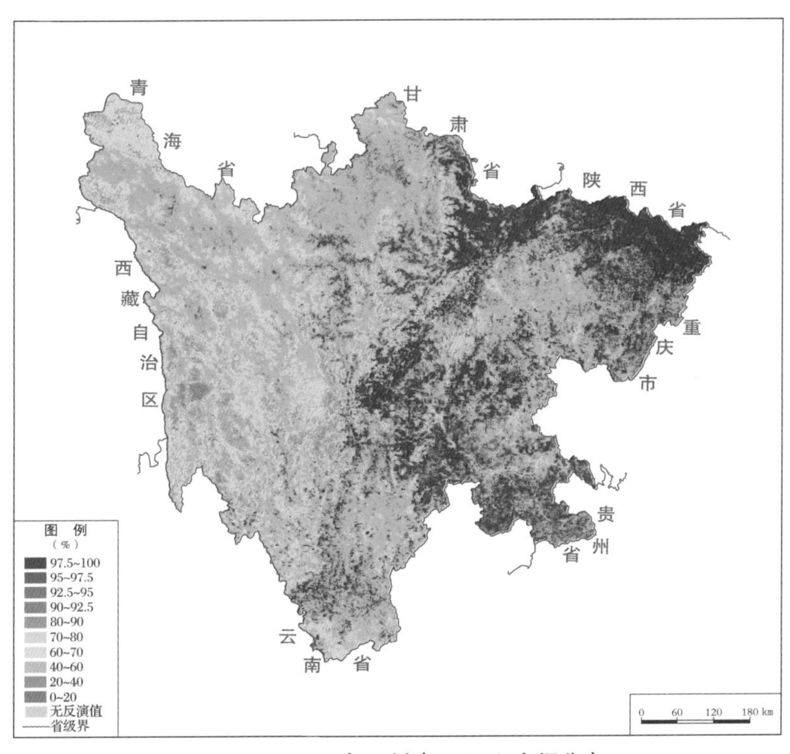

图 112　2014 年四川省 MFVC 空间分布

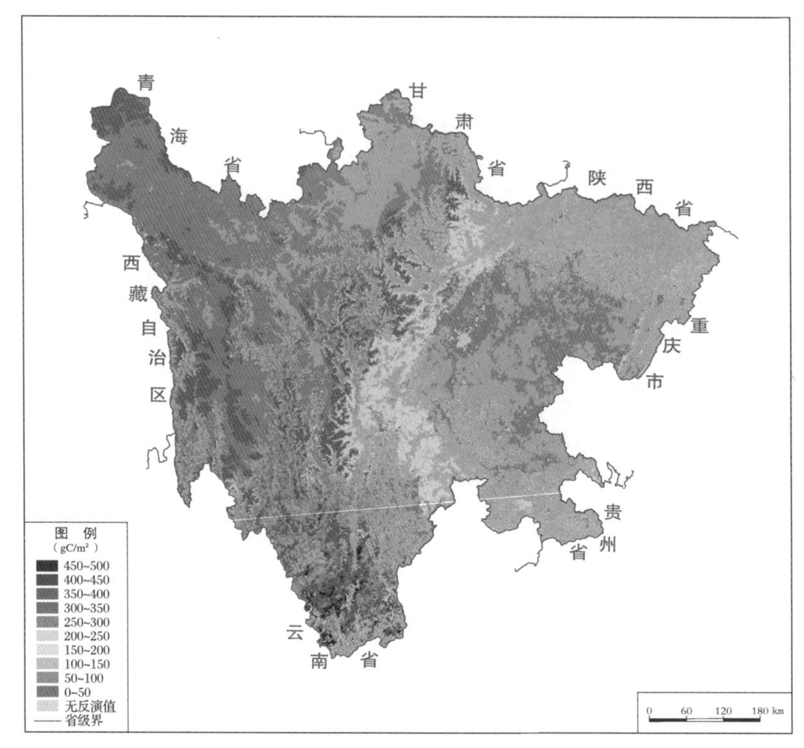

图 113　2014 年四川省植被年 NPP 空间分布

凉山彝族自治州等以森林为主的区域年 NPP 较高，超过 400 克碳每平方米；东部以农田类型为主，年 NPP 介于 100~150 克碳每平方米；西部草原固碳能力较弱，年 NPP 低于 100 克碳每平方米。

7.23.2　2001~2014年四川省植被变化

四川省 2001~2014 年 MLAI 变化率空间变化差异较为明显（见图 114）。东部和南部以森林为主的区域 MLAI 呈现增加趋势，每年平均增加 0.05~0.15；四川盆地的农田区呈现降低趋势，每年平均降低 0.02~0.05。西部山区草地大多表现为轻微降低趋势，每年平均降低 0.05~0.1。

四川省 2001~2014 年植被 MFVC 变化率几乎没有明显的空间变化差异（见图 115）。西部甘孜州、凉山州和雅安的少部分草地区域 MFVC 有较为明显的增加趋势，每年平均增加 1%~2%，成都市及省内主要市区周边年 MFVC 呈现降低趋势，省内其余地区的 MFVC 没有明显变化。

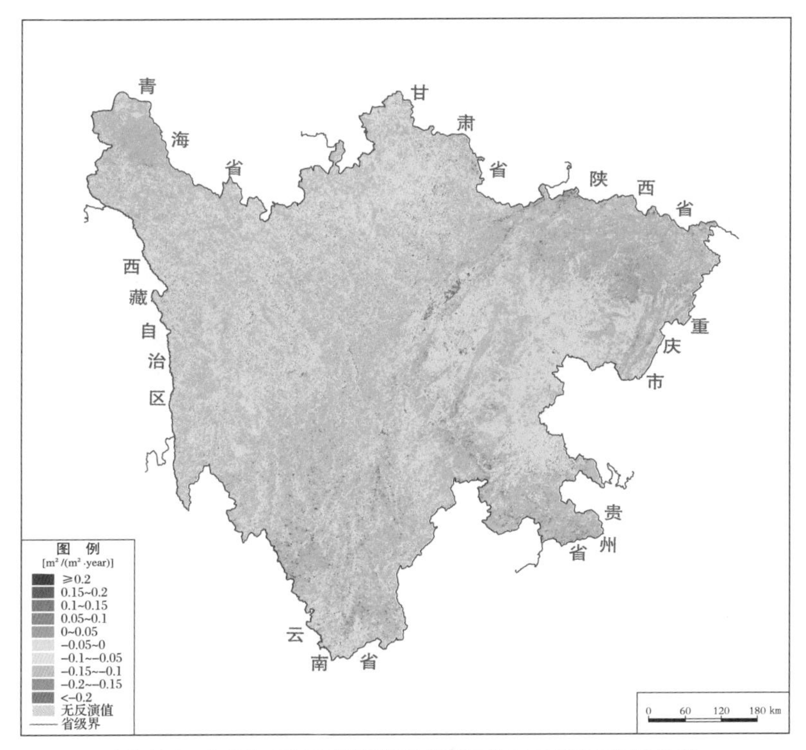

图 114　2001~2014 年四川省植被 MLAI 变化率空间分布

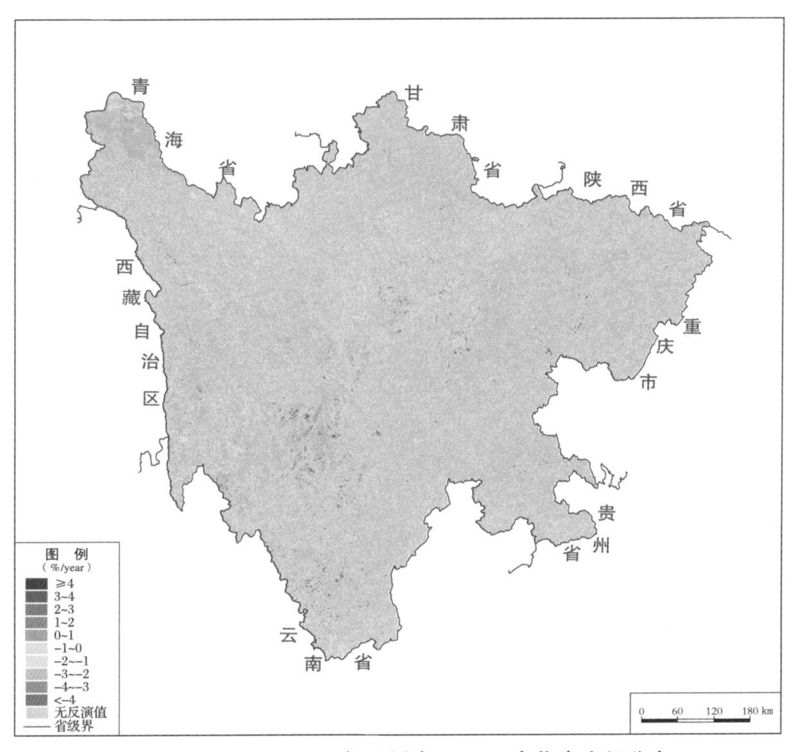

图 115　2001~2014 年四川省 MFVC 变化率空间分布

7.24 贵州省植被状况

7.24.1 2014年贵州省植被状况

贵州省 2014 年植被 MLAI 总体上介于 2~5，其空间分布格局与地表覆盖变化密切相关（见图 116）。其中黔东南广大地区、遵义市北部、贵州省西部以森林类型为主的区域 MLAI 最高，介于 5~7；铜仁地区、黔南自治州、安顺市等以草地为主的区域 MLAI 处于中等水平，平均介于 3~4；该省西北部的农田区 MLAI 最低，普遍低于 3。

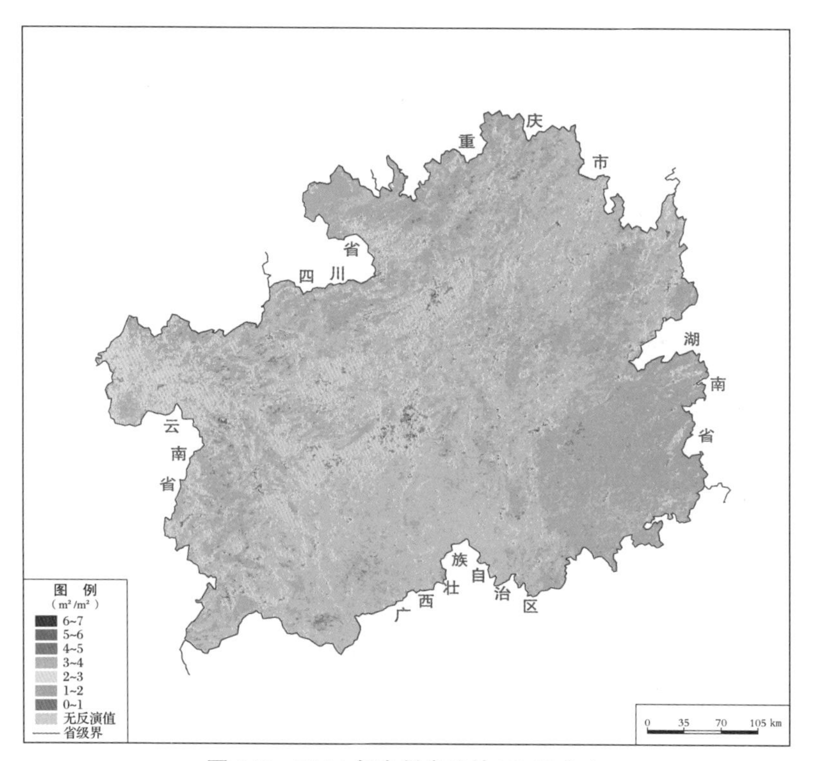

图 116 2014 年贵州省植被 MLAI 分布

贵州省 2014 年 MFVC 空间分布格局差异较为明显，在空间上呈现由中部逐渐向北部和南部增加的趋势（见图 117）。除贵阳市、毕节地区西部外，省内 MFVC 普遍高于 80%；黔东南广大地区、遵义市北部、贵州省西部以森林类型为主的区域，MFVC 超过 90%；西北部农田区域 MFVC 介于 80%~90%；铜仁地区、黔南自治州、安顺市等以草原为主的区域 MFVC 约为 90%。

贵州省 2014 年植被年 NPP 均值为 177.74 克碳每平方米，年 NPP 空间分布具有一定差异，在空间上呈现两边高、中间低的格局（见图 118）。黔东南广大地区、

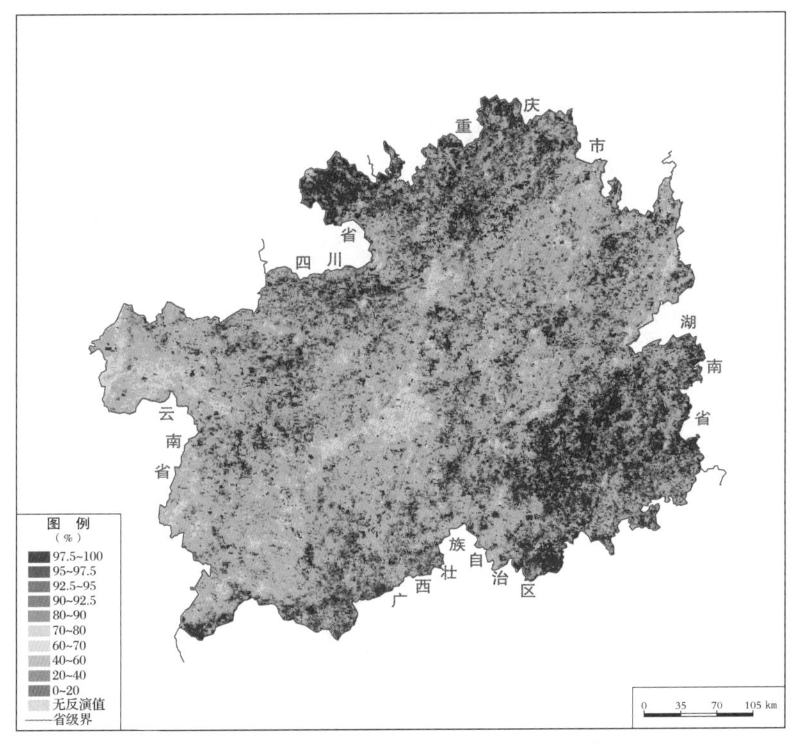

图117　2014年贵州省MFVC空间分布

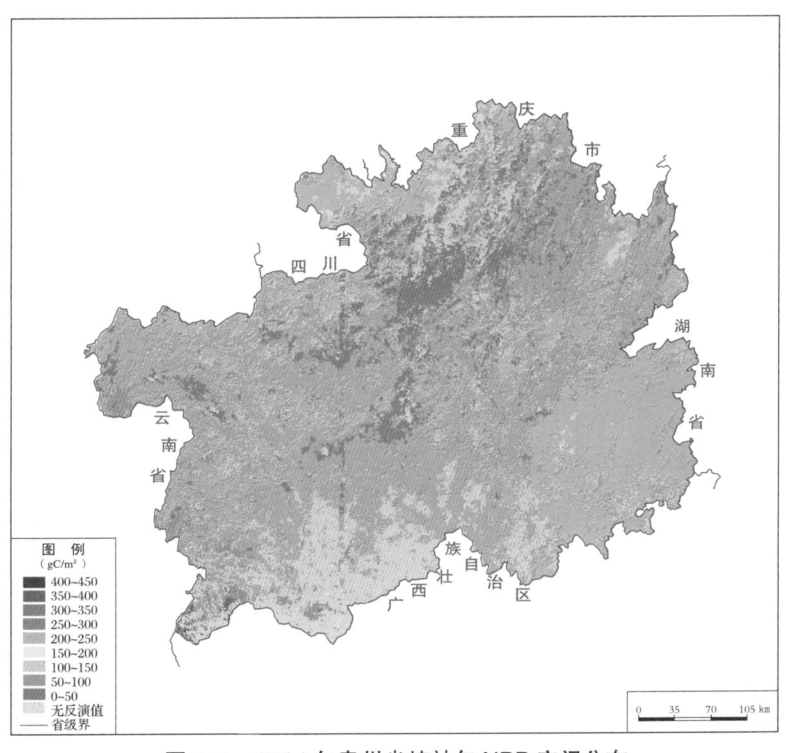

图118　2014年贵州省植被年NPP空间分布

遵义市北部、贵州省西部以森林类型为主的区域年 NPP 较高，介于 250~350 克碳每平方米；铜仁地区、黔南自治州、安顺市等以草原为主的区域，年 NPP 介于 100~200 克碳每平方米；该省西北部的农田区年 NPP 介于 100~130 克碳每平方米；省内各大市区年 NPP 最低，低于 90 克碳每平方米。

7.24.2 2001~2014年贵州省植被变化

贵州省 2001~2014 年植被 MLAI 变化率空间变化差异不明显，大多表现出一定程度的增加趋势（见图 119）。位于黔东南的三穗县以及六盘水市森林类型区域 MLAI 增加程度最大，每年平均增加 0.10~0.17；省内主要市区周边 MLAI 呈现降低趋势，每年平均降低约 0.06；省内其余地区的 MLAI 有不同程度的增加趋势，每年平均增加 0~0.10。

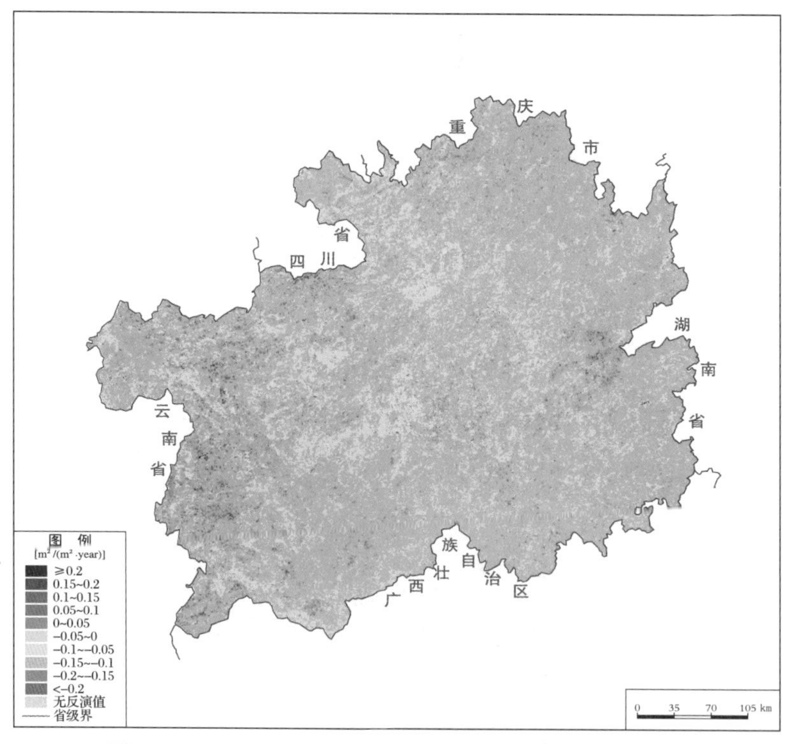

图 119 2001~2014 年贵州省植被 MLAI 变化率空间分布

贵州省 2001~2014 年 MFVC 变化率空间变化差异不明显（见图 120）。仅黔东南的少部分森林区域 MFVC 有较明显的增加趋势，每年平均增加 1%~2%，贵阳市及省内主要市区周边 MFVC 呈现降低趋势，省内其余地区的 MFVC 没有明显变化。

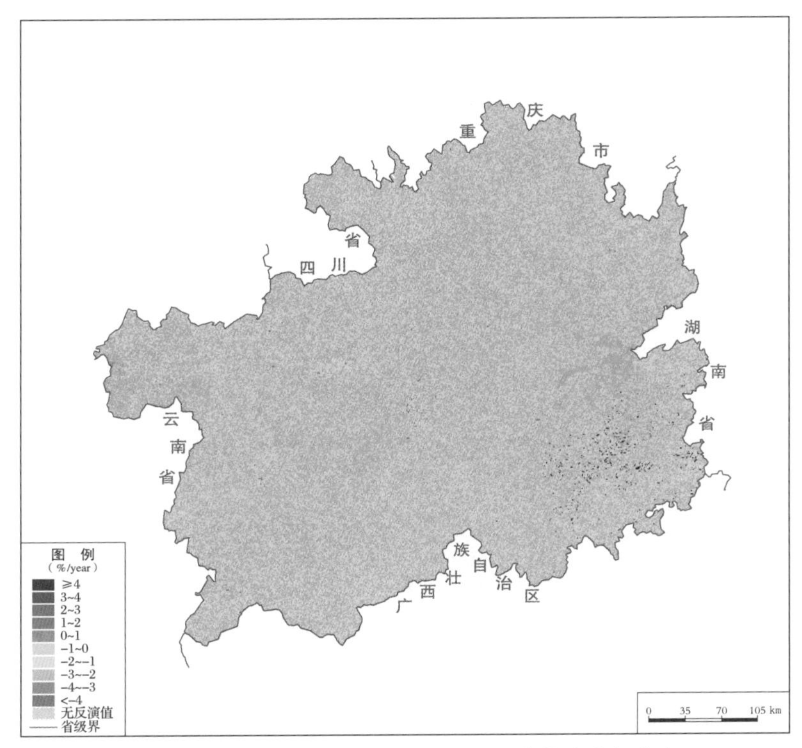

图 120 2001~2014 年贵州省 MFVC 变化率空间分布

7.25 云南省植被状况

7.25.1 2014年云南省植被状况

云南省 2014 年植被 MLAI 总体上介于 2~6，其空间分布格局与地表覆盖变化密切相关（见图 121）。该省西南部以常绿阔叶林为主的区域 MLAI 最高，接近 6；北部以混交林类型为主的区域 MLAI 介于 4~5；常绿阔叶林与混交林交界草原地带，其 MLAI 介于 2~3；农田区 MLAI 也介于 2~3。

云南省 2014 年 MFVC 空间格局与 MLAI 空间格局十分相似（见图 122）。除昆明市等省内各大市区外，MFVC 普遍高于 80%；该省西南部以常绿阔叶林为主的区域，MFVC 超过 95%；北部以混交林类型为主的区域 MFVC 介于 70%~90%；常绿阔叶林与混交林交界草原地带，MFVC 介于 80%~90%。

云南省 2014 年植被年 NPP 均值为 327.64 克碳每平方米，年 NPP 空间分布具有一定差异，其空间分布格局与地表覆盖变化密切相关（见图 123）。该省西南部以常绿阔叶林为主的区域，年 NPP 最高，达到 550~650 克碳每平方米；北部以混

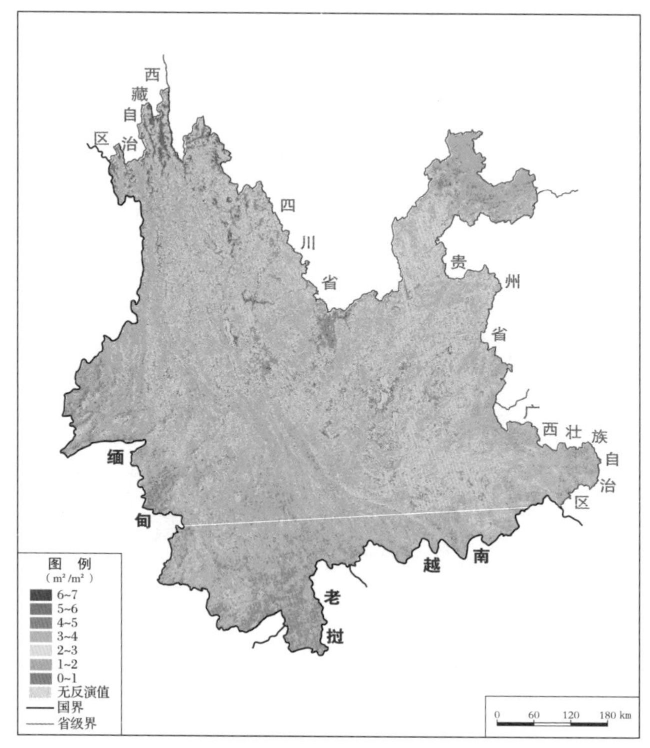

图 121　2014 年云南省植被 MLAI 空间分布

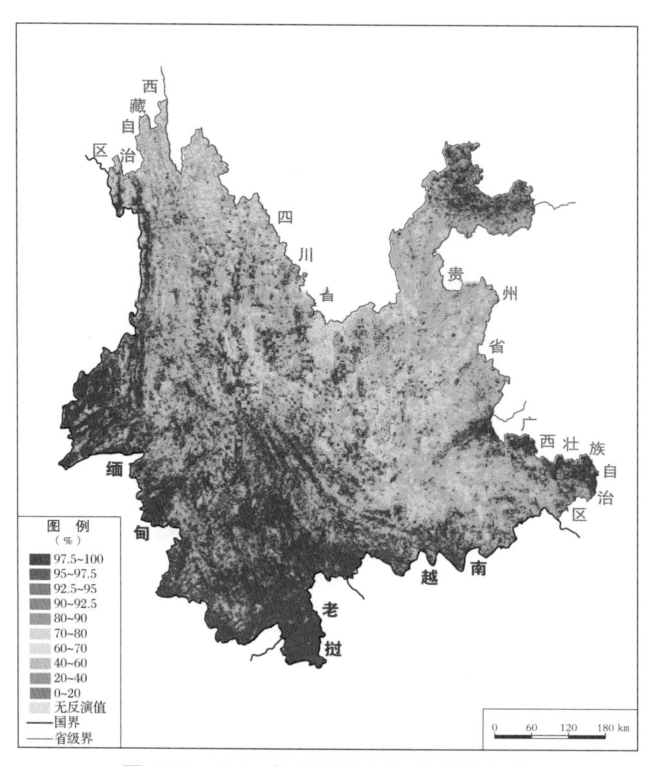

图 122　2014 年云南省 MFVC 空间分布

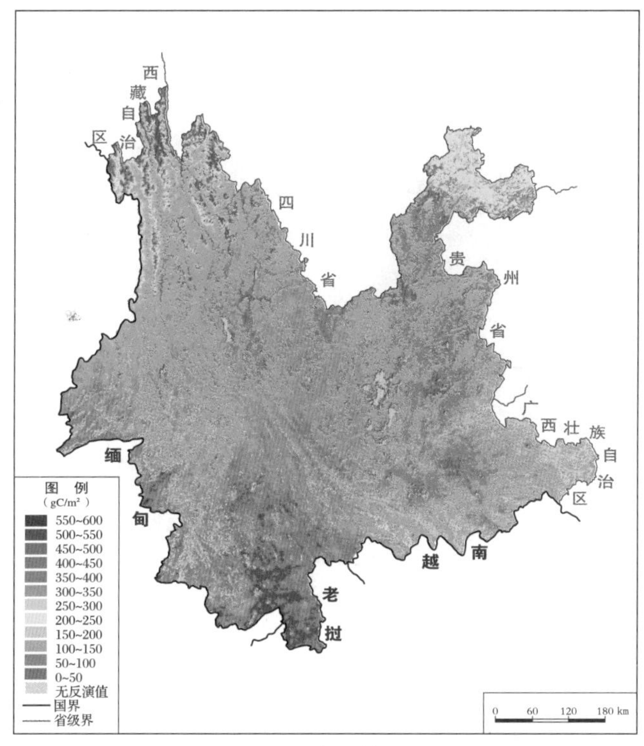

图 123　2014 年云南省植被年 NPP 空间分布

交林类型为主的区域，年 NPP 介于 350~500 克碳每平方米；常绿阔叶林与混交林交界草原地带固碳能力较弱，年 NPP 介于 100~200 克碳每平方米。省内各大市区年 NPP 最低，低于 50 克碳每平方米。

7.25.2　2001~2014年云南省植被变化

云南省 2001~2014 年植被 MLAI 变化率空间变化差异较为明显，较多地区表现出明显增加趋势（见图 124）。哀牢山西南部以草原和混交林为主的大部分区域 MLAI 呈现增加趋势，每年平均增加 0.05~0.15；该省西南部以常绿阔叶林为主的区域，MLAI 在 14 年间没有明显的变化；哀牢山东北部的农田区 MLAI 呈现微弱的降低趋势，平均每年降低 0.05~0.10，昆明市等省内主要市区周边 MLAI 呈现明显降低趋势，平均每年降低 0.1~0.2；省内其余地区的 MLAI 具有轻微增加趋势，平均每年增加 0~0.05。

云南省 2001~2014 年 MFVC 几乎没有明显的空间变化差异（见图 125）。仅哀牢山西南部森林区域 MFVC 有微弱的降低趋势，平均每年约降低 1%。其余地区 MFVC 有微弱的增加趋势，平均每年约增加 1%。

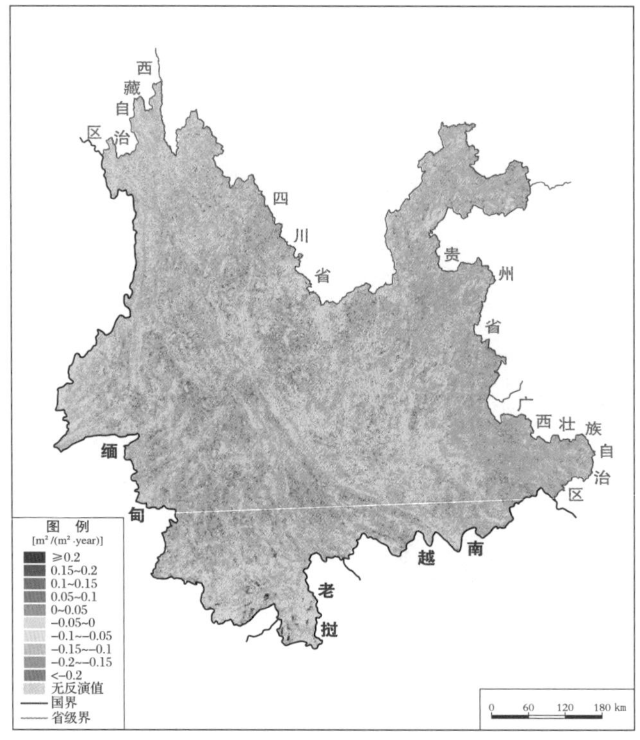

图 124　2001~2014 年云南省植被 MLAI 变化率空间分布

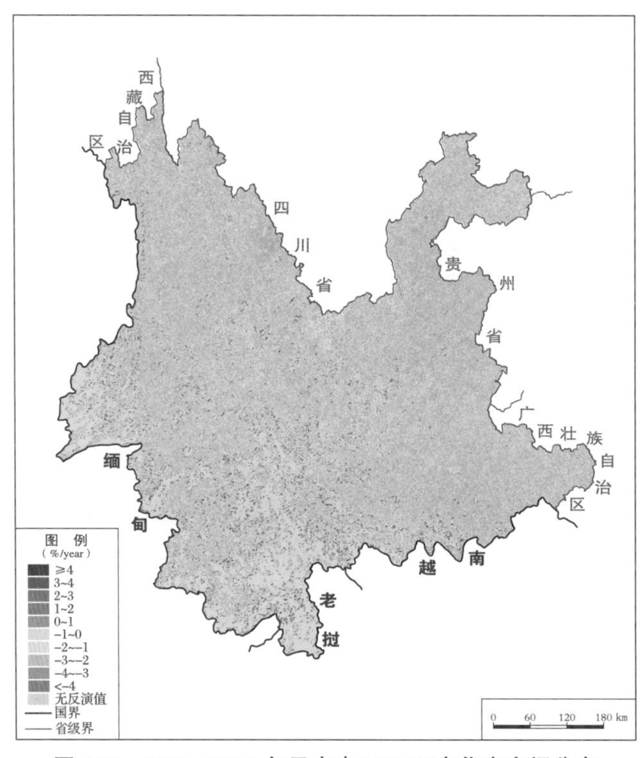

图 125　2001~2014 年云南省 MFVC 变化率空间分布

7.26 西藏自治区植被状况

7.26.1 2014年西藏自治区植被状况

西藏自治区 2014 年植被 MLAI 总体上介于 0~5，在空间上呈现从西北向东南逐渐增加的趋势（见图 126）。其中藏北高原以草地为主的区域 MLAI 最低，普遍低于 1；唐古拉山脉以北的草地区域 MLAI 介于 1~2；山南地区植被类型以混交林和常绿阔叶林为主，MLAI 较高，介于 3~5。

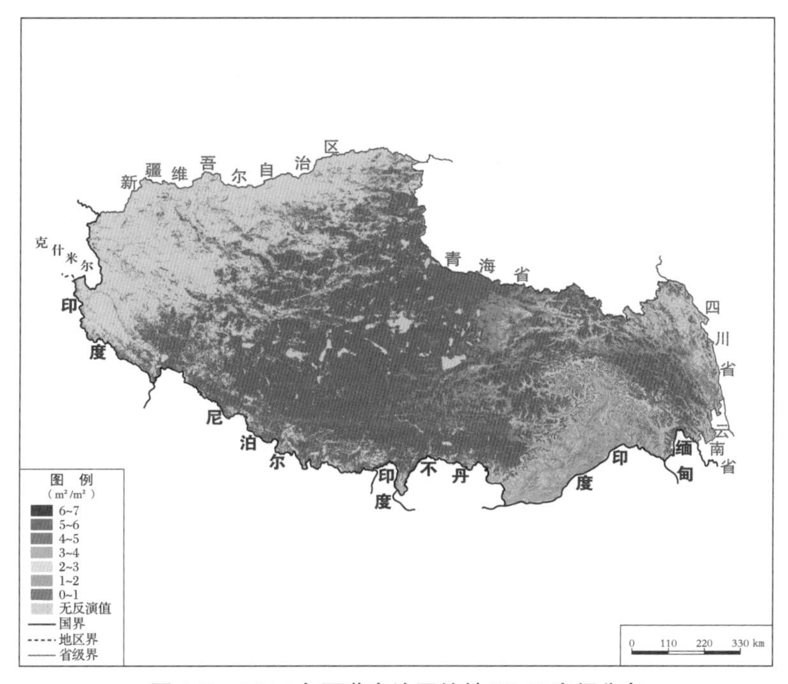

图 126　2014 年西藏自治区植被 MLAI 空间分布

西藏自治区 2014 年 MFVC 空间差异十分明显（见图 127）。山南地区以混交林和常绿阔叶林植被类型为主的区域 MFVC 最大，超过 95%；唐古拉山以北的草地区域 MFVC 介于 70%~90%；其余地区 MFVC 普遍低于 70%，且越靠近西藏北部，MFVC 越低。

西藏自治区 2014 年植被年 NPP 均值为 33.02 克碳每平方米，年累积 NPP 空间分布具有一定差异，其空间分布格局与 MLAI 空间分布十分相似（见图 128）。山南地区植被类型以混交林和常绿阔叶林为主，年 NPP 较高，介于 300~450 克碳每平方米；唐古拉山以北的草地区域年 NPP 介于 100~150 克碳每平方米；藏北高原以草地为主的区域固碳能力很弱，年 NPP 低于 50 克碳每平方米。

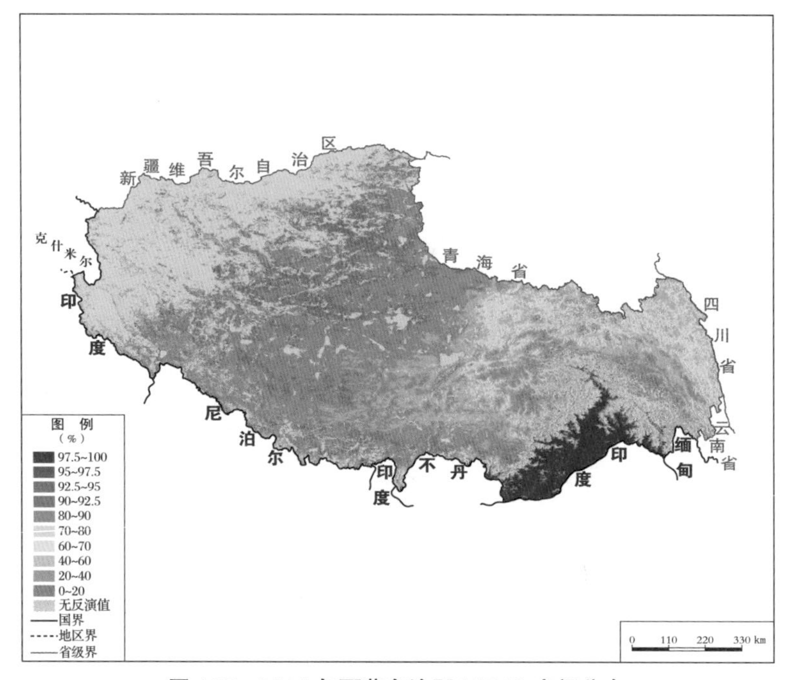

图 127　2014 年西藏自治区 MFVC 空间分布

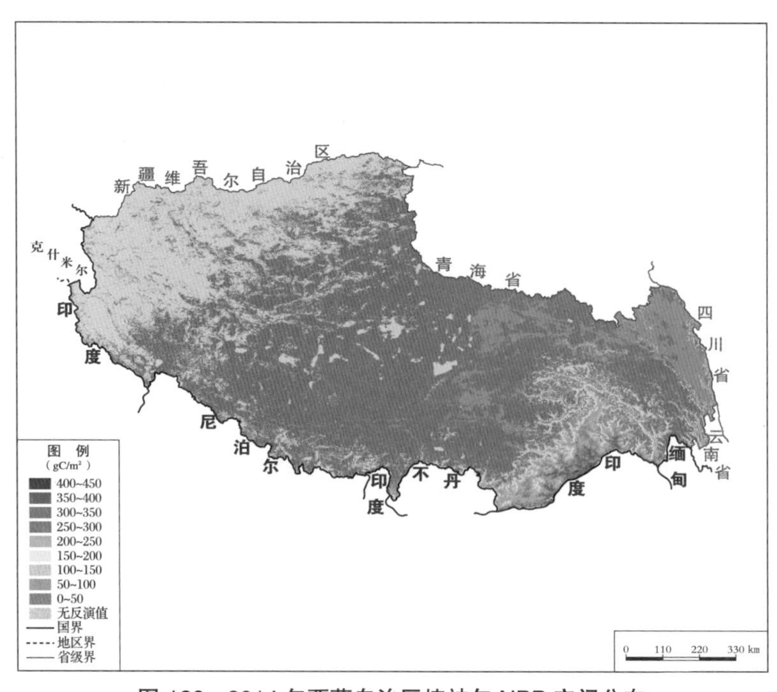

图 128　2014 年西藏自治区植被年 NPP 空间分布

7.26.2 2001~2014年西藏自治区植被变化

西藏自治区 2001~2014 年植被 MLAI 变化率空间变化差异不明显（见图 129）。横断山脉、拉萨市区、日喀则市区及其周边地区 MLAI 有微弱的降低趋势，平均每年约降低 0.05，其余地区 MLAI 没有明显的变化。

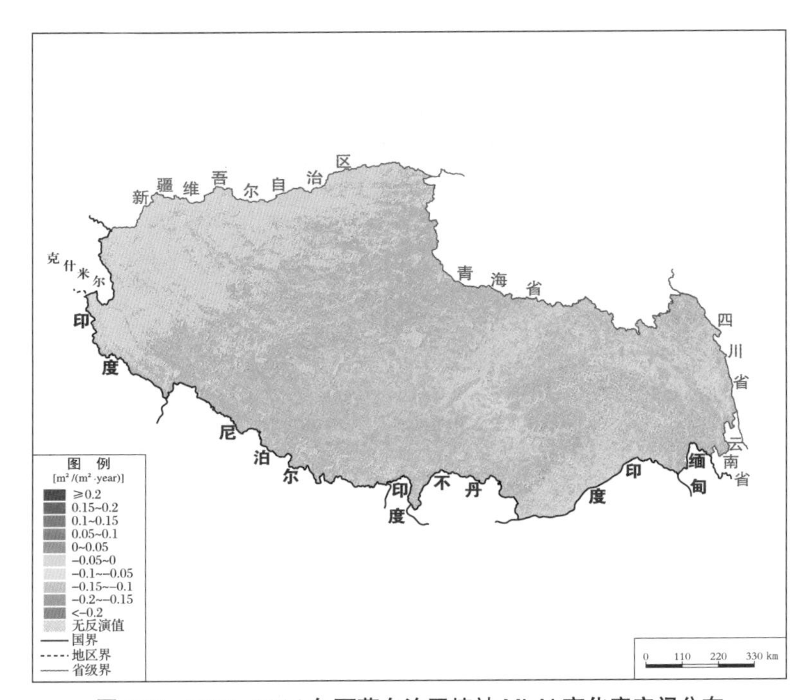

图 129 2001~2014 年西藏自治区植被 MLAI 变化率空间分布

西藏自治区 2001~2014 年 MFVC 变化率空间变化差异也不明显（见图 130）。山南地区森林类型的 MFVC 呈现增加趋势，每年平均约增加 1%；拉萨市、日喀则市等主要市区周边 MFVC 呈现降低趋势，每年平均降低 1%~4%；其余地区的 MFVC 没有明显变化。

7.27 陕西省植被状况

7.27.1 2014年陕西省植被状况

陕西省 2014 年植被 MLAI 总体上介于 2~6，在空间上呈现由北向南逐渐增加的趋势（见图 131）。其中秦岭以南、延安以森林类型为主的区域 MLAI 最高，介于 4~7；铜川、渭南、咸阳、延安等地的农田区 MLAI 处于中等水平，介于 2~3；西

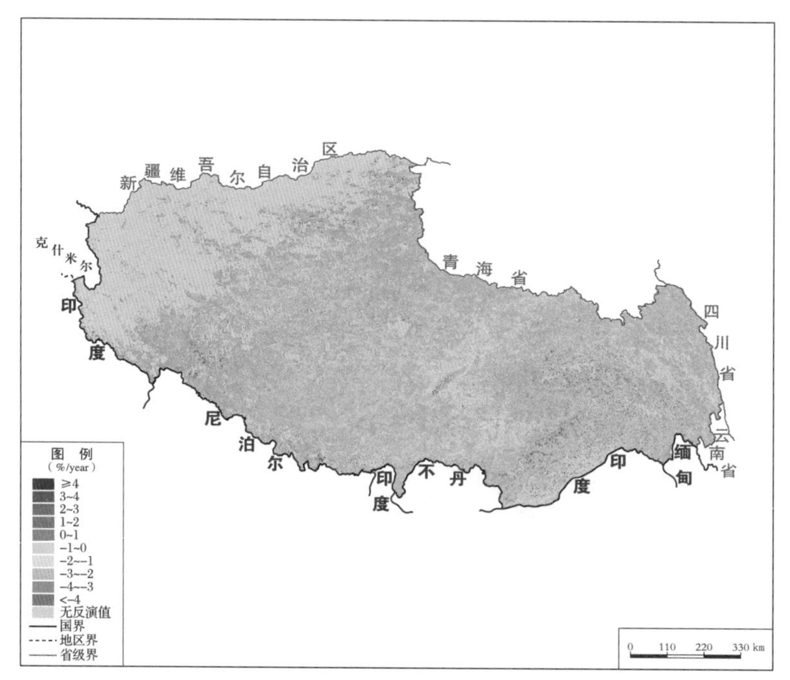

图 130　2001~2014 年西藏自治区 MFVC 变化率空间分布

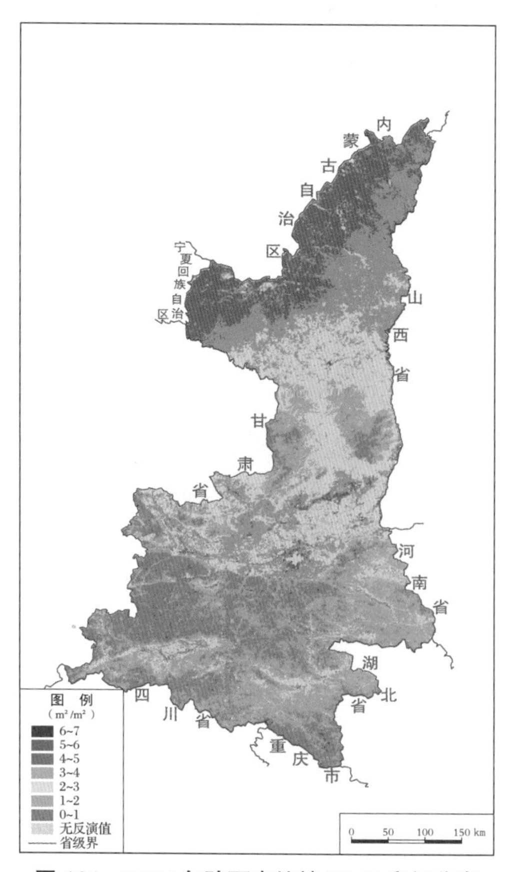

图 131　2014 年陕西省植被 MLAI 空间分布

安等省内主要市区及其周边地区 MLAI 较低，介于 0~2；榆林以草地为主的区域 MLAI 最低，普遍低于 1。

陕西省 2014 年 MFVC 空间差异较为明显（见图 132）。榆林市北部以草地为主的区域 MFVC 最小，低于 40%；榆林市其余地区、西安等省内主要市区及其周边地区，MFVC 介于 40%~70%；铜川、渭南、咸阳、延安等地的农田区，MFVC 介于 70%~90%；中部农田区域 MFVC 介于 80%~90%；秦岭以南、延安以森林类型为主的区域 MFVC 超过 95%。

陕西省 2014 年植被年 NPP 均值为 198.67 克碳每平方米，年 NPP 空间分布具有一定差异，其空间分布格局与地表覆盖变化密切相关（见图 133）。秦岭以南、延安以森林类型为主的区域年 NPP 较高，介于 300~450 克碳每平方米；铜川、渭南、咸阳、延安等地的农田区，年累积 NPP 介于 100~150 克碳每平方米；榆林市北部、西安等省内主要市区及其周边地区固碳能力较弱，年 NPP 低于 100 克碳每平方米。

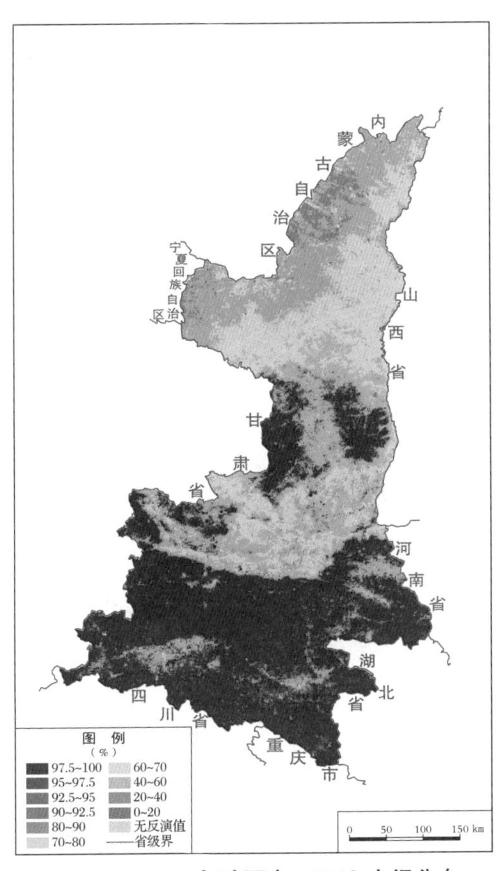

图 132　2014 年陕西省 MFVC 空间分布

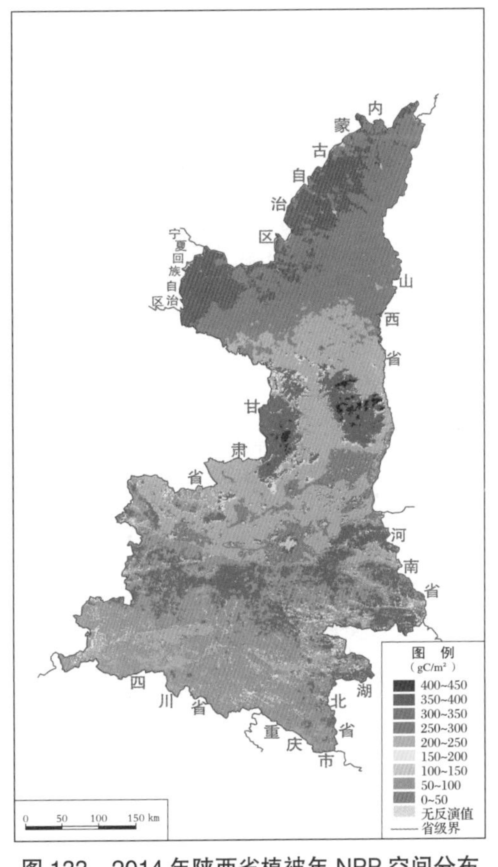

图 133　2014 年陕西省植被年 NPP 空间分布

7.27.2 2001~2014年陕西省植被变化

陕西省2001~2014年植被MLAI变化率空间变化差异较为明显（见图134）。除西安市等省内主要市区及周边MLAI呈现明显降低趋势（每年平均降低0.05~0.20）外，省内其余地区基本表现出增加趋势。其中，黄土高原及延安东部MLAI呈现增加趋势，每年平均增加0.05~0.15；秦岭以南、延安以森林类型为主的少部分区域，每年平均增加0.15。

陕西省2001~2014年MFVC变化率空间变化差异也较为明显（见图135）。榆林东部和延安北部山区森林类型的MFVC呈现明显增加趋势，每年平均增加3%以上；秦岭以北的渭河流域MFVC变化也较为明显，每年平均增加2%~4%；省内主要市区周边MFVC呈现降低趋势，每年平均降低2%以上。

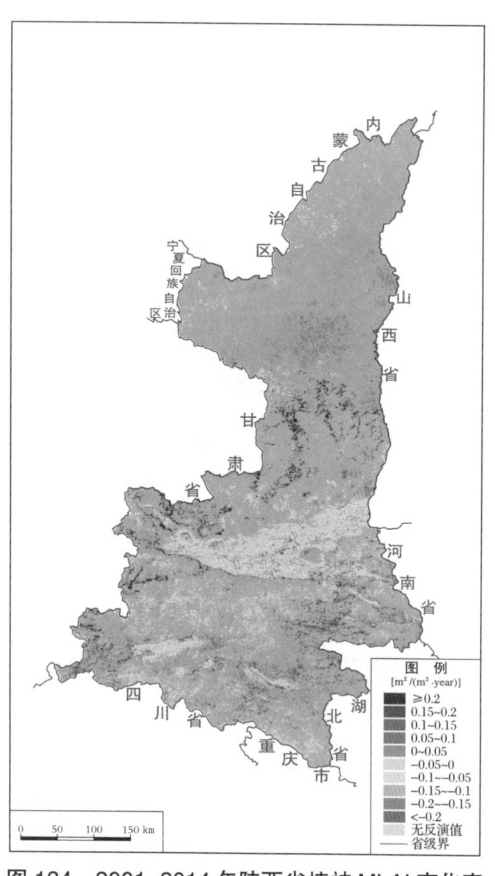

图134 2001~2014年陕西省植被MLAI变化率空间分布

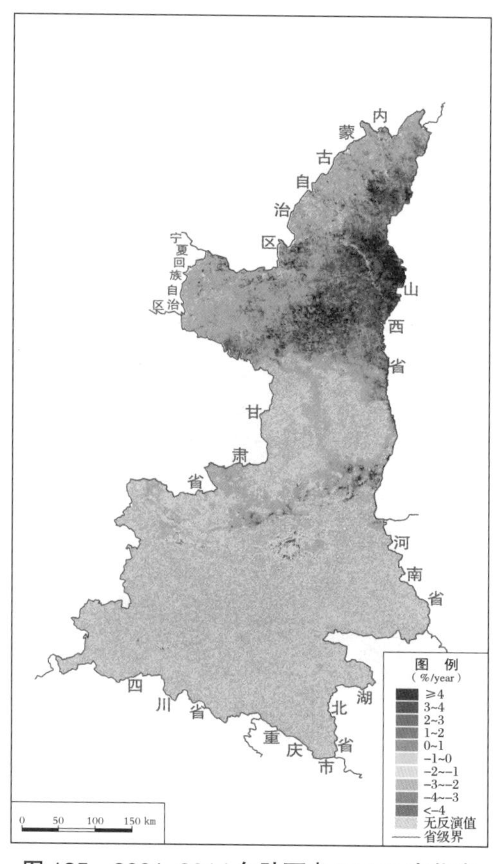

图135 2001~2014年陕西省MFVC变化率空间分布

7.28 甘肃省植被状况

7.28.1 2014年甘肃省植被状况

甘肃省 2014 年植被 MLAI 总体上介于 0~4，在空间上呈现由西北向东南逐渐增加的趋势（见图 136）。其中陇南地区以森林类型为主的区域 MLAI 最高，介于 5~6；庆阳地区、平凉地区、天水市等地的农田区 MLAI 处于中等水平，平均介于 2~3；该省南部地区的草地 MLAI 普遍低于 2，北部地区的草地 MLAI 普遍低于 1。

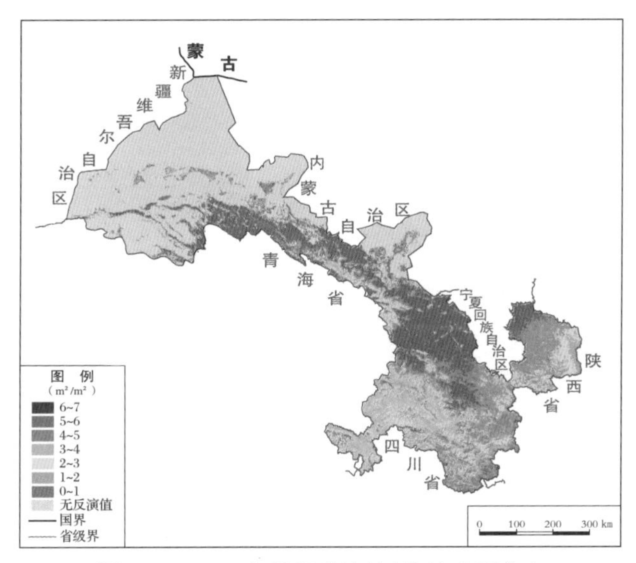

图 136 2014 年甘肃省植被 MLAI 空间分布

甘肃省 2014 年 MFVC 空间差异较为明显（见图 137）。陇南地区以森林类型为主的区域 MFVC 超过 95%；庆阳地区、平凉地区、天水市等地的农田区 MFVC 介于 40%~70%；该省其余地区以草地为主的区域 MFVC 最小，低于 40%。

甘肃省 2014 年植被年 NPP 均值为 55.61 克碳每平方米，年 NPP 空间分布具有一定差异，其空间分布格局与地表覆盖变化密切相关（见图 138）。陇南地区以森林类型为主的区域年 NPP 较高，达到 300~400 克碳每平方米；庆阳地区、平凉地区、天水市等地的农田区，年 NPP 介于 100~150 克碳每平方米；该省其余地区以草地为主的区域固碳能力较弱，年 NPP 低于 100 克碳每平方米；兰州市区年累积 NPP 也较低，低于 50 克碳每平方米。

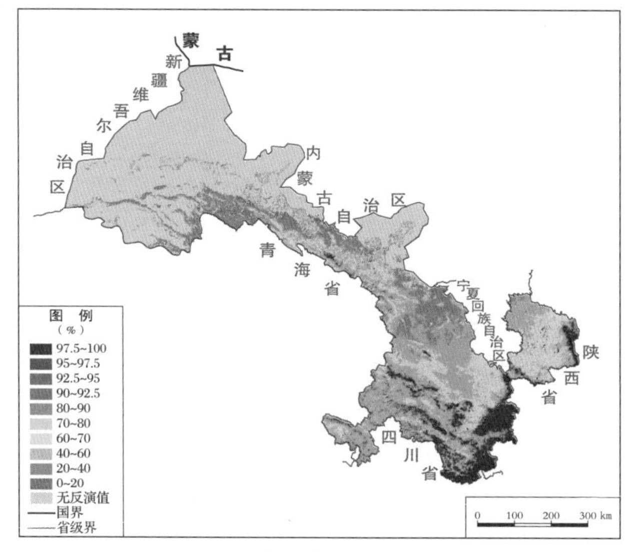

图 137　2014 年甘肃省 MFVC 空间分布

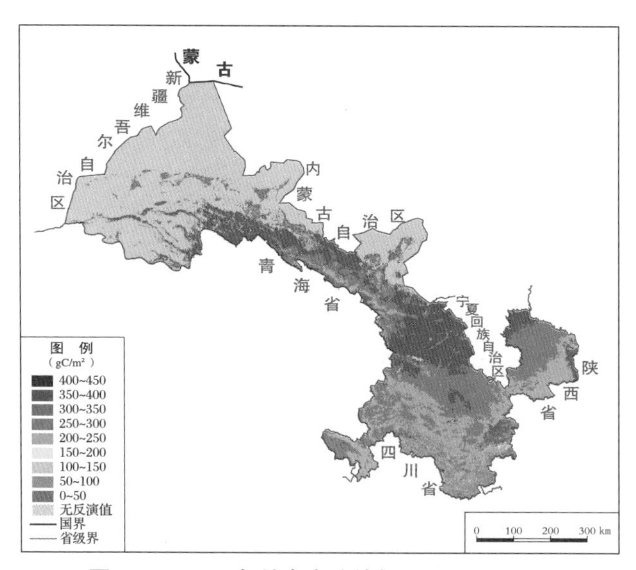

图 138　2014 年甘肃省植被年 NPP 空间分布

7.28.2　2001~2014年甘肃省植被变化

甘肃省 2001~2014 年植被 MLAI 变化率空间变化差异较为明显，大部分植被区域 MLAI 表现出增加趋势（见图 139）。位于陇南地区的森林类型区域 MLAI 增加程度较大，每年平均增加 0.10 以上；庆阳地区、平凉地区、天水市等地的农田区

MLAI 呈现增加趋势，每年平均增加 0.05~0.10；省内主要市区周边 MLAI 呈现降低趋势，每年平均降低 0.05；省内其余地区的 MLAI 具有轻微增加趋势，每年平均增加 0~0.05。

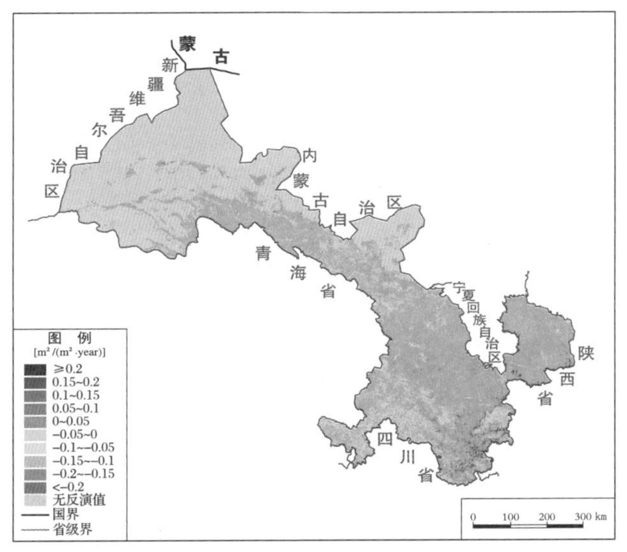

图 139　2001~2014 年甘肃省植被 MLAI 变化率空间分布

甘肃省 2001~2014 年 MFVC 变化率空间变化差异也较为明显（见图 140）。陇南市和甘南藏族自治州以北的草地类型的区域 MFVC 呈现明显增加趋势，MFVC 每年平均增加 2% 以上；省内主要市区周边 MFVC 呈现降低趋势，每年平均降低 1%。

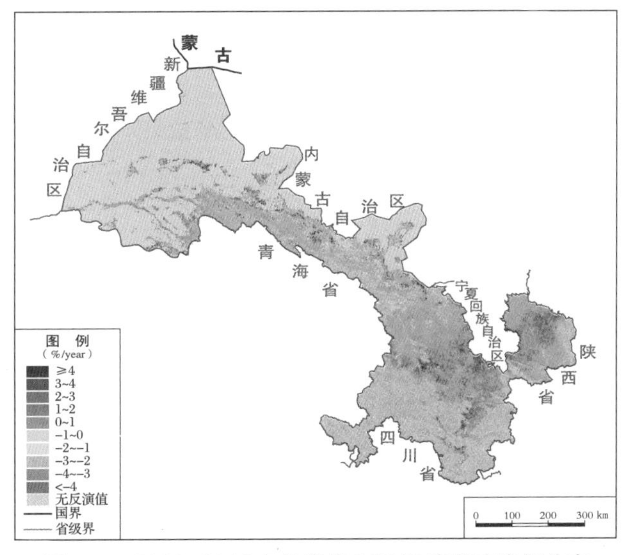

图 140　2001~2014 年甘肃省 MFVC 变化率空间分布

7.29 青海省植被状况

7.29.1 2014年青海省植被状况

青海省 2014 年植被 MLAI 总体上介于 0~4，在空间上呈现由西北向东南逐渐增加的趋势（见图 141）。该省植被类型较为单一，大部分区域由草地覆盖。该省东南部草地 MLAI 较高，介于 3~5；玉树自治州东南部、果洛自治州北部及青海湖周边的草地 MLAI 较低，介于 1~3；该省其余地区的草地 MLAI 普遍低于 1。

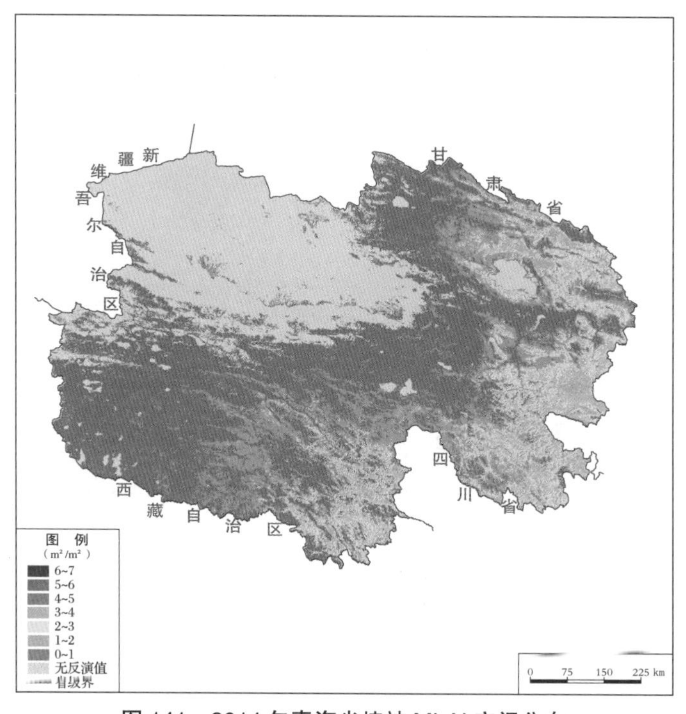

图 141　2014 年青海省植被 MLAI 空间分布

青海省 2014 年 MFVC 空间差异较为明显（见图 142）。除海东地区和黄南藏族自治州东部的少数草地（MFVC 大于 90%）外，该省东南部地区的草地基本介于 70%~90%，中部和西北部草地 MFVC 由东南至西北逐渐递减至 0。

青海省 2014 年植被年 NPP 均值为 30 克碳每平方米，年 NPP 空间分布具有一定差异（见图 143）。由于青海省主要以草地植被类型为主，该省的 NPP 普遍较低。除海东地区和黄南藏族自治州东部的少数草地（NPP 大于 100 克碳每平方米）外，该省东南部地区的草地基本介于 50~100 克碳每平方米，中部和西北部草地 NPP 小于 50 克碳每平方米。

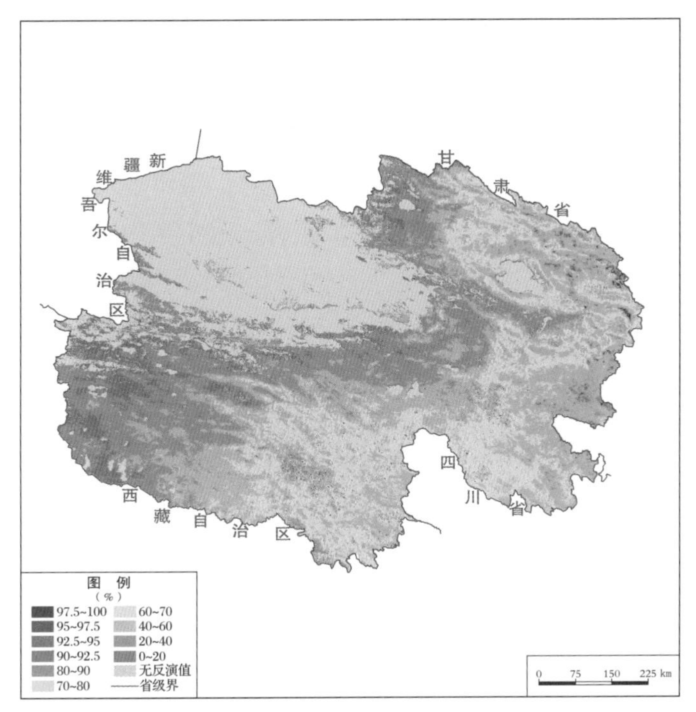

图 142 2014 年青海省 MFVC 空间分布

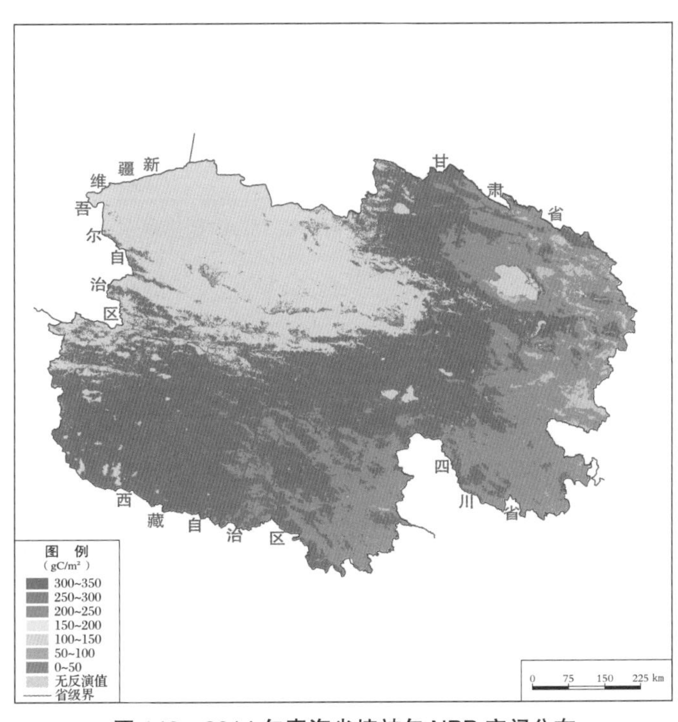

图 143 2014 年青海省植被年 NPP 空间分布

7.29.2　2001~2014年青海省植被变化

青海省 2001~2014 年植被 MLAI 变化率空间变化差异不明显（见图 144）。该省东南部地区的草地 MLAI 主要呈现微弱降低趋势，每年平均降低 0.05~0.10；该省西北部地区的草地 MLAI 主要呈现微弱增加趋势，每年平均增加 0~0.05。

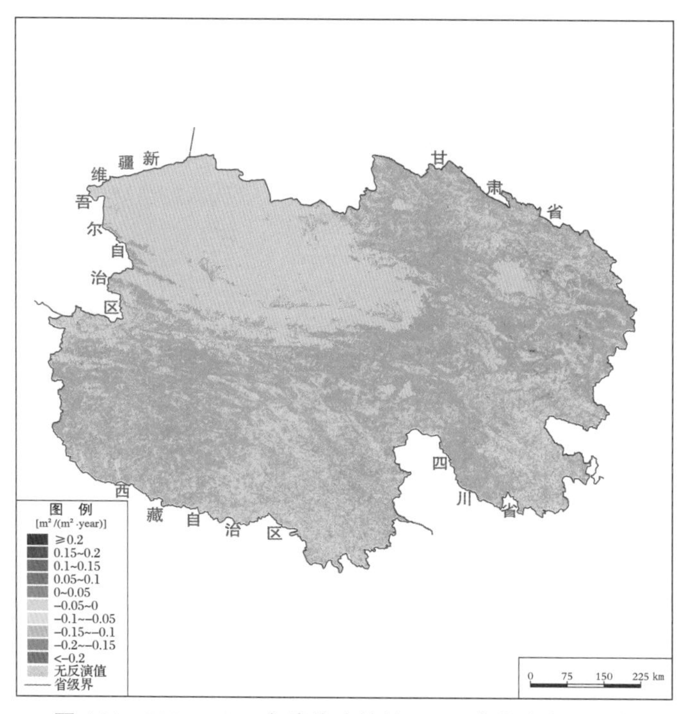

图 144　2001~2014 年青海省植被 MLAI 变化率空间分布

青海省 2001~2014 年 MFVC 变化率空间变化差异也不明显（见图 145）。黄南藏族自治州、海南藏族自治州及青海湖西部 MFVC 呈现较为明显的增加趋势，每年平均增加 2% 以上；玉树藏族自治州中部 MFVC 呈现较为明显的降低趋势，平均每年降低 2% 以上。

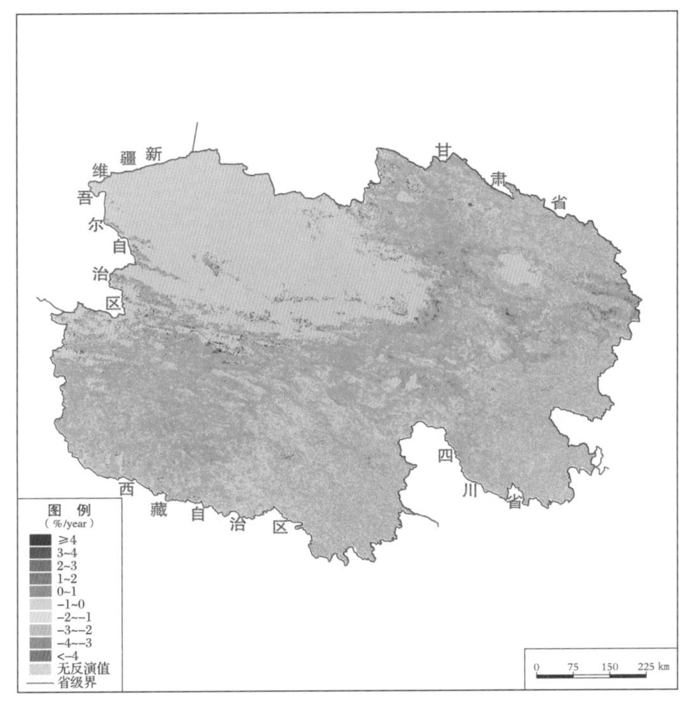

图 145　2001~2014 年青海省 MFVC 变化率空间分布

7.30　宁夏回族自治区植被状况

7.30.1　2014年宁夏回族自治区植被状况

宁夏回族自治区 2014 年植被 MLAI 总体上介于 0~4，其空间分布格局与地表覆盖变化密切相关（见图 146）。其中泾源县以森林类型为主的区域 MLAI 最高，介于 4~6；沿黄河流域和清水河流域的农田区 MLAI 处于中等水平，介于 2~3；黄土高原以草地为主的区域 MLAI 较低，介于 1~2；其余地区的 MLAI 普遍低于 1。

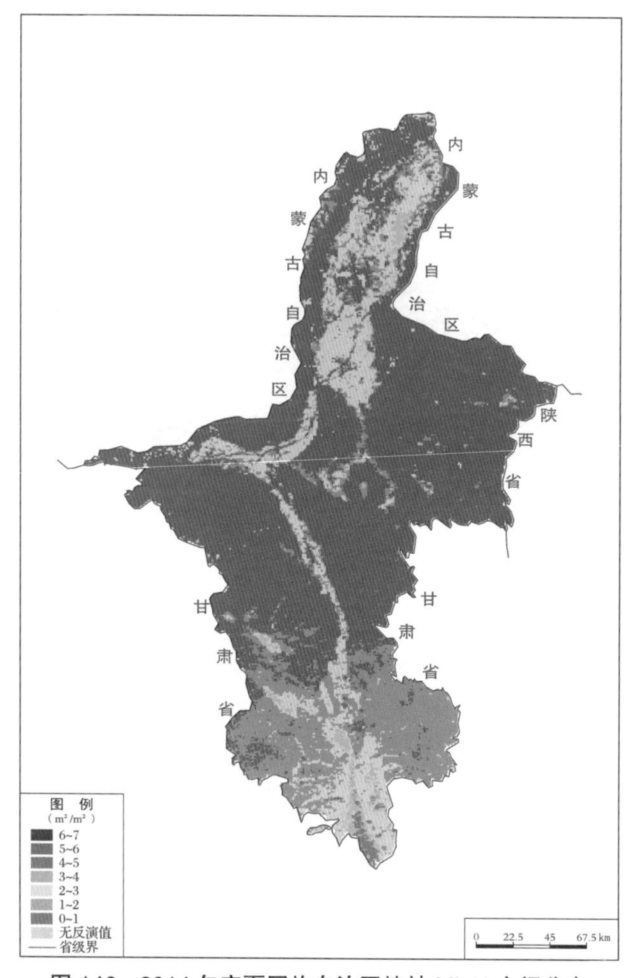

图 146　2014 年宁夏回族自治区植被 MLAI 空间分布

宁夏回族自治区 2014 年 MFVC 空间差异较为明显（见图 147）。泾源县以森林类型为主的区域，MFVC 超过 95%；沿黄河流域和清水河流域的农田区 MFVC 介于 70%~90%；黄土高原以草地为主的区域 MFVC 介于 60%~70%，其余地区的 MFVC 低于 60%。

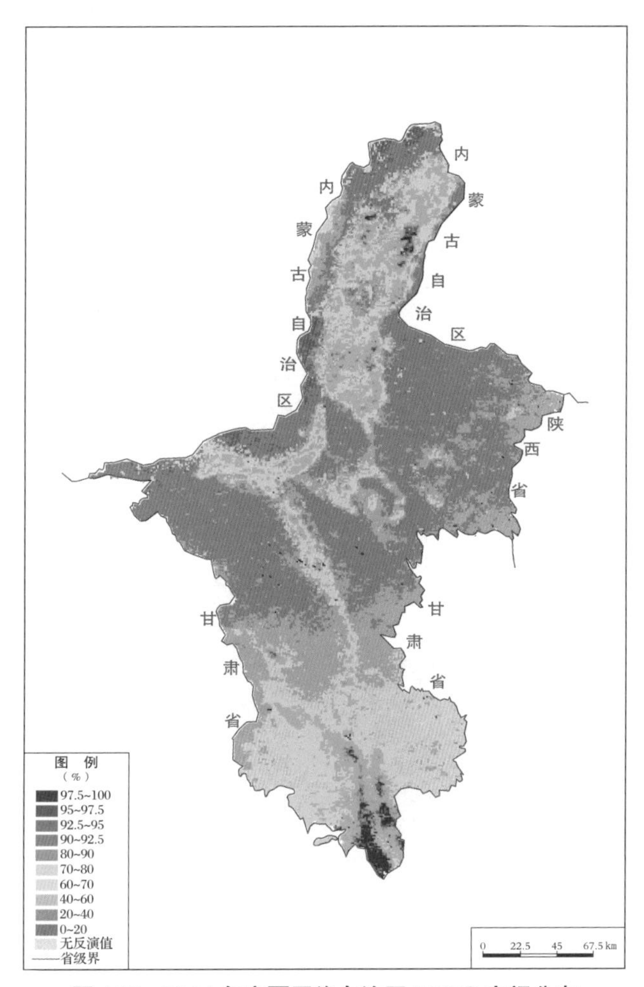

图 147　2014 年宁夏回族自治区 MFVC 空间分布

宁夏回族自治区 2014 年植被年 NPP 均值为 48.27 克碳每平方米，区域年 NPP 空间分布具有一定差异，其空间分布格局与地表覆盖变化密切相关（见图 148）。泾源县以森林类型为主的区域年 NPP 较高，超过 300 克碳每平方米；沿黄河流域和清水河流域的农田区，年 NPP 介于 50~150 克碳每平方米；黄土高原以草地为主的区域固碳能力较弱，年 NPP 低于 70 克碳每平方米；其余地区年累计 NPP 低于 40 克碳每平方米。

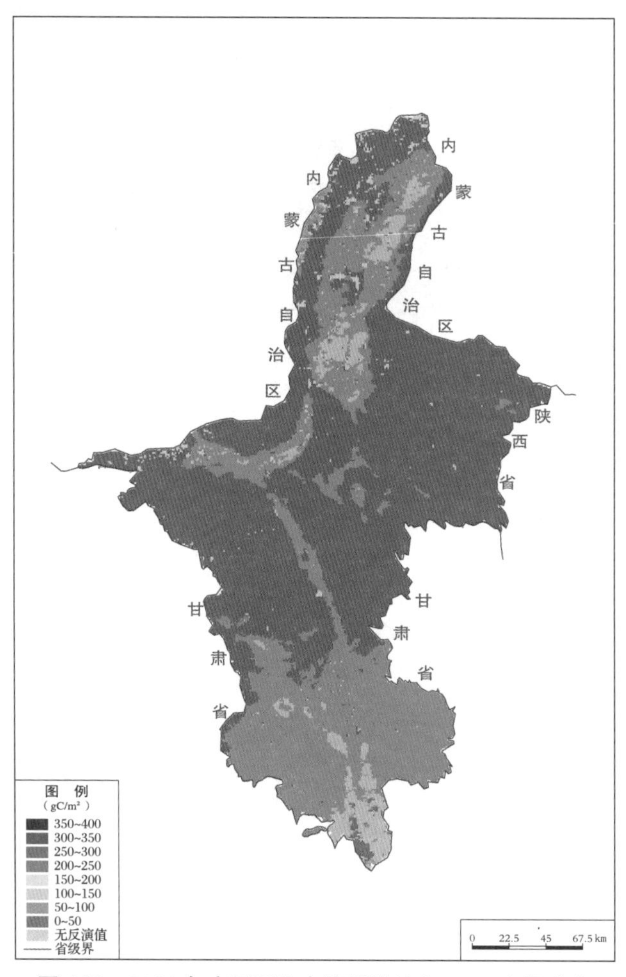

图 148　2014 年宁夏回族自治区植被年 NPP 空间分布

7.30.2　2001~2014年宁夏回族自治区植被变化

宁夏回族自治区 2001~2014 年植被 MLAI 变化率空间变化差异较为明显（见图 149）。黄土高原、银川市和石嘴山市东部农作物区 MLAI 呈现增加趋势，每年平均增加 0~0.10；银川市等主要市区及其周边 MLAI 呈现降低趋势，每年平均降低 0.10 以上；泾源县以森林类型为主的区域 MLAI 也有降低趋势，每年平均降低 0.05~0.10。

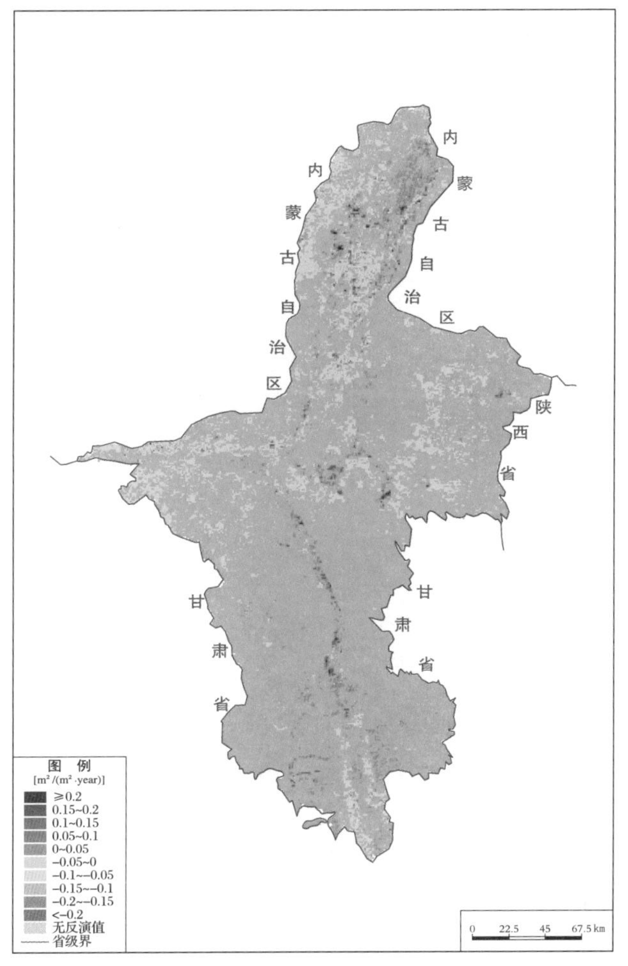

图 149　2001~2014 年宁夏回族自治区植被 MLAI 变化率空间分布

宁夏回族自治区2001~2014年MFVC变化率空间变化差异十分明显（见图150）。沿苦水河流域和清水河流域的农田区MFVC呈现明显增加趋势，每年平均增加3%以上；黄土高原MFVC呈现增加趋势，每年平均增加2%~4%；泾源县以森林类型为主的区域MFVC呈现降低趋势，每年平均降低0~1%；银川市等主要市区周边MFVC呈现降低趋势，每年平均降低1%以上。

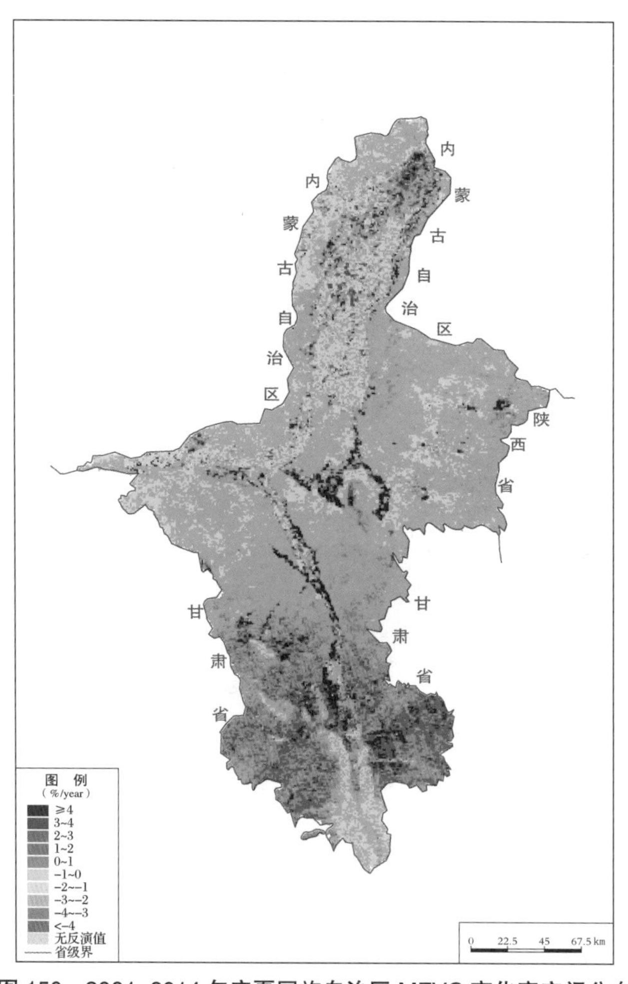

图150　2001~2014年宁夏回族自治区MFVC变化率空间分布

7.31 新疆维吾尔自治区植被状况

7.31.1 2014年新疆维吾尔自治区植被状况

新疆维吾尔自治区 2014 年植被 MLAI 总体上介于 0~4（见图 151）。伊犁地区和吐鲁番盆地以农田为主的区域 MLAI 介于 3~4；塔里木盆地以农田为主的区域 MALI 介于 2~3；其余以草地或灌木为主的区域 MLAI 最低，普遍低于 2。

新疆维吾尔自治区 2014 年 MFVC 空间差异较为明显（见图 152）。伊犁地区和吐鲁番盆地以农田为主的区域，MFVC 超过 90%；塔里木盆地以农田为主的区域 MFVC 介于 70%~90%；其余以草地或灌木为主的区域 MFVC 低于 70%。

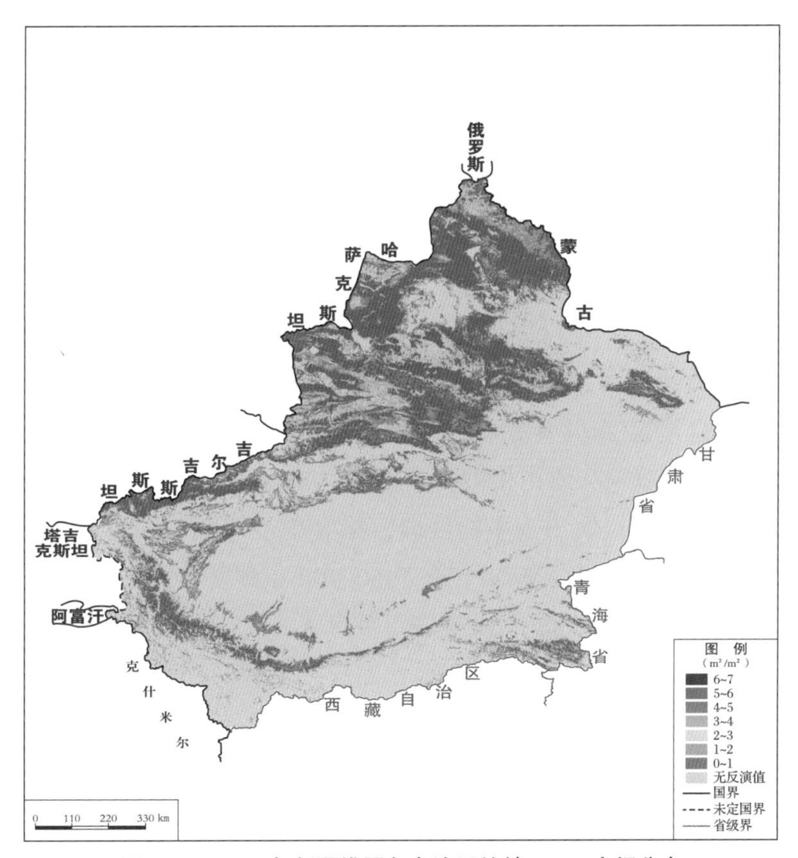

图 151 2014 年新疆维吾尔自治区植被 MLAI 空间分布

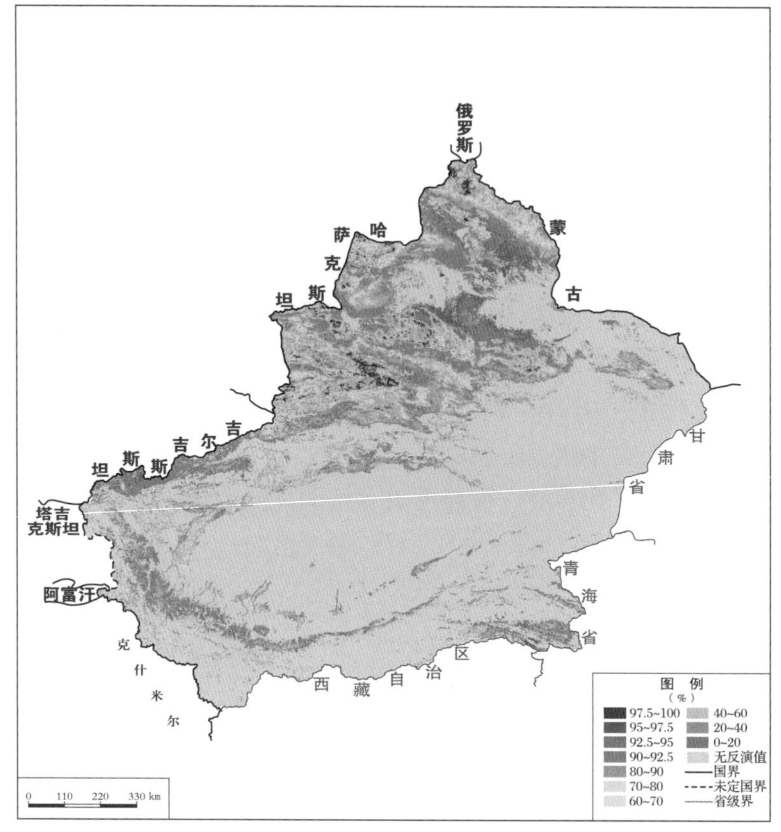

图 152　2014 年新疆维吾尔自治区 MFVC 空间分布

新疆维吾尔自治区 2014 年植被年 NPP 均值为 13.24 克碳每平方米，由于新疆维吾尔自治区主要以草地和农田植被类型为主，其累积 NPP 普遍较小（见图 153）。伊犁地区和吐鲁番盆地以农田为主的区域，年 NPP 介于 50~150 克碳每平方米；塔里木盆地以农田为主的区域，年 NPP 介于 50~100 克碳每平方米；其余以草地或灌木为主的区域年 NPP 最低，低于 50 克碳每平方米。

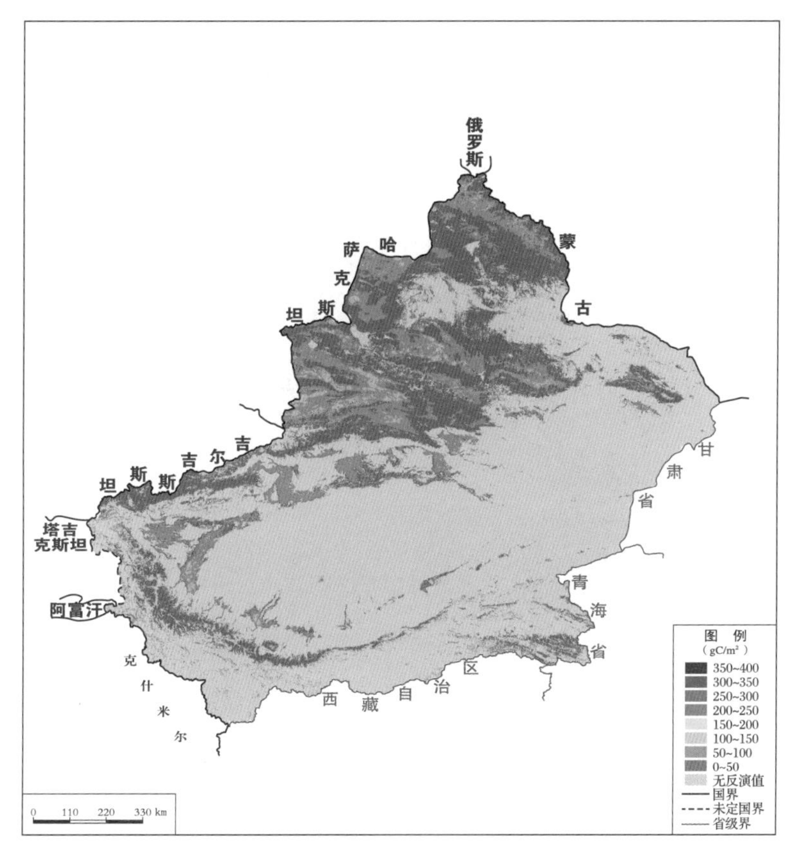

图 153　2014 年新疆维吾尔自治区植被年 NPP 空间分布

7.31.2　2001~2014年新疆维吾尔自治区植被变化

新疆维吾尔自治区 2001~2014 年植被 MLAI 变化率空间变化差异较为明显（见图 154）。位于伊犁地区的农田区 MLAI 呈现降低趋势，MLAI 每年平均降低 0.05~0.15；吐鲁番盆地以农田为主的区域 MLAI 呈现明显增加趋势，每年平均增加 0.10 以上；其余地区的草地 MLAI 轻微增加趋势和轻微减小趋势并存。

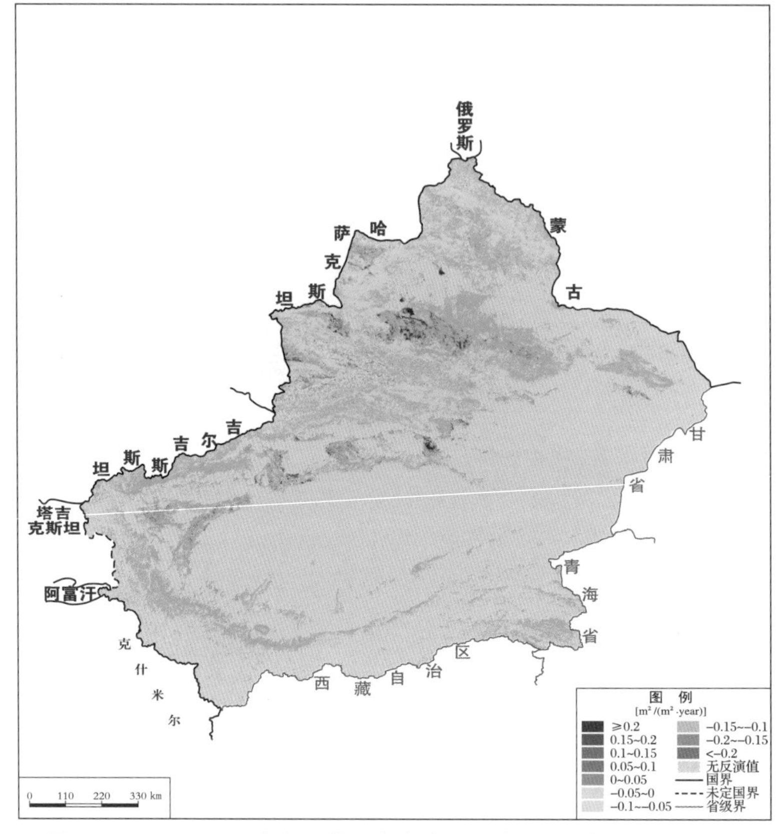

图 154　2001~2014 年新疆维吾尔自治区植被 MLAI 变化率空间分布

新疆维吾尔自治区 2001~2014 年 MFVC 变化率空间变化差异较为明显（见图 155）。吐鲁番盆地和塔里木盆地以农田为主的区域 MFVC 呈现明显增加趋势，MFVC 每年平均增加 3% 以上；伊犁地区的农田区 MFVC 呈现降低趋势，每年平均降低 2% 以上；其余地区的草地 MFVC 轻微增加趋势和轻微减小趋势并存。

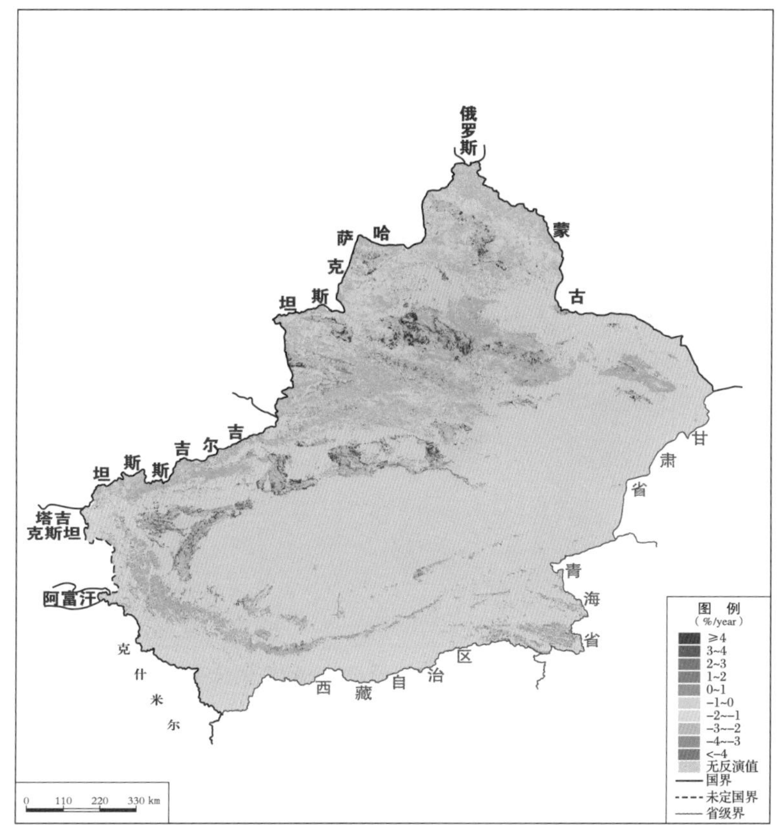

图 155 2001~2014 年新疆维吾尔自治区 MFVC 变化率空间分布

7.32 台湾植被状况

7.32.1 2014年台湾植被状况

台湾 2014 年植被 MLAI 总体上介于 2~6，其空间分布格局与地表覆盖变化密切相关（见图 156）。其中台湾山脉和阿里山以常绿阔叶林类型为主的区域 MLAI 最高，介于 5~7；台湾山脉以混合林为主的区域 MLAI 介于 3~5；海岸山西部及台湾山脉西部农作物区 MLAI 介于 1~3。

台湾 2014 年 MFVC 空间差异分布格局与地表覆盖变化密切相关（见图 157）。台湾山脉、海岸山和阿里山以森林类型为主的区域，MFVC 超过 95%；海岸山西部及台湾山脉西部农作物区 MFVC 介于 60%~90%。MFVC 低于 60% 的区域甚少。

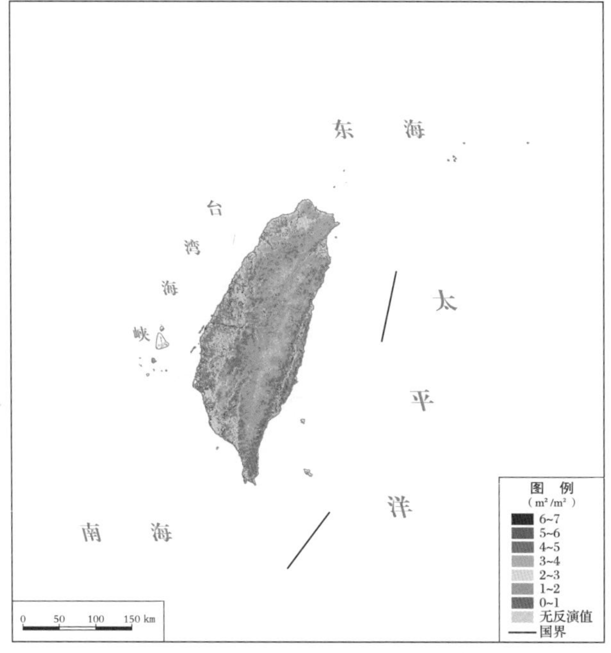

图 156　2014 年台湾植被 MLAI 空间分布

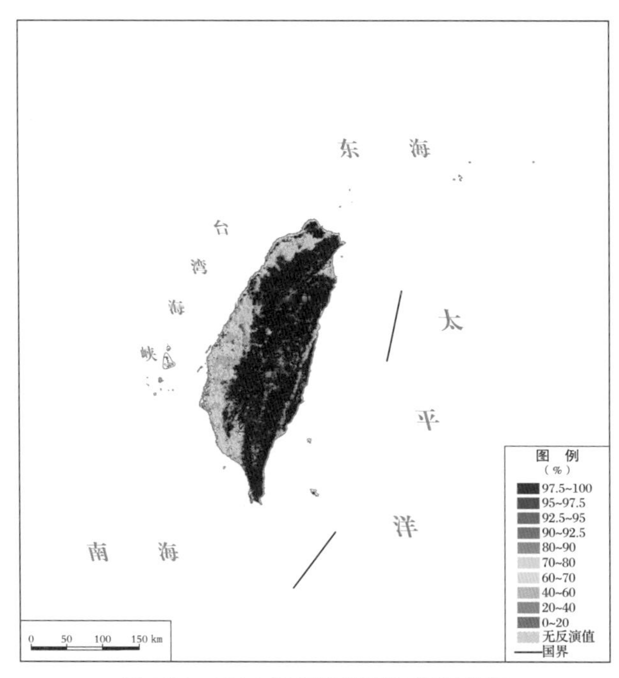

图 157　2014 年台湾 MFVC 空间分布

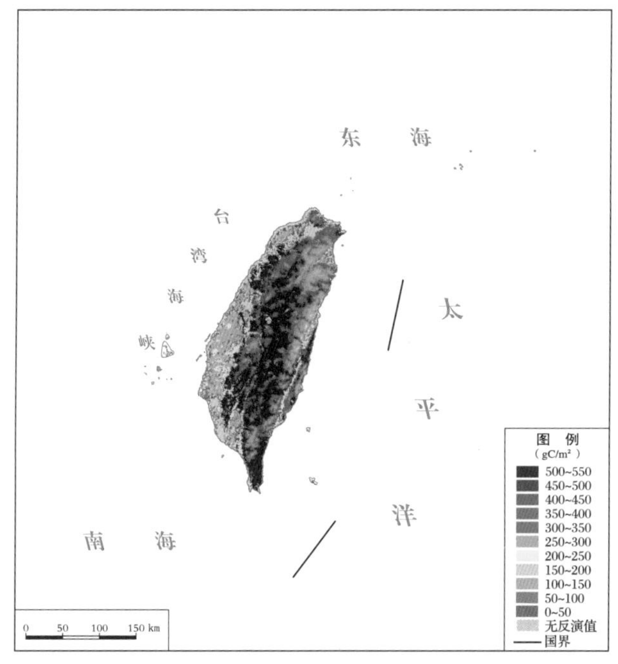

图 158　2014 年台湾植被年 NPP 空间分布

台湾 2014 年植被年 NPP 均值为 300.45 克碳每平方米，年 NPP 空间分布具有一定差异，其空间分布格局与地表覆盖变化密切相关（见图 158）。台湾山脉以混合林为主的区域年 NPP 较高，达到 400 克碳每平方米；台湾山脉和阿里山以常绿阔叶林类型为主的区域，年 NPP 介于 300~450 克碳每平方米；海岸山西部及台湾山脉西部农作物区，年 NPP 低于 200 克碳每平方米。

7.32.2　2001~2014年台湾植被变化

台湾 2001~2014 年植被 MLAI 变化率空间变化差异不明显（见图 159）。台湾山脉混交林区域 MLAI 呈现减小趋势，其中台湾山脉南部 MLAI 降低趋势较为明显，每年平均降低 0.05 及以上；台湾山脉和阿里山以常绿阔叶林类型为主的区域，呈现增加趋势，每年平均增加 0~0.10；海岸山西部及台湾山脉西部农作物区则表现为增加和减小趋势并存。

台湾 2001~2014 年 MFVC 变化率空间变化差异也不明显（见图 160）。台湾山脉和阿里山以常绿阔叶林类型为主的区域，MFVC 呈现微弱降低趋势，每年平均降低 1%；台湾山脉混交林、海岸山西部及台湾山脉西部农作物区 MFVC 普遍呈现微弱增加趋势，每年平均增加 1%。

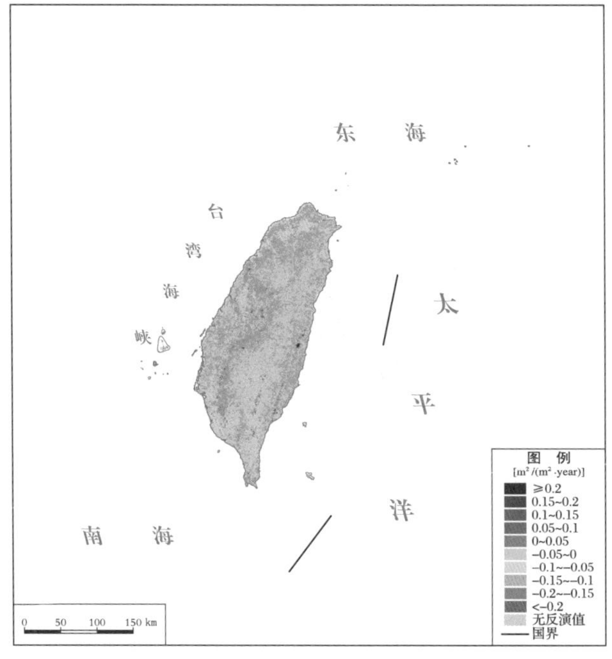

图 159 2001~2014 年台湾植被 MLAI 变化率空间分布

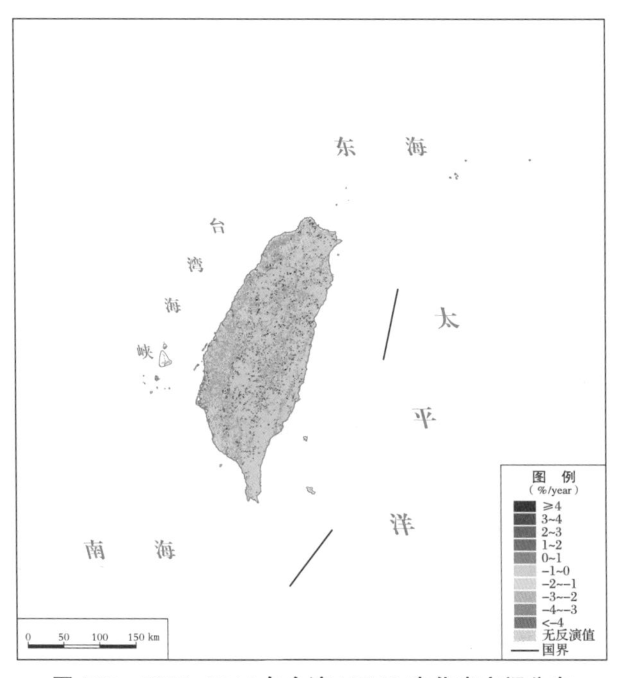

图 160 2001~2014 年台湾 MFVC 变化率空间分布

G.8
2010~2015年中国典型城市群区域大气状况

8.1 京津冀区域大气状况

8.1.1 京津冀区域PM2.5颗粒物浓度时空分布状况

1. 京津冀地区概述

京津冀地区位于东北亚中国地区环渤海心脏地带，是中国北方经济规模最大、最具活力的地区。在产业结构上，北京以制造业、高新技术产业和服务业为主，天津以制造业、轻工业为主，河北以能源、冶炼、轻纺工业为主。因区域发展水平和产业结构不同，三地所排放的PM2.5颗粒物主要污染源各不相同，北京以机动车尾气排放对大气的影响最为明显，天津的工业污染对大气影响较为突出，河北的污染源排放主要是工业污染和燃煤消费。

京津冀平原西北被群山环抱，西侧是太行山山脉，北侧是燕山山脉，东临渤海湾，地形条件相对闭塞，特殊的地形和风向使大气扩散能力不足，本地污染物不易扩散，外部污染物易滞留堆积。

本报告基于MODIS气溶胶光学厚度产品和地面PM2.5浓度观测数据，建立二者的线性关系，实现京津冀全境PM2.5浓度空间分布与时间序列上的重构，体现了2010~2015年京津冀全境PM2.5浓度空间分布与时间序列变化（见图1）。

2. 京津冀地区PM2.5浓度时空分析

（1）“十二五”期间（2011~2015年）京津冀地区PM2.5浓度五年空间分布情况。

京津冀地区“十二五”期间五年平均PM2.5浓度为86.15μg/m^3。邯郸、邢台、石家庄的污染较为严重，高于京津冀地区平均值。承德和张家口PM2.5浓度较低，低于京津冀地区平均值（见图2、图3）。

京津冀的PM2.5空间分布呈现南高北低趋势。北部山区城市PM2.5浓度较低。重工业城市以及平原地区的污染程度较高，其中南部的邯郸、邢台、石家庄、衡水与东部的天津、唐山、沧州以及中部的廊坊污染最为严重，5年平均值达到85μg/m^{3}以上，部分地区污染程度较为严重，达到100μg/m^{3}以上。

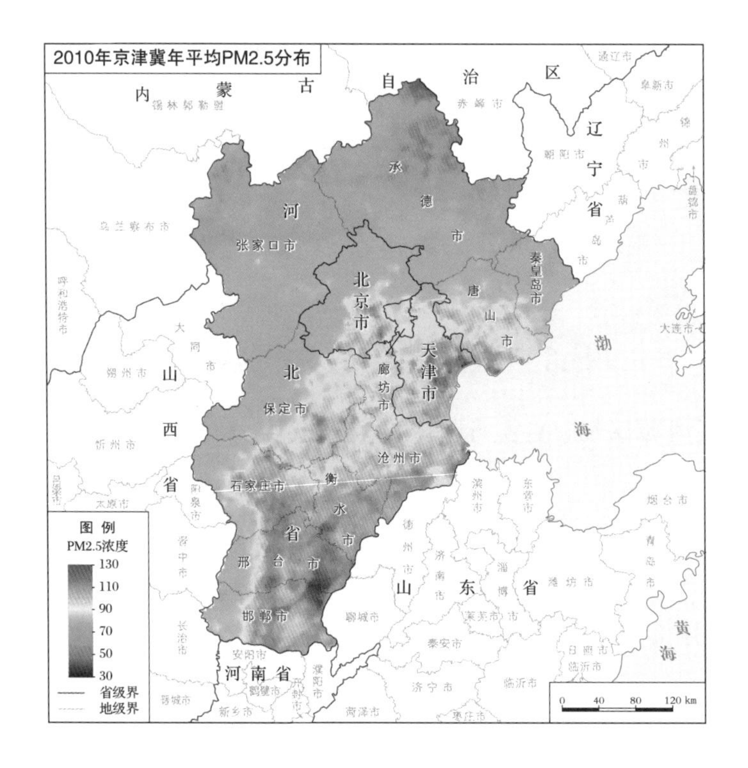
2010年京津冀年平均PM2.5分布
内蒙古自治区
辽宁省
河北省
北京市
天津市
张家口市
承德市
秦皇岛市
唐山市
廊坊市
保定市
沧州市
石家庄市
衡水市
邢台市
邯郸市
山西省
山东省
河南省
渤海
黄海
图例
PM2.5浓度
130
110
90
70
50
30
省级界
地级界
0 40 80 120 km

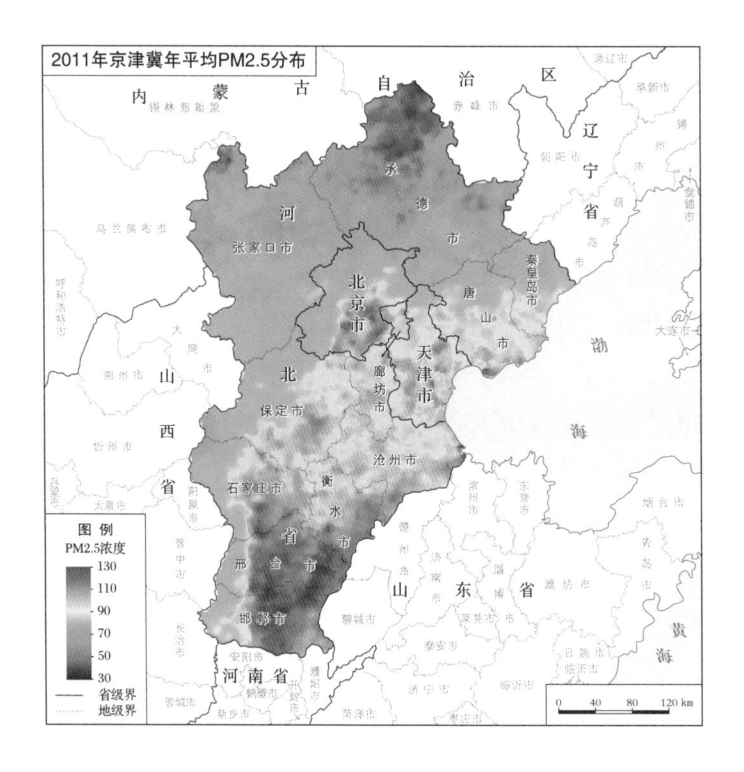
2011年京津冀年平均PM2.5分布
内蒙古自治区
辽宁省
河北省
北京市
天津市
张家口市
承德市
秦皇岛市
唐山市
廊坊市
保定市
沧州市
石家庄市
衡水市
邢台市
邯郸市
山西省
山东省
河南省
渤海
黄海
图例
PM2.5浓度
130
110
90
70
50
30
省级界
地级界
0 40 80 120 km

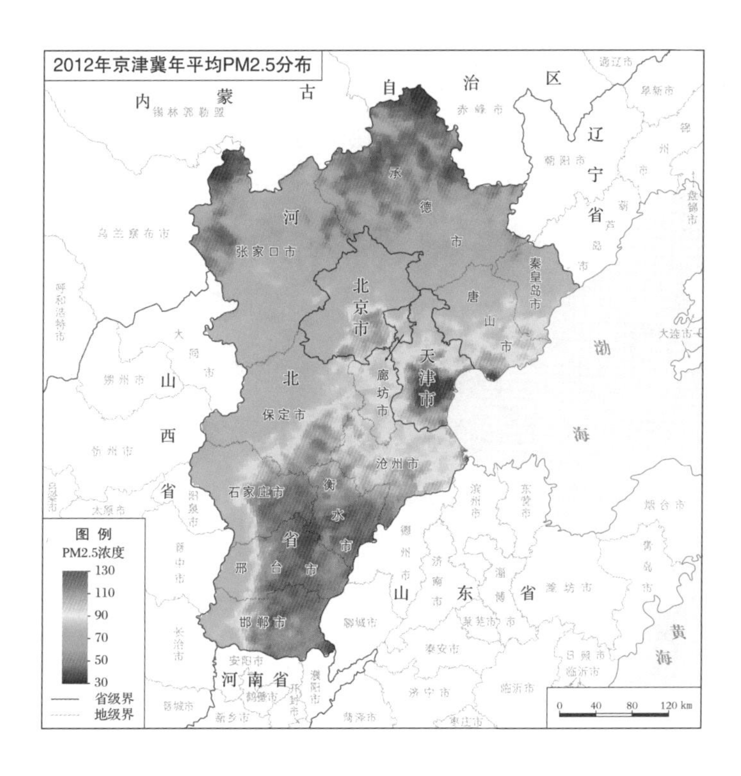
2012年京津冀年平均PM2.5分布
内
蒙
古
自
治
区
赤峰市
辽
宁
省
朝阳市
承
德
市
河
张家口市
北
京
市
天
津
市
秦
皇
岛
市
唐
山
市
廊
坊
市
北
保定市
沧州市
石家庄市
衡
水
市
省
邢
台
市
邯郸市
山
西
省
大
同
市
山
东
省
河南省
安阳市
渤
海
黄
海
图 例
PM2.5浓度
130
110
90
70
50
30
省级界
地级界
0
40
80
120 km

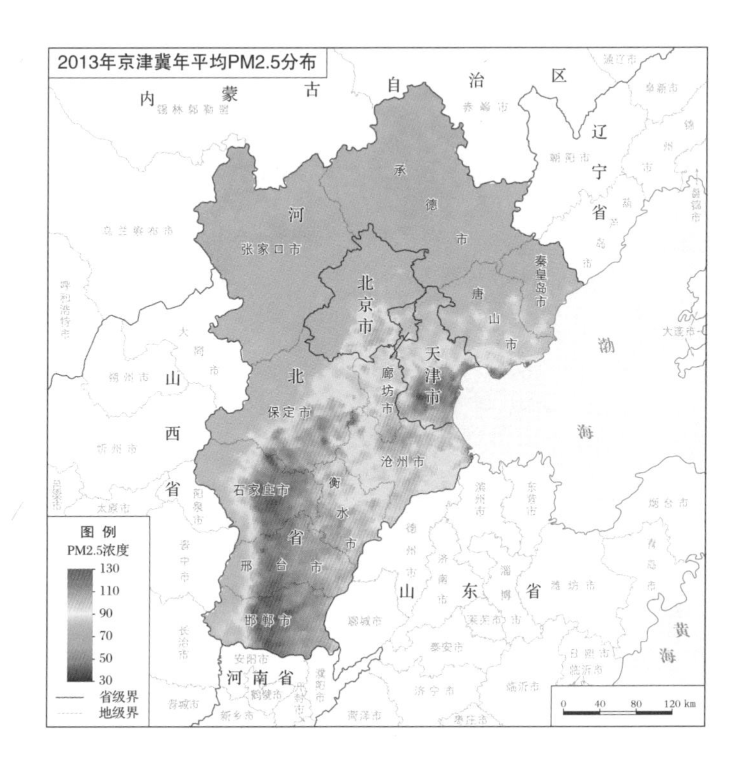
2013年京津冀年平均PM2.5分布
内
蒙
古
自
治
区
辽
宁
省
承
德
市
河
张家口市
北
京
市
天
津
市
秦
皇
岛
市
唐
山
市
廊
坊
市
北
保定市
沧州市
石家庄市
衡
水
市
省
邢
台
市
邯郸市
山
西
省
山
东
省
河南省
安阳市
渤
海
黄
海
图 例
PM2.5浓度
130
110
90
70
50
30
省级界
地级界
0
40
80
120 km

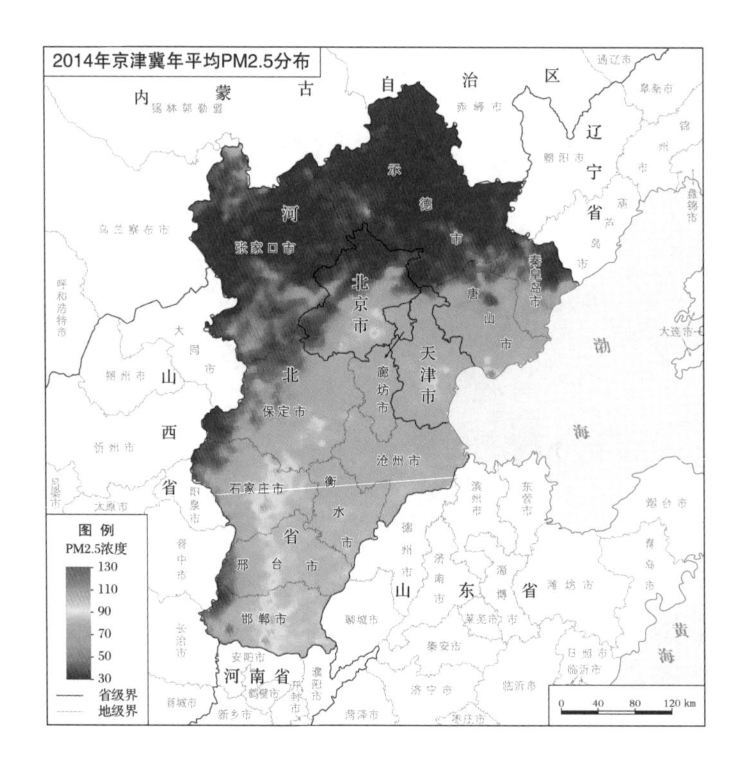

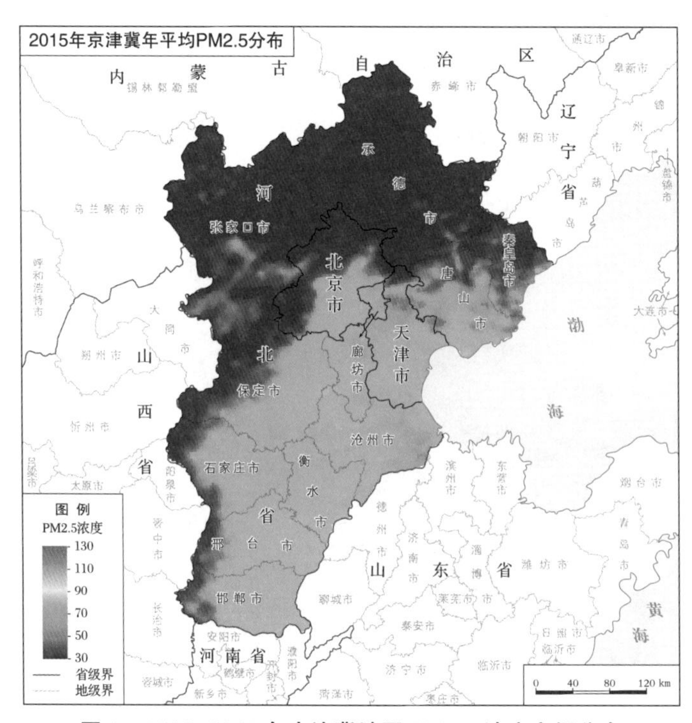

图1 2010~2015年京津冀地区PM2.5浓度空间分布

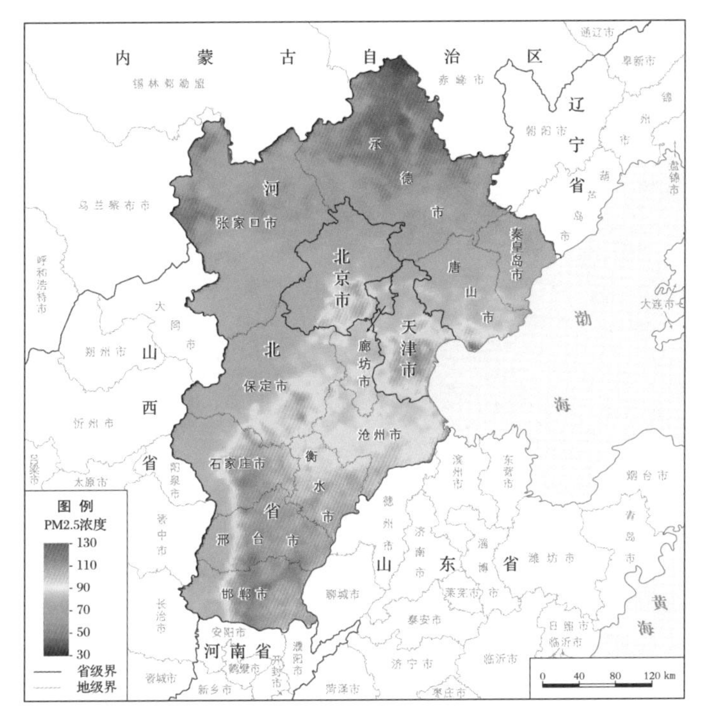

图2 “十二五”期间京津冀地区5年平均PM2.5浓度空间分布

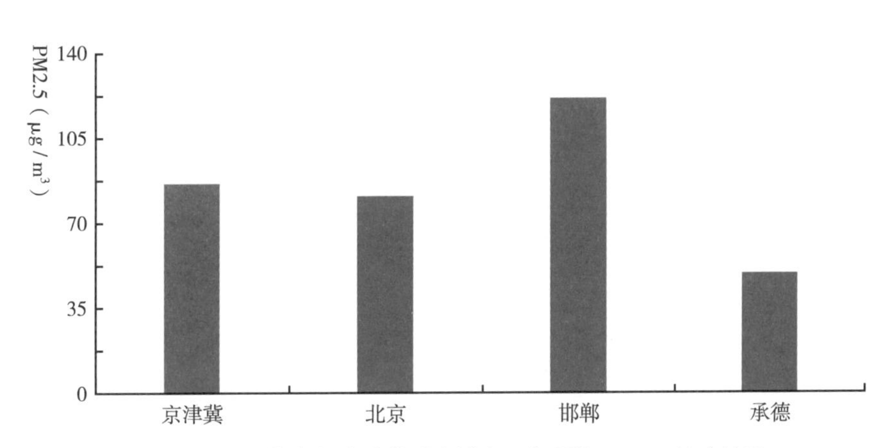

图3 “十二五”期间京津冀重点城市5年平均PM2.5浓度统计

（2）“十二五”期间京津冀地区PM2.5浓度时间趋势情况。

从时间趋势上看，2010~2013年PM2.5浓度处于平稳状态，2014~2015年两年的PM2.5浓度显著降低，2015年北部山区及部分沿海城市的PM2.5年均浓度处于 70μg/m³ 以下，部分可以达到 30μg/m³，污染较为严重的区域 PM2.5 年平均浓度基本控制在 100μg/m³ 以下（见图 4）。

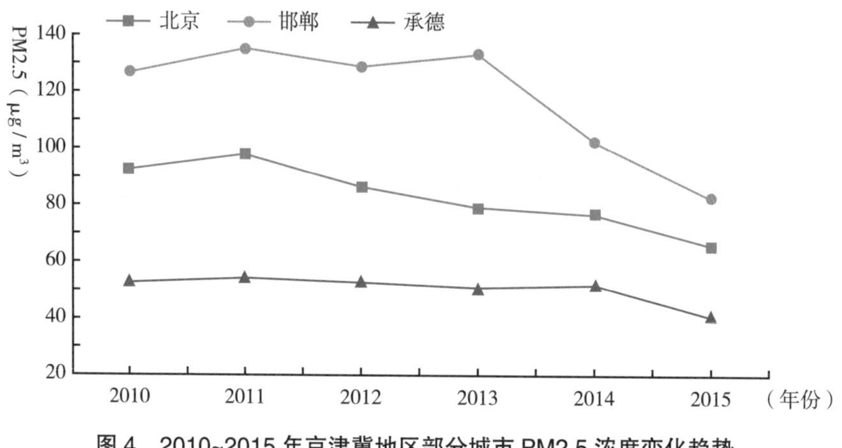

图 4　2010~2015 年京津冀地区部分城市 PM2.5 浓度变化趋势

（3）京津冀地区 2015 年 PM2.5 浓度均值与 2010 年均值比较。

将“十一五”最后一年 2010 年与“十二五”最后一年 2015 年进行比较（见图 5），

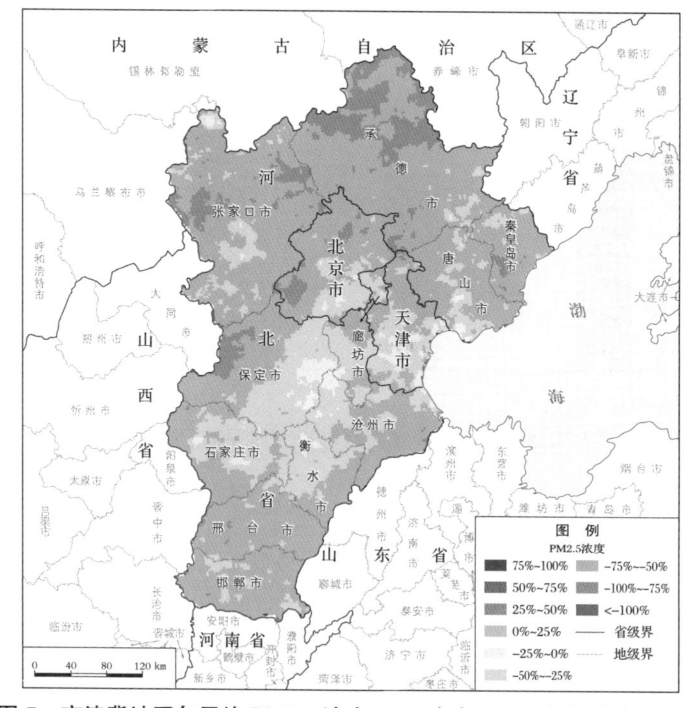

图 5　京津冀地区年平均 PM2.5 浓度 2015 年与 2010 年相对变化分布

发现京津冀大部分地区 2015 年 PM2.5 浓度均值相对于 2010 年下降 25% 以上，空气质量好转趋势较为明显。

相对于 2010 年，2015 年 PM2.5 浓度大于 75μg/m^3 的区域呈明显下降趋势。其中，北京从 1.19 万平方千米下降到 0.71 万平方千米，下降了 40.5%。天津从 1.22 万平方千米下降到 1.14 万平方千米，下降了 6.8%。石家庄从 1.33 万平方千米下降到 1.04 万平方千米，下降了 21.5%。唐山从 0.89 万平方千米下降到 0.68 万平方千米，下降了 23.6%。

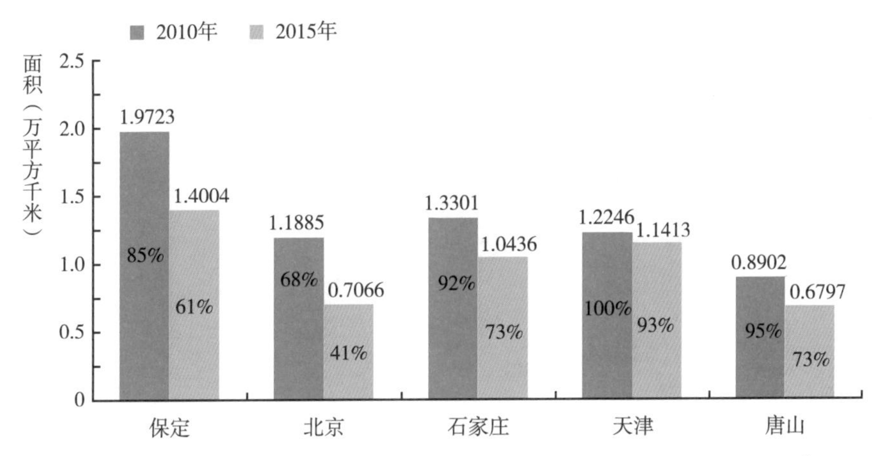

图 6　2010 年和 2015 年京津冀地区部分城市 PM2.5 浓度大于 75μg/m^3 覆盖的面积及比例

8.1.2 京津冀区域NO_2柱浓度状况

1. 京津冀地区概述

京津冀地区由首都经济圈的概念发展而来，包括北京、天津以及河北省的保定、廊坊、唐山、张家口、承德、秦皇岛、沧州、衡水、邢台、邯郸、石家庄等 11 个城市和安阳市。土地面积 21.8 万平方千米，常住人口约为 1.1 亿人。产业结构以汽车工业、电子工业、机械工业、钢铁工业为主，是全国主要的高新技术和重工业基地，也是中国政治中心、文化中心、国际交往中心、科技创新中心所在地。京津冀地区为暖温带大陆性季风型气候，地理位置位于华北平原北部，北靠燕山山脉，南面华北平原，西倚太行山，东临渤海湾，西北和北面地形较高，南面和东面地形较为平坦。由西北向的燕山—太行山山系构造向东南逐步过渡为平原，呈现西北高、东南低的地形特点。京津唐地区为我国四大工业区之一，也是东北地区与中原地区进行交通联络的必经之地，战略地位十分重要。

2. 京津冀地区2010~2015年NO_2柱浓度分布情况（见图7）

2010 年京津冀地区 NO_2 柱浓度分布

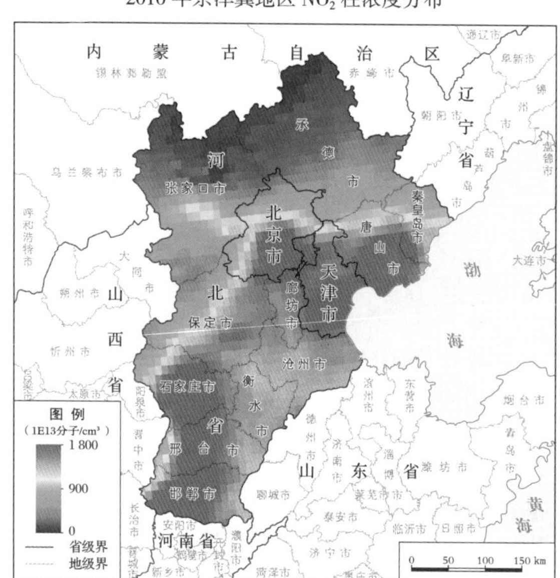

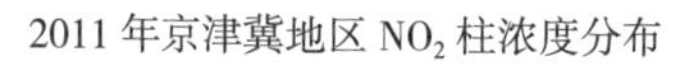
2011 年京津冀地区 NO_2 柱浓度分布

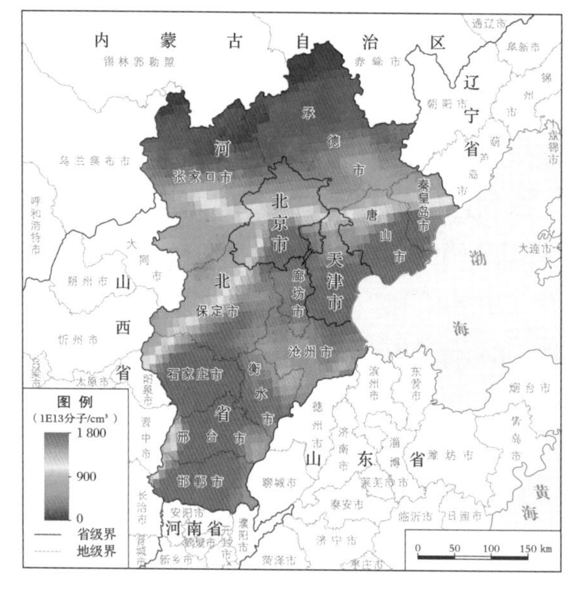

2012 年京津冀地区 NO_2 柱浓度分布

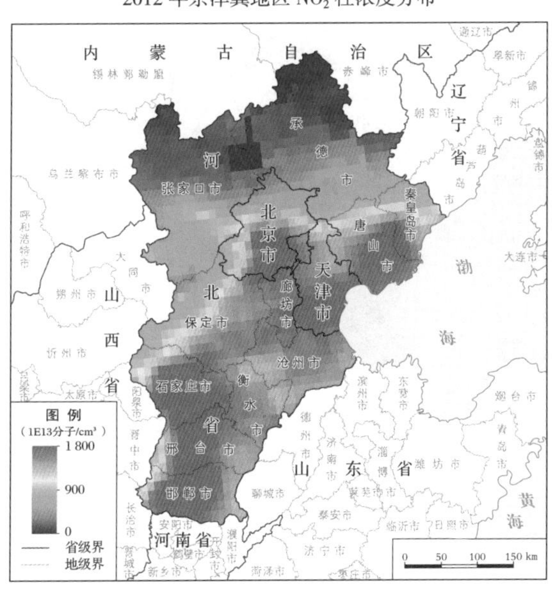

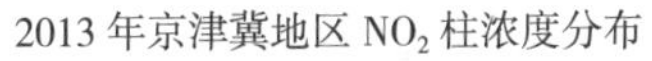
2013 年京津冀地区 NO_2 柱浓度分布

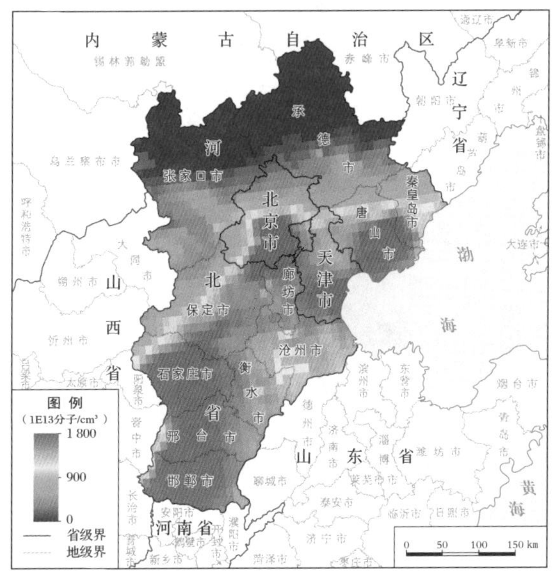

2014 年京津冀地区 NO_2 柱浓度分布

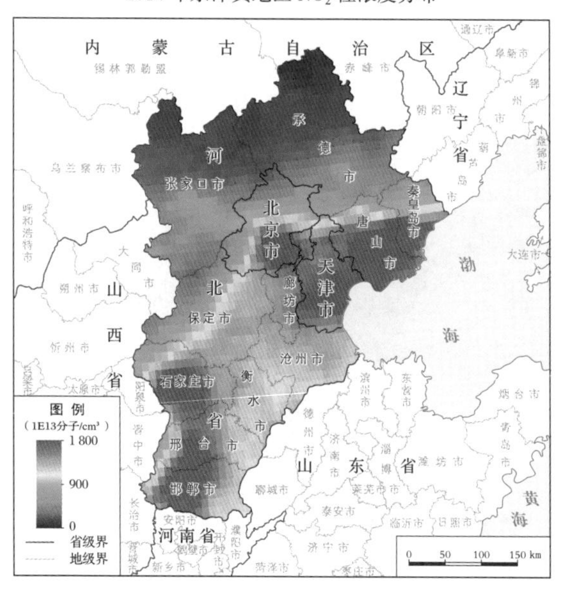

2015 年京津冀地区 NO_2 柱浓度分布

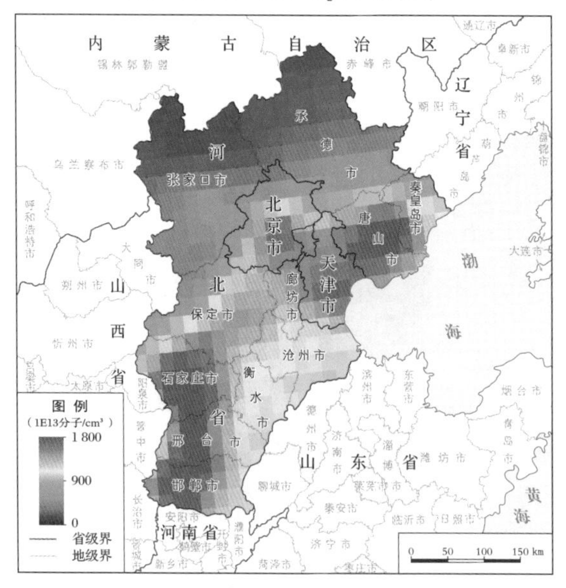

图 7　2010~2015 年京津冀地区 NO_2 柱浓度分布

如图 8 所示，从 2010 年至 2015 年京津冀地区大气 NO_2 柱浓度总体呈现下降趋势，遥感监测发现，2010~2012 年呈逐年上升趋势，2012~2015 年呈现逐年下降趋势。2011 年京津冀地区大气 NO_2 柱浓度较 2010 年上升了约 19.04%，2012 年 NO_2 较 2011 年上升了约 0.14%，2013 年 NO_2 较 2012 年下降了约 6.71%，2014 年 NO_2 较 2013 年下降了约 15.57%，2015 年 NO_2 较 2014 年下降了约 14.66%。

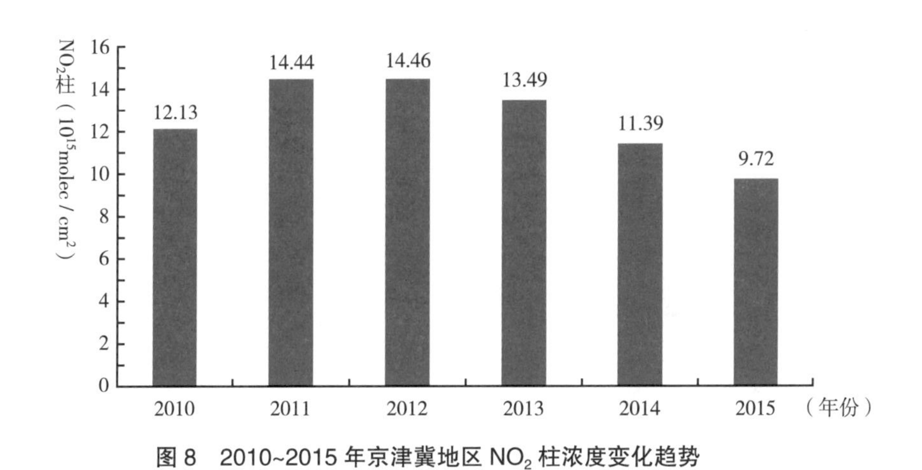

图 8　2010~2015 年京津冀地区 NO_2 柱浓度变化趋势

8.2　长三角区域大气状况

8.2.1　长三角区域PM2.5颗粒物浓度时空分布状况

1. 长三角地区概述

长江三角洲是长江入海形成的冲积平原，是中国第一大经济区，也是全国综合实力最强的经济中心。城市化和工业化发展迅猛，机动车保有量、建筑工地扬尘量和工业耗煤量、工业废气排放量都在不断增加，人类活动直接排放的大量粒子和污染气体通过化学反应转化形成的气溶胶及颗粒物导致气溶胶污染日趋严重，使长三角成为我国主要霾污染区之一，长三角地区的霾污染天气已经逐渐从个别城市的局部问题转为区域性问题。

2. 长三角地区PM2.5浓度时空分析

（1）“十二五”期间（2011~2015 年）长三角地区 PM2.5 浓度五年空间分布情况。

“十二五”期间长三角地区平均 PM2.5 浓度 5 年均值达到 60μg/m³（见图 9）。其中，上海市与南京市 PM2.5 浓度接近长三角地区平均水平，均达到 60μg/m³。上

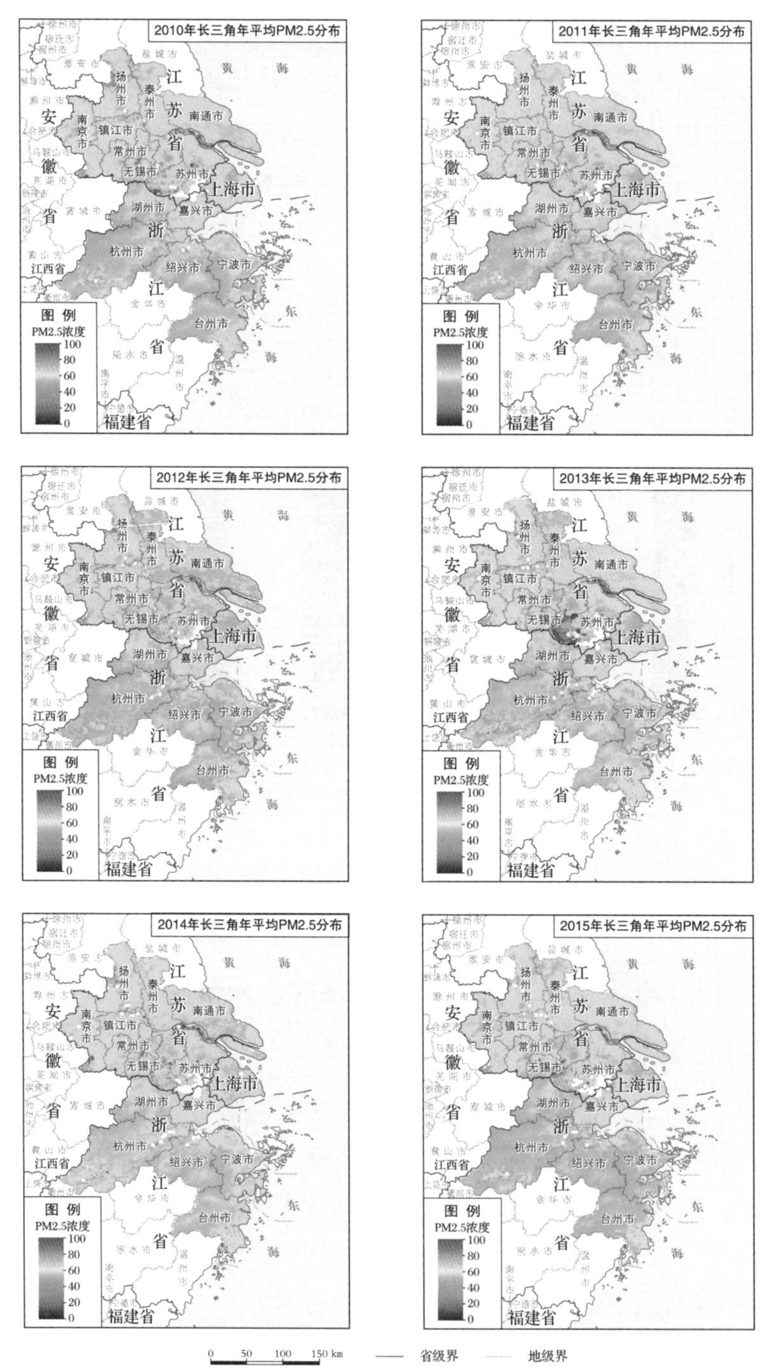

图 9　2010~2015 年长三角地区 PM2.5 浓度分布

海市与整个长三角地区 PM2.5 浓度变化规律较为相似，南京市 PM2.5 浓度略高于长三角地区平均水平，2014 年高达 64μg/m^3；苏州市 PM2.5 浓度水平高于整个长三角地区平均水平，为 62.3μg/m³，杭州市、宁波市均低于长三角地区平均值，分别为 55μg/m³、58μg/m³（见图 10、图 11）。

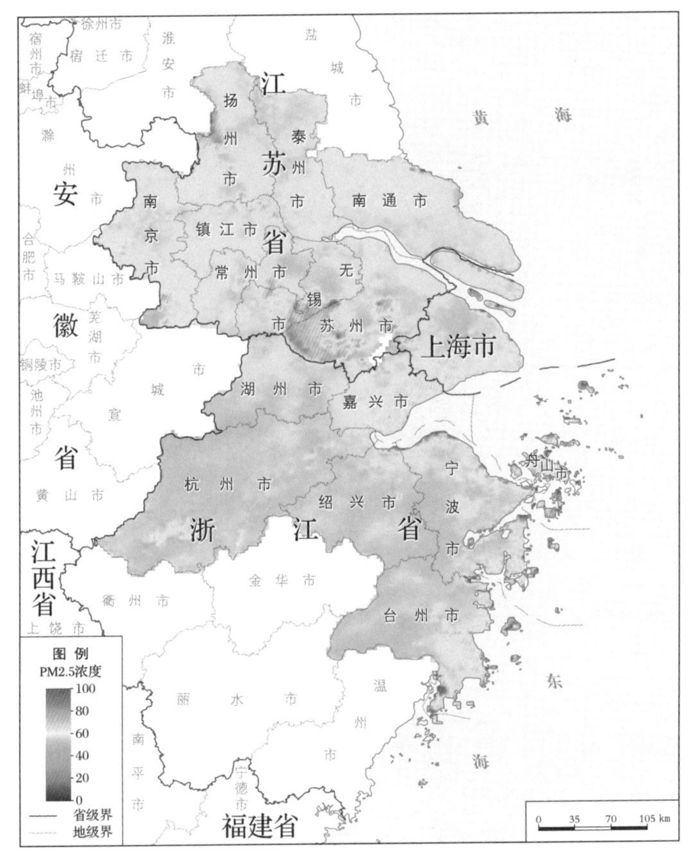

图 10 “十二五”期间长三角地区 5 年平均 PM2.5 浓度空间分布

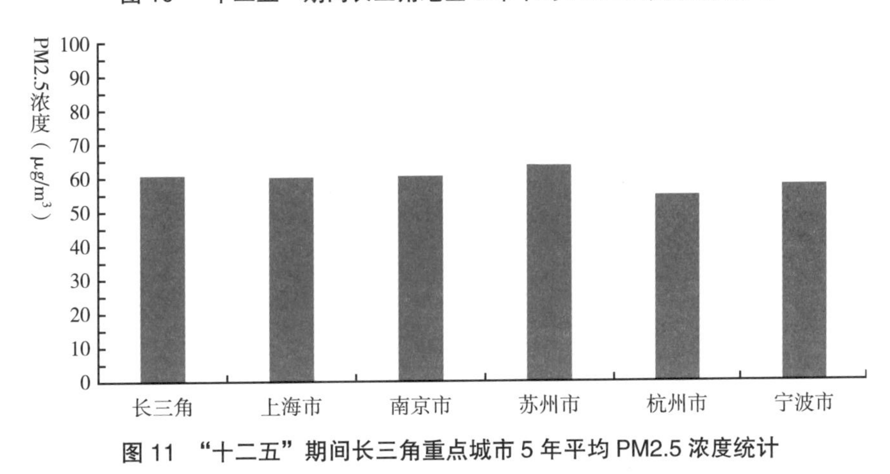

图 11 “十二五”期间长三角重点城市 5 年平均 PM2.5 浓度统计

（2）“十二五”期间长三角地区 PM2.5 浓度时间趋势情况。

2010~2015 年长三角地区 PM2.5 浓度主要在 60μg/m³ 上下波动，呈现下降—

上升—下降趋势。2010 年全地区 PM2.5 平均浓度高达 60μg/m^3。2015 年全地区 PM2.5 平均浓度为 57μg/m^3，同比下降了 8.06%。

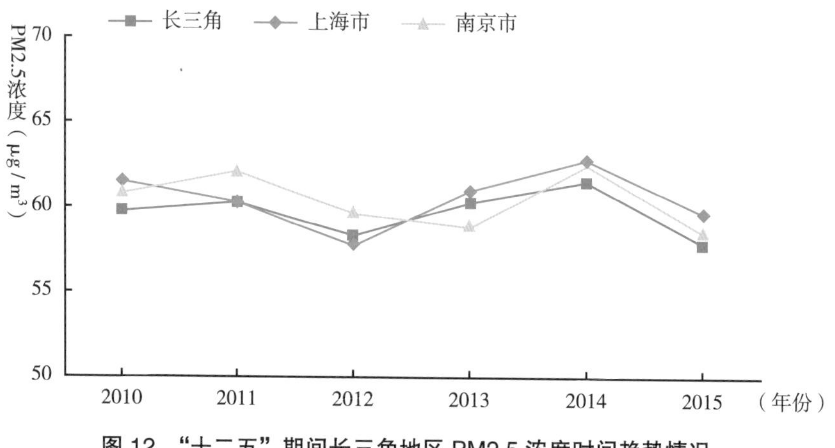

图 12 “十二五”期间长三角地区 PM2.5 浓度时间趋势情况

（3）长三角地区 2015 年 PM2.5 浓度均值与 2010 年均值比较。

将“十一五”最后一年 2010 年与“十二五”最后一年 2015 年进行比较（见图 13），

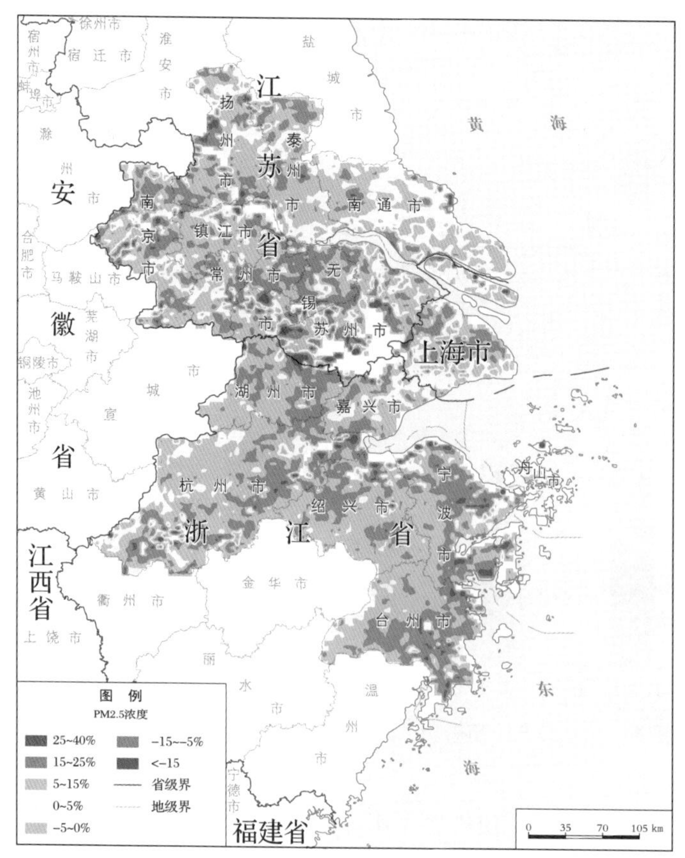

图 13 长三角地区年平均 PM2.5 浓度 2015 年与 2010 年相对变化分布

发现长三角地区 2015 年 PM2.5 浓度年均值在南通市有所上升，其他城市 PM2.5 浓度有所下降。

与 2010 年相比，2015 年长三角地区除了镇江市持平以外，其他城市 PM2.5 浓度大于 50μg/m^3 的区域占本市的总面积均有所下降。其中，浙江省的杭州市、湖州市、宁波市、绍兴市和台州市下降较为明显，依次下降了 18%、29%、28%、27%、25%，其次为嘉兴，下降了 1%。江苏省内各市下降最明显的是常州市和无锡市，依次下降了 14% 和 13%，其次为苏州市，下降了 9%，南京市下降了 6%，泰州市下降了 6%，南通市下降了 3%，扬州市下降了 2%。上海市下降也较为明显，下降了 14%。

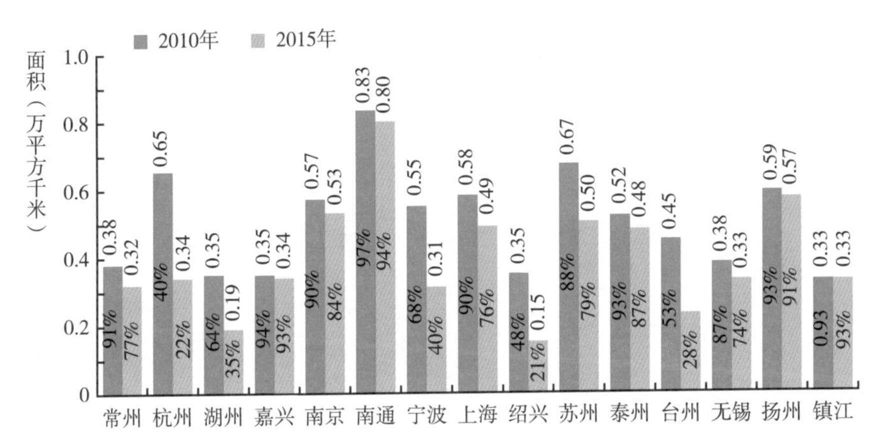

图 14　2010 年和 2015 年长三角地区部分城市 PM2.5 浓度大于 75μg/m^3 所占的面积及比例

8.2.2　长三角区域NO_2柱浓度状况

1. 长三角地区概述

根据国务院批准的《长江三角洲城市群发展规划》，长江三角洲地区包括：上海，江苏省的南京、无锡、常州、苏州、南通、盐城、扬州、镇江、泰州，浙江省的杭州、宁波、嘉兴、湖州、绍兴、金华、舟山、台州，安徽省的合肥、芜湖、马鞍山、铜陵、安庆、滁州、池州、宣城等 26 市，国土面积 21.17 万平方千米，总人口 1.5 亿人，长江三角洲地区是“一带一路”与长江经济带的重要交汇地带，在中国现代化建设大局和全方位开放格局中具有举足轻重的战略地位。气候条件主要为亚热带季风气候。地理位置位于长江中下游平原，太湖平原是长江三角洲的主体，地形呈周围高中间低。长江三角洲顶点在南京、扬州、仪征一线，北至小洋口，南临杭州湾。海拔多在 10 米以下，间有低丘散布，海拔 200~300 米。

2. 长三角地区2010~2015年NO_2柱浓度分布情况（见图15）

2010 年长三角地区 NO_2 柱浓度分布　　2011 年长三角地区 NO_2 柱浓度分布

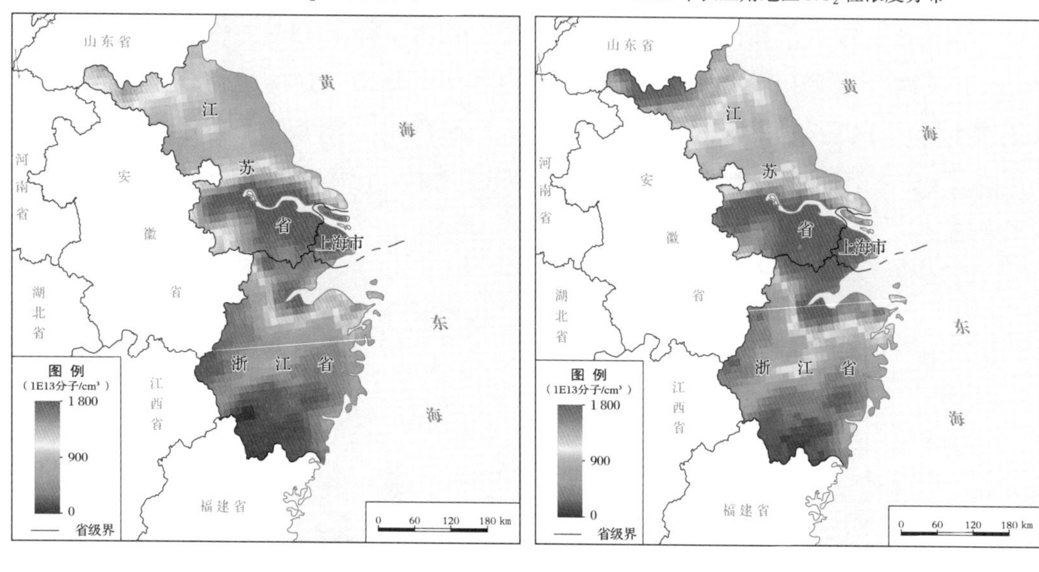

2012 年长三角地区 NO_2 柱浓度分布　　2013 年长三角地区 NO_2 柱浓度分布

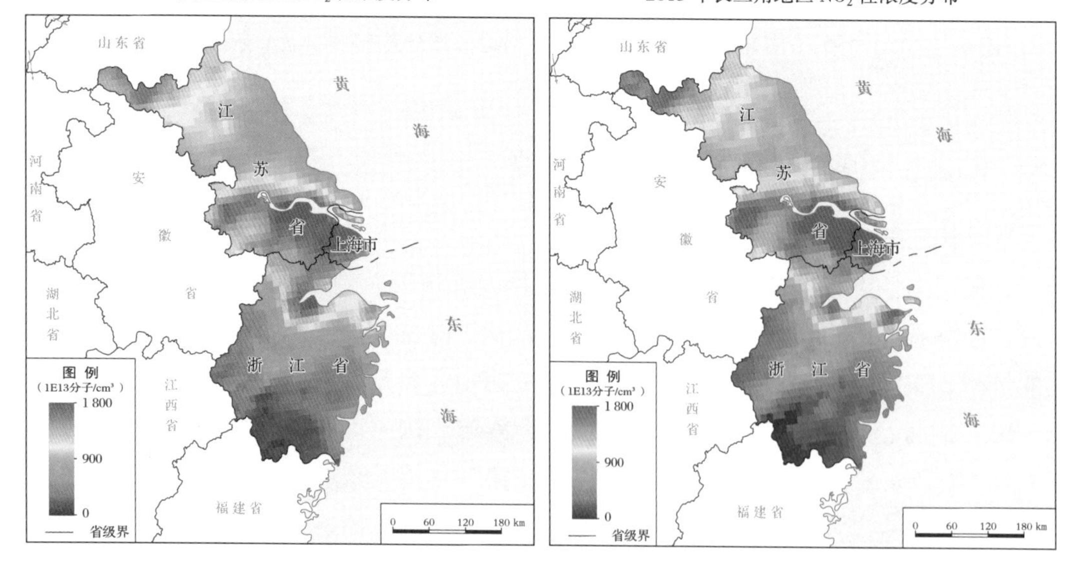

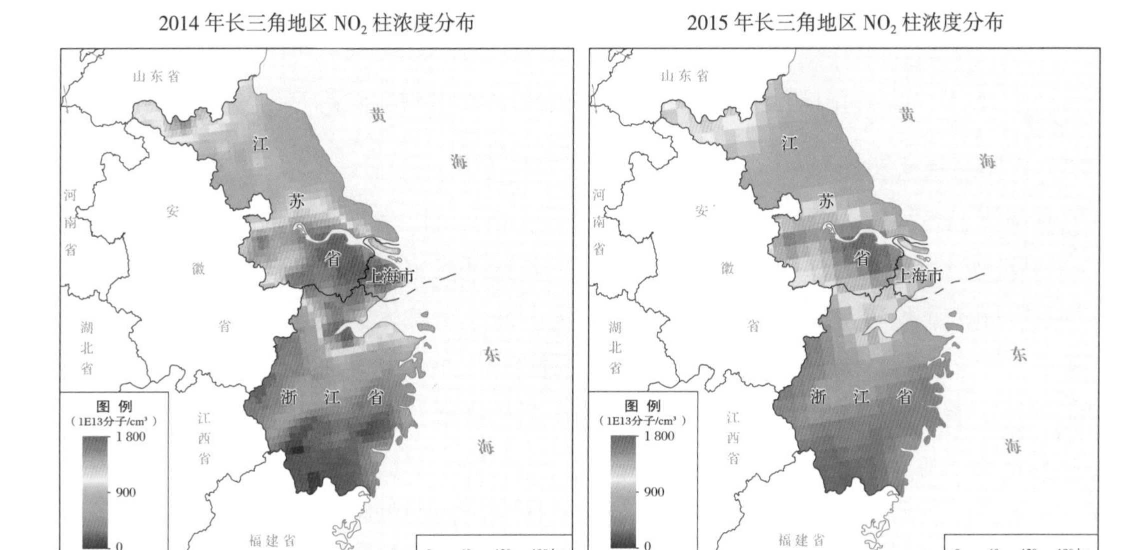

图15 2010~2015年长三角地区 NO_2 柱浓度分布

如图16所示，从2010年至2015年长三角地区大气 NO_2 柱浓度总体呈现下降趋势。2011年长三角地区大气 NO_2 柱浓度较2010年上升了约15.80%，2012年 NO_2 较2011年下降了约15.44%，2013年 NO_2 较2012年上升了约0.29%，2014年 NO_2 较2013年下降了约5.97%，2015年 NO_2 较2014年下降了约18.85%。

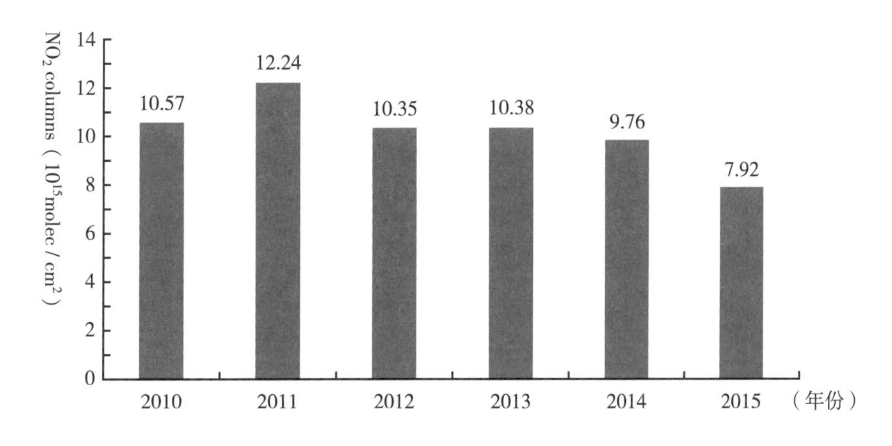

图16 2010~2015年长三角地区 NO_2 柱浓度变化趋势

8.3 珠三角区域大气状况

8.3.1 珠三角区域PM2.5颗粒物浓度时空分布状况

1. 珠三角地区概述

珠江三角洲是我国四大工业基地之一，已形成了以轻工业为主、重化工业较发达、工业门类较多的综合性工业体系。珠三角地区汽车保有量已突破千万，其中深圳、广州汽车保有量最多，东莞、佛山次之。珠三角整体PM2.5颗粒物构成中，能源、工业、交通源各占25%左右，其中交通源占25%~30%，其他PM2.5颗粒物来源包括工地扬尘以及生物质燃烧等。PM2.5颗粒物排放主要集中在广州、佛山、深圳和东莞等地。

珠江三角洲地区三面环山，一面环海，区域内河网密布，水域广阔。地形条件的复杂多样性，使得局地受热和冷却不均匀，易形成中尺度地方风系（山谷风、海陆风及热岛环流等），不利于整个区域大气污染物的扩散。珠江口地区海风抑制城市群空气污染物向下风向输送，致使城市群污染程度加剧，对灰霾天气的生成和分布有重大影响。此外，海陆风环流还会造成循环污染。

2. 珠三角地区PM2.5浓度时空分析

（1）“十二五”期间（2011~2015年）珠三角地区PM2.5浓度5年空间分布情况。

“十二五”期间珠三角平均PM2.5浓度5年均值达到41μg/m³，其中广州市、深圳市、珠海市、佛山市、江门市、东莞市和中山市的PM2.5浓度高于该地区平均水平，惠州市和肇庆市的PM2.5浓度低于该地区平均水平（见图17）。

（2）“十二五”期间珠三角地区PM2.5浓度时间趋势情况。

2010~2015年珠三角PM2.5浓度呈现先上升后下降趋势，2013年珠三角PM2.5平均浓度到达峰值，为43μg/m³，2015年珠三角PM2.5平均浓度为37μg/m³，2015年相对于2013年同比下降了13.95%，2015年相对于2010年同比下降了3%（见图18~20）。

（3）珠三角地区2015年PM2.5浓度均值与2010年均值比较。

将“十一五”最后一年2010年与“十二五”最后一年2015年进行比较，发现珠三角地区中部城市PM2.5平均浓度上升较为明显，部分地区上升幅度大于13%，肇庆市2015年PM2.5平均浓度相比2010年有大幅度下降，部分地区下降幅度大于10%（见图21）。

2015年相对于2010年，珠三角周边地区PM2.5平均浓度大于35μg/m³的区域呈明显下降趋势，其中广州市从0.6万平方千米下降到0.55万平方千米，下降了8.6%，惠州从0.92万平方千米下降到0.76万平方千米，下降了16.8%，珠海从0.09万平方千米下降到0.05万平方千米，下降了41.8%。

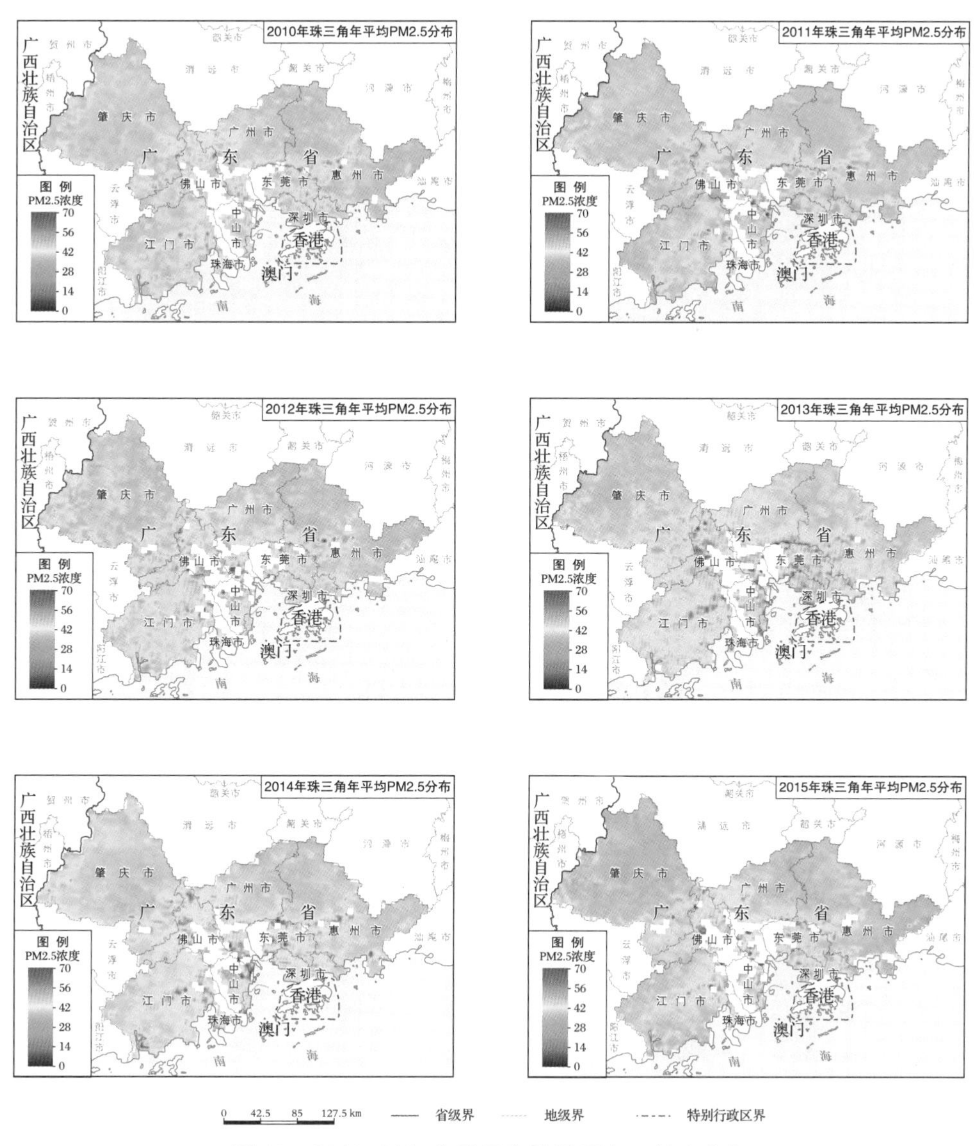

图 17　2010~2015 年珠三角地区 PM2.5 浓度分布

8.3.2　珠三角区域NO_2柱浓度状况

1. 珠三角地区概述

珠江三角洲地区毗邻港澳，与东南亚地区隔海相望，包括广州、深圳 、佛山 、东莞、中山、珠海、江门、肇庆、惠州共 9 个城市。珠江三角洲地区是有全球影响力的先进制造业基地和现代服务业基地，南方地区对外开放的门户，中国参与经济全球化的主体区域，是科技创新与技术研发基地，是经济发展的重要引擎，辐射带动华南、

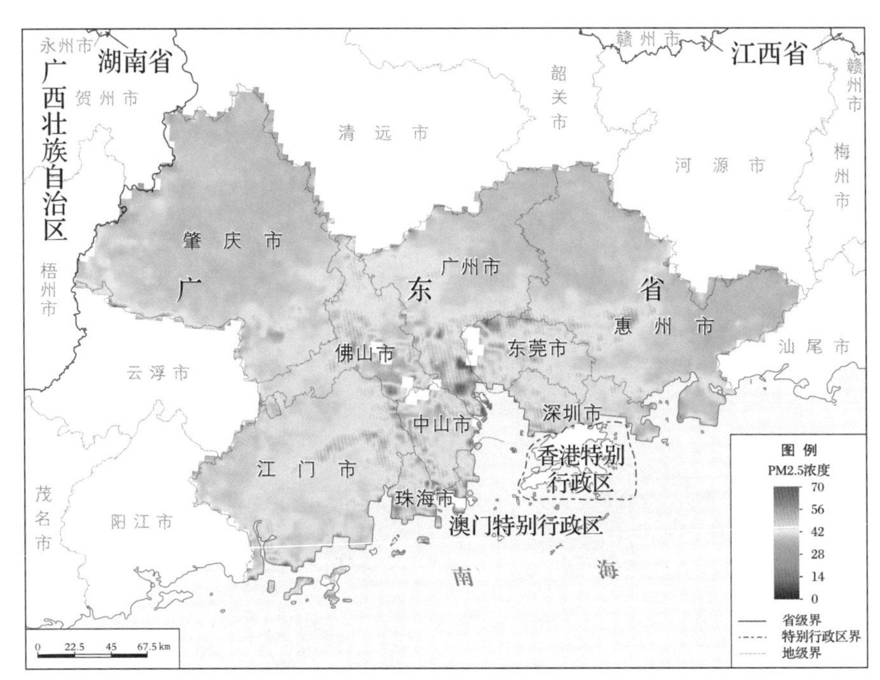

图 18 “十二五”期间珠三角地区 5 年平均 PM2.5 浓度空间分布

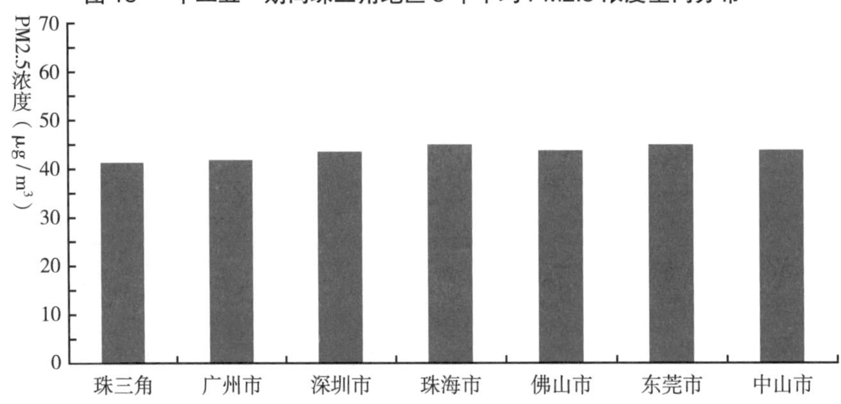

图 19 “十二五”期间珠三角重点城市 5 年平均 PM2.5 浓度统计

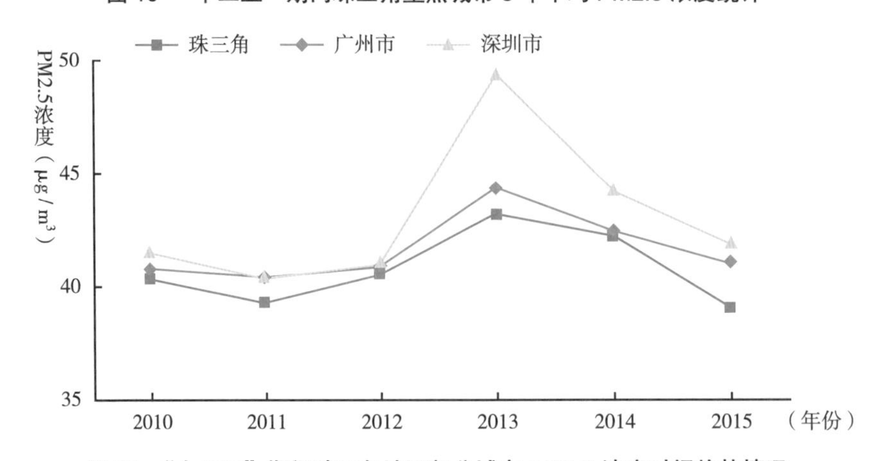

图 20 “十二五”期间珠三角地区部分城市 PM2.5 浓度时间趋势情况

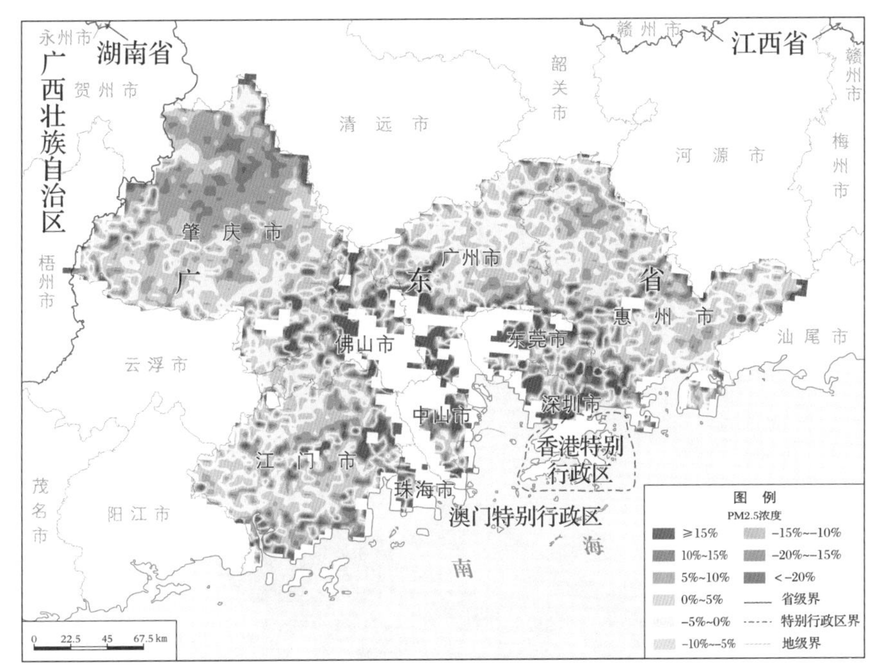

图 21　珠三角地区年平均 PM2.5 浓度 2015 年与 2010 年相对变化分布

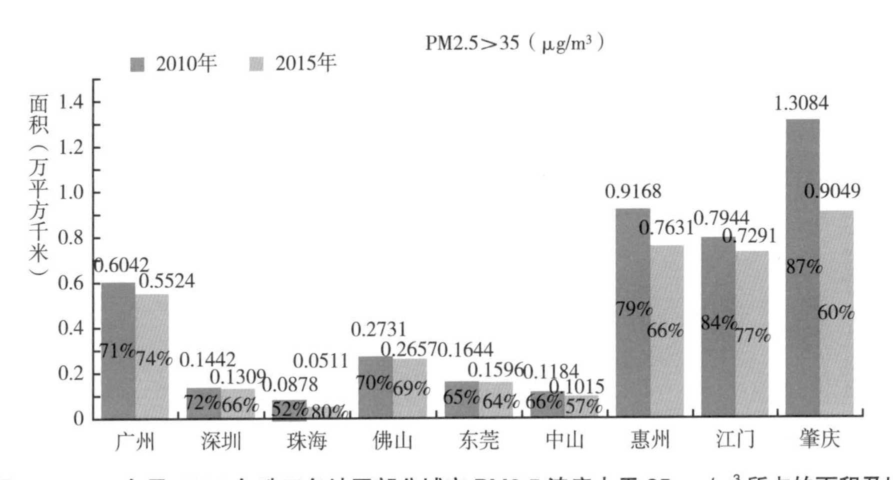

图 22　2010 年及 2015 年珠三角地区部分城市 PM2.5 浓度大于 35μg/m³ 所占的面积及比例

华中和西南地区发展的龙头，有“南海明珠”之称。2015 年 1 月 26 日，世界银行发布的报告显示，珠江三角洲超越日本东京，成为世界人口和面积最大的城市群。气候条件属于亚热带季风气候，终年温暖潮湿。珠江三角洲是西江、北江共同冲积成的大三角洲与东江冲积成的小三角洲的总称，是放射形汊道的三角洲复合体。呈倒置三角形，底边是西起三水、广州东到石龙为止的一线，顶点在崖门湾。面积约 1.1 万平方千米。冲积层薄，一般 20~30 米。地面起伏较大，四周是丘陵、山地和岛屿，占总面积的 30%。中部是平原，分布在广州以南、中山以北、江门以东、虎门以西。

2. 珠三角地区2010~2015年NO_2柱浓度分布情况

2010~2015 年珠三角地区大气 NO_2 柱浓度总体呈现下降趋势。2011 年珠三角地区大气 NO_2 柱浓度较 2010 年上升了约 19.75%，2012 年 NO_2 柱浓度较 2011 年下降了约 16.02%，2013 年 NO_2 柱浓度较 2012 年上升了约 11.28%，2014 年 NO_2 柱浓度较 2013 年下降了约 9.14%，2015 年 NO_2 柱浓度较 2014 年下降了约 17.77%（见图 23、图 24）。

2010 年珠三角地区 NO_2 柱浓度分布

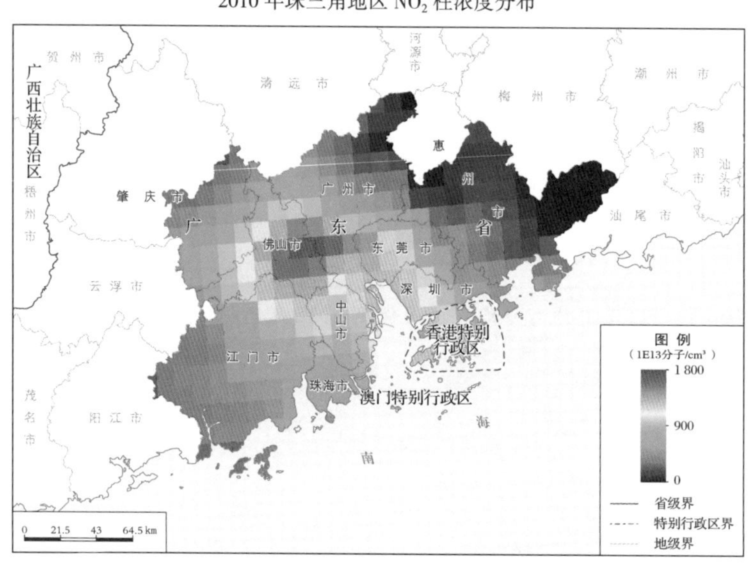

2011 年珠三角地区 NO_2 柱浓度分布

2012 年珠三角地区 NO_2 柱浓度分布

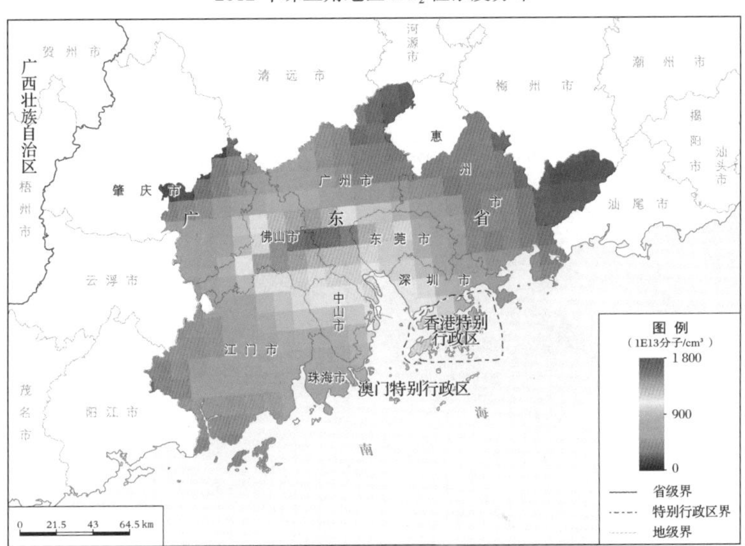

2013 年珠三角地区 NO_2 柱浓度分布

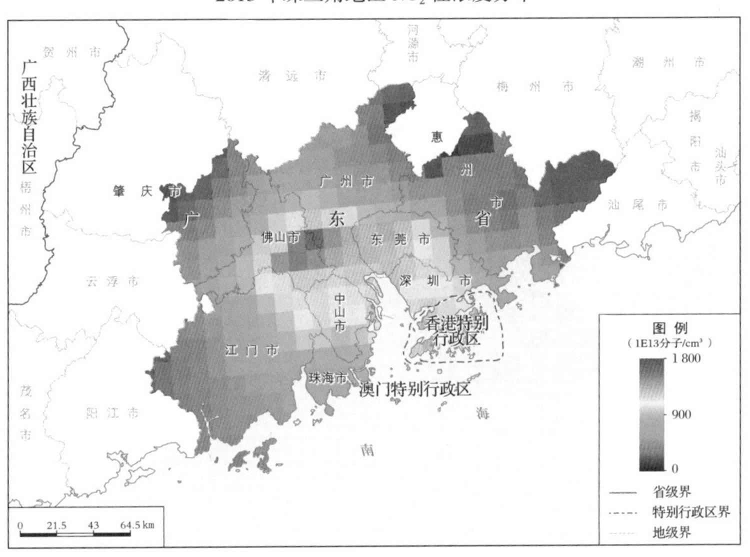

2014 年珠三角地区 NO_2 柱浓度分布

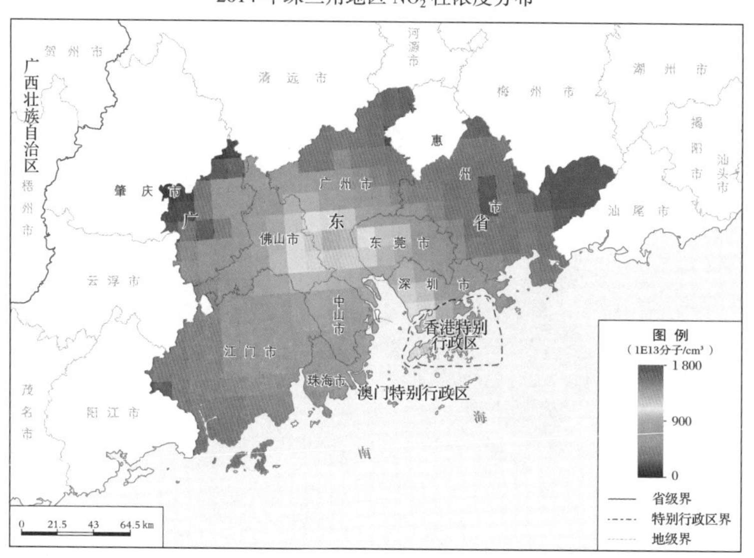

2015 年珠三角地区 NO_2 柱浓度分布

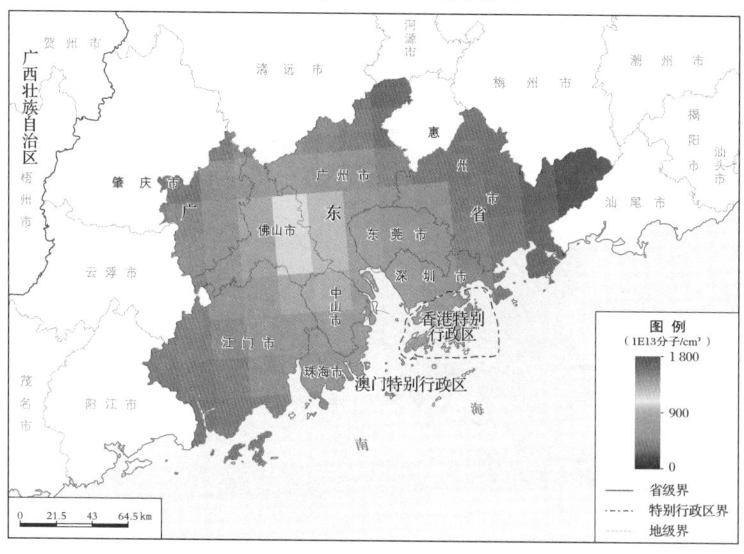

图 23　2010~2015 年珠三角地区 NO_2 柱浓度分布

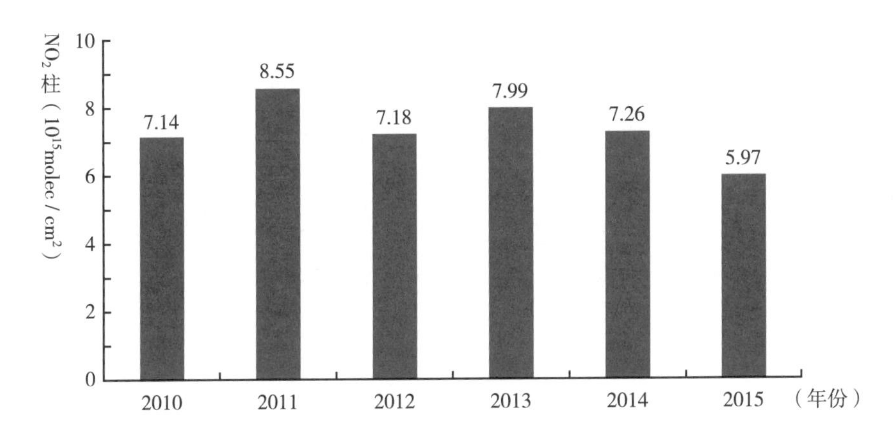

图 24　2010~2015 年珠三角地区 NO_2 柱浓度变化趋势

参考文献

[1] Bradshaw J, Davis D, Grodzinsky G., Smyth S, Newell R,Sandholm S and Liu S. "Observed Distributions of Nitrogen Oxides in the Remote Free Troposphere from the NASA Global Tropospheric Experiment Programs". *Review of Geophysics*, 2000, 38: 61–116.

[2] Jaeglé, L., Steinberger, L., Martin, R.V. and Chance, K. (2005). "Global Partitioning of NOx Sources Using Satellite Observations: Relative Roles of Fossil Fuel Combustion, Biomass Burning and Soil Emissions". *Faraday Discuss*. 130: 407–423.

[3] Lee D S, Kőhler I, Grobler E, Rohrer F, Sausen R, Gallardo-Klenner L, Olivier J G J, Dentener F J and Bouwman A F. "Estimations of Global NOx Emissions and Their Uncertainties". *Atmospheric Environment*. 1997,31:1735–1749.

[4] Levelt, P.F., Van den Oord, G.H.J., Dobber, M.R., Malkki, A., Visser, H., de Vries, J., Stammes, P., Lundell, J.O.V. and Saari, H., 2006. "The Ozone Monitoring Instrument". *IEEE Transactions on Geoscience and Remote Sensing*, 44(5): 1093-1101.

[5] Fangwen Bao, Xingfa Gu, Tianhai Cheng, Ying Wang, Hong Guo, Hao Chen, Xi Wei, Kunsheng Xiang, Yinong Li. "High-Spatial-Resolution Aerosol Optical Properties Retrieval Algorithm Using Chinese High-Resolution Earth Observation Satellite I", *IEEE Transactions on Geoscience and Remote Sensing*, 2016 (9).

[6] Hong Guo, Tianhai Cheng, Xingfa Gu, Hao Chen, Ying Wang, Fengjie Zheng, Kunshen Xiang. "Comparison of Four Ground-Level PM2.5 Estimation Models Using PARASOL Aerosol Optical

Depth Data from China", *International Journal of Environmental Research and Public Health*, 2016 (13).

[7] Gupta, P., Christopher, S. A., Wang, J., Gehrig, R., Lee, Y., Kumar, N. "Satellite Remote Sensing of Particulate Matter and Air Quality Assessment over Global Cities", *Atmospheric Environment*, 2006 (30).

[8] Donkelaar, A. V., Martin, R. V., Brauer, M., Boys, B. L. "Use of Satellite Observations for Long-term Exposure Assessment of Global Concentrations of Fine Particulate Matter", *Environmental Health Perspectives*, 2015 (2).

G.9
2010~2015年中国粮食主产区生产形势

9.1 东北区粮食生产形势

9.1.1 2015年东北区粮食生产形势

2015 年全年，中国东北地区光合有效辐射、温度、耕地种植比例与过去 14 年平均水平持平，而作物生长季（4~10 月）降水量明显偏低，导致作物生长季潜在生物量偏低（见表 1）。

表 1 2015 年东北地区农业气象指标

时段	降水距平（%）	温度距平（℃）	光合有效辐射距平（%）	潜在生物量距平（%）	耕地种植比例距平（%）	最佳植被状况指数
1~4 月	-2	1.6	-1	21	/	0.64
4~7 月	-25	-0.1	2	-17	-1	0.91
7~10 月	-24	-0.1	1	-22	-1	0.83
10~1 月*	59	0.8	-3	9	2	0.76

* 为 2015 年 10 月 ~2016 年 1 月，本部分图表主要为 2015 年数据，其他年份数据为参照数据或不同地区的连续监测数据。下同。

2015 年 4 月中旬之前，东北区没有作物生长。1~4 月，该区降水处于正常水平，降水量与过去 14 年平均水平基本持平（见图 1）。因 2014 年 10 月至 2015 年 1 月

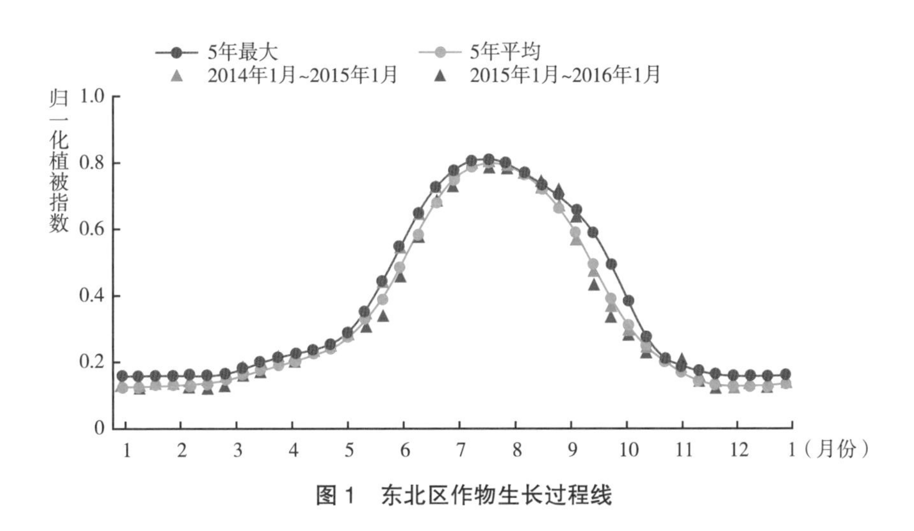

图 1 东北区作物生长过程线

的冬季降水补充，土壤墒情并未影响春播作物的播种。而4~7月，该区降水量比过去14年平均水平偏低25%，7~10月降水量偏低24%，严重异常的降水导致作物生长季受严重干旱影响，潜在生物量显著低于平均水平（-17%、-22%）。该区总体作物长势在作物生长期（4~10月）略差于近5年平均水平。

值得注意的是，受严重干旱的影响，辽宁中部和吉林西部地区（见图2）4月之后作物长势低于近5年平均水平，NDVI明显偏低，表明该地区春播作物受旱情影响，长势较差。而8月的监测结果显示，受益于6、7月充沛的降水，春季受旱地区作物长势恢复正常水平。NDVI空间聚类及过程线（见图3）显示，受旱严重的地区如辽宁中部、吉林西部在作物生长成熟期由于降水量逐渐增加，旱情得

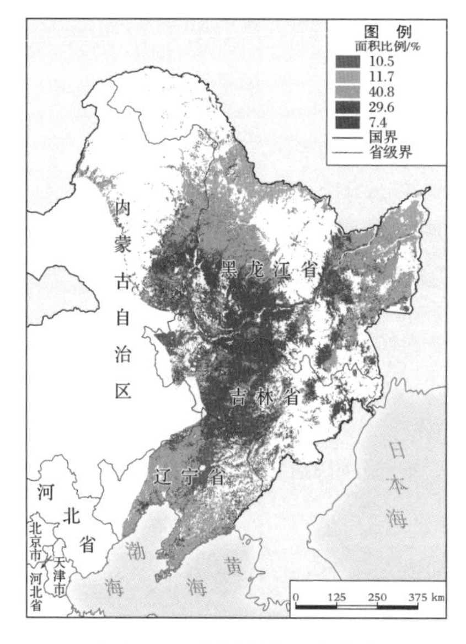

（a）NDVI距平聚类空间分布

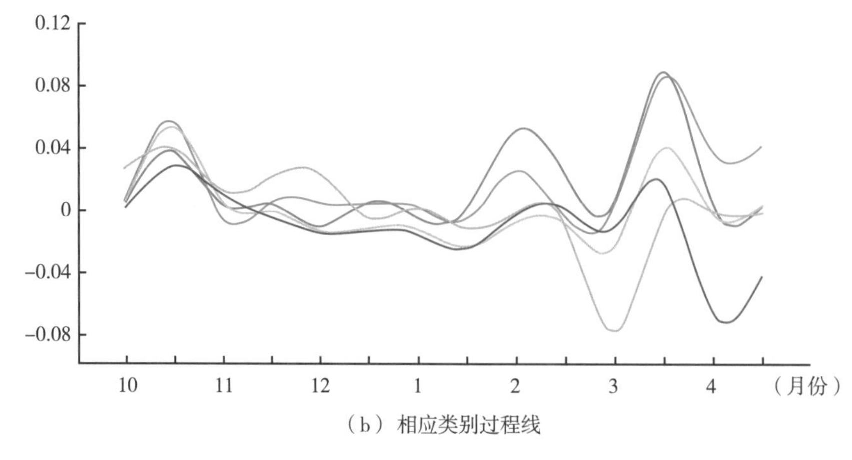

（b）相应类别过程线

图2 2014年10月~2015年4月东北区NDVI距平聚类空间分布（a）及相应的类别过程线（b）

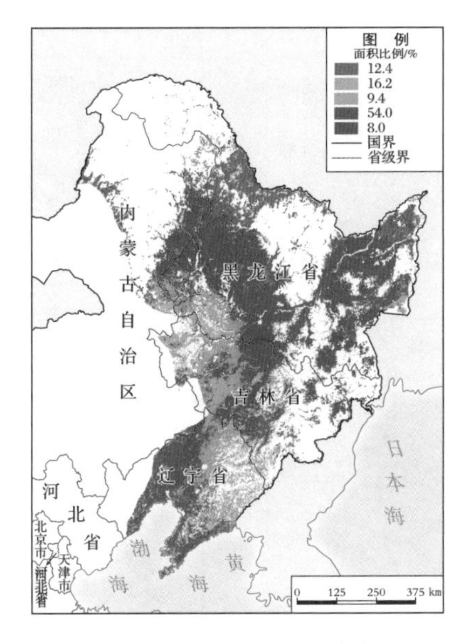

（a）NDVI距平聚类空间分布

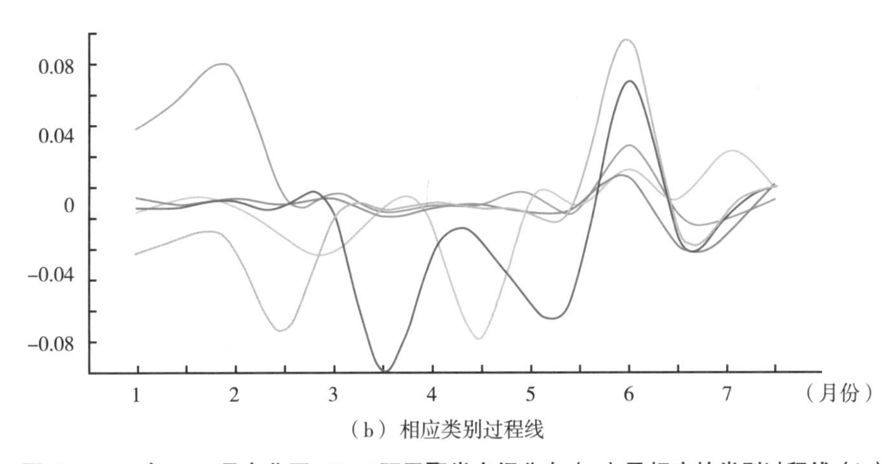

（b）相应类别过程线

图 3　2015 年 1~7 月东北区 NDVI 距平聚类空间分布（a）及相应的类别过程线（b）

到缓解，并且基本达到近 5 年平均水平。

2015 年作物收割后冬季充沛的降水，保证了土壤墒情，为 2016 年春播作物的生长提供了良好的水分条件。

9.1.2　2010~2015年东北区粮食生产形势变化

东北地区作物均为单季作物，因此，该区域复种指数均为 1。从 NDVI 分布图上看，2015 年由于受降水分布不均的影响，黑龙江省西部地区作物长势略差于平均水平，而辽宁省西部地区作物长势较好（见图 4~6）。

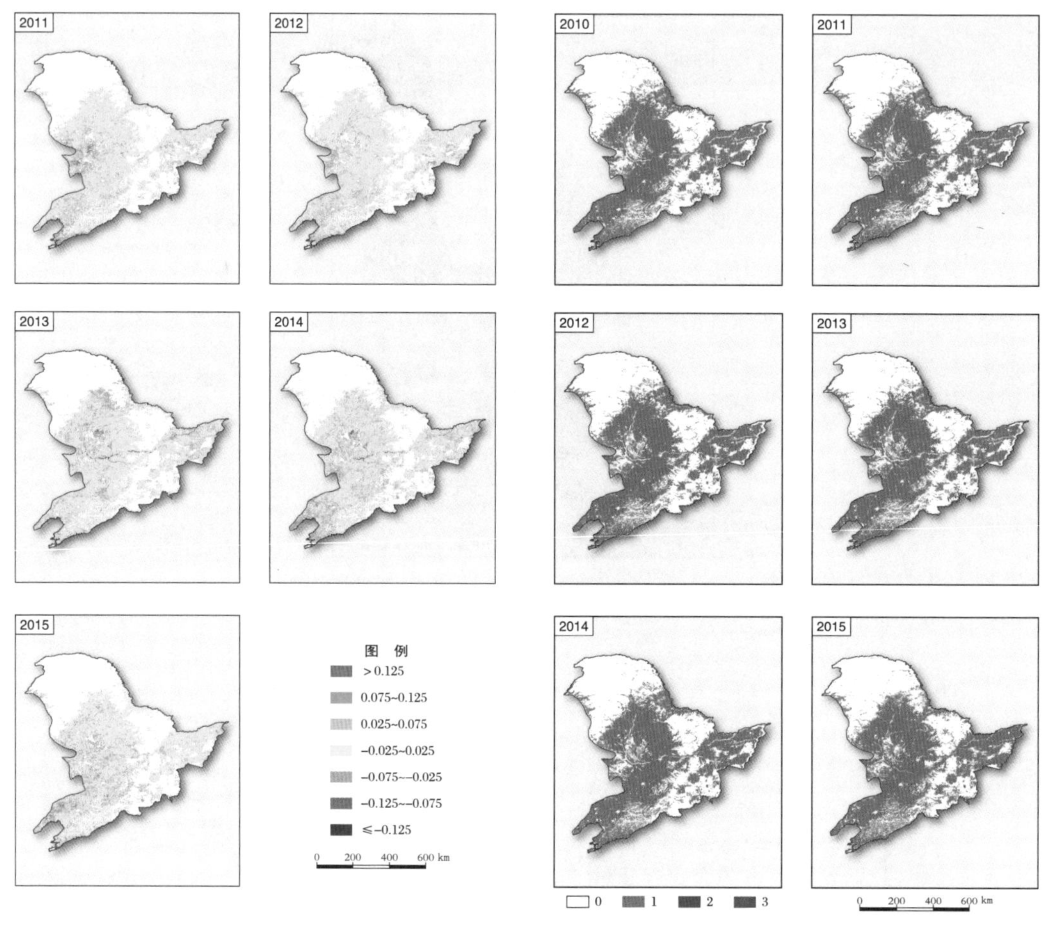

图 4 东北区 2011~2015 年作物生长高峰期长势实时对比（与前一年相比）

图 5 东北区 2010~2015 年复种指数

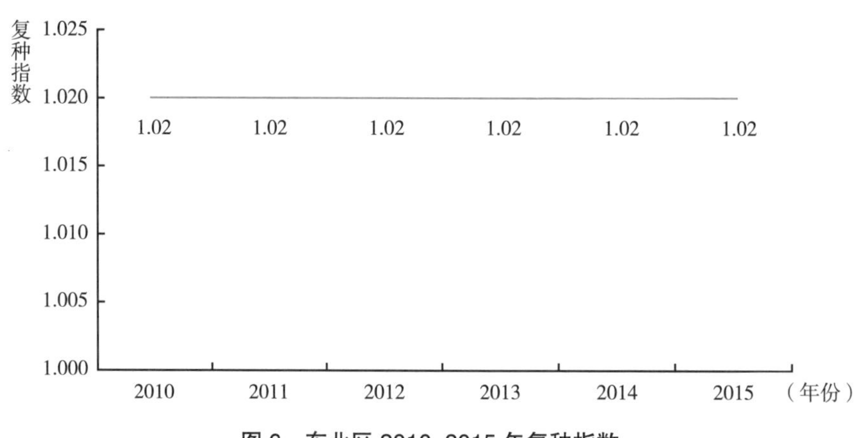

图 6 东北区 2010~2015 年复种指数

9.2　内蒙古及长城沿线区粮食生产形势

9.2.1　2015年内蒙古及长城沿线区粮食生产形势

2015 年，内蒙古及长城沿线区农业气象条件总体较好。与过去 14 年平均水平相比，2015 年降水量偏多 32%，温度偏高 0.5℃，光合有效辐射略微偏低，潜在生物量偏高 43%，为农作物的生长提供了良好条件（见表 2）。但区域内的降水空间分布不均，导致辽宁西部、内蒙古中南部和东南部、河北西北部、山西、陕西和宁夏北部等地区农作物生长受到水分胁迫，发生旱情。

表 2　2015 年中国内蒙古及长城沿线区农业气象指标

时段	降水		温度		光合有效辐射		潜在生物量
	当前值（mm）	距平（%）	当前值（℃）	距平（℃）	当前值（MJ/m^2）	距平（%）	距平（%）
4~9 月	468	20	16.3	-0.5	1825	0	8
1~12 月	594	32	5.9	0.5	2809	-1	16
10~6 月 *	302	47	1.6	0.9	1947	-1	26

* 为 2014 年 10 月 ~2015 年 6 月。

1~4 月，该区域处于冬季，天气寒冷，几乎没有作物生长，但充足的降水有利于随后春季作物的播种和生长（见表 3）。从作物长势过程线（见图 7、图 8）可知，春季作物播种期和生长初期，作物长势较好。然而 6 月的干旱天气状况影响农作物生长，长势偏差，随后逐渐恢复；至 7 月下旬，植被指数总体处于近 5 年平均水平之下。由最佳植被状况指数（见图 9）可知，辽宁西部、内蒙古中南部和东南部、山西、陕西和宁夏北部作物长势较差。而作物种植区内偏低的潜在生物量也证实了该地区作物长势较差。7~10 月，基于 NDVI 的作物生长过程线显示，该监测期内作物长势总体略低于平均水平。东部和南部地区发生了干旱，严重影响了该地区作物生长，约 6% 的耕地上作物长势自 7 月以来始终低于平均水平。最佳植被状况指数分布图显示，辽宁西部、河北西北部、内蒙古南部和东南部、山西、陕西和宁夏北部等区域作物长势较差，对应区域潜在生物量显著低于平均水平（见图 10）。总体来说，7~10 月该区域作物长势偏差。2014 年 10 月后，该区秋收作物已收割，12 月以来的多次降水过程为 2015 年春播作物提供了充足的水分条件。然而，由于大部分地区温度高于平均水平，可能会过早消耗土壤储备的水分，从而对下一季春播作物的生长产生不利影响。结合最新的遥感数据，CropWatch 模型估算结果显示，与 2014 年相比，秋粮作物（玉米和大豆）单产在该区域不同地区均有不同程度的下降。

表 3　2015 年中国内蒙古及长城沿线区农情指标

时段	耕地种植比例	最佳植被状况指数	复种指数
	距平（%）	当前值	距平（%）
1~4 月	—	—	-2
4~7 月	-5	0.74	
7~10 月	0	0.80	
10~1 月*	1	0.60	

* 为 2015 年 10 月 ~2016 年 1 月。

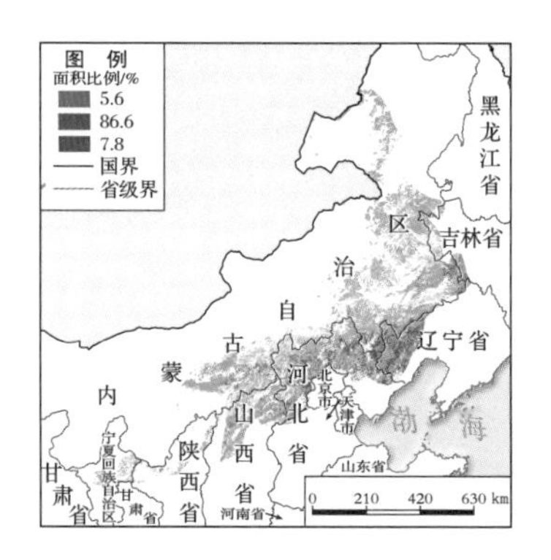

（a）NDVI距平聚类空间分布

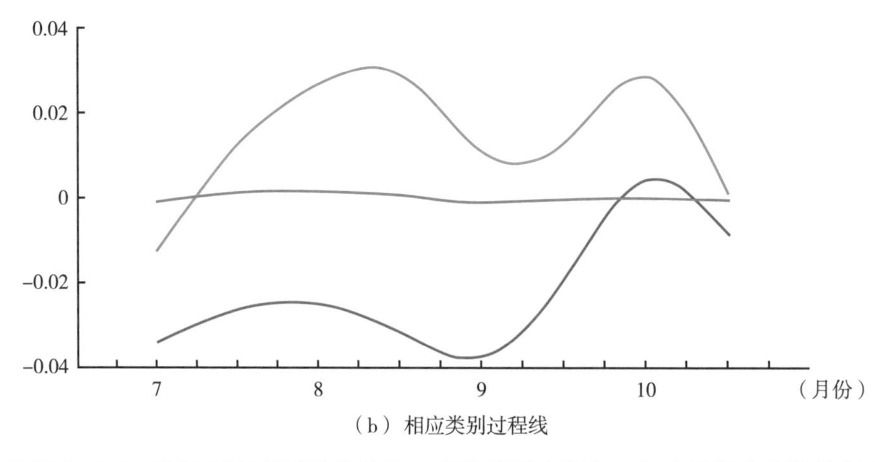

（b）相应类别过程线

图 7　2015 年 7~10 月内蒙古及长城沿线区 NDVI 距平聚类空间分布（a）及相应的类别过程线（b）

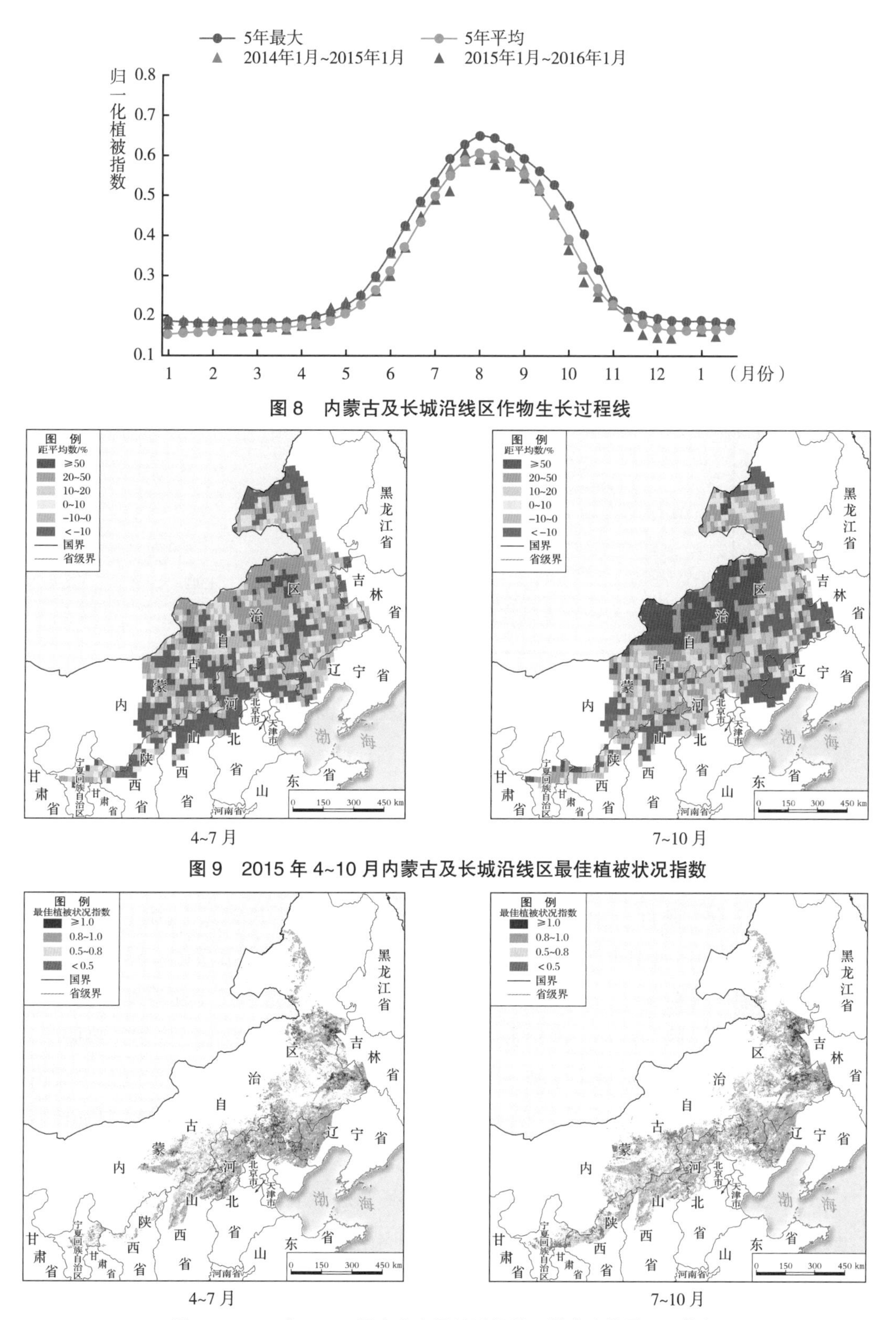

图8　内蒙古及长城沿线区作物生长过程线

图9　2015年4~10月内蒙古及长城沿线区最佳植被状况指数

图10　2015年4~10月内蒙古及长城沿线区潜在生物量距平指数

9.2.2 2010~2015年内蒙古及长城沿线区粮食生产形势变化

内蒙古及长城沿线区主要种植玉米、大豆、小麦等农作物。主产区内以单季作物为主（夏玉米和大豆），每年的4月中下旬播种，9月下旬至10月上旬成熟收割；复种指数结果显示，只有2010年和2014年南部很小部分地区种植双季作物，冬小麦和夏玉米轮作，其中冬小麦于每年9月中下旬播种，次年7月前后收获；夏玉米的播种时间约为7月中下旬，收割时间为当年10月前后（见图11）。

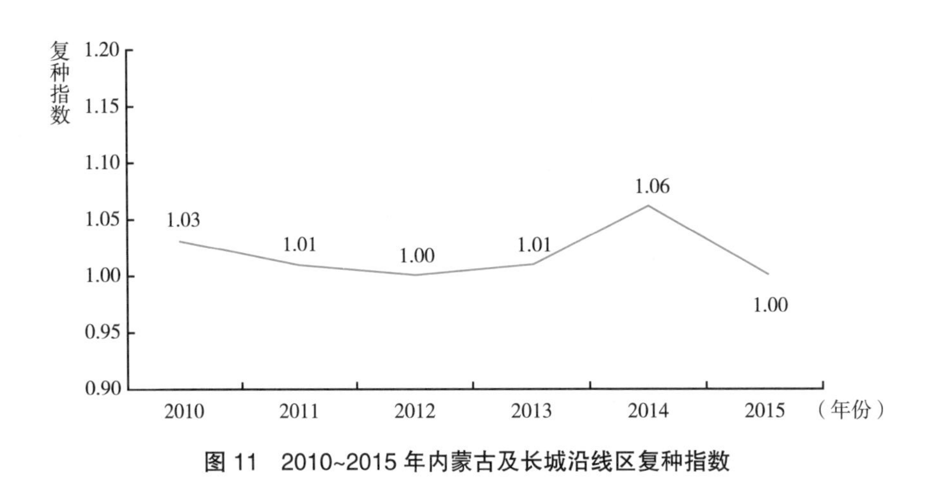

图11 2010~2015年内蒙古及长城沿线区复种指数

图12为2011~2015年各年度作物生长高峰长势与前一年度生长高峰长势的对比，整体来说，2011年、2012年、2013年和2015年该区作物长势较好，而2014年作物长势偏差。2014年7月份受干旱天气影响，该区域辽宁西部、内蒙古中部及东南部、宁夏、陕西、山西和河北北部地区作物后期生长较差。2011年、2012年、2013年和2015年作物长势基本持平，但各年长势区域分布存在差异。2011年内蒙古中部地区长势偏差，2012年河北与山西交界、内蒙古与辽宁交界地区长势偏差；2013年宁夏、陕西南部、内蒙古中部和东南部及与辽宁交界地区作物长势偏差，2015年作物长势偏差的区域为宁夏、陕西南部、内蒙古西部及东北部，以及内蒙古与辽宁、吉林交界地区。总之，2011~2015年，农作物以雨养为主的内蒙古及长城沿线区，不利天气条件会带来作物的长势变化，也会对产量造成一定影响。

2010~2015年内蒙古及长城沿线区复种指数在1.02上下浮动，其中2014年复种指数最高（1.06），为2010~2015年复种指数年度变化幅度最大年份；2012年和2015年复种指数最低，均为1.00（见图11）。从复种指数分布图来看，2014年双季作物种植区域为辽宁西部和河北北部地区，其他地区在2010~2015年均为单季作物（见图13）。

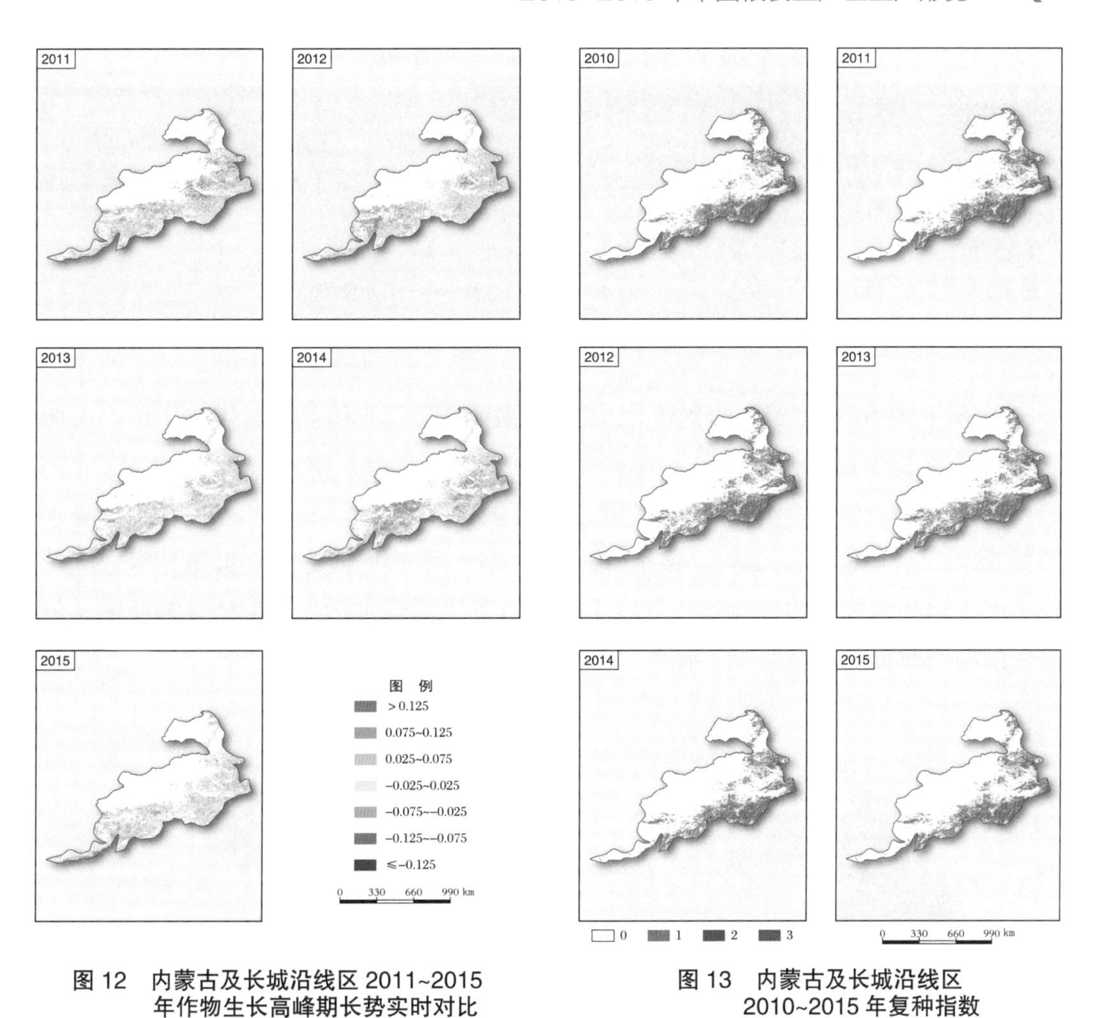

图 12　内蒙古及长城沿线区 2011~2015 年作物生长高峰期长势实时对比（与前一年相比）

图 13　内蒙古及长城沿线区 2010~2015 年复种指数

9.3　黄淮海区粮食生产形势

9.3.1　2015年黄淮海区粮食生产形势

2015 年，黄淮海区农业气象条件总体低于平均水平，不利于作物生长和产量形成。与过去 14 年平均水平相比，全区 2015 年全年降水量偏低 8%，温度与平均水平持平，光合有效辐射偏低 1%（见表 4），不利的气候条件直接导致该区部分省市作物单产下降。其中冬小麦返青后至玉米收获期间（4~9 月），降水量低于平均水平 18%，温度偏低约 0.5℃，导致该区作物生长受到水分胁迫。2015 年冬小麦生育期内（2014 年 10 月 ~2015 年 6 月），气象条件持续良好，降水量较平均水平偏高 22%，温度偏高 0.5℃。其中冬小麦越冬后返青期内（2015 年 1~4 月）降水量较平均水平偏高 21%，温度偏高 0.9℃。充足的降水以及温暖的气候有利于冬季以及越冬期后冬小麦的生长，作物长势不断趋好并高于近 5 年平均水平。

表 4　2015 年黄淮海区农业气象指标

时段	降水		温度		光合有效辐射		潜在生物量
	当前值（mm）	距平（%）	当前值（℃）	距平（℃）	当前值（MJ/m^2）	距平（%）	距平（%）
4~9 月	515	–18	22.6	–0.5	1784	1	–9
1~12 月	686	–8	14.5	0	2824	–1	0
10~6 月 *	379	22	11.2	0.5	2014	–2	24

* 为 2014 年 10 月 ~2015 年 6 月。

2015 年 4~10 月，黄淮海区降水偏少，温度偏低，不利于该区作物生长，由此导致潜在累积生物量减少，作物单产下降。其中 4~7 月，降水偏低 36%，河北南部、山东大部分区域受旱情影响严重，潜在累积生物量显著偏低。7~10 月，降水偏低 30%，受旱情持续影响，该区除河北中部、河南中部及江苏北部等部分区域外，潜在累积生物量明显偏低（见图 14）。10 月之后降水增加，旱情逐渐缓解，但是受前两个季度的旱情影响，作物长势持续较差。

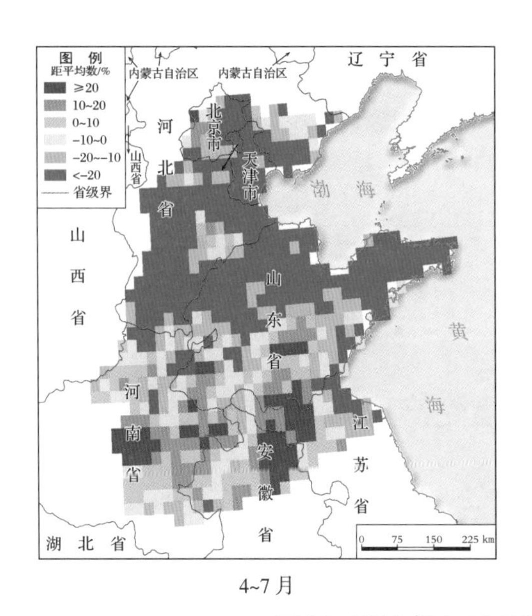

4~7 月

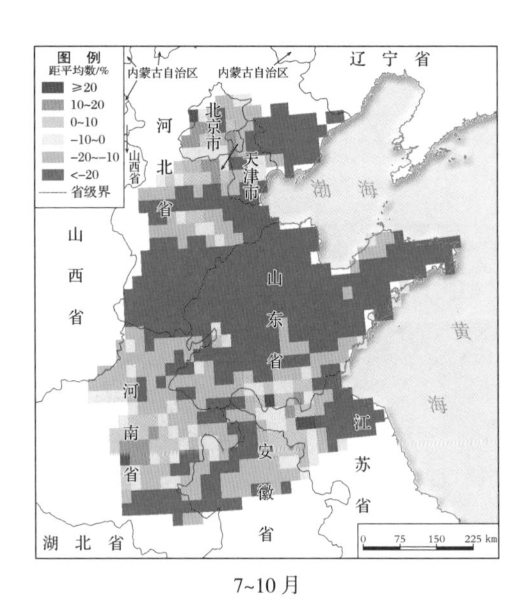

7~10 月

图 14　2015 年 4~10 月黄淮海区潜在生物量距平指数

植被指数距平聚类分析结果（见图 15）显示，受旱情影响，黄淮海区作物长势总体较差。4~7 月份降水偏少导致夏粮作物长势较差，河北南部、山东西部及河南、江苏地区作物长势均未达到近 5 年平均水平。秋收作物播种后，除河北中南部和山东西部外，大部分地区作物长势正常，但 10 月份之后，受旱情影响，作物长势明显偏差，全区大部分地区作物长势低于平均水平。全区作物生长过程线（见图

16）同样显示出作物长势偏差的态势。其中，夏收时期（5~7 月）和冬季作物生长季（10~12 月）作物长势明显低于平均水平，反映了干旱导致冬小麦和玉米、大豆等作物单产下降的形势。

黄淮海区耕地种植比例总体与近 5 年平均水平持平。其中，2015 年 1~4 月和 2015 年 10 月 ~2016 年 1 月的耕地种植比例处于近 5 年平均水平，2015 年 4~7 月和 7~10 月的耕地种植比例较平均水平分别偏高 1% 和偏低 1%（见表 5）。因此，在耕地利用强度保持不变的情况下，受旱情影响，该区作物产量下降明显。从空间分布看，未种植耕地主要集中在河北中部和渤海湾地区以及山东中东部部分地区，该地区主要种植棉花、春玉米等单季作物，通常于 5 月初开始播种。这些区域城市发展较快，导致耕地利用率相对其他地区较低。

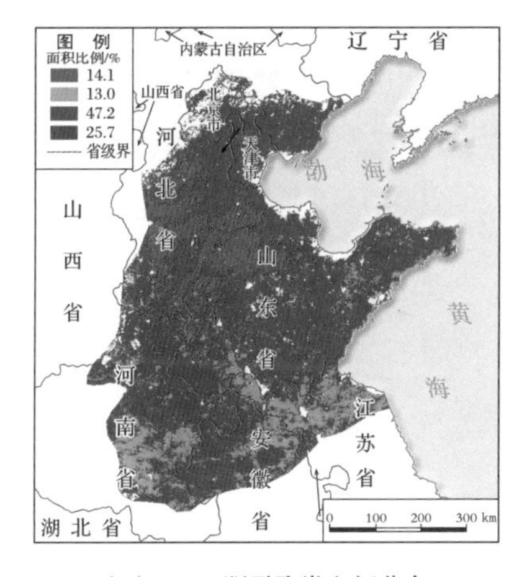

（a）NDVI距平聚类空间分布

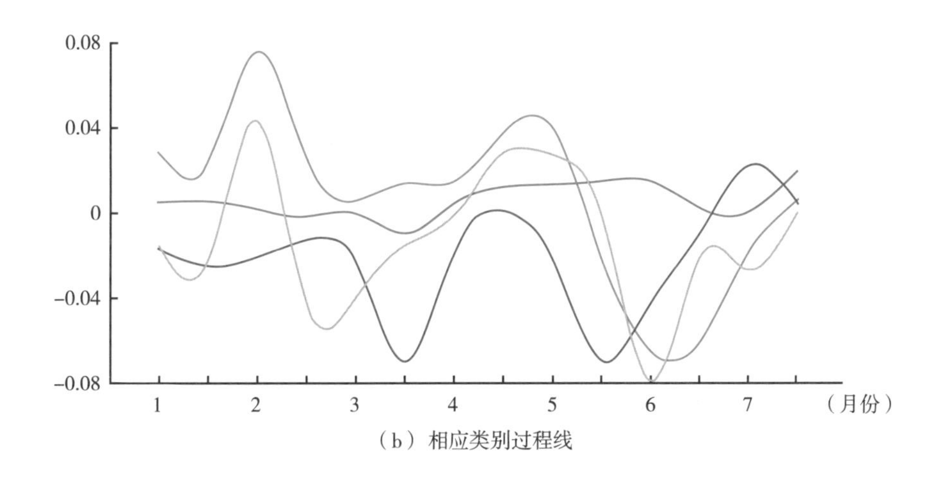

（b）相应类别过程线

图 15　2015 年 1~7 月黄淮海区 NDVI 距平聚类空间分布（a）及相应的类别过程线（b）

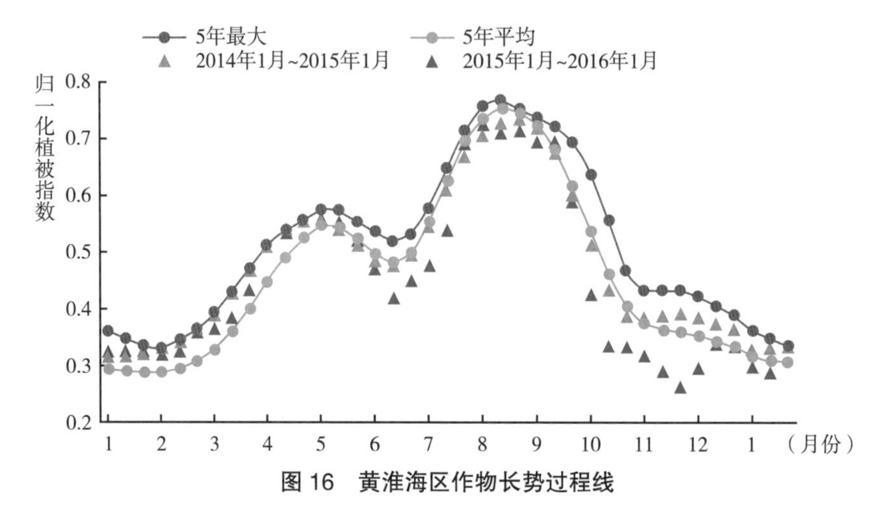

图 16　黄淮海区作物长势过程线

表 5　2015 年黄淮海区农情指标

时段	耕地种植比例	最佳植被状况指数	复种指数
	距平（%）	当前值	距平（%）
1~4 月	0	0.89	0
4~7 月	1	0.89	
7~10 月	-1	0.85	
10~1 月 *	0	0.78	

* 为 2015 年 10 月 ~2016 年 1 月。

9.3.2　2010~2015年黄淮海区粮食生产形势变化

黄淮海区是中国重要的冬小麦、夏玉米种植区，主产区内冬小麦—夏玉米双季轮作种植模式占主导地位。冬小麦播种期集中在每年的 9 月底到 10 月初，并于次年 6 月上旬至中旬收获；紧随其后的是夏玉米的播种（集中在 6 月中旬），9 月下旬夏玉米成熟收割；主产区内同时有春玉米、棉花、花生、大豆以及其他多种作物种植。

图 17 展示了 2011~2015 年各年度作物生长高峰期长势与前一年度的对比情况，其中 2011 年和 2015 年相对 2010 年和 2014 年长势偏好，而 2012 年作物长势总体不如 2011 年，主要原因是 6 月份发生在河南大部、山东西北部、河北南部、安徽北部和江苏北部的旱情对夏玉米播种及后期生长产生了不利影响。2013 年和 2014 年的作物长势总体与前一年持平，但作物长势区域差异显著；2013 年主产区东部，包括山东半岛、黄河三角洲、山东中部、江苏北部等地作物长势同比偏好，而主产区西北部，包括河北大部和河南北部地区作物长势同比偏差；2014 年主产区西部和南部以及山东半岛的长势偏好，而山东中部和环渤海湾地区作物长势不及 2013

年。纵观 2011 年至 2015 年，山东中部的山区丘陵地带作物长势波动最为显著，从侧面反映出该地区灌溉条件较主产区其他区域相对较差，作物长势更易受不利气象条件影响。

2010~2015 年，黄淮海区复种指数在 1.50 上下波动，总体呈现波动增大趋势。其中 2014 年复种指数最高，为 1.55，相对 2013 年复种指数的变化幅度达 4%，同样为 2010~2015 年复种指数年度变化幅度最大年份；2011 年和 2013 年复种指数最低，均为 1.49。从复种指数分布图来看，2010~2015 年主产区内双季作物种植区发生变化的区域主要分布在河北省境内，其中 2014 年双季作物种植区面积为 2010~2015 年最大，与复种指数统计结果保持一致。主产区内河南、山东、安徽和江苏的复种指数分布图在 2010~2015 年几乎保持不变（见图 18、图 19）。

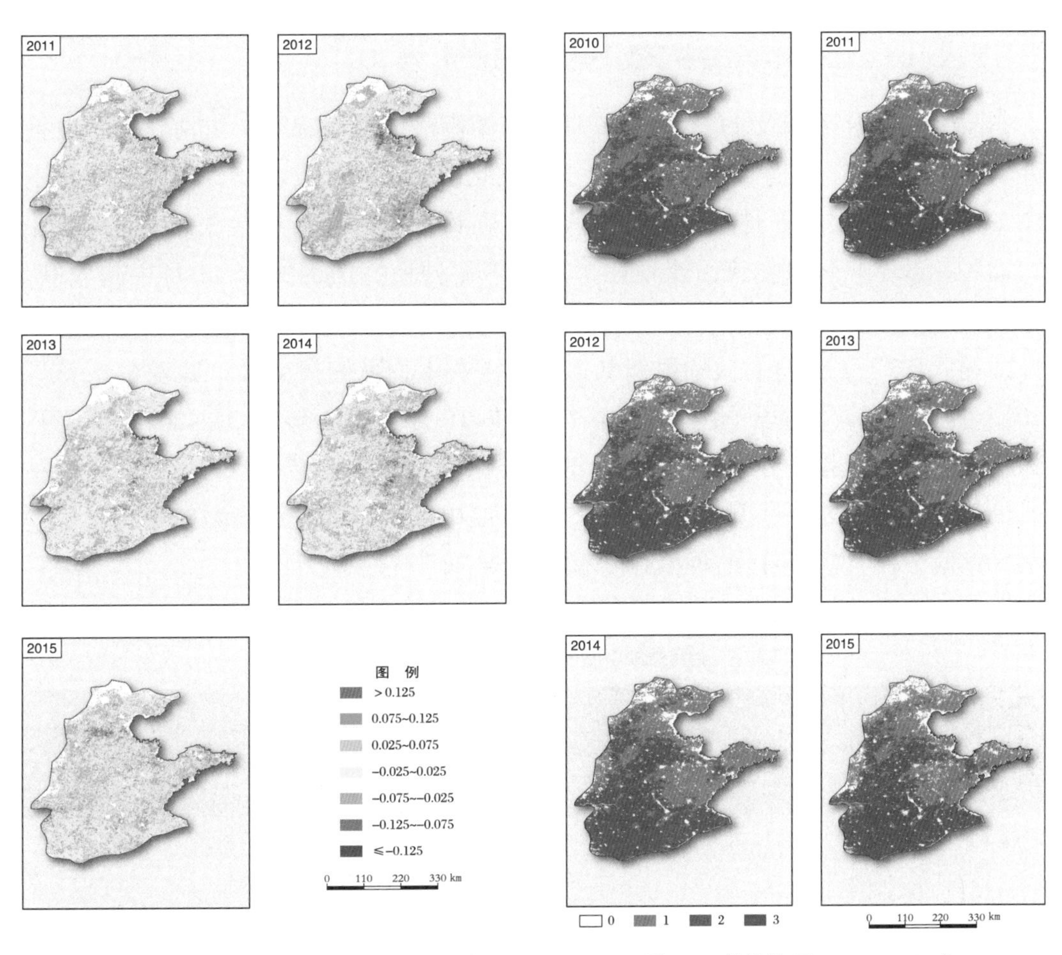

图 17 黄淮海区 2011~2015 年作物生长高峰期长势实时对比（与前一年相比）

图 18 黄淮海区 2010~2015 年复种指数

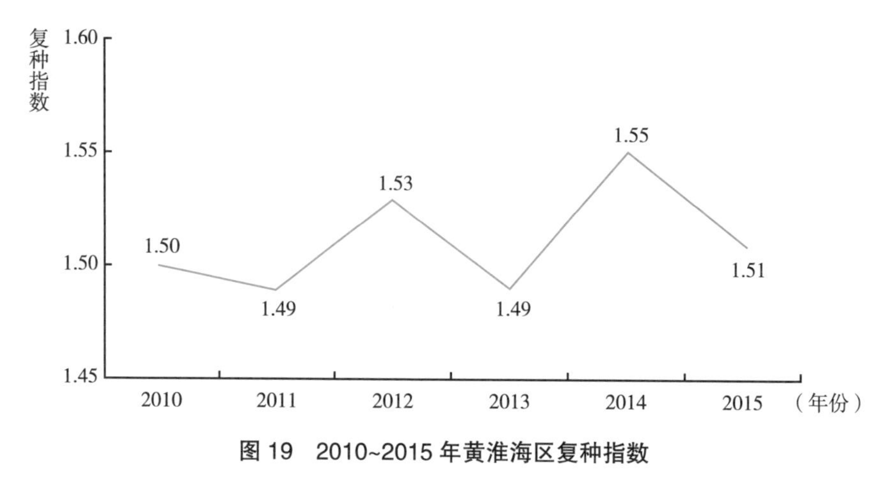

图 19 2010~2015 年黄淮海区复种指数

9.4 长江中下游区粮食生产形势

9.4.1 2015年长江中下游区粮食生产形势

长江中下游区涉及 11 个省份（湖北、湖南、江西、福建、上海、浙江、江苏、安徽、河南、广东与广西）。位于该区北部的河南、安徽与江苏，其冬小麦在 10 月播种，次年 5 月末至 6 月初收获。在该区南部，早稻在 3 月末至 4 月中旬播种，7 月中下旬收获；晚稻在 7 月中下旬种植，10 月末至 11 月中旬收获。2015 年全年（1~12 月）长江中下游区的降水较过去 14 年平均水平偏高 31%，而温度偏低 0.2℃，光合有效辐射偏低 10%，潜在生物量偏高 12%（见表 6）。该区 2015 年生长季 4 个时段（1~4 月、4~7 月、7~10 月、2015 年 10 月 ~2016 年 1 月）的最佳植被状况指数介于 0.84~0.9，表明该区作物长势良好；各时段的耕地种植比例均处于平均水平（见表 7）。2015 年长江中下游区的复种指数较近 5 年平均水平偏低 2%，说明该区的种植强度有所下降。

表 6 2015 年中国长江中下游区农业气象指标

时段	降水		温度		光合有效辐射		潜在生物量
	当前值（mm）	距平（%）	当前值（℃）	距平（℃）	当前值（MJ/m^2）	距平（%）	距平（%）
4~9 月	1418	32	23.8	−0.9	1483	−7	11
1~12 月	1999	31	17.7	−0.2	2417	−10	12
10~6 月 *	1265	16	15.2	0.4	1781	−4	−2

* 为 2014 年 10 月 ~2015 年 6 月。

表 7　2015 年长江中下游区的农情指标

时段	耕地种植比例	最佳植被状况指数	复种指数
	距平（%）	当前值	距平（%）
1~4 月	1	0.84	-2
4~7 月	0	0.90	
7~10 月	0	0.89	
10~1 月*	0	0.87	

* 为 2015 年 10 月 ~2016 年 1 月。

基于 NDVI 的作物生长过程线显示（见图 20），长江中下游区 2015 年 1~4 月作物总体长势不及 2014 年同期，但好于近 5 年同期平均水平；5~7 月长势低于近 5 年平均水平（值得一提的是，在 5~6 月作物生长旺季，该区大部分地区受过量降水导致的严重洪灾影响，作物总体长势由前一时段的好于平均水平下降为低于平均水平，但到 7 月中旬后有所恢复）；8~10 月长势略低于平均水平；2015 年 11 月 ~ 2016 年 1 月长势处于平均水平。

NDVI 距平空间聚类及过程线显示（见图 21），在 2015 年 7~10 月，该区大约 63% 的作物长势始终处于平均水平，集中分布于西北部与中部，表明该区大部分的作物长势良好。2015 年 7~10 月与 2015 年 10 月 ~2016 年 1 月两个时段的最佳植被状况指数图（见图 22）显示，长江中下游区大部分省份的最佳植被状况指数值介于 0.8~1，同样反映出该区良好的作物长势。基于以上分析，CropWatch 估计 2015 年长江中下游区的粮食产量处于近 5 年平均水平。

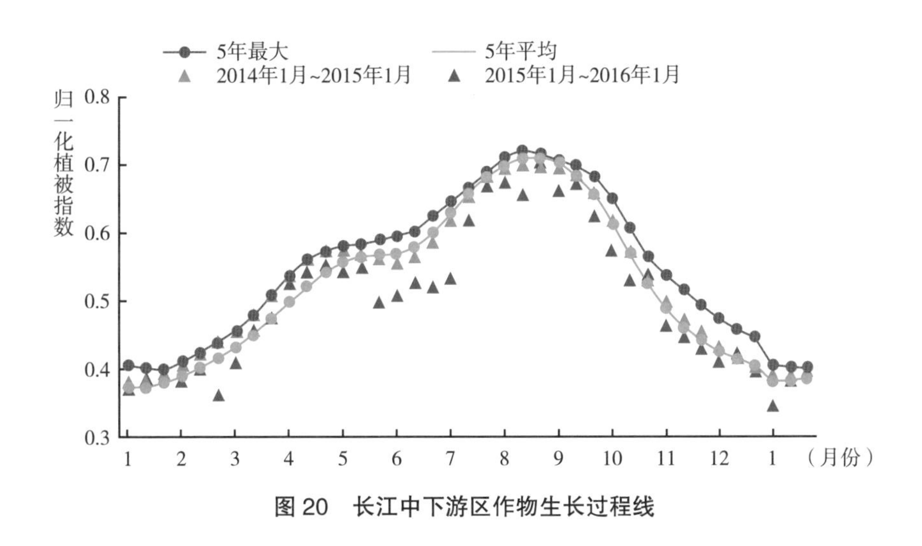

图 20　长江中下游区作物生长过程线

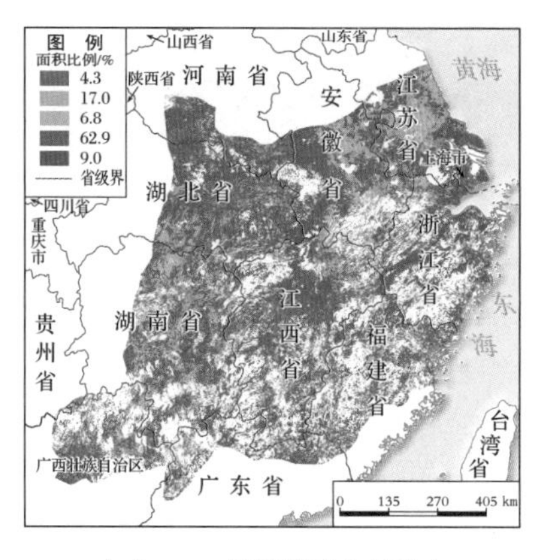

（a）NDVI距平聚类空间分布

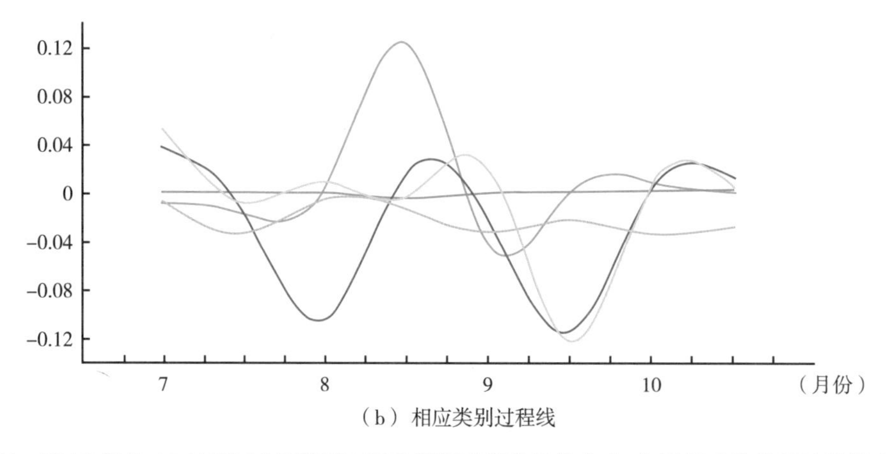

（b）相应类别过程线

图 21　2015 年 7~10 月长江中下游区 NDVI 距平聚类空间分布（a）及相应的类别过程线（b）

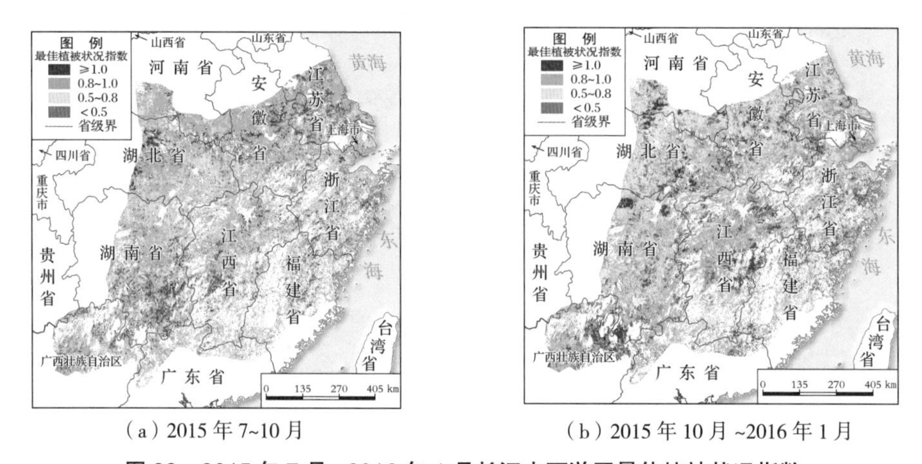

（a）2015 年 7~10 月　　（b）2015 年 10 月 ~2016 年 1 月

图 22　2015 年 7 月 ~2016 年 1 月长江中下游区最佳植被状况指数

9.4.2 2010～2015年长江中下游区粮食生产形势变化

CropWatch 监测结果显示，2011 年长江中下游区作物长势总体上与上一年（2010 年）基本持平。作物长势好于上一年的区域主要分布于该区东北部和西南部，较上一年长势偏差的区域主要位于中部和西部，其他区域长势与上一年基本持平。长江中下游区 2011 年的平均复种指数为 1.7，同比降幅为 5%。复种指数下降的区域位于该区东南部，其值由 3 下降为 2（见图 23~25）。

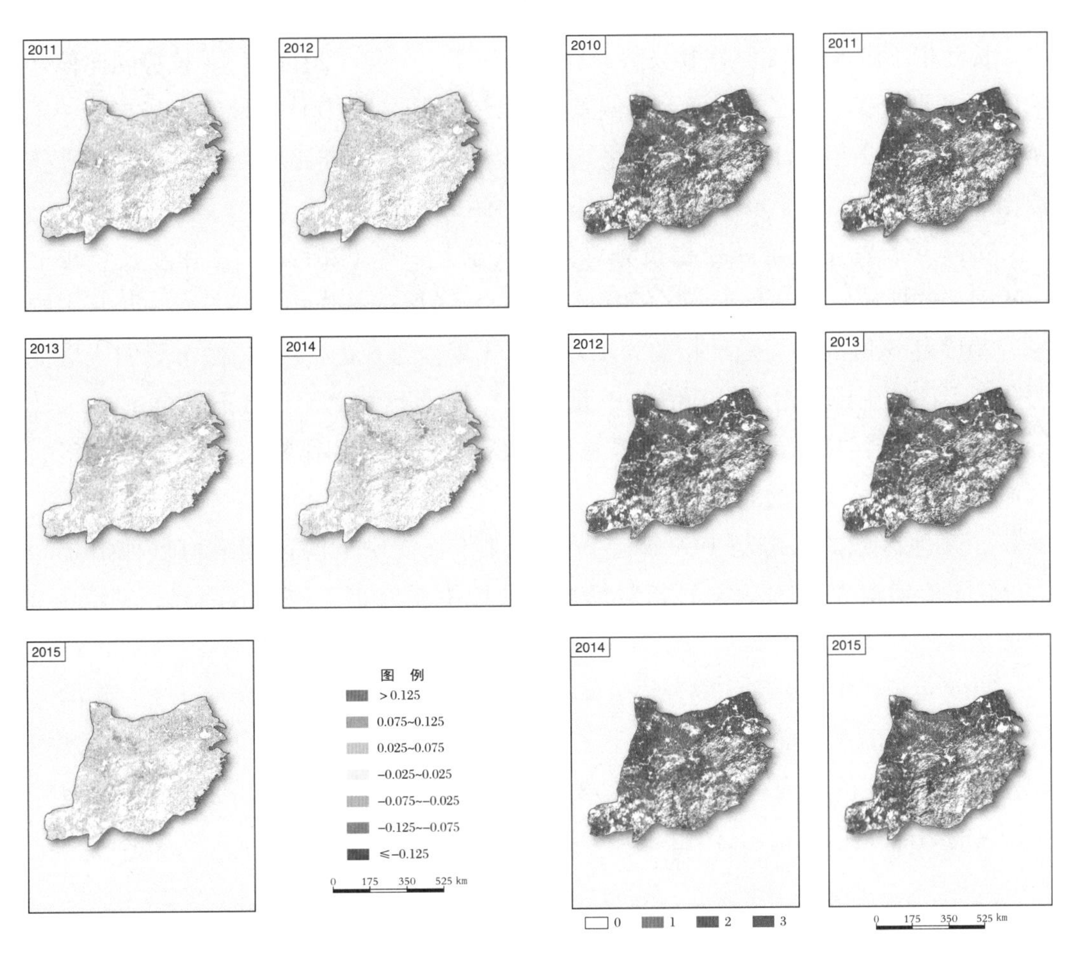

图 23 长江中下游区 2011~2015 年作物生长高峰期长势实时对比（与前一年相比）

图 24 长江中下游区 2010~2015 年复种指数

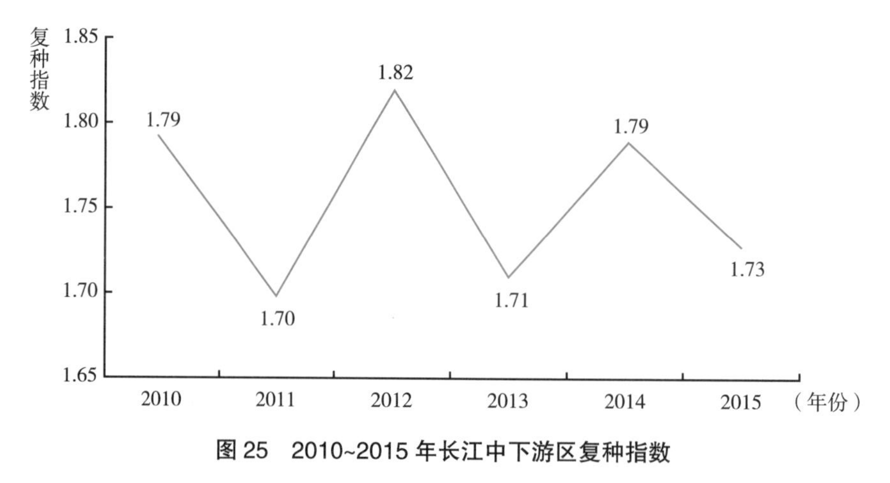

图 25　2010~2015 年长江中下游区复种指数

长江中下游区 2012 年作物长势总体上略好于上一年（2011 年）。长势同比偏好的区域主要分布于该区的中西部，偏差的区域位于北部，其他区域的长势与上一年基本持平。2012 年长江中下游区的平均复种指数为 1.82，同比增幅为 7.1%。复种指数增加的区域主要位于该区中部和南部，其值由 2 增加至 3。

2013 年长江中下游区作物长势总体上低于上一年（2012 年）。作物长势较上一年偏差的区域广泛分布于该区的北部和中部。该区南部作物长势与上一年基本持平。2013 年该区的平均复种指数为 1.71，同比降幅为 6%。复种指数下降的区域主要分布于该区中部和南部，其值由 3 下降至 2，局部区域甚至由 3 下降至 1。

2014 年长江中下游区作物长势总体上好于 2013 年。作物长势好于上一年的区域广泛分布于该区的北部和中部，该区东北角及西北角的一些区域长势不及上一年，其他区域的长势与上一年持平。2014 年长江中下游区的平均复种指数为 1.79，同比增幅为 4.7%。复种指数增加的区域主要分布于该区的南部，其值由 2 增加至 3。

2015 年长江中下游区作物长势总体上与 2014 年持平。作物长势好于上一年的区域集中于该区的东北部，长势不及上一年的区域分布于该区的西北部和中部。2015 年长江中下游区的平均复种指数为 1.73，同比降幅为 3.4%。复种指数下降的区域位于该区的南部和西南部，其值由 3 下降至 2，局部区域甚至下降至 1。

9.5　黄土高原区粮食生产形势

9.5.1　2015年黄土高原区粮食生产形势

黄土高原区主要包括甘肃、宁夏、陕西、山西和河南西北部，该区的主要作物包括春小麦、冬小麦、玉米、大豆和蔬菜。2015 年全年区域内的降水和温度均高于过去14年平均水平（降水偏多13%，温度偏高0.2℃），全年潜在生物量偏高10%。2014年10月~2015年6月（冬小麦全生育期）降水偏多30%，温度偏高0.2℃；2015年4~9月（覆盖春季、秋季作物主要生育期）降水稍低于平均水平，温度偏低0.5℃。光合有效辐射与降水变化趋势相反，2015年1~12月和2014年10月~2015年6月偏低，2015年4~9月偏高（见表8）。作物主要生长季内（2014年10月~2015年10月），该区的最佳植被状况指数均大于等于0.80，表明作物长势总体良好。特别需要指出的是，2015年1~4月，宁夏西南部、河南西北部和陕西北部部分地区的最佳植被状况指数极高（大于1），表明该区作物长势达到近5年最佳水平。全区复种指数比近5年平均水平偏高2%，表明2015年该区农田利用率较高（见表9）。同时，由于耕地种植比例在1~4月及7~10月相比近5年平均水平均有所升高（偏高2%），表明2015年黄土高原区的冬季和夏季作物种植面积增加。

表8　2015年中国黄土高原区农业气象指标

时段	降水		温度		光合有效辐射		潜在生物量
	当前值（mm）	距平（%）	当前值（℃）	距平（℃）	当前值（MJ/m^2）	距平（%）	距平（%）
4~9月	471	-1	18.2	-0.5	1820	2	29
1~12月	641	13	10.3	0.2	2894	-1	10
10~6月*	315	30	7	0.2	2026	-4	-4

*为2014年10月~2015年6月。

表9　2015年中国黄土高原区农情指标

时段	耕地种植比例	最佳植被状况指数	复种指数
	距平（%）	当前值	距平（%）
1~4月	2	0.89	
4~7月	-3	0.87	2
7~10月	2	0.80	

总体来说，黄土高原区作物长势在冬季作物生长期内优于2014年及近5年同期平均水平，而在夏季作物生长季内则低于2014年同期水平（见图26）。NDVI距平聚类空间分布及相应的类别过程线表明，2015年1~4月，作物长势波动剧烈（见图27），但至4月末，全区作物长势均好于近5年平均水平，河南西北部和汾渭平原作物长势明显偏好，该区内约63%的耕地上作物长势处于平均水平（最佳

植被状况指数也予以印证）（见图 28）；而在 1~7 月，由于低温和少雨天气，宁夏南部、陕西北部和山西北部作物长势始终低于近 5 年平均水平，表明该区作物长势较差，同时耕地种植比例偏低 3%（见图 29）。9 月份，陕西东部和山西西南部降水增多，光照条件适宜，作物长势逐渐好转并达到近 5 年最佳水平；相反，陕西和山西中部的旱情导致该地区作物长势明显偏差（潜在生物量同步偏低）。该区部分地区 9 月下旬的作物长势明显低于平均水平，可能是秋季作物收获期提前而非作物长势较差导致这种现象（见图 30）。

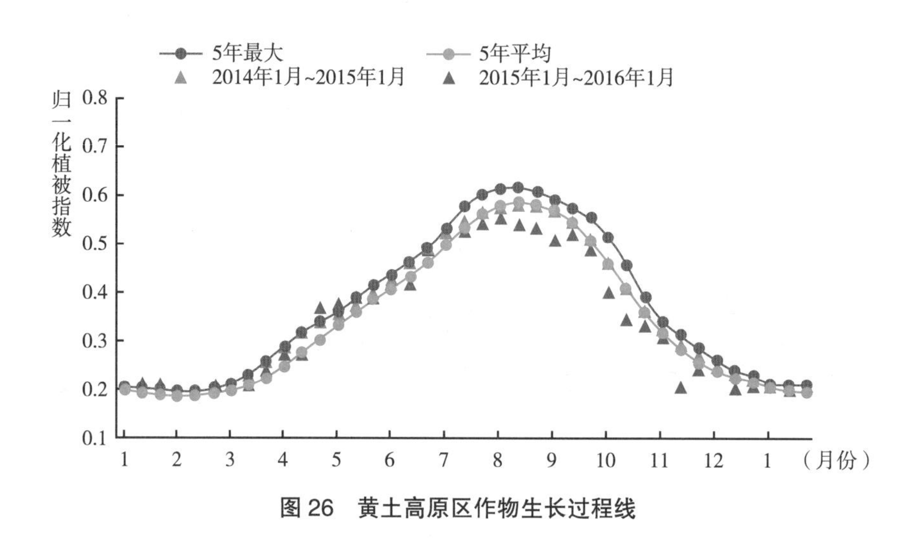

图 26　黄土高原区作物生长过程线

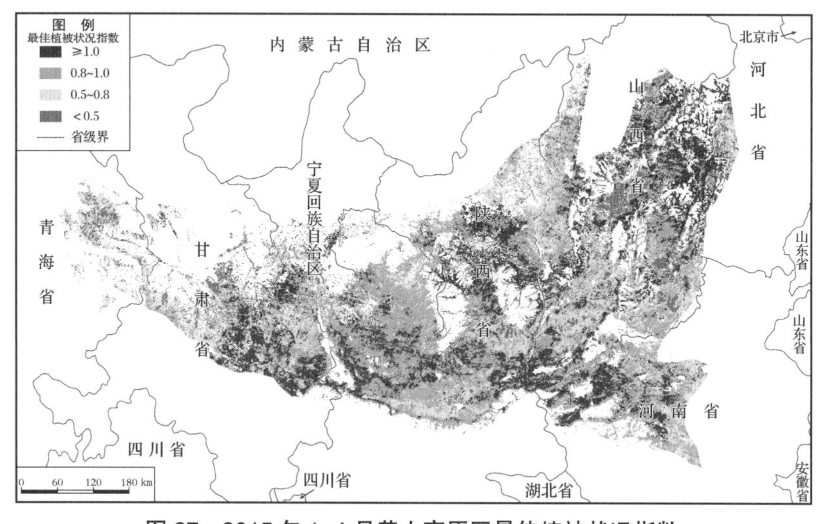

图 27　2015 年 1~4 月黄土高原区最佳植被状况指数

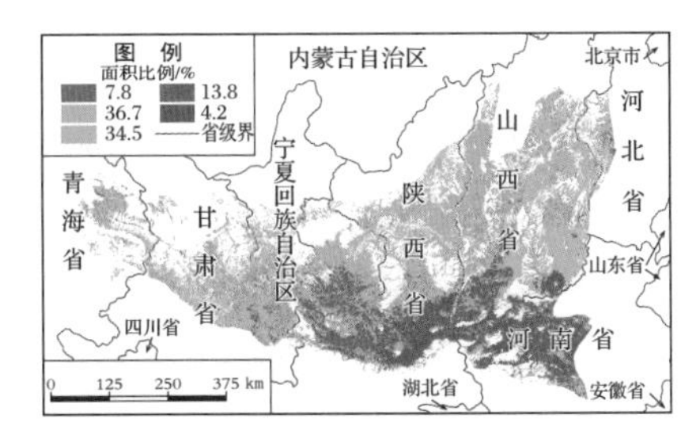

（a）NDVI距平聚类空间分布

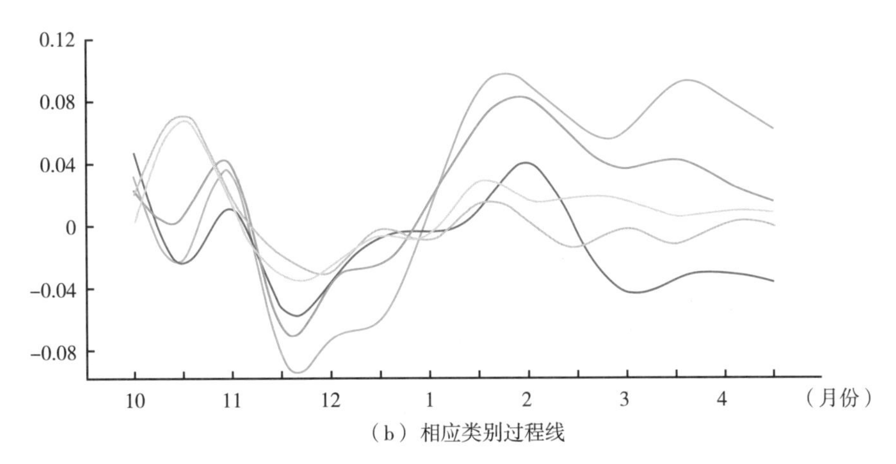

（b）相应类别过程线

图 28　2014 年 10 月 ~2015 年 4 月黄土高原区 NDVI 距平聚类空间分布（a）及相应的类别过程线（b）

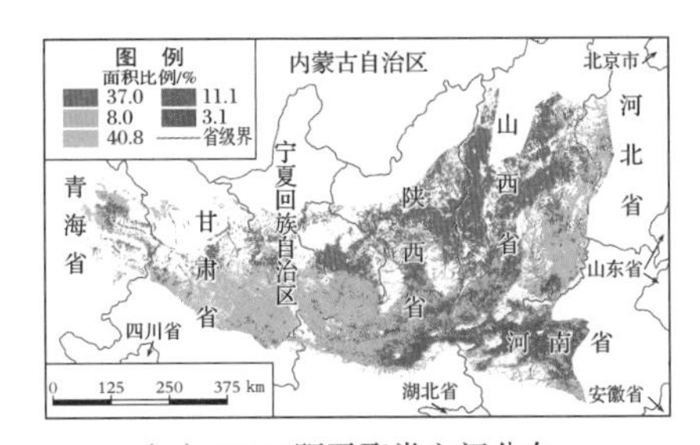

（a）NDVI距平聚类空间分布

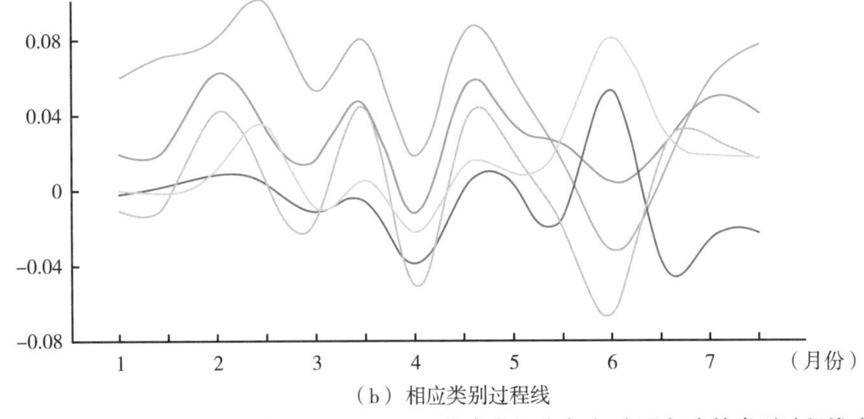

（b）相应类别过程线

图 29　2015 年 1~7 月黄土高原区 NDVI 距平聚类空间分布（a）及相应的类别过程线（b）

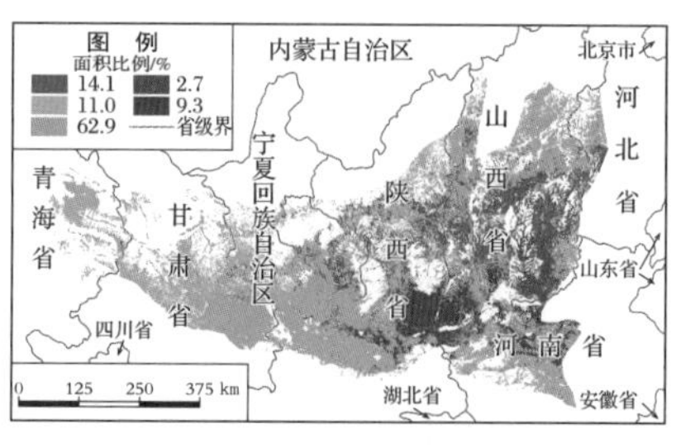

（a）NDVI距平聚类空间分布

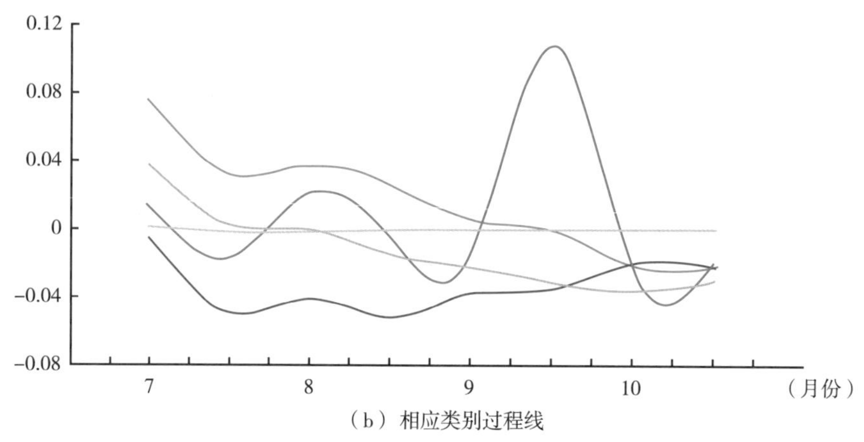

（b）相应类别过程线

图 30　2015 年 7~10 月黄土高原区 NDVI 距平聚类空间分布（a）及相应的类别过程线（b）

9.5.2　2010~2015年黄土高原区粮食生产形势变化

从图 33 可以看出，除 2012 年和 2013 年外，黄土高原区的复种指数在 2010~2015 年均高于 1.2。图 31 展示了 2011~2015 年黄土高原区复种指数分布和耕地种植比例的逐年变化趋势。从图 32 可以看出，黄土高原区的作物在 2010~2015 年主要为 1 季和 2 季，复种指数在 1~2，基本不存在 3 季作物。其中，1 季作物主要分布在该区的西部和北部，其他地区也有零星分布，两季作物主要位于南部地区，如河南省西北部和陕西中部。复种指数在 2010~2012 年保持稳定，2013 年有所下降，经过 2014 年增长之后，2015 年又开始下降，种植两季作物的地区明显增多（见图 33）。2011~2015 年，虽然该区大部分区域的 NDVI（归一化植被指数）基本保持稳定，年际变化幅度较小，但局部地区变化仍较为显著，如 2011 年和 2014 年甘肃中部地区 NDVI 值降低，达到 0.125，2012 年则以超过 0.125 的幅度增加，表明在局部地区作物长势变化较为剧烈。

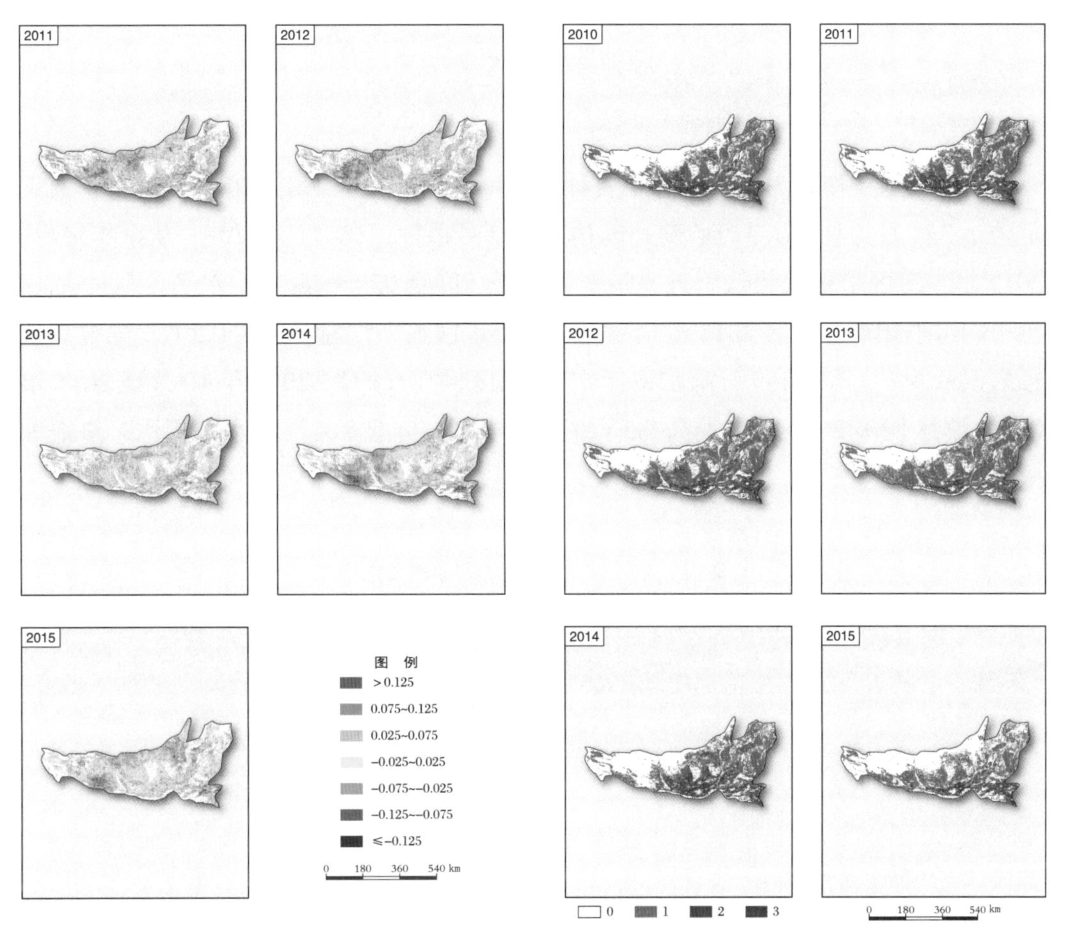

图31　黄土高原区2011~2015年作物生长高峰期长势实时对比（与前一年相比）

图32　黄土高原区2010~2015年复种指数

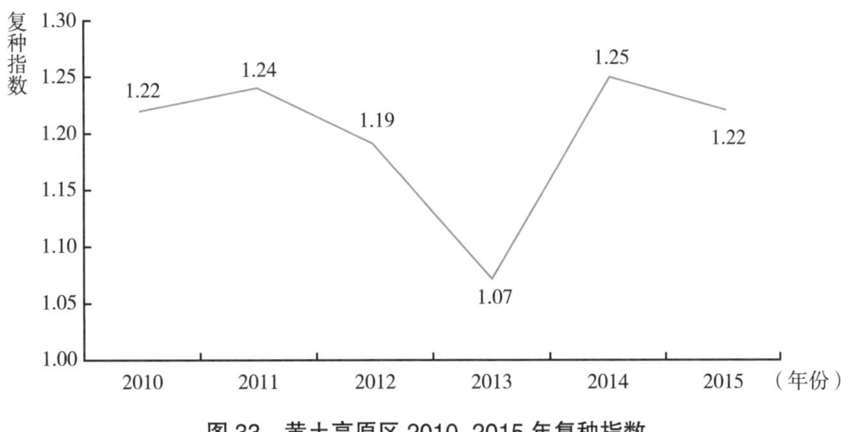

图33　黄土高原区2010~2015年复种指数

9.6 华南区粮食生产形势

9.6.1 2015年华南区粮食生产形势

华南区主要作物为双季稻，主要种植在广西南部、广东南部和福建南部，通常早稻是3~4月播种，6~7月收获；晚稻是6~7月播种，10~11月收获。从全年来看，2015年华南区早稻长势低于近5年平均水平、晚稻长势接近平均水平。与过去14年平均水平相比，该区2015年全年降水处于正常水平，温度偏高0.2℃，光合有效辐射偏低4%，其中4~9月降水偏低5%，温度偏高0.1℃。2014年10月至2015年6月，降水偏多2%，温度偏高0.5℃（见表10）。与近5年平均水平相比，耕地种植比例没有明显变化，复种指数偏低3%（见表11）。

表10 2015年华南区的农业气象指标

时段	降水		温度		光合有效辐射		潜在生物量
	当前值（mm）	距平（%）	当前值（℃）	距平（℃）	当前值（MJ/m²）	距平（%）	距平（%）
4~9月	1226	-5	24.6	0.1	1500	-1	-3
1~12月	1652	7	20.5	0.2	2627	-4	7
10~6月*	889	2	19	0.5	1983	0	-3

*为2014年10月~2015年6月。

表11 2015年中国华南区的农情指标

时段	耕地种植比例	最佳植被状况指数	复种指数
	距平（%）	当前值	距平（%）
1~4月	-1	0.85	-3
4~7月	-1	0.89	
7~10月	0	0.88	
10~1月*	0	0.90	

*为2015年10月~2016年1月。

2015年1月至4月，华南区作物长势总体处于平均水平（见图34）。与近5年平均水平相比，中国华南地区88.9%的作物长势从3月中旬到4月份恢复到平均水平，包括云南南部、广西南部、广东南部和福建南部，在监测期末期均处于平均水平。农业气象指标（降水偏多9%，温度偏高1℃，光合有效辐射偏多3%）达到或优于平均水平，潜在累积生物量与近5年平均水平相比偏高22%。最佳植被状况指数为0.85，耕地种植比例偏低1%，基本稳定。

2015年4月至7月，华南区作物长势在一定程度上呈现低于平均水平的态势。与近5年平均水平相比，降水偏少9%，温度偏高0.4℃，光合有效辐射偏高2%，

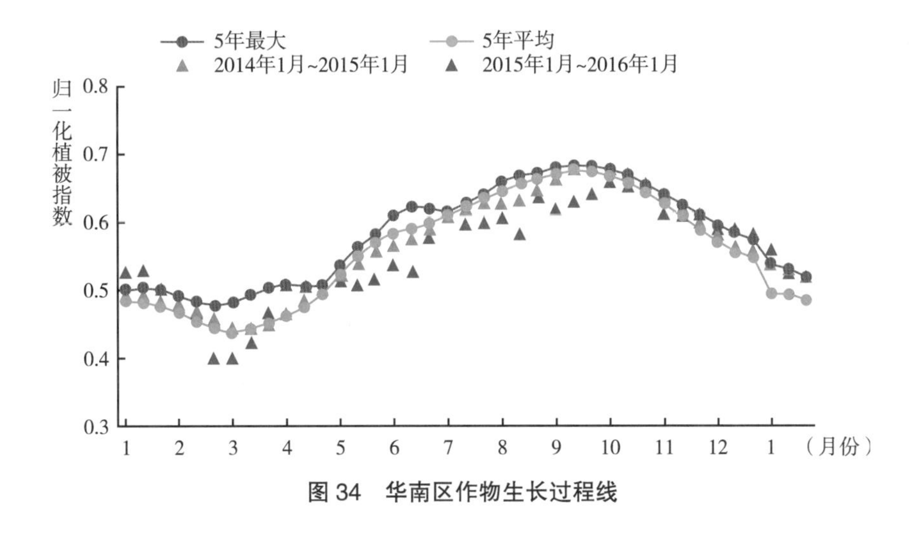

图 34　华南区作物生长过程线

潜在累积生物量总体偏少 9%。几乎所有耕地都种植了作物，作物种植比例仅偏少 1%。NDVI 长势过程线显示，4 月该地区的作物长势达到 5 年来最佳水平，然而，从 5 月到 6 月初急剧下滑，6 月以后有所好转，到 6 月末重回平均水平，之后又下滑到平均水平以下。NDVI 空间聚类及过程线同样显示，广西南部、广东西南部 5 月和 7 月的作物长势总体低于平均水平。

2015 年 7 月至 10 月华南区作物长势略低于平均水平，监测时段早期（7 月底至 8 月初）为早稻收获的结束期，10 月底晚稻进入收获期。7 月初，全区作物长势总体处于平均水平，之后受多轮强降水影响，7 月至 9 月初，作物长势总体低于平均水平，直到 10 月份才逐渐恢复至平均水平。NDVI 距平聚类及过程线显示，福建东南部、广西西南部、广东南部和云南南部等地区，NDVI 始终处于近 5 年平均水平，表明上述地区作物单产有望保持在平均水平。该区耕地种植比例保持稳定，复种指数小幅下降 3%，反映了该区域早晚稻双季种植模式向一季稻的缓慢转变。9 月初，广东中南部的双季晚稻地区 NDVI 低于平均水平，但 9 月下旬开始，作物进入灌浆成熟期，长势恢复到平均水平（见图 35）。

2015 年 10 月至 2016 年 1 月，华南区作物长势整体处于近 5 年平均水平。全区 NDVI 在 10 月份处于平均水平，至 11 月初略低于平均水平，之后逐渐恢复并达到近 5 年最佳水平。华南区平均降水量总体偏少 24%（但仍高达 725 毫米），全区最佳植被状况指数平均值达到 0.9（见图 36），耕地种植比例与近 5 年平均水平持平。NDVI 距平聚类分析结果显示，广东中部的作物长势在整个监测期内均低于平均水平，需要密切关注；究其原因，很可能是由于广东降水严重偏多（偏多 155%），伴随着光合有效辐射严重不足（偏低 19%）所致（见图 37）。

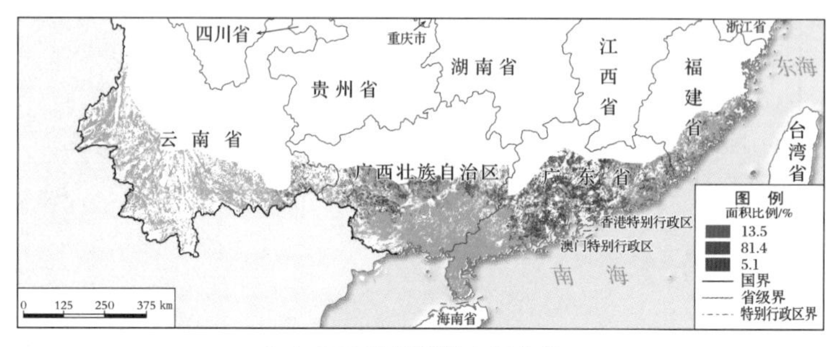

（a）NDVI距平聚类空间分布

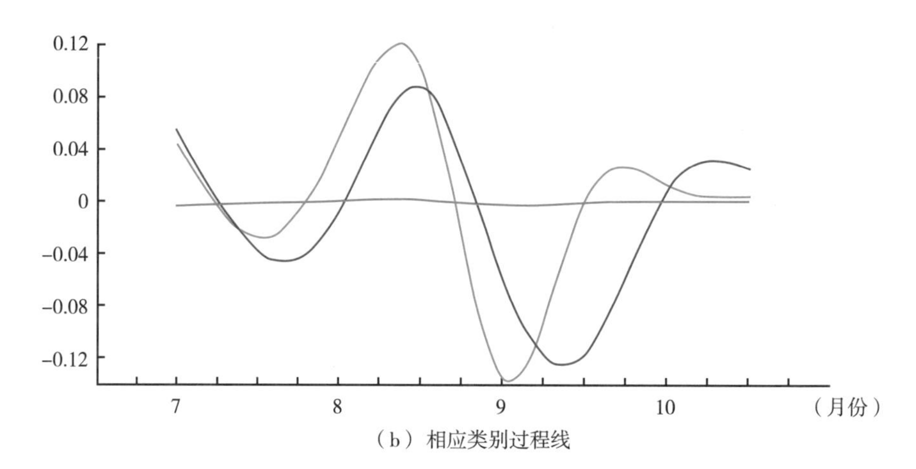

（b）相应类别过程线

图 35　2015 年 7~10 月华南区 NDVI 距平聚类空间分布（a）及相应的类别过程线（b）

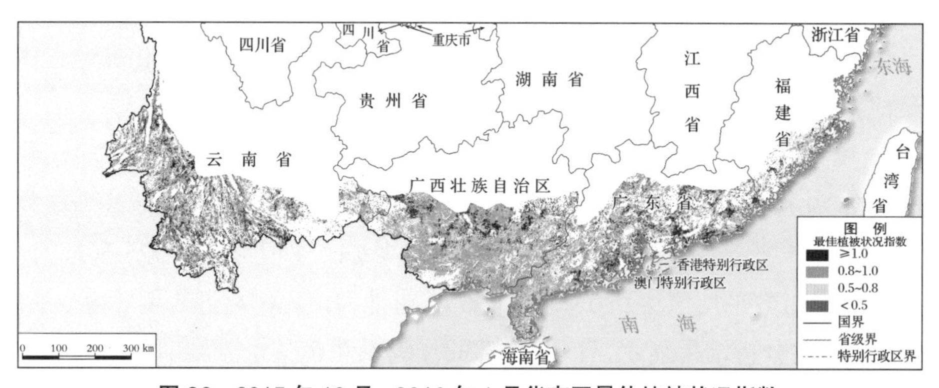

图 36　2015 年 10 月 ~2016 年 1 月华南区最佳植被状况指数

9.6.2 2010~2015年华南区粮食生产形势变化

2010~2015 年，中国华南区粮食生产形势总体处于平均水平，复种指数在全国七大片区中为最高，2010~2015 年依次为 2.04、2.03、2.10、1.99、2.15、2.00，波动明显，但总体值域都在 2.00 左右，表明华南区主要为双季稻作物，耕地复种率很高，5 年间变化幅度相对其他地区偏大，2014 年达到最大，2015 年明显偏低（见图 38、图 39）。从地域上来说，广东南部相对其他区域明显偏高。就作物长势而言，华南区作物长势年变化幅度总体处于平均水平，2011~2015 年广东和广西南部的局部零星区域降幅略微偏大。

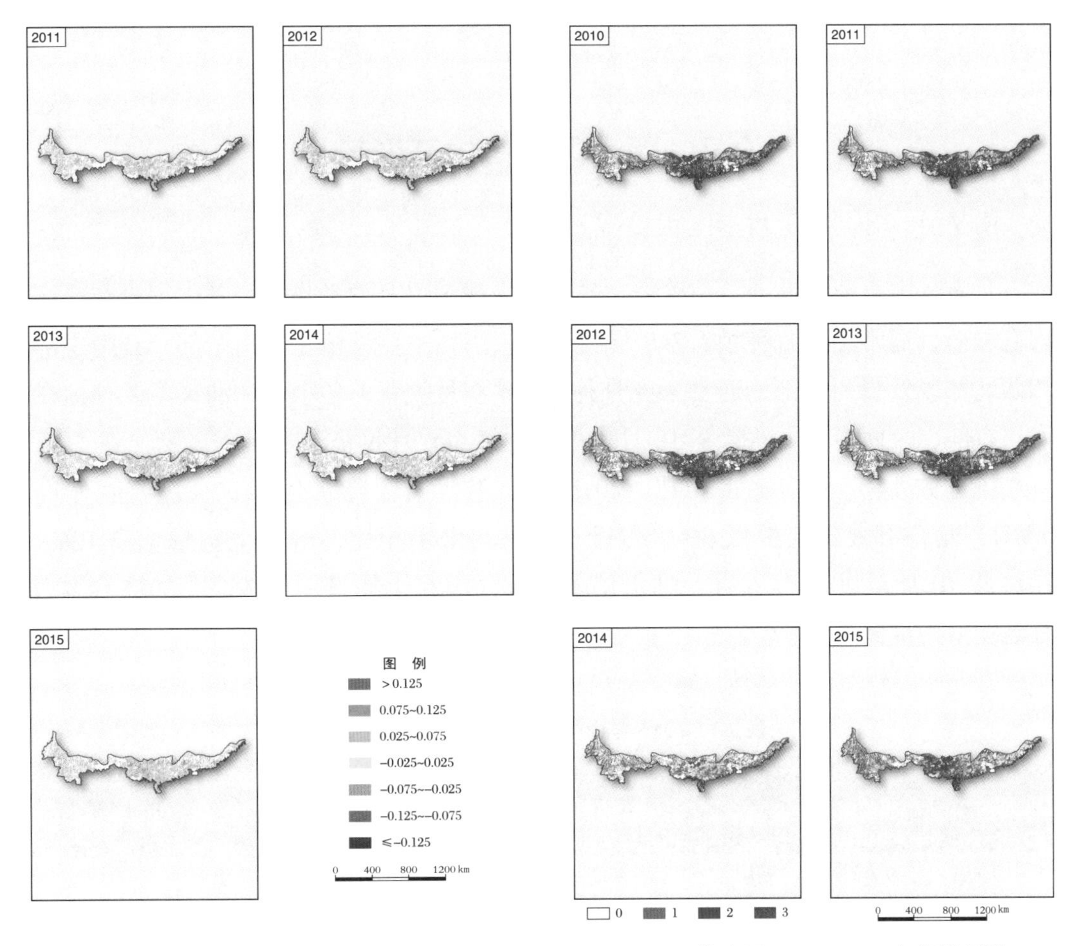

图 37　华南区 2011~2015 年作物生长高峰期长势实时对比（与前一年相比）

图 38　华南区 2010~2015 年复种指数

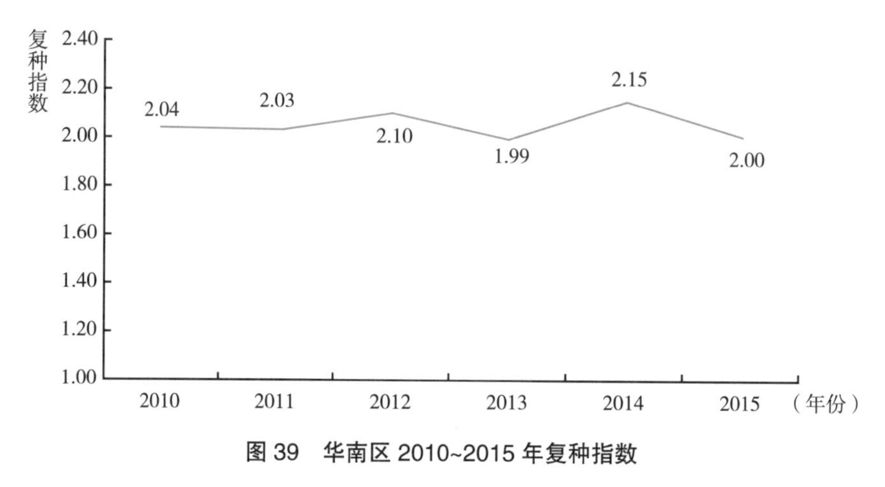

图 39　华南区 2010~2015 年复种指数

9.7　西南区粮食生产形势

9.7.1　2015年西南区粮食生产形势

西南区主要种植玉米、一季稻、冬小麦、油菜以及薯类作物。其中玉米在全区均有种植，通常 2~6 月种植，7~9 月收获；一季稻主要种植在四川东部、云南中部和西北部以及贵州中部，通常 4~5 月种植，8~9 月收获；冬小麦和油菜主要种植在四川东部、陕西南部，通常 9~10 月种植，次年 5~6 月收获。

与过去 14 年平均水平相比，2015 年全年西南区降水偏多 27%，温度偏高 0.3℃，光合有效辐射偏低 6%。与近 5 年平均水平相比，潜在生物量偏高 16%。2014 年 10 月至 2015 年 6 月，降水偏多 37%，潜在生物量偏高 26%，2015 年 4~9 月潜在生物量偏高 5%（见表 12）。

表 12　2015 年中国西南区的农业气象指标

时段	降水		温度		光合有效辐射		潜在生物量
	当前值（mm）	距平（%）	当前值（℃）	距平（℃）	当前值（MJ/m²）	距平（%）	距平（%）
4~9 月	980	12	20.8	-0.3	1433	-5	5
1~12 月	1362	27	15.5	0.3	2346	-6	16
10~6 月*	825	37	13.3	0.6	1687	-4	26

* 为 2014 年 10 月 ~2015 年 6 月。

2015 年 1 月至 4 月，中国西南区的作物生长条件总体略高于平均水平。作物长势从 1 月至 3 月处于平均水平，3 月之后好于平均水平。农业气象条件显示，与平均水平相比，降水偏多59%，温度偏高1.3℃，光合有效辐射偏少5%。与近5年平均水平相比，潜在累积生物量偏高63%。整个地区降水空间差异显著，四川东部、重庆、贵州大部、广西西北部局部等地区在3月下旬低于平均水平。

2015年4月至7月，中国西南部作物长势总体正常。与平均水平相比，降水偏多9%，温度偏高0.1℃，光合有效辐射偏少2%，潜在累积生物量整体稳定。耕地几乎全部种植了作物，耕地种植比例与平均水平相比仅偏低2%，最佳植被状况指数高达0.93。NDVI长势过程线（见图40）显示，西南区作物长势4月份达到5年最佳水平，5月份为平均水平。在6月和7月，重庆南部、湖南西南部、广西中部和北部、四川东南部和贵州西部作物长势低于平均水平，这些区域约占种植耕地的22.8%。

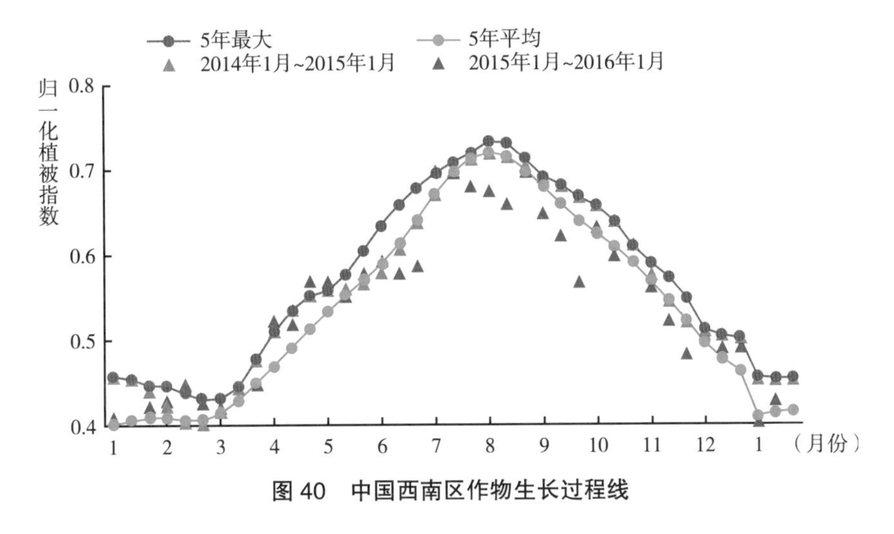

图40 中国西南区作物生长过程线

中国西南区2015年7月至10月的作物长势总体略低于近5年平均水平，10月恰逢该地区玉米和一季稻丰收以及冬小麦的种植季节，NDVI过程线在7月低于平均水平，8月初期作物长势逐渐恢复，之后受降水偏少影响，9月份作物长势再次下降到平均水平以下；10月秋粮作物接近收获期，作物长势恢复至近5年平均水平。湖北西南部、湖南西北部和重庆东南部地区的潜在生物量显著偏低。

2015年10月至2016年1月，中国西南区作物长势与近5年平均水平相比，整体处于正常水平。CropWatch农气因子监测结果显示，该区降水偏少13%，同时伴随着温度偏高1.2℃。NDVI在10月总体上处于平均水平，11月降低到平均水平以下，之后气象条件好转，作物长势恢复到平均水平之上（见图41）。四川东部地区11月作物长势低于平均水平，主要原因是该地区降水偏少。该区域潜在生物量偏低，同样证实了该区域较差的农气状况（见图42）。耕地种植比例与近5年平均水平持平（见表13）。

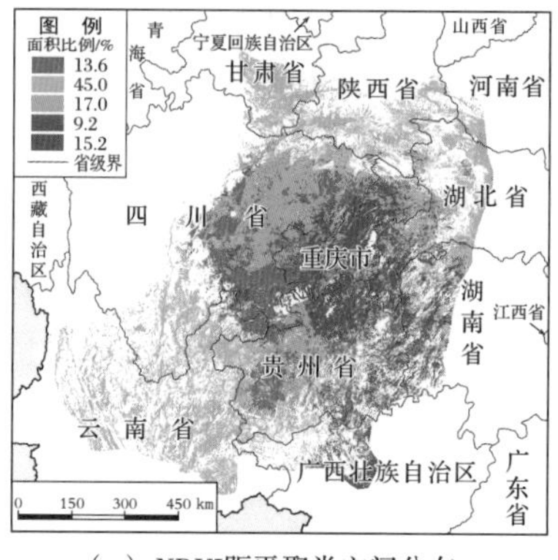

（a）NDVI距平聚类空间分布

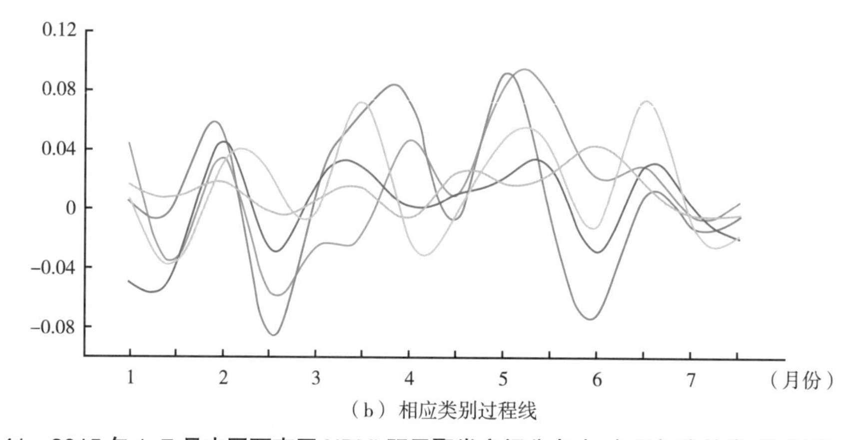

（b）相应类别过程线

图 41　2015 年 1~7 月中国西南区 NDVI 距平聚类空间分布（a）及相应的类别过程线（b）

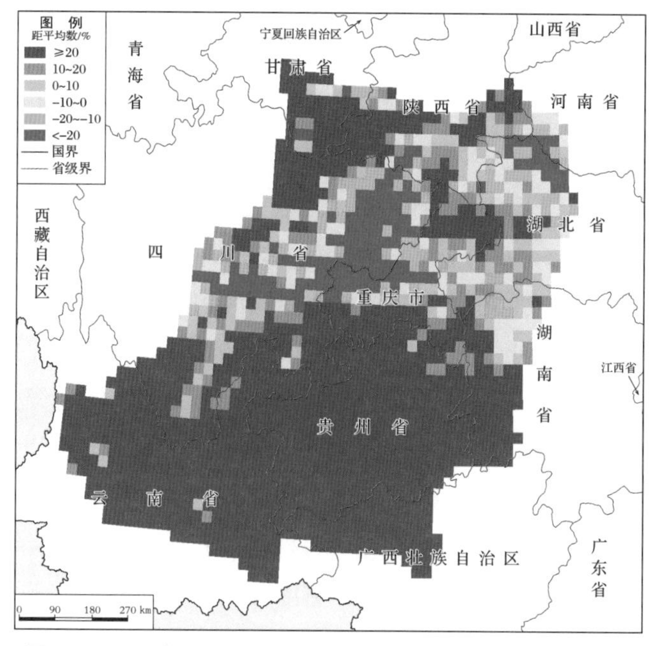

图 42　2015 年 10 月 ~2016 年 1 月中国西南区生物量距平

表 13　2015 年中国西南区的农情指标

时段	耕地种植比例	最佳植被状况指数	复种指数
	距平（%）	当前值	距平（%）
1~4 月	-2	0.88	1
4~7 月	-2	0.93	
7~10 月	0	0.9	
10~1 月 *	0	0.91	

* 为 2015 年 10 月 ~2016 年 1 月。

9.7.2　2010~2015年西南区粮食生产形势变化

2010~2015 年，中国西南区粮食生产形势总体处于平均水平（见图 43）。2010~2015 年复种指数分别为 1.67、1.78、1.83、1.75、1.70、1.76，总体呈现先增加后减少再增加态势，复种程度类似长江中下游地区（见图 44、图 45），其中，四

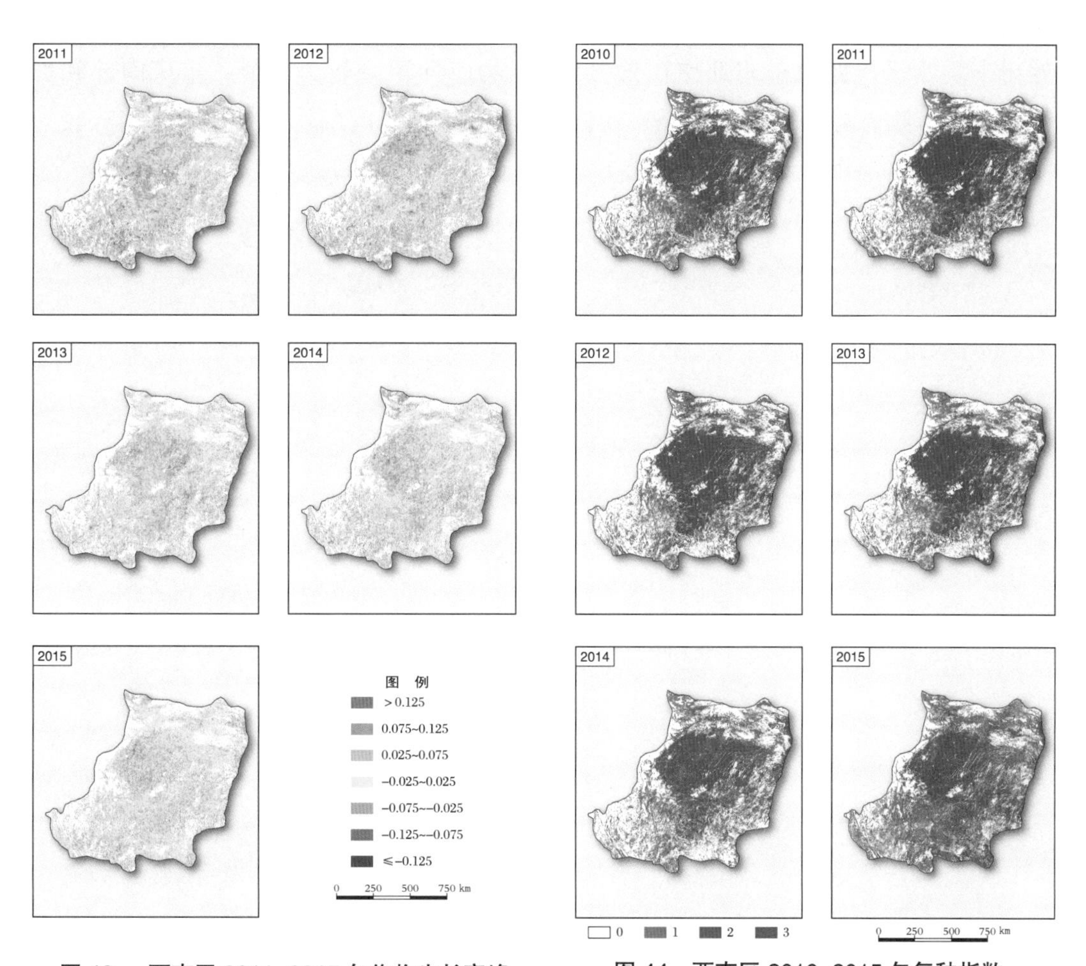

图 43　西南区 2011~2015 年作物生长高峰期长势实时对比（与前一年相比）

图 44　西南区 2010~2015 年复种指数

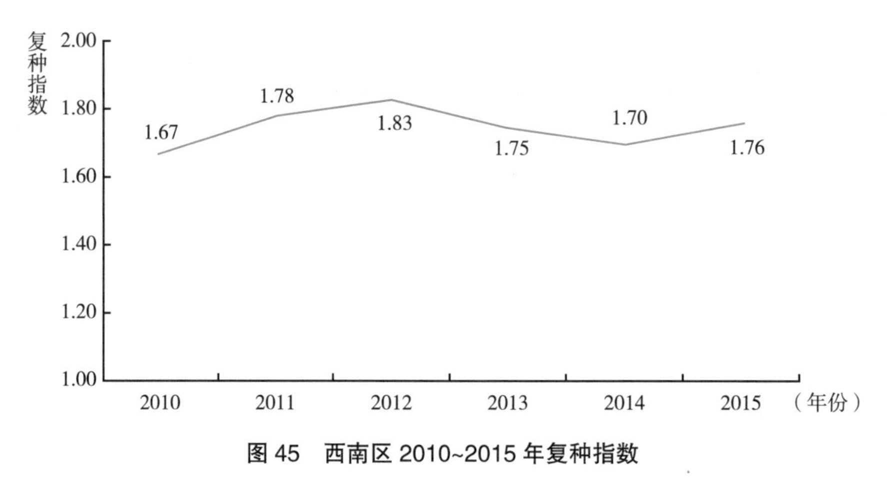

图 45　西南区 2010~2015 年复种指数

川东部、重庆、贵州西部和北部主要种植双季稻，甘肃最南部、云南东北部、湖北西北部主要种植单季稻。就作物长势而言，2011~2015 年，作物长势变化幅度总体处于平均水平。四川东北部作物长势 2011~2012 年下降较为明显，重庆南部和贵州西北部作物长势上升较为明显；2013~2014 年贵州东南部作物长势上升趋势较为明显。

G.10 2000~2015年中国水分盈亏状况与水环境分区特点

10.1 2001~2015年中国水分盈亏分区特点

我国地域辽阔，东部和南部濒临海洋，西部深入亚欧大陆腹地。在气候上自南向北跨越热带、亚热带、暖温带、寒温带、寒带等不同气候带，季风气候和大陆性气候特征明显；总体地势呈阶梯状分布，西高东低，在地形上自西向东可分为青藏高原（第一阶梯）、高原盆地（第二阶梯）、东部丘陵平原（第三阶梯）等三级阶梯，地貌类型丰富多样；依据经济社会发展水平可分为西部、中部、东部三大发展带，自然条件与资源状况的不同使其具有各自不同的发展特点。因此，我国不论从南到北还是从东到西，各流域的水资源与水环境状况差异显著，自然条件与经济社会发展状况也明显不同。

为客观反映全国各地的水资源条件、水资源开发利用水平、水生态环境状况及其与当地人口、资源、环境和经济社会发展状况的相互关系，2010 年 10 月国务院批复的《全国水资源综合规划》将全国按流域水系和行政区域水资源特点划分为 10 个水资源一级区，按照由北向南顺时针方向分别为：松花江区、辽河区、海河区、黄河区、淮河区、长江区、东南诸河区、珠江区、西南诸河区、西北诸河区。全国水资源综合规划分区体系将流域与行政区域有机结合，保持了流域分区与行政区域的完整性、组合性和统分性，协调与水资源相关的其他自然资源区划的关系，并充分考虑了水资源评价、水资源配置、水资源综合规划、水资源开发利用、水资源供需分析、水资源保护等方面的要求。

基于 2001~2015 年的降水、蒸散及水分盈亏定量遥感数据产品的分析表明：2015 年的降水量，全国 10 个水资源一级区中仅有黄河区较常年同期（2001~2015 年）偏少，其他水资源一级区与常年基本持平或较常年偏多，其中长江区降水量为近 15 年来最多，但没有发生大范围流域性暴雨洪涝灾害；2015 年的蒸散量，仅有西北诸河区较常年同期偏少，其他水资源一级区与常年基本持平或较常年偏多，其中松花江区、辽河区、海河区蒸散量为近 15 年来最多；2015 年的水分盈亏量，主要发生在北方地区的区域性和阶段性干旱导致北方6区中的松花江区、辽河区、海河区、黄河区较常年同期偏少，其他水资源一级区与常年基本持平或较常年偏多，其中长江区水分盈余量为近15年来最多。

10.1.1 松花江区水分盈亏

松花江区位于我国的最北端，地跨黑龙江、吉林、辽宁、内蒙古等4个省（自治区），包括松花江流域以及黑龙江、乌苏里江、图们江、绥芬河等国际河流的中国境内部分，区域面积为93.5万平方千米。地貌基本特征是西、北、东部为大兴安岭、小兴安岭、长白山，中部为松嫩平原，东北部为三江平原，湿地众多，多为沼泽、湖泊、河流湿地。松花江区工业基础雄厚，能源、重工业产品在全国占有重要地位。区域内水土匹配良好，光热条件适宜，耕地资源丰富，是我国重要的粮食主产区和商品粮基地。松花江区及同处东北地区的辽河区水资源开发利用的重点是保障该区域城市群发展、东北老工业基地振兴、国家粮食基地建设和生态环境保护对水资源的需求，改善辽宁中西部、吉林中西部地区水资源短缺状况。

10.1.1.1 2015年松花江区水分盈亏状况

2015年松花江区大部分降水量为400~700毫米，空间分布格局呈现东多西少、边缘多、腹地少的特点。需水量较大的是松嫩平原、三江平原和吉林省中部城市群，降水量相对较少（见图1）。

2015年松花江区大部分蒸散量为200~600毫米，空间分布格局受到水热条件的共同影响而呈现由东南向西北逐渐递减的趋势。松花江区东南部长白山区蒸散量达到600毫米以上，松嫩平原和三江平原蒸散量约为500毫米，大兴安岭东北部由于较低的温度、辐射和较短的植被生长季长度导致蒸散量降低至400毫米，而在呼伦湖西部的干旱区由于降水量少、土壤湿度低、植被覆盖稀疏，蒸散量不足200毫米。

2015年松花江区大部分地区的降水量与蒸散量基本持平，部分地区水分盈余量为100~500毫米，空间分布格局与降水较为一致，呈现东多西少、边缘多、腹地少的特点。南部山区水分盈余高达500毫米以上，中西部部分地区水分亏缺100毫米以上，位于干旱区的呼伦湖蒸发量明显高于降水量，水分亏缺近500毫米。

2015年，松花江区平均降水量为542.6毫米，比2001~2015年平均值（508.3毫米）偏多6.8%；蒸散量为535.7毫米，比2001~2015年平均值（423.6毫米）偏多26.5%，蒸散量为近15年来最多；水分盈余量为6.9毫米，比2001~2015年平均

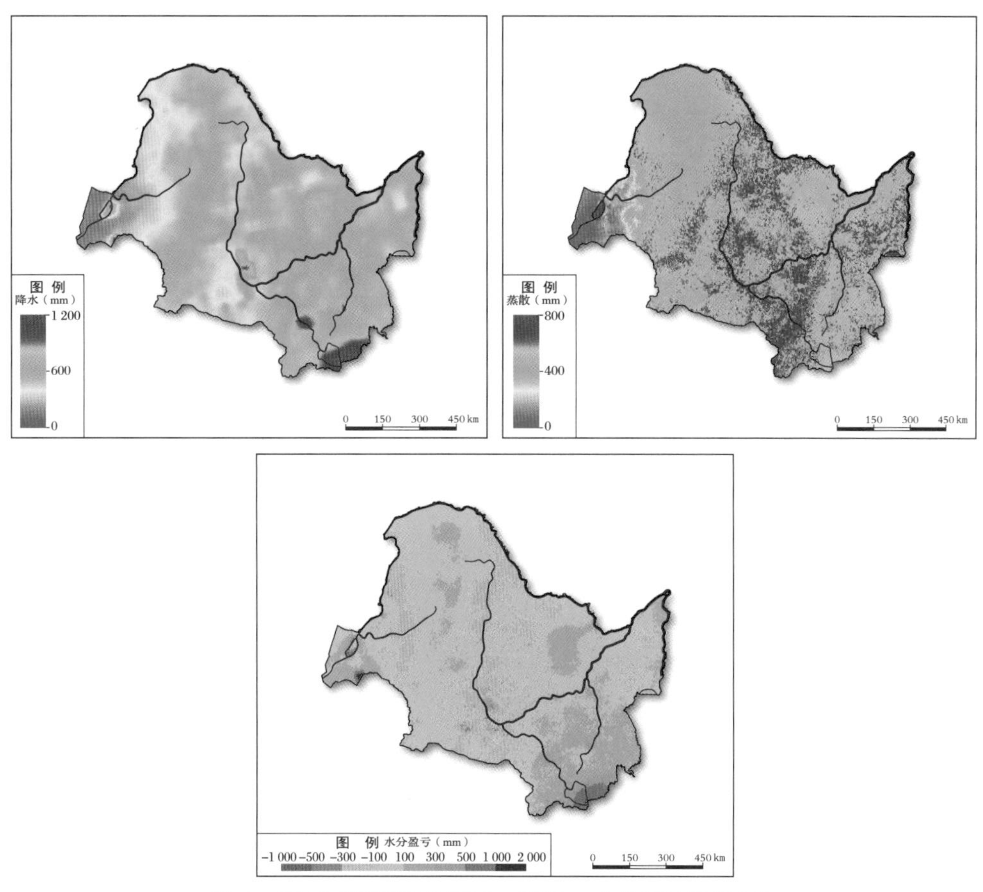

图 1　2015 年松花江区降水、蒸散、水分盈亏空间分布

值（84.7 毫米）偏少，水分盈余量为近 15 年来最少，主要是由于 2015 年辽宁、吉林等地夏旱严重，生长季蒸散耗水过程大量消耗了土壤中储存的水量。

10.1.1.2　2001~2015年松花江区水分盈亏变化

2001~2015 年，松花江区降水量年际变化明显，变差系数为 0.13，丰水年（2013 年）降水量可达 640.4 毫米，枯水年（2001 年）仅 379.4 毫米，丰水年降水量是枯水年降水量的 1.7 倍。蒸散变差系数为 0.11，蒸散量最少的 2001 年为 367.4 毫米，蒸散量最多的 2015 年为 535.7 毫米，蒸散量最多年份是最少年份的 1.5 倍。水分盈余量最少的 2015 年为 6.9 毫米，水分盈余量最多的 2013 年为 170.6 毫米。

2001~2015 年，松花江区平均降水量呈明显增加趋势，年均增加 10.1 毫米；平均蒸散量呈明显增加趋势，年均增加 8.9 毫米；平均水分盈余量并无明显变化趋势（见图 2）。

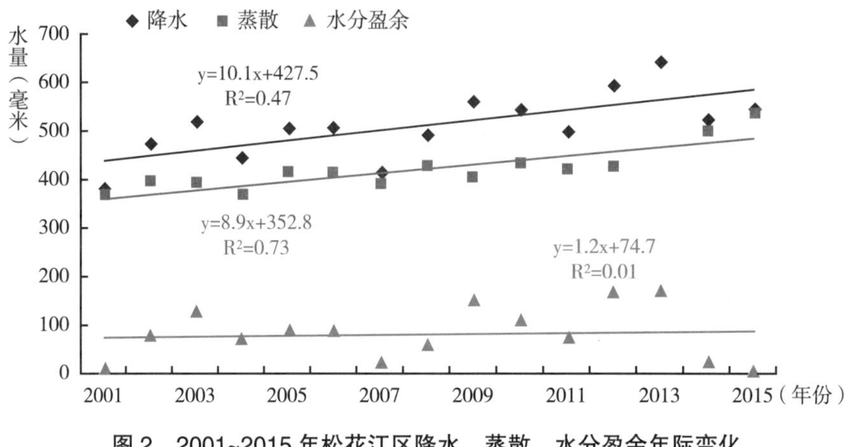

图 2　2001~2015 年松花江区降水、蒸散、水分盈余年际变化

10.1.2　辽河区水分盈亏

辽河区位于我国东北地区南部，地跨吉林、辽宁、河北、内蒙古等 4 个省（自治区），包括辽河流域、东北沿黄海渤海诸河以及鸭绿江等国际河流的中国境内部分，区域面积为 31.4 万平方千米。东西两侧主要为丘陵、山地，东北部为鸭绿江源头区，森林覆盖率达 70% 以上，中南部为平原。辽河区是我国重要的工业基地，西辽河和辽河干流水资源开发利用程度较高，沿海诸河和鸭绿江区域水资源开发利用程度较低。

10.1.2.1　2015年辽河区水分盈亏状况

2015 年辽河区大部分降水量为 400~1000 毫米，空间分布格局呈现东多西少、山区多、平原少的特点。在东南部的长白山降水量达到 800 毫米以上，辽河区中部降低至 600 毫米，在多风沙的西部地区降水量约为 400 毫米（见图 3）。

2015 年辽河区大部分蒸散量为 200~600 毫米，空间分布格局与降水较为一致，呈现东多西少、山区多、平原少的特点。在黄海沿岸的山地及长白山区蒸散量达到 600 毫米以上，辽河区中部降低至 500 毫米，在干旱的西部科尔沁沙地蒸散量仅为 300 毫米。

2015 年辽河区大部分水分盈亏量为 –300~500 毫米，空间分布格局与降水较为一致，在东南部的长白山水分盈余量达到 500 毫米以上，中西部部分地区的水分亏缺达到 300 毫米。

2015 年，辽河区平均降水量为 557.3 毫米，与 2001~2015 年平均值（549.6 毫米）基本持平；蒸散量为 577.9 毫米，比 2001~2015 年平均值（477.9 毫米）偏多 20.9%，蒸散量为近 15 年来最多；水分盈亏量为 –20.6 毫米（亏缺），比

2001~2015 年平均水分盈亏量（71.8 毫米，盈余）偏少，水分盈亏量在近 15 年来仅高于 2014 年（−70.7 毫米，亏缺），主要是由于 2015 年辽河区发生了严重的夏伏旱，其中辽宁中部 2015 年 6 月下旬至 9 月下旬的降水量比常年同期偏少 50% 以上，而 6 月下旬至 7 月中旬的降水量比常年同期偏少近 80%，为 1961 年以来最少，蒸散耗水过程大量消耗了土壤中储存的水量，导致土壤墒情持续偏差，作物生长发育受到严重影响。

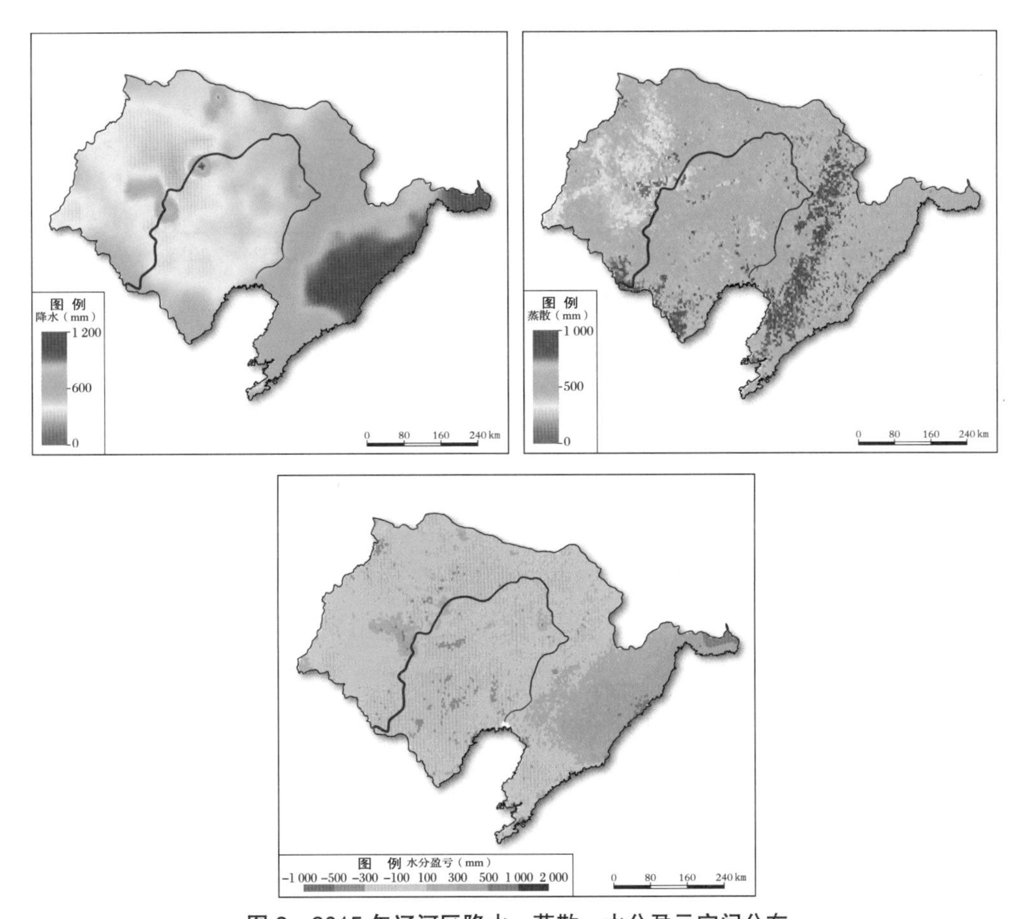

图 3 2015 年辽河区降水、蒸散、水分盈亏空间分布

10.1.2.2 2001~2015年辽河区水分盈亏变化

2001~2015 年，辽河区降水量年际变化明显，变差系数为 0.18，丰水年（2010 年）降水量可达 764.4 毫米，枯水年（2002 年）仅 446.2 毫米，丰水年降水量是枯水年降水量的 1.7 倍。蒸散变差系数为 0.11，蒸散量最少的 2007 年为 402.8 毫米，蒸散量最多的 2015 年为 577.9 毫米，蒸散量最多年份是最少年份的 1.4 倍。水分盈亏量最少的 2014 年为 −70.7 毫米（亏缺），水分盈亏量最多的 2010 年为 283.4 毫米（盈余）。

2001~2015 年，辽河区平均降水量呈明显增加趋势，年均增加 8.5 毫米；平均蒸散量呈明显增加趋势，年均增加 8.4 毫米；平均水分盈亏量并无明显变化趋势（见图 4）。

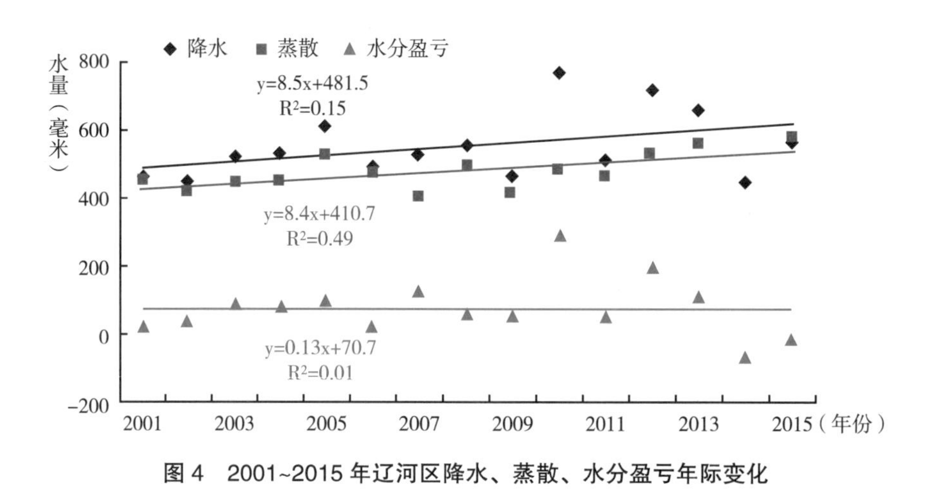

图 4　2001~2015 年辽河区降水、蒸散、水分盈亏年际变化

10.1.3　海河区水分盈亏

海河区是我国政治经济文化中心和经济发达地区，地跨北京、天津、河北、河南、山东、山西、辽宁和内蒙古等 8 个省（自治区、直辖市），包括海河流域、滦河流域及冀东沿海诸河，区域面积为 32.0 万平方千米。北部和西部为燕山、太行山，东部和南部为平原，由于上中游用水增加，中下游平原河道大部分已成为季节性河流。海河区属于半湿润半干旱气候区，为资源型严重缺水地区，水资源严重不足，经济社会发展对水资源的需求大大超过区域水资源承载能力，水资源供需矛盾突出。海河区及同处北方地区的黄河区、淮河区水资源开发利用的重点是通过建设南水北调、引汉济渭、引江济淮等跨流域调水工程，加强水资源合理配置，缓解重点地区和城市水资源供需矛盾和修复生态环境，提高水资源承载能力。

10.1.3.1　2015年海河区水分盈亏状况

海河区属于温带半湿润半干旱大陆性季风气候区，是我国东部沿海降水最少的地区。2015 年海河区大部分降水量为 400~800 毫米，降水量地区差异较小，由东南部的 800 毫米逐渐向西北降低至 400 毫米（见图 5）。

2015 年海河区大部分蒸散量为 300~800 毫米，空间分布差异较小，由南部引黄灌区的 800 毫米逐渐向西北的黄土高原和蒙古高原降低至 300 毫米。

2015 年海河区大部分水分盈亏量为 –300~300 毫米，空间分布差异明显。北部和西部山区水分盈余量达到 100 毫米以上，东部和南部平原区水分亏缺，当地大气降水不足以满足农业用水需求，耕地除了依赖引黄灌溉以及太行山、燕山的出山径流之外，地下水也是重要的水分来源之一。

2015 年，海河区平均降水量为 570.4 毫米，比 2001~2015 年平均值（521.3 毫米）偏多 9.4%；蒸散量为 697.7 毫米，比 2001~2015 年平均值（543.3 毫米）偏多 28.4%，蒸散量为近 15 年来最多；水分盈亏量为 –127.3 毫米（亏缺），比 2001~2015 年平均水分亏缺量（–22.0 毫米）偏多，水分亏缺量为近 15 年来最多，亏缺严重，主要是由于 2015 年 7~8 月华北大部高温少雨，出现中到重度气象干旱，蒸散耗水过程大量消耗了土壤中储存的水量，增大了农业灌溉用水量和地下水取水量。

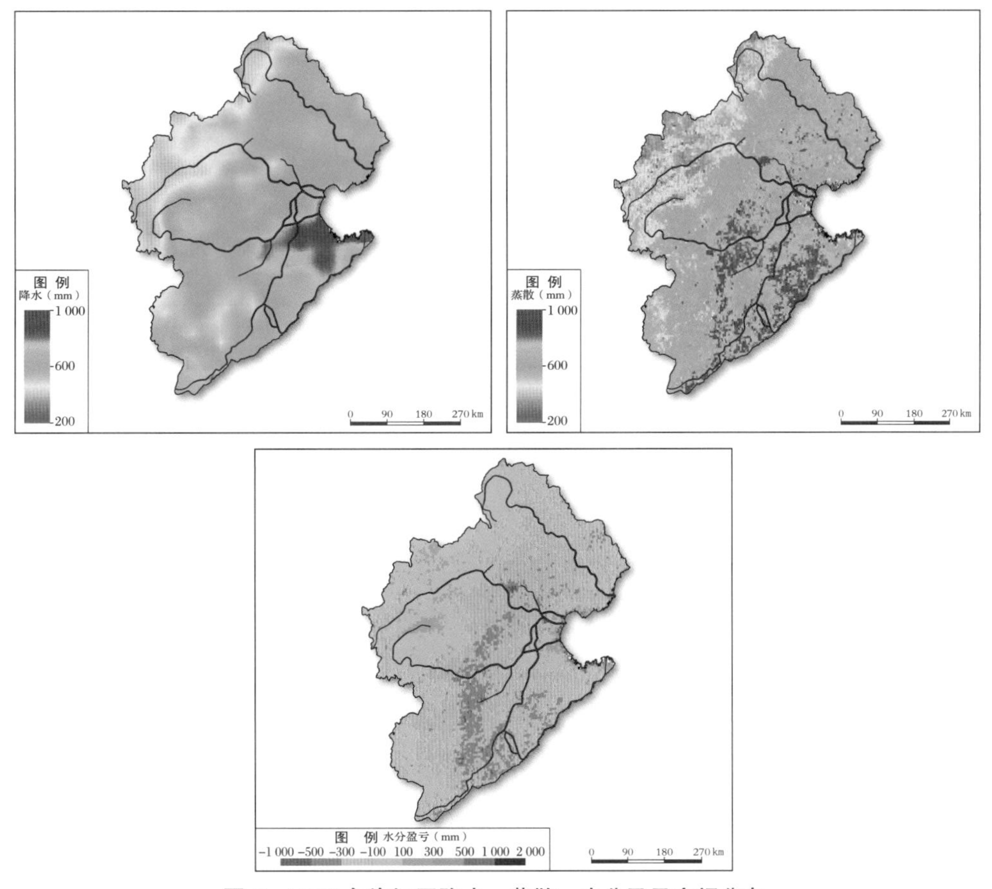

图 5　2015 年海河区降水、蒸散、水分盈亏空间分布

10.1.3.2　2001~2015年海河区水分盈亏变化

2001~2015 年，海河区降水量年际变化明显，变差系数为 0.12，丰水年（2003 年）降水量可达 603.4 毫米，枯水年（2001 年）仅 408.0 毫米，丰水年降水量是枯水年降水量的 1.5 倍。蒸散变差系数为 0.11，蒸散量最少的 2005 年为 471.2 毫米，

蒸散量最多的 2015 年为 697.7 毫米，蒸散量最多年份是最少年份的 1.5 倍。水分盈亏量最少的 2015 年为 -127.3 毫米（亏缺），水分盈亏量最多的 2003 年为 115.7 毫米（盈余）。

2001~2015 年，海河区平均降水量呈增加趋势，年均增加 6.7 毫米；平均蒸散量呈明显增加趋势，年均增加 10.6 毫米；平均水分盈亏量呈减少趋势，年均减少 4.0 毫米（见图 6）。

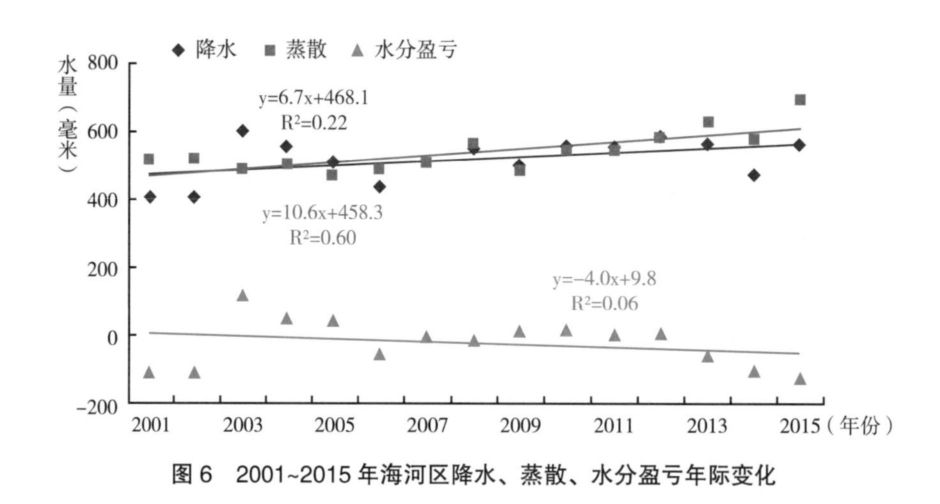

图 6　2001~2015 年海河区降水、蒸散、水分盈亏年际变化

10.1.4　黄河区水分盈亏

黄河区地跨青海、四川、甘肃、宁夏、内蒙古、山西、陕西、河南、山东等 9 个省（自治区），包括黄河干流、泾洛渭河、汾河等河系，区域面积为 79.5 万平方千米。黄河区包括青藏高原、黄土高原、宁蒙灌区、汾渭河谷、渭北与汾西旱塬、伏牛山地及下游平原。黄河是我国第二大河，也是世界上泥沙最多的河流，是我国西北和华北地区重要供水水源。区域内水资源总量不足，生态用水被大量挤占，水资源供需矛盾十分突出，在枯水期和枯水地段，缺水更加严重。

10.1.4.1　2015年黄河区水分盈亏状况

2015 年黄河区大部分降水量为 200~800 毫米，降水地区分布不均匀，兰州以上的河流源区和上游区域降水量为 400 毫米以上，中上游的河套平原和鄂尔多斯高原降水量为 150~400 毫米，在中下游地区的降水量为 400~800 毫米（见图 7）。

2015 年黄河区大部分蒸散量为 100~800 毫米，地区分布不均匀。鄂尔多斯高原西北部和宁夏西部的干旱荒漠区蒸散量不足 100 毫米，中下游半湿润气候区蒸散

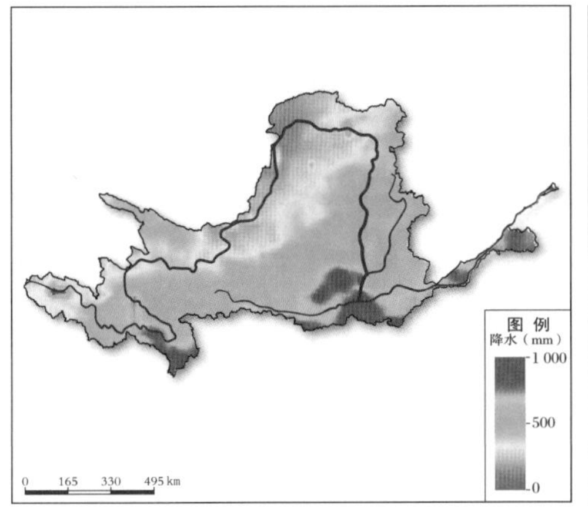

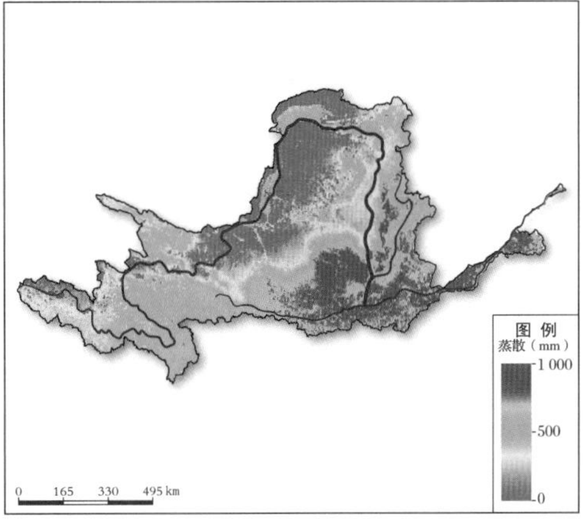

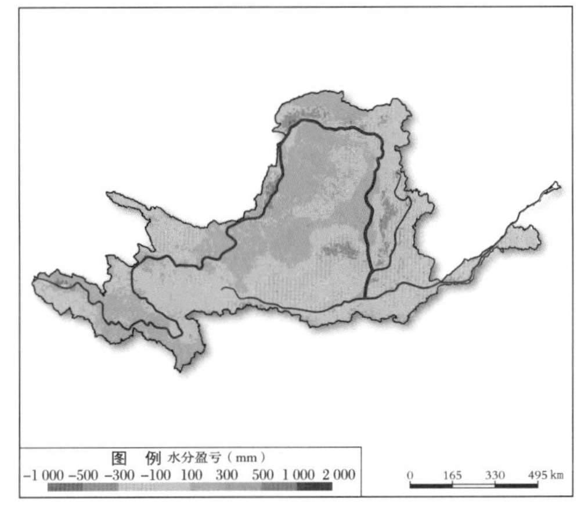

图7　2015年黄河区降水、蒸散、水分盈亏空间分布

量达到600毫米以上。在沿黄河分布的宁夏银川平原和内蒙古河套平原，依靠引黄灌溉而发育了较大面积的耕地类型，蒸散量达到500毫米以上，与周围干旱荒漠区的蒸散量差异显著。

2015年黄河区大部分水分盈亏量为-500~300毫米，地区分布不均匀。大部分地区水分盈余，在中上游地区水分盈余量达到300毫米以上。在沿黄河分布的宁夏银川平原和内蒙古河套平原，依靠引黄灌溉而发育了较大面积的耕地类型，水分亏缺量达到500毫米，与周围干旱荒漠区差异显著。

2015年，黄河区平均降水量为450.8毫米，比2001~2015年平均值（481.3毫米）偏少6.4%；蒸散量为436.7毫米，比2001~2015年平均值（386.5毫米）偏多13.0%，蒸散量在近15年来仅次于2013年（470.6毫米）和2012年（462.4毫米）；水分盈余量为14.1毫米，比2001~2015年平均值（94.9毫米）偏少，水分盈余量为近15年来最少，主要是由于2015年夏季西北东部、黄淮等地高温少雨，出现中到重度气象干旱，蒸散耗水过程大量消耗了土壤中储存的水量。

10.1.4.2 2001~2015年黄河区水分盈亏变化

2001~2015 年，黄河区降水量年际变化明显，变差系数为 0.10，丰水年（2003 年）降水量可达 607.7 毫米，枯水年（2001 年）仅 425.4 毫米，丰水年降水量是枯水年降水量的 1.4 倍。蒸散变差系数为 0.11，蒸散量最少的 2005 年为 333.7 毫米，蒸散量最多的 2013 年为 470.6 毫米，蒸散量最多年份是最少年份的 1.4 倍。水分盈余量最少的 2015 年为 14.1 毫米，水分盈余量最多的 2003 年为 246.8 毫米。

2001~2015 年，黄河区平均降水量呈微弱增加趋势，年均增加 1.8 毫米；平均蒸散量呈明显增加趋势，年均增加 6.7 毫米；平均水分盈余量呈减少趋势，年均减少 4.9 毫米（见图 8）。

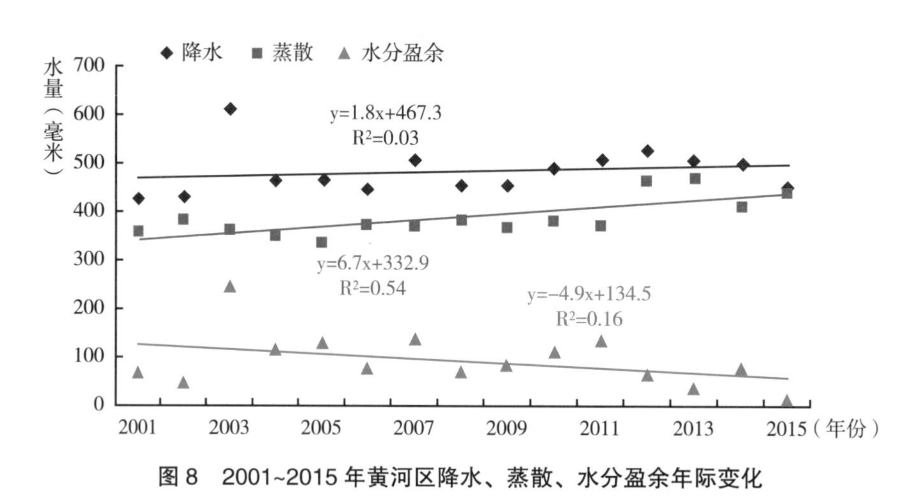

图 8 2001~2015 年黄河区降水、蒸散、水分盈余年际变化

10.1.5 淮河区水分盈亏

淮河区地处我国东部，地跨湖北、河南、安徽、江苏、山东等 5 个省，包括淮河流域的淮河水系、沂沭泗水系及山东半岛沿海诸河，区域面积为 33.0 万平方千米。地势西高东低，西部、南部为桐柏山、大别山，东北部为山东丘陵，地貌类型复杂多样，以平原为主，是我国重要的粮食主产区、能源和制造业基地。淮河区北临黄河，南靠长江，具有跨流域调水的区位优势。

10.1.5.1 2015年淮河区水分盈亏状况

淮河区自南向北形成亚热带北部向暖温带南部过渡的气候类型，降水量的地区分布不均匀，由南向北逐渐递减，山区多于平原，沿海大于内陆。2015 年淮河区大部分降水量为 600~1600 毫米，其中南部大别山区降水量达 1400~1600 毫米，伏牛山区和下游近海区降水量为 1000 毫米以上，而东北部的山东半岛降水量不足 600 毫米（见图 9）。

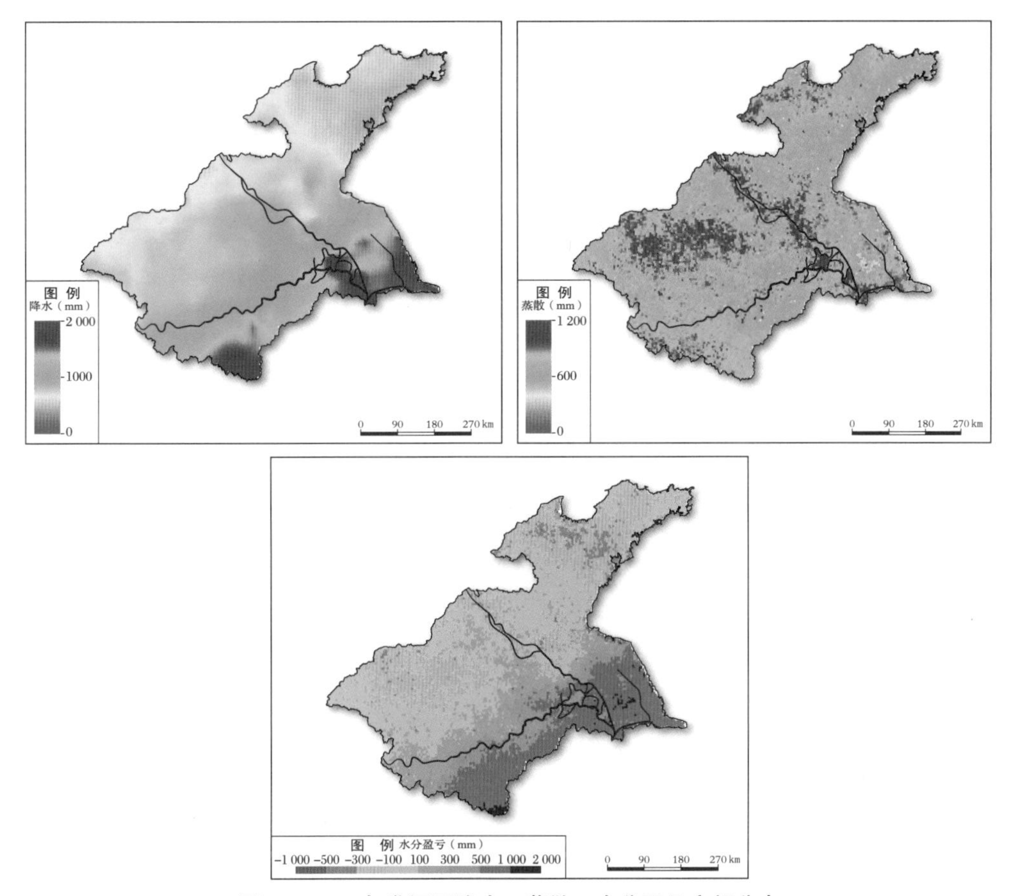

图 9　2015 年淮河区降水、蒸散、水分盈亏空间分布

2015 年淮河区大部分蒸散量为 600~800 毫米，空间分布差异较小，其中西部地区的蒸散量达到 800 毫米以上，而山东半岛东部的部分地区蒸散量不足 600 毫米。

2015 年淮河区大部分水分盈亏量为 -300~1000 毫米，空间分布差异明显，其中南部和东南部地区水分盈余量在 500 毫米以上，而北部地区由于农业灌溉导致区域蒸散耗水量高于本地的大气降水量，水分亏缺达到 300 毫米以上。

2015 年，淮河区平均降水量为 900.3 毫米，比 2001~2015 年平均值（874.4 毫米）偏多 3.0%；蒸散量为 771.0 毫米，比 2001~2015 年平均值（749.1 毫米）偏多 2.9%；水分盈余量为 129.3 毫米，与 2001~2015 年平均值（125.3 毫米）基本持平。

10.1.5.2　2001~2015年淮河区水分盈亏变化

2001~2015 年，淮河区降水量年际变化明显，变差系数为 0.15，丰水年（2003 年）降水量可达 1159.0 毫米，枯水年（2001 年）仅 656.8 毫米，丰水年降水量是

枯水年降水量的 1.8 倍。蒸散变差系数为 0.05，蒸散量最少的 2003 年为 662.4 毫米，蒸散量最多的 2013 年为 828.4 毫米，蒸散量最多年份是最少年份的 1.3 倍。水分盈亏量最少的 2001 年为 -135.0 毫米（亏缺），水分盈亏量最多的 2003 年为 496.6 毫米（盈余）。

2001~2015 年，淮河区平均降水量呈减少趋势，年均减少 2.4 毫米；平均蒸散量呈增加趋势，年均增加 3.3 毫米；平均水分盈亏量呈减少趋势，年均减少 5.7 毫米（见图 10）。

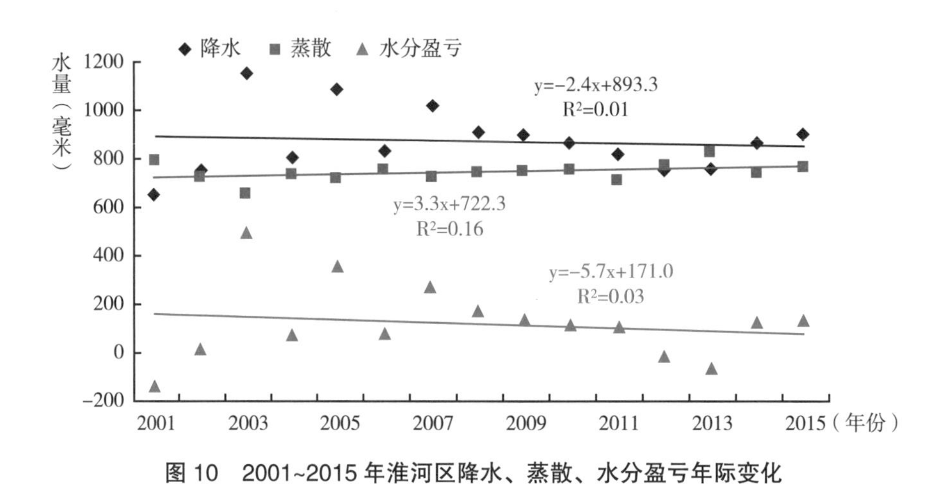

图 10　2001~2015 年淮河区降水、蒸散、水分盈亏年际变化

10.1.6　长江区水分盈亏

长江区（含太湖流域）自西向东横贯我国中部，地跨青海、西藏、云南、四川、重庆、湖北、湖南、江西、安徽、江苏、浙江、上海、甘肃、陕西、河南、贵州、广西、广东、福建等 19 个省（自治区、直辖市），包括长江干流、金沙江、岷沱江、嘉陵江、乌江、汉江、洞庭湖、鄱阳湖、太湖水系等，区域面积为 178.3 万平方千米。其中太湖流域面积 3.7 万平方千米，地处长江三角洲南翼，地势平坦，为典型的平原河网地区，地跨江苏、浙江、上海两省一市，是我国经济最发达、大中城市最密集的地区之一。长江是我国第一大河，世界第三长河，区域内包括青藏高原、云贵高原、四川盆地、江南丘陵、江淮丘陵及长江中下游平原，水资源丰沛，是全国水资源配置的重要水源地。长江区贯穿我国东、中、西部三大经济带，长江经济带的建设和发展，在我国宏观经济战略格局中占有重要地位，既是具有全球影响力的内河经济带，也是生态文明建设的先行示范带。长江区及同处南方地区的东南诸河区、珠江区、西南诸河区等水资源较丰沛的地区水资源开发利用的重点

是针对部分地区水资源调控能力不足、季节性缺水、水污染等问题，重点加强节约用水和防污治污，加强现有工程设施的配套和节水改造，改善枯水期和枯水年供水状况以及河湖生态环境用水状况。

10.1.6.1 2015年长江区水分盈亏状况

长江区属于降水较丰沛的地区，但受季风气候和地形影响，降水的时空分布不均，总的趋势是自东南向西北逐渐递减，并存在多个降水量达到 1600 毫米以上的多雨区，分别位于四川西部的岷江至峨眉山一带、四川大巴山西南部、湖南西北部至湖北西南部、江西东北部至安徽黄山一带。降水量最多的地区位于长江区东南部，达到 2500 毫米以上；降水量最少的地区位于金沙江上游地区，只有 200 毫米左右（见图 11）。

2015 年长江区大部分蒸散量为 200~800 毫米，地区分布不均匀，总的趋势是自东南向西北逐渐递减。长江区中东部区域蒸散量在 600 毫米以上，在长江源区的高寒地区蒸散量最小，不足 200 毫米。

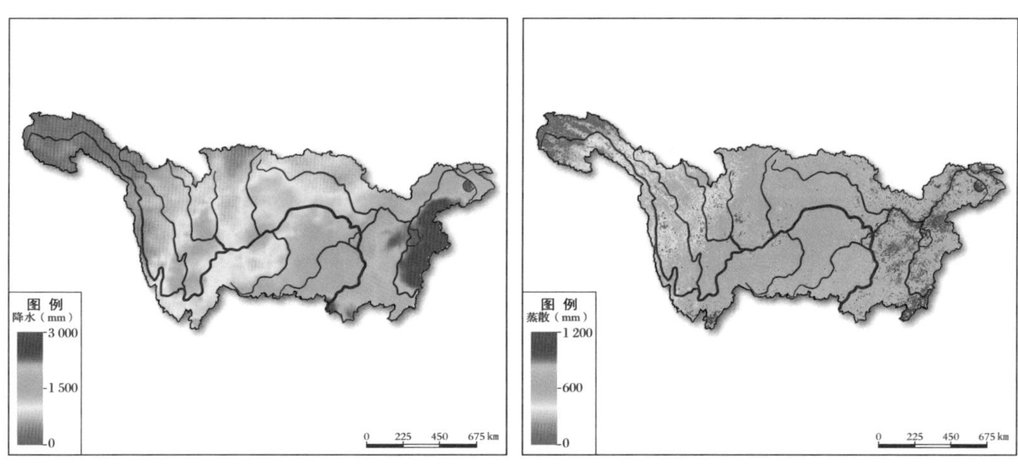

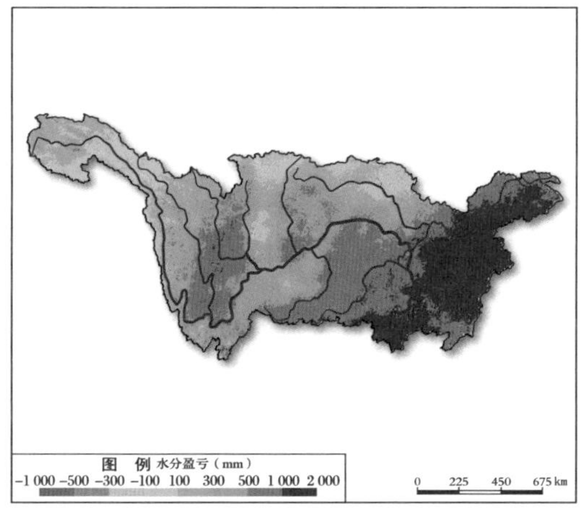

图 11 2015 年长江区降水、蒸散、水分盈亏空间分布

2015 年长江区大部分水分盈余量为 100~2000 毫米，空间分布格局与降水较为一致，在降水量达到 1600 毫米以上的多雨区水分盈余量达到 500 毫米以上，而在其他多数地区水分盈余量在 500 毫米以下。

2015 年，长江区平均降水量为 1207.9 毫米，比 2001~2015 年平均值（1077.0 毫米）偏多 12.2%，降水量为近 15 年来最多，2015 年汛期（5~9 月）暴雨过程频繁，但暴雨洪涝灾害偏轻，没有发生大范围流域性暴雨洪涝灾害；蒸散量为 625.7 毫米，与 2001~2015 年平均值（633.1 毫米）基本持平，主要是因为虽然降水偏多，但阶段性低温阴雨寡照天气导致日照时数较常年偏少，因而蒸散量与常年基本持平；水分盈余量为 582.2 毫米，比 2001~2015 年平均值（443.9 毫米）偏多 31.2%，水分盈余量为近 15 年来最多。

10.1.6.2　2001~2015年长江区水分盈亏变化

2001~2015 年，长江区降水量年际变化明显，变差系数为 0.08，丰水年（2015 年）降水量可达 1207.9 毫米，枯水年（2011 年）为 910.5 毫米，丰水年降水量是枯水年降水量的 1.3 倍。蒸散变差系数为 0.05，蒸散量最少的 2003 年为 556.5 毫米，蒸散量最多的 2013 年为 688.1 毫米，蒸散量最多年份是最少年份的 1.2 倍。水分盈余变差系数为 0.22，水分盈余量最少的 2011 年为 254.4 毫米，水分盈余量最多的 2015 年为 582.2 毫米，水分盈余量最多年份是最少年份的 2.3 倍。

2001~2015 年，长江区平均降水量呈增加趋势，年均增加 4.9 毫米；平均蒸散量呈增加趋势，年均增加 4.1 毫米；平均水分盈余量并无明显变化趋势（见图 12）。

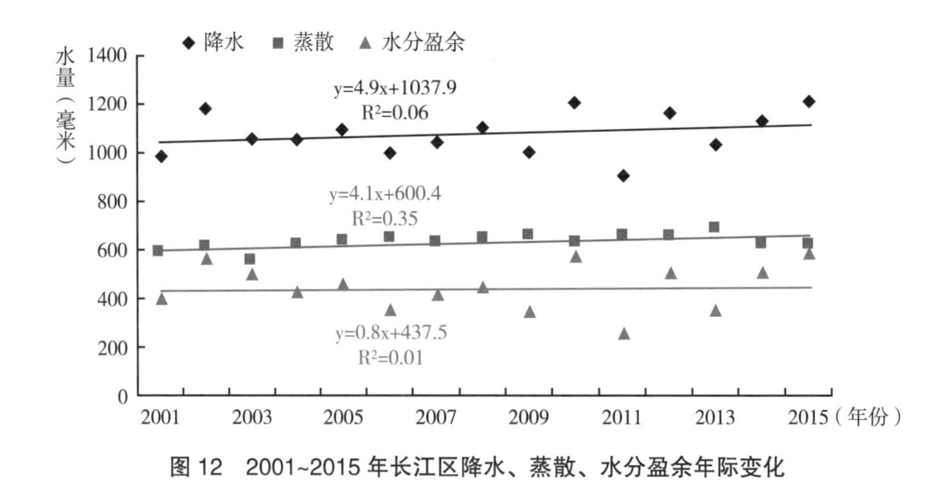

图 12　2001~2015 年长江区降水、蒸散、水分盈余年际变化

10.1.7　东南诸河区水分盈亏

东南诸河区地处长三角和海峡西岸经济区，是我国东部沿海经济社会发达地

区，地跨浙江、福建、台湾、安徽、江西等，包括钱塘江流域、闽江流域、浙闽沿海诸河及台澎金马诸河，区域面积为 24.5 万平方千米。区域内 81% 的地区为丘陵山地，盆地多，平原少，主要分布在河流下游的沿海三角洲地区。东南诸河区河流众多，一般源短流急，自成体系，独流入海。

10.1.7.1　2015年东南诸河区水分盈亏状况

东南诸河区地处我国水资源较丰沛的东南沿海地区，2015 年东南诸河区大部分降水量为 1600~3000 毫米，区域平均降水量达 2000 毫米以上，位居全国各水资源一级区之首。区域西北部和台湾东北部降水量最大值可达 3000 毫米，是我国降水最多的地区（见图 13）。

2015 年东南诸河区大部分蒸散量为 800~1200 毫米，区域平均蒸散量达到 870 毫米，在全国各水资源一级区中仅次于珠江区。由于东南诸河区处于亚热带湿润地区并且丘陵山地广泛发育常绿阔叶林，地表蒸散的地区差异不明显。

由于降水丰沛，丰沛的降水量形成东南诸河区丰富的水资源，2015 年东南诸

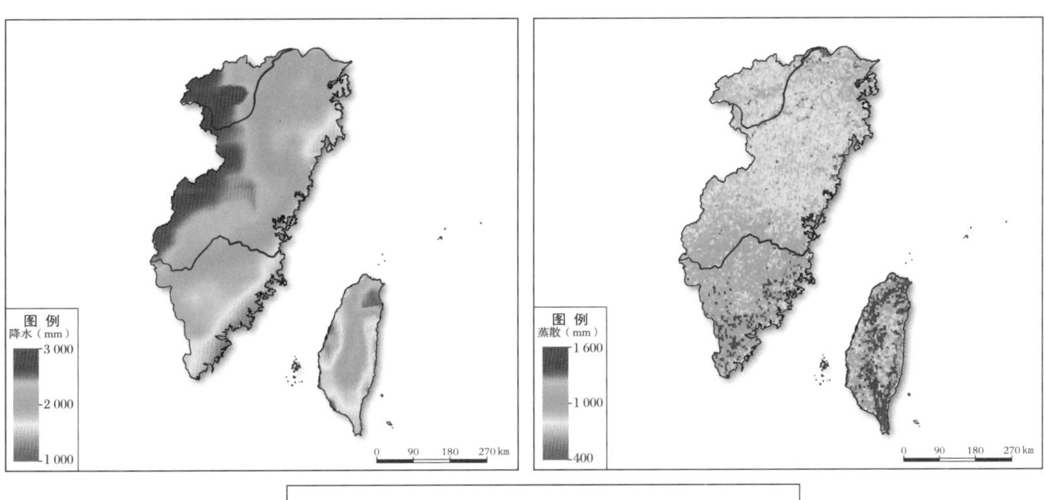

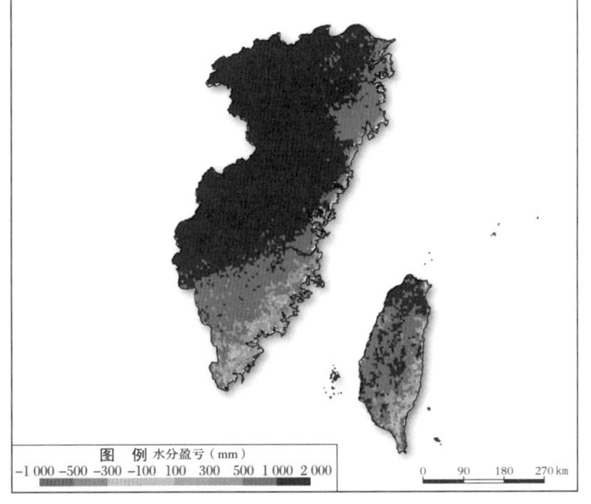

图 13　2015 年东南诸河区降水、蒸散、水分盈亏空间分布

河区大部分水分盈余量为500~2000毫米，区域平均水分盈余量达1100毫米以上，位居全国各水资源一级区之首。

2015年，东南诸河区平均降水量为2037.6毫米，比2001~2015年平均值（1713.4毫米）偏多18.9%，降水量在近15年来仅次于2010年（2126.7毫米）和2012年（2118.3毫米）；蒸散量为872.3毫米，与2001~2015年平均值（885.3毫米）基本持平，主要是因为虽然降水偏多，但阶段性低温阴雨寡照天气导致日照时数较常年偏少，因而蒸散量与常年基本持平；水分盈余量为1165.3毫米，比2001~2015年平均值（828.0毫米）偏多40.7%，水分盈余量在近15年来仅次于2010年（1244.2毫米）和2012年（1181.1毫米）。

10.1.7.2　2001~2015年东南诸河区水分盈亏变化

2001~2015年，东南诸河区降水量年际变化明显，变差系数为0.16，丰水年（2010年）降水量可达2126.7毫米，枯水年（2003年）为1167.8毫米，丰水年降水量是枯水年降水量的1.8倍。蒸散变差系数为0.03，蒸散量最少的2001年为815.6毫米，蒸散量最多的2012年为937.2毫米，蒸散量最多年份是最少年份的1.2倍。水分盈余变差系数为0.33，水分盈余量最少的2003年为309.4毫米，水分盈余量最多的2010年为1244.2毫米，水分盈余量最多年份是最少年份的4.0倍。

2001~2015年，东南诸河区平均降水量呈明显增加趋势，年均增加19.6毫米；平均蒸散量呈增加趋势，年均增加4.3毫米；平均水分盈余量呈增加趋势，年均增加15.3毫米（见图14）。

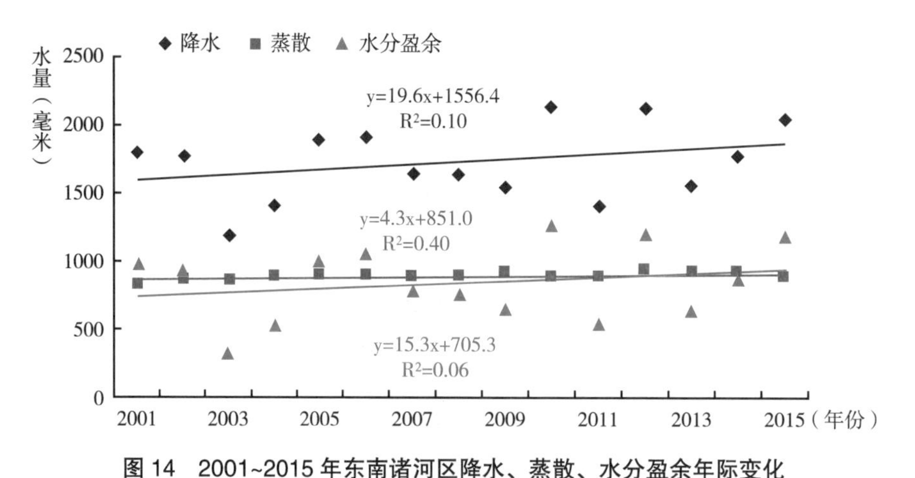

图14　2001~2015年东南诸河区降水、蒸散、水分盈余年际变化

10.1.8　珠江区水分盈亏

珠江区地处我国最南端，是我国水资源最丰富的地区之一，地跨云南、贵州、广西、广东、湖南、江西、福建、海南等8个省（自治区）及港澳地区，包括珠江流域、华南沿海诸河、海南岛及南海各岛诸河，区域面积为 57.9 万平方千米。区域内包括云贵高原、两广丘陵和珠江三角洲，水资源时空分布不均，局部地区缺水严重。珠江三角洲及沿海地区经济发达，水资源较为丰富，但由于水污染、咸潮上溯等问题，存在季节性缺水问题，制约流域经济社会的可持续发展。

10.1.8.1 2015年珠江区水分盈亏状况

珠江区气候温和，雨量丰沛，2015 年大部分降水量为 1000~3000 毫米。受季风活动和地形影响，降水时空分布不均，东西差异大，南北差异小，中东部地区多于西部地区，山地多于平原。区域东北部降水量高达 3000 毫米，贵州境内的珠江上游地区降水量最小，仅为 1000 毫米（见图 15）。

2015 年珠江区大部分蒸散量为 600~1200 毫米，空间分布差异较为明显。区域东南部及海南岛蒸散量高达 1200 毫米以上，向西北内陆云贵高原地区逐渐降低至 600 毫米。

2015 年珠江区大部分水分盈余量为 300~2000 毫米，空间分布格局与降水较为一致，其中中北部地区的水分盈余量达到 1000 毫米以上，而在云贵高原西部地区水分盈余量不足 300 毫米。

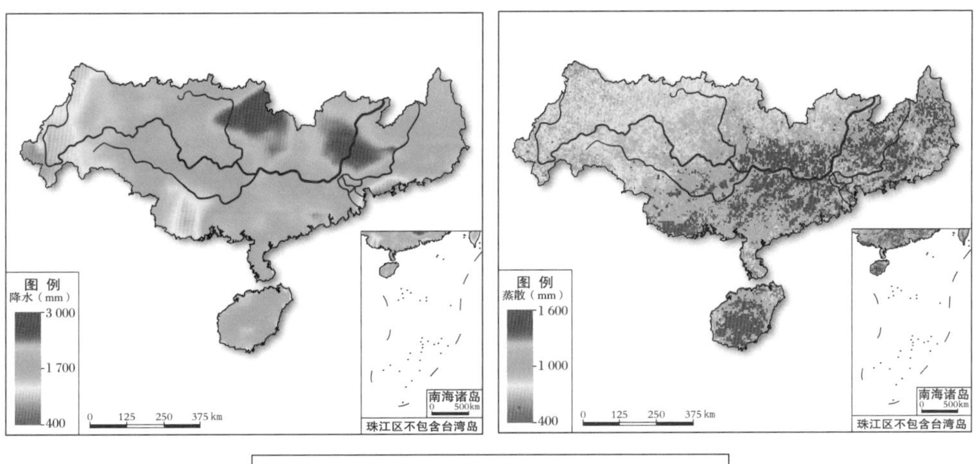

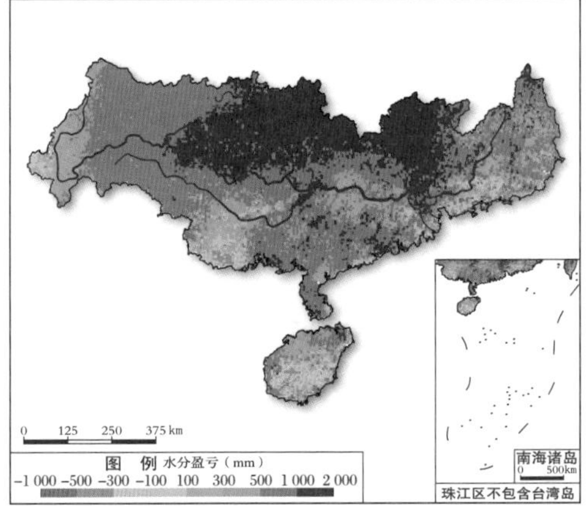

图 15 2015 年珠江区降水、蒸散、水分盈亏空间分布

2015年，珠江区平均降水量为1772.7毫米，比2001~2015年平均值（1532.3毫米）偏多15.7%，降水量在近15年来仅次于2008年（1813.1毫米）和2001年（1791.1毫米）；蒸散量为962.1毫米，与2001~2015年平均值（969.5毫米）基本持平，主要是因为虽然降水偏多，但阶段性低温阴雨寡照天气导致日照时数较常年偏少，因而蒸散量与常年基本持平；水分盈余量为810.6毫米，比2001~2015年平均值（562.8毫米）偏多44.0%，水分盈余量在近15年来仅次于2001年（906.5毫米）。

10.1.8.2 2001~2015年珠江区水分盈亏变化

2001~2015年，珠江区降水量年际变化明显，变差系数为0.13，丰水年（2008年）降水量可达1813.1毫米，枯水年（2003年）为1230.8毫米，丰水年降水量是枯水年降水量的1.5倍。蒸散变差系数为0.05，蒸散量最少的2001年为884.6毫米，蒸散量最多的2007年为1033.9毫米，蒸散量最多年份是最少年份的1.2倍。水分盈余变差系数为0.36，水分盈余量最少的2011年为253.7毫米，水分盈余量最多的2001年为906.5毫米，水分盈余量最多年份是最少年份的3.6倍。

2001~2015年，珠江区平均降水量呈增加趋势，年均增加7.4毫米；平均蒸散量呈增加趋势，年均增加7.1毫米；平均水分盈余量并无明显变化趋势（见图16）。

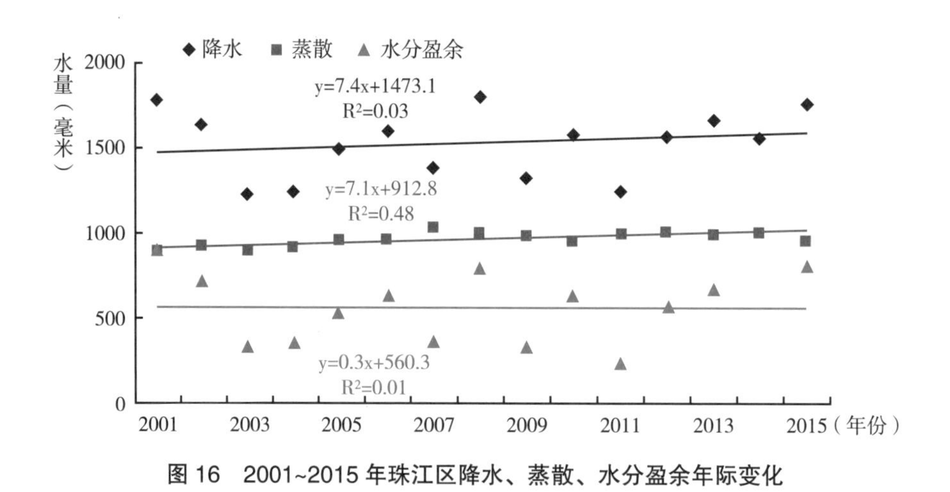

图16 2001~2015年珠江区降水、蒸散、水分盈余年际变化

10.1.9 西南诸河区水分盈亏

西南诸河区位于我国西南边陲，地跨青海、西藏、云南等3个省（自治区），包括元江、澜沧江、怒江、伊洛瓦底江、雅鲁藏布江等国际河流的中国境内部分以及藏南、藏西诸河，区域面积为84.4万平方千米。区域内大部分为青藏高原及滇南丘陵，地广人稀，经济社会不发达，以农牧业为主，工业化水平低。

10.1.9.1 2015年西南诸河区水分盈亏状况

西南诸河区 2015 年降水量为 200~2000 毫米，降水时空分布不均，东南部高温多雨，自东南向西北逐渐递减。西南诸河区降水较为丰富，但由于山高坡陡、沟壑纵横、岩石裸露、岩溶地形发育，导致地表持水性差，丰沛的大气降水快速渗入地下深处，地表容易发生干旱缺水现象（见图 17）。

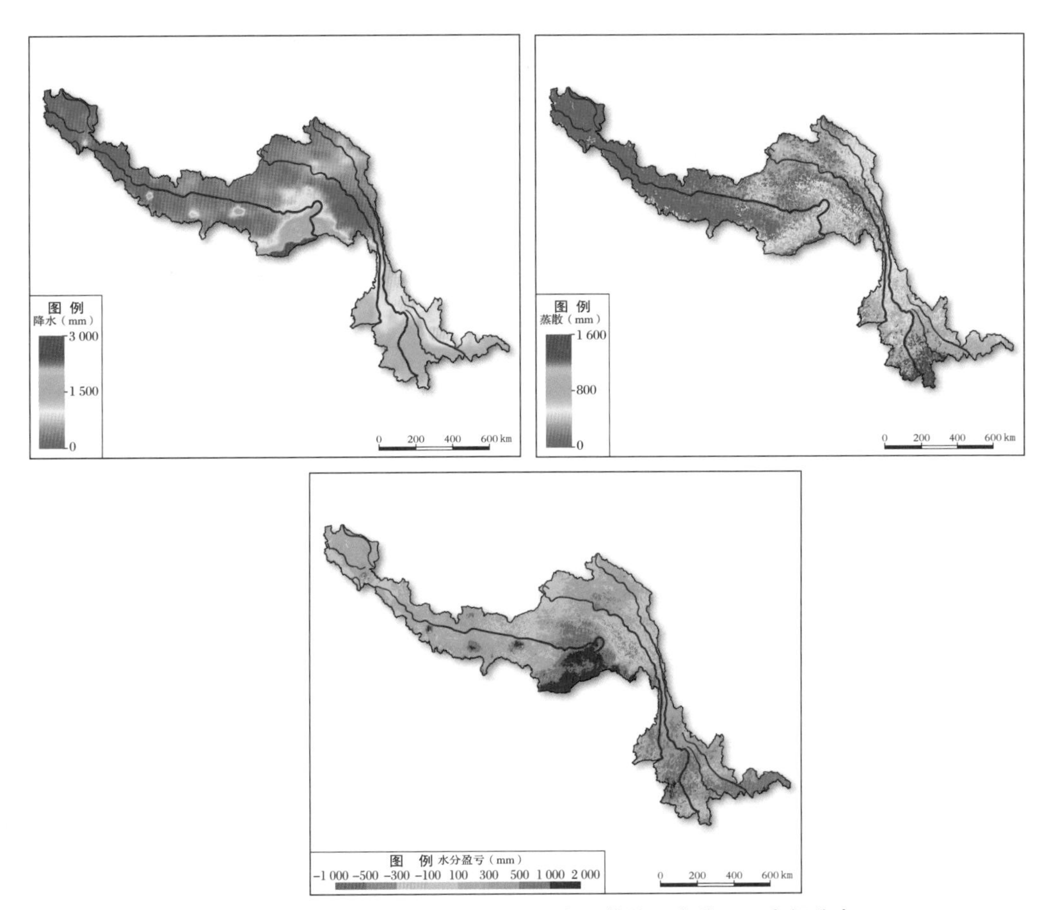

图 17 2015 年西南诸河区降水、蒸散、水分盈亏空间分布

2015 年西南诸河区大部分蒸散量为 100~1200 毫米，受季风活动和地形影响，空间分布差异明显。东南部湿润气候区和亚热带雨林区蒸散量高达 1000 毫米以上，向西北青藏高原高寒区逐渐降低至 100 毫米以下。

2015 年西南诸河区大部分水分盈余量为 100~2000 毫米，空间分布格局与降水较为一致，东南部湿润气候区和亚热带雨林区水分盈余量高达 500 毫米以上，向西北青藏高原高寒区逐渐降低至 100 毫米。

2015 年，西南诸河区平均降水量为 712.9 毫米，比 2001~2015 年平均值（674.9 毫米）偏多 5.6%；蒸散量为 372.3 毫米，与 2001~2015 年平均值（368.5 毫米）基

本持平，主要是因为虽然降水偏多，但阶段性低温阴雨寡照天气导致日照时数较常年偏少，因而蒸散量与常年基本持平；水分盈余量为 340.6 毫米，比 2001~2015 年平均值（306.4 毫米）偏多 11.2%。

10.1.9.2 2001~2015年西南诸河区水分盈亏变化

2001~2015 年，西南诸河区降水量年际变化明显，变差系数为 0.12，丰水年（2008 年）降水量可达 783.3 毫米，枯水年（2003 年）为 544.8 毫米，丰水年降水量是枯水年降水量的 1.4 倍。蒸散变差系数为 0.07，蒸散量最少的 2001 年为 313.1 毫米，蒸散量最多的 2012 年为 411.8 毫米，蒸散量最多年份是最少年份的 1.3 倍。水分盈余变差系数为 0.21，水分盈余量最少的 2003 年为 215.2 毫米，水分盈余量最多的 2008 年为 404.6 毫米，水分盈余量最多年份是最少年份的 1.9 倍。

2001~2015 年，西南诸河区平均降水量呈明显增加趋势，年均增加 11.3 毫米；平均蒸散量呈增加趋势，年均增加 5.4 毫米；平均水分盈余量呈增加趋势，年均增加 6.0 毫米（见图 18）。

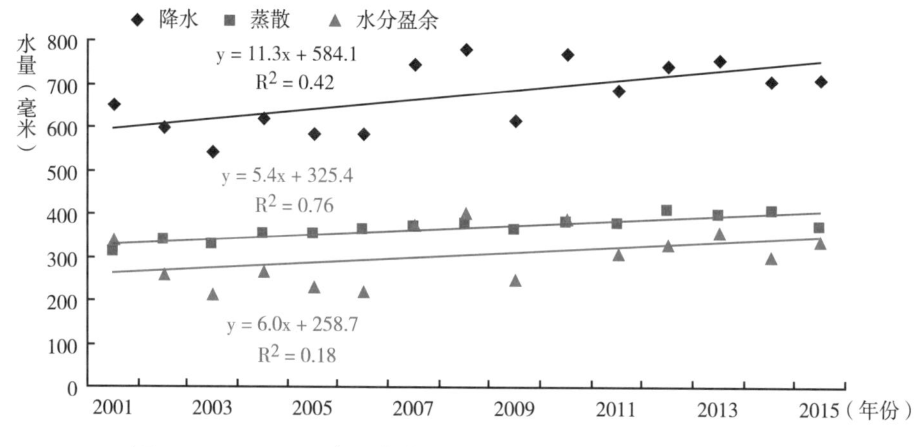

图 18 2001~2015 年西南诸河区降水、蒸散、水分盈余年际变化

10.1.10 西北诸河区水分盈亏

西北诸河区位于我国西北部，地跨新疆、西藏、青海、甘肃、内蒙古、河北等 6 个省（自治区），包括塔里木河、黑河等西北地区内陆诸河，以及额尔齐斯河、伊犁河等国际河流的中国境内部分，土地辽阔，区域面积为 336.2 万平方千米，占全国国土面积的 1/3 以上。西北诸河区处于干旱半干旱缺水地区，西起帕米尔高原，东至大兴安岭，北达阿尔泰山，南迄西藏冈底斯山脉，包括塔里木盆地、准噶尔盆地、柴达木盆地、羌塘高原、内蒙古高原、河西走廊等，戈壁沙漠比重大，水土资源不匹配，以绿洲经济为主。区域内土地、矿产资源丰富，在我国战略格局中的地位十分突出，而水资源贫乏、生态环境极为脆弱成为制约区域可持续发展的瓶颈。

西北诸河区水资源开发利用的重点是保护生态环境不再继续恶化，加强对塔里木河、天山北麓诸河、石羊河、黑河等生态脆弱流域的生态修复，同时保障区域经济社会可持续发展合理的用水需求。

10.1.10.1 2015年西北诸河区水分盈亏状况

西北诸河区深居亚欧大陆腹地，受气候和地形等因素的综合影响，降水稀少并且时空分布差异较大。2015 年西北诸河区大部分降水量为 50~600 毫米，其中新疆的天山、阿勒泰山、喀喇昆仑山、昆仑山以及甘肃祁连山区降水量为 400~600 毫米；内蒙古中部、甘肃河西走廊东部以及新疆、青海的部分山地降水量为 200~400 毫米；内蒙古西部、甘肃河西走廊西部和北部、西藏羌塘高原西部、青海柴达木盆地、新疆塔里木盆地和准噶尔盆地，降水量小于 200 毫米。西北诸河区一部分降水在高山地区以冰、雪等固体形式贮存起来，形成和发育为冰川，成为水资源贮存的一种特殊形式（见图 19）。

2015 年西北诸河区大部分蒸散量为 50~600 毫米，空间分布差异明显。蒸散量高值区主要位于高山森林和草地以及成斑块状分布的山前绿洲农业灌区，蒸散量高达 600 毫米以上，在地域广阔的干旱荒漠区蒸散量最低可以达到 50 毫米以下，而在青藏高原广泛分布的湖泊水面蒸发量达到 1000 毫米。

2015 年西北诸河区大部分水分盈亏量为 –500~300 毫米，空间分布差异明显。水分盈余丰富的地区主要位于高山多雨区，在斑块状分布的山前绿洲农业灌区水分亏缺量高达 500 毫米以上，与周围干旱荒漠区差异明显。

2015 年，西北诸河区平均降水量为 208.3 毫米，比 2001~2015 年平均值（185.0 毫米）偏多 12.6%，降水量在近 15 年来仅次于 2010 年（209.1 毫米）；蒸散量为 93.9 毫米，比 2001~2015 年平均值（103.4 毫米）偏少 9.2%；水分盈余量为 114.3 毫米，比 2001~2015 年平均值（81.6 毫米）偏多，水分盈余量为近 15 年来最多，主要是由于 2015 年新疆东部和南部、青海西北部、西藏西北部等地降水量较常年偏多 20% 以上，其中新疆部分地区偏多近 1 倍，其余大部分地区降水量接近常年。

10.1.10.2 2001~2015年西北诸河区水分盈亏变化

2001~2015 年，西北诸河区降水量年际变化明显，变差系数为 0.09，丰水年（2010 年）降水量为 209.1 毫米，枯水年（2006 年）仅 150.6 毫米，丰水年降水量是枯水年降水量的 1.4 倍。蒸散变差系数为 0.13，蒸散量最少的 2006 年为 90.1 毫米，蒸散量最多的 2013 年为 138.2 毫米，蒸散量最多年份是最少年份的 1.5 倍。水分盈余量最少的 2006 年为 60.5 毫米，水分盈余量最多的 2015 年为 114.3 毫米。

2001~2015 年，西北诸河区平均降水量呈增加趋势，年均增加 2.7 毫米；平均蒸散量并无明显变化趋势；平均水分盈余量呈增加趋势，年均增加 1.8 毫米（见图 20）。

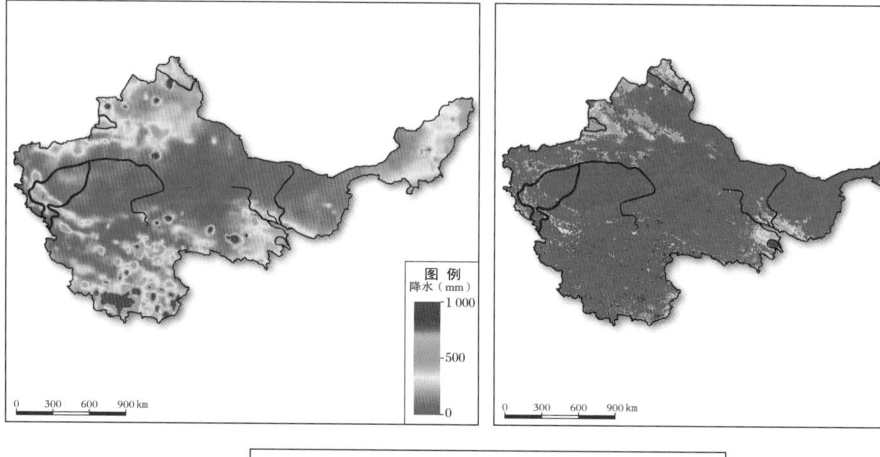

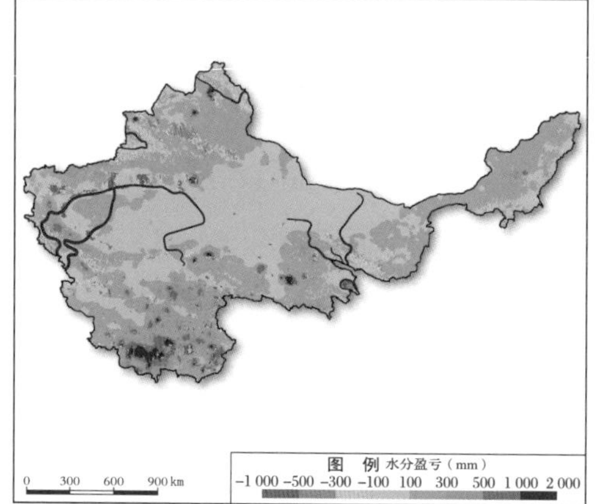

图 19　2015 年西北诸河区降水、蒸散、水分盈亏空间分布

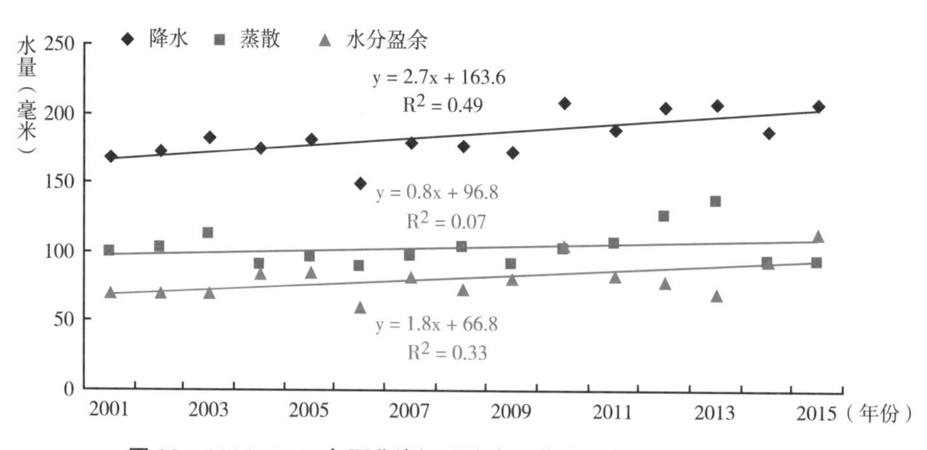

图 20　2001~2015 年西北诸河区降水、蒸散、水分盈余年际变化

10.2 2000~2015年中国水环境分区特点

我国是一个多湖泊的国家，面积在 1 平方千米以上的天然湖泊有 2693 个，总面积达 8.1 万平方千米，占全国国土面积的 0.9%。这些星罗棋布的湖泊，宛如镶嵌在大地上的耀眼明珠，把祖国山河点缀得格外秀丽。我国湖泊按自然环境的差异、湖泊资源开发利用和湖泊环境整治的区域特色划分为五大湖区，分别是：东部平原湖区、东北山地与平原湖区、蒙新高原湖区、青藏高原湖区、云贵高原湖区（见图 1）。其中，东部平原、云贵高原、东北山地与平原三大湖区属外流区，属亚洲季风湿润气候，湖泊大多为开放的淡水湖；青藏高原湖区和蒙新高原湖区基本属于内流区，属干旱半干旱气候，湖泊大多为封闭的咸水湖或盐湖。

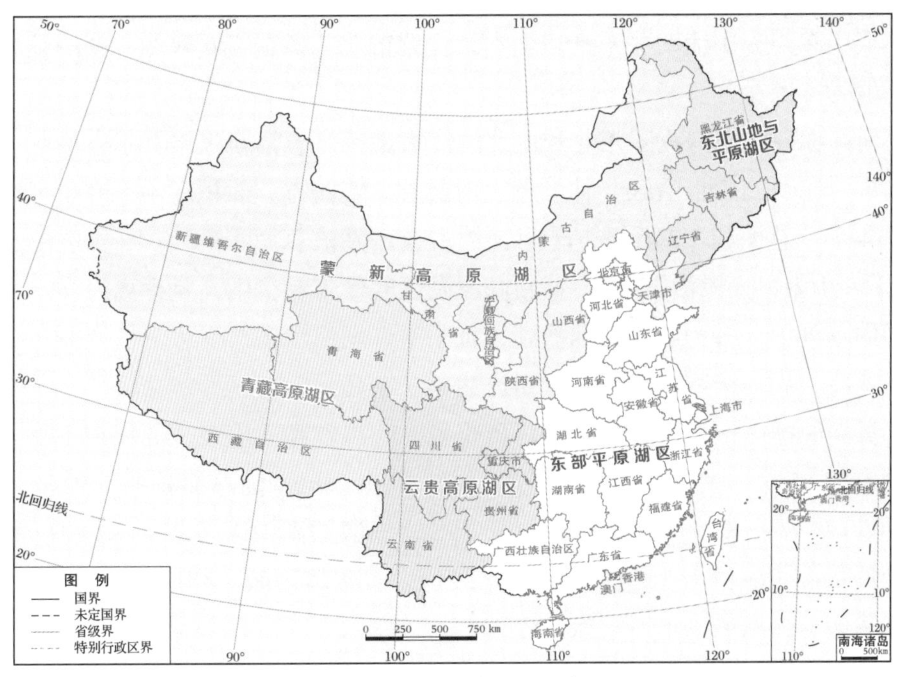

图 21 中国五大湖区分布

青藏高原湖区分布于我国的青藏高原地区，包括青海省和西藏自治区。面积在 1 平方千米以上的湖泊 1055 个，总面积 4.2 万平方千米，约占全国湖泊总面积的 51.4%[1]。本部分统计的 50 平方千米以上湖泊 117 个。青藏高原湖区是我国最大的湖泊密集地，也是世界上最大的高原湖泊群分布区。东部及南部有少

① 杨桂山、马荣华、张路、姜加虎、姚书春、张民等:《中国湖泊现状及面临的重大问题与保护策略》,《湖泊科学》2010 年第 22（6）期，第 799~810 页。

数外流湖，其余绝大多数为内陆湖，且多发育成咸水湖或盐湖。海拔较高，气候寒冷，冰期长达4~7个月。

东部平原湖区包括长江中下游的沿江地带，黄、淮、海诸河的下游及大运河沿线分布的众多湖泊。面积在1平方千米以上的湖泊634个，总面积2.1万平方千米，约占全国湖泊总面积的25.9%。本部分统计的50平方千米以上湖泊36个。东部平原湖区是全国湖泊分布最密集的区域之一，位于东部季风区，湖泊水源丰富，绝大部分湖水都通过河流排泄，所以都是淡水湖。湖泊海拔较低，平均水深都在4米以下，属浅水型湖泊。气候四季分明，湖泊冰期较短，南方大部分湖区终年不结冰。

东北山地与平原湖区包括辽河平原、松嫩平原、三江平原以及长白山区、大兴安岭和小兴安岭区域。面积在1平方千米以上的湖泊425个，总面积0.5万平方千米，约占全国湖泊总面积的5.8%。本部分统计的50平方千米以上湖泊4个。东北平原分布了较多的湖泊和沼泽，湖水较浅，面积较小，并含有盐碱成分。东北山地的湖泊成因多与火山活动关系密切。本区位置偏北，冬季气候寒冷，湖泊结冰期较长，一般为4~5个月。

蒙新高原湖区横跨我国东北和西北的广大地区，包括新疆维吾尔自治区、内蒙古自治区、宁夏回族自治区、甘肃省、山西省、陕西省。面积在1平方千米以上的湖泊514个，总面积1.3万平方千米，约占全国湖泊总面积的15.4%。本部分统计的50平方千米以上湖泊13个。蒙新高原湖区气候干燥少雨，且远离海洋，发育了众多的内陆湖泊，多为咸水湖和盐湖，且季节性湖泊较多。受大陆性气候影响，冬季气候寒冷，湖泊结冰期较长，冰期长达4~7个月。

云贵高原湖区主要包括云南省、贵州省、四川省和重庆市。面积在1平方千米以上的湖泊65个，总面积0.1万平方千米，约占全国湖泊总面积的1.5%。本部分统计的50平方千米以上湖泊5个。云贵高原湖区的湖泊多分布在云贵高原中部，且多为淡水湖。湖泊多为构造湖，湖水较深，且水体清澈。纬度较低、海拔较高，气候四季如春，湖泊终年不结冰。

10.2.1 青藏高原湖区水环境

10.2.1.1 2015年青藏高原湖区水质状况

青藏高原湖区包括青海省和西藏自治区。该湖区分布着地球上海拔最高、数量最多、面积最大，以盐湖和咸水湖集中为特色的高原湖泊群[①]，包括青海湖、纳木错、色林错、当惹雍错、扎日南木错、多尔索洞错、赤布张错（见图22）等主要湖泊，但

① 万玮、肖鹏峰、冯学智、李晖、马荣华、段洪涛、赵利民：《卫星遥感监测近30年来青藏高原湖泊变化》，《科学通报》2014年第8期，第701~714页。

仍有少数淡水湖泊存在，如位于青海省黄河源区的扎陵湖、鄂陵湖，即是本区两大著名淡水湖。由于青藏高原严寒干旱、降雨稀少、蒸发强烈，降水、冰雪融水、地下水以及冻土中的水分释放是青藏高原湖泊补给的主要形式[①]。在全球气候变暖的背景下，青藏高原地区部分湖泊处于退缩咸化状态，湖泊水位下降，一些小型湖泊则逐渐消亡。但在气候暖干化趋势的影响下，冰川融化退缩，夏季河流水流量增加，也有大量由冰川直接补给或与河流直接沟通的湖泊，存在扩张和淡化的现象[②]。

地势高、自然条件恶劣，使青藏高原湖泊大多数仍保持或接近自然原始状态，其变化受人类活动因素影响较小，因此，多数湖泊透明度较高，水体较清澈。青藏高原湖区整体 FUI 值的空间差异较大，不同湖泊的 FUI 值从 1.6 到 11.8

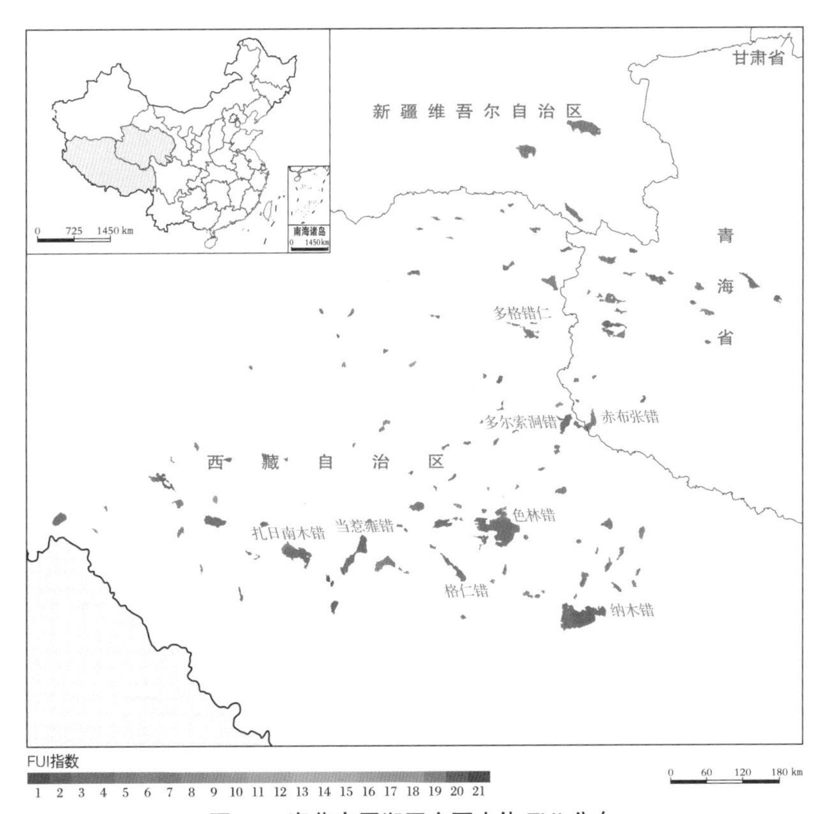

图 22 青藏高原湖区主要水体 FUI 分布

① 鲁安新、姚檀栋、王丽红、刘时银、郭治龙：《青藏高原典型冰川和湖泊变化遥感研究》，《冰川冻土》2005 年第 27 期，第 783~792 页。

② 姜加虎、黄群：《青藏高原湖泊分布特征及与全国湖泊比较》，《水资源保护》2004 年第 6 期，第 24~27 页。

变化。研究区内的117个湖泊中，59个湖泊FUI在0~6，水体清洁，呈蓝色，占高原湖泊的51%；47个湖泊FUI在6~9，水体较清洁，呈蓝绿色，占高原湖泊的40%；11个湖泊FUI在9~13，水体浑浊，呈黄绿色，占高原湖泊的9%；没有非常浑浊水体。

青藏高原湖区整体属于清洁水体。FUI的整体水平偏低，主要集中在0~6，FUI的均值为5.1。其中，许如错、姆错丙尼、佩枯错FUI最小，分别是1.6、1.9、2.6，水体呈深蓝色，属于清洁水体；纳江错、错仁德加、扎布耶茶卡FUI最大，分别是11.1、11.8、11.8，水体呈深绿色，属于富营养的浑浊水体。

青藏高原湖区的10个主要湖泊2015年FUI值年均值均小于8（见表1），年标准差也较小，表明FUI值年波动不大，湖泊颜色和浑浊程度年内变化不大。其中青海湖、色林错、纳木错、赤布张错、扎日南木错、当惹雍错、哈拉湖、塔若错FUI值在0~6，水体呈蓝色，属于清洁水体；扎陵湖和鄂陵湖FUI值在6~8，水体呈蓝绿色，属于较清洁水体。当惹雍错FUI值为2.7，是10个主要湖泊中FUI值最小的湖泊，水体最蓝，是最清洁的湖泊，扎陵湖FUI值为7.6，是10个主要湖泊中FUI值最大的湖泊，水体为蓝绿色，是相对较浑浊的湖泊。

表1　青藏高原湖区主要湖泊2015年FUI统计

湖泊名称	经度	纬度	FUI年均值	年标准差
青海湖	100.320	36.790	5.8	0.30
色林错	88.960	31.800	4.2	0.36
纳木错	90.590	30.740	2.9	0.23
赤布张错	90.290	33.430	4.8	0.28
扎日南木错	85.610	30.930	4.3	0.48
当惹雍错	86.670	31.110	2.7	0.41
鄂陵湖	97.680	34.880	6.6	0.36
哈拉湖	97.590	38.290	2.7	0.53
扎陵湖	97.260	34.940	7.6	0.29
塔若错	84.120	31.140	3.3	0.27

10.2.1.2　2000~2015年青藏高原湖区水质变化

根据2000~2015年青藏高原湖区水体颜色变化趋势（见图23），分析得出2000年以来青藏高原湖区水体FUI值和浑浊程度的变化情况。整体而言，2000

年以来 FUI 整体呈现下降趋势。2005~2010 年 FUI 值有局部上升趋势，从 2005 年的 5.5 上升到 2010 年的 5.6。2000~2015 年青藏高原湖区的 FUI 均值均小于 6，表明湖区内水体总体呈清洁状态，水体状况较好，其中 2000 年青藏高原湖区整体 FUI 均值最大（5.9），2015 年青藏高原湖区整体 FUI 均值最小（5.1），水体颜色有逐渐变蓝的趋势。但 FUI 值变化程度不大，主要是因为湖泊处在中、低纬地区，受人类活动影响最少。

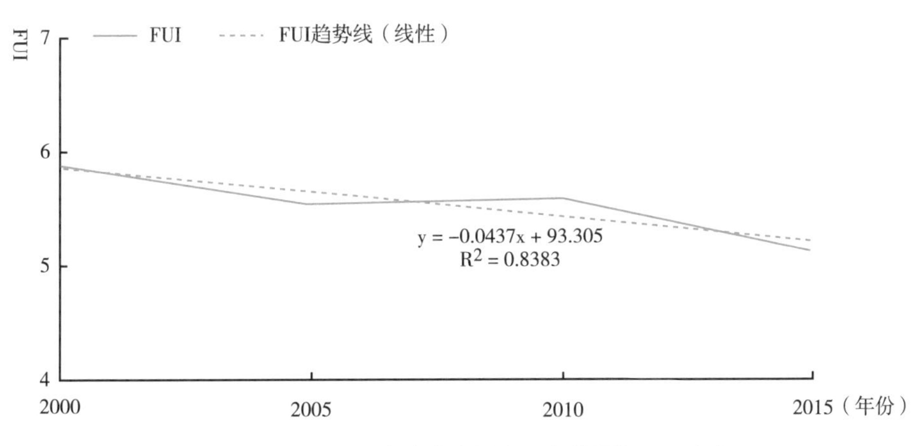

图 23　2000~2015 年青藏高原湖区水体颜色 FUI 变化

从青藏高原湖区湖泊 2000、2005、2010、2015 年 FUI 变化图（见图 24）可以看出，各湖泊水体 FUI 值多年的变化不大，多数湖泊水体呈蓝色，水体清洁。其中，纳木错 16 年 FUI 均值为 3.6，FUI 整体呈下降趋势，2000 年 FUI 值最大，为 4.4，2015 年 FUI 值最小，为 2.9，水体颜色逐年变蓝，属于清洁水体。色林错 16 年 FUI 均值为 4.2，FUI 整体呈上升趋势，2014 年 FUI 值最大，为 5.2，2000 年 FUI 值最小，为 3.4，水体颜色逐年变绿，属于清洁水体。赤布张错 16 年 FUI 均值为 5.2，FUI 整体呈上升趋势，2012 年 FUI 值最大，为 6.2，2004 年 FUI 值最小，为 4.7，水体颜色逐年变绿，其中，2012 年属于较清洁水体，其余年份均为清洁水体。扎日南木错 16 年 FUI 均值为 5.4，FUI 整体呈下降趋势，2000 年 FUI 值最大，为 6.4，2015 年 FUI 值最小，为 4.3，水体颜色逐年变蓝，属于清洁水体。当惹雍错 16 年 FUI 均值为 3.9，FUI 整体呈下降趋势，2000 年 FUI 值最大，为 4.4，2015 年 FUI 值最小，为 2.7，水体颜色逐渐变蓝，属于清洁水体。色林错和赤布张错 FUI 呈上升趋势，可能是由于气温上升，引起冰雪消融和冻土退化，造成了入湖径流量的增加，入湖地表径流的增加携带了大量的泥沙入湖，从而增加了水体的浑浊程度[①]。纳木错、扎日南木错、当惹雍错 FUI 呈下降趋势，是由于湖泊的面积增大，水位上升，水量增加，使得水体更加清洁[②]。

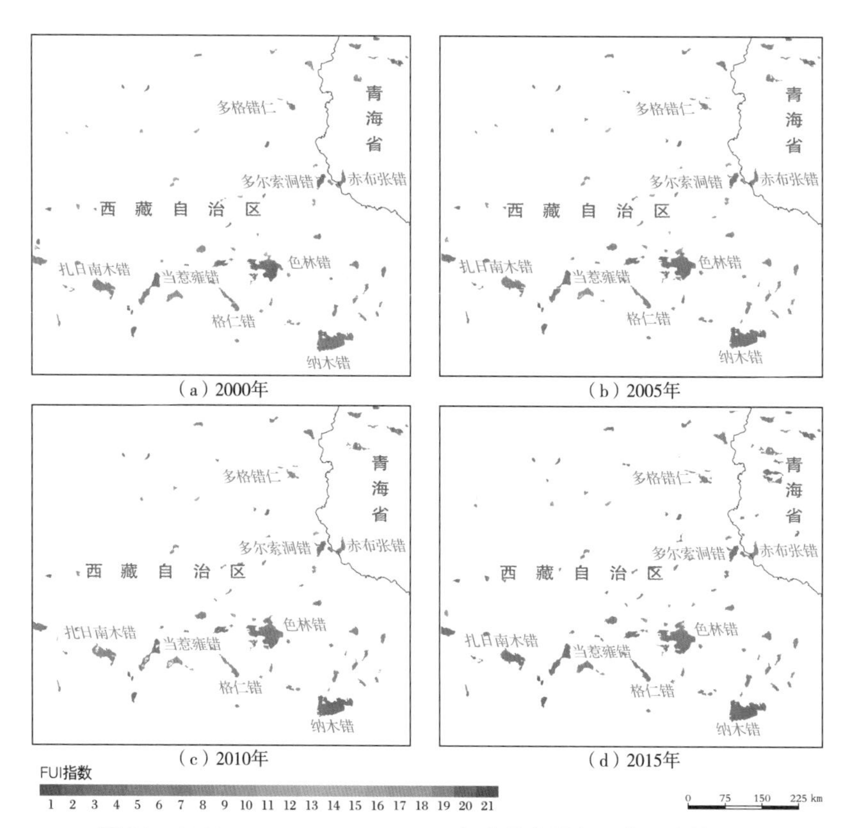

图 24 2000、2005、2010、2015 年青藏高原湖区主要水体 FUI

10.2.2 东部平原湖区水环境

10.2.2.1 2015年东部平原湖区水质状况

东部平原湖区包括长江中下游平原及三角洲、淮河中下游平原、黄河中下游

① Li, J., et al. (2016). "MODIS Observations of Water Color of the Largest 10 Lakes in China between 2000 and 2012." *International Journal of Digital Earth*: 1-18.Yang, R. H., X. Z. Yu, and Y. L. Li. 2003. "The Dynamic Analysis of Remote Sensing Information for Monitoring the Expansion of the Selincuo Lake in Tibet." *Remote Sensing for Land & Resources* 2: 64-67.Bian, D., B. C. R. Bian, B. La, C. Y. Wang, and T. Chen. 2010. "The Response of Water Level of Selin Co to Climate Change during 1975-2008." *Acta Geographica Sinica* 65 (3): 313-319.

② Wu, Y. H., H. X. Zheng, B. Zhang, D. M. Chen, and L. P. Lei. 2014. "Long-Term Changes of Lake Level and Water Budget in the Nam Co Lake Basin, Central Tibetan Plateau." *Journal of Hydrometeorology* 15: 1312-1322.

平原、海河中下游平原以及京杭大运河沿岸。这里地势低平，降水丰沛，河网交织，湖泊星罗棋布，是我国湖泊密度最大的地区。我国著名的五大淡水湖——鄱阳湖、洞庭湖、太湖、洪泽湖和巢湖都分布在东部平原湖区。东部平原湖区绝大多数湖泊属吞吐型浅水湖泊，河湖关系密切。湖泊水位受降水影响较大，因降水季节分配不均导致湖泊水位和面积变化较大[①]。东部平原湖区经济发展较快，人口较为稠密，社会经济发展对湖泊的影响较为显著。多数湖泊受到了不同程度的污染，湖泊浑浊度较高，富营养化问题较为突出。水体 FUI 较为均一，主要集中在 9~13，水体多为绿色—黄绿色，多数属于浑浊富营养化湖泊（见图 25）。

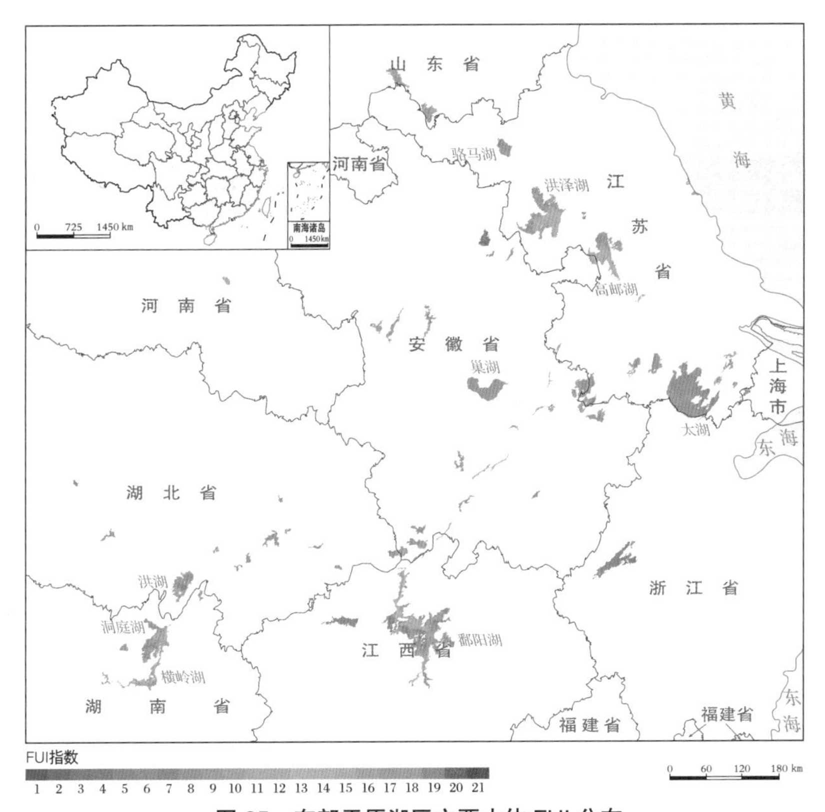

图 25　东部平原湖区主要水体 FUI 分布

东部平原湖区湖泊多为外流湖，湖泊受河流影响很大，人类生产生活产生的大量废弃物被直接排入河流，然后被注入湖泊，导致湖泊的悬浮物浓度上升，水体

① 金相灿、刘树坤、章宗涉等:《中国湖泊富营养化》，中国环境出版社，1995。

透明度下降[1]。该湖区降水较为丰富，地表物质也会随着降水被冲入河流，从而进入湖泊，导致湖泊悬浮物浓度上升。另外，由于该湖区多为浅水湖泊，湖泊水深一般不超过4米，大风引起的水体搅动会导致底泥上翻，增加水体的悬浮物浓度。总之，河川径流和湖水搅动导致了东部平原湖区水体悬浮物浓度上升，透明度下降，水体FUI值较高，为较浑浊水体。

东部平原湖区的主要湖泊有鄱阳湖、洞庭湖、太湖、洪泽湖、巢湖、高邮湖等。这些湖泊的FUI年均值在9.5~11.3，为绿色—黄绿色，属于较浑浊湖泊。其中，巢湖、太湖偏绿色，水体富营养化情况较为严重；高邮湖和洪泽湖为黄绿色，泥沙含量较高，水体浑浊度较高。该湖区也分布有较清洁水体，如丹江口水库。由于环境保护较好，丹江口水库基本无污染，水体清洁，2015年FUI年均值为6.7，颜色为蓝绿色，为东部平原湖区水质最好的水体（见表2）。

表2　东部平原湖区主要湖泊2015年FUI统计

湖泊名称	经度（° E）	纬度（° N）	FUI年均值	年标准差
丹江口水库	111.562	32.729	6.7	0.92
巢湖	117.575	31.550	9.5	1.26
太湖	120.195	31.179	9.7	0.86
洞庭湖	112.788	29.083	10.2	1.32
鄱阳湖	116.283	29.067	10.5	—*
高邮湖	119.264	32.829	11.1	1.34
洪泽湖	118.598	33.300	11.3	1.77

*表示年内数据量不足，未计算标准差。

10.2.2.2　2000~2015年东部平原湖区水质变化

2000年以来，东部平原湖区的水体FUI值总体变化幅度不大，水体FUI年均值变化范围基本在10.5~11.5（见图26）。2000~2005年东部平原湖区的FUI值总体处于较高水平，FUI年均值在11.2左右波动。2005~2015年FUI值较2000~2005年有所降低。总之，2000~2015年东部平原湖区的水体FUI值处于窄幅波动状态，总体上有变小的趋势，但是变小趋势不显著。

2000~2015年东部平原湖区水体FUI值的窄幅波动和略微变小趋势并不显著，

① Le, C., et al. "Eutrophication of Lake Waters in China: Cost, Causes, and Control". *Environ Manage*, 2010, 45（4）: 662-668.

表现在颜色上的差别更小。图 27 是 2000、2005、2010、2015 年共 4 年的 FUI 图，可以发现大部分湖区的颜色都为绿色—黄绿色，水体较浑浊。局部区域颜色有变化，但是整个湖区的颜色依然是绿色—黄绿色，并没有显著的变化。水体 FUI 值没有显著变化也就意味着该湖区水体的浑浊程度变化较小。

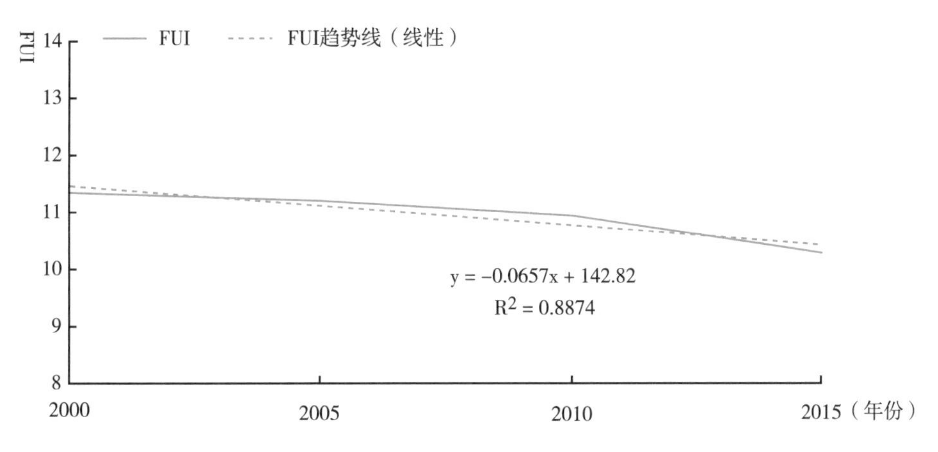

图 26　2000~2015 年东部平原湖区水体 FUI 变化

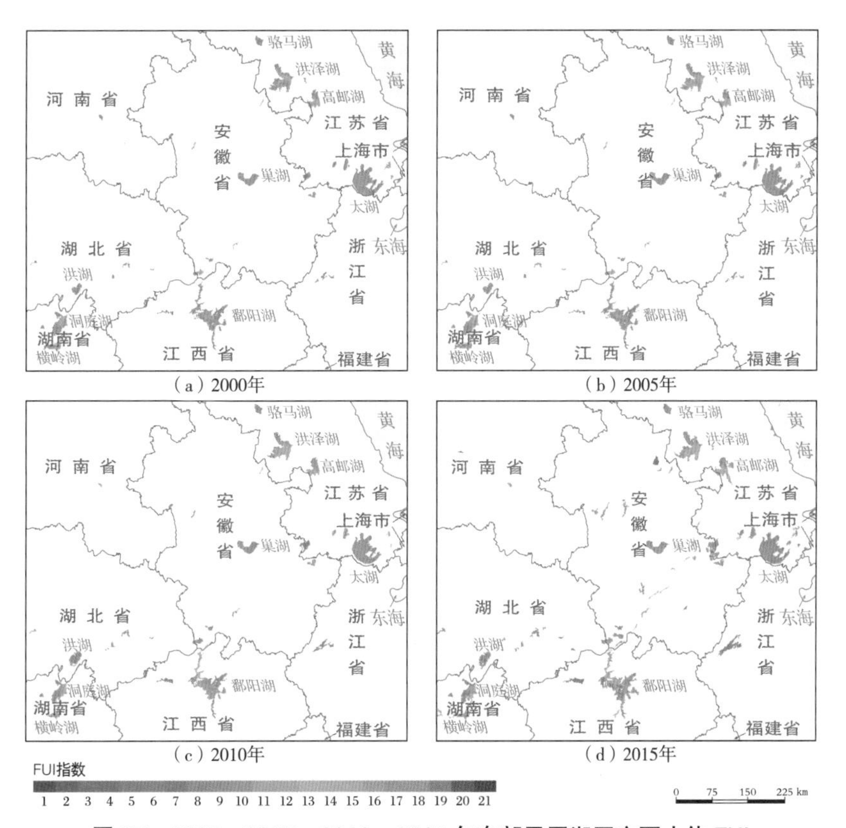

图 27　2000、2005、2010、2015 年东部平原湖区主要水体 FUI

10.2.3 东北山地与平原湖区水环境

10.2.3.1 2015年东北山地与平原湖区水质状况

东北山地与平原湖区覆盖了辽宁省、吉林省、黑龙江省。该湖区湖泊大多为河流成因，汛期（6~9 月）入湖水量为全年水量的 70%~80%，水位高涨；冬季水位低枯，封冻期长；春秋两季降水稀少。湖区的水体特点：水系较发达，湖水较浅，面积较小，并含有盐碱成分，常伴有沼泽、湿地。

该湖区分布了兴凯湖、查干湖、龙虎泡等主要大型湖泊（见图 28）。FUI 的整体数值偏大，主要集中在 11~14（见表 3），属于浑浊类湖泊。文献调研结果同样指出，松嫩平原湖泊透明度平均值为 0.3 米（标准差 SD=0.33 米），水体浑浊程度大①。这与该地区湖泊现代沉积物深厚、湖水浅、矿化度高、地势低洼排水不畅以及人为因素有关②。各湖泊的 FUI 排序从浑浊到非常浑浊分别是查干湖、龙虎泡、兴凯湖。

图 28 东北山地与平原湖区主要水体 FUI 分布

---

① 姚书春、薛滨、吕宪国等:《松嫩平原湖泊水化学特征研究》,《湿地科学》2010 年第 8(2) 期，169~175 页。

② 王苏民、窦鸿身:《中国湖泊志》，科学出版社，1998。

表 3　东北山地与平原湖区主要湖泊 2015 年 FUI 统计

湖泊名称	经度	纬度	FUI 年均值	年标准差
兴凯湖	132.502	45.054	14.5	1.62
龙虎泡	124.378	46.708	11.5	1.45
查干湖	124.262	45.279	11.3	1.61

10.2.3.2　2000~2015年东北山地与平原湖区水质变化

2000~2015 年东北山地与平原湖区 FUI 年均值变化图（见图 29）表明，该区湖泊 FUI 波动较大，总体有下降的趋势。整体来看，该湖区水体较为浑浊，水体逐年由以无机悬浮泥沙为主的浊黄色转变为以藻类为主的绿色，在向富营养化方向转变。其中 2000~2005 年该区湖泊由浅黄色变为深黄色，水体更为浑浊。2006~2010 年该区 FUI 均值下降，由 15.6 下降到 12.9。特别值得注意的是，在 2010 年湖泊转为绿色，之后 5 年内又回升稳定到浅黄色。这与当前全球变暖大环境下温暖而营养丰富的水体更有益于藻类生长并且水体更容易富营养化有关。东北山地与平原湖区湖泊的浮游藻类生物种类、数量都有所上升，特别是部分湖泊中的优势种：微囊藻[①]。实际调查发现，近几年在该湖区如龙虎泡等湖泊每年从春天开始出现水藻（绿色），数量逐年增多，滞留时间也逐年延长，这和显示的湖泊 FUI 结果比较吻合。该区大部分湖泊水质的变化，也与人类的活动密切相关，如大规模的开垦、农业活动的增强、工业活动和生活污水的排放、大型水利工程的建设等，都进一步加剧了松嫩平原湖泊的这种变化趋势。

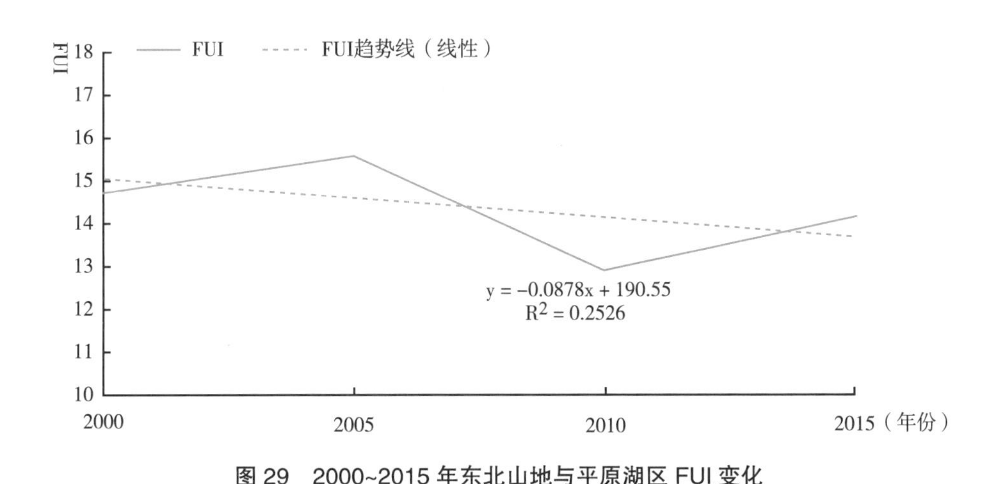

图 29　2000~2015 年东北山地与平原湖区 FUI 变化

① 桂智凡、薛滨、姚书春、魏文佳：《东北松嫩平原区湖泊对气候变化响应的初步研究》，《湖泊科学》2010 年第 22（6）期，第 852~861 页。

2000~2015年东北山地与平原湖区水体FUI值总体变化幅度较大，变化范围基本在2.5以上。水体颜色由黄变绿，差别明显。图30是2000、2005、2010、2015年共4年的FUI图，局部区域颜色有较大变化。

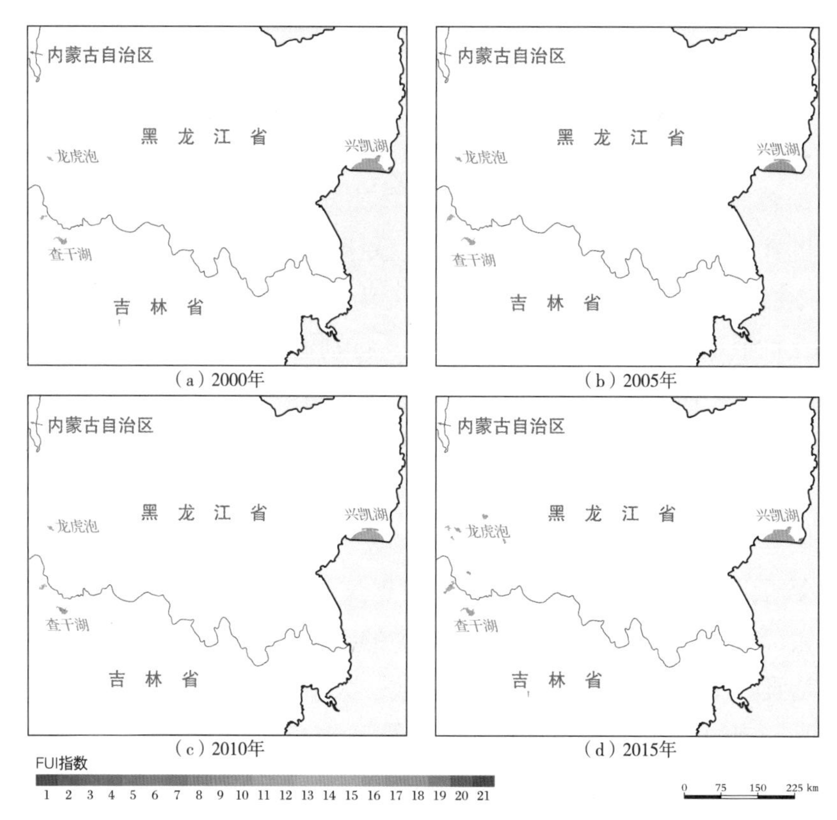

图30　2000、2005、2010、2015年东北山地与平原湖区主要水体FUI

10.2.4　蒙新高原湖区水环境

10.2.4.1　2015年蒙新高原湖区水质状况

蒙新高原湖区包括我国的甘肃省、山西省、陕西省、内蒙古自治区、宁夏回族自治区。蒙新高原地处内陆，远离海洋，气候干旱，年降水量一般在400毫米以下，多数低于250毫米，但河流与潜水易向汇水洼地的中心积聚，所以亦能发育众多的湖泊[①]，如博斯腾湖、赛里木湖、艾比湖、乌伦古湖（见图31）等湖泊。本区大型湖泊多为内陆盆地水系的最后归宿地，因区内蒸发强度较大，蒸发量超过湖水的补给量，导致湖水不断浓缩，遂发育成闭流性的咸水湖或盐湖[②]；而发

① 曾海鳌、吴敬禄：《蒙新高原湖泊水质状况及变化特征》，《湖泊科学》2010年第6期，第882~887页。

② 张亚丽、许秋瑾、席北斗、张列宇：《中国蒙新高原湖区水环境主要问题及控制对策》，《湖泊科学》2011年第6期，第828~836页。

育在沙漠地区的风成湖，具有面积小、湖水浅、补给水量少、湖水易浓缩等特点。对于蒙新高原湖区来说，湖泊萎缩、水量锐减主要是由气候因素决定的，而近几十年来，人为因素则从另一侧面加速了这一过程①。

蒙新高原湖区整体 FUI 值的空间差异较大，不同湖泊的 FUI 值从 2.40 到 14.03 变化。研究区内的 13 个湖泊中，3 个湖泊 FUI 在 1~6，水体清洁，呈蓝色，占蒙新高原湖泊的 23%；7 个湖泊 FUI 在 6~9，水体较清洁，呈蓝绿色，占蒙新高原湖泊的 54%；2 个湖泊 FUI 在 9~13，水体浑浊，呈绿色，占蒙新高原湖泊的 15%；1 个湖泊 FUI 在 13~21，水体非常浑浊，呈黄绿色。

蒙新高原湖区湖泊总体为较清洁水体，但个别湖泊富营养化问题较为突出。水体 FUI 值主要集中在 6~9，颜色为蓝绿色，多数属于较清洁水体湖泊（见图 31）。

图 31 蒙新高原湖区主要水体 FUI 分布

① 张亚丽：《我国蒙新高原湖区湖泊营养物基准制定技术研究》，中国环境科学研究院博士论文，2012。

该湖区降水并不丰富，再加上气候干燥，蒸发量大，许多湖泊面积有衰退的趋势，导致水体盐度上升。本区湖泊总体呈现较清洁中营养状态，但是，随着经济的发展，人类活动的增加，近年来蒙新高原地区湖泊水质有逐渐恶化的趋势。为了今后蒙新高原地区实现社会经济的可持续发展，必须高度重视蒙新高原地区湖泊的水污染治理和水资源保护问题①。

该湖区的主要湖泊是位于新疆的博斯腾湖、赛里木湖、艾比湖、乌伦古湖等。除了赛里木湖，其他湖泊的 FUI 年均值在 6.6~10.5，为蓝绿色，属于较清洁水体。赛里木湖 FUI 年均值为 2.4，水体呈蓝色，属于清洁贫营养水体，为本区水质最好的水体，可以与青藏高原湖泊的水质媲美；乌伦古湖和博斯腾湖为蓝绿色，水体呈现清洁中营养状态；艾比湖水体偏绿色，水体呈现富营养化。水体 FUI 年标准差方面，除艾比湖外，其余三个湖泊的年标准差均较小，反映了水体 FUI 值与水体浑浊程度均波动较小，比较稳定（见表 4）。

表 4　蒙新高原湖区主要湖泊 2015 年 FUI 统计

湖泊名称	经度（°E）	纬度（°N）	FUI 年均值	年标准差
博斯腾湖	87.050	41.967	7.7	0.23
赛里木湖	81.224	44.600	2.4	0.39
艾比湖	82.899	44.896	10.5	0.99
乌伦古湖	87.278	47.271	6.6	0.26

10.2.4.2　2000~2015年蒙新高原湖区水质变化

2000 年以来，蒙新高原湖区的水体 FUI 值一直处于波动状态，总体上有上升的趋势，但总体变化幅度不大，变化范围基本在 1.0 以内（见图 32）。其中，FUI 值最大的年份为 2010 年，达到 8.7 左右；FUI 值最小的年份为 2000 年，低至 8.3 左右。2005~2010 年蒙新高原湖区的 FUI 值总体处于较高水平，其余年份 FUI 值相对较低。总之，2000~2015 年蒙新高原湖区的水体 FUI 值总体处于窄幅波动状态，略有上升趋势（R^2=0.0033），说明该湖区水体颜色有从蓝绿往绿色变化的趋势，水体浑浊程度稍有增加。

2000~2015 年蒙新高原湖区水体 FUI 值的窄幅波动和略微变大趋势并不显著，表现在颜色上的差别更小。图 33 是 2000、2005、2010、2015 年共 4 年的 FUI 图，可以发现蒙新高原湖区不同湖泊的 FUI 值水体颜色差异较大。但是同一湖泊不同时间段差异不十分明显，同一时间段不同湖泊的 FUI 值水体颜色为蓝色—蓝绿色—绿

① 曾海鳌、吴敬禄：《蒙新高原湖泊水质状况及变化特征》，《湖泊科学》2010 年第 6 期，第 882~887 页。

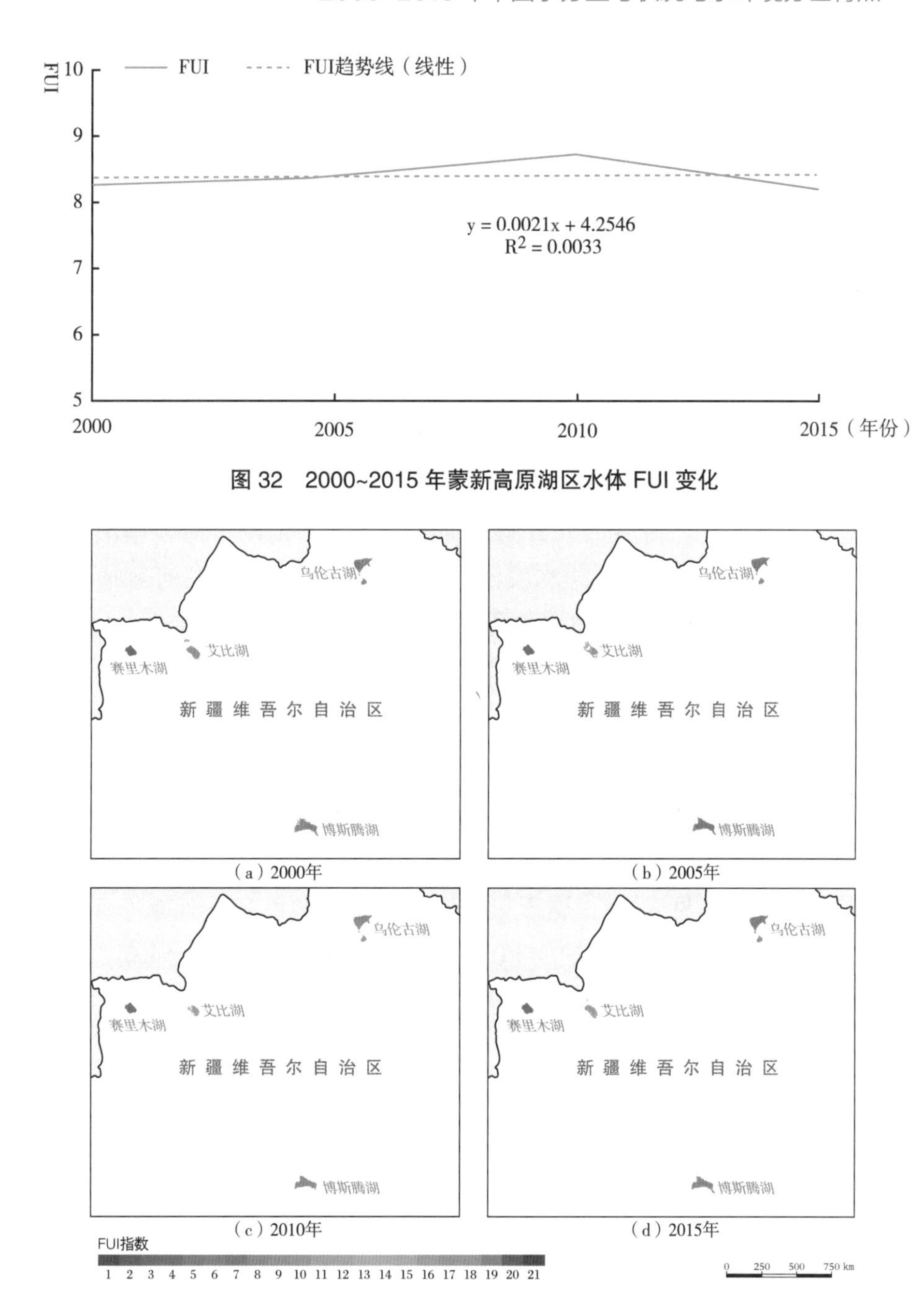

图 32　2000~2015 年蒙新高原湖区水体 FUI 变化

图 33　2000、2005、2010、2015 年蒙新高原湖区主要水体 FUI

色，在更长的时间跨度上同一湖泊水体颜色 FUI 值没有显著变化，也就意味着本区水体的浑浊程度变化较小，总体维持了较为清洁的状态。具体来看，赛里木湖 16 年 FUI 均值为 3.0，2012 年 FUI 值最大，为 3.5，2015 年 FUI 值最小，为 2.4，属于清洁水体。博斯腾湖 16 年 FUI 均值为 7.8，2013 年 FUI 值最大，为 8.3，2005 年 FUI 值最小，为 7.2，属于较清洁水体。乌伦古湖 16 年 FUI 均值为 7.2，2001 年

FUI 值最大，为 7.5，2015 年 FUI 值最小，为 6.6，属于较清洁水体。艾比湖 16 年 FUI 均值为 10.2，2014 年 FUI 值最大，为 11.5，2003 年 FUI 值最小，为 9.5，属于浑浊水体。

10.2.5 云贵高原湖区水环境

10.2.5.1 2015年云贵高原湖区水质状况

云贵高原湖区是指云南省、贵州省、四川省和重庆市辖区内的大小湖泊，位于中国地势第二阶梯，大中型湖泊集中分布在云南中部和云南西北地区，平均海拔 1000~3000 米，气候湿润，雨量充沛，众多的河流穿插在云贵高原上，不停地切割着地面，形成许多又深又陡的峡谷，高原上还有很多因地层断裂陷落而形成的“断层湖”，著名的如云南东部的滇池和中部的洱海。湖泊普遍海拔较高，湖岸陡峻，面积较小而湖水较深，入湖支流众多而出湖河道很少，湖泊尾闾落差大，水力资源丰富，湖泊水位随降水量的季节变化而变化，湖水清澈，矿化度不高，全系吞吐型淡水湖，冬季亦无冰情出现，湖水换水周期长，生态系统较脆弱[①]。

该湖区分布了滇池、洱海、抚仙湖、泸沽湖、程海等主要湖泊（见图 34）。多数湖泊因靠近城市而受到了人类活动不同程度的影响，呈不同程度中营养化状态，个别如滇池呈现富营养化状态[②]。湖泊含盐量不高，水体清澈，FUI 的整体水平较低，主要集中在 5~9（见表 5），属于较清洁类湖泊，颜色多呈蓝绿色，尤其抚仙湖更是常年清洁，呈蓝色。各湖泊的 FUI 由低到高排序依次为：抚仙湖、洱海、程海、泸沽湖、滇池。

表 5 云贵高原湖区主要湖泊 2015 年 FUI 统计

湖泊名称	经度	纬度	FUI 年均值	年标准差
抚仙湖	102.886	24.541	5.8	1.14
洱海	100.186	25.804	7.5	1.19
程海	100.662	26.545	7.9	0.46
泸沽湖	100.751	27.675	8.0	—*
滇池	102.710	24.816	9.4	0.85

* 表示年内数据量不足，未计算标准差。

① 姜甜甜、高如泰、席北斗、夏训峰、许其功、杨志新、张慧：《云贵高原湖区湖泊营养物生态分区技术方法研究》,《环境科学》2010 年第 11 期，第 2599~2606 页。

② 陈奇、霍守亮、席北斗、昝逢宇、何卓识：《云贵高原湖区湖库总磷和叶绿素 a 浓度参照状态研究》,《环境工程技术学报》2012 年第 3 期，第 184~192 页。

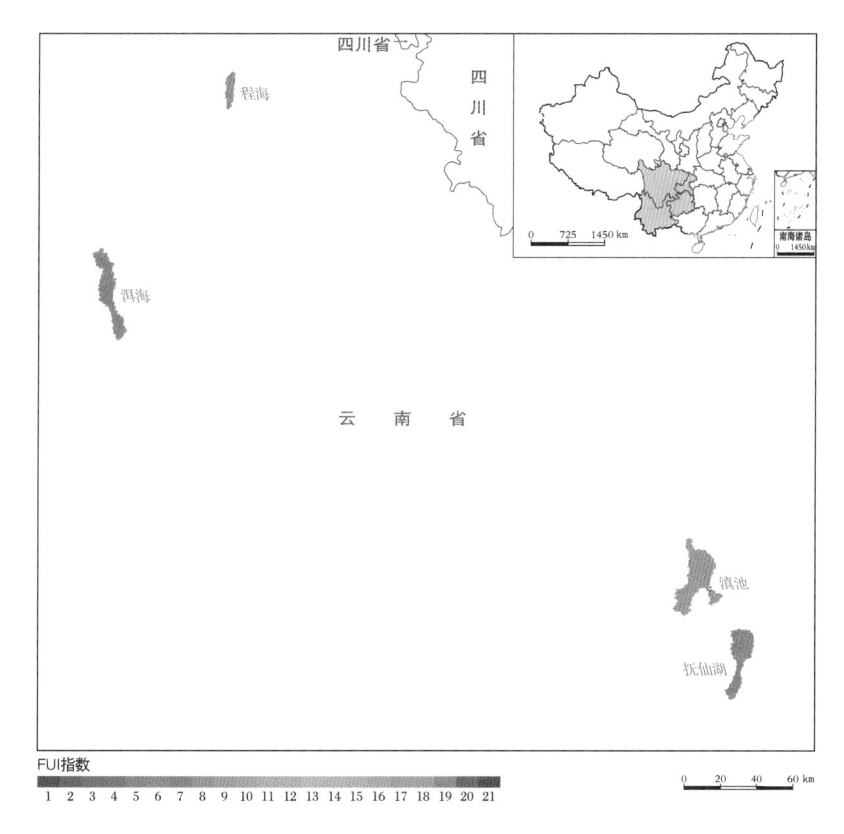

图 34　云贵高原湖区主要水体 FUI 分布

10.2.5.2　2000~2015年云贵高原湖区水质变化

2000~2015 年，云贵高原湖区水体 FUI 值总体上呈逐步上升趋势，但总体变化幅度不大，变化范围基本在 1.0 以内（见图 35）。其中，FUI 值最大的年份为 2010 年，达到 8.2 左右；FUI 值最小的年份为 2000 年，低至 7.4 左右。总之，2000~2015 年云贵高原湖区的水体 FUI 值处于窄幅波动状态，略有上升趋势，说明该湖区水体颜色从蓝绿色向绿色转变，水体浑浊程度有所增加。

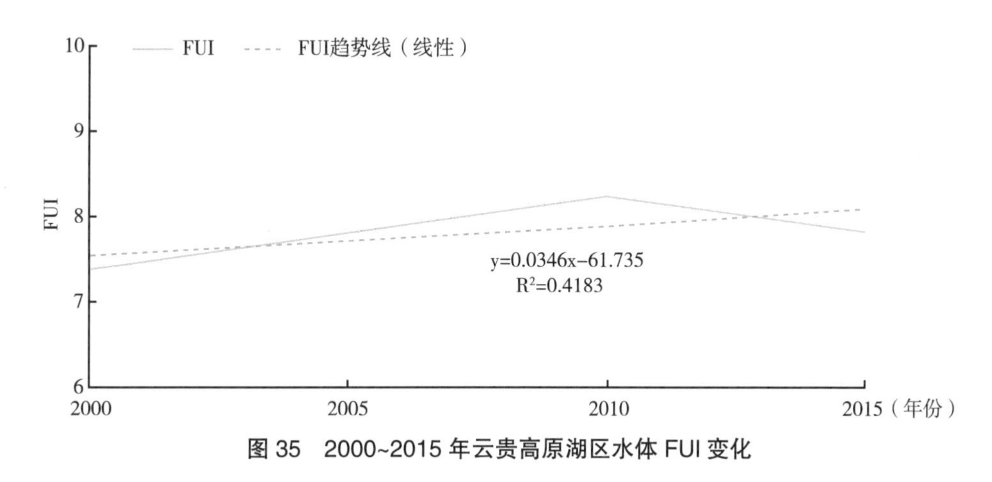

图 35　2000~2015 年云贵高原湖区水体 FUI 变化

云贵高原湖区湖泊换水周期较长，近年来湖区附近的城市人类生产生活污水排放及水资源利用，导致流域污染负荷总量进一步快速增加，湖区面积逐年萎缩，这使得云贵高原湖泊很容易发生富营养化。滇池、抚仙湖、洱海等湖泊水体透明度下降，滇池更是每年多次爆发藻华[①]。2000、2005、2010、2015年四年中（见图36、图37），前三个年份由于围湖造田，工农业水资源利用等原因，滇池、抚仙湖、洱海、程海四个湖泊水域面积不同程度减少，滇池将近缩小一半，水体颜色呈现由蓝变绿的趋势。另外，2015年四个湖区扭转了面积萎缩的趋势，四个湖区水质状况也有较明显改善。可能2014~2015年生态环境治理政策发挥作用[②]，四个湖区水域面积也恢复2000年水平或有所增大，水体中颗粒物浓度和浑浊度降低，水体颜色变绿变蓝，整体水质明显改观。

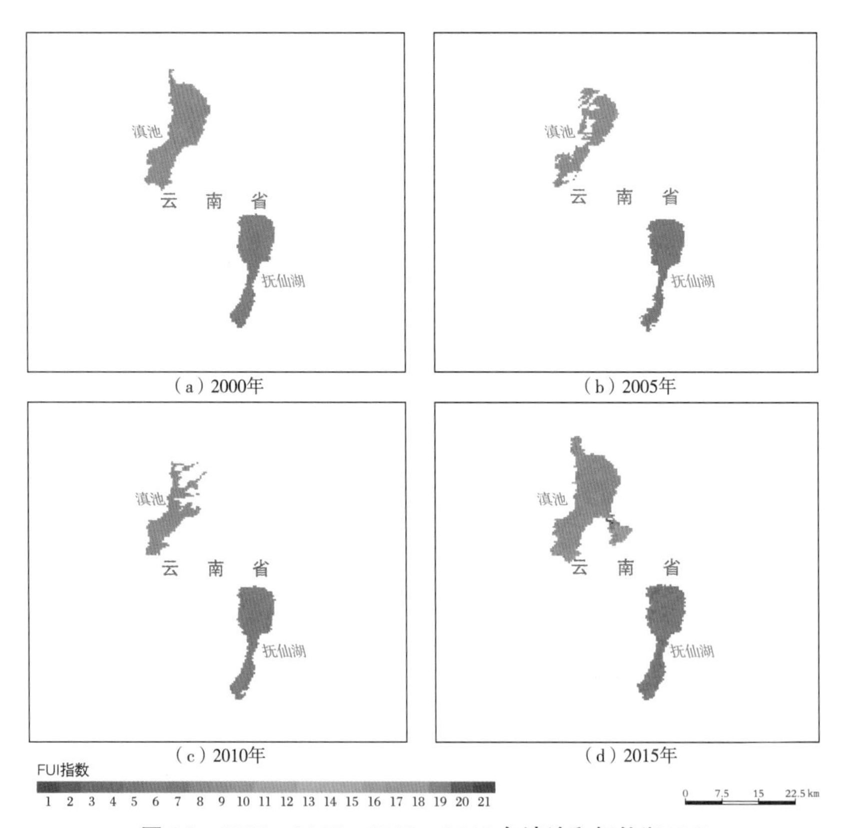

图36 2000、2005、2010、2015年滇池和抚仙湖FUI

① 杨桂山、马荣华、张路、姜加虎、姚书春、张民等：《中国湖泊现状及面临的重大问题与保护策略》，《湖泊科学》2010年第22（6）期，第799~810页。

② 《滇池，有救！——云南全力推进滇池污染治理专题报道》，新华网云南，http://www.yn.xinhuanet.com/topic/2014/dcyj/。《昆明市“滇池治理三年行动计划”领导小组将成立》，云南省环境保护厅，http://www.ynepb.gov.cn/。

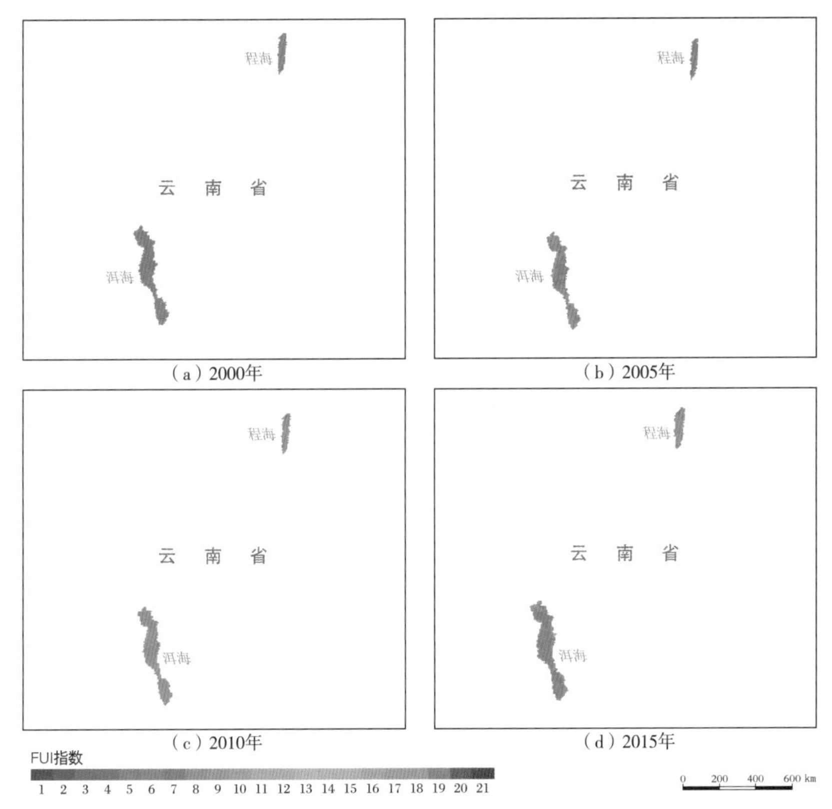

图 37　2000、2005、2010、2015 年洱海和程海 FUI

10.3　2000~2015年中国湿地的区域变化特征

中国湿地主要分布在长江中下游湿地区、青藏高寒湿地区和东北湿地区，分别占湿地总面积的 43%、17% 和 16%。2015 年中国湿地以人工湿地（水田）面积最大，约占湿地总面积的 64%；而自然湿地中的永久性沼泽和水体分别约占 18% 和 13%。其中水田主要分布在长江中下游湿地区（62%）和东北湿地区（13%）；永久性沼泽主要分布在青藏高寒湿地区（35%）、东北湿地区（33%）和西北干旱湿地区（27%）；水体则主要分布在青藏高寒湿地区（49%）、长江中下游湿地区（17%）和西北干旱湿地区（13%）。

全国不同区域湿地的变化不一致。除黄河中下游湿地区外，其余各区域都表现了湿地的持续性减少。东南和南部湿地区湿地面积减少幅度最大，减少比例高达 43%；滨海湿地区的湿地净减少比例约为 11%，这 2 个区域湿地的减少主要是由水田面积的减少所致；西北干旱湿地区湿地净减少比例约为 12%，主要原因与永久性沼泽的减少密切相关。而黄河中下游湿地区湿地总面积增加 3144 平方千米，比例约为 36%，也是与水田面积的增加直接相关。面积分布较为集中的东北湿地区的湿地减少与全国平均水平相当，约为 5%。以永久性沼泽为代表的自然湿地在全国各个区域均表现了减少的趋势，这亟待引起湿地保护相关部门的重视。

由于地理环境差异，我国湿地有着明显的区域分布特点：河流湿地多分布在东部地区，沼泽湿地多分布在东北部地区，而西部干旱地区的湿地明显减少；湖泊湿地多分布在长江中下游地区和青藏高原；滨海湿地分布于沿海 11 省市及港澳台地区，而红树林和亚热带及热带地区湿地多分布在从海南岛到福建北部的沿海地区。青藏高原拥有世界海拔最高的大面积高原沼泽和湖群，形成独特的高寒湿地。

为加强全国湿地资源保护力度，促进全国湿地资源的有效保护，实现湿地资源的可持续利用，国家林业局主导编制了《全国湿地保护工程规划（2002~2030）》。该规划依据湿地空间分布特点、湿地的功能、湿地保护与合理利用途径的相似性，并考虑行政区和流域的连续性及实际可操作性，将全国湿地按地理区域划分为 8 个湿地保护类型区域（见图 38）。以下分别针对各个湿地区的湿地分布及变化情况进行分析和评述[①]。

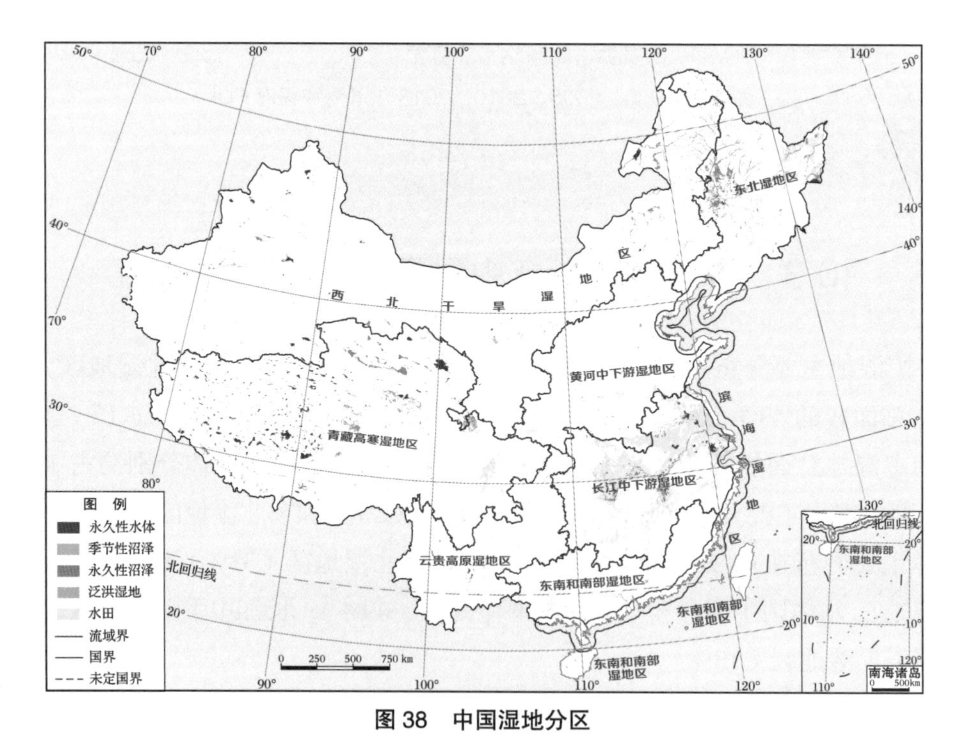

图 38 中国湿地分区

资料来源：引自《全国湿地保护工程规划（2002~2030）》。

① 各个分区的部分资料引自《全国湿地保护工程规划（2002~2030）》。

（1）东北湿地区。

该区域行政区划上包括黑龙江、吉林和辽宁省以及内蒙古自治区东北部。该区域内湿地类型以淡水沼泽和湖泊为主，其余有河流和人工湿地等，总面积约为 750 万公顷。该区域内大面积的农业开发造成的天然沼泽面积减少是本区湿地面临的主要问题。

（2）黄河中下游湿地区。

该区域位于黄河中下游地区和海河流域，行政区域包括了北京、天津、河北、河南、山东、山西和陕西 7 省市。区域内天然湿地类型以河流为主。由于本区域水资源缺乏，上游地区对水资源的截留，造成河流中下游地区缺水严重。比如，黄河中下游主河道断流现象严重，海河流域的很多支流已断流，湿地不复存在。

（3）长江中下游湿地区。

该湿地区位于长江中下游地区及淮河流域。在行政区上包括湖北、湖南、江西、江苏、安徽、上海、浙江共 7 省市，是我国淡水湖泊集中分布区域，如鄱阳湖、洞庭湖、洪湖、太湖和洪泽湖等。另外，该区也是人工湿地（水田）最为集中分布的地区。对湿地的围垦等是本区湿地保护的最大问题，已导致大量天然湿地面积持续减少，湿地功能减弱，生态环境退化。

（4）滨海湿地区。

该湿地区包括我国滨海地区的 11 个省（区、市）。自北而南依次有辽宁的丹东、鸭绿江口、辽河三角洲、大沽河；河北北大港；山东黄河三角洲、莱州湾、无棣滨海；江苏滨海的盐城、南通、连云港等湿地；杭州湾以南，依次为浙江钱塘江口—杭州湾；福建晋江口—泉州湾；广东珠江口河口湾和广西北部湾等河口与海湾湿地。对滨海湿地的过度利用和浅海污染等是该区域湿地面临的主要问题，导致了红树林面积减少、生物多样性降低等生态问题。

（5）东南和南部湿地区。

该湿地区主要包括珠江流域的绝大部分、两广各河流域内陆湿地和东南及台湾各河流域。行政区域包括广东、广西、福建、海南、台湾、香港、澳门 7 省区。主要湿地类型为河流和人工湿地（水库），以及少量的内陆沼泽和湖泊。本区域湿地面临的主要问题是泥沙淤积、水质污染和生物多样性减少。

（6）云贵高原湿地区。

本湿地区主要包括云南、贵州两省以及四川西部高山区。区域内有 9 个 4000 公顷以上的湖泊，40 余个面积在 500 公顷以上的湖泊，如云南的滇池、洱海、抚仙湖、泸沽湖和贵州的草海等。另有构成云贵高原湿地基础的六大水系，包括金沙江、南盘江和元江等。

（7）西北干旱湿地区。

湿地在本区域主要分布在两个分区：一是新疆干旱湿地区，主要分布在天山和阿尔泰山等海拔 1000 米以上的山间盆地、谷地及山麓冲积扇缘潜水溢出地带；二是内蒙古中西部以及甘肃和宁夏境内湿地区，主要分布在黄河上游河流及沿岸。以湖泊为主，如新疆博斯腾湖、天池、乌梁素海等湖泊，是迁徙水禽的重要栖息和繁殖地。干旱和上游地区的河流截流导致湿地大面积萎缩和消失是本区湿地面临的最大问题。

（8）青藏高寒湿地区。

本区湿地位于青海省、西藏自治区和四川省西部等。在海拔 3500~5500 米分布着大量的湖泊和沼泽。例如，青海湖是我国最大的咸水湖，另外较大的湖泊还有纳木错、色林错等。此外，长江、黄河、怒江和雅鲁藏布江等河流的源头（三江源）也是湿地集中分布区域。本区面临的主要生态环境问题是区域生态环境脆弱，湿地面积萎缩、草场退化、荒漠化严重等。由于特殊的地理位置，该区湿地保护涉及长江、黄河和澜沧江中下游地区甚至全国的生态安全，尤为重要。

10.3.1　东北湿地区变化

遥感监测分类结果显示，2015 年东北湿地区内湿地面积为 81675.69 平方千米，约占全国湿地面积的 15.39%，黑龙江省湿地面积最大，辽宁省湿地面积最小。湿地类型包括永久性水体、洪泛湿地、永久性沼泽、季节性沼泽和水田 5 类，其中水田面积为 42310.44 平方千米，占东北湿地区总湿地面积的 51.80%（见图 39），永

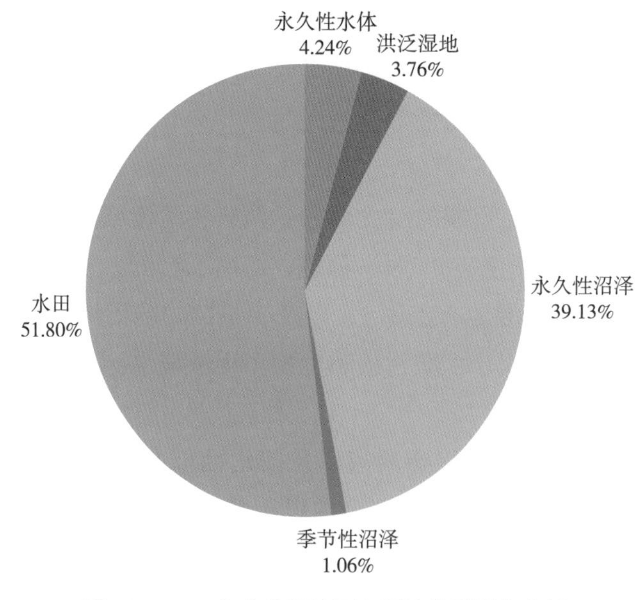

图 39　2015 年东北湿地区各湿地类型所占比例

久性沼泽面积为 31961.31 平方千米，占东北湿地区总湿地面积的 39.13%，剩余其他类型共占 9.06%。其中永久性水体面积为 3468.81 平方千米，季节性沼泽面积为 863.19 平方千米，洪泛湿地面积 3071.94 平方千米。

从地理位置看，黑龙江省、吉林省、辽宁省水田面积依次递减。永久性水体主要分布在齐齐哈尔市、大庆、白城市和松原市等地区；其中河流主要分布在黑龙江省，湖泊主要分布在吉林省，永久性沼泽主要分布在松嫩平原和三江平原。

从 2000 年到 2015 年，东北湿地区总的湿地面积不断减少（见图 40），在过去的 15 年中，东北湿地区的湿地面积净减少约 4090.5 平方千米，减少 4.77%。其中永久性沼泽面积减少 4908.94 平方千米，较 2000 年减少约 13.31%（见图 41）。季节性沼泽面积减少 1713.19 平方千米。而水田、永久性水体和洪泛湿地则分别增加 1020.75 平方千米、405.69 平方千米和 1105.19 平方千米。永久性沼泽表现为持续减少的趋势，而季节性沼泽在 2010~2015 年也表现为较大面积的减少，这与水田的增加形成显著对比。这说明东北湿地区内湿地保护形势不容乐观，应该与自然湿地转化为人工湿地（水田）密切相关。

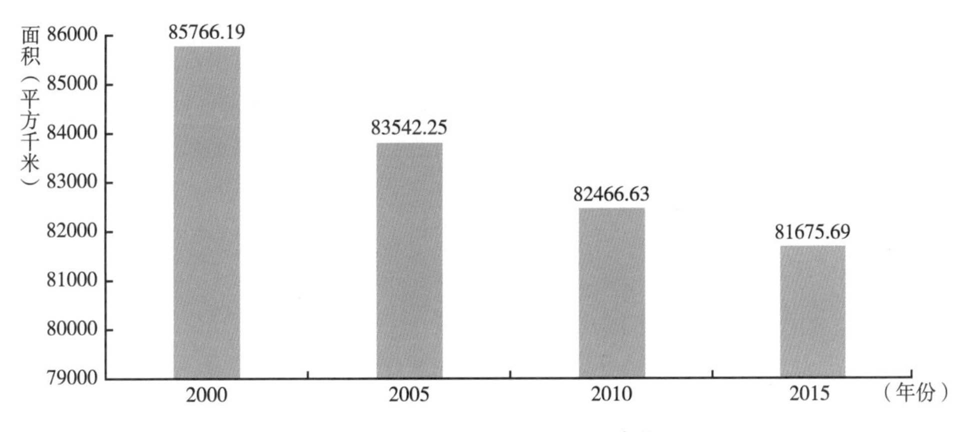

图 40　东北湿地区湿地总面积变化

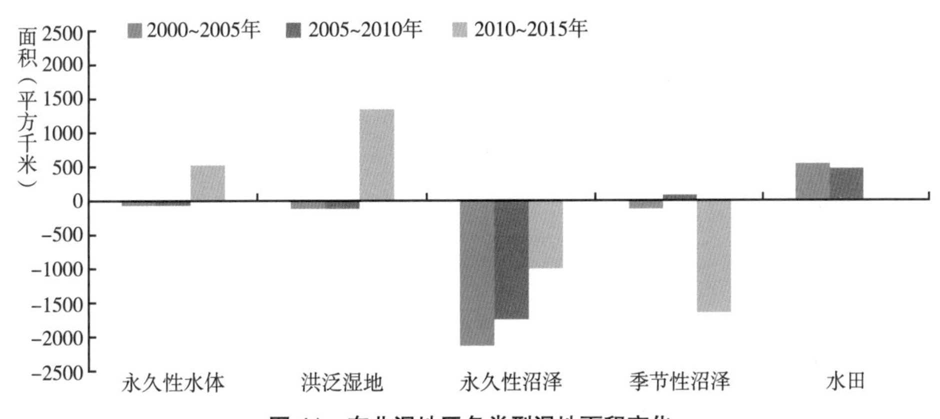

图 41　东北湿地区各类型湿地面积变化

10.3.2 黄河中下游湿地区变化

遥感监测分类结果显示，到 2015 年黄河中下游湿地区内湿地面积为 11892.63 平方千米，约占全国湿地面积的 2.24%，以河南省湿地面积最大。其中水田面积为 8503 平方千米，占黄河中下游湿地区总湿地面积的 71.5%（见图 42），是该湿地区内主要的湿地类型。其次是季节性沼泽和永久性水体，面积分别为 1297.69 平方千米和 1147.19 平方千米，占黄河中下游湿地区总湿地面积的 10.91% 和 9.65%，永久性沼泽和洪泛湿地共占 7.94%。其中永久性沼泽为 638.75 平方千米，洪泛湿地面积最少，仅 306 平方千米。从地理位置看，水田主要分布在河南省和山东省，其次是陕西省和天津市。永久性水体主要分布在山东省、天津市和河南省。

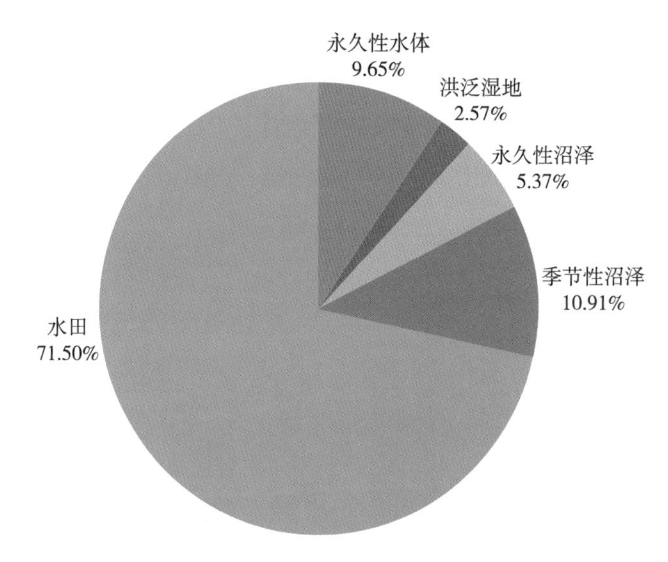

图 42　2015 年黄河中下游湿地区各湿地类型所占比例

与其他区域不同，从 2000 年到 2015 年黄河中下游湿地区的湿地总面积增加了 3144.44 平方千米，增加约 36%，湿地面积的增加主要发生在 2010 年之前（见图 43）。其中以水田增加为主，增加面积 2901 平方千米，增加了 51.79%（见图 44）。其他自然湿地类型具有不同的变化特征，总体上变化小于水田面积的变化。说明该区域内农业活动对湿地的影响具有显著的作用。

10.3.3 长江中下游湿地区变化

2015 年遥感监测分类结果显示，长江中下游湿地区湿地总面积为 230674.50 平方千米，约占全国湿地面积的 43.47%，是湿地总面积最大的湿地区。湿地类型包括水田、永久性沼泽、季节性沼泽、永久性水体、洪泛湿地 5 类。以水田为主（见

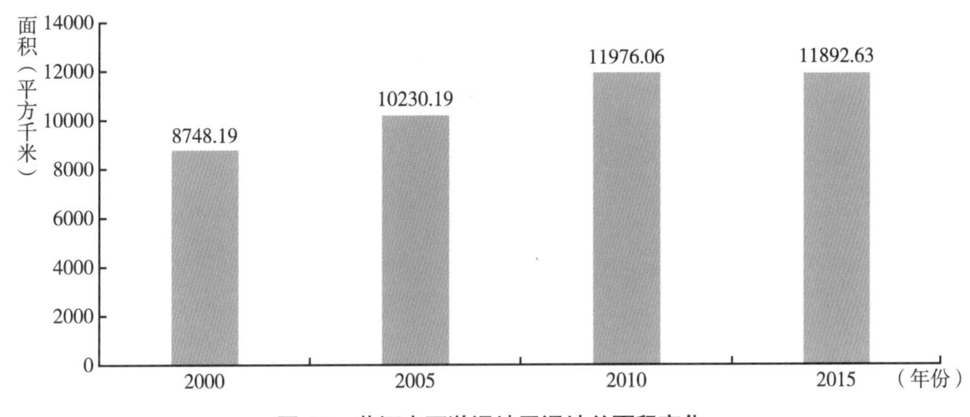

图 43　黄河中下游湿地区湿地总面积变化

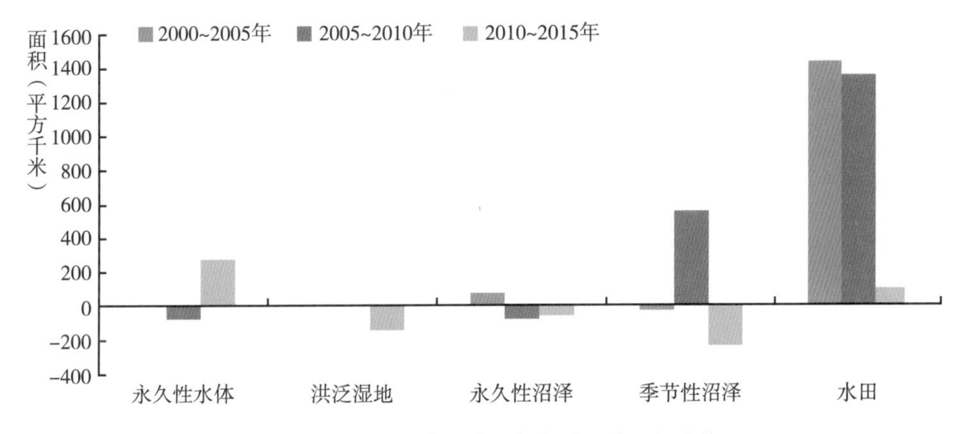

图 44　黄河中下游湿地区各类型湿地面积变化

图 45），是我国水田分布最多的地区，水田面积为 207508 平方千米，占长江中下游湿地区总湿地面积的 89.96%，剩余其他类型共占 10.04%，其中永久性水体面积为 12086 平方千米，季节性沼泽面积为 7916.19 平方千米，永久性沼泽面积为 2086 平方千米。从地理位置看，水田分布由多到少依次为湖南省、安徽省、江苏省、湖北省、江西省、浙江省和上海市。永久性水体在江苏省分布较多，占该湿地区永久性水体总面积的 41.2%。永久性沼泽主要分布在湖南省洞庭湖周围。季节性沼泽主要分布在鄱阳湖、洪湖等周围，分布较多的 3 个省分别为湖北省、湖南省和江西省。

与全国湿地变化趋势一致，2000~2015 年长江中下游湿地区总的湿地面积呈明显下降趋势（见图 46），湿地面积净减少 5958.25 平方千米，减少比例约为 2.52%。湿地面积减少的主要原因是水田面积减少，2000~2015 年，水田面积减少了 5843 平方千米，比 2000 年下降了 2.74%。而洪泛湿地面积减少了 1570.75 平方千米；永久性沼泽面积减少了 1360.5 平方千米。而永久性水体和季节性沼泽分别净增加 1138.75 平方千米和 1677.25 平方千米（见图 47）。

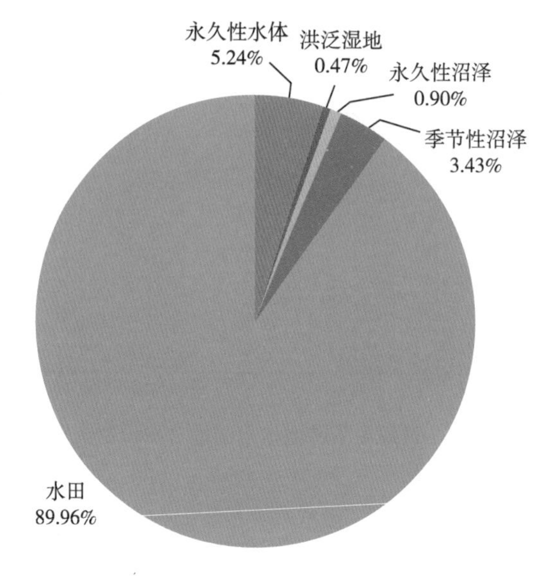

图 45　2015 年长江中下游湿地区各湿地类型所占比例

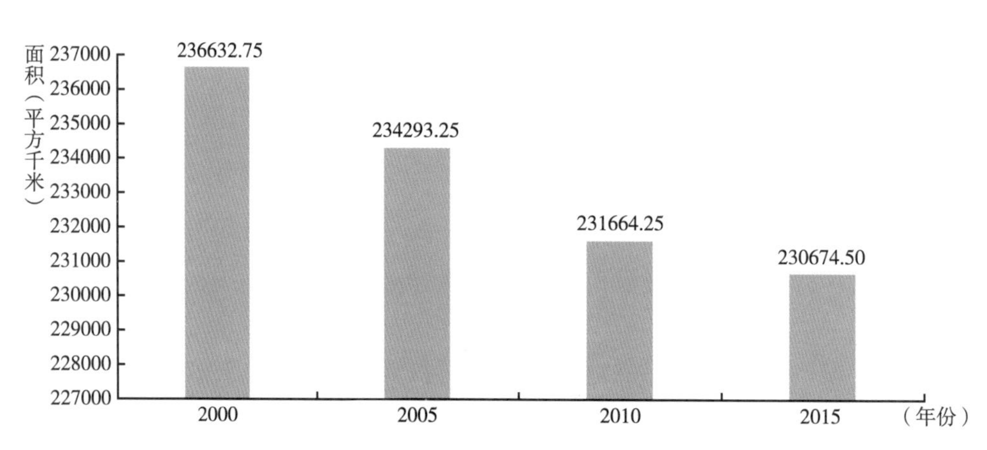

图 46　长江中下游湿地区总的湿地面积变化

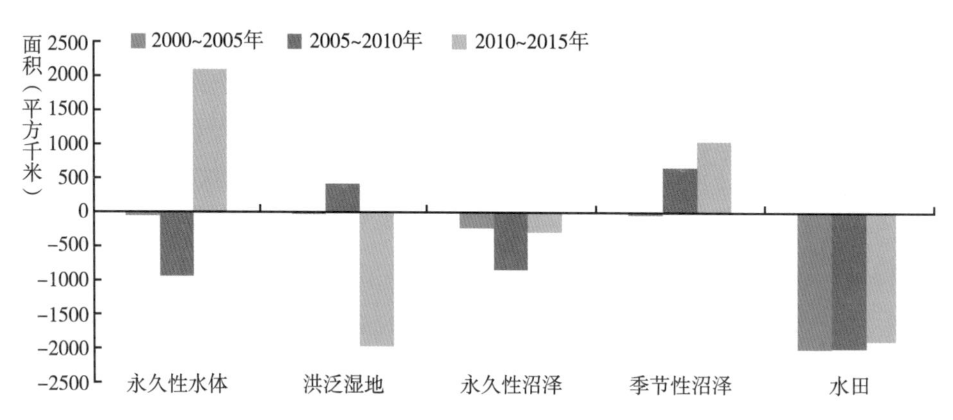

图 47　长江中下游湿地区各类型湿地面积变化

10.3.4 滨海湿地区变化

遥感监测分类结果显示，2015 年滨海湿地区内湿地面积为 35422.75 平方千米，约占全国湿地面积的 6.67%。湿地类型包括永久性水体、洪泛湿地、永久性沼泽、季节性沼泽和水田 5 类。其中以水田为主要类型，面积为 21199.12 平方千米，占区域内湿地面积的 59.85%；其次是永久性水体，面积为 8788.88 平方千米，占滨海湿地区湿地总面积的 24.81%（见图 48）。而季节性沼泽面积为 2608.13 平方千米，永久性沼泽面积为 1849.88 平方千米，洪泛湿地面积 976.75 平方千米，分别占滨海湿地总面积的 7.36%、5.22% 和 2.76%。

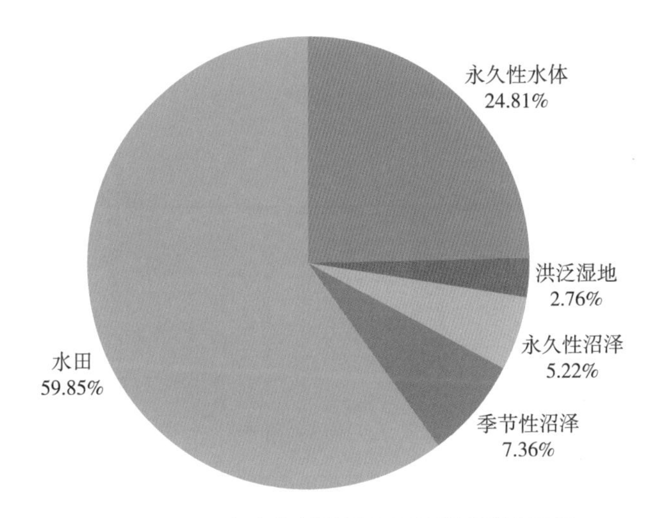

图 48　2015 年滨海湿地区各湿地类型所占比例

从 2000 年到 2015 年，滨海湿地区总的湿地面积不断减少（见图 49），在过去的 15 年中，滨海湿地区的总湿地面积净减少约 4167.88 平方千米，减少 10.53%，高于全国平均水平；但湿地减少主要发生在 2010 年之前。湿地面积减少主要与水田面积的减少有关。水田面积减少约 2813.63 平方千米，而洪泛湿地和永久性沼泽分别减少 3114.75 平方千米和 616.69 平方千米。同时面积增加的类型为永久性水体和季节性沼泽，分别增加 1482.25 平方千米和 894.94 平方千米（见图 50）。

10.3.5 东南和南部湿地区变化

遥感监测分类结果显示，2015 年东南和南部湿地区内湿地面积为 13733.69 平方千米，约占全国湿地面积的 2.59%。湿地类型包括永久性水体、洪泛湿

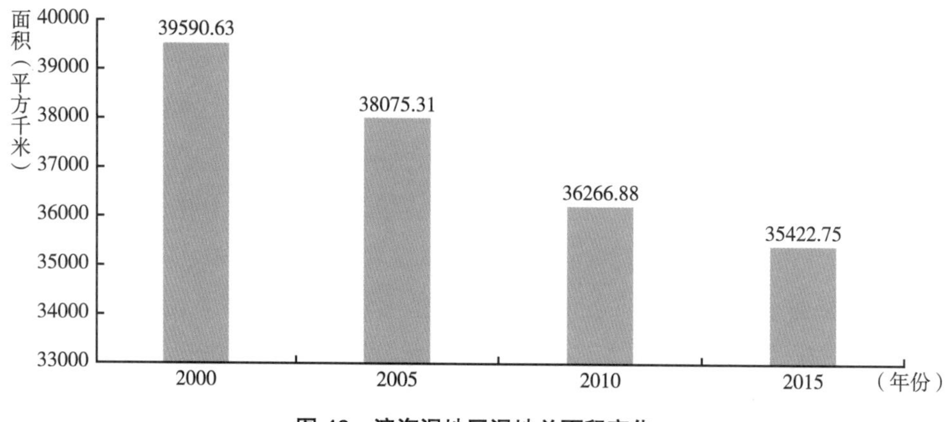

图 49　滨海湿地区湿地总面积变化

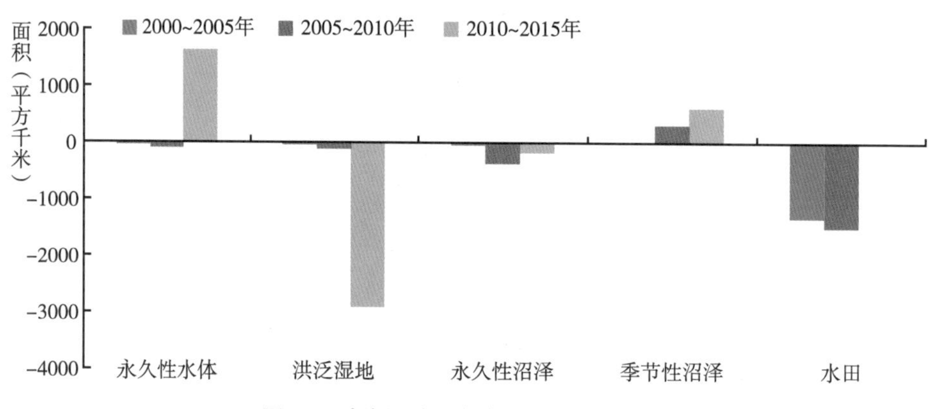

图 50　滨海湿地区各类型湿地面积变化

地、永久性沼泽、季节性沼泽和水田 5 类，其中以水田类型为主，面积为 12594.06 平方千米，占东南和南部湿地区总湿地面积的 91.7%，剩余 4 种类型仅占 9.3%（见图 51）。其中永久性水体面积为 588.69 平方千米，季节性沼泽面积为 451.50 平方千米，洪泛湿地面积 81.69 平方千米，永久性沼泽面积最少，仅 17.75 平方千米。该湿地区内沼泽和湖泊湿地较少，永久性水体主要为河流和水库。

从 2000 年到 2015 年，东南和南部湿地区的湿地总面积净减少约 10259.06 平方千米。湿地面积减少主要发生在 2010 年之前，2000~2010 年湿地总面积净减少约 10031.56 平方千米（见图 52）。湿地面积的减少主要以水田面积减少为主，水田面积同期减少 10065.60 平方千米，洪泛湿地面积仅减少约 437.44 平方千米（见图 53）。而永久性水体面积增加 340.06 平方千米，其他类型基本保持不变。

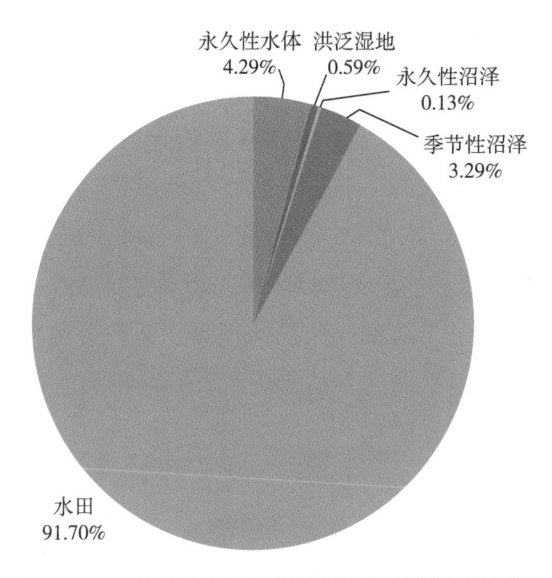

图 51　2015 年东南和南部湿地区各湿地类型所占比例

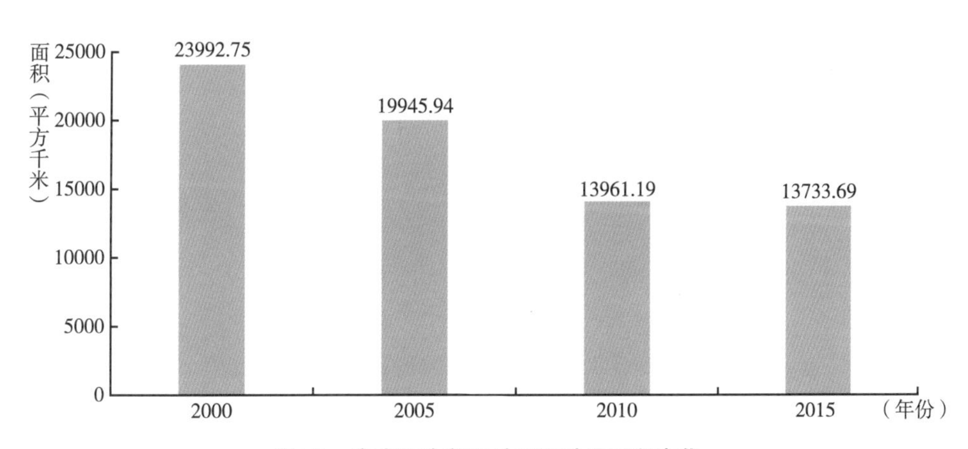

图 52　东南和南部湿地区湿地总面积变化

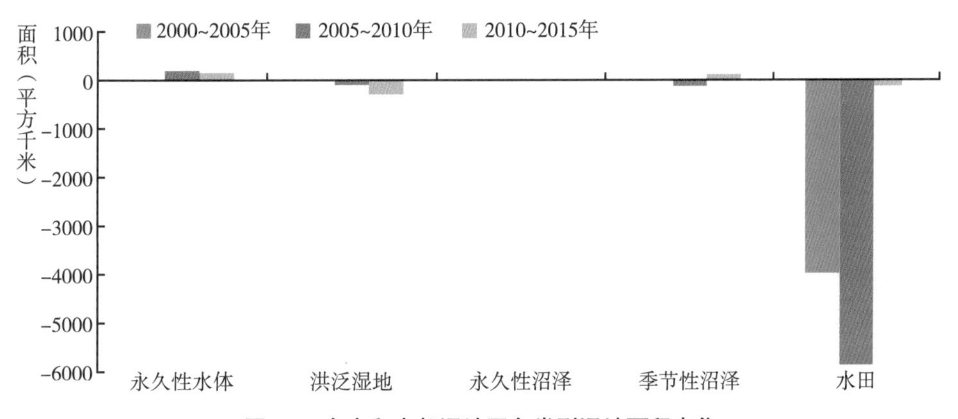

图 53　东南和南部湿地区各类型湿地面积变化

10.3.6 云贵高原湿地区变化

2015年遥感监测分类结果显示，云贵高原湿地区内湿地面积为27691.75平方千米，约占全国湿地面积的5.22%。湿地类型包括永久性水体、洪泛湿地、永久性沼泽、季节性沼泽和水田5类，其中水田面积为26378.13平方千米，占云贵高原湿地区总湿地面积的95.26%，剩余其他4种类型共占4.74%（见图54）。该湿地区永久性水体主要集中在云南，如滇池和抚仙湖等，而且该湿地区内沼泽湿地面积较小，沼泽湿地与湖泊分布紧密相连，呈零星状分布。

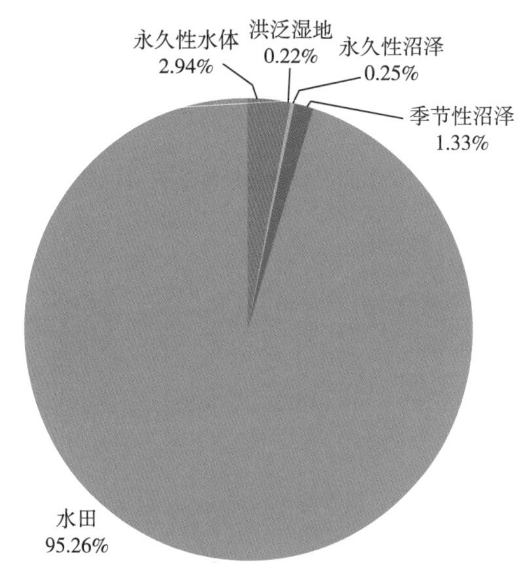

图54 2015年云贵高原湿地区各湿地类型所占比例

从2000年到2015年，云贵高原湿地区湿地面积变化较小，15年间湿地面积净减少504.56平方千米，减少1.79%（见图55）。其中以水田减少为主，15年间水田表现为连续减少，共减少约433.25平方千米，比2000年下降了1.6%。永久性沼泽减少86.13平方千米，但较2000年减少55.5%，面积减少程度十分严重。永久性水体、洪泛湿地和季节性沼泽在不同阶段趋势不同，主要表现为此3个类型之间的转化（见图56）。

10.3.7 西北干旱湿地区变化

遥感监测分类结果显示，2015年西北干旱湿地区内湿地总面积为40962.69平方千米，约占全国湿地面积的7.72%。湿地类型包括永久性水体、洪泛湿地、永久性沼泽、季节性沼泽和水田5类，该区内湿地类型以永久性沼泽（65.27%）和永久性水体（21.62%）为主（见图57），面积分别为26735.06平方千米和8856.69平

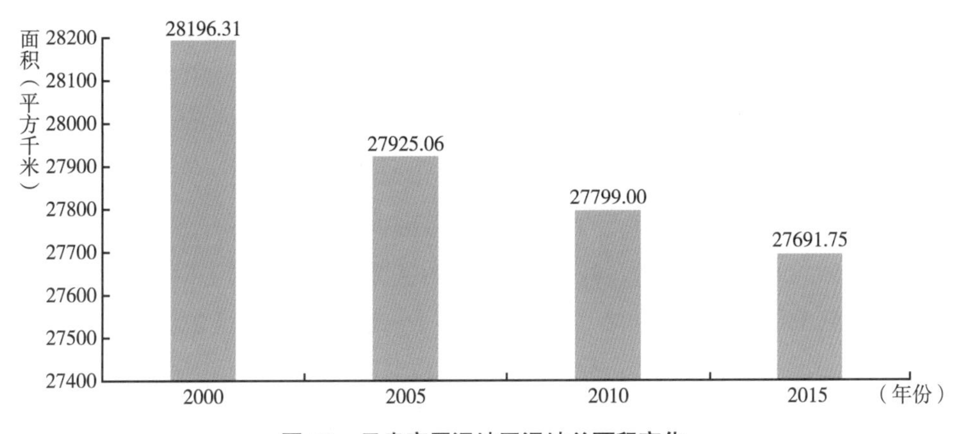

图 55　云贵高原湿地区湿地总面积变化

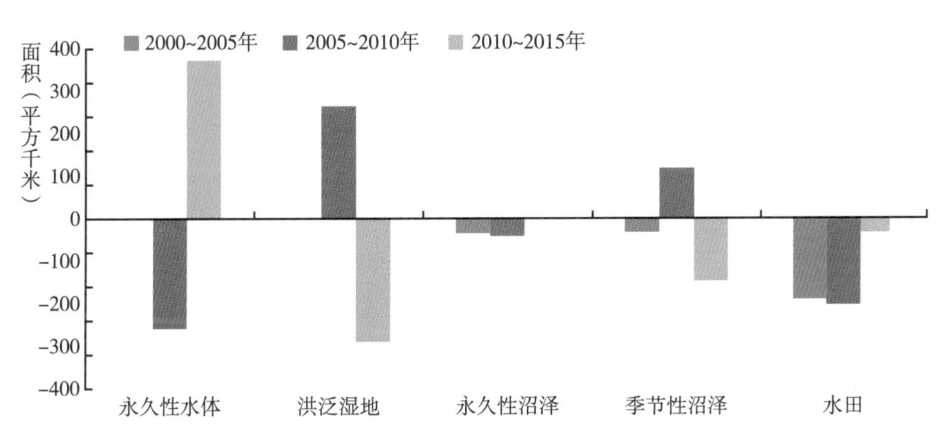

图 56　云贵高原湿地区各类型湿地面积变化

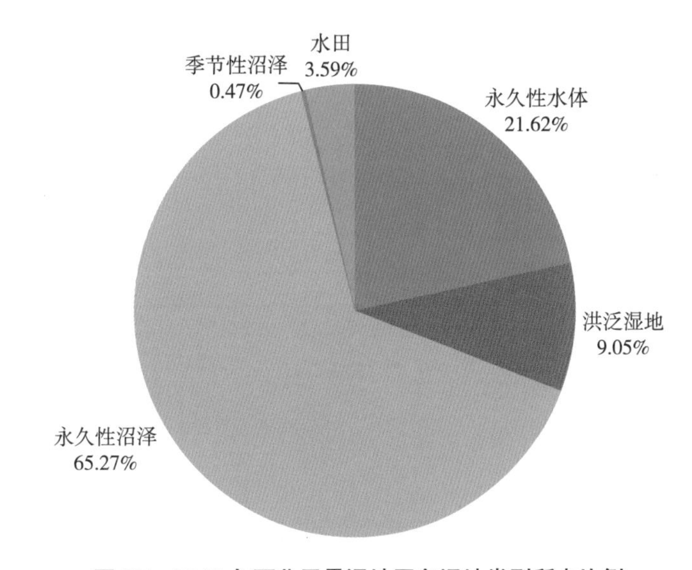

图 57　2015 年西北干旱湿地区各湿地类型所占比例

方千米。其次为洪泛湿地，面积为 3706.31 平方千米，占西北干旱湿地区总湿地面积的 9.05%。永久性沼泽集中分布在内蒙古东北部山麓或湖泊萎缩地带。永久性水体以湖泊为主，咸水湖较多。水田主要分布在甘肃的沿黄灌区，包括中卫、中宁、青铜峡和永宁等以及新疆的温宿、乌鲁木齐市米东区和察布查尔等。

从 2000 年到 2015 年，西北干旱湿地区湿地面积不断减少，过去 15 年间湿地面积净减少 5628.50 平方千米，减少了 12.08%（见图 58）。其中以永久性沼泽减少为主，共减少 3806.69 平方千米（见图 59），比 2000 年降低了 12.46%。其次是季节性沼泽，减少约 1091 平方千米，永久性水体减少约 944.06 平方千米。永久性沼泽表现为连续减少的趋势，而永久性水体、洪泛湿地和季节性沼泽在不同阶段趋势不同，表现为此 3 个类型之间的转化，2005~2010 年表现为永久性水体向洪泛湿地和季节性沼泽的转化，2010~2015 年表现为洪泛湿地和季节性沼泽向永久性水体的转化。

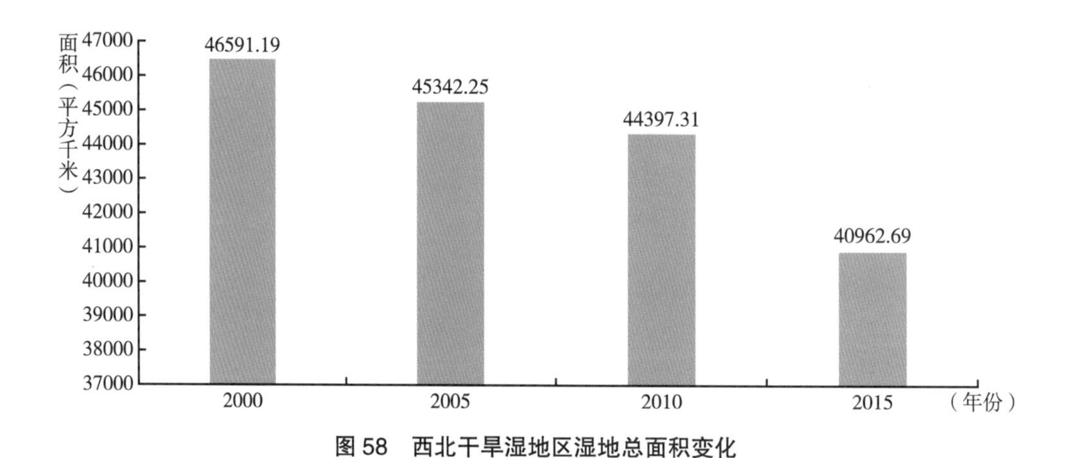

图 58 西北干旱湿地区湿地总面积变化

图 59 西北干旱湿地区各类型湿地面积变化

10.3.8 青藏高寒湿地区变化

遥感监测分类结果显示，2015 年青藏高寒湿地区内湿地面积为 88621.94 平方千米，约占全国湿地面积的 16.70%。该湿地区内主要的湿地类型为永久性水体和永久性沼泽，其中永久性水体面积为 34607.13 平方千米，占青藏高寒湿地区总湿地面积的 39.05%，永久性沼泽面积为 34119.56 平方千米，占青藏高寒湿地区总湿地面积的 38.50%。永久性沼泽多为高寒沼泽，高寒沼泽化草甸主要分布在青海和川北的若尔盖。其次为水田（17.30%），面积为 15327.63 平方千米。剩余湿地类型共占 5.15%，其中洪泛湿地面积为 3693.38 平方千米，季节性沼泽面积为 874.25 平方千米（见图 60）。该湿地区永久性水体以高原湖泊为主，大部分分布在西藏和青海。

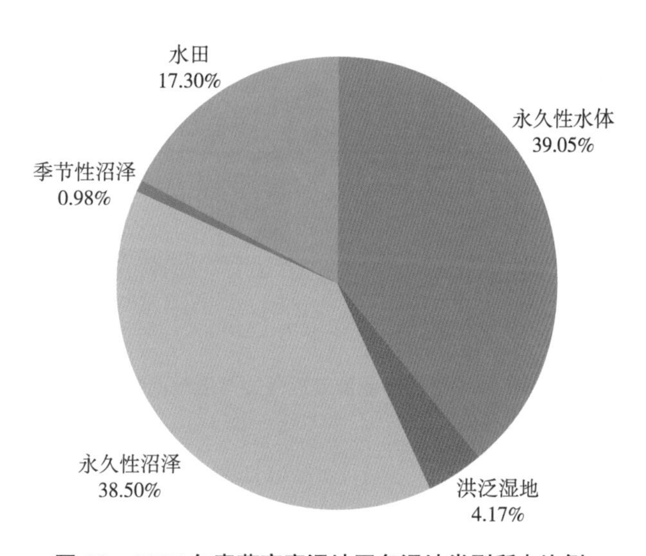

图 60　2015 年青藏高寒湿地区各湿地类型所占比例

从 2000 年到 2015 年，青藏高寒湿地区湿地面积净减少 2577.19 平方千米，减少了 2.83%（见图 61）。以水田和永久性沼泽减少为主，其中水田面积减少 4072.13 平方千米，比 2000 年降低了 20.99%；永久性沼泽减少 1879.94 平方千米（见图 62）。而永久性水体和洪泛湿地分别增加 2273.5 平方千米和 1169.31 平方千米。其中永久性水体在不同时间均表现为增长趋势（见图 62），而永久性沼泽在 2005 年后表现为持续的减少趋势，可能与气候变暖造成的冰雪和冻土融化和蒸发增强等综合原因有关。

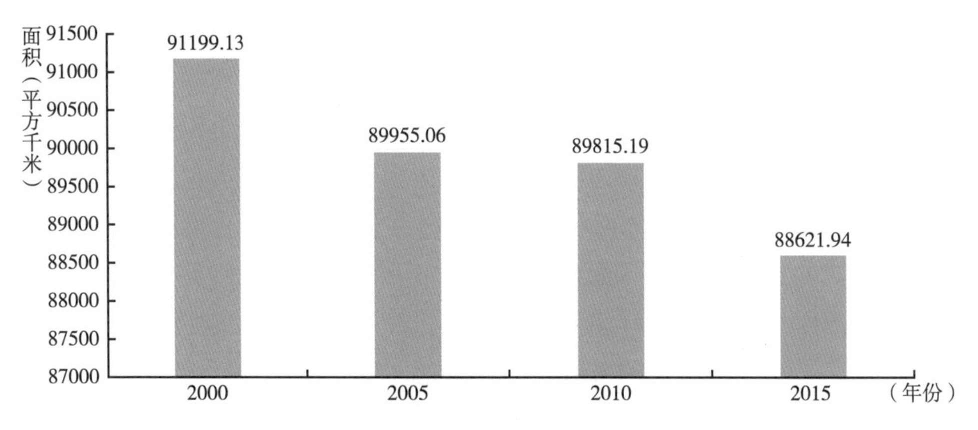

图 61　青藏高寒湿地区湿地总面积变化

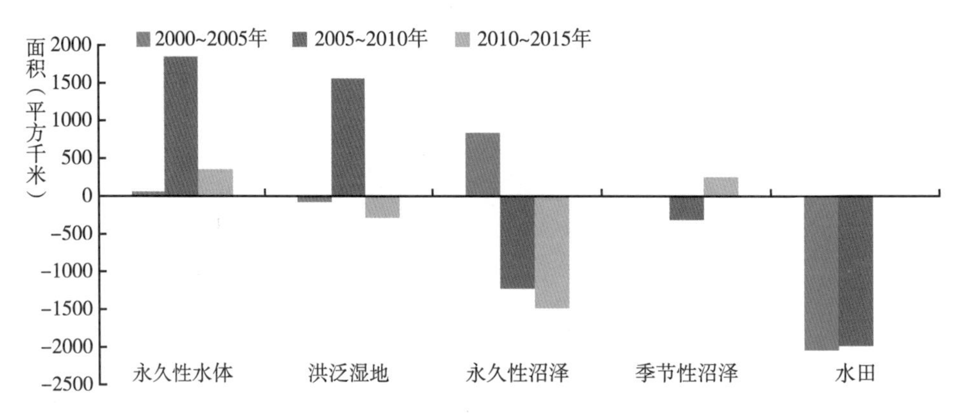

图 62　青藏高寒湿地区各类型湿地面积变化

参考文献

王浩：《中国水资源问题与可持续发展战略研究》，中国电力出版社，2010。

专题报告

G.11

京津冀协同发展遥感监测报告

京津冀地区濒临渤海，背靠太岳，携揽“三北”，战略地位十分重要，是我国经济最具活力、开放程度最高、创新能力最强、吸纳人口最多的地区之一，也是拉动我国经济发展的重要引擎。目前，京津冀地区发展面临诸多困难和问题，如区域发展差距悬殊、资源环境超载严重、区域功能布局不够合理等。上述问题迫切需要国家层面加强统筹，有序疏解北京非首都功能，推动京津冀三省市整体协同发展。

2013年，习近平总书记先后到天津、河北调研，强调要推动京津冀协同发展。习近平总书记2014年2月26日在北京主持召开座谈会，强调“实现京津冀协同发展，是面向未来打造新的首都经济圈、推进区域发展体制机制创新的需要，是探索完善城市群布局和形态、为优化开发区域发展提供示范和样板的需要，是探索生态文明建设有效路径、促进人口经济资源环境相协调的需要，是实现京津冀优势互补、促进环渤海经济区发展、带动北方腹地发展的需要，是一个重大国家战略，要坚持优势互补、互利共赢、扎实推进，加快走出一条科学持续的协同发展路子来”。习近平总书记就推进京津冀协同发展提出7点要求，包括着力加强顶层设计、着力加大对协同发展的推动、着力加快推进产业对接协作、着力调整优化城市布局和空间结构、着力扩大环境容量生态空间、着力构建现代化交通网络系统、着力加快推进市场一体化进程等内容。

遥感技术作为空间信息高新技术，凭借其时效性强、空间覆盖范围广、信息综合性强等特点，在我国重大战略规划的制定、实施和动态监测中已发挥了重要作用。在我国主体功能区规划中就提出，“加强对地观测技术在国土空间监测管理中的运用，构建航天遥感、航空遥感和地面调查相结合的一体化对地观测体系，全面提升对国土空间数据的获取能力”。在京津冀协同发展遥感监测中，利用多源、多尺度遥感数据，结合基础空间数据和地面数据，以《京津冀协同发展规划纲要》为导向，开展了社会经济、自然资源、交通体系、生态保护与建设、环境污染等方面的监测，体现了京津冀地区发展状况的空间异质性，为协同发展提供了精准的空间辅助决策信息，有利于促进京津冀协同发展规划与其他规划的空间衔接，落实我国“多规合一”的空间规划体系建设要求，提高我国空间规划管理的科学性和可操作性。

11.1 遥感监测内容与方法

2015 年 3 月 23 日，中央财经领导小组第九次会议审议研究了《京津冀协同发展规划纲要》。2015 年 4 月 30 日，中央政治局会议审议通过。《京津冀协同发展规划纲要》指出，推动京津冀协同发展是一个重大国家战略，核心是有序疏解北京非首都功能，要在京津冀交通一体化、生态环境保护、产业升级转型等重点领域率先取得突破。需要“先行”的是两个领域，即环保和交通。“先行”的意思就是成为京津冀协同发展的突破口，“没有交通一体化，没有环保一体化，就没有京津冀一体化”。

围绕京津冀协同发展先行突破领域，充分发挥多源、多尺度遥感技术优势，通过指标反演、信息提取、数据同化等技术手段，开展了区域发展、资源环境、协同发展、交通一体化、生态环境保护等五个方面监测，监测中使用的数据源、监测指标、技术方法见表 1。

表 1　主体功能区遥感监测主要数据源分析

领域	监测内容	数据源	技术方法
区域发展	人口空间化数据	Landsat 影像	利用多源遥感数据与人口统计数据之间的耦合分析技术，建立人口密度高分遥感复合提取模型，提供了京津冀地区人口密度空间分布数据，体现了京津冀地区人口空间分布的空间异质性
		夜间灯光数据	
		行政区划数据	
		人口统计数据	
	GDP 空间化数据	Landsat 影像	利用多源遥感数据与 GDP 统计数据之间的耦合分析技术，建立 GDP 密度高分遥感复合提取模型，提供了京津冀地区 GDP 密度空间分布数据，体现了京津冀地区 GDP 空间分布的空间异质性
		夜间灯光数据	
		行政区划数据	
		GDP 统计数据	

续表

领域	监测内容	数据源	技术方法
区域发展	开发强度与城镇体系	Landsat 影像 夜间灯光数据 城镇建设数据 行政区划数据	利用多源遥感数据开展信息提取，结合城镇建设数据，建立开发强度和城镇体系高分遥感复合提取模型，提供了京津冀地区开发强度空间分布数据，体现了京津冀地区城镇建设的空间异质性
资源环境	可利用土地资源	Landsat 影像 DEM 数据 行政区划数据	利用高分遥感数据，开展了地物信息提取和空间分析，建立可利用土地资源高分提取模型，监测了京津冀地区可利用土地资源空间分布信息，反映了京津冀地区发展潜力的差异
	水系监测	高分 1 号影像 行政区划数据	利用高分遥感数据信息提取技术，建立了湖泊、河流遥感提取模型，结合空间基础数据，生成了京津冀地区水系监测分布数据
	可利用水资源	《全国主体功能区规划》 地物遥感分类数据 水利统计数据 行政区划数据	利用京津冀地区多年平均降水量、人均水资源量、多年平均水资源量等水利统计信息，结合《全国主体功能区规划》中的可利用水资源空间分布信息，反映了京津冀地区可利用水资源的总体概况
	重点水利工程监测	高分 2 号影像	结合国家重点水利工程建设项目，利用高分 2 号 1/4 米遥感数据，开展了重点水利工程设施的遥感监测
	空气质量指数	台站监测数据 行政区划数据	利用环保部的台站监测数据，反映了京津冀地区 2014 年全年平均和 4 个季度平均空气质量的空间分布信息
	PM2.5	MODIS 数据 台站监测数据 行政区划数据	利用 MODIS 光谱信息与地面台站监测数据耦合分析，建立基于 MODIS 数据的 PM2.5 浓度监测模型，生成了基于行政区域 PM2.5 台站监测和基于遥感的 PM2.5 空间分布数据，反映了京津冀地区 2014 年全年平均和 4 个季度 PM2.5 的空间分布信息
	SO_2	OMI 数据 台站监测数据 行政区划数据	利用 OMI 光谱信息与地面台站监测数据耦合分析，建立基于 OMI 数据的 SO_2 浓度监测模型，生成了基于行政区域 SO_2 台站监测和基于遥感的 SO_2 空间分布数据，反映了京津冀地区 2014 年全年平均和 4 个季度 SO_2 的空间分布信息
	NO_2	OMI 数据 台站监测数据 行政区划数据	利用 OMI 光谱信息与地面台站监测数据耦合分析，建立基于 OMI 数据的 NO_2 浓度监测模型，生成了基于行政区域 NO_2 台站监测和基于遥感的 NO_2 空间分布数据，反映了京津冀地区 2014 年全年平均和 4 个季度 NO_2 的空间分布信息
	大气污染重点行业企业空间分布	高分 2 号影像 《京津冀及周边地区重点行业大气污染限期治理方案》	依据环保部下发的《京津冀及周边地区重点行业大气污染限期治理方案》，利用高分遥感数据，反映了京津冀地区大气污染重点行业企业的空间分布和典型企业遥感影像
协同发展	总体布局	《京津冀协同发展规划纲要》 行政区划数据	依据《京津冀协同发展规划纲要》，反映了京津冀协同发展的区域整体定位、三省市功能定位和优化空间格局等空间特征
	四大功能区	《京津冀协同发展规划纲要》 行政区划数据	依据《京津冀协同发展规划纲要》，反映了京津冀协同发展四大功能区的空间分布信息

续表

领域	监测内容	数据源	技术方法
交通一体化	综合交通网	高分 1 号影像 交通基础数据 《京津冀协同发展规划纲要》	利用高分遥感提取的交通数据，结合《京津冀协同发展规划纲要》和交通基础数据，反映了京津冀协同发展“四纵、四横、一环”的整体交通综合运输网
	公路交通运输网	高分 1 号影像 交通基础数据 《京津冀协同发展规划纲要》	利用高分遥感提取的道路交通数据，结合《京津冀协同发展规划纲要》，制作京津冀地区公路交通空间分布数据
	公路通行能力	高分 1 号影像 交通基础数据 行政区划数据	利用遥感数据提取的公路信息，通过空间分析，形成以北京、天津、石家庄为中心的京津冀地区公路交通通行能力，包括一小时通行圈和两小时通行圈空间分布
	公路断头路	高分 1 号影像 交通基础数据	对京津冀地区主要“断头路”和“瓶颈路”开展了高分遥感监测，生成了空间分布信息
	公路重点路段施工动态	高分 1 号影像	利用高分 1 号遥感影像对公路重点路段建设情况进行监测
	铁路交通运输网	高分 1 号影像 交通基础数据 《京津冀协同发展规划纲要》	利用高分遥感提取的铁路交通数据，结合《京津冀协同发展规划纲要》，制作京津冀地区铁路交通空间分布数据
	机场港口分布及遥感监测	高分 2 号影像 交通基础数据 《京津冀协同发展规划纲要》	利用高分 2 号遥感影像提取了京津冀地区机场、港口空间分布，结合《京津冀协同发展规划纲要》，制作了京津冀地区机场港口空间分布信息
生态环境保护	生态系统类型空间分布	MODIS 影像 行政区划数据	利用遥感监测数据制作了京津冀地区生态系统的空间分布数据以及 6 类生态系统类型面积比等信息
	生态重要性	Landsat 影像 台站气象数据 DEM 数据 土壤数据 行政区划数据	利用 Landsat 遥感影像，结合空间基础数据，从水源涵养重要性，水土保持重要性、防风固沙重要性、生物多样性维护等方面，反映了京津冀地区的生态重要性空间分布信息
	生态系统脆弱性	Landsat 影像 台站气象数据 DEM 数据 社会经济数据 行政区划数据	利用 Landsat 遥感影像，结合空间基础数据，从沙漠化脆弱性、土壤侵蚀脆弱性、石漠化脆弱性、盐渍化等方面，反映了京津冀地区的生态系统脆弱性空间分布信息
	生态修复分区	《京津冀协同发展规划纲要》 生态系统类型遥感监测数据	利用生态系统类型遥感监测数据，结合《京津冀协同发展规划纲要》，生成了生态环境修复分区的空间分布信息
	生态保护与建设重点区域	《全国主体功能区规划》 《京津冀协同发展规划纲要》 高分 1 号遥感影像 DEM 数据	依据《全国主体功能区规划》和《京津冀协同发展规划纲要》，反映了京津冀地区国家级自然保护区、世界文化遗产、国家森林公园等生态保护与建设重点区域的空间分布信息，并利用高分遥感影像制作了雾灵山、大海坨、百花山等 3 个国家级自然保护区的三维影像

11.2 区域发展差距悬殊

京津冀地区涵盖北京市、天津市和河北省三大区域，辖北京市 16 个区（县）、天津市 16 个区（县）和河北省 171 个区（县、市），地域面积 21.7 万平方千米，占全国面积的 2.3%（见图 1、图 2、表 2）。

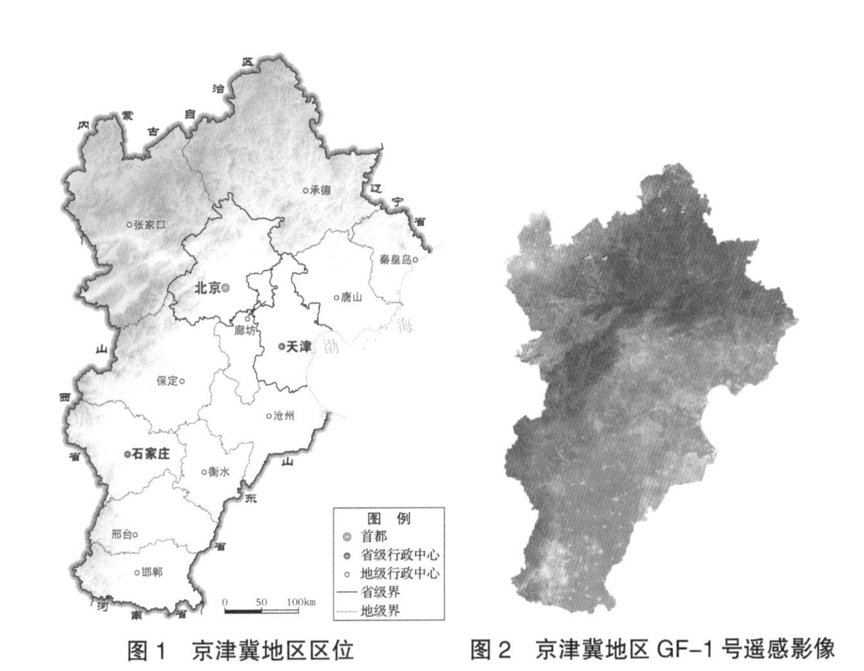

图 1 京津冀地区区位　　图 2 京津冀地区 GF-1 号遥感影像

表 2 京津冀地区行政区划（2014 年底）

单位：个

省级区划名称	地级区划数	# 地级市	县级区划数	# 市辖区	# 县级市	# 县	# 自治县	乡镇级区划数	# 镇	# 乡级	# 街道
北京市			16	14		2		329	144	38	147
天津市			16	13		3		240	121	6	113
河北省	11	11	171	39	20	106	6	2246	1050	907	288

京津冀地区与长三角、珠三角地区比肩而立，是我国经济最具活力、开放程度最高、创新能力最强、吸纳人口最多的地区之一，是拉动我国经济发展的重要引擎。2013 年，京津冀地区总人口 10919.6 万人，占全国的 8.1%；地区生产总值 62172.1 亿元，占全国的 9.9%；人均地区生产总值 57329 元，高于全国人均国内生产总值（41908 元）。

但长期以来，京津冀地区社会经济发展出现了“两胖一瘦”、区域不均的现象，北京和天津作为两大直辖市，在资源配置和经济发展中具有先天优势，吸引了大量资源和人口聚集，与之相比，相邻的河北省在资源分配中居于劣势，大量资源和人口转移出来，产生了“环京津贫困带”，造成区域发展差距悬殊。

在经济发展水平上，京津冀地区内部差距悬殊。2013 年，天津人均地区生产总值为 99607 元，北京人均地区生产总值为 93213 元，河北省人均地区生产总值为 38716 元（全国人均国内生产总值为 41908 元），不足北京、天津的 50%。在产业结构上，三省市产业结构差异较大，北京、天津以二、三产业为主，第一产业产值所占比重极低，尤其是北京，2013 年北京的第三产业比重高达 76.9%，而河北省各地市第一产业仍占有相当高比重，在一定程度上反映出京津产业过度集中、京津冀地区整体产业布局不合理等问题，也体现了京津冀地区产业升级转型对于京津冀协同发展的重要意义（见图 3）。

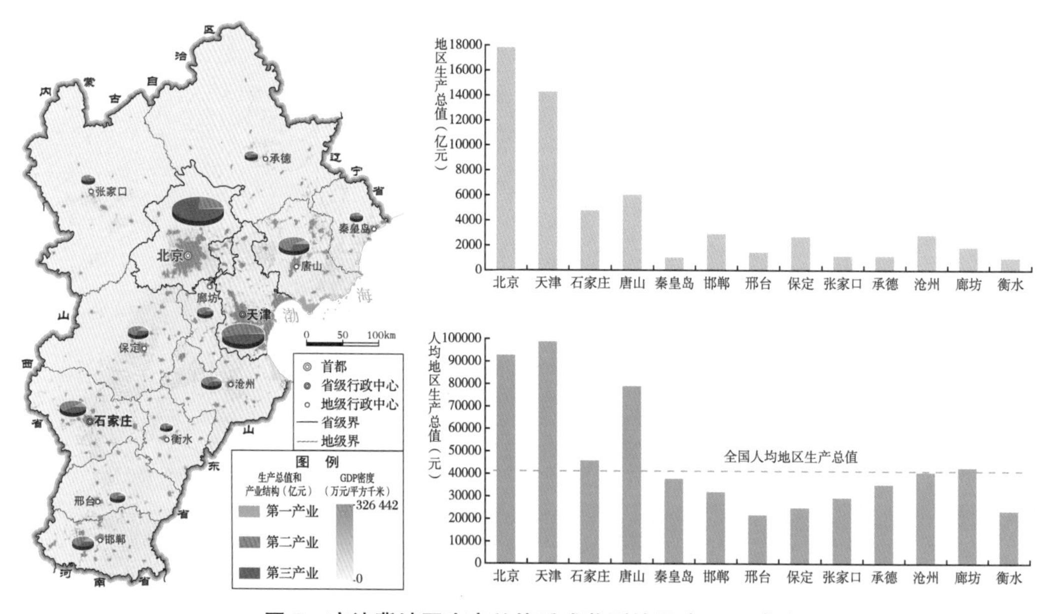

图 3 京津冀地区生产总值遥感监测结果（2013 年）

京津冀地区人口分布不均，区域差异较大。区域分布上，东南部平原地区人口密度较高，42% 的面积上承载着 78% 的人口。三省市中，北京、天津人口密度分别为 1289 人 / 平方千米和 1235 人 / 平方千米，均为河北省（391 人 / 平方千米）的 3 倍以上（见图 4）。城乡分布上，京津冀地区城镇人口比重为 60.07%，高于全国城镇人口比重 53.73%，但城镇人口主要集中于北京、天津两个超大城市（北京城镇人口比重为 86.30%，天津城镇人口比重为 82.01%，北京和天津城镇人口占京津冀地区城镇人口的 46.22%）。北京市城区人口密度遥感监测结果表明：北京人口主要集中在“城六区”，人口密度由内向外呈递减趋势，主要集中于二环至五环，城区北部密度要略高于南部；分布上也呈现明显的圈层结构，以东城区和西城区为核心的城市内部区域，人口密度超过 20000 人 / 平方千米，朝阳区、丰台区、石景山区和海淀区的中间圈层人口密度介于 5000~10000 人 / 平方千米，其余房山区、通州区、顺义区、昌平区、大兴区、门头沟区、怀柔区、平谷区、密云县、延庆县等人口密度均低于 5000 人 / 平方千米（见图 4、图 5）。人口过度集中造成北京交通拥堵、房价高企、污染严重、社会管理难度大等一系列“城市病”。

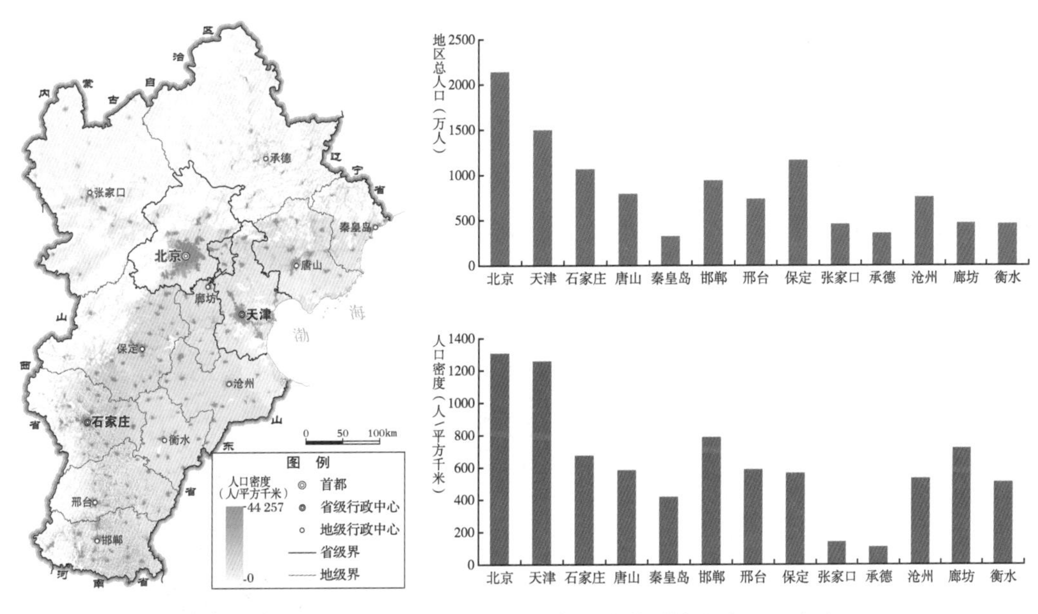

图 4　京津冀地区人口空间分布遥感监测结果（2013 年）

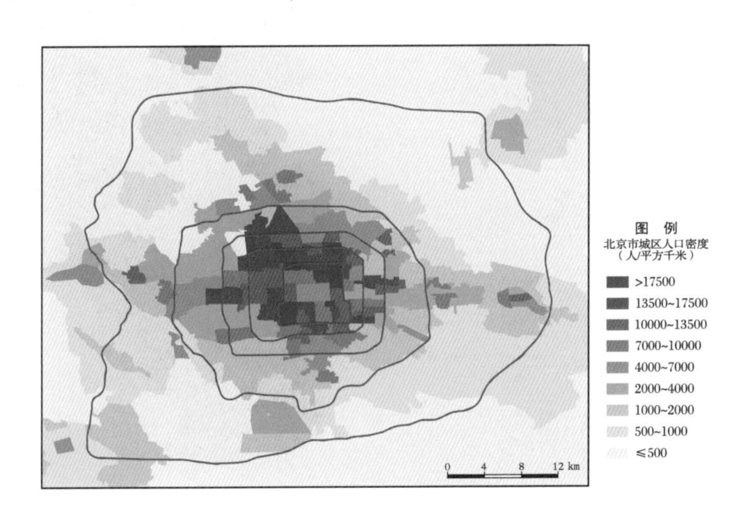

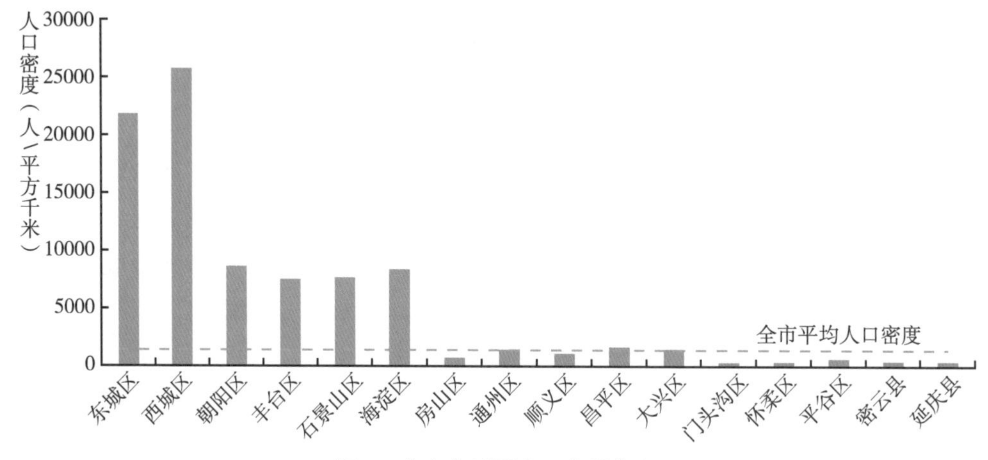

图 5　北京市城区人口空间分布

在国土开发强度方面，京津冀地区整体偏高，内部差异较大。北京、天津两个核心城市开发强度要明显高于区域内其他城市；石家庄、保定、邢台、邯郸、秦皇岛等区域节点城市开发强度也较高；西北部张家口、承德等大部分地区开发强度相对较低，与其以生态功能为主的发展定位相符（见图 6）。

综上所述，京津冀地区区域发展差距悬殊，人口、经济分布不均衡，城镇体系结构失衡，京津两极过于“肥胖”，周边中小城市过于“瘦弱”，城市群规模结构存在明显“断层”。

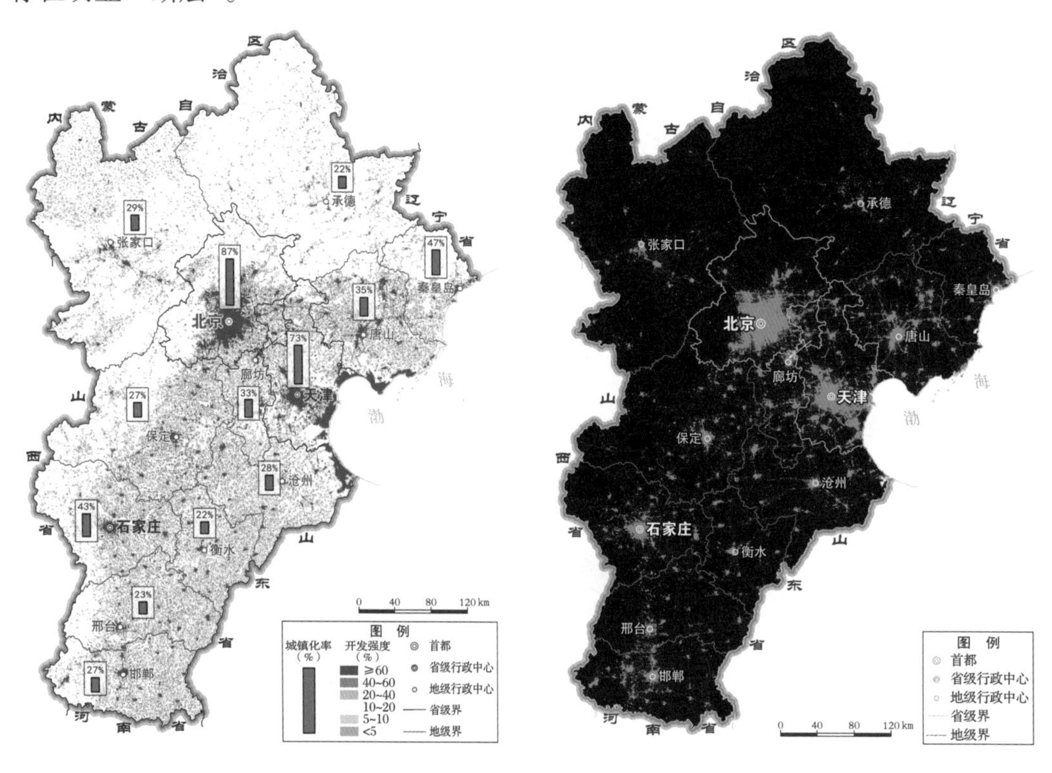

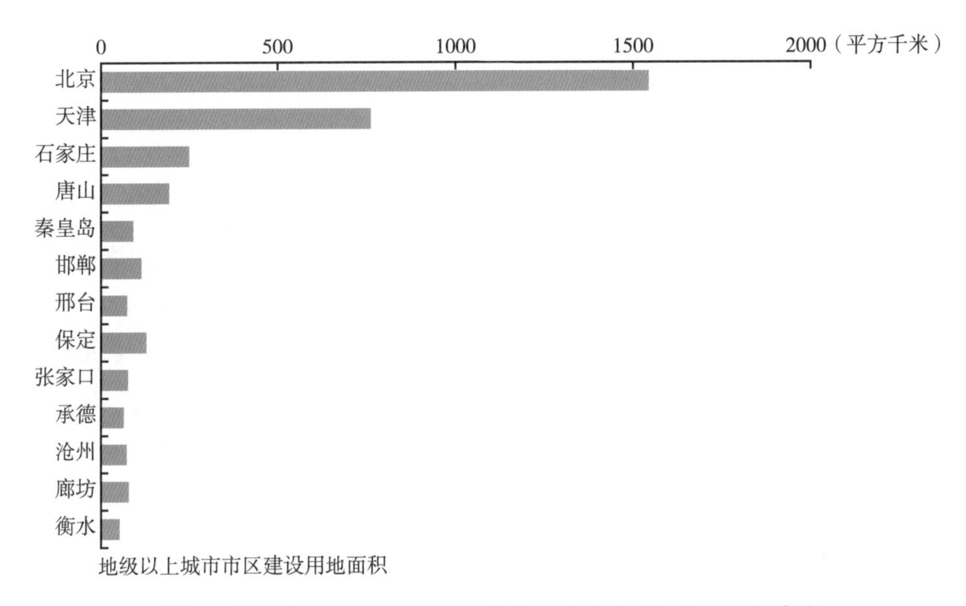

图 6　京津冀地区开发强度与城镇体系遥感监测结果（2013 年）

11.3　资源环境超载严重

目前，京津冀地区土地资源紧张，水资源严重短缺，地下水严重超采，环境污染问题突出，已成为我国东部地区人与自然关系最为紧张、资源环境超载矛盾最为严重、生态联防联治要求最为迫切的区域。

在可利用土地资源方面，2013 年京津冀地区可利用土地资源共 13419 平方千米，仅占区域总面积的 6.2%；区域内 30.1% 的县（区）可利用土地资源总量缺乏，42.2% 的县（区）可利用土地资源总量较缺乏，尤其是北京、天津、石家庄等中心城市地区可利用土地资源总量缺乏、面积较小、数量较少；仅 8.9% 的县（区）可利用土地资源总量属于较丰富和丰富等级（见图 7）。

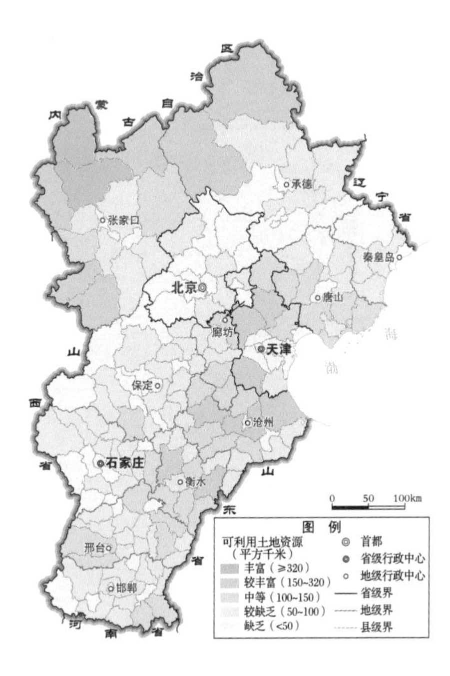

京津冀地区大部分区域同属于海河流域，区域内分布着海河、永定河、滦河、北运河、大清河、南运河、潮白河等主要河流，以及白洋淀、衡水湖、七里海、南大港、北大港、官

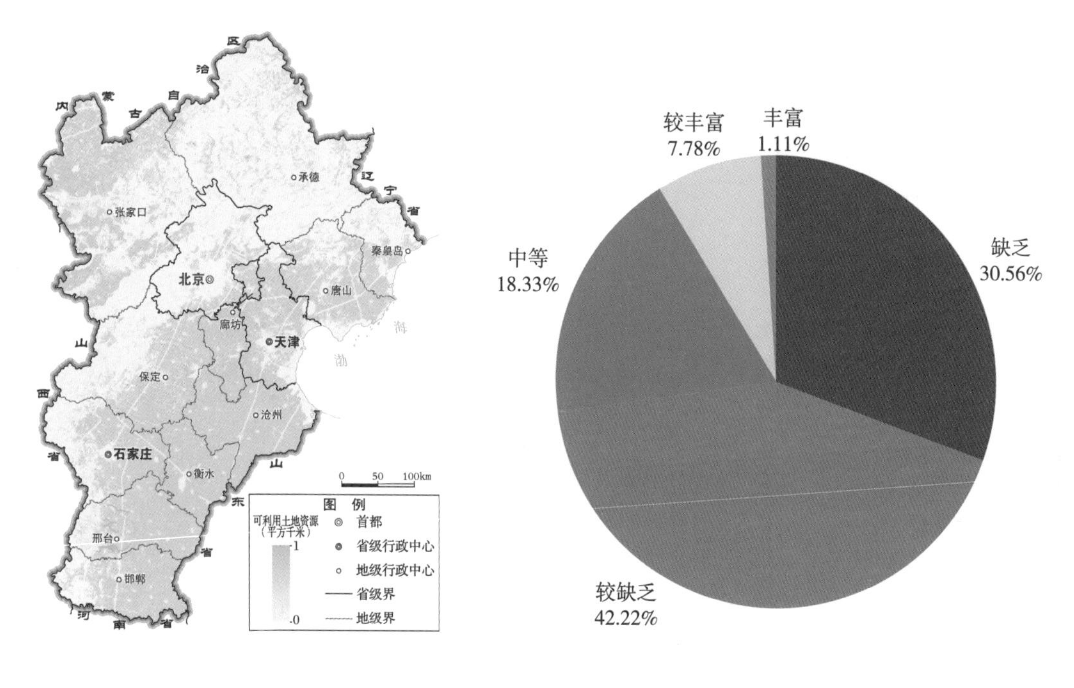

图7　可利用土地资源监测评价结果（2013年）

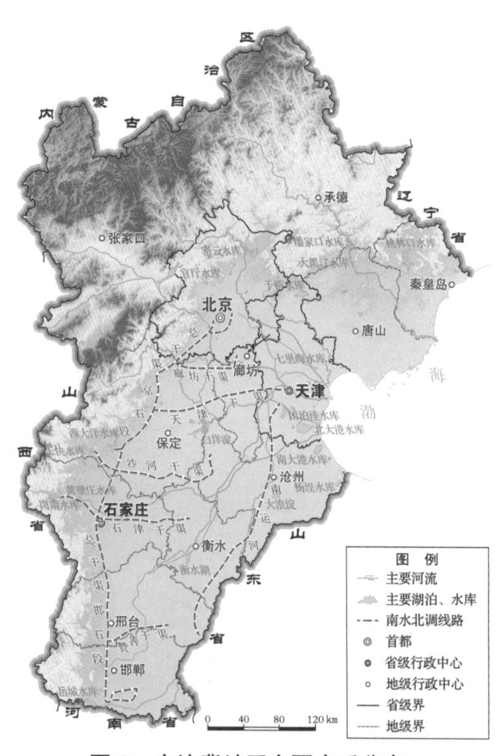

图8　京津冀地区主要水系分布

厅、密云、潘大、于桥等主要湖泊水库（见图8）。然而，京津冀属“资源型”严重缺水地区，区域水资源严重短缺，北京人均水资源不足100立方米，仅为全国平均水平的1/20；三省市人均水资源量239立方米，均大大低于国际公认的500立方米极度缺水警戒线；区域内92%的区（县）人均水资源量低于国际公认的500立方米季度缺水警戒线（见图9）。水资源的短缺已严重影响到京津冀地区的快速发展，成为京津冀区域承载力的最大“短板”。

为缓解北方地区水资源严重短缺局面，我国建设了南水北调工程重大战略性基础设施，其中东、中两条线路调水通到京津冀地区。东线一期工程已于

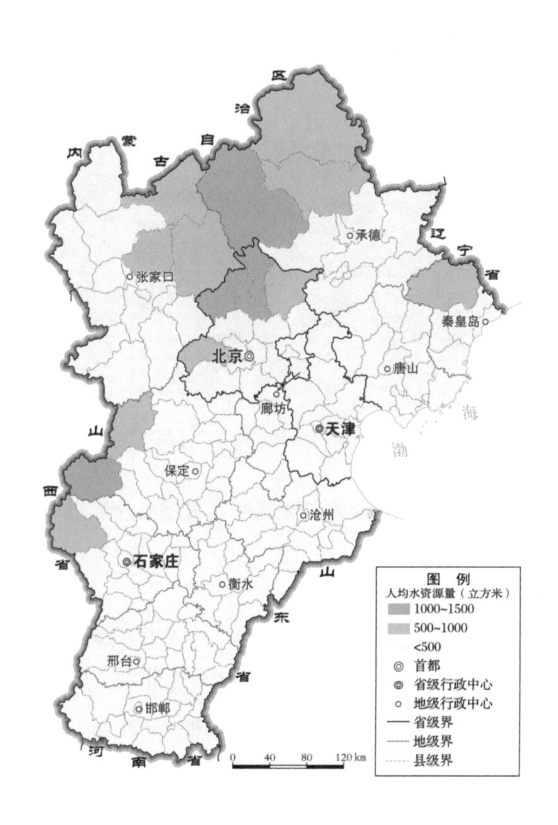

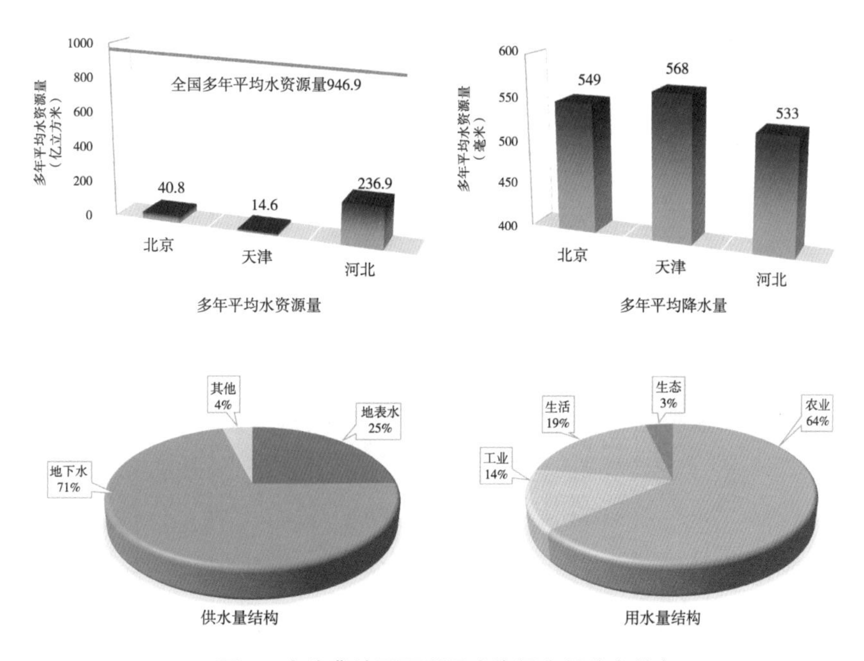

图9 京津冀地区可利用水资源空间分布信息

2013 年通水；中线工程历经 11 年建设，也于 2014 年 12 月正式通水，引得全线通水进京，实现千里江水润泽京津冀豫（见图 10）。

图 10　南水北调工程高分 1 号遥感监测影像

随着经济的快速发展，京津冀地区污染排放呈现高度集中的态势，城市空气污染和区域性污染问题日益突出，该地区的空气质量已成为政府部门和社会各界关注的焦点。如图 11 所示，结合环保部台站监测数据，2014 年京津冀地区空气

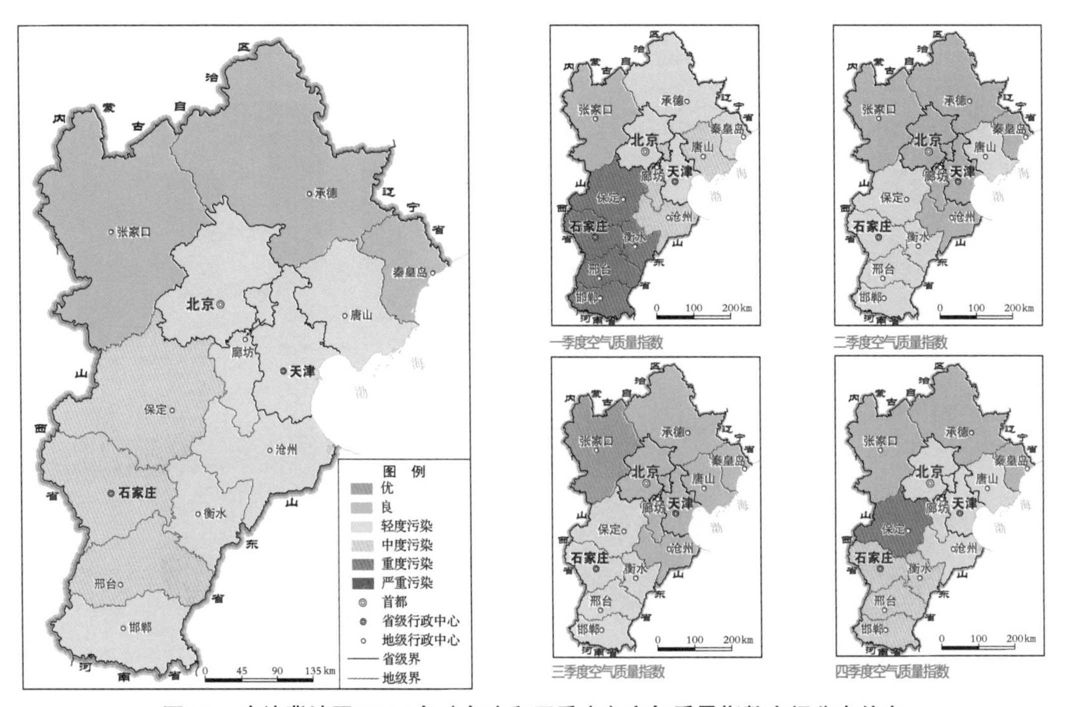

图 11　京津冀地区 2014 年（年度和四季度）空气质量指数空间分布信息

质量监测结果表明：2014 年京津冀地区空气质量，空间上呈现“北优南差”的分布特征，张家口、承德、秦皇岛等 3 个城市达到空气质量二级标准（良）；北京、天津、唐山、廊坊、沧州、衡水、邯郸等 7 个城市空气质量为三级（轻度污染）；而保定、石家庄、邢台等 3 个城市空气质量为四级（中度污染）；在时间分布上，二、三季度要优于一、四季度。

京津冀地区大气污染严重，尤其以雾霾影响为甚。PM2.5 对雾霾天气的形成具有促进作用，雾霾天气又进一步加剧了 PM2.5 的集聚。与较粗的大气颗粒物相比，PM2.5 粒径小，富含大量有毒有害物质，且在大气中的停留时间长、输送距离远，对人体健康和大气环境质量的影响更大。

2014 年 PM2.5 浓度遥感监测结果表明：在全国范围内，可以看出京津冀地区是 PM2.5 浓度高值区之一；在京津冀地区，北部山区 PM2.5 全年及各季度平度浓度均明显低于南部平原地区，在空间上与京津冀地区南部平原人口相对聚集、经济相对发达、开发强度较高的特点存在较高的相关性；从时间尺度上看，京津冀地区一、四季度要优于二、三季度（见图 12、图 13）。

在全国范围内，京津冀地区的大气 SO_2、NO_2 浓度也明显高于其他地区，表明该区域大气污染的严重性和污染防治的重要性。在京津冀地区内，通过空间分析，

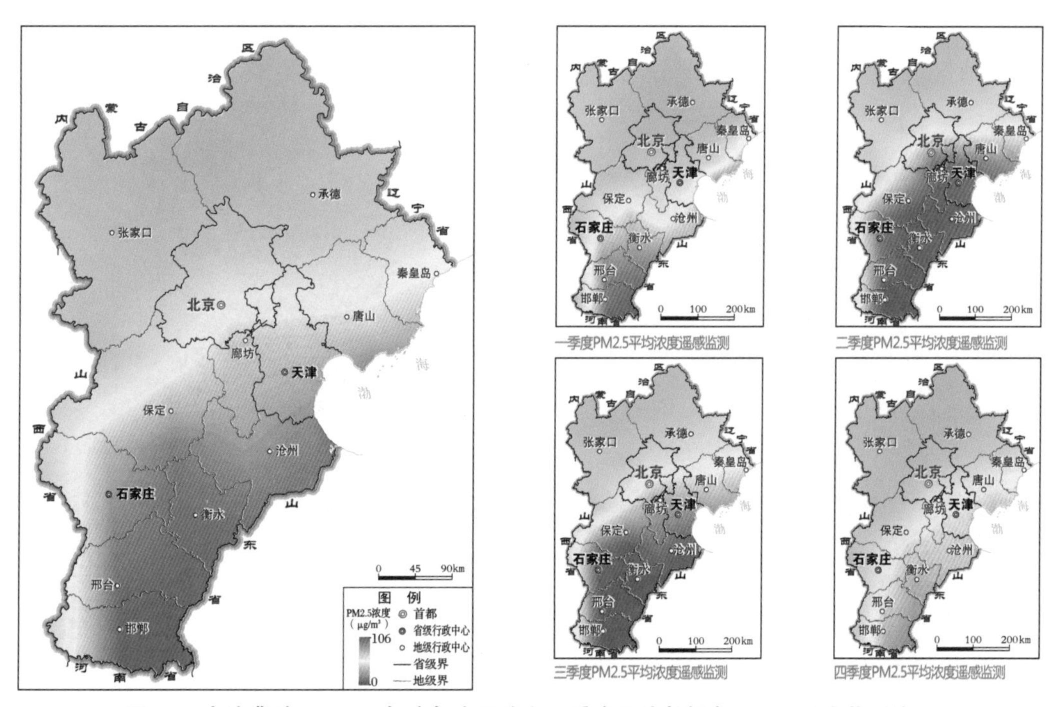

图 12　京津冀地区 2014 年（年度平均和四季度平均数据）PM2.5 遥感监测结果

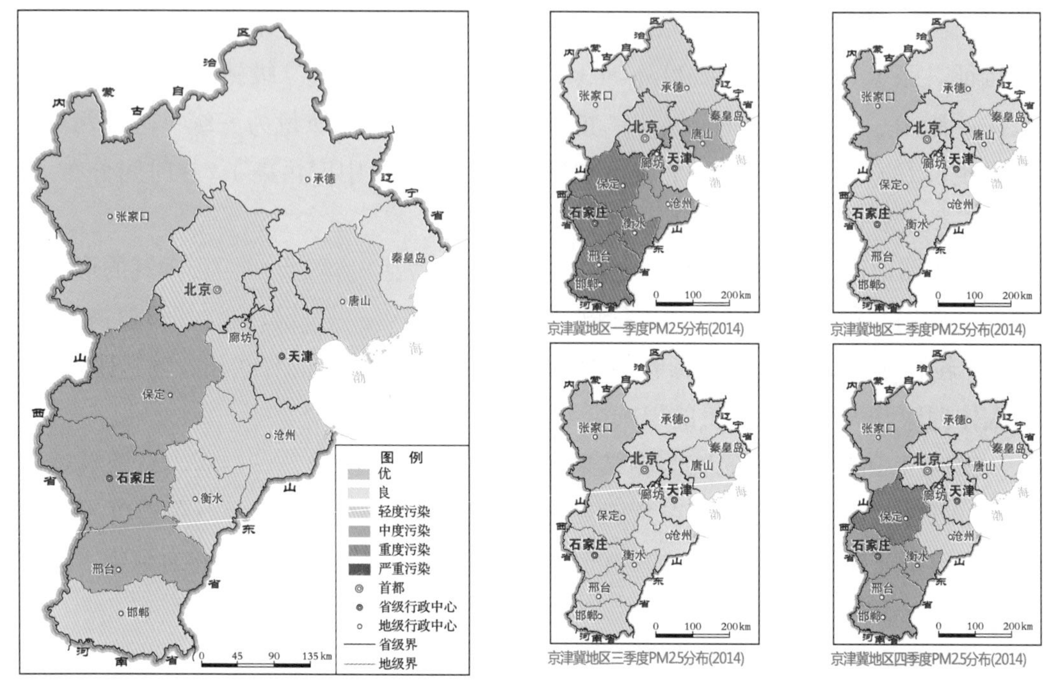

图 13　京津冀地区 2014 年（年度平均和四季度平均数据）PM2.5 台站监测结果

可发现大气 SO_2、NO_2 浓度分布呈现东南平原高、西北山区低的特征，且平原区存在北京—天津—唐山和石家庄—邢台—邯郸两个高值区（见图 14、图 15）。通过空间叠加分析高分遥感监测的大气污染重点行业企业空间分布数据，可以发现上述两个高值区域与污染企业的集聚分布存在较强的空间重叠（见图 16）。

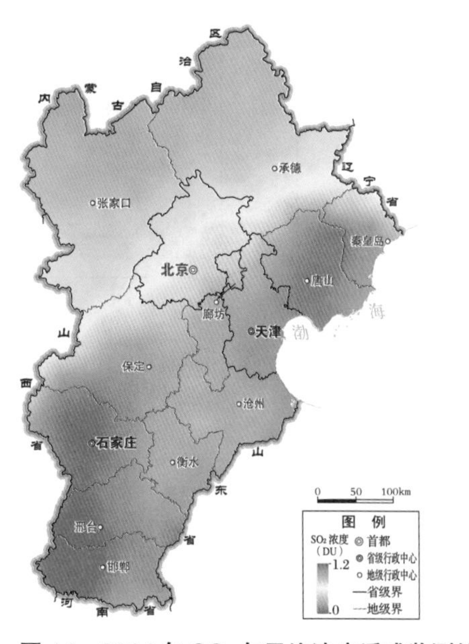

图 14　2014 年 SO_2 年平均浓度遥感监测结果

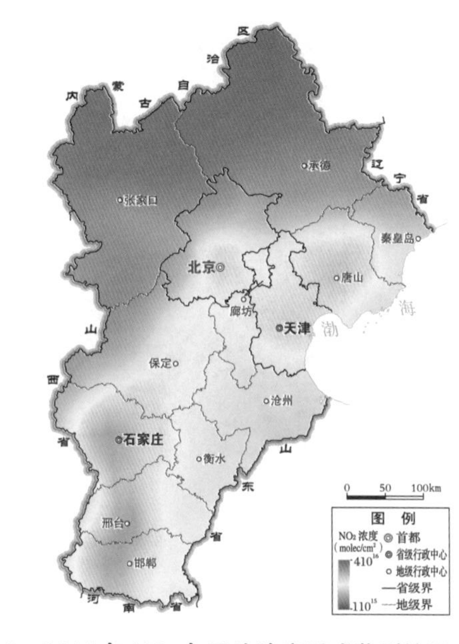

图 15　2014 年 NO_2 年平均浓度遥感监测结果

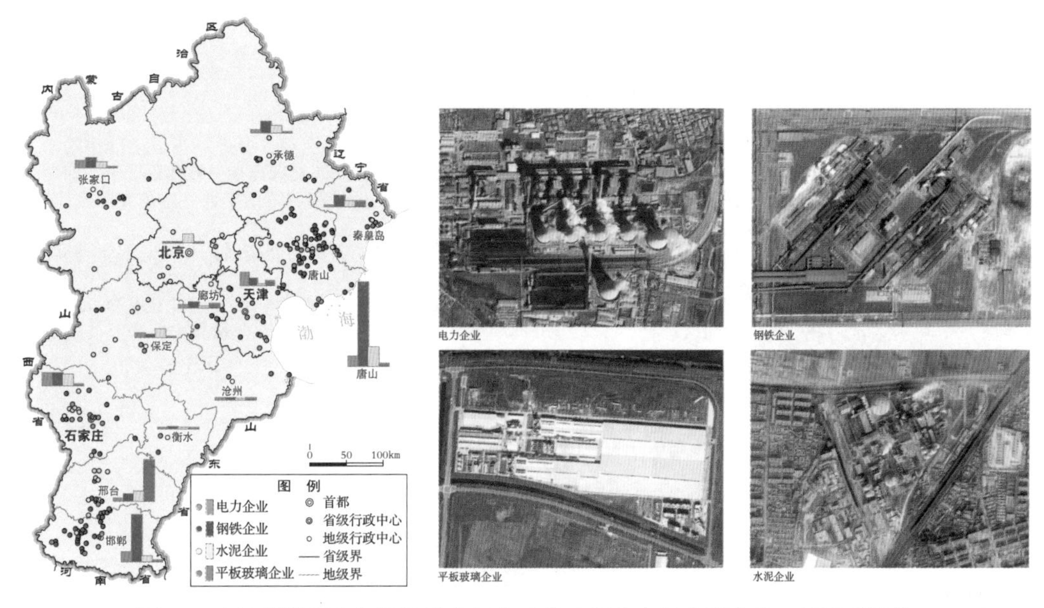

图 16 京津冀地区大气污染重点行业企业空间分布及典型高分 2 号遥感影像

说明：来自环保部下发的《京津冀及周边地区重点行业大气污染限期治理方案》，其中京津冀地区涉及电力企业 51 家，钢铁企业 146 家，平板玻璃企业 46 家，水泥企业 60 家。

11.4 协同发展总体格局

针对目前京津冀地区的发展不均衡、功能布局不合理等问题，《京津冀协同发展规划纲要》明确了京津冀地区的区域整体定位和三省市功能定位，体现了区域整体和三省市各自的特色，符合协同发展、促进融合、增强合力的要求；确定了“功能互补、区域联动、轴向集聚、节点支撑”的布局思路，明确了以“一核、双城、三轴、四区、多节点”为骨架，推动有序疏解北京非首都功能，构建以重要城市为支点，以战略性功能区平台为载体，以交通干线、生态廊道为纽带的网络型空间格局（见表 3、图 17、图 18）。

表 3 京津冀协同总体布局

区域整体定位	以首都为核心的世界级城市群 区域整体协同发展改革引领区 全国创新驱动经济增长新引擎 生态修复环境改善示范区
三省市功能定位	北京市：“全国政治中心、文化中心、国际交往中心、科技创新中心” 天津市：“全国先进制造研发基地、北方国际航运核心区、金融创新运营示范区、改革开放先行区” 河北省：“全国现代商贸物流重要基地、产业转型升级试验区、新型城镇化与城乡统筹示范区、京津冀生态环境支撑区”

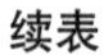
续表

网络型空间格局	“一核”即指北京，把有序疏解北京非首都功能、优化提升首都核心功能、解决北京“大城市病”问题作为京津冀协同发展的首要任务 “双城”是指北京、天津，这是京津冀协同发展的主要引擎，要进一步强化京津联动，全方位拓展合作广度和深度，加快实现同城化发展，共同发挥高端引领和辐射带动作用 “三轴”指的是京津、京保石、京唐秦三个产业发展带和城镇聚集轴，这是支撑京津冀协同发展的主体框架 “四区”分别是中部核心功能区、东部滨海发展区、南部功能拓展区和西北部生态涵养区，每个功能区都有明确的空间范围和发展重点 “多节点”包括石家庄、唐山、保定、邯郸等区域性中心城市和张家口、承德、廊坊、秦皇岛、沧州、邢台、衡水等节点城市，重点是提高其城市综合承载能力和服务能力，有序推动产业和人口聚集

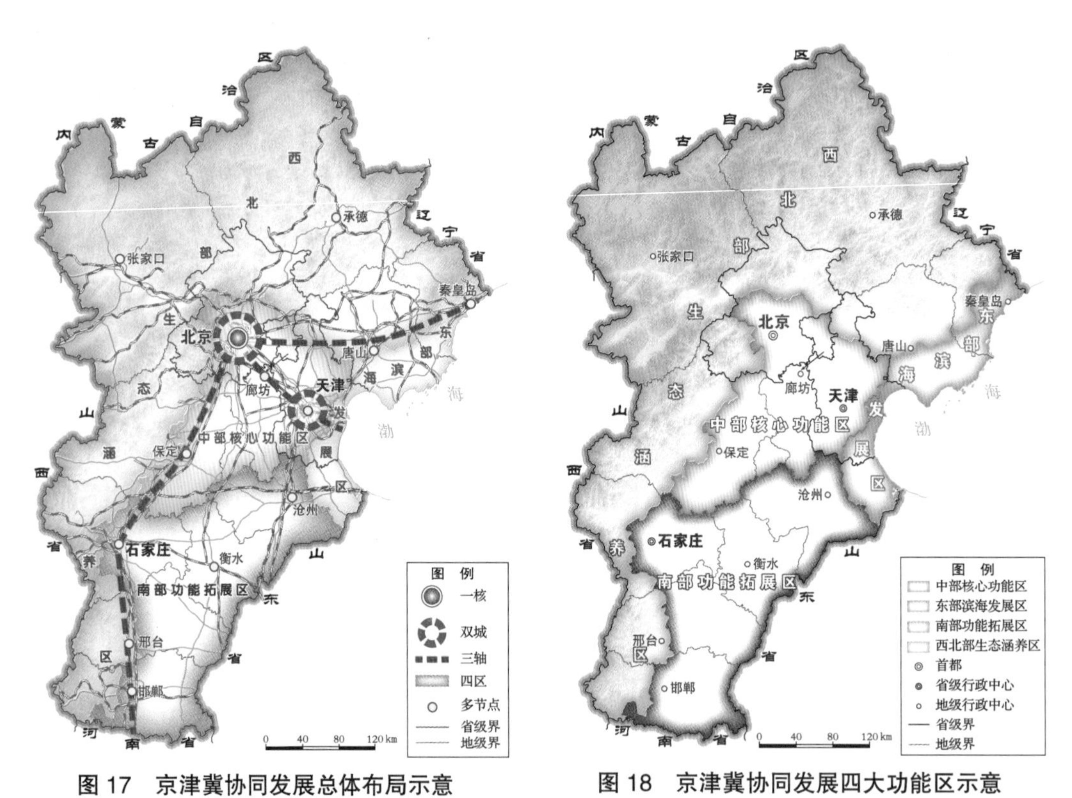

图 17 京津冀协同发展总体布局示意

图 18 京津冀协同发展四大功能区示意

11.5 交通一体化先行

交通一体化是京津冀协同发展两个先行领域之一。《京津冀协同发展规划纲要》提出，要按照网络化布局、智能化管理和一体化服务的要求，构建以轨道交通为骨干的多节点、网格状、全覆盖的交通网络，提升交通运输组织和服务现代化水平，建立统一开放的区域运输市场格局。重点是建设高效密集的轨道交通网、完善便捷通畅的公路交通网，打通国家高速公路“断头路”，全面消除跨区域国省干线“瓶颈路段”，加快构建现代化的津冀港口群，打造国际一流的航空枢纽，加快北京新机场建设，大力发展公交优先的城市交通，提升交通智能化管理水平，提升区域一体化运输服务水平，发展安全绿色可持续交通。以现有通道格局为基础，着眼于打造区域城镇发展主轴，促进城市间互联互通，推进“单中心放射状”通道格局向“四纵、四横、一环”网格化格局转变（见图 19）。根据规划，2020 年，京津冀间的区域交通一体化将取得重大成效：客运专线会覆盖所有地级以上城市，京津保地区实现“1 小时交通圈”。届时，环京津贫困地区交通状况将根本改观，高等级公路实现全覆盖，有效疏解北京的过境交通问题，支撑区域协同发展及在人口密集地区形成新的经济增长极。

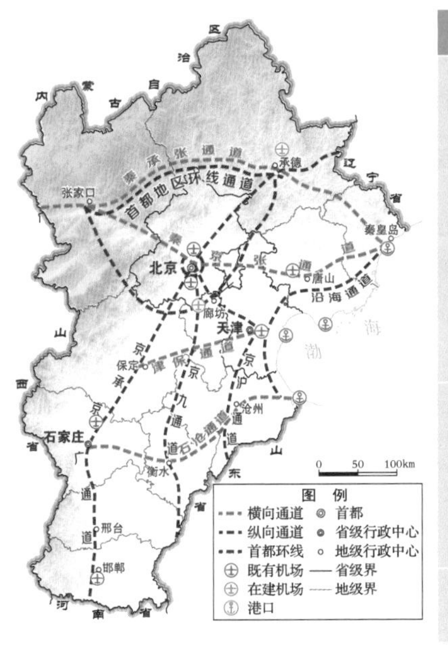

“四纵、四横、一环”

布局形态	名称	主要节点
四纵	沿海通道	秦皇岛、唐山、天津（滨海新区）、沧州（黄骅）等
	京沪通道	北京、廊坊、天津、沧州
	京九通道	北京、北京新机场、廊坊、衡水
	京承—京广通道	承德、北京、保定、石家庄、邢台、邯郸
四横	秦承张通道	秦皇岛、承德、张家口等
	京秦—京张通道	秦皇岛、唐山、北京、张家口
	津保通道	天津（滨海新区）、霸州、保定
	石沧通道	石家庄、衡水、沧州（黄骅）
一环	首都地区环线通道	承德、廊坊、固安、涿州、张家口、崇礼、丰宁等

图 19　京津冀地区“四纵、四横、一环”综合交通网示意

在公路方面，河北存在交通瓶颈——高速公路密度仅为北京的 1/2、天津的 1/3。三地间路网以北京为中心，形成“条条大路过北京”格局，首都因此承担大量过境运输压力。互联互通程度低，也将影响《京津冀协同发展规划纲要》提出的河北建设“全国现代商贸物流重要基地”的目标实现（见图 20、图 21）。

基于遥感数据提取路网信息的通行圈分析表明（见图 22）：以北京、天津主城区为核心的1小时通行圈覆盖了北京和天津市域范围内的平原地区及廊坊的部分区域，表明了北京、天津区域内发达的路网建设，体现了北京、天津作为京津冀协同发展的主要引擎，为进一步强化京津联动，全方位拓展合作广度和深度，加快实现同城化发展，共同发挥高端引领和辐射带动作用提供了重要的基础支撑；同时也反映了区域内公路“断头路”与“瓶颈路”对“四纵、四横、一环”综合运输通道构建的影响，尤其是在京津冀西部、北部地区。因此，要加快推进首都地区环线等区域内国家高速公路网建设，为提升区域内节点城市的辐射带动能力，推动京津冀协同发展提供有力支撑。

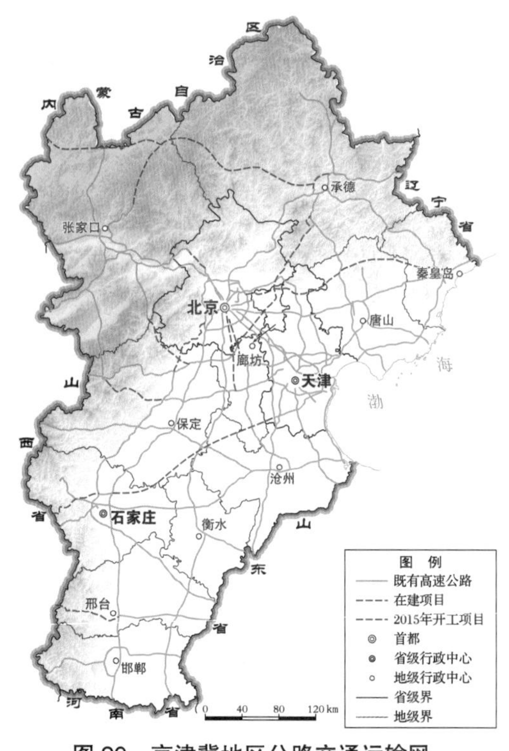

图20 京津冀地区公路交通运输网

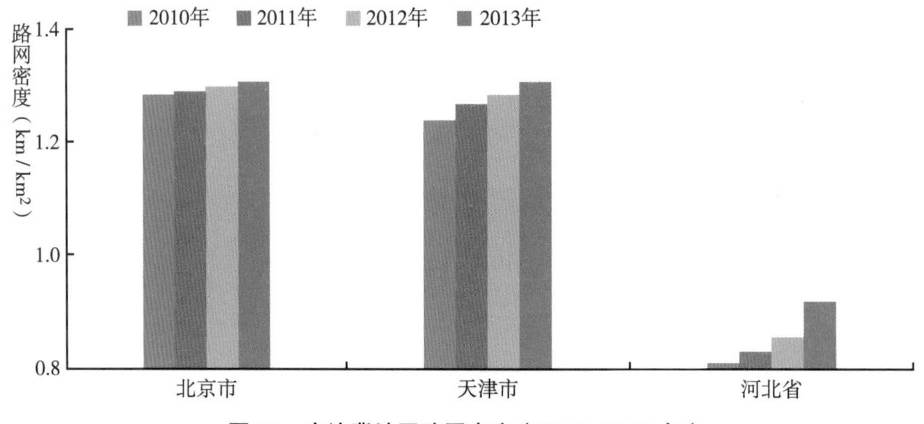

图21 京津冀地区路网密度（2010~2013年）

区域内公路“断头路”与“瓶颈路”的存在，造成了运输结构不合理，运输成本增加，制约了京津冀地区的协同发展。为改善区域内交通条件，推动京津冀协同发展，一批重点工程陆续立项施工，打通区域内高速“断头路”，跨区域国省干线“瓶颈路段”也将陆续畅通（见图23、图24）。截至2015年底，北京市高速公路里程为981千米，目前已建成京哈、京沪、京港澳等6条放射状高速公路及以北京为起点的11条国道，京台、京秦等高速公路“断头路”正在打通中。同时，密涿高速（大兴通州替代线）、兴延高速、延崇路、承平高速以及国道109升级改造等重点项目也在推进。

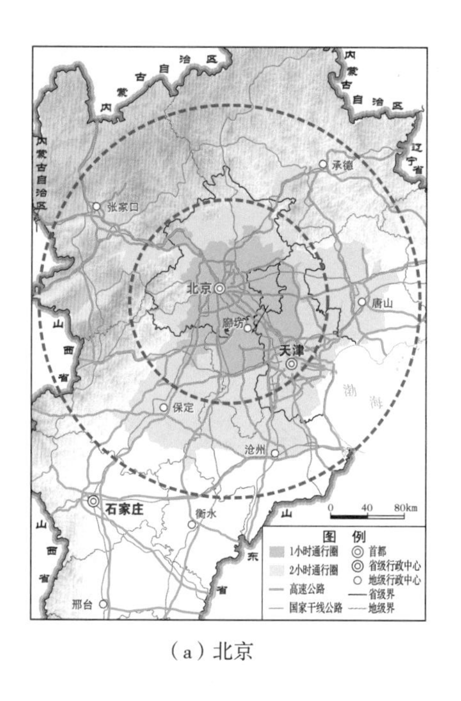

(a) 北京

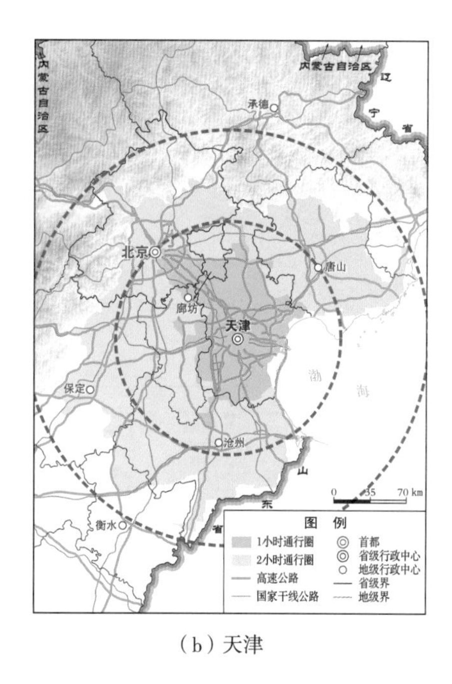

(b) 天津

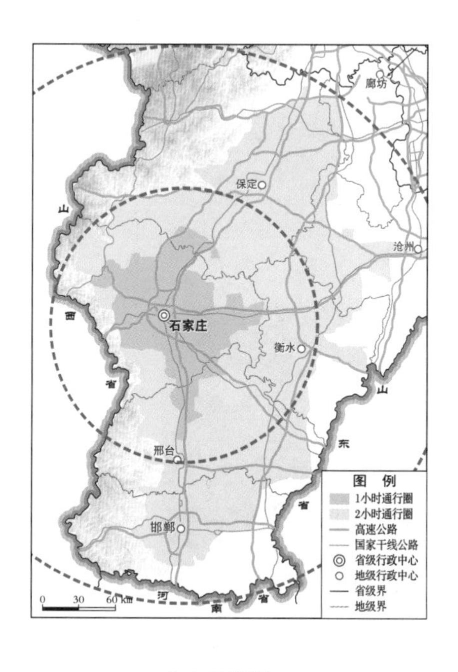

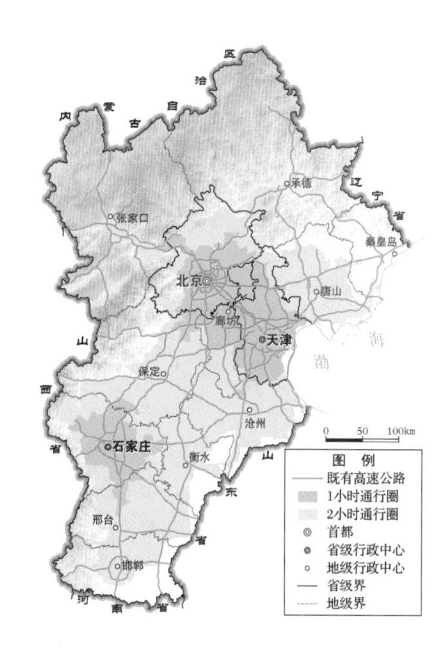

(c) 石家庄

图 22 京津冀地区公路通行能力分析

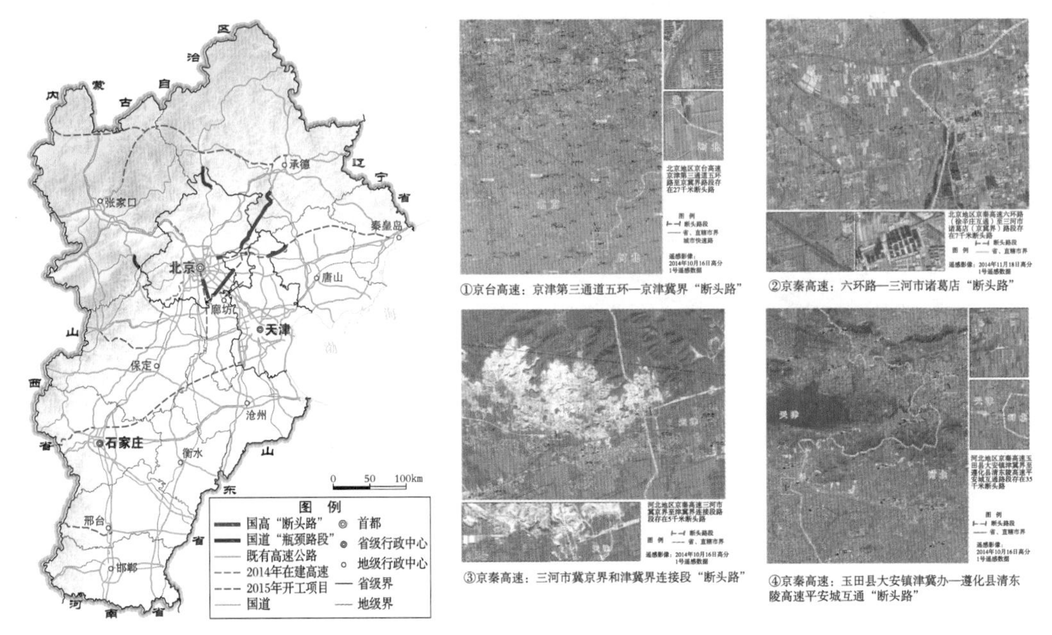

图 23　京津冀地区公路"断头路"与"瓶颈路"高分 1 号遥感监测

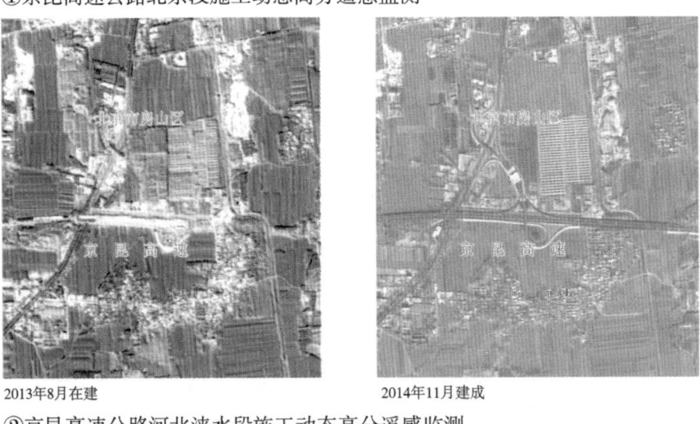

①京昆高速公路北京段施工动态高分遥感监测
2013年8月在建
2014年11月建成

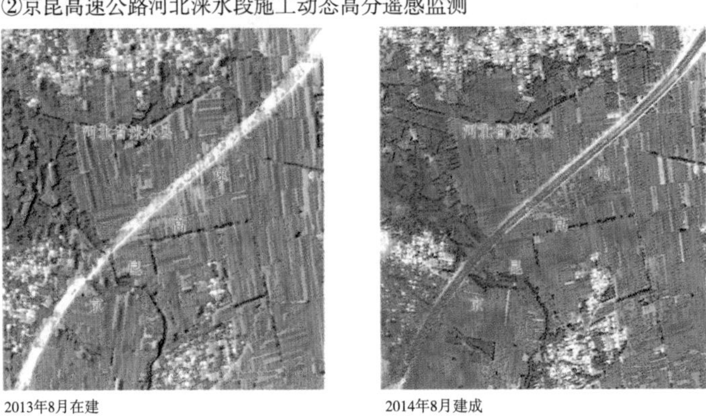

②京昆高速公路河北涞水段施工动态高分遥感监测
2013年8月在建
2014年8月建成

图 24　京津冀地区重点路段施工动态高分 1 号遥感监测影像

铁路运输方面，京津冀地区是我国铁路交通密集区，区域内有北京、天津、石家庄等重要客货运铁路枢纽，京秦铁路、京哈铁路、京沪铁路、京九铁路、京广铁路、京原铁路、京包铁路、京承铁路、京通铁路、京津城际高铁、津山铁路、京沪高铁等多条铁路干线汇集。为实现建设“轨道上的京津冀”的目标，仍需通过强化干线铁路与城际铁路、城市轨道交通的高效衔接，提升区域运输服务能力、增强京津冀对外辐射带动作用（见图 25、图 26）。

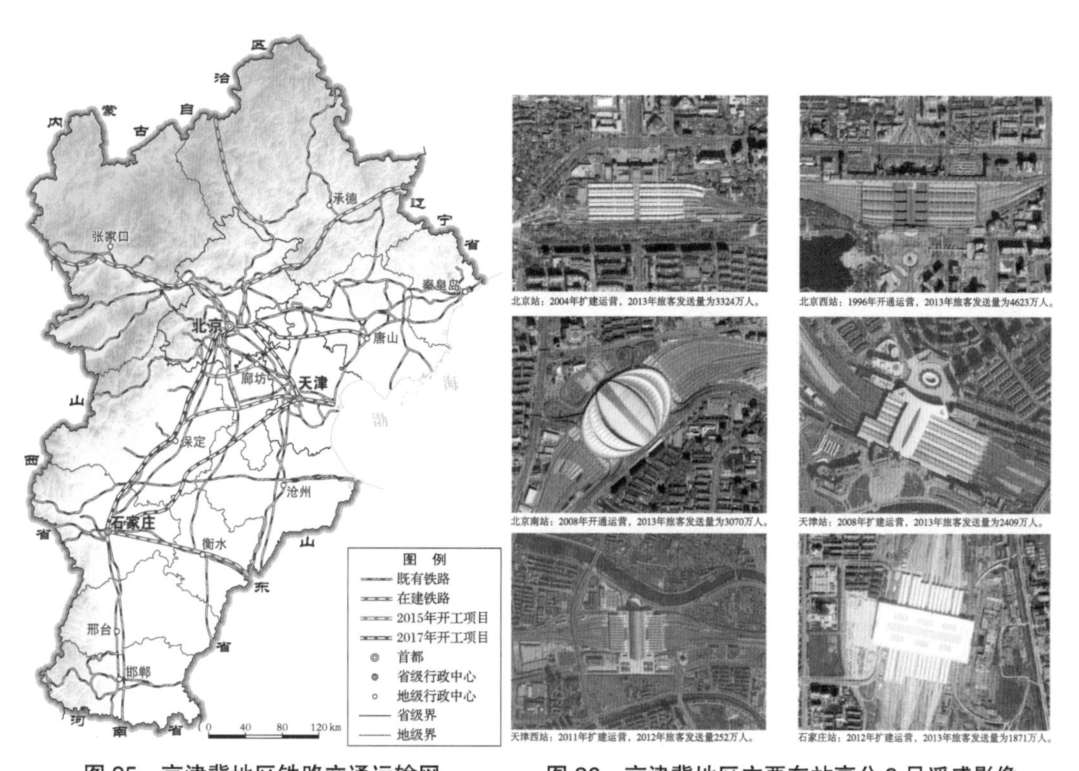

图 25　京津冀地区铁路交通运输网

图 26　京津冀地区主要车站高分 2 号遥感影像

航空运输方面，区域内有首都机场、天津滨海机场、石家庄正定机场等。但是从起降架次、客货运吞吐量等方面看，京津冀地区航空运输主要集中于首都机场，造成了首都机场运输能力趋于饱和。在协同发展中，应增强天津滨海机场的地区枢纽作用，提升石家庄、邯郸等机场的服务能力，构建层次合理的航空集疏运体系，推动京津冀地区机场的分工协作。

港口运输方面，京津冀地区有天津港、曹妃甸港、秦皇岛港和黄骅港等主要港口。在协同发展中，应采取主辅相配的网络化发展趋势，推动京津冀地区渤海湾港口群的形成，形成分工协作、功能完善的现代化港口群（见图 27~29）。

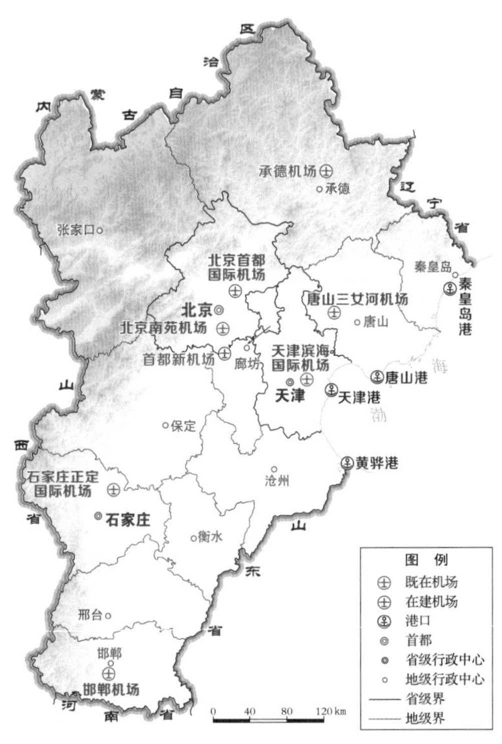

图 27 京津冀地区主要机场港口分布

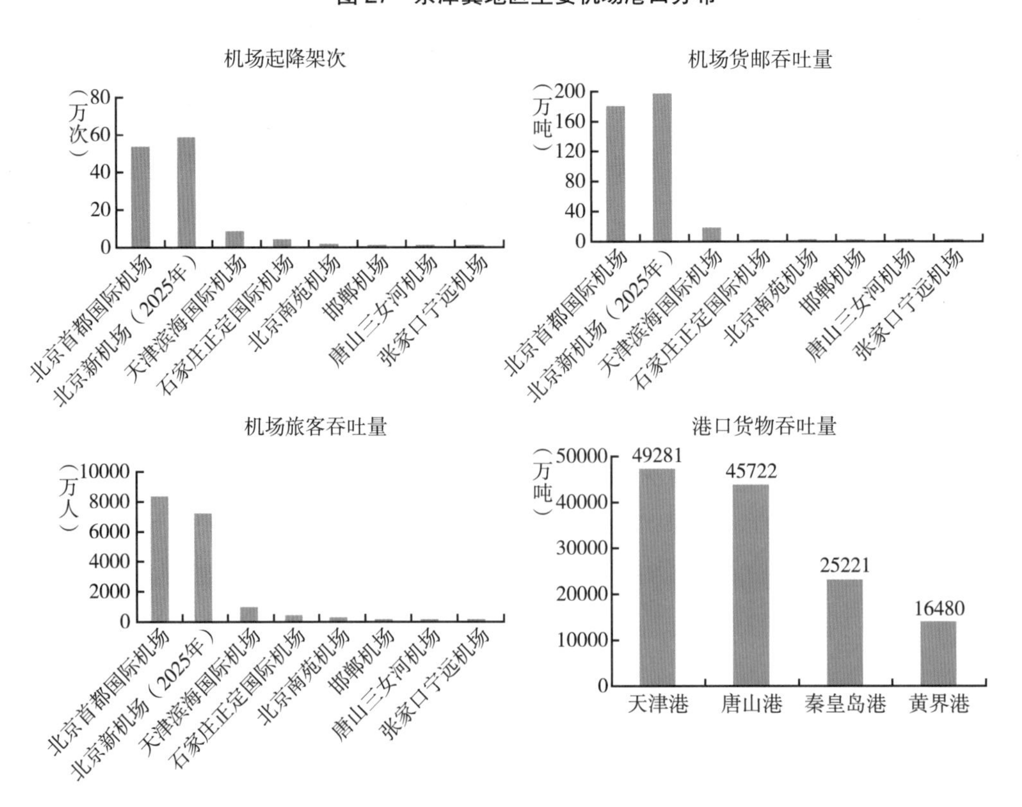

图 28 京津冀地区主要机场港口运输能力

京津冀地区国际机场局部遥感影像

北京首都国际机场

北京新机场（在建）

天津滨海国际机场

石家庄正定国际机场

京津冀地区主要港口局部遥感影像

天津港

唐山港

黄骅港

秦皇岛港

图 29 京津冀地区机场港口高分 2 号遥感影像

11.6 生态环境保护先行

生态环境保护是京津冀协同发展中明确要集中力量先行启动、率先突破的三大重点领域之一。《京津冀协同发展规划纲要》指出："在生态环境保护方面，重点是联防联控环境污染，建立一体化的环境准入和退出机制，加强环境污染治理，实施清洁水行动，大力发展循环经济，推进生态保护与建设，谋划建设一批环首都国家公园和森林公园，积极应对气候变化。"

京津冀地区的生态系统类型包含了森林、草原、湿地、荒漠、农田、人居生态系统六种类型。森林、草原、农田、人居生态系统是四种主要的生态系统类型：其中，农田生态系统面积占 51.5%，主要分布于京津冀地区东南部平原地区，也是我国粮食主产区；森林和草原生态系统分别占 14.3% 和 29.1%，主要分布于京津冀北部的张（家口）承（德）及太行山山区；人居生态系统占 4.3%；湿地和荒漠生态系统占 0.7%（见图 30）。

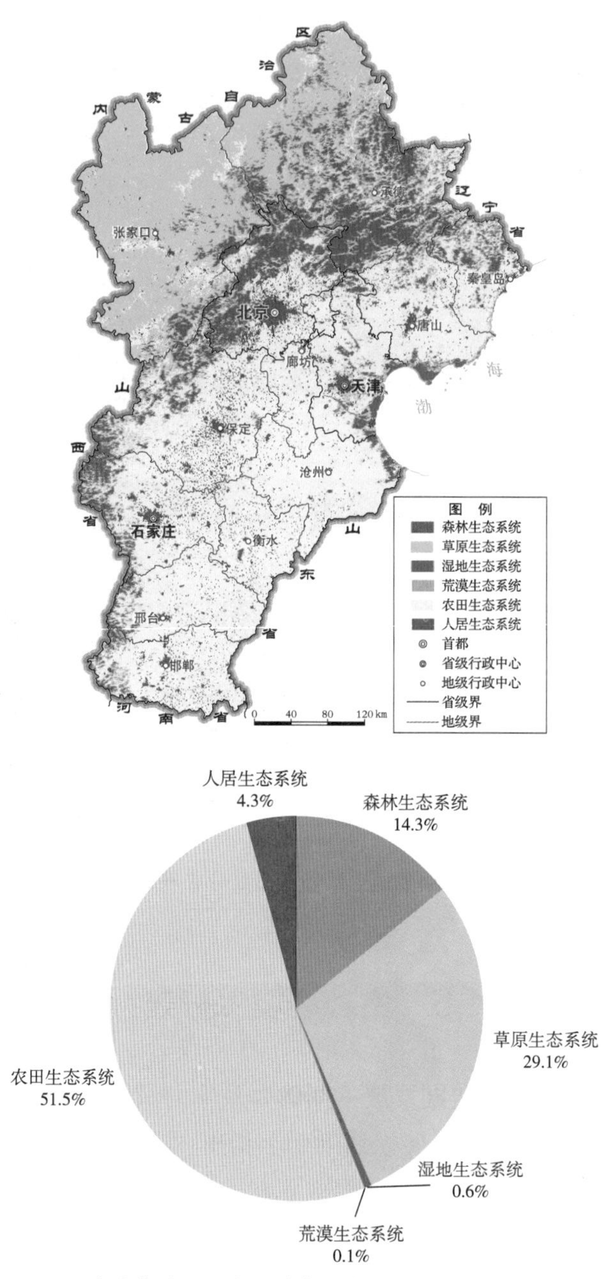

图 30　京津冀地区生态系统类型空间分布信息（2013 年）

综合生态重要性遥感监测和生态系统脆弱性结果分析，京津冀西北部地区承担着京津冀地区水源涵养、防风固沙、水土保持、生物多样性保护等重要生态功能，是京津冀地区的主要生态屏障；然而，由于受降水、地形、土壤类型、植被等影响，西北部山地地区生态系统极度脆弱或重度脆弱，中南部平原地区一般为微度脆弱或轻度脆弱（见图 31~34）。

468

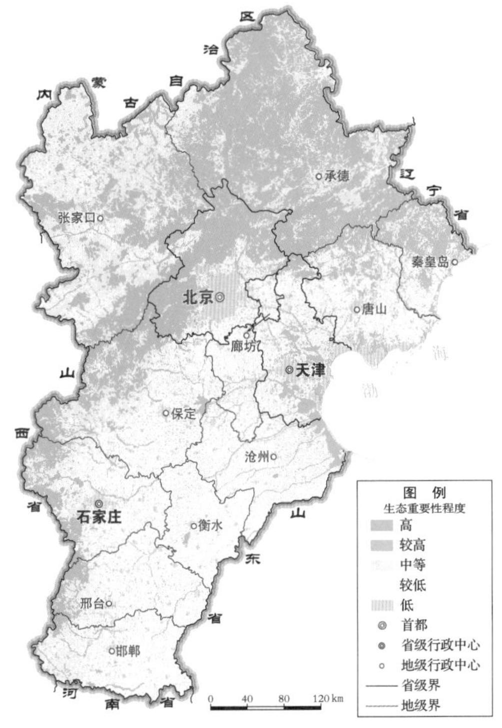

图 31 京津冀地区生态重要性监测（2013 年）

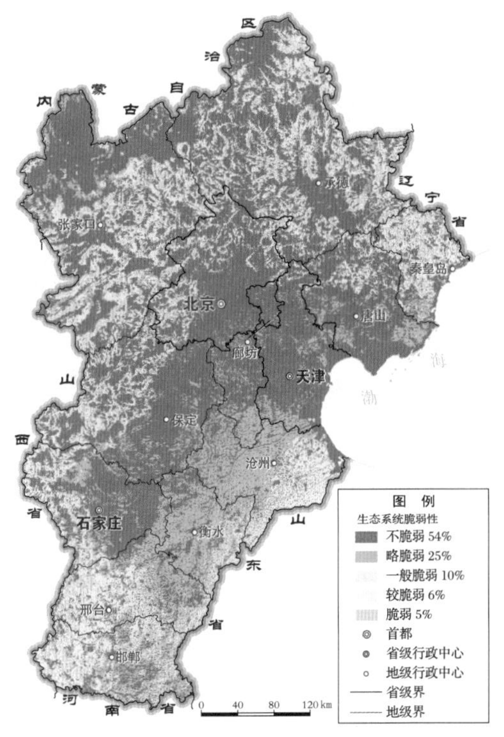

图 32 京津冀地区生态系统脆弱性遥感监测（2013 年）

因此，《京津冀协同发展规划纲要》提出在京津冀地区实行“优化生态安全格局，划定生态保护红线，实施分区管理，明确生态廊道”的生态保护与建设策略。将京津冀地区分为京津保地区、坝上高原生态防护区、燕山—太行山水源涵养区、低平原生态修复区、沿海生态防护区等五大生态修复分区，针对不同区域特征提出具体的治理措施。

同时，通过整合京津冀现有自然保护区、风景名胜区、森林公园等各类自然保护区，构建环首都国家公园体系。在城市之间、城市与功能区之间，通过大片森林、湿地的规划建设，构建绿色生态隔离地区，形成世界级城市群生态体系。

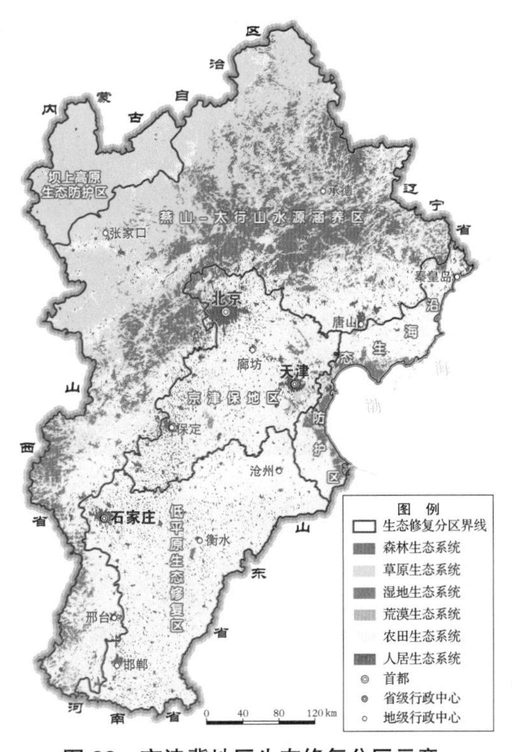

图 33 京津冀地区生态修复分区示意

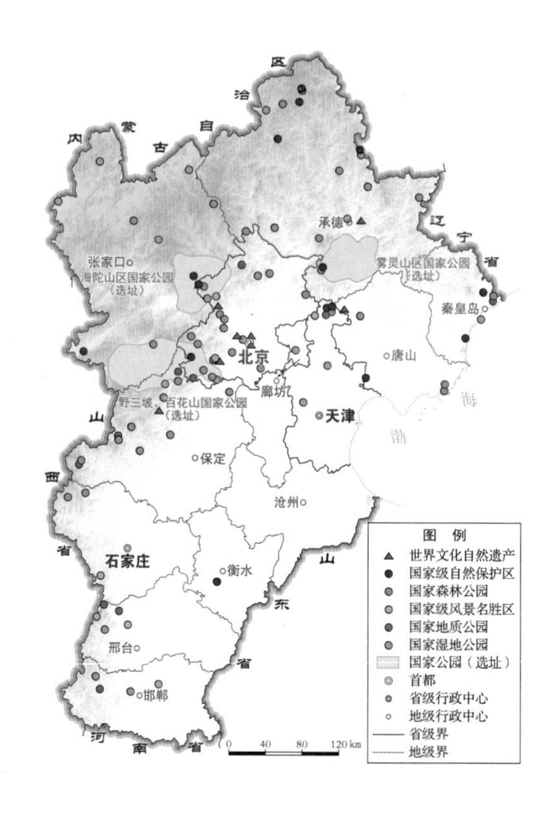

国家公园（选址）三维遥感影像

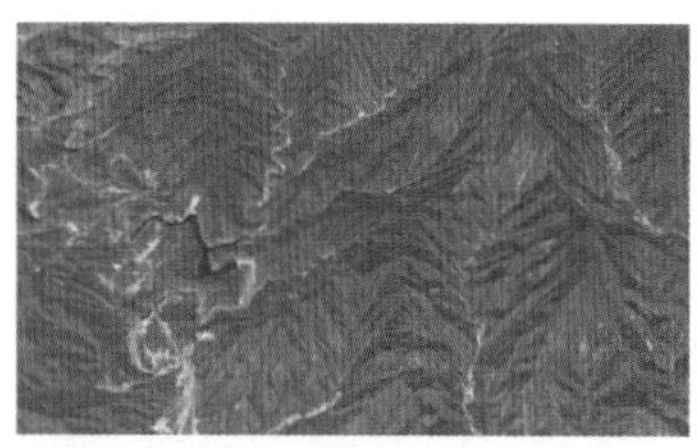

雾灵山国家级自然保护区

雾灵山国家级自然保护区位于河北省兴隆县北部，主峰海拔2118米，被称为“京东第一高峰”，森林覆盖率高达93%。地形地貌的复杂性，决定了气候的多样性。“山下飘桃花，山上飞雪花”“山下阴雨连绵，山上阳光明媚”，素有“三里不同天，一山有三季”之称。年平均温度 7.6 ℃，最热月份平均气温17.6℃,是华北“热海”中的“避暑凉岛”。

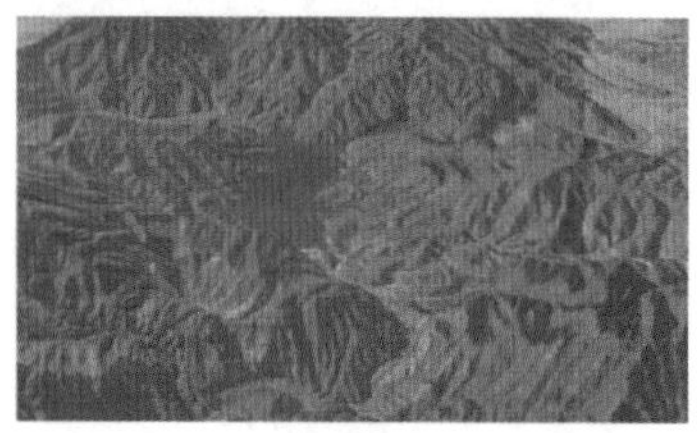

大海陀国家级自然保护区

大海陀国家级自然保护区位于首都北京西北，河北省赤城县西南，距北京100公里，总面积达11224.9公顷，主峰海坨山海拔2241米，该保护区是典型的山地森林生态系统类型，在我国华北地区植被垂直地带性和生物地理区系等方面具有典型性和代表性。该保护区地处温带，自然生态环境复杂多样，植被垂直分布明显，包罗了从温带到寒温带的自然景象，是欧亚大陆从温带到寒温带主要植被类型的缩影。

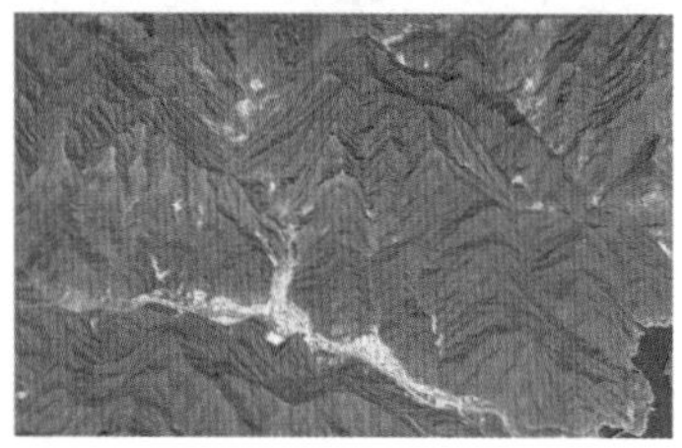

百花山国家级自然保护区

百花山国家级自然保护区地处北京西部，位于北京市门头沟区清水镇境内，2008年经国务院批准在北京百花山自然保护区基础上晋升为国家级自然保护区。地处亚高山地带，属于中纬度温带大陆性季风气候区，垂直变化明显，昼夜温差大，气温偏低，降水量较多，四季分明。保护区是以保护暖温带华北石质山地次生落叶阔叶林生态系统为主的自然保护区，总面积为21743.1公顷。

图 34　京津冀地区生态保护与建设重点区域及典型区域高分 1 号三维影像

参考文献

[1] 曾垂卿、周艺、王世新等:《基于夜间灯光和土地利用数据的中国人口空间化方法》,《国际遥感杂志》2011 年第 24 期。

[2] 涂明广、王福涛、周艺等:《基于 2002 年以来三级流域数据的中国水资源网格化分配模型》,《可持续发展》2016 年第 8 期。

[3] 侯艳芳、王世新、周艺等:《中国 CO_2 浓度分布及其影响因素》,《国际遥感杂志》2013 年第 13 期。

[4] 王世新、田野、周艺等:《利用城市居民建筑结构的精细人口估算方法》,《传感器》2016 年第 16 期。

[5] 周艺、林晨曦、王世新等:《GF-1 和 RADASAT-2 数据协同下的建筑密度估算方法》,《遥感》2016 年第 8 期。

G. 12
胡焕庸线：中国过去发展格局界定与未来态势分析*

12.1 “胡焕庸线”的提出及其本质内涵

12.1.1 “胡焕庸线”的提出与意义

20世纪30年代初，全国人口约4.5亿。当时，中国正处于全面抗战前夜，东北已沦于敌手，人口流入关内；随后的抗日战争中又发生了大规模的人口西迁。1935年，胡焕庸先生在《中国人口之分布——附统计表与密度图》一文中写道：“年来中外学者，研究中国人口问题者，日见其多，中国人口是否过剩，国境以内，是否尚有大量移民之可能，其实当今亟须解答之问题，各方面对此之意见，甚为分歧”（胡焕庸，1935）。胡焕庸教授根据当时的县区人口统计单位数据，分别做了人口分布图和人口密度图。人口分布图每个点子代表2万人，密度图分为八级。“自黑龙江之瑷珲，向西南作一直线，至云南之腾冲为止，分全国为东南与西北两部，则此东南部之面积，计四百万平方公里，约占全国面积之百分之三十六，西北部之面积，计七百万平方公里，约占全国面积之百分之六十四；惟人口之分布，则东南部计四万四千万，约占总人口百分之九十六，西北部之人口，仅一千八百万，约占全国总人口之百分之四”（胡焕庸，1935），后人把这条线称为“胡焕庸线”（以下简称“胡线”）。

“胡线”是现代地理学界完全由中国人完成的标志性成果之一，在地理学、人文科学、经济学等诸多领域均具有重要价值。学者们发现，这条线与气象降水量线、地形区界线、生态环境界线、文化转换分割线乃至民族界线等均存在某种程度的契合，沿“胡焕庸线”也是中国生态环境脆弱带分布区（王铮等，1995；王铮等，1996；葛全胜等，1990；唐博，2011）。“胡线”在国土空间规划、生产力宏观布局、民政建设和交通发展涉及的经济生产、社会发展方面同样具有重要意义（王铮，2014）。在全球气候变化背景下，“胡线”两侧的环境波动特征以及人口波动情况与未

* 本文撰写得益于中国科学院学部咨询项目“‘胡焕庸线’时空认知：聚焦总理‘三问’”的调研、讨论，以及研究所135培育方向5课题组赵晓丽研究员、周艺研究员、刘亚岚研究员等诸位同人多次的讨论。感谢博士生李丽、骆磊在收集资料与作图方面提供的支持！感谢审稿专家提出的宝贵意见与建议！

来我国人口分布趋势，“胡线”东西两侧城镇化空间格局模式，丝绸之路经济带以及长江经济带与新型城镇化可能导致的“胡线”变化趋势等问题近年来成为学术界讨论的热点话题（陈明星等，2016；陆大道等，2016；丁金宏，2016；王铮，2016；殷德生，2016）。

12.1.2 “胡焕庸线”的本质

关于“胡焕庸线”可以从文献及互联网上看到许多甚至相左的论述，众说纷纭，莫衷一是。什么是“胡焕庸线”？其本质到底是什么？《中国的突变线——胡焕庸线》中提到两个值得注意的问题。一是胡焕庸先生为何在文章附图中没有画出这条线？“尽管在图中，胡焕庸线已经呼之欲出，只要举手之劳，把两点标出，连线即可。但是胡焕庸先生当时并没有这样做。这真是一个谜。”二是“胡焕庸线的灵魂”是什么？华东师范大学人口所所长丁金宏是胡先生的关门弟子，他的一句话击中了要害：“胡焕庸线的伟大在于它是中国人口分布的突变线。”“不仅仅是人口到此突变，连风景到此也突变……生活方式也在此线突变。这条线是农耕与游牧的转换线，这条线通过的地方正是中国的农牧交错带。这条线还是人文分界线，汉民族与少数民族的分布以此线分多寡……。”

对于胡先生文章的附图之所以没有画出这条线，笔者的解释是：该图是胡焕庸先生基于全国各县区人口数据调查或估算，用“点子法”制图。由于这是按照行政县域统计的人口，在一个县域内人口分布被看作是均匀、完整的一体。所以如果划分界线，就不能割裂这个县域的完整性，画线只能沿着县域行政边界划分界线。从爱辉到腾冲两点间的县域西部或东部界限都不能连成一条直线（见图 1）。如果拉一条直线，就打破了完整的县域，按照县域统计的数字就不能用了。这就是不能直接在图上画直线，而只能近似地说从爱辉到腾冲作一直线的原因。

那么，这条线的本质是什么呢？首先，这条线的本质不在于划分人口比例的“岿然不动”。我们针对文献 [1] 提供的数据进行较精确的计算，1935 年，当时划分中国东南人口占 96.64%、西北占 3.36%，若扣除当时的外蒙古人口，则“胡线”西部人口占全国的 3.21%，东南人口占 96.79%。到 2010 年，“胡线”西部人口占全国比例增加到 6.35%。75 年间，西部人口比例增加了 3.14 个百分点，比 1935 年约翻了一番；而“胡线”西部人口的绝对数量增加 7300 万，更是比 1935 年的 1800 万增长了 4 倍。“胡线”两边人口无论相对数量还是绝对数量绝不是什么“岿然不动”。

其次，这条线是“划分中国两个不同人口密度地区的分界线”吗？葛剑雄先生认为，“讲到中国近代人口分布，人们都会提到著名的爱辉—腾冲线。直到今天，这条线依然是划分中国两个不同人口密度地区的分界线”（葛剑雄，2014）。在做中国人口密度图时，即便相邻区域，都会有密度的分界，如 100 人 / 平方千米与 50

人 / 平方千米之间就有分界线。实际上，沿这条线北、中、南部的人口密度都是不同的，因此，贯穿东北—西南不存在某个固定的人口密度值，所谓“划分中国两个不同人口密度地区的分界线”的表述也不够准确与明确。

那么，它“是中国人口分布的突变线”吗？“人口分布”是一个具有广泛含义的概念。笔者认为，更加准确的描述应当是“中国人口密度分布的突变线”，即从高（低）密度区到低（高）密度区的突变线（见图 1）。从图 1 可见，胡先生分出的 8 级人口密度不是等间距的。如果按照等密度间距作出等密度图，我们就会非常直观地看到“胡焕庸线”就是“中国人口密度分布的突变线”，这个突变线不是人口密度的等值线，就如同构成中国地势的第二、三级阶梯分界线太行山山脉不是等高度的一样。在人口高密度区即“胡线”东南半部为传统农业生产区，西北半壁是传统的畜牧业区。至于这条线与一些自然要素甚至人文要素的应合，那是反映了这条线在一定背景条件下的相关地理要素，不是这条线本身的特性。既不能把“胡焕庸线”与其他的如降水线、生态线、文化转换线等去等同，也不必用“胡焕庸线”去综合它们。“胡焕庸线”就是反映了人口分布的情况。所以说，一谈到要“打破”或者“突破”“胡焕庸线”，就争论是否能够打破自然特性，这不是“胡焕庸线”本身的命题。

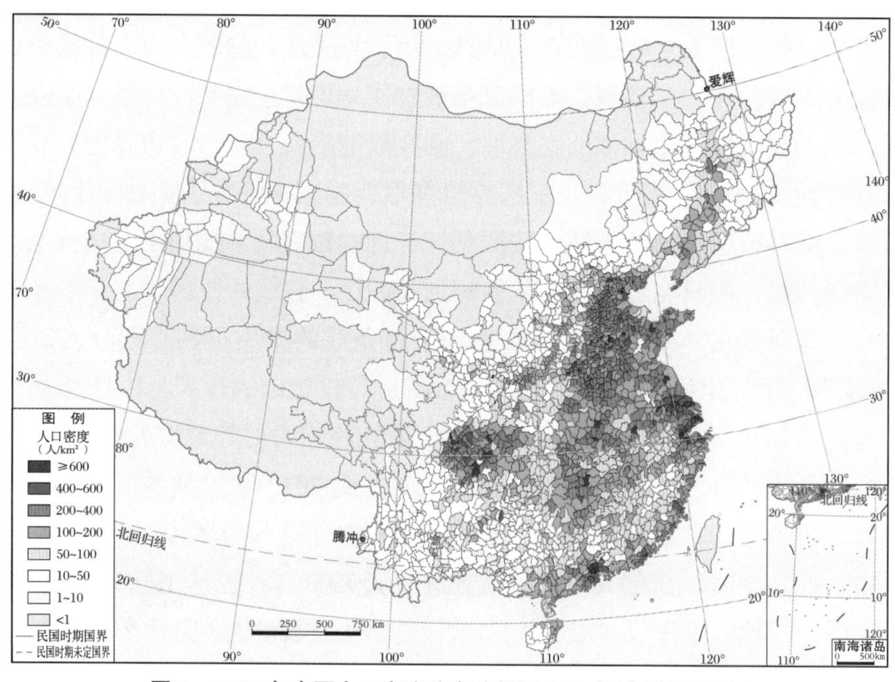

图 1　1935 年中国人口密度分布（根据文献［7］数据重绘）

人口数量、质量与密度是社会、经济、生活方式与环境的综合反映。中国人口格局是作为农业大国的人口在社会—经济—科技—环境等因素共同作用下长期演化的结果。“胡焕庸线”是一条人口密度分布突变线，它穿越400~800毫米降水量区域，与农牧交错带近似平行。它是气候—地形—生产综合要素影响中国作为一个农业大国在数千年来人口密度上的一种反映。当前中国人口东密西疏格局是历史发展过程中不断演化形成的，中国人口密度突变分界线也是不断变化的（见图2）。相关文献（葛剑雄，2014）以及计算机模拟（吴静等，2008）均表明了这一过程。根据我们的模拟，在清朝这条分界线大概以30°倾斜，形成从爱辉（黑河）到腾冲约45°倾斜线，是在清朝到民国期间。因此，我们进一步说，从爱辉（黑河）到腾冲约45°倾斜的“胡焕庸线”是中国近代人口密度分布的突变线。

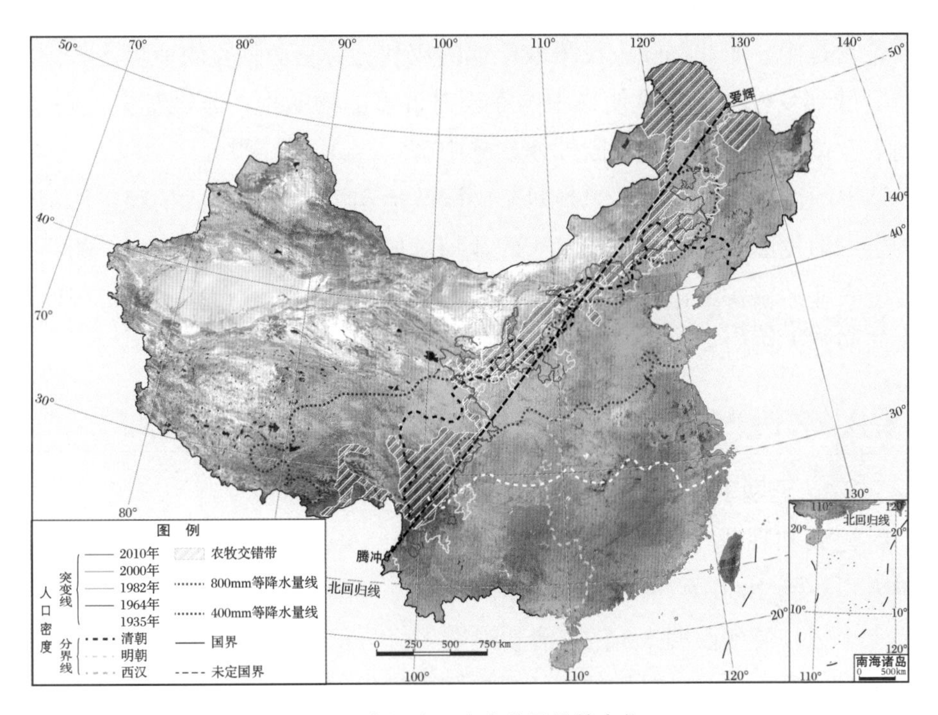

图2　中国人口密度分界线的变化

说明：该图的历史时期人口密度分界线位置系根据文献[5]数据与图件综合绘制，1935~2010年人口密度突变分界线是基于全国人口普查数据并顾及行政边界绘制，降水量线是根据全国753个气象站点数据插值后分析提取，农牧交错带根据文献[23]综合绘制。从图中的爱辉（黑河）—腾冲这条直线可见它与人口密度突变分界线的近似关系。

12.2　中国历史发展模式与人口格局变化

中国历史发展模式是指曾经真实存在于过去中国的发展模式。一言以蔽之，是在以农业为主流产业的历史演进过程中形成的发展模式。形成的朝代更迭，不断复生的封建社会管理与经营模式一直延续两千余年。

12.2.1 中国农业大国的发展模式特征

萨米尔·阿明（Samir Amin）——新马克思主义理论家、著名的全球化问题专家、国际政治经济学家，在“欧洲发展道路与中国发展道路对立的核心：农民问题”部分提出一种“两条道路”（地中海/欧洲地区道路以及中国道路）的分析方法（萨米尔·阿明，2012）。萨米尔·阿明指出，地中海/欧洲发展道路与中国的发展道路从一开始就截然不同：欧洲中心的历史资本主义不断将生活在农村的居民大量驱赶出去，这种历史资本主义必然造成人口的大量外流，后来征服了美洲才得以疏解外流人口的问题。而在19世纪下半叶之前的中国，资本主义发展道路就完全不同，它是确立而非泯除农民争取土地的权利，并从而强化农业生产，同时将工业制造分散到乡村地域。这使得中国在当时许多的物质生产领域都大大超越欧洲。一直到工业革命的成功，现代欧洲才超越中国。

正是中国传统文化的民本思想对于中国政治和经济组织模式的稳定作用，建构了一种生产力发展的模型——筑基于农业持续的密集生产，于是形成“胡线”东部中国传统农业的精耕细作特点，与“胡线”西部的生产方式截然不同，因而表现为胡线东西两侧人口格局的不同。

12.2.2 两千年来农业发展模式下的中国人口格局变化特征

12.2.2.1 近两千年中国人口总量的变化：增长越来越快

史料记载和现代学术研究（葛剑雄，2014；吴静等，2008）成果表明，秦朝时中国人口达到2000万，西汉末约有6000万，东汉和帝时期5300万，隋唐4600万，北宋1亿，清朝前期3.6亿，清朝晚期4亿，新中国成立初期5亿多。这组人口数据说明，第一，人口总量的增长是中国人口发展史最明显的特征。第二，人口总量的变化呈波浪形增长。社会安定、经济发展，人口总量就会大幅度增长，如两汉、隋唐、北宋、清前期等。反之，社会动荡，经济凋敝，人口总量就会减少，如秦末、楚汉战争时期、两汉之交、三国两晋南北朝、明末清初等。第三，人口增长呈现加速态势。中国人口达到1亿用了1000多年，人口达到3.6亿用了约700年，从清朝晚期4亿人到新中国成立初期的5亿多人口，只用了不到100年时间。从新中国成立时的5亿人到2010年的13多亿人口，仅用60余年。这种快速增长，虽然不是马尔萨斯人口理论的指数方式，但是呈现加速增长态势明显。

12.2.2.2 近两千年来中国人口重心变化呈现从西向东、从北向南的轨迹

黄河流域自远古以来在相当长的时间里一直是中国经济、政治的重心，中国的人口分布呈现北重南轻的格局。自三国两晋南北朝以来，由于北方政局动荡长期战

乱，中原人口多次大规模南迁，北重南轻的人口分布格局逐渐被打破。特别是持续时间长、破坏严重的西晋八王之乱，导致中原人口大量南迁，掀起了前所未有的移民浪潮，流徙人口在90万以上。唐朝安史之乱后，北人再次大举南迁。五代十国时期，北方混战不已，北人继续南迁。于是，中国南方逐渐成为全国经济的先进地区，人口数量也随之超过北方，南重北轻的人口分布格局最终形成。

12.2.2.3 以农业为主的经济影响是中国人口历史变化的最重要因素

虽然自然环境是人类生存和发展的基本条件，人们总是寻求气候良好、土壤肥沃、水源充足的地方生存，但是，一旦自然环境基本确立，经济影响则是人口变化的最重要因素。

在农业生产力水平一定的情况下，扩大耕地面积、改良农作物品种和提高亩产量，都是增加粮食产量的重要途径。在中国的传统文化中，多子多孙多福是生活追求的目标之一，农业发展、粮食丰收有利于人口增殖。中国历史上的朝代基本是前期社会安定，农业发展、粮食丰收，伴随着人口的兴盛。随着生产力发展，生产工具的改革，人口的增加，农民不仅能够也需要开垦更多的土地，图3反映了自西周以来农业不断开垦的过程，这也是中国人口在不断向南、向北以及向东扩张的过程。

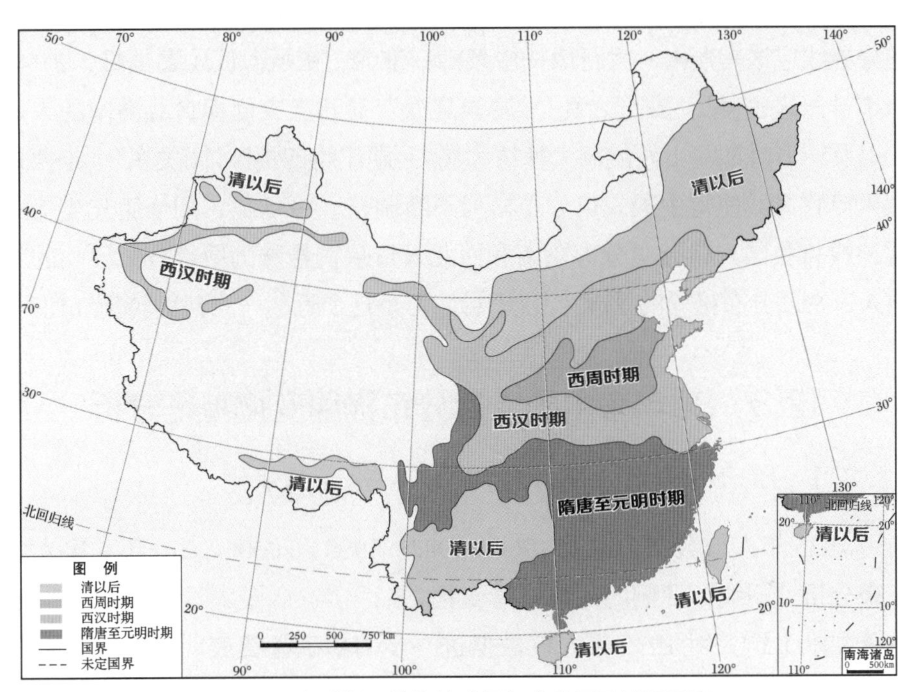

图3 历史时期天然植被破坏与农业开垦过程示意

说明：据文献[15]重绘。

12.2.2.4 战争、政策导向对人口的迁移与分布变化也有较大影响

纵观中国历史，战争对人口的影响主要体现在以下三个方面。一是直接造成人口死亡和人口总量的减少。三国时期的“出门无所见，白骨蔽平原”说明了战争对人口增殖的摧残。二是直接造成人们生存环境的破坏。史书屡有“室庐焚毁，田亩无主，荒弃不耕”“人相食啖”的记载（葛剑雄，2014）。三是造成在籍人口下降。长期战乱造成大量人口迁徙，迁徙人口脱离原籍，使国家在籍人口减少。反之，社会安定有利于人们休养生息和人口增殖。

就政策而言，对广大农民来说土地政策和赋税政策是最重要的。只要政府将农民与土地结合，轻徭薄赋，放松对农民的人身控制，就有利于人口增殖。例如，均田制、租庸调制以及摊丁入亩的实施，对人口增殖都具有重要意义。反之，土地兼并，赋税苛重，人身依附加强，人口总量就会减少，其中有饥饿而死，也有人口逃散和隐匿人口现象。

12.2.2.5 爱辉—腾冲线作为人口密度突变分界线是近代人口密度突变分界线

爱辉—腾冲线作为人口密度突变分界线是近代的人口密度突变分界线。在中华文明的第一个辉煌时期——西汉时期，中国人口最稠密的地区是在黄河冲积平原（今华北平原，太行山、伏牛山以东，燕山以南，长江下游以北，东至海滨）和太行山以东、黄河以北的河北平原（今天津及河北省保定、阜平以南，河南省安阳、卫辉、内黄及山东高唐、德州、乐陵以北）（见图 3）。葛剑雄教授提出，那时的人口疏密分界线应该是燕山—太行山—中条山—淮河，东抵海滨（葛剑雄，2014）。此后经历了“永嘉丧乱”“安史之乱”“靖康之变”等几次大规模自北向南的人口迁徙活动，以及明清时期“山西洪洞大槐树移民”“湖广填四川”“闯关东”“走西口”等几次大规模移民，使得中国人口分布格局不断调整。1935 年，胡焕庸先生提出以爱辉—腾冲线将我国人口分布分为东南和西北人口疏密悬殊的两部分，反映的就是近代中国人口密度分布格局的状况（见图 2）。但是这个近代—当代的转折在何时？

12.3 80年来中国人口分布格局变化特征分析

12.3.1 80年来爱辉—腾冲线两侧人口格局的变化

利用 1935 年人口数据，以及 1964、1982、1990、2000、2010 年 5 次人口普查数据，来分析“胡线”两侧的人口格局变化。

根据文献［1］，对 1935 年人口数据进一步的精确计算表明，爱辉—腾冲线两侧西北部人口占全国的 3.36%，东南部人口占全国的 96.64%（这一统计包含了当时的外蒙古人口）。为后文数据比较的一致性，再扣除外蒙古人口，则 1935 年西北

部人口占全国的比例为3.21%，东南部人口占96.79%。再利用1964、1982、1990、2000、2010年5次人口普查数据，以爱辉—腾冲线为界，分析西北、东南两部分的人口比例及其变化（见图4、图5），结果显示：西北部人口比例持续上升，且增长速率呈现“下降—上升—下降”的波动态势（见图5）。相应地，“胡线”东南部人口比例持续下降，75年来下降3个百分点。

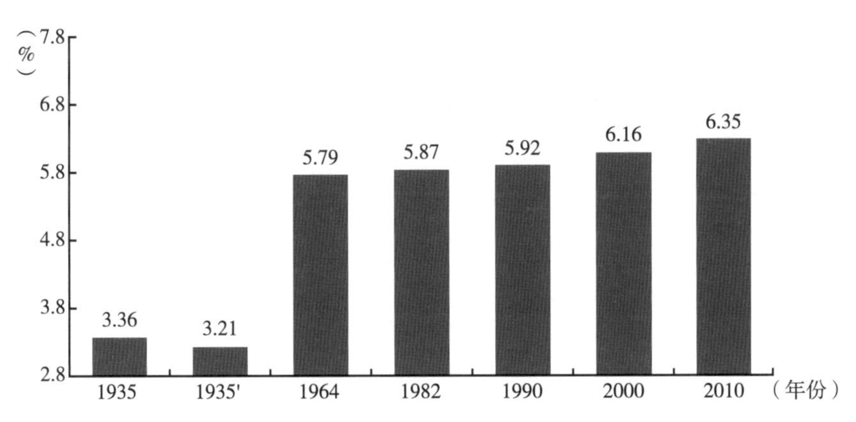

图4　1935年以来爱辉—腾冲线西北部人口所占比例

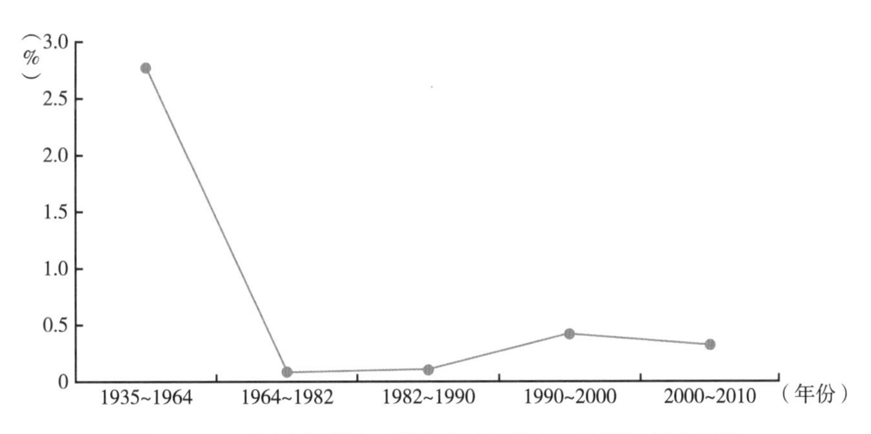

图5　1935年以来爱辉—腾冲线西北部人口比例增长率变化

12.3.2　80年来人口密度变化的特征分析

每平方千米小于50人属于胡焕庸先生划分的人口密度6、7、8级的低密度人口区，在1935年全国占77.44%，2010年为58.01%，下降近28个百分点。人口密度在400人/平方千米之上，属于胡焕庸先生划分的人口密度最高一级，1935年仅占1.03%，统计单元个数123个，到2010年，人口密度在400人/平方千米之上的共占国土面积的9.78%，统计单元个数1200个，比例与个数均增长近10倍。75年间，人口密度与其所占面积发生显著变化。这正是快速的经济发展对于巨量人口的支撑

与承载的表现。

根据爱辉—腾冲线两侧不同年份的总人口及国土面积统计数据，可以计算得到该线西北部与东南部的平均人口密度，进而得到近 80 年来的平均人口密度变化特征（见图 6、图 7）。可以看出，西北部与东南部平均人口密度均持续增长；虽然西北部平均人口密度远小于东南部，但是西北部人口平均密度已由 2 人 / 平方千米增长到了近 16 人 / 平方千米，75 年间平均人口密度增长近 7 倍；东南部平均人口密度由 107 人 / 平方千米增长至 303 人 / 平方千米，75 年间平均人口密度增长近 2 倍。

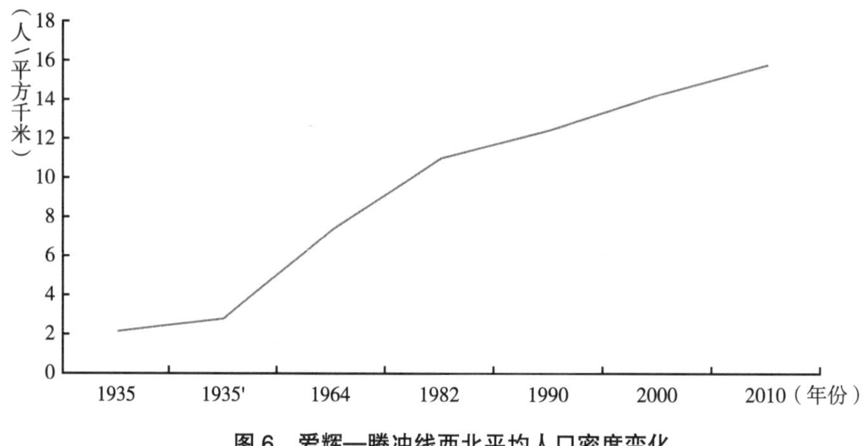

图 6　爱辉—腾冲线西北平均人口密度变化

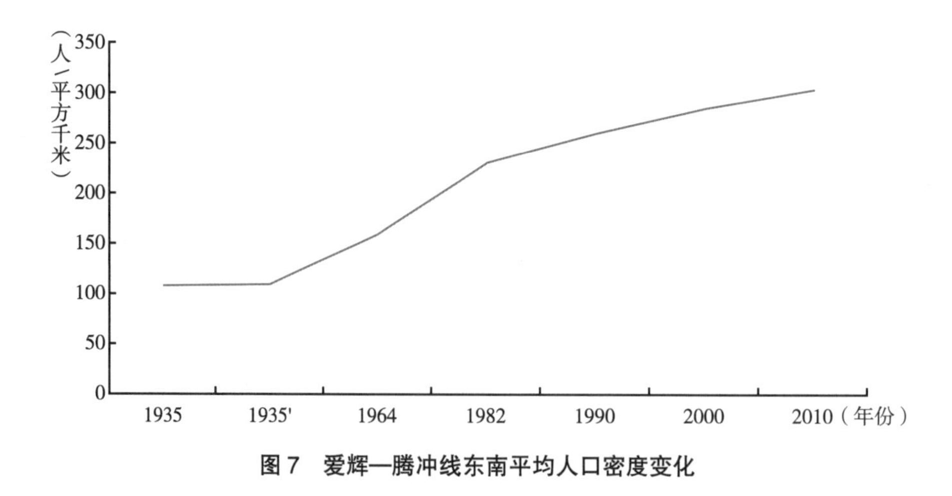

图 7　爱辉—腾冲线东南平均人口密度变化

西部人口以较快的速度增加，有其内部必然因素。经济发展是带动人口增加的重要动力。2004~2013 年，“胡线”西北半壁的 GDP 占全国的比重由 2004 年的 7.74% 上升到 2013 年的 8.78%，其中工业产值由 6.41% 增加到 8.58%，农业由 10.72% 增加到 11.55%，第三产业则由 7.71% 增加到 7.85%，“胡线”西北部 GDP 占全国比重的上升，与人口比例一致上升有其必然联系。

综上，无论图 4、图 5 还是图 6、图 7，即无论人口增长速度还是人口密度变化速度，这个速度变化拐点在 20 世纪 70 年代后期至 80 年代初期，似乎表明中国当代人口格局是在这个阶段（距今 30 多年前）形成的。

12.3.3 过去30年人口聚集变化时空特征分析

改革开放后，中国从传统农业种植业向工业、商业以及农业现代化方向发展。产业的变化，引起人口不同的积聚以及流动方式。这表现在城乡用地面积以及人口密度的变化上。

12.3.3.1 30年间城乡用地密度变化反映了人口格局的变化

城乡用地密度的不同增长模式可以间接反映人口的空间分布情况。以 20 世纪 80 年代至 2010 年 LUCC 遥感监测数据为基础，运用 GIS 空间分析方法对过去 30 年来的全国城乡建设用地信息进行提取，计算不同时期中国的城乡用地密度变化（见图 8）。

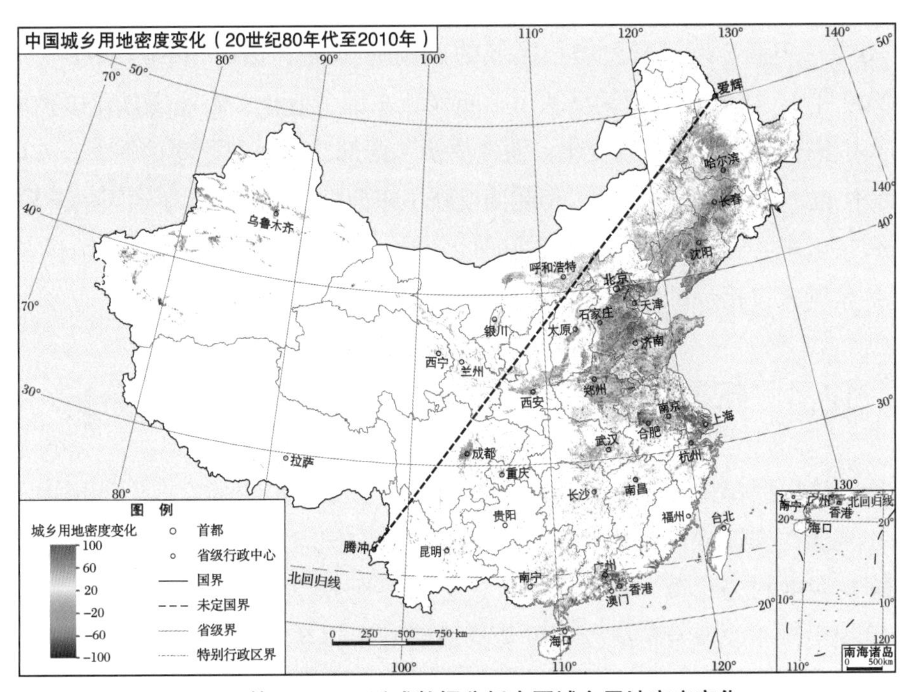

图 8 基于 LUCC 遥感数据分析中国城乡用地密度变化

资料来源：赵晓丽研究员提供数据，2015。

分析 20 世纪 80 年代至 2010 年中国城乡用地密度变化发现，20 世纪 80 年代至 2010 年全国的城乡用地密度均呈增长趋势。在“胡线”东南部地区，以京津冀、长三角和珠三角为中心，城乡用地密度迅速增长；西部地区的内蒙古中西部城乡用地密度呈连片式增长，在河西走廊地区呈点—线状扩张，西部地区的新疆以据点式扩张。城乡用地密度的不同增长模式反映了“胡线”东西部人口密度空间分布增长的不同特征：东部人口密度从相对“均衡”分布到进一步“积聚”，主要以京津冀、长三角和珠三角为中心密集扩大；西北部则由原来的少数积聚中心变为多中心且片—带（线）状展布，主要在内蒙古、新疆、甘肃地区呈据点或线（带）状展布。20世纪80年代末至2010年中国城乡用地密度变化映射了过去30年的中国城镇人口以及农村人口变化特征，有的区域连片快速增长，有的呈据点式增长，有的变化不大，还有的地方呈现负增长（特别是在“胡线”东南侧负增长尤为突出），这些情况很好地反映了中国人口空间组成的多样性。

12.3.3.2　1990~2010年20年间胡线东西两侧人口密度变化反映了驱动力的差异

结合县级人口统计数据与遥感数据，课题组生成了1990~2000年20年间基于千米格网的人口密度变化图。发现“胡线”东西两侧过去20年人口密度变化在区域面积以及增长速率上呈现不同情况：在“胡线”西侧，86%的区域人口密度未发生变化，只有约14%（1990~2000年）、11%（2000~2010年）的区域人口密度有轻微增长；而在“胡线”东侧，人口密度增长区域的比例则增加至73%（1990~2000年）、53%（2000~2010年）。这种情况深刻反映了“胡线”东部工业化、农业现代化以及城镇化造成的人口集聚与人口密度的变化，而“胡线”西部，由于产业变化不大，人口集聚产生的变化也不如东部大。这从一个侧面反映了东西部人口变化的驱动因素差异。

那么，未来，“一带一路”国家战略的实施，新型城镇化的发展，对于“胡线”西部乃至全国人口格局的影响如何？

12.4　新型城镇化对未来中国人口格局的影响分析

一种经济发展模式形成一种生活聚居的特性。中国传统的农业经济形成了“大分散、小聚居”来适应广袤的农田、就近耕种的农作需要，遗留到今天就是我们看到的众多特色乡村与小镇，它们诠释了过去这些地方曾经的辉煌与荣耀。中国过去城市化过程中基于农业及传统交通发展形成的城镇体系空间结构特征，在今天的新型城镇化形势下需要新的转换。

12.4.1　中国过去城市化形成的是以农村市场服务为中心的城镇体系空间结构

德国经济地理学家克里斯泰勒推导了在理想地表上以农村市场服务为中心演化

基础上发展起来的聚落体系特征，形成著名的城镇体系空间结构六边形模式。在中国黄淮海平原，从农业发展形成的城镇体系空间结构基本符合克里斯泰勒的理想城镇体系空间结构形成的要素与条件，我们利用 Rdarsat 卫星图像揭示黄淮海平原的城镇体系空间结构，发现在平原中部形成了城镇体系的六边形模式，并在水系、地形影响下，发生六边形变形成五边形、四边形以及等间距分布的模式，这也进一步证实，黄淮海平原上中国过去在农业基础上发展起来的城镇体系空间结构符合克里斯泰勒所推导的结果（王心源等，2001），长三角城镇体系空间结构同样具备这样的特征（陆玉麒等，2005）。

城镇化是生产力发展的必然结果，是人类社会走向现代化文明的重要标志，是工业化、信息化、现代化的重要载体和推进器（姚士谋，2011）。中国过去 30 多年所经历的城镇化进程，无论是规模还是速度，都是人类历史上前所未有的。城镇化率从 20% 提高到 40%，英国经历了 120 年，法国经历了 100 年，德国经历了 80 年，美国经历了 40 年（1860~1900 年），而中国仅仅用了 22 年（1981~2003 年）（陆大道等，2007）。2000 年前后，美国和日本等世界高收入国家的城镇化率已达到了 76%~80%，国家已实现了现代化。中国正在实现新型城镇化。所谓的新型城镇化，是体现以人为本、全面协调可持续发展的科学理念，以发展集约型经济与构建和谐社会为目标，以市场机制为主导，大中小城市规模适度、布局合理、结构协调、网络体系完善，与新型工业化、信息化和农业现代化互动，产业支撑力强、就业机会充分，实现生态环境优美、城乡一体的城镇化发展（胡际权，2008）。新型城镇化与传统聚居模式不同，不会再遵循以农村市场服务为中心的城镇体系空间结构的发展模式。那么，新型城镇化会对未来的中国人口分布格局与模式有何影响？这是一个关乎当今中国人口发展走向的战略性话题。

12.4.2 新型城镇体系空间结构将改变原来的人口分布特征与模式

中国新型城镇化是区别于传统的农业社会组织模式，是一种新条件下的中国社会组织新模式。

12.4.2.1 中国新型城镇化的目标是生产—消费双向联系，是良好生态环境与生活环境充分契合

中国新型城镇化突破产品的供—求单向关系，形成生产—消费的双向联系，形成城市乡村的有机联系，人居生态和谐，工作生活便利。现代快速方便的交通、信息与物流，打破了过去联通的限制。城镇结构不再是临近的原则，而是功能的联系。城市与外界的联系产生多指向性，打破以农村市场服务为中心的“中心地”理论。一个城市不再仅仅与周边紧密关联，而是形成跨空间的功能的联系、产品的联

系、信息的联系、物流的联系、文化的联系。因此，中国新型城镇化将形成新的城镇体系空间结构，并改变原来的人口分布特征。人口的分布将与良好的生态环境与生活环境充分契合，摆脱过去因为产品的供—求单向联系而束缚人口的自由流动。

12.4.2.2 中国的新型城镇化将形成新的聚居格局，并对人口格局产生重要影响

新型城镇化是新时代产业分工与人口聚集的一种表现形式，不同于传统的农业人口密集型生产方式。城市群、城市带呈现面状、带状，人口分布均匀化、低密度化将被高密度的团块面状、条带状取代，因此，城镇体系的六边形空间结构将被打破，取代的更多是一点对多点的经济贸易往来与功能性互补。在互联网、高速交通、个性化需求的催生下，城市群内以及城市群间形成复杂的联系。因此，新型城镇化形成的聚居模式是“大聚集、小分散”。“大聚集”表现为城市群的聚合，“小分散”是指城市居民以小社区形式的分散居住，而且都能分享生态的宜居环境；实现工作生活的便利，不再有“睡城”与“鬼城”。这将对中国人口分布格局与密度产生重要影响。

12.4.3 自然环境的变化与政策调整也会对人口分布格局有重要影响

12.4.3.1 自然环境变化对人口分布的强迫迁移与影响

气候变化可能导致的极端天气和气候事件，造成沿海淹没形成巨大的损失，因此沿海可能不再非常适合如当今密集的居住，需要向西部适当疏散。根据杜小平（2015）对渤海西岸的模拟预测，当前情境下渤海西岸如果发生百年一遇的海岸洪水，即便在防潮堤不遭受损毁的情境下，受灾人口也会达到约 14 万人。如果没有防潮堤保护，或者防潮堤全线损毁，那么受灾人口将增至 63 万人。因此，当前情境下，在渤海西岸处于风险中的人口为 14 万 ~ 63 万。到 2050 年气候变化背景下，百年一遇的洪水发生后，在堤防设施完好和损毁情境下，受影响的人口分别为 39 万人和 109 万人。在 2100 年气候变化情境下，百年一遇的海岸洪水将影响人口 110 万 ~180 万。由此可见，即使全线有防护工程保护，气候变化对海岸地区人口的影响也是巨大的。如果考虑未来海平面的上升，现今东部沿海大规模的人口布局可能不适应未来的情境，有相当比例需要向西适当迁移。

12.4.3.2 “一带一路”战略将对目前的人口分布产生重要影响

在“一带一路”“长江经济带”等国家战略和新型城镇化发展战略的引导与支持下，“胡线”西部发展遇到了千载一遇的难得历史机会。科学的政策为跨越式发展提供坚实的支撑保障。

西部要发展，绝不是也不能走传统畜牧业、传统农业与工业化的路子，在现代

技术支持下，西部必须走现代化经济与社会发展之路。信息化可能是打破“胡焕庸线”的手段（王铮，2016），高效的新型城镇化将支撑“胡焕庸线”的突破（殷德生，2016）。“互联网 +”将为西部的生产与生活方式及消费模式带来重大的变革，为受自然条件束缚的区域找到发展的快捷通道。作为代表一种新经济形态的“互联网 +”，将充分发挥互联网在生产要素配置中的优化和集成作用，改变市场竞争格局，提升实体经济的创新力和生产力。可以预见，“互联网 +”将对新型城镇化的形成发挥举足轻重的联系与纽带作用，特别是对西部过去那种交通不畅、信息闭塞的地方，形成新型城镇具有重要作用。

近 10 年来，“胡线”西部的 GDP 上升速度比人口上升速度相对要快，这是一个很好的早期变化信号。我们根据 2010 年夜间灯光遥感图，发现美国（不含阿拉斯加州）也存在一条南—北向的人口密度突变分界线，分界线东部与西部面积各占 44.55% 与 55.45%，与中国的“胡焕庸线”东西部分割的面积比例相仿。但是，美国东西部人口比例分别为 73.91% 与 26.09%，中国目前的两者比例相差较大。虽然我们不能绝对比较两国东西部的情况，但是美国近几十年来促进西部发展而出现人口、经济西移的新小高潮，其发展方式、举措及模式可以为我国的西部发展所借鉴与参考。在 21 世纪前半叶，在“一带一路”引领下，如果“胡线”西部人口能再提高 3~4 个百分点，占全国人口比例达到 10% 的时候，西部的发展潜力将获得更有效释放，实现更快的发展。

“一带一路”以及“长江经济带”和新型城镇化战略布局，必将打破中国东西部的发展不平衡，带动西部经济显著发展与变化，从而引起人口的增长与布局的变化，并对未来中国人口格局产生重要影响。

12.5 结论与讨论

12.5.1 结论

通过前面的论述，我们得出的结论是：人口密度突变分界线在不同时期不同的位置与东西部人口密度及分布情况，与当时的经济、社会、技术以及自然条件综合因素相关。“胡焕庸线”是中国作为过去农业发展格局的人口密度突变分界线在近代的最后界定——这条线不仅反映的是农业与畜牧业的对立与统一、交流与发展，更是在自然要素、技术要素、经济要素以及社会政治条件共同约束与作用下，作为传统的农业大国，农业经济活动所能达到的最佳配比与最大界限。中国正在推进特色新型工业化、信息化、城镇化、农业现代化的新“四化”，要实现信息化和工业化深度融合、工业化和城镇化良性互动、城镇化和农业现代化相互协调，达到工业化、信息化、城镇化、农业现代化的同步发展，新的发展道路与模式必将形成新的经济活动空间，并带来人口空间分布格局与模式的变化。中国当代新的人口格局开始于20世纪70年代末80年代初，新的格局特征是原来人口密度突变分界线向西不同程度的延伸，以及越过该线的西部局地人口密度的“岛状”凸起与点—线扩散，“胡线”东部人口整体越来越聚集。在“一带一路”、“长江经济带”、“京津冀一体化”、“新型城镇化”、农业现代化等发展战略与举措推动下，新的中国人口分布将是区域聚集，面状（相对）均衡不再存在。伴随新“四化”特别是新型城镇化以及城市群的发展，在新技术推动下，虽然“胡线”东部人口比例仍然占有绝对优势，但是“胡线”西部不仅人口占全国比例有明显上升，而且密度也不再是整体的低密度，西部一些城市群区也会出现聚点式的人口高密度区。今天的人口密度突变分界线——“胡焕庸线”将产生明显的改变。

12.5.2 讨论

虽然未来中国人口的具体分布情况我们尚难以精确描述，但是，影响未来人口格局与态势的情境至少有三个方面：一是已在或正在发生变化的经济、社会与政策条件，二是越来越严峻的自然环境变化，三是正在悄然变化的生活方式。

12.5.2.1 新时期中国发展模式对未来人口分布的要求与调控

“一带一路”是中国在21世纪初新时期的中国发展战略，这个被经济辐射影响的地缘空间带给全国尤其是西部巨大的发展机遇，新型城镇化带来西部后发优势，这不仅需要我们给予足够的重视以及理论上的探讨，更需要在实践中提前进行布局。穿越“胡焕庸线”的“一带一路”战略，以及“长江经济带”等国家战略布局，必将对未来的中国人口布局产生重大影响并进一步调整。

12.5.2.2 自然环境变化对人口分布的强迫迁移与西部可容纳人口的空间

气候变化可能导致的极端天气和气候事件，造成沿海的淹没并形成巨大的损失。如果考虑未来海平面的上升，中国沿海可能受灾的人口规模将会更大，大量人口聚居沿海未来是否要调整？以2014年发布的《国家新型城镇化规划（2014~2020年）》提出的集约化紧凑型城市开发模式为目标，我们测算在“胡线”西部潜力城镇用地可吸纳的城镇化人口能达到0.5亿。

12.5.2.3 生活方式的变化改变传统的农村与城市人口布局

新农村建设能否稳定曾经的人口密度？能否再续传统的“耕读”生活的人口聚集方式？毋庸讳言，传统农业生产及其伴生的生活方式可谓一去不复返，我们不可能再回到以往。新的时代有新的要求。新农村规划与发展需要考虑新的人口集聚特征。在新经济、新时代背景下，人们生活的城市与过去也不同。以前所关注的城市消费—生活供给腹地的空间关系，将被新的物流方式所打破。弱化的固定户籍、流动的人口居住、季节的迁徙方式，越来越成为新的生活模态。可以肯定的是，新经济、新时代的数字化生活、智能化管理将为人们提供新的聚居选择模式。

马克思指出，“生产决定文明性质”。“胡焕庸线”两侧东西部地区的人口、经济、社会乃至文化差异是传统的农业大国长期形成的一种态势反映。今天的中国，要用新的发展理念引领新的发展，“胡焕庸线”是中国过去作为传统农业大国在发展模式上形成的最后一个界定，不应当成为新形势下中国东西部打破不均衡发展的一条界线。中华民族的伟大复兴，中国梦的实现，需要越过“胡焕庸线”——不仅是物理上的跨越，更需要思想上的跨越，通过发展思路、发展方式的改变，实现西部更快、更大的发展。

参考文献

[1] 陈明星、李扬、龚颖华等:《胡焕庸线两侧的人口分布与城镇化格局趋势——尝试回答李克强总理之问》,《地理学报》2016 年第 2 期。

[2] 单之蔷:《中国的突变线——胡焕庸线》，中国国家地理网，2009，http://www.dili360.com/cng/article/p5350c3d6c8f8d73.htm。

[3] 丁金宏:《李克强之问与胡焕庸线之破——跨学科对话：经济战略与地理约束》,《探索与争鸣》2016 年第 1 期。

[4] 杜小平:《海岸洪水风险气候变化响应：基于遥感与动力学模型的方法》，中国科学院大学学位论文，2015。

[5] 葛剑雄:《葛剑雄文集 2》,《亿兆斯民》，广东人民出版社，2014。

[6] 葛全胜、张丕远、吴祥定:《中国环境脆弱带特征研究》,《地理新论》1990 年第 2 期。

[7] 胡焕庸:《中国人口之分布——附统计表与密度图》,《地理学报》1935 年第 2 期。

[8] 胡际权:《中国新型城镇化发展道路》，重庆出版社，2008。

[9] 陆大道、王铮、封志明等:《关于“胡焕庸线能否突破”的学术争鸣》,《地理研究》2016 年第 5 期。

[10] 陆大道、姚士谋、刘慧等:《中国区域发展报告》，商务印书馆，2007。

[11] 陆玉麒、董平:《明清时期太湖流域的中心地结构》,《地理学报》2005 年第 4 期。

[12] 萨米尔・阿明:《历史发展的两条道路——欧洲与中国发展模式的对比：起源与历程》，林深靖译,《开放时代》2012 年第 8 期。

[13] 唐博:《胡焕庸与神秘的“胡焕庸线”》,《地图》2011 年第 4 期。

[14] 王心源、范湘涛、郭华东:《自然地理因素对城镇体系空间结构影响的样式分析》,《地理科学进展》2001 年第 1 期。

[15] 王玉德:《中华五千年生态文化》，华中师范大学出版社，1999。

[16] 王铮、张丕远、刘啸雷等:《中国生态环境过渡的一个重要地带》,《生态学报》1995 年第 3 期。

[17] 王铮、张丕远、周清波:《历史气候变化对中国社会发展的影响：兼论人地关系》,《地理学报》1996 年第 4 期。

[18] 王铮:《地理本性：胡焕庸线的突破与打破问题》,《探索与争鸣》2016 年第 1 期。

[19] 王铮:《突破“胡焕庸线”的两个关键》,《文汇报》2014 年 12 月 2 日，http://www.qstheory.cn/zhuanqu/bkjx/。

[20] 吴静、王铮:《2000 年来中国人口地理演变的 Agent 模拟分析》,《地理学报》2008 年第 2 期。

[21] 姚士谋、陆大道、王聪等:《中国城镇化需要综合性的科学思维——探索适应中国国情的城镇化方式》,《地理研究》2011 年第 1 期。

[22] 殷德生:《胡焕庸线城镇化中国新地理》,《探索与争鸣》2016 年第 1 期。

[23] 张建春、储少林、陈全功:《中国农牧交错带界定的现状及进展》,《草业科学》2008 年第 3 期。

附　　录

G.13
遥感数据及方法介绍

1. 中国土地利用状况

20 世纪 90 年代以来，中国科学院遥感与数字地球研究所针对中国土地资源的分类和覆盖、利用、权属及其变化已经完成了多项全国性和区域性的遥感应用研究。

1996年启动的国家“九五”重中之重科技攻关项目“遥感、地理信息系统、全球定位系统技术综合应用研究”，中国科学院协调组织农业部、原林业部等有关科研单位与国家卫星气象中心等承担“国家级基本资源与环境遥感动态信息服务体系的建立”，正式开始了全国 1∶10 万比例尺土地利用遥感监测与数据库的建设工作，建设完成了我国第一个 1∶10 万比例尺全国土地利用数据库，2000 年在全国范围内成功实现了 5 年为周期的全要素更新。随着中国科学院“知识创新工程”的实施，1999 年启动的“国土环境时空信息分析与数字地球理论技术预研究”，恢复重建了 20 世纪 80 年代末期的中国土地利用状况数据库。此后，中国科学院通过 2000 年至 2003 年实施的知识创新领域前沿项目“国家资源环境遥感时空数据库建设与时空特征研究”和“国家资源环境数据库建设与数据共享研究”，以及 2007 年 7 月启动的中国科学院知识创新重大项目“耕地保育与持续高效现代农业试点工程”，完成了多次数据库更新，形成了 20 世纪 80 年代末至 2010 年的完整时间序列，包括

6个时期的土地利用状况数据库和5个时段的土地利用动态数据库。以上数据库均已通过项目验收。20世纪80年代末至2010年中国土地利用状况及其变化即是基于此数据库信息分析完成的。

中国土地利用遥感监测研究已持续进行了20余年，其结果反映了过去20余年的中国土地利用状况及其变化。作为中国土地利用遥感监测的信息源，累计使用各种遥感数据11300余景，其中陆地卫星TM数据2999景。但按照覆盖范围和使用次数，陆地卫星的TM数据是使用最多、使用时间跨度最长的一类，2000年开始逐渐加大了我国拥有自主知识产权的中巴地球资源卫星（CBERS）、北京一号（BJ–1）和环境一号（HJ–1）小卫星等CCD数据的使用。

中国土地利用遥感监测数据库建设采用全数字作业方式，在精纠正处理的遥感影像上，通过专家解译并直接成图的方式获取土地利用类型信息及动态信息，以矢量数据表示类型界线，以编码表示类型及动态，有助于准确获取面积和分布信息。力争确保土地利用数据在定性、定位、定时、定量等诸多方面的质量，最终确保数据的适用性和实用性。

分类系统的建立是制图、监测、分析的基础。由于土地利用及其研究内容的复杂性，国内外尚没有统一的分类系统。中国1∶10万比例尺土地利用时空数据库使用的中国科学院土地利用遥感监测分类系统是在全国农业区划委员会制定的土地利用分类系统基础上，针对遥感技术特点和研究目的修改完成的，共包括6个一级类型和25个二级类型，增加了8个三级类型，该分类系统还增加了对动态信息的表示，支持了中国1∶10万比例尺土地利用数据库的建设与更新，兼顾了土地利用状况调查和动态监测的双重需要。

土地利用动态是随着利用方式转变导致的类型改变，并进而影响分布和数量。因而，动态信息表示主要包括属性和面积两个方面的内容。连续的、周期性的动态监测中，还包括变化的时间等。属性、位置、形状和时间共同构成动态信息的核心属性。

土地利用动态信息提取与制图中，采用6位数字编码标注动态的类型属性，前3位码代表原类型，后3位码代表现类型，这种属性编码可以清楚地表明变化区域原来以及现在的属性或土地利用方式（见图1）。以具有属性编码的图斑表示位置和分布。

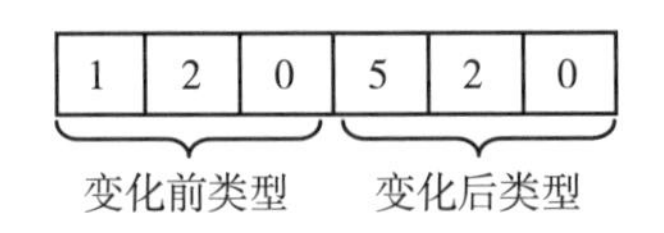

图1 土地利用动态信息的编码表示

2. 中国植被状况

2001~2014 年中国植被状况总报告和分报告分析中使用的植被参数包括：叶面积指数（LAI）、植被物候、植被覆盖度（FVC）、植被净初级生产力（NPP）、森林生物量、森林冠层平均高度。使用的参数产品算法和精度说明如下。

MuSyQ LAI 产品以目前可获取的多传感器数据（Terra/MODIS、Aqua/MODIS、NOAA18/AVHRR、FY3A/VIRR、FY3B/VIRR、FY-3A/MERSI 和 FY-3B/MERSI）为数据源，使用有效的质量控制算法和区分模型与地形的反演算法生产。MuSyQ LAI 产品时空连续性强，与农田地面实测数据对比相关性 R^2=0.67，误差 RMSE=0.58。GLASS LAI 产品以 AVHRR 和 MODIS 时间序列的卫星观测数据为数据源，利用广义回归神经网络（GRNNs）估算得到。利用欧洲空间局资助的 VALERI 项目提供的 22 个真实 LAI 高分辨率影像进行真实性检验，GLASS LAI 与地面测量数据相关性 R^2=0.7732，误差 RMSE=0.5446。

MuSyQ 植被物候产品以 GLASS LAI 为数据源，采用分段 Logistic 函数拟合 LAI 时间序列数据，并利用其曲率值变化的极值点，确定生长起点和生长终点物候特征参数。与地面物候观测站点数据误差在 30 天以内。

MuSyQ FVC 产品利用构建的不同气候类型、不同土地和植被类型的 NDVI 到 FVC 转换系数，以 NDVI 产品为数据源，采用像元二分模型反演得到。FVC 产品与地面实测数据相关性 R^2=0.821，误差 RMSE=0.078。

MuSyQ NPP 产品以 MODIS 植被分类产品 MOD12、光合有效辐射（PAR）、光合有效辐射吸收比（FPAR）、LAI 以及再分析气温产品（NECP）作为驱动参数，基于光能利用率模型计算得到。使用通量数据 GPP 的间接关系进行验证，NPP 产品在数值和时间变化趋势上与实测较为一致。

森林生物量产品以 PALSAR Mosaic 数据（HH、HV、HV/HH ratio）经纹理特征计 48 个频段信息、Landsat Global Forest Change Tree Cover 产品、MODIS MOD13A1VI（NDVI、EVI）合成计算（包括年最大、最小、均值、最小四分位数，最大四分位数，最大最小值之差及四分位数之差等）用随机森林法选取最优变量作为 SVR 模型输入变量，按照生态分区建立不同的预测模型估算得到。森林生物量估算结果与第八次全国森林资源连续清查体系调查结果相比，相对精度为 73.9%。

森林冠层平均高度产品以星载 GLAS 数据、MODIS/BRDF、ASTER-GDEM、GLC2000 土地利用分类数据为数据源，通过建立数据质量分析、小波变换、消除地形指数以及神经网络融合方法等反演树高模型，并利用中国典型林区（西双版纳、昆明和吉林）的野外实测数据和部分机载激光雷达数据获取的森林高度数据进行精度验证，该森林冠层平均高度产品的误差 RMSE=4.81 米。

3. 中国大气质量

2004 年 7 月 15 日美国国家航空航天局（National Aeronautics and Space Administration，NASA）发射的 Earth Observing System (EOS) /Aura 卫星上携带的臭氧监测仪（Ozone Monitoring Instrument，OMI）由荷兰、芬兰和 NASA 联合制造完成，可以获得每日的全球大气对流层臭氧，O_3）和其他各种痕量气体如 NO_2、SO_2 分布的监测结果，并可将结果以空前的空间分辨率(星下点像元空间分辨率为 $13 \times 24km^2$) 传输。OMI 采用太阳同步轨道的天底测量方式，推扫方式成像。OMI 波长范围为 270~500nm，分为紫外 1、紫外 2 和可见光 3 个通道。视场角为 114 度，最边缘像元的卫星天顶角大约为 57 度，推扫每行为 60 个像元，每个像元对应地面垂直于轨道宽度从星下点的 24 千米到最边缘像元的 128 千米，幅宽约为 2600 千米，Charge Coupled Device (CCD) 的曝光时间为 2 秒，对应地面沿轨长度大约为 13 千米，穿越赤道的时间在当地时间的 13:40 到 13:50，观测周期为每日全球覆盖。由于 OMI 具有较高的光谱分辨率、空间分辨率、时间分辨率和信噪比等优点，它被广泛应用于城市尺度区域的大气痕量气体和污染气体等的动态实时监测，空气质量预报和污染气体排放源清单估算等方面。基于 OMI 数据，分析 NO_2 污染气体的光学性质，建立差分吸收光谱反演算法，通过差分将光在大气中衰减的慢变化部分，即大气分子散射影响去除，同时采用大气辐射传输模型模拟计算仰角观测和垂直方向观测之间大气质量因子与痕量气体廓线、气溶胶消光系数廓线，压力、温度、臭氧和云、地表反照率等因素影响，考虑大气重污染背景下大气质量因子查找表的建立。实现大气对流层 NO_2 垂直柱浓度的反演。

中国地区大气浑浊度遥感指数数据源为基于 MODIS 数据获得的 3 千米空间分辨率的气溶胶光学厚度数据。该数据误差为 $\Delta\tau = \pm 0.05 \pm 0.15\tau$（$\tau$ 为气溶胶光学厚度）。

利用气溶胶光学厚度数据生产大气浑浊度遥感指数的主要依据是 Ångström 公式

$$\tau=\beta \cdot \lambda^{(-\alpha)} \qquad (1)$$

其中，β 为 Ångström 大气浑浊度因子，是表征大气中气溶胶含量多少的一个参数，也就是要生产的目标。α 为波长指数，与气溶胶粒子的大小和谱分布有关。通常，谱分布取 Junge 型，α 的平均值为 1.3。

因此，根据获得的 0.55 μ m 处的气溶胶光学厚度日数据，就可以计算出大气浑浊度遥感指数日产品，进而获得大气浑浊度遥感指数月 / 年平均结果。

4. 中国粮食生产形势

中国科学院遥感与数字地球研究所于 1998 年建立了全球农情遥感速报系统（CropWatch）。该系统以遥感数据为主要数据源，以遥感农情指标监测为技术核心，仅结合有限的地面观测数据，构建了不同时空尺度的农情遥感监测多层次技术体系，利用多种原创方法及监测指标及时客观地评价粮油作物生长环境和大宗粮油作物生产形势，已经成为地球观测组织 / 全球农业监测计划（GeoGLAM）的主要组成部分。CropWatch 以全球验证为精度保障，实现了独立的全球大范围的作物生产形势监测与分析，与欧盟的 MARS 和美国农业部的 Crop Explorer 系统并称为全球三大农情遥感监测系统，为联合国粮农组织农业市场信息系统（AMIS）提供粮油生产信息。中国粮食生产形势遥感监测利用多源遥感数据，基于 CropWatch 对 2010 年至 2015 年度农业气象条件、农业主产区粮油作物种植与胁迫状况以及粮食生产形势进行监测和分析，报告中的数据独立客观地反映了 2015 年中国粮食生产状况和 2010~2015 年中国粮食生产形势变化。

本书中粮食生产形势遥感监测所使用的遥感数据包括中国环境与减灾监测预报小卫星星座（HJ-1）A、B 星和高分一号（GF-1）、资源一号（ZY-1）02C 星、资源三号（ZY-3）、风云二号（FY-2）、风云三号（FY-3）气象卫星以及美国对地观测计划系统的陆地星和海洋星的中分辨率成像光谱仪（MODIS）、热带测雨卫星（TRMM）数据。分析过程中所使用的参数数据包括归一化植被指数（NDVI）、气温、光合有效辐射（PAR）、降水、植被健康指数（VHI）、潜在生物量等，在此基础上采用农业气象指标、复种指数（CI）、耕地种植比例（CALF）、最佳植被状况指数（VCIx）、作物种植结构、时间序列聚类分析以及 NDVI 过程监测等方法进行四种大宗粮油作物（玉米、小麦、水稻和大豆）的生长环境评估、长势监测以及生产与供应形势分析。

5. 中国水分盈亏状况

本书采用基于多参数化方案并适用于不同土地覆盖类型的地表蒸散估算模型 ETMonitor 研制了 2001~2015 年逐日 1 千米分辨率全国时空连续的地表蒸散产品。ETMonitor 模型利用辐射通量、降水、风温湿压等气象条件以及多源遥感数据反演的地表参数作为驱动，以主控地表能量和水分交换过程的能量平衡、水分平衡及植物生理过程的机理为基础，所计算的地表蒸散量包括：①对于水体下垫面，计算水面蒸发；②对于冰雪下垫面，计算冰雪升华；③对于植被与土壤组成的混合下垫面，分别计算冠层降水截留蒸发、土壤蒸发和植被蒸腾。

本书中 ETMonitor 模型主要输入数据包括以下方面。

（1）大气驱动数据：欧洲中期天气预报中心 (ECMWF) 发布的 ERA-Interim 全

球近地面大气再分析数据，包括气温、露点温度、气压、风速、向下短波辐射、向下长波辐射等。

（2）遥感定量反演产品：全球陆表特征参量 (GLASS) 地表反照率和叶面积指数产品、欧洲航天局 (ESA) CCI 土壤水分产品、美国国家海洋和大气管理局 (NOAA) CMORPH BLENDED 1.0 版本降水产品以及美国国家航空航天局 (NASA) MCD12 土地覆盖数据产品。

为保证地表蒸散遥感产品的准确性，利用涡动相关仪可以直接对遥感估算的地表蒸散进行验证。在蒸散产品研制过程中，利用华北地区海河流域、西北地区黑河流域、青藏高原以及中国通量网的涡动相关仪潜热通量观测数据对 ETMonitor 中国区域蒸散产品进行精度评价，多数站点的相对误差介于 10%~20%。

6. 中国大型地表水体水质状况

水质状况遥感指数计算采用的遥感数据源为 MOD09A1 数据，即 MODIS 地表反射率 8 天合成产品，空间分辨率 500 米，覆盖全国范围 2000~2015 年共 14600 景数据。

本报告水质监测指标是水质状况遥感指数，也就是水体颜色指数，简称 FUI（Forel-Ule Index）。FUI 划分为 1~21 个等级数，映射到遥感图像上的水体颜色是从深蓝到红褐色共 21 个颜色。FUI 等级越低水体越清洁，等级越高水体越浑浊。根据遥感 FUI 可以将水体分为 4 个大类：A 类：FUI 在 1~6 时，水体呈蓝色，水体清洁；B 类：FUI 在 6~9 时，水体呈蓝绿色，水体较清洁；C 类：FUI 在 9~13 时，水体呈绿色，水体浑浊；D 类：FUI 在 13~21 时，水体呈黄绿到红褐色，水体非常浑浊。需要说明的是：基于水质状况遥感指数（FUI）的水体分类主要基于水体的光学特征，不同于传统的基于各项生化指标的《地表水环境质量标准》的地表水体分类。

水质遥感监测数据处理方法主要包括：①数据预处理：对 MOD09A1 数据进行几何校正和二次大气校正，提取水体离水反射率；②大型地表水体自动提取：基于校正后的离水反射率图像，利用单个水体自动阈值判断法对其进行水陆分割，提取面积大于 50 平方千米的大型地表水体；③水质状况遥感指数（FUI）提取：基于可见光波段的离水反射率图像计算色度，进一步映射到 FUI。

数据与模型误差：根据在中国典型湖库水体实地采样实验数据对同步 MODIS 数据及模型结果进行检验，得到：MOD09A1 数据二次大气校正后，可见光波段离水反射率数据精度为 82%；基于校正后 MOD09A1 数据的 FUI 提取精度为 92%；利用 FUI 指示水体浑浊程度的精度为 63%。

7. 中国湿地变化特征

由于湿地具有明显的动态性特征，单期遥感影像无法满足湿地监测的需要，本报告采用了时间序列遥感影像数据［中等分辨率成像光谱仪（MODIS）8 天合成的反射率产品，每年 46 期，空间分辨率为 250 米］，实现对全国湿地的监测和分析。考虑到所采用卫星遥感影像的空间分辨率和遥感技术的实际分类能力，本报告将湿地分为永久性水体、永久性沼泽、季节性沼泽、洪泛湿地和水田 5 种湿地类型。

为实现我国湿地保护的战略目标，2004 年，国务院批准了由国家林业局等 10 个部门共同编制的《全国湿地保护工程规划（2002~2030 年）》。该规划以保护湿地生态系统和改善湿地生态功能为主要内容，将中国湿地划分为八大区域：东北湿地区、黄河中下游湿地区、长江中下游湿地区、滨海湿地区、东南和南部湿地区、云贵高原湿地区、蒙新干旱半干旱湿地区和青藏高寒湿地区。本报告以此分区为依据，对全国湿地的分布及变化进行分析。

G. 14 典型区域遥感图像

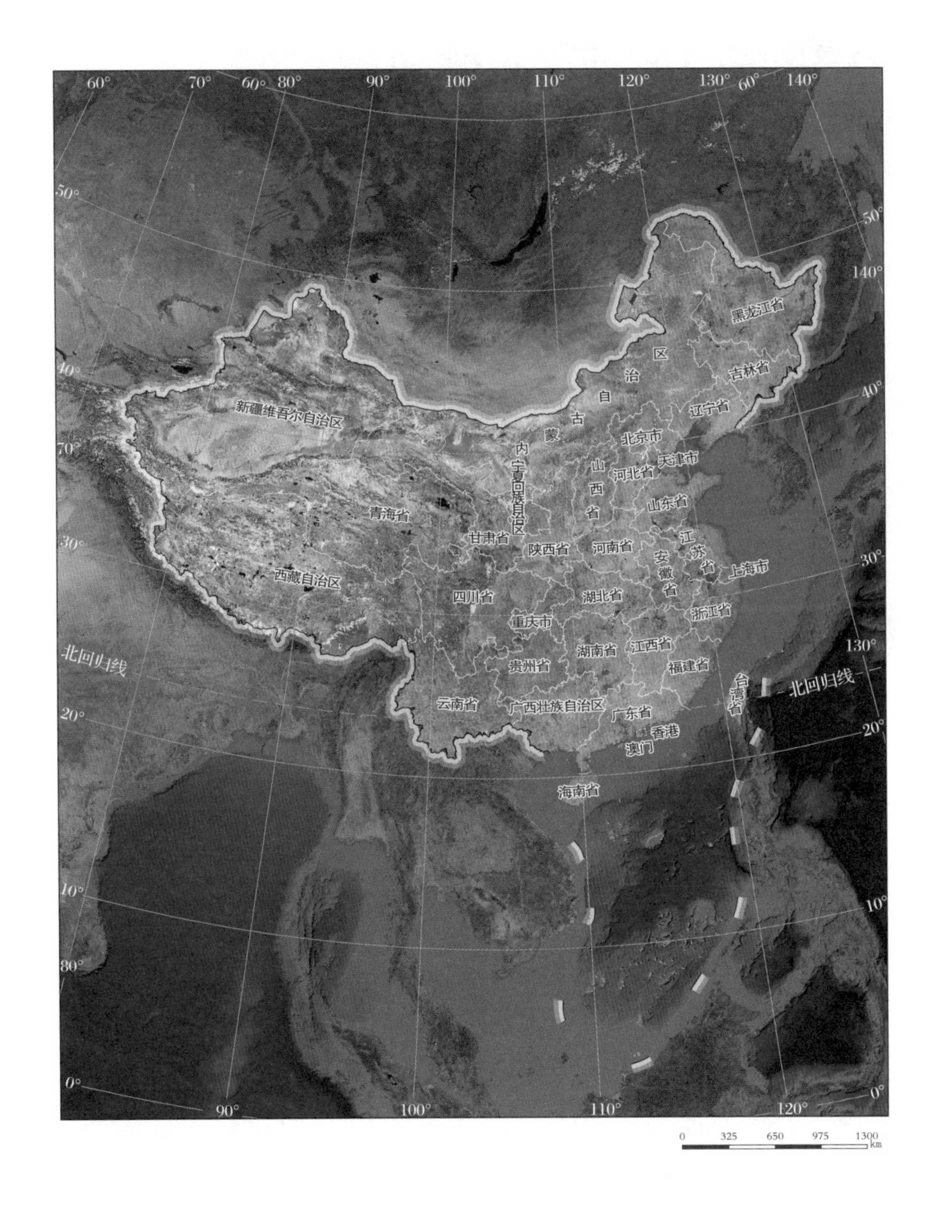

中国卫星遥感影像图

中华人民共和国领土辽阔，陆地总面积约 960 万平方千米，位居世界第 3 位，大陆海岸线长达 1.8 万多千米。省级行政区划为 23 个省、5 个自治区、4 个直辖市、2 个特别行政区。上图由 400 多景 2015 年的 GF-1 卫星 WFV 影像拼接而成，地图投影为双标准纬线等角圆锥投影。

北京市城市扩展

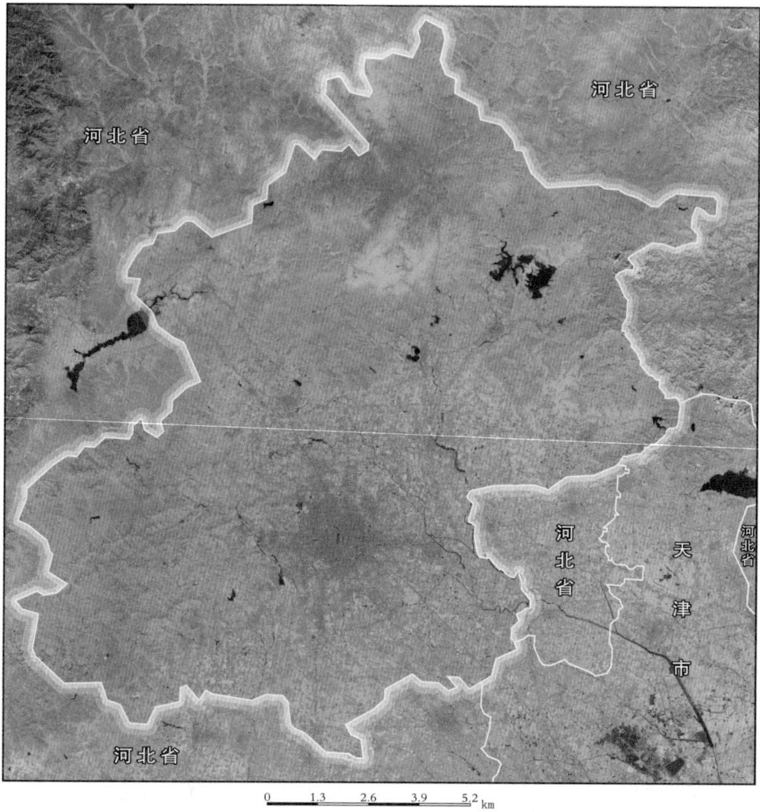

GF-1 WFV 3（R）4（G）2（B） 2015年

北京，简称“京”，是中华人民共和国首都，中国的政治、文化、科教和国际交流中心，同时是中国经济金融的决策中心和管理中心。

改革开放以来，随着中国经济发展和城市化进程的快速推进，城市空间规模不断扩展。近40年来，北京市中心建成区以“摊大饼”的形式向四周快速扩展，总面积扩大了约6倍。

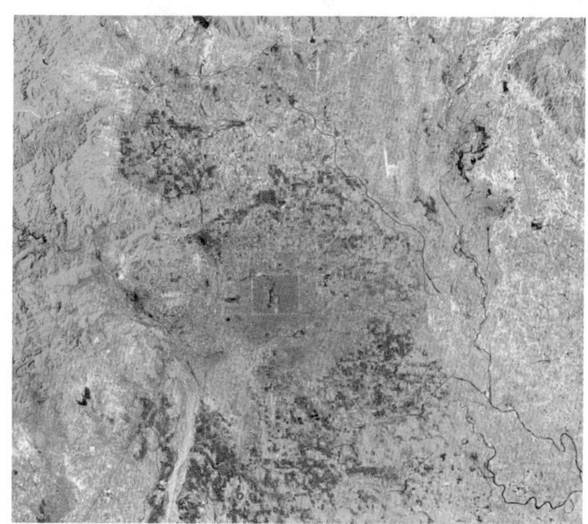

LANDSAT-3 MSS 5（R）6（G）4（B） 1978.6.22

LANDSAT-4 MSS 3（R）4（G）2（B） 1985.6.24

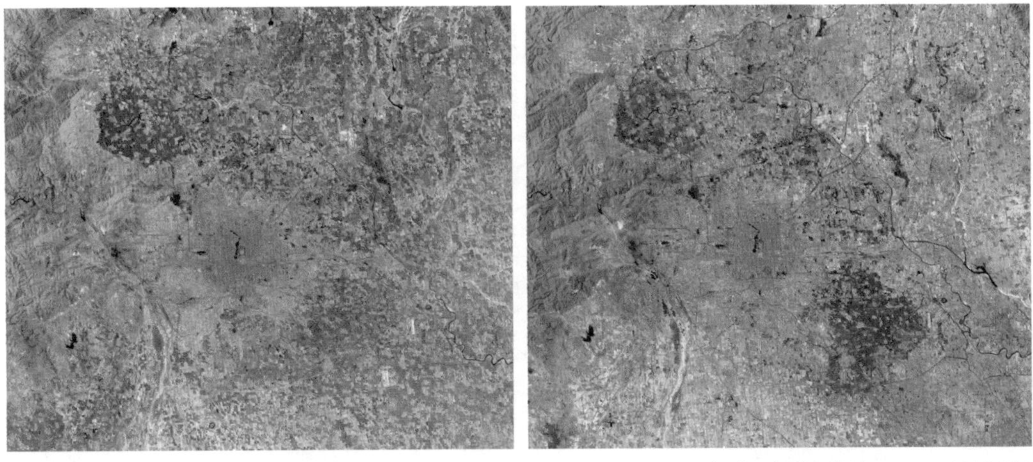

LANDSAT-5 MSS 3（R）4（G）2（B） 1992.6.3

LANDSAT-5 MSS 3（R）4（G）2（B） 1996.6.30

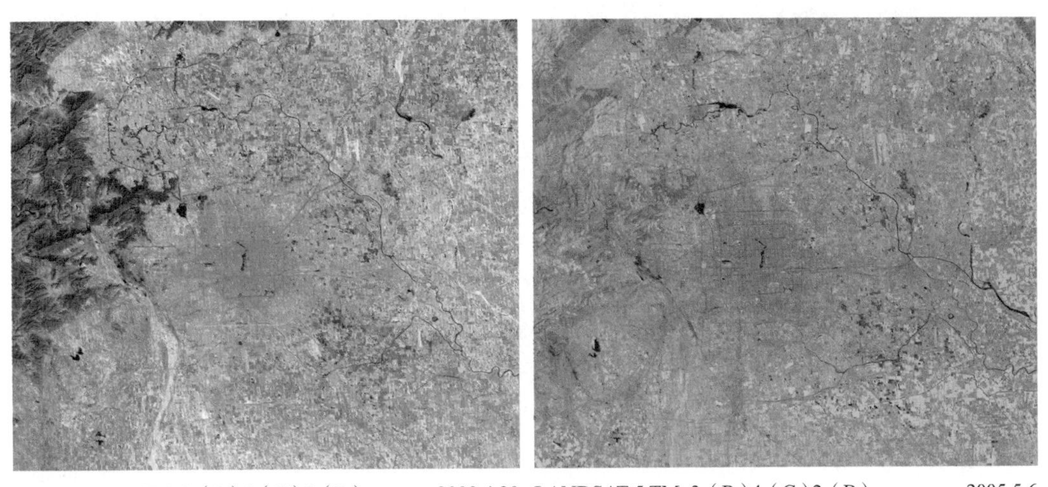

LANDSAT-7 ETM 3（R）4（G）2（B） 2000.4.20

LANDSAT-5 TM 3（R）4（G）2（B） 2005.5.6

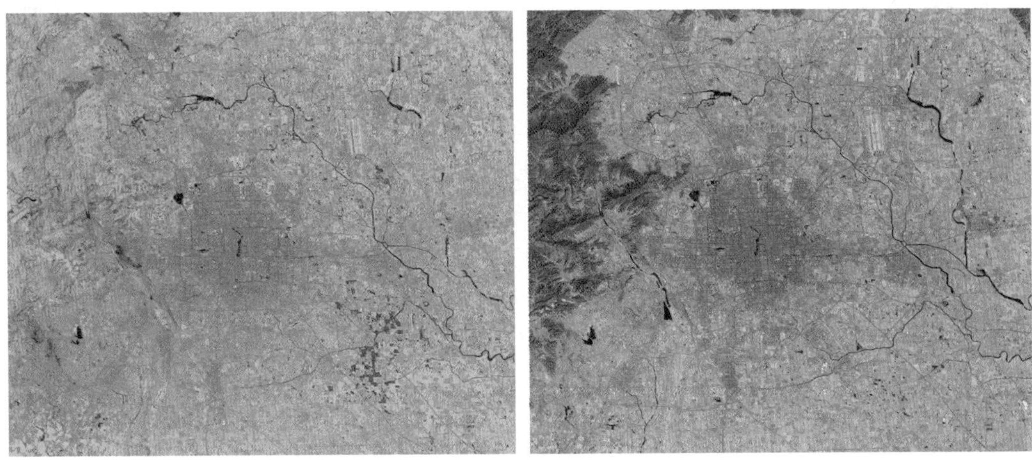

LANDSAT-5 TM 3（R）4（G）2（B） 2010.5.20

LANDSAT-8 OLI 4（R）5（G）3（B） 2015.4.16

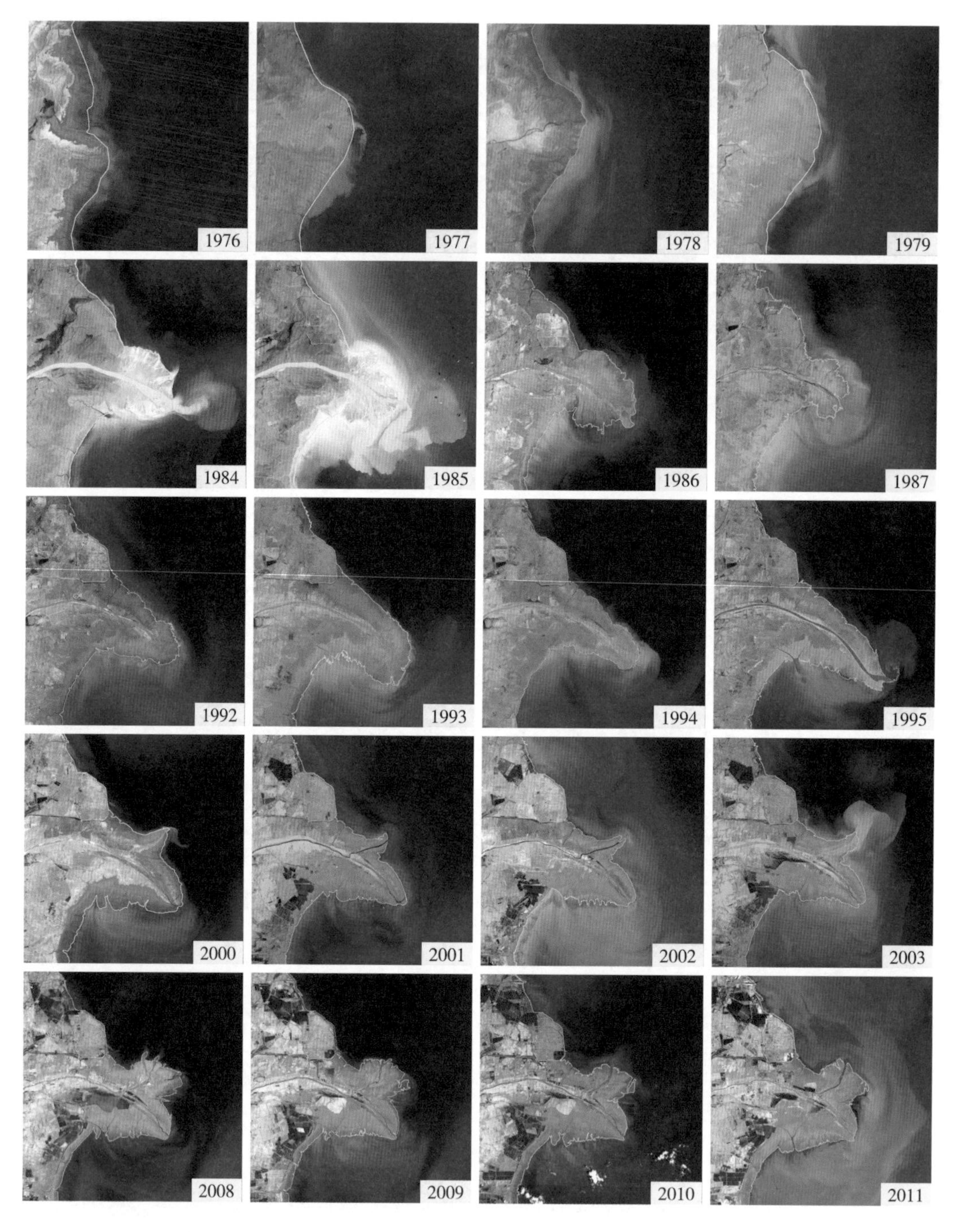

黄河入海口时间序列遥感影像

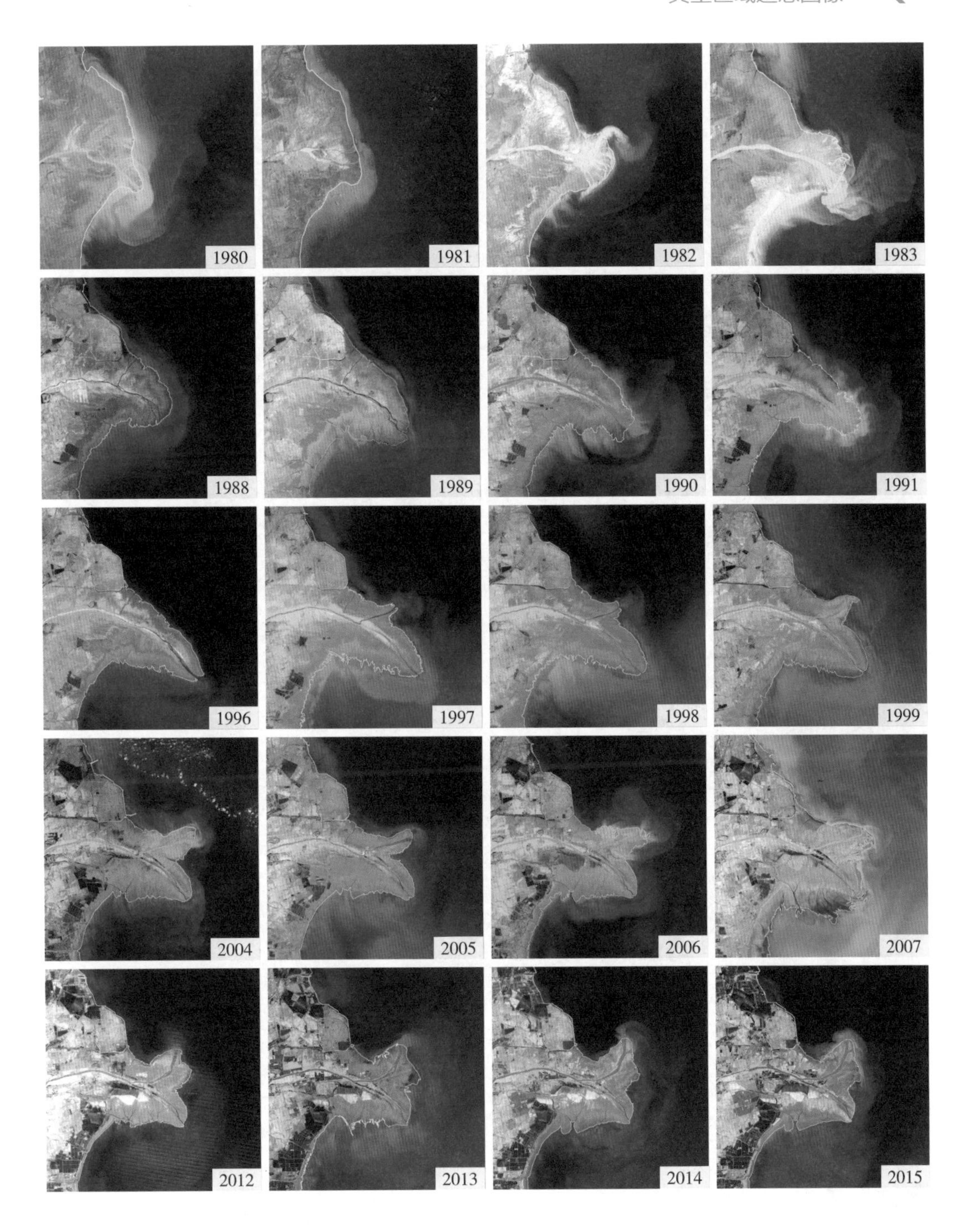

黄河入海口位于山东省东营市垦利县黄河口镇境内，地处渤海与莱州湾交汇处。该时间序列影像清晰地显示了黄河河道的分布、变迁及现状，记录了 1976 年和 1996 年两次大的人工改道；海水色彩深浅程度反映了入海泥沙的浓度及分布，由陆向海泥沙含量逐渐减少。

2009.8

北京奥林匹克公园

北京奥林匹克公园地处北京城中轴线北端，总占地面积 11.59 平方千米。北部翠绿的区域为 6.8 平方千米的奥林匹克森林公园，中部是 3.15 平方千米的中心区，南部是 1.64 平方千米的已建成和预留区。作为北京奥运会标志性建筑的鸟巢和水立方位于北京奥林匹克公园南部，中国科学院遥感与数字地球研究所（奥运园区）地处龙形水系西侧。

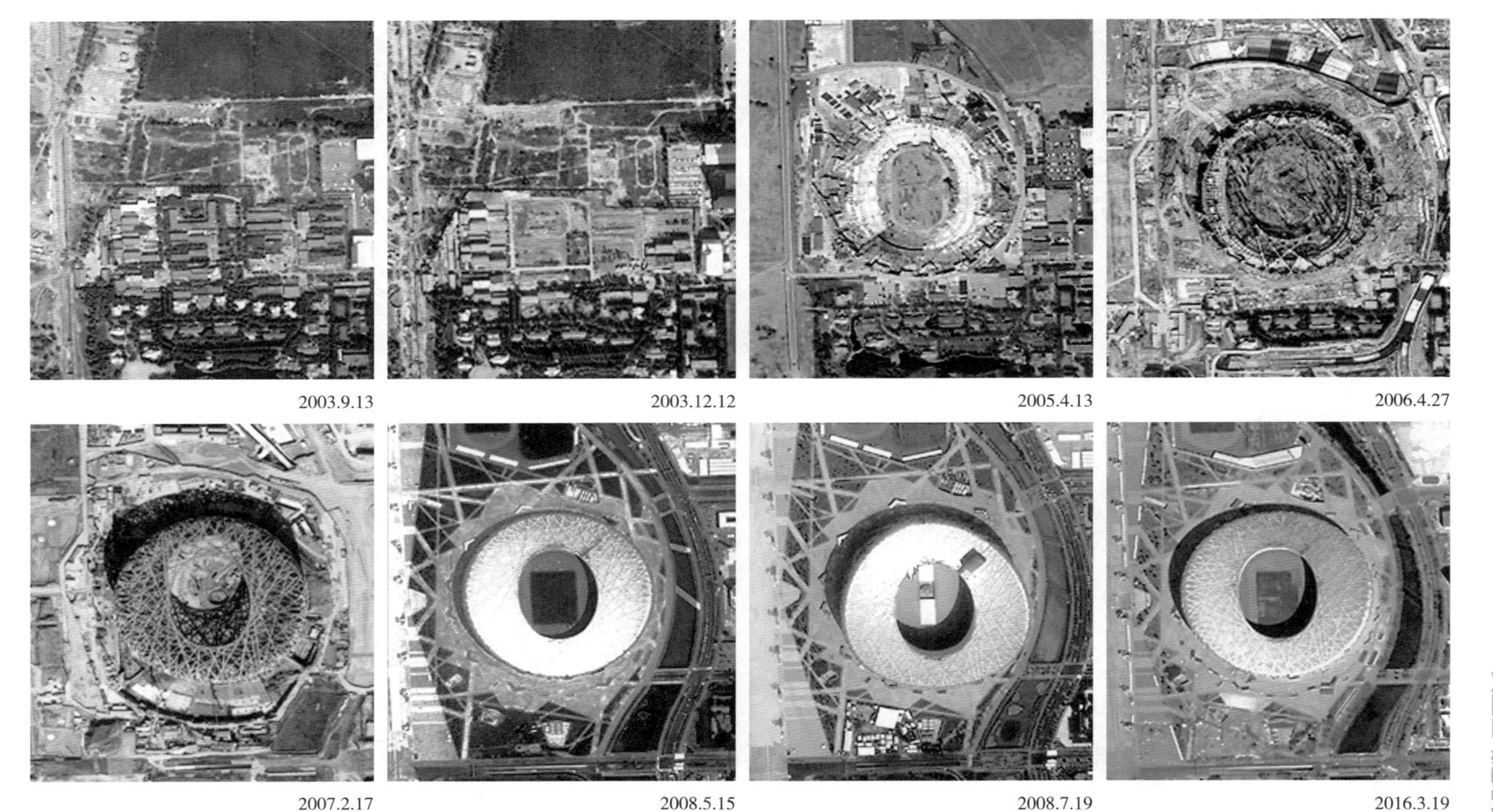

国家体育场

国家体育场（鸟巢）为 2008 年北京奥运会的主体育场，2003 年 12 月 24 日开工建设，2008 年 3 月完工，工程占地总面积 21 公顷。奥运会后成为地标性的体育建筑和奥运遗产。上图时间序列影像来源于 Google Earth。

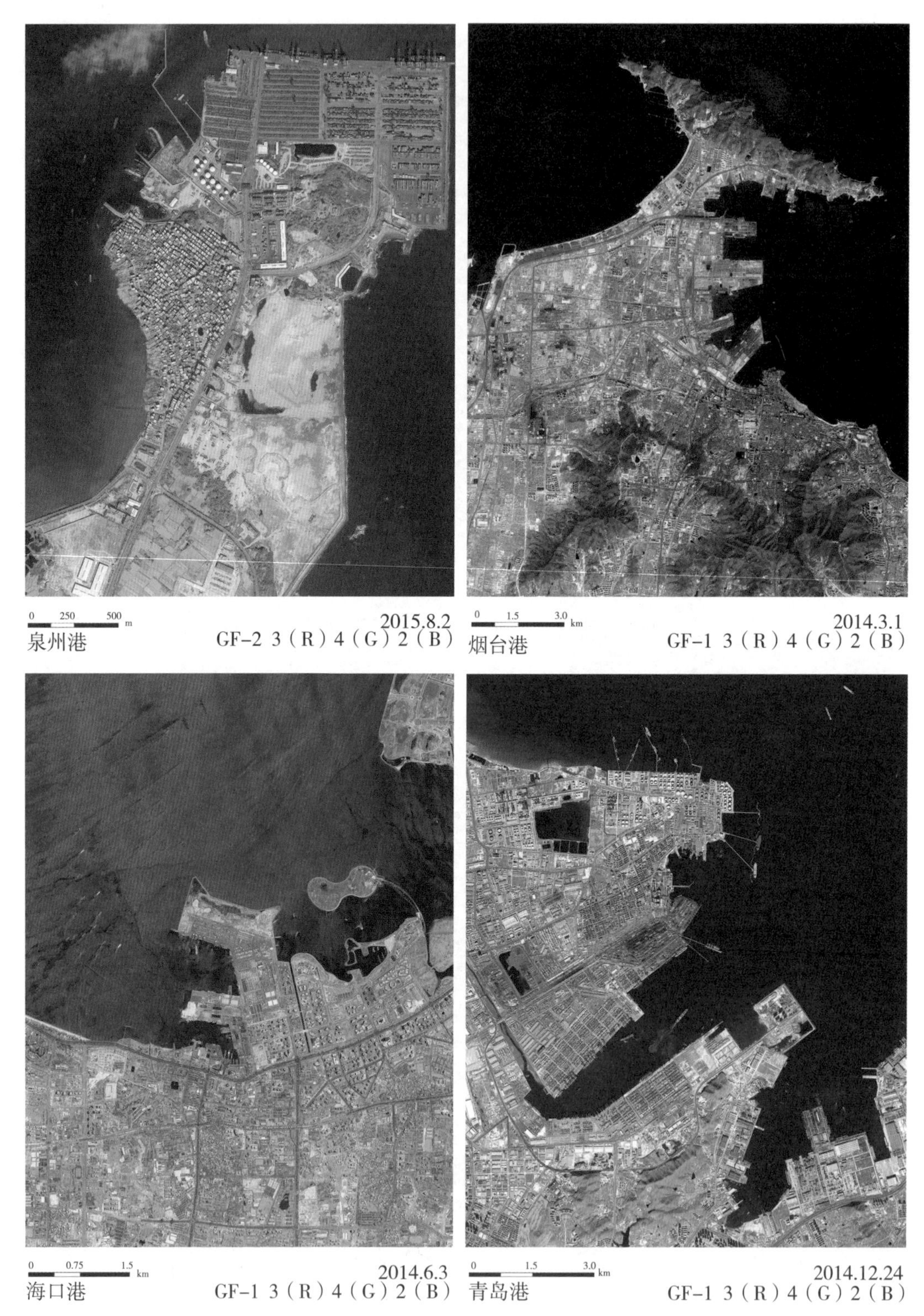

泉州港 2015.8.2 GF-2 3（R）4（G）2（B）

烟台港 2014.3.1 GF-1 3（R）4（G）2（B）

海口港 2014.6.3 GF-1 3（R）4（G）2（B）

青岛港 2014.12.24 GF-1 3（R）4（G）2（B）

重要港口

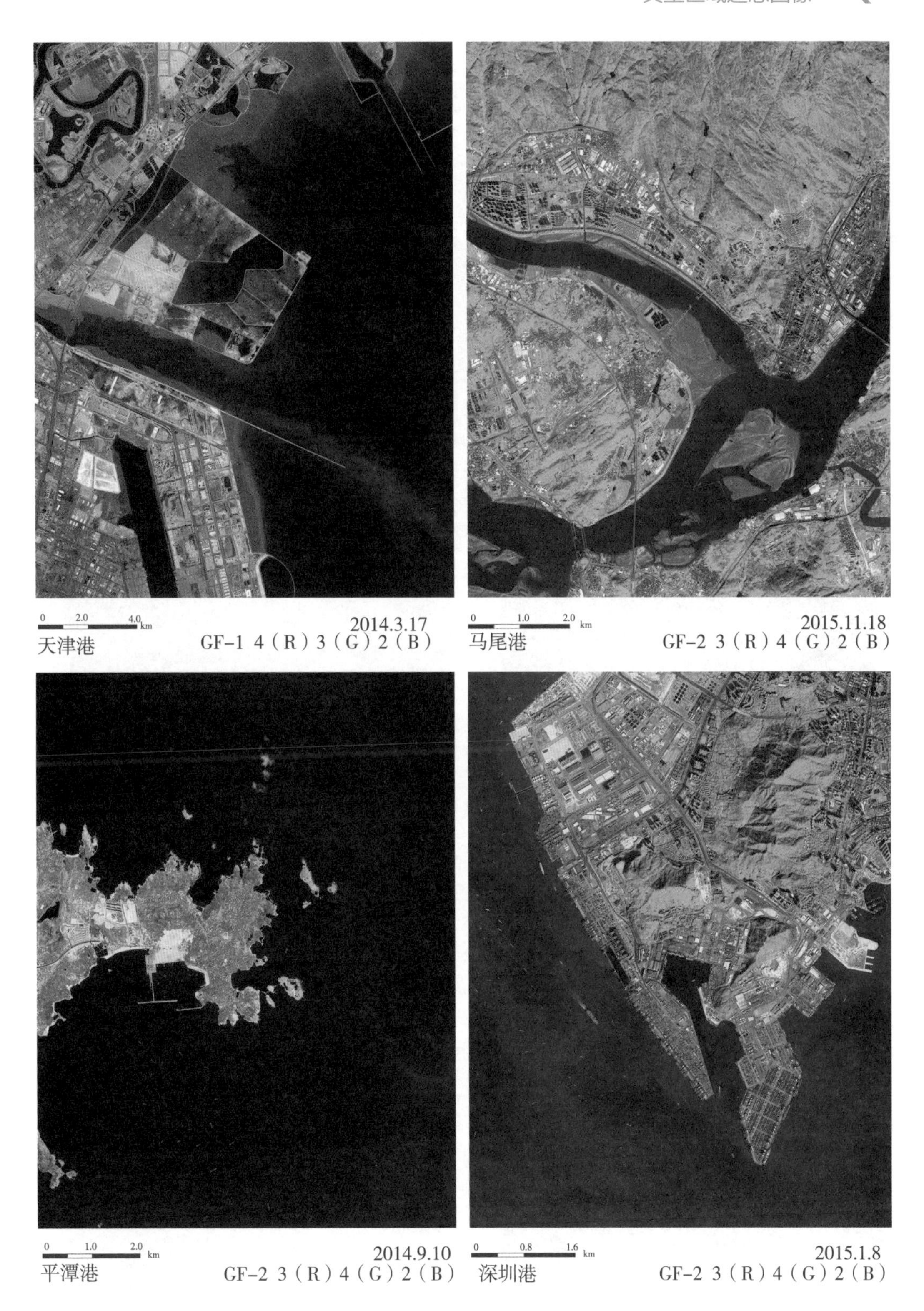

天津港 2014.3.17 GF-1 4（R）3（G）2（B）

马尾港 2015.11.18 GF-2 3（R）4（G）2（B）

平潭港 2014.9.10 GF-2 3（R）4（G）2（B）

深圳港 2015.1.8 GF-2 3（R）4（G）2（B）

港口是具有水陆联运设备和条件、供船舶安全进出和停泊的运输枢纽。港口历来在一个国家的经济发展中扮演着重要角色，是实现外向型经济的窗口，为国家经济建设和对外贸易发展提供基础性支撑。

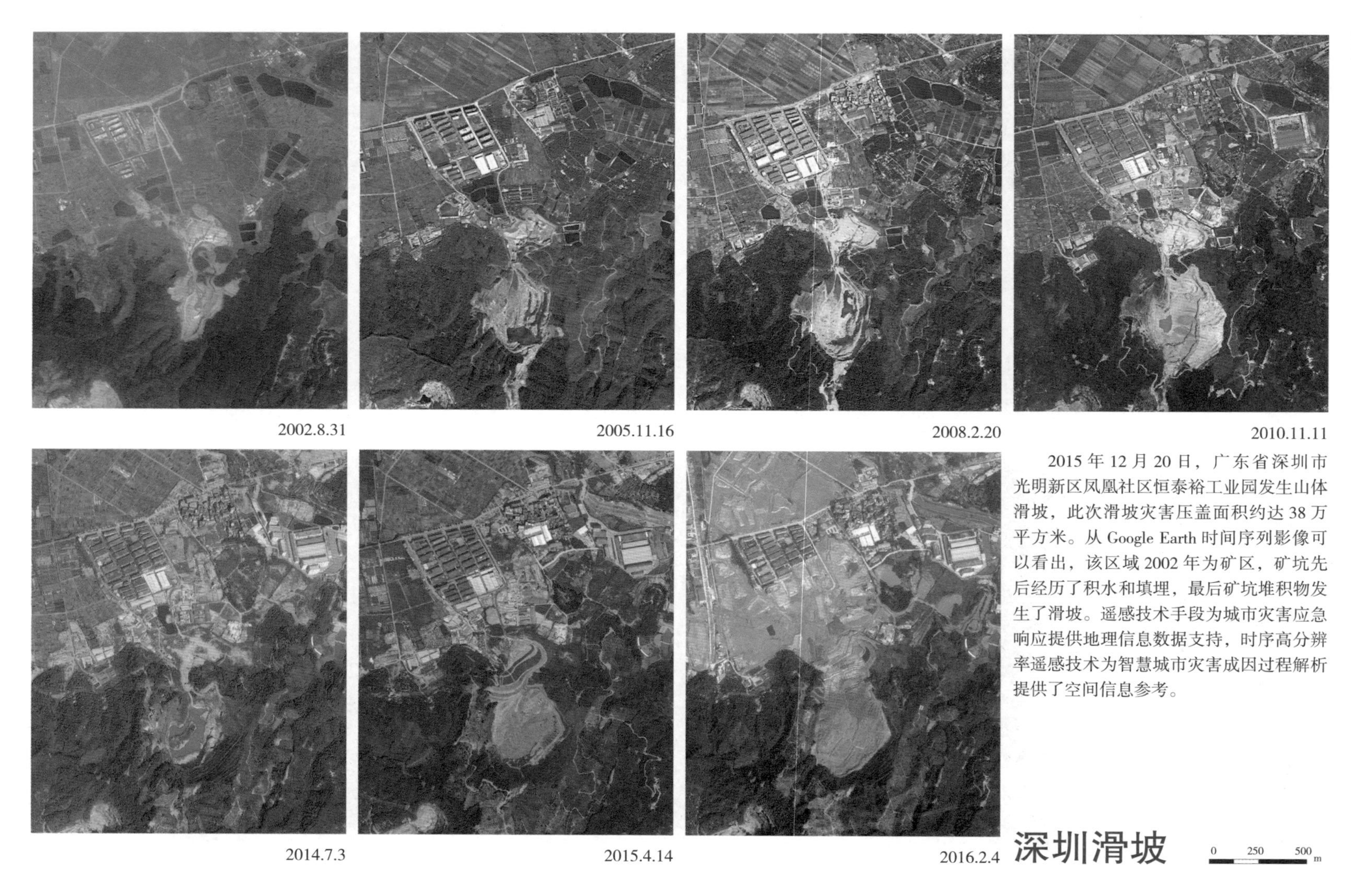

深圳滑坡

2015年12月20日，广东省深圳市光明新区凤凰社区恒泰裕工业园发生山体滑坡，此次滑坡灾害压盖面积约达38万平方米。从Google Earth时间序列影像可以看出，该区域2002年为矿区，矿坑先后经历了积水和填埋，最后矿坑堆积物发生了滑坡。遥感技术手段为城市灾害应急响应提供地理信息数据支持，时序高分辨率遥感技术为智慧城市灾害成因过程解析提供了空间信息参考。

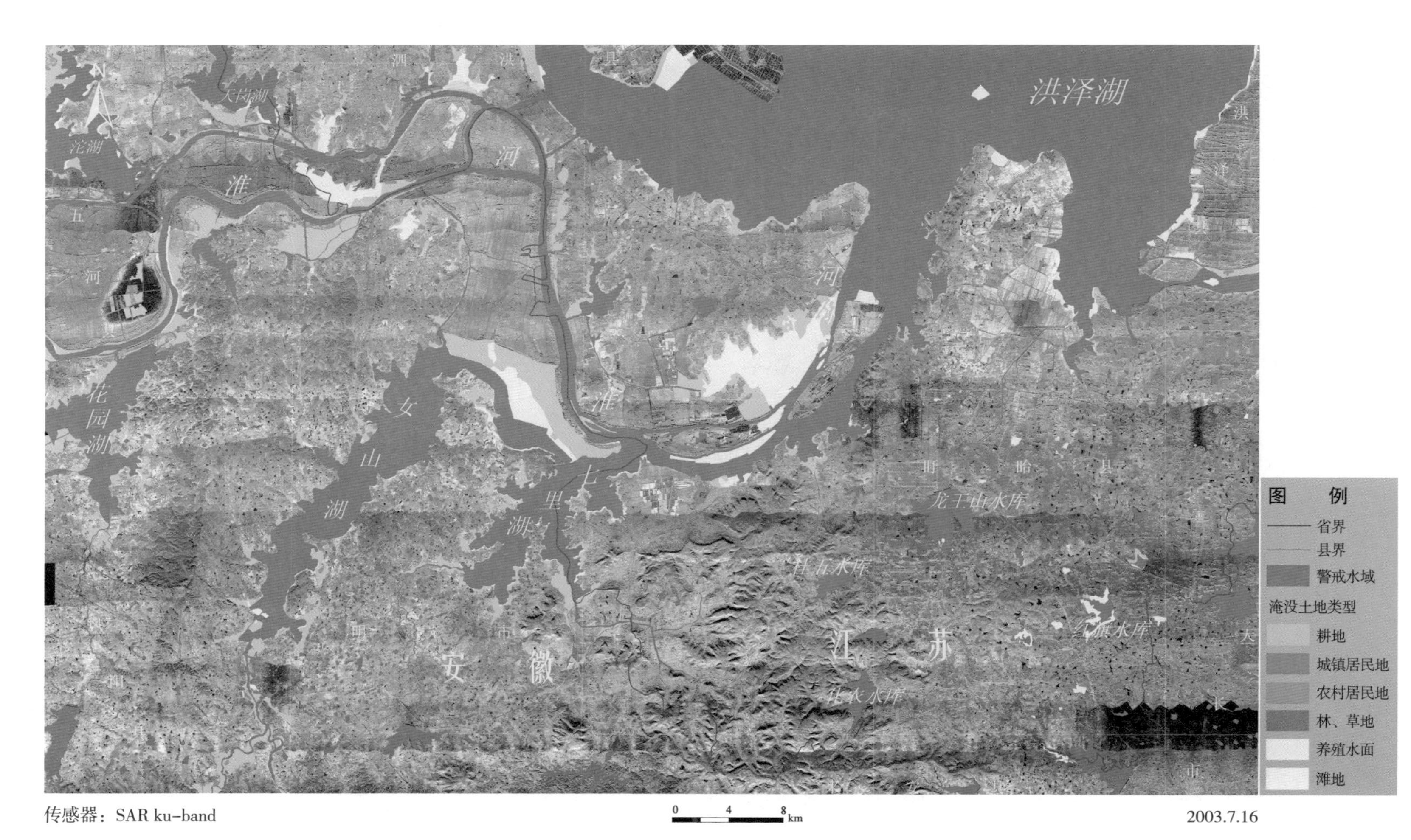

传感器：SAR ku-band

2003.7.16

淮河下游洪水淹没

2003 年 7 月中旬淮河发生了新中国成立以来仅次于 1954 年的流域性大洪水，上图为中国科学院遥感与数字地球研究所利用航空飞机获取的受灾区遥感影像，以及解译出的洪水淹没范围。

相机模式：ADS40　　2008.5.12

汶川地震后草坡乡

汶川地震后，中国科学院遥感与数字地球研究所及时派遣航拍飞机获取震后遥感影像，并组织科研人员开展解译工作。从航空遥感影像上解译出求救信号“SOS700”后，科研人员迅速将营救信息上报给抗震救灾指挥部门，为救援提供准确的位置信息。

传感器：SAR X-band 2008.5.17

传感器：ADS40 2009.6.3

都江堰紫坪铺水库

大型水利枢纽工程——都江堰紫坪铺水库是国家西部大开发“十大工程”之一，上图是 2008 年 5 月 12 日汶川地震后航天飞机拍摄的紫坪铺大桥断裂的航空遥感影像图，下图是 2009 年航天飞机拍摄的重建后紫坪铺大桥的航空遥感影像图。

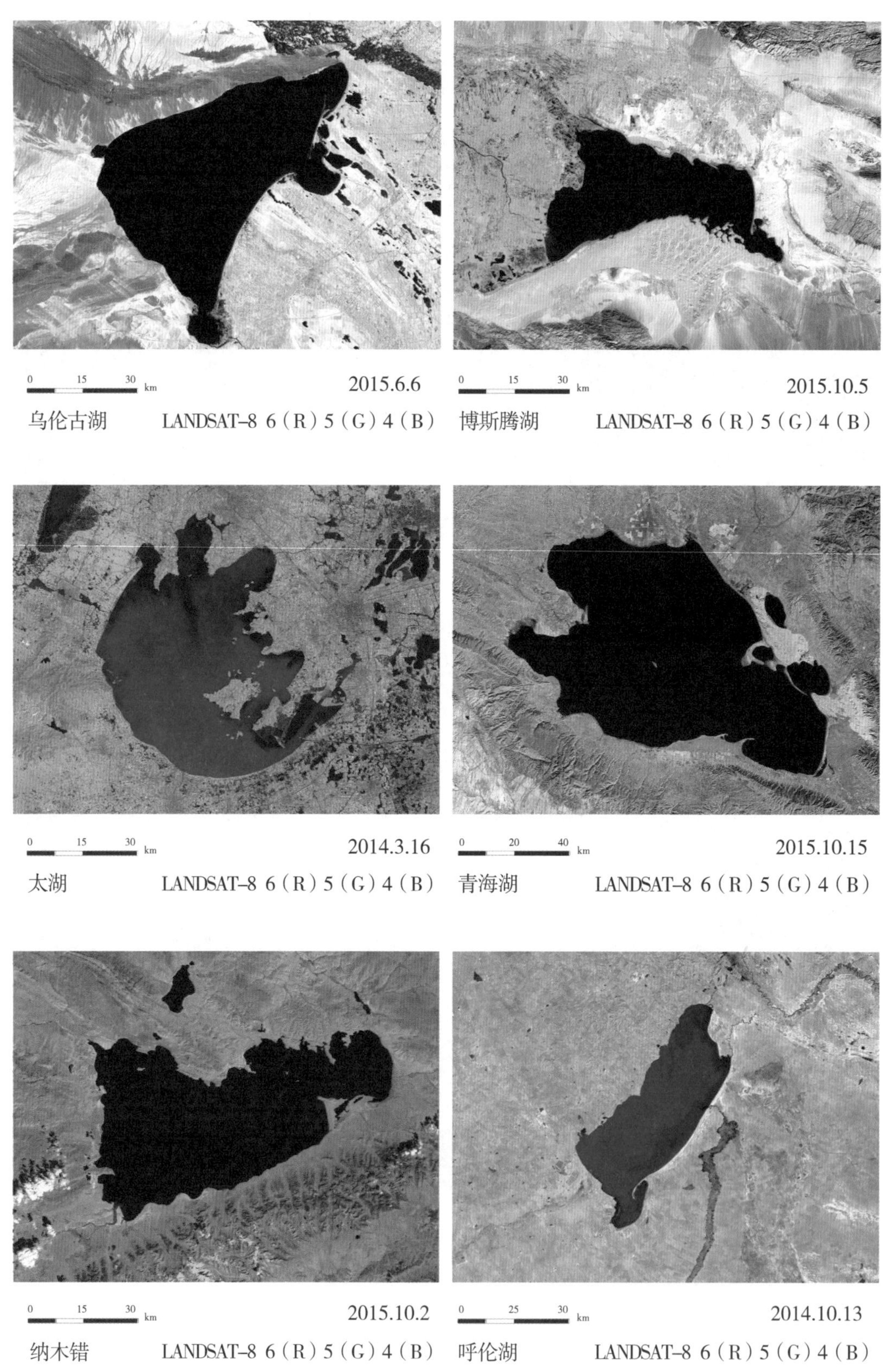

2015.6.6

乌伦古湖　LANDSAT-8 6（R）5（G）4（B）

2015.10.5

博斯腾湖　LANDSAT-8 6（R）5（G）4（B）

2014.3.16

太湖　LANDSAT-8 6（R）5（G）4（B）

2015.10.15

青海湖　LANDSAT-8 6（R）5（G）4（B）

2015.10.2

纳木错　LANDSAT-8 6（R）5（G）4（B）

2014.10.13

呼伦湖　LANDSAT-8 6（R）5（G）4（B）

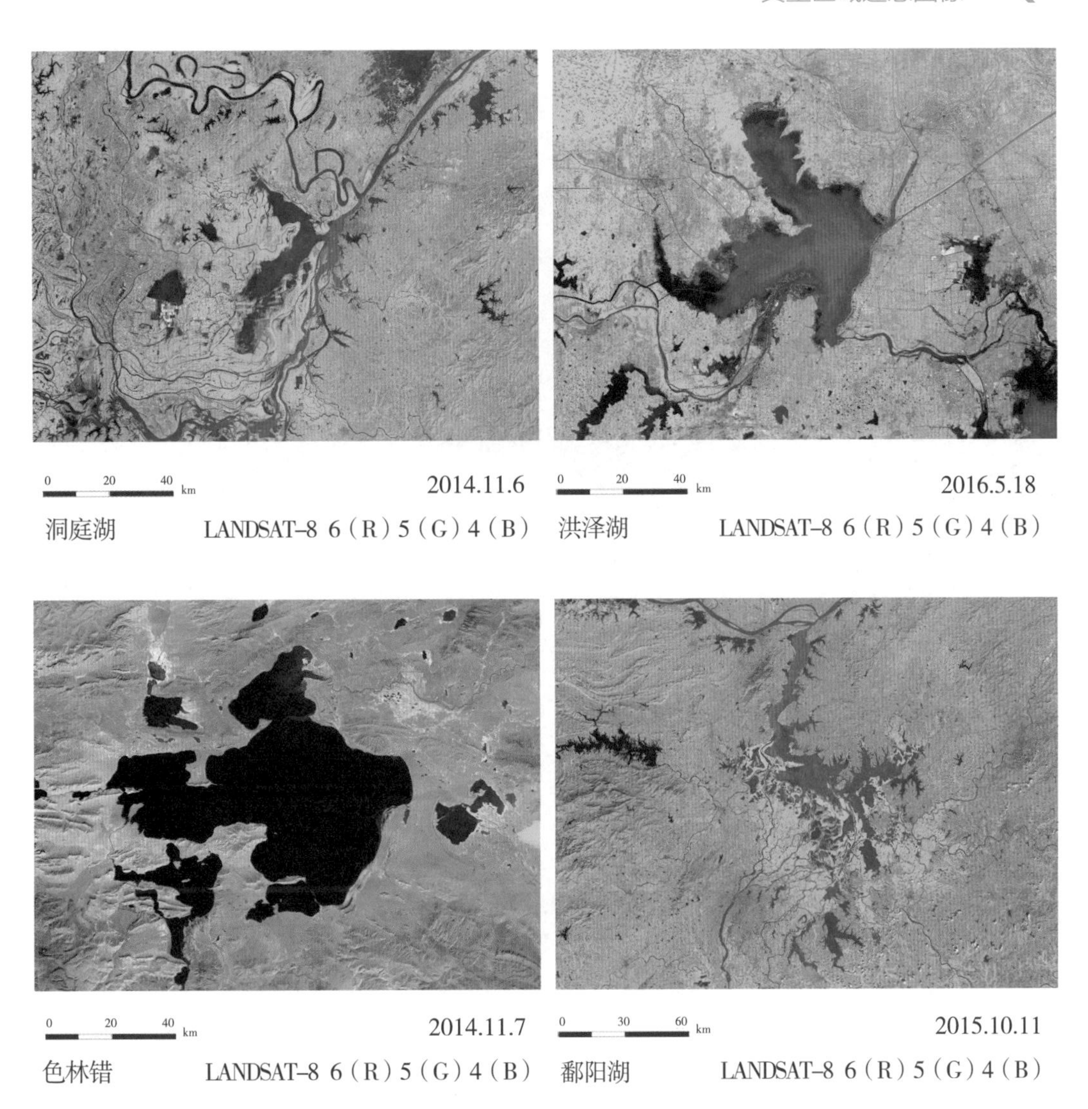

0 20 40 km 2014.11.6
洞庭湖 LANDSAT-8 6（R）5（G）4（B）

0 20 40 km 2016.5.18
洪泽湖 LANDSAT-8 6（R）5（G）4（B）

0 20 40 km 2014.11.7
色林错 LANDSAT-8 6（R）5（G）4（B）

0 30 60 km 2015.10.11
鄱阳湖 LANDSAT-8 6（R）5（G）4（B）

中国主要湖泊

中国湖泊众多，共有湖泊 24800 多个，其中面积在 1 平方千米以上的天然湖泊就有 2800 多个。湖泊数量虽然很多，但在地区分布上很不均匀。总的来说，东部季风区，特别是长江中下游地区，分布着中国最大的淡水湖群；西部青藏高原湖泊较为集中，多为内陆咸水湖。中国著名的淡水湖有鄱阳湖、洞庭湖、太湖、洪泽湖等，最大的咸水湖是青海湖，海拔最高的湖泊是纳木错湖。

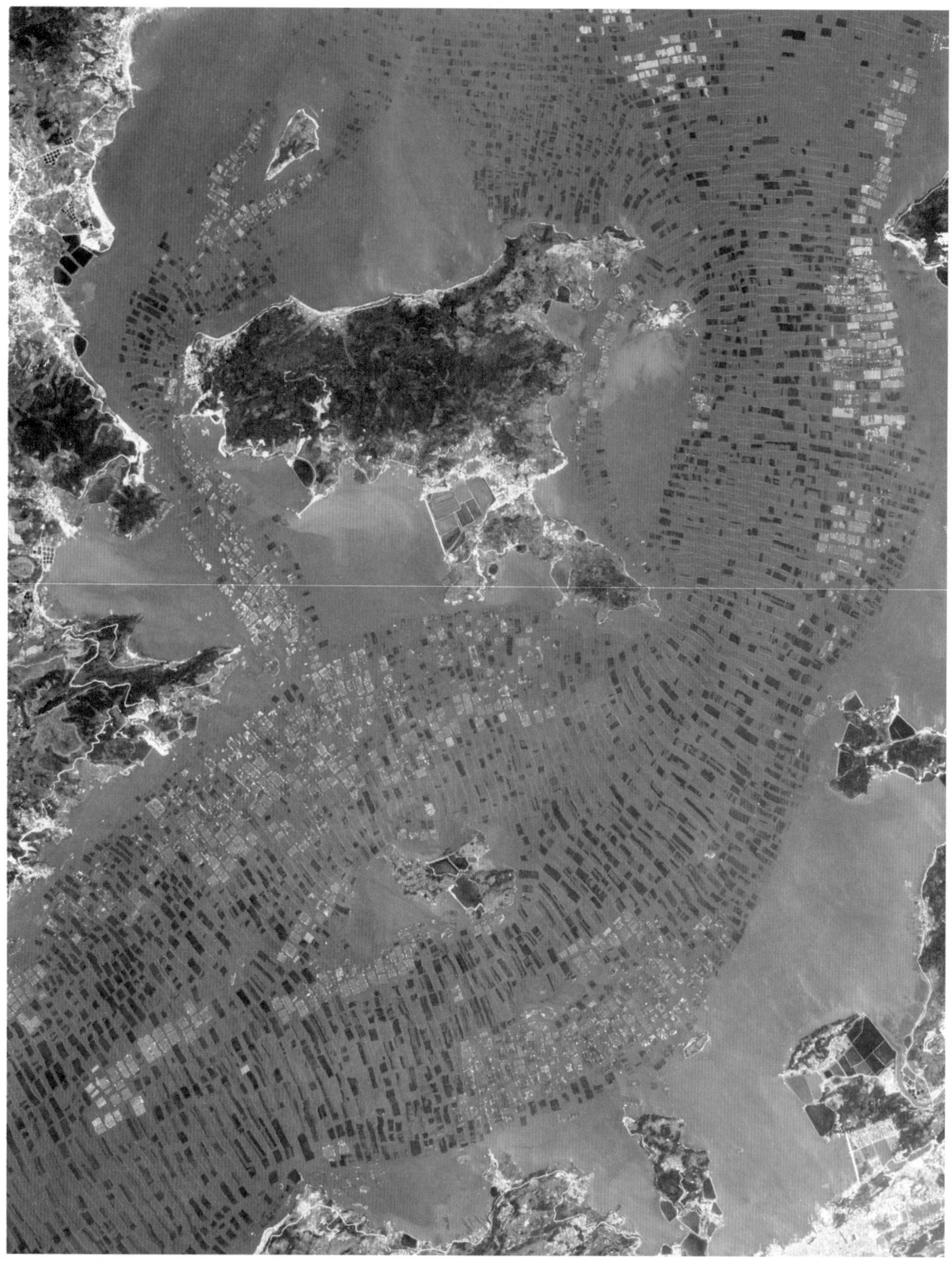

GF-2 3（R）2（G）1（B） 0 0.5 1 km 2016.6.22

福建省近海养殖区

福建濒临东海，南接南海，在夏秋两季受北上黑潮暖流支流的控制，冬春两季又受南下沿岸流的影响，加之有闽江、九龙江、晋江等河流的大量淡水注入，水质肥沃，海洋生物资源丰富，为海水养殖业发展提供了良好的条件。

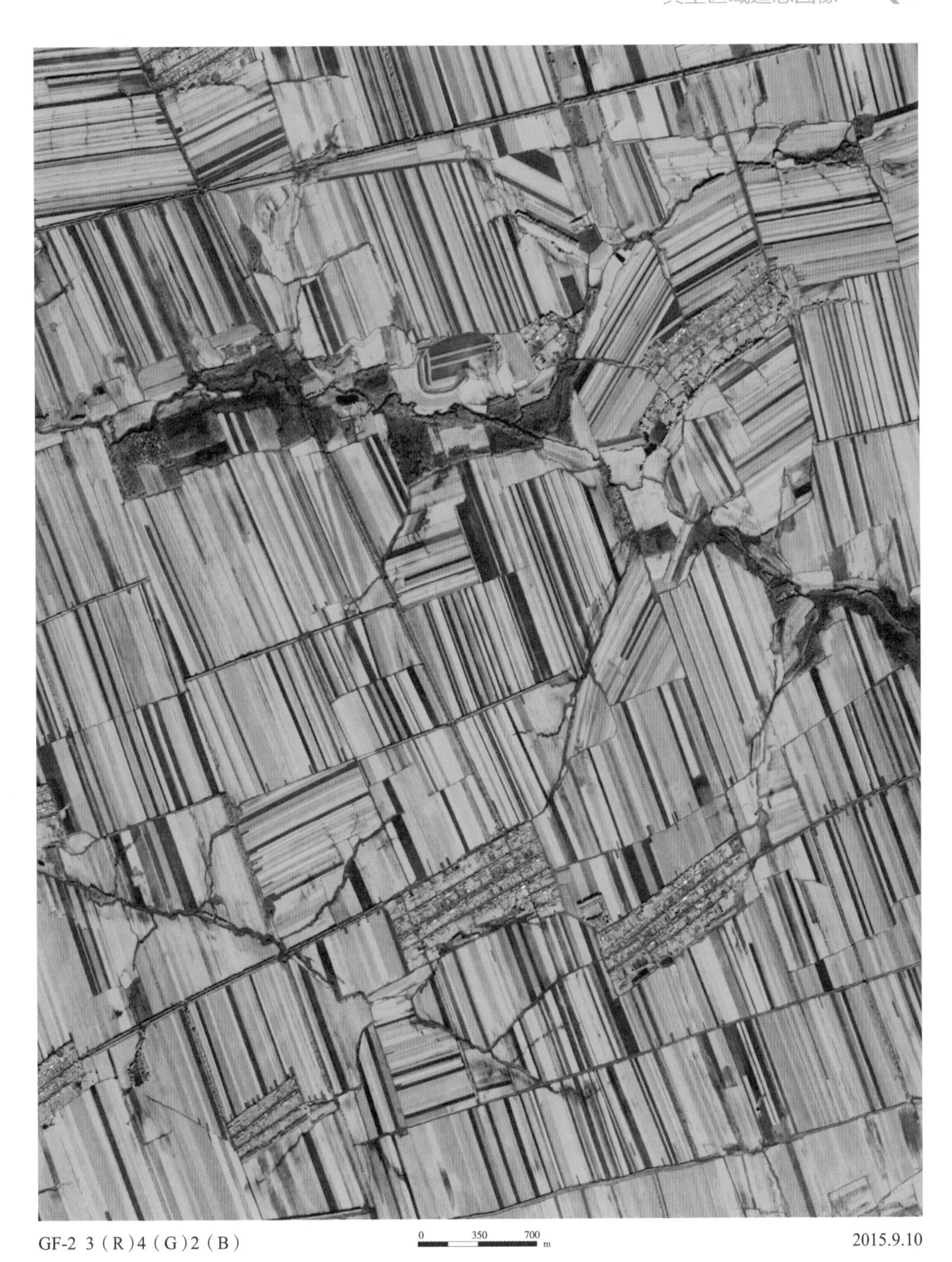

GF-2 3（R）4（G）2（B） 0 350 700 m 2015.9.10

黑龙江垦区农田

黑龙江垦区地处东北亚经济区中心，位于我国东北小兴安岭山麓、松嫩平原和三江平原地区，属世界著名的三大黑土带之一，被誉为“中华大粮仓”。上图为黑龙江垦区的农田遥感影像。

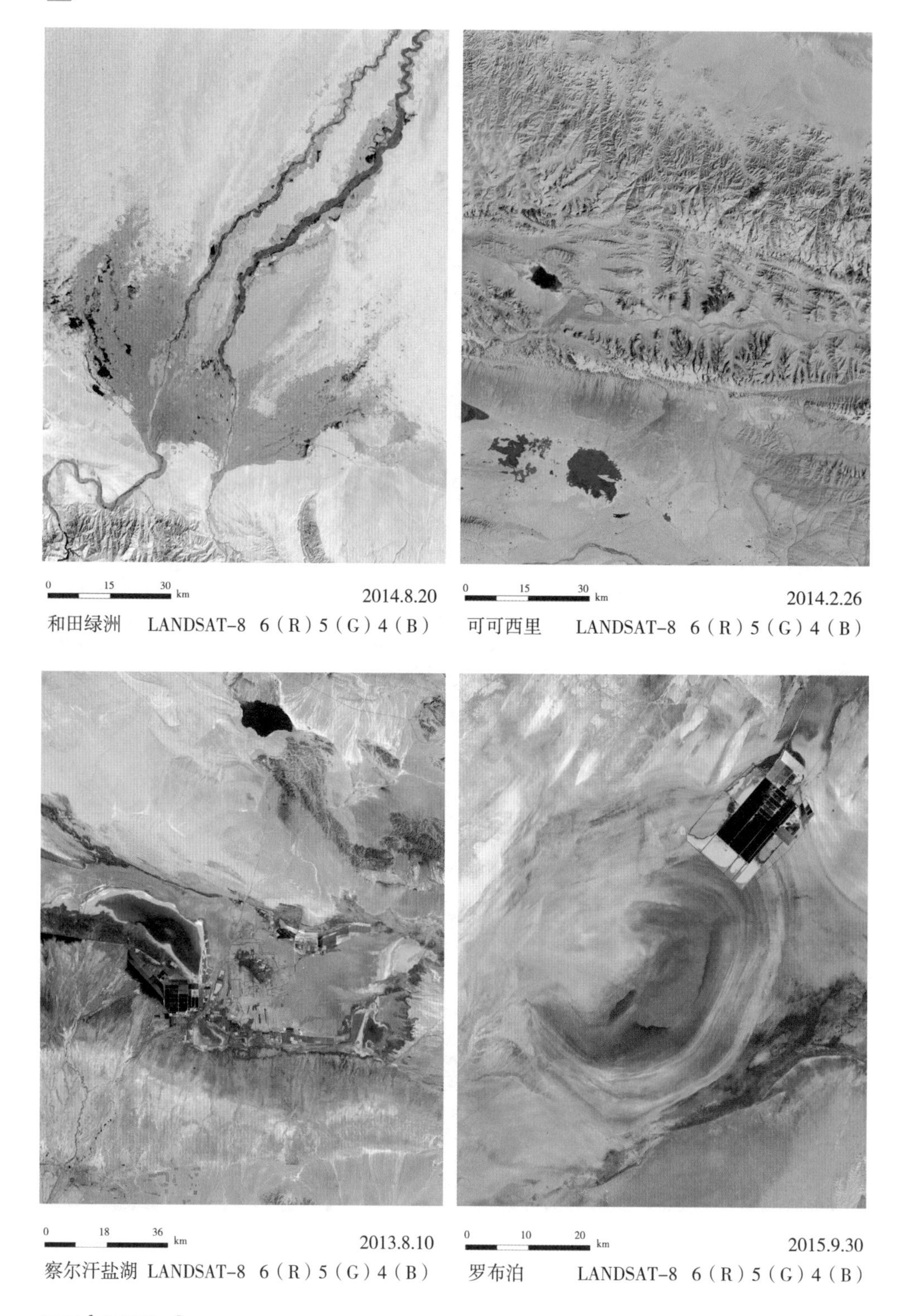

2014.8.20
和田绿洲 LANDSAT-8 6（R）5（G）4（B）

2014.2.26
可可西里 LANDSAT-8 6（R）5（G）4（B）

2013.8.10
察尔汗盐湖 LANDSAT-8 6（R）5（G）4（B）

2015.9.30
罗布泊 LANDSAT-8 6（R）5（G）4（B）

西部风光

中国的西部风景秀丽。不论是和田绿洲的勃勃生机，可可西里的迷人风貌，还是察尔汗盐湖的绮靡艳丽，抑或是罗布泊的奇特地貌，都令人叹为观止。

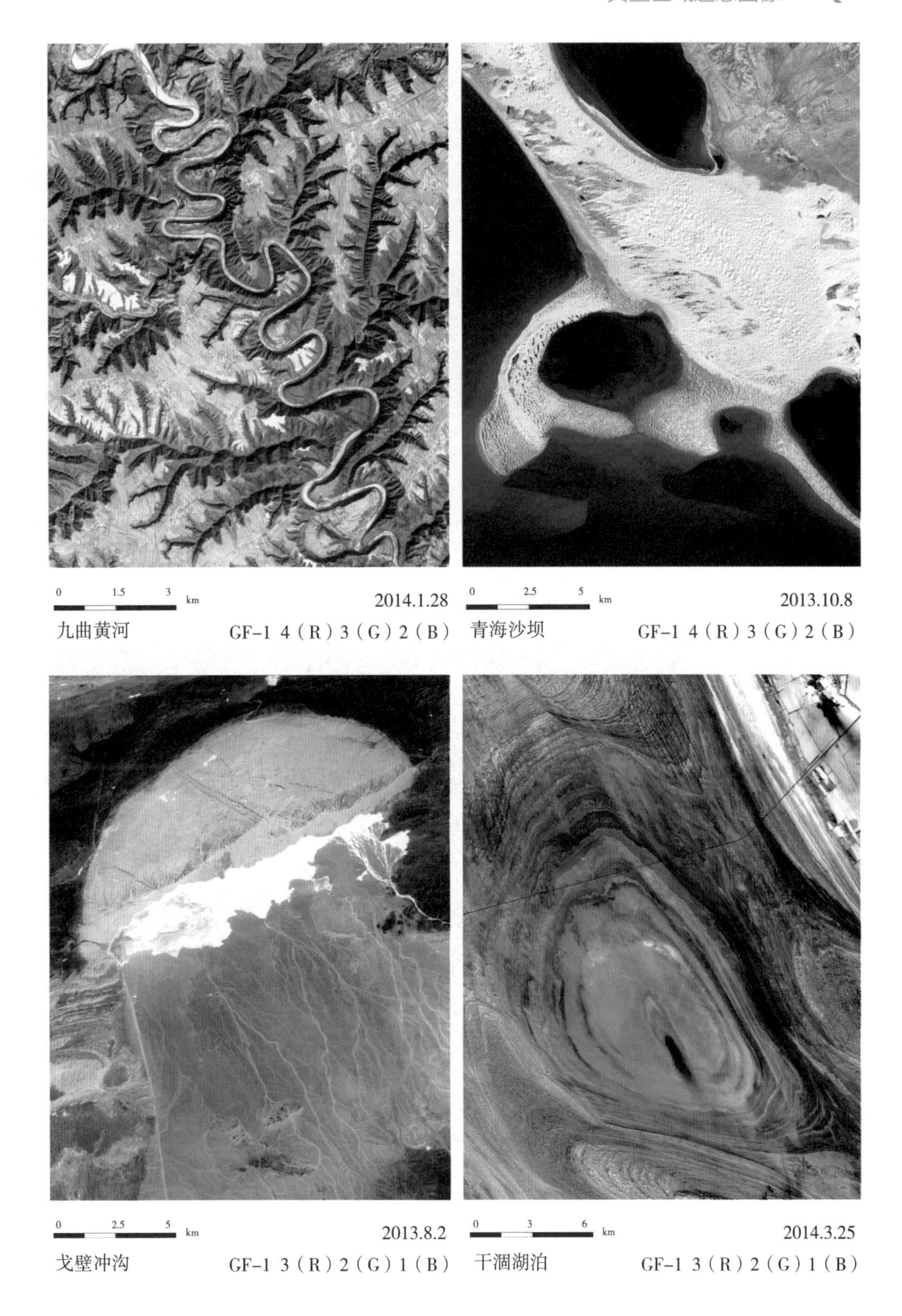

九曲黄河 GF-1 4（R）3（G）2（B）

青海沙坝 GF-1 4（R）3（G）2（B）

戈壁冲沟 GF-1 3（R）2（G）1（B）

干涸湖泊 GF-1 3（R）2（G）1（B）

中国西部的地质外貌壮丽奇特，仿佛是一本古书，记载着地球历史的变迁。水流的长期侵蚀形成了蜿蜒迩流的九曲黄河，在流水、风力以及风蚀作用下逐渐形成的青海沙坝犹如湖中之吻，层层的戈壁滩和大大小小的冲积沟构成了图中的“水母”，而“年轮”则是内陆湖泊逐年干涸的印记。

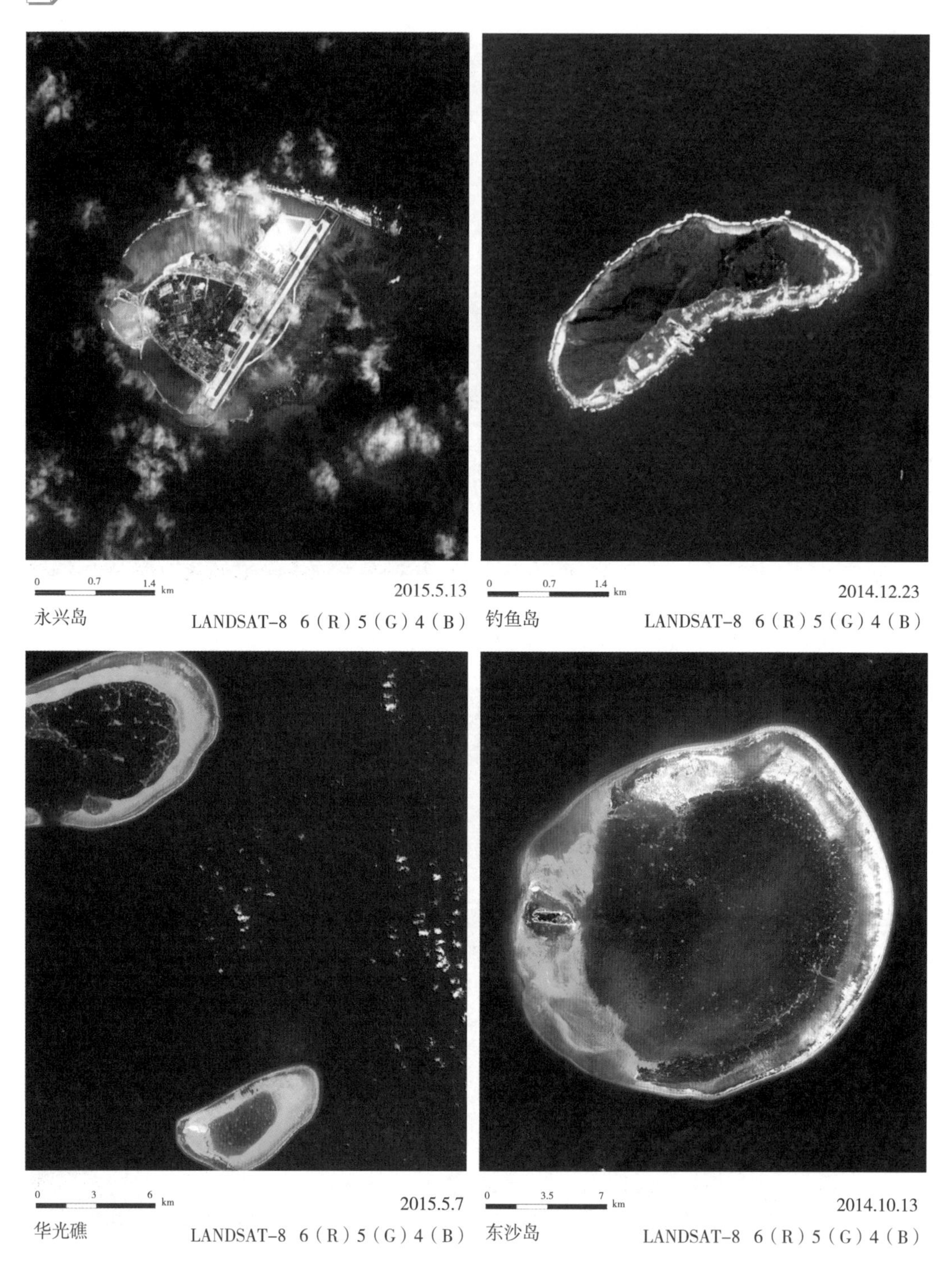

永兴岛

钓鱼岛

华光礁

东沙岛

美丽岛礁

岛礁不仅外表瑰丽华美，各具特色，犹如一颗颗撒落在湛蓝海面上的翠绿宝石，宛如人间净土，同时岛礁也是各自海域的航行要道，对我国的经济、军事、政治有着重要意义。

G.15 国家级重点创新单元

15.1 遥感科学国家重点实验室（中国科学院遥感与数字地球研究所、北京师范大学）

遥感科学国家重点实验室由原中国科学院遥感信息科学开放研究实验室和北京师范大学遥感与地理信息系统研究中心联合组建而成。2003 年经科技部批准筹建，2005 年正式开放运行。实验室以遥感科学基础理论与前沿技术研究为特色，完善和建成国际先进的空间地球系统科学体系，推动航天技术发展，提升对气候、天气、污染、灾害、水资源和粮食安全等国家重大需求的监测预报能力，满足社会可持续发展和行业遥感应用的需求（见图 1）。

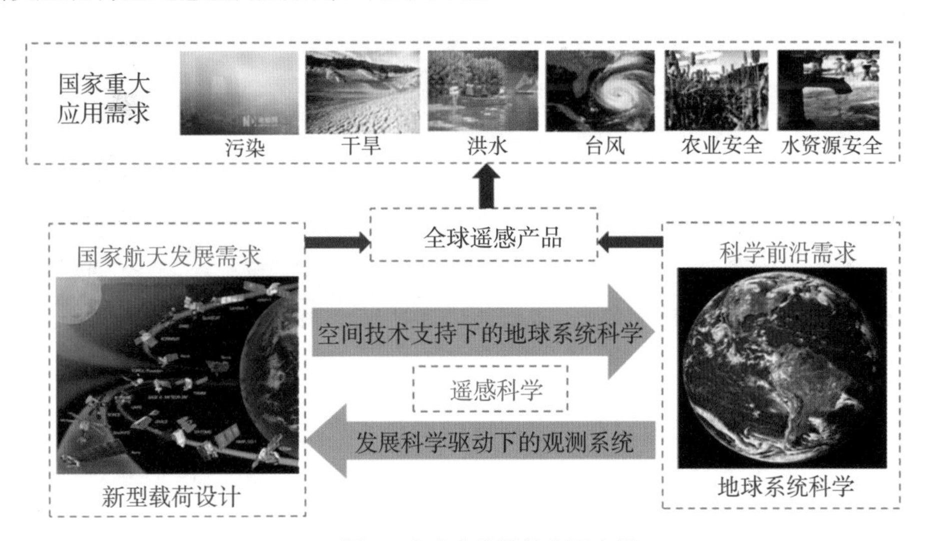

图 1　实验室发展的主要内涵

实验室布局了四个重点研究方向。

（1）遥感机理研究：研究电磁波与地物的相互作用机理，建立复杂地表全波段遥感机理模型和模拟系统，为遥感定量反演、新型传感器研发和构建遥感与地球系统科学的桥梁提供科学理论支撑。

（2）遥感定量反演前沿理论方法研究：研究影响地球系统的陆表、大气、海洋参量高精度定量反演理论、技术与方法；构建全波段多源遥感数据综合反演平台，形成地球系统关键要素的全球遥感监测能力。

（3）空间地球系统科学研究：开展地球系统辐射与能量平衡、水循环、碳循环以及人类活动影响的空间地球系统科学研究，形成全球变化遥感综合监测能力；研究基于遥感观测的地球系统各过程模型的参数优化和同化理论技术体系，促进遥感在地球系统科学和全球变化研究中的应用。

（4）新型遥感技术研究：研究新型遥感探测机理与方法，研制新型遥感实验装备与传感器，为航空、航天、深空探测和科学前沿发展提供技术支撑。

实验室建有河北怀来、承德和保定遥感试验站，拥有全波段/主被动/多角度定量遥感室内外地面观测设备，高空飞机、飞艇和低空无人机相结合的航空试验观测平台，形成了具有分布式地面遥感观测站网的“星—机—地”一体化的遥感观测和试验能力（见图2）。

图2　实验室不同尺度遥感观测平台

作为我国唯一从事遥感科学基础研究的国家重点实验室，在推动我国遥感科学学科发展中发挥着引领作用，凝聚了遥感界一批骨干力量。目前实验室有固定人员123人，其中研究人员109人，技术与管理人员14人。有中国科学院院士3人，国家特聘专家“千人计划”人才4人，国家自然科学杰出青年基金获得者1人，中国科学院“百人计划”入选者13人。实验室还拥有硕士点5个、博士点1个，博士后工作站1个，在读研究生和在站博士后共300多人。

实验室继续秉承“开放、流动、竞争、合作”的原则，建设成为开展高层次科学研究和学术交流、培养国际一流人才和产出国际一流科研成果的重要基地，为我国遥感应用提供先进理论和关键技术支撑。

15.2 资源与环境信息系统国家重点实验室（中国科学院地理科学与资源研究所）

资源与环境信息系统国家重点实验室成立于1985年，是我国首批建成的15个国家重点实验室之一，是中国地理信息系统事业的开拓者和摇篮。2010年和2015年连续两次国家重点实验室评估成绩为优秀。

实验室致力于研究地球信息科学的基础理论与方法，发展地理信息核心技术，构建国家级行业重大应用示范系统，建立“数据—模型—软件—系统”一体化的地球信息科学研究体系，在我国地理信息系统和地球信息科学的发展中起着学科导向、应用示范及人才培养的作用。

实验室定位于地球信息科学理论方法、前沿技术与应用研究。

（1）从地理信息的空间本质出发，研究地理信息表达模型、地理空间分析与过程模拟、地图符号与综合理论等，实现地理信息科学理论的突破和原始创新。

（2）从信息技术发展态势和地理信息特点出发，探索地理空间大数据存储与管理、挖掘与分析、可视化与服务等关键技术与方法，参与国际竞争，促进国产GIS软件的创新与产业发展。

（3）面向国家重大应用需求，研究地理信息规范标准，建立并运营国家地球系统科学数据共享平台，构建具有示范效应的重大地理信息应用系统，引导我国地理信息应用发展。

（4）面向学科发展与创新需求，加强高端基础研究人才和复合型技术与应用人才的培养。

实验室的主要研究方向包括以下方面。

（1）地理空间分析与数据挖掘：空间统计推断与总体估计、空间内插与曲面建模、时空聚类与轨迹分析、地理案例推理与不确定性分析等。

（2）陆地表层系统关键过程分析与模拟：陆地表层系统关键参数遥感定量反演、陆地表层系统模拟耦合、区域碳排放计算与模拟、滑坡灾害模拟分析等。

（3）地学信息图谱与国家大地图集：现代地图学的空间架构与符号理论、地学信息图谱、国家大地图集现代化编研方法等。

（4）地理信息系统核心技术与重大应用系统：高性能地学并行计算、高安全空间数据管理、GIS基础软件平台、生态环境质量评价与分析系统、海洋时空数据分析与决策支持系统等。

（5）地理信息标准与地球系统科学数据共享：地理信息标准与地学数据集成共享规范、资源环境数据生产与应用模式、地学数据语义与共享关键技术、地球系统科学数据共享平台等。

三十多年来，实验室先后承担了国家“973”计划项目、“863”计划项目、科技攻关项目、国家自然科学基金项目、中国科学院知识创新重大项目、省部级和国际合作研究项目620余项，建立了服务于国家的资源与环境大型综合数据系统、应用系统和共享系统。先后出版学术专著与图集150余部，在国内外重要学术期刊发表学术论文2500余篇，向国家提交重大咨询建议被采用20余份；设计开发了全系列大型地理信息系统平台Super Map、高安全级空间数据库管理系统Beyon DB、地理空间信息分析模型软件系统，以及电子地图制作系统等具有自主知识产权的软件，获得发明专利授权60余项，软件著作权登记170余项；获国家级、省部级科技奖励110余项，包括国家自然科学奖二等奖1项、国家科学技术进步奖一等奖和二等奖36项、省部级科学技术进步特等奖和一等奖71项等（见图3、图4）。实验室非常重视人才培养，已出站的博士后及毕业的博士与硕士研究生在国家科研院所、高校、企事业单位、政府部门中发挥着重要作用。

目前，实验室已经成为我国地球信息科学理论与方法研究、地理信息系统技术创新与产业化应用、高端人才培养与技术培训的中心。

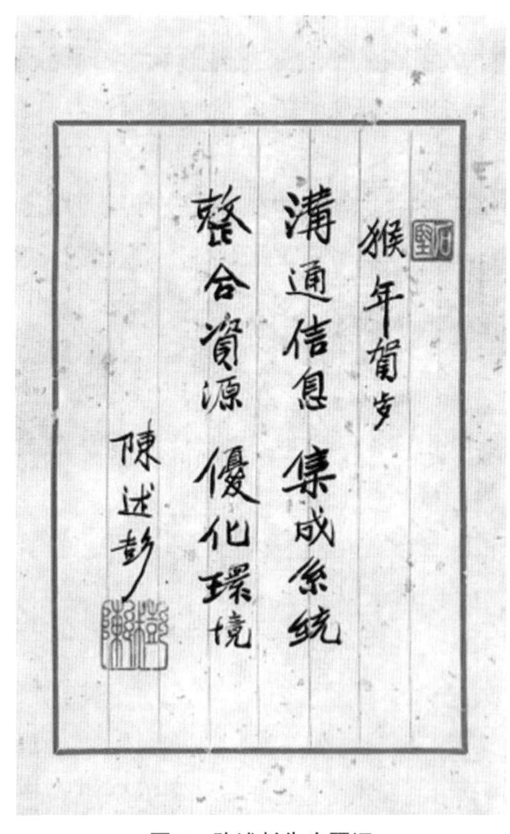

图3 陈述彭先生题词

图4 中国南海主权态势演变图集

15.3 测绘遥感信息工程国家重点实验室（武汉大学）

测绘遥感信息工程国家重点实验室（武汉大学）于1989年成立。2004年，在国家科技部等部委召开的国家重点实验室建设20周年总结表彰大会上，实验室被授予先进集体称号，获“金牛奖”；在国家科技部组织的每五年一次评估中，2000年、2005年、2010年、2015年连续四次被评为“优秀国家重点实验室”（见图5）。

实验室主要研究方向包括：航空航天摄影测量、遥感信息处理、空间信息系统与服务、3S集成与网络通信、导航与位置服务。五个研究方向形成有机的整体，以“对地观测系统—遥感数据—空间信息—地学知识—网络服务转化”理论与方法为主线，解决多平台多传感器对地观测系统的高精度定轨定姿、摄影测量与遥感数据的高精度自动处理、遥感信息自动提取与智能解译、地理信息与导航位置信息集成和智能服务等理论与方法问题。

实验室现有固定人员112人，其中，中国科学院、工程院院士3人，国家“千人计划”人才5人，国家青年“千人计划”人才2人，国家杰出青年基金获得者4人，国家优秀青年基金获得者3人，“百千万人才”5人，教育部长江学者特聘教授7人，教育部新世纪人才16人，全国百篇优秀博士论文获得者7人，5人担任国家“973”计划项目首席科学家，2人担任国家“863”计划领域专家，是测绘遥感地理信息领域高层次人才最为集中的机构之一。2010年，以龚健雅教授为带头人的研究团队获批国家自然科学基金委创新群体的滚动支持；2012年，以龚威教授为带头人的研究团队入选国家教育部创新团队；2014年，以李德仁院士、刘经南院士、龚健雅院士等为带头人的研究团队获国家科技进步奖（创新团队）（见图6）。

近年来，实验室立足国际学术前沿，面向地球空间信息的快速采集、处理和服务的基础理论和国家重大战略需求，揭示地球空间信息机理，解决核心技术难题，凸显自主创新，特色鲜明，成绩卓著。2010~2014年五年间，实验室共获得国家级科研奖励12项。其中，国家科技进步奖（创新团队）1项；国际科学技术合作奖1项；国家科技进步一等奖2项，二等奖8项；省部级科技进步特等奖3项；省部级一等奖29项；省部级二等奖21项。实验室科研人员发表SCI收录论文637篇，SSCI收录论文69篇，EI收录论文1531篇，CPCI收录论文179篇。其中，I区、II区SCI论文160篇，占发表SCI论文总数的25%。发表的国际三大检索论文总数名列全球测绘研究机构第一位，SCI论文被引总数2400多次，名列国际前三位。

实验室以先进的人才培养理念、国际化视野和完善的培养措施，让研究生站在学术前沿，经受科研实践锻炼，全面提高学术能力和综合素养。人才培养质量受到

广泛好评。实验室 7 篇博士学位论文入选全国百篇优秀博士学位论文。

实验室注重科技成果转化，建立了有效的“产学研用”机制，形成了基础研究、技术创新、成果转化相互促进的完整科技创新链条；积极推动协同创新，是地球空间信息技术协同创新中心的核心支撑单位。

图 5　测绘遥感国家重点实验室大楼

图 6　2015 年 1 月，实验室李德仁院士在北京参加全国科学技术奖励大会，受到习近平总书记亲切接见

15.4 国家遥感应用工程技术研究中心（中国科学院遥感与数字地球研究所）

国家遥感应用工程技术研究中心（以下简称工程中心）是国家科技部于1997年批准组建，2000年通过评估验收正式挂牌，是面向国内外开放的国家级遥感工程技术研究、开发实体，工程中心依托于中国科学院遥感与数字地球研究所。

工程中心宗旨是根据国民经济、社会发展和市场需求，以及国内外对地观测技术发展趋势，开展先进、关键、共性、遥感集成技术及多维信息技术的开发与服务。工程中心总体目标是充分利用中国科学院遥感与数字地球研究所和国家遥感应用工程技术研究中心成员单位的现有技术成果，通过技术集成和产业化应用，形成体系化的遥感与地理信息系统技术与数据产品，向社会提供服务，承担国家和地方的遥感与地理信息系统的工程建设任务，在遥感与地理信息系统的工程建设方面走在全国前列。工程中心已经建立起一支适应工程技术研究、产品开发和市场开拓的高水平、高效率、高质量的队伍。

工程中心研究突破网络空间信息系统、空间决策支持系统、空间信息综合集成等重大和核心关键技术，建立基于遥感与空间信息的多尺度体系化时空专题数据库和全国性的资源环境、减灾防灾、粮食与公共安全等专题应用服务系统，集成物联网、云计算、无线通信、低空遥感、空间定位等技术构建智慧城市空间信息公共平台和智慧城镇专题应用系统。

工程中心通过系统集成在自然资源与人居环境、粮食与公共安全、考古与能源遥感应用工程技术以及智慧城市空间信息工程技术等方面形成优势与特色，经应用示范，形成体系化、规模化的遥感与空间信息系统核心技术与系列数据产品；建成面向行业与区域应用的遥感与空间信息云服务平台，通过技术转移与成果转化促进遥感与空间信息领域的产业化发展，满足国家和有关部门的公共需求，服务于地方政府部门的信息化工程建设。

工程中心已建立面向地理信息与遥感数据处理的基础平台：大型多模式网络地理信息平台——地网GeoBeans、遥感综合处理与云服务平台（IPM-MyHome）、城市三维重建与展示平台、高分遥感影像分类群判读系统；建立面向智慧城市的服务平台与应用系统：智慧城市公共GIS服务平台、市政管线规划管理信息系统、城乡一体化地籍信息系统、城市房地管理系统、城市环保信息系统；建立面向国家重大需求的行业应用系统：公安边防部队综合指挥平台、全国警用地理信息应用平台、地理国情监测系统、基于GIS/GPS的林业有害生物监测数据记录系统、

现代烟草农业 3S 信息综合管理及服务运行系统、区域 / 省级农作物种植面积遥感估算系统等（见图 7、图 8）。

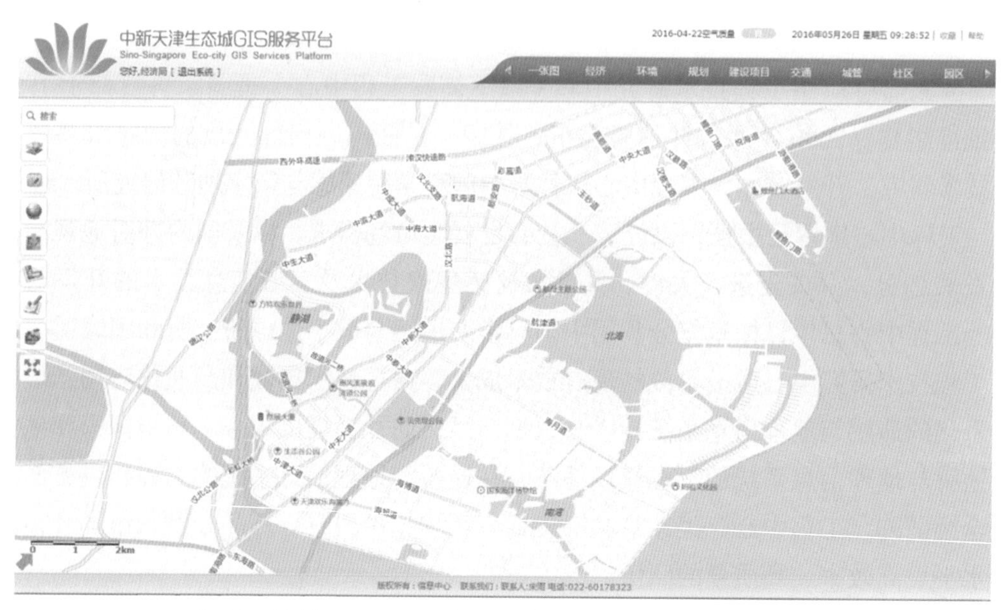

图 7　智慧城市公共 GIS 服务平台在中新天津生态城的应用

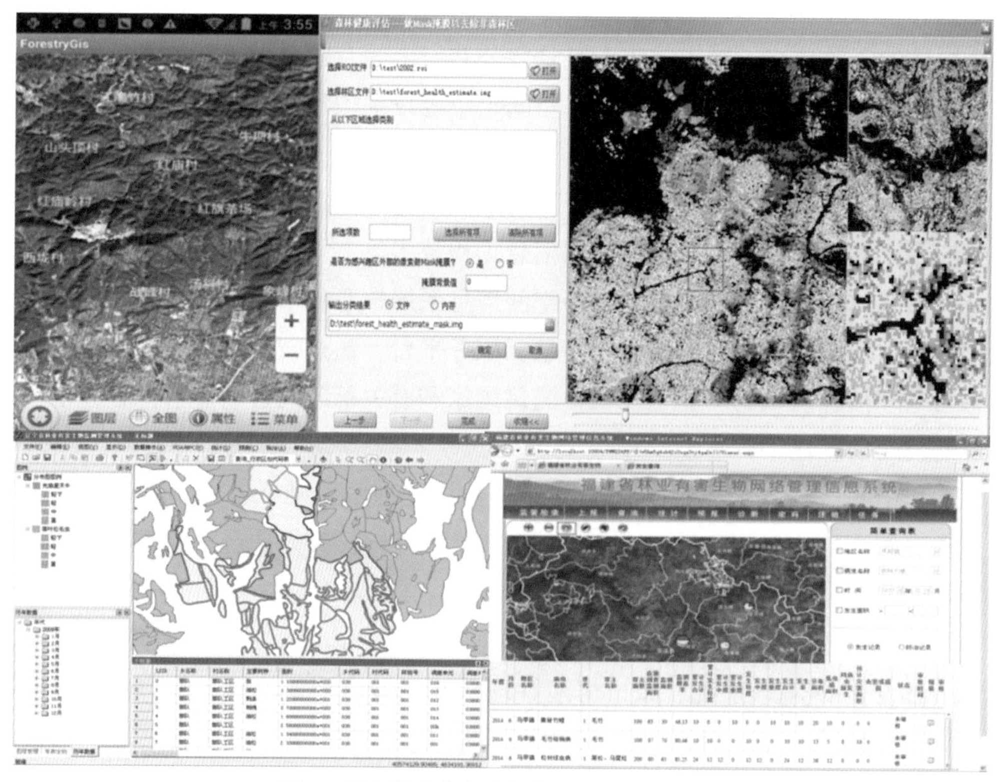

图 8　国家林业有害生物监测预警中心系统

15.5 遥感卫星应用国家工程实验室（中国科学院遥感与数字地球研究所）

为提高遥感产业自主创新能力和核心竞争力，强化对国家重大战略任务、重点工程的技术支撑和保障，2008 年 11 月国家发展和改革委员会正式立项批复（发改办高技〔2008〕2635 号）遥感卫星应用国家工程实验室，实验室依托中国科学院遥感与数字地球研究所建设，是目前我国遥感领域唯一的国家工程实验室。2013 年 9 月实验室完成全部建设，并先后通过现场验收和总体验收（见图 9）。在四年的建设期里，针对国家大力发展遥感卫星应用技术与工程的战略需求，实验室建立了从接收、处理、产品开发到信息应用完整的遥感卫星应用技术链条与验证平台，支撑了国家高分重大专项应用系统的立项实施，以及自然灾害空间信息基础设施（623）、国家空间基础设施的发展论证，推动了我国商业化遥感小卫星的产业化发展。

图 9　遥感卫星应用国家工程实验室验收合影

战略定位：在我国遥感技术发展与应用产业链中，面向国家重大战略需求，围绕我国遥感卫星应用业务化、产业化的重要需求，以提高自主创新能力和市场竞争力为宗旨，以持续为产业技术进步提供完整的技术支撑为目标，开展遥感卫星数据接收、处理、应用到信息服务整体链条中相关共性、关键技术研究，研发核心技术装备、数据与信息产品，拓展信息加工和增值服务能力，形成完整的遥感卫星产业应用技术创新系统和支撑体系。

发展方向：根据国家工程实验室的建设目标、任务和定位，围绕促进遥感卫星应用产业链的形成和有序、协调发展，推动自主遥感卫星数据的应用，结合遥感科学与应用技术发展趋势，利用中科院遥感与数字地球研究所以及联合单位的工作基础，遥感卫星应用国家工程实验室的发展方向和主要内容为：①遥感卫星应用技术标准与规范；②自主遥感卫星数据接收处理技术；③遥感卫星数据业务化应用技术；④遥感卫星应用试验验证技术（见图 10）。

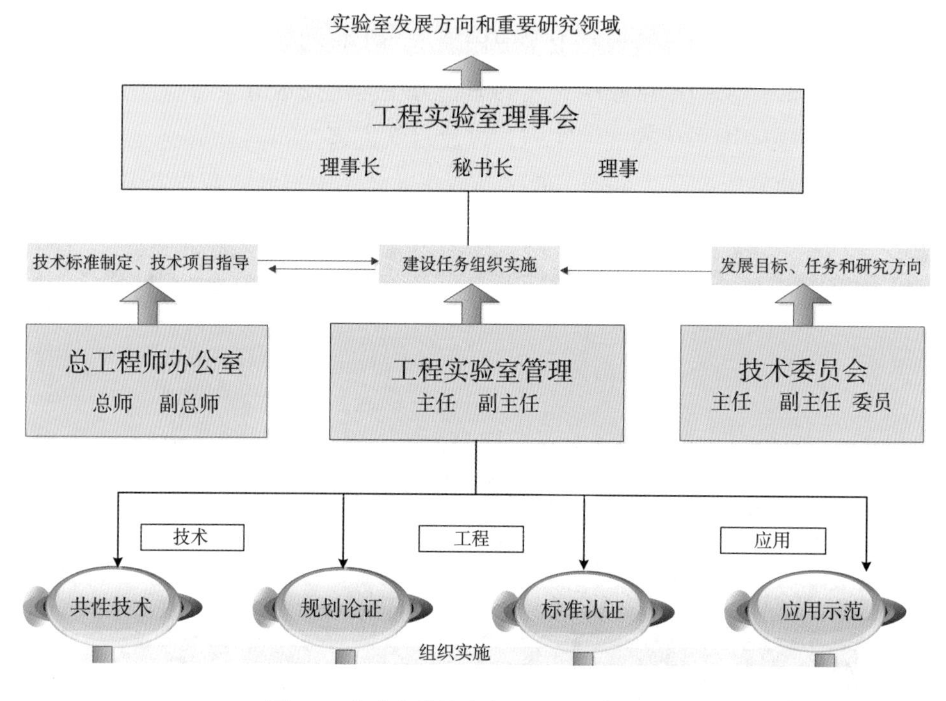

图 10　实验室发展方向和重要研究领域

机构特色：遥感卫星应用国家工程实验室面向我国遥感卫星应用业务的具体需求，坚持"以产业化为导向、以工程化为核心、体系化为基础、标准化为途径"的工作思路，深入攻关遥感卫星应用共性关键技术，进一步系统地完善遥感卫星应用的技术方法标准规范体系，研发遥感卫星数据应用系统，开发遥感卫星数据及信息产品，建设遥感卫星应用工程实践与产业创新基地。在此基础上，提高遥感产业自主创新能力和核心竞争力，整合科技资源，强化对国家重大战略任务、重点工程的技术支撑和保障，推动科技成果转化与产业化，拓展行业和区域应用，为国民经济建设和社会发展提供空间信息保障。

15.6 中国遥感卫星地面站（中国科学院遥感与数字地球研究所）

中国遥感卫星地面站（以下简称“地面站”）1986 年建成并投入运行，邓小平同志为地面站亲笔题写站名（见图 11）。

中国遥感衛星地面站

图 11 邓小平同志亲笔题名

地面站是国家重大科技基础设施，也是国际资源卫星地面站网成员。地面站是世界上接收与处理卫星数量最多的机构之一，目前存有 1986 年以来的各类卫星数据资料 400 万景，是我国建成时间最长的对地观测卫星数据历史档案库。

地面站建有密云、喀什、三亚、昆明、北极 5 个卫星接收站，具有覆盖我国全部领土和亚洲 70% 的陆地区域的卫星数据实时接收能力，以及全球卫星数据的快速高效获取能力（见图 12）。

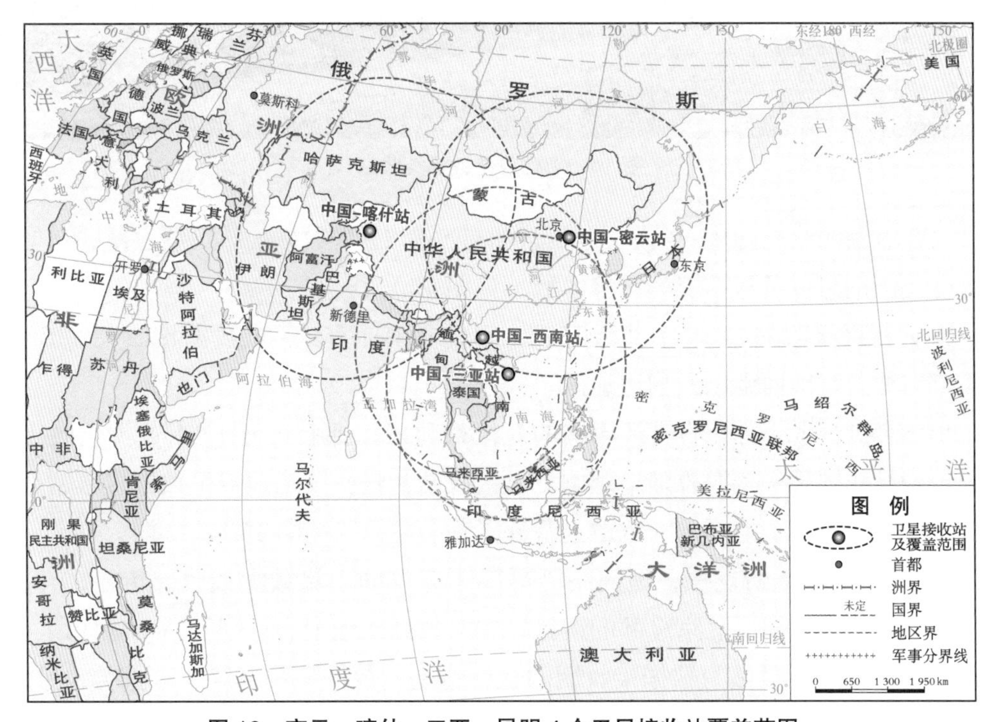

图 12 密云、喀什、三亚、昆明 4 个卫星接收站覆盖范围

密云卫星接收站1986年开始运行，拥有7座大口径接收天线及数据接收、记录和数据传输设施，接收范围覆盖我国中部、东北地区及相邻境外地区（见图13）。

图13　密云卫星数据接收站

喀什卫星接收站2008年投入运行，拥有5套12米数据接收天线系统，接收范围覆盖我国西部以及中亚邻国等区域（见图14）。

图14　喀什卫星数据接收站

三亚卫星接收站2010年投入运行，拥有5套12米数据接收天线系统，接收范围覆盖我国南海以及东南亚邻国等区域（见图15）。

昆明卫星接收站2016年部署完成，目前拥有1套7.3米数据接收天线系统，接收范围覆盖我国西南以及周边地区。

2016年12月，位于瑞典基律纳的北极站建成，拥有1套12米数据接收天线系统。这是我国第一个海外陆地观测卫星接收站，将我国陆地卫星数据接收网拓展至极地，大幅提高了地面站的全球卫星数据获取能力（见图16）。

经过30年的不断发展，地面站已形成了完整的卫星数据接收、传输、存档、处理、分发体系，即以北京总部的运行管理与数据处理中心、密云站、喀什站、三亚站、昆明站、北极站为数据接收网的运行格局。数据接收系统、数据传输系统、数据处理系统、数据管理系统、数据检索与技术服务系统协同运行，成为我国对地

图 15　三亚卫星数据接收站

图 16　北极卫星数据接收站

观测领域的核心基础设施之一。

1986 年，地面站开始接收和处理美国 LANDSAT-5 卫星光学卫星数据。1993 年，开始接收和处理欧空局 ERS-1 和日本 JERS-1 卫星合成孔径雷达（SAR）数据，实现了全天时和全天候的对地观测。1997 年和 2008 年，分别实现对加拿大 RADARSAT-1 和 RADARSAT-2 卫星数据的接收和处理，拥有了国际最先进的民用合成孔径雷达观测数据源，多模式、全极化、高空间分辨率等成为其突出的优势。2002 年开始接收和处理的法国 SPOT-5 卫星，以其灵活的观测模式、较高的空间分辨率、高质量的可靠运行，成为最成功的业务化运行卫星之一。2015 年，地面站开始接收和处理的法国 Pleiades 卫星数据，其空间分辨率达到 0.5 米，是目前地面站所接收的最高分辨率的卫星数据。

从 1999 年开始，我国所发射的一系列对地观测卫星均由地面站负责接收，包括中巴资源卫星 01、02、02B、04，环境减灾 1A、1B、1C，资源一号 02C，资源三号，实践九号 A、B，高分一号、二号、三号，资源三号 02 星等。

2011 年，中国科学院空间科学战略性先导科技专项正式启动，地面站承担近地轨道空间科学卫星的跟踪、接收、记录和传输任务，从而将数据接收业务从对地观测领域拓展至空间科学领域。2015 年，地面站成功实现了我国空间科学首发星——暗物质粒子探测卫星的数据接收。2016 年，地面站成功实现了我国研制的世界首颗量子科学实验卫星“墨子号”的数据接收（见表 1）。

表 1　中国遥感卫星地面站接收的国内外卫星情况

编号	卫星名称	所属国家或组织	开始接收时间	当前接收
1	LANDSAT–5	美国	1986	
2	ERS–1	欧空局	1993	
3	JERS–1	日本	1993	
4	ERS–2	欧空局	1995	
5	RADARSAT–1	加拿大	1997	
6	SPOT–1	法国	1998	
7	SPOT–2	法国	1998	
8	CBERS–01	中国、巴西	1999	
9	SPOT–4	法国	1999	
10	LANDSAT–7	美国	2000	
11	SPOT–5	法国	2002	
12	ENVISAT	欧空局	2003	
13	CBERS–02	中国、巴西	2003	
14	RESOURCESAT–1	印度	2005	
15	CBERS–02B	中国、巴西	2007	
16	RADARSAT–2	加拿大	2008	√
17	HJ–1A	中国	2008	√
18	HJ–1B	中国	2008	√
19	THEOS	泰国	2011	
20	资源一号 02C	中国	2011	√
21	资源三号	中国	2012	√
22	实践九号 A 星	中国	2012	√
23	实践九号 B 星	中国	2012	√
24	HJ–1C	中国	2012	√
25	高分一号	中国	2013	√
26	SPOT–6	法国	2013	√
27	LANDSAT–8	美国	2013	√
28	高分二号	中国	2014	√
29	CBERS–04	中国、巴西	2014	√
30	SPOT–7	法国	2014	√
31	PLEIADES–1A	法国	2015	√
32	PLEIADES–1B	法国	2015	√
33	DAMPE	中国	2015	√

地面站技术系统的主要能力指标如下。

（1）数据接收系统具备 S、X、Ka 频段的卫星下行数据接收能力；其核心技术指标——卫星数据接收的码速率达到 2×600Mbps，具有国际领先水平；系统具备高动态、低信噪比的卫星信号快速捕获与跟踪能力。

（2）数据记录系统具备多颗国内外卫星数据的实时记录、快视和传输能力，最高能够支持 5 通道总计 3000Mbps 的数据记录。

（3）数据传输系统在密云卫星接收站至北京总部之间，建有带宽为 10000Mbps 的高速数据传输专用链路；喀什、三亚卫星接收站至北京总部之间分别建有 622Mbps 带宽的高速数据传输专用链路；昆明、北极卫星接收站至北京总部之间分别有 200Mbps、450Mbps 带宽的高速数据传输链路，能够有效保证卫星数据传输的时效性。

（4）拥有多套符合国际标准规范的国外卫星数据处理系统，数据产品的规格和质量与国际同类产品完全一致。

（5）提供各类卫星存档数据的在线检索、产品订购、下载交付等服务功能，管理的在线数据超过 400 万景，数据规模超过 200TB，存储能力达到 1.5PB（见图 17、图 18）。

图 17　卫星数据接收天线

图 18　接收站机房

（6）运行管理系统具备极轨对地观测卫星、静止对地观测卫星、空间科学卫星等二十余颗国内外卫星的业务运行管理能力，能够对数据接收、记录、传输等各业务系统和业务运行状态及任务执行情况进行实时监视和调度、控制。

15.7 中国科学院航空遥感中心（中国科学院遥感与数字地球研究所）

中国科学院航空遥感中心成立于 1985 年，定位于运行遥感飞机，开展航空遥感综合科学实验、遥感器校飞、灾害与环境监测飞行等，形成国家航空遥感数据核心保障能力。

中心配备两架美国塞斯纳“奖状 S/II 型”高空遥感飞机，“遥感飞机”是中国科学院重大科技基础设施之一，飞行高度为 1000~12000 米，航速 400~700 千米 / 小时，工作时间 5 小时，最大载重 1248 公斤。飞机装配先进的 GPS 定位和 POS 姿态测量等系统，可安装多种不同类型的机载遥感设备。其中，光学遥感飞机具有两个密封舱光学窗口，一个尾部非密封传感器窗口，支持国内外常用光学传感器的搭载；微波遥感飞机可搭载多波段 SAR 雷达系统，形成干涉与全极化 SAR 成像能力，更换照相舱后可兼容光学航空摄影。飞机可开展光学、红外、微波等谱段的航空遥感试验，并为我国遥感器的自主研发提供高空实验平台，经过不断改进与合理的运行维护，其综合技术性能优势仍在国内保持领先地位，是国内为数不多的高性能、高空实验平台。同时，中心具备光学和微波遥感仪器，装备有 RC30 航空相机、LMK3000 航空相机、UCXP 相机系统、ALS60 三维激光雷达系统、ADS80 数字航空相机和自行研制的高分辨率多极化 SAR 系统。

充分利用遥感飞机先进的技术性能与机载遥感技术系统配套组合，形成机载空间遥感信息获取技术的综合优势，遥感飞机在国民经济建设中发挥了重要作用。30 年来，航空遥感中心累计承担了 200 多项各种类型的航空遥感应用项目，安全飞行 10000 多架次，面积逾 200 万平方千米，在满足国家重大需求、综合科学实验、高技术发展等方面发挥了重要作用。例如，在 1998 年长江流域特大洪涝灾害、2008 年汶川大地震、2010 年玉树地震和 2013 年雅安芦山地震等重大灾害应急响应方面，快速飞赴灾区，全面获取和开放数据共享，为十几个国家部委提供灾情数据，对抗震救灾和灾后重建发挥了重要作用，2010 年对地观测中心被中共中央、国务院、中央军委授予“全国抗震救灾英雄集体”称号。

开展了多种遥感综合科学实验，如遥感飞机先后八次进入西藏高原飞行作业，在十分艰苦的条件下，完成珠穆朗玛、唐古拉山地区、一江两河流域、林芝、拉萨市等航空遥感飞行，为开展青藏高原资源、环境和生态研究提供了大批宝贵的科学数据（见图 19）。

图 19　航空遥感飞机

同时，针对航空航天遥感器研制提供技术平台，在我国新型航天和航空遥感器研制过程中，其机载校飞实验大部分都是通过“遥感飞机”平台来完成，如中巴资源卫星的 CCD 相机、神舟飞船的星载卷云探测仪和三线阵 CCD 相机、遥感一号卫星的 L 波段 SAR、海洋卫星的 C 波段 SAR 及稀疏 SAR 系统等。

航空遥感中心是将于 2017 年投入运行的“航空遥感系统”大科学装置的运行单位，将运行管理两架新舟 60 飞机、十余种遥感载荷和数据处理系统。“航空遥感

系统”作为国家科学研究的共享平台，将以获取我国陆地、大气、海洋电磁波信息和形态信息，开展我国地球系统区域要素与变化规律的研究和地球系统科学研究，发展具有国际领先水平的遥感设备，满足国家在空间信息获取技术上的需求为目标，为国家对地观测服务。

✧ 皮书起源 ✧

“皮书”起源于十七、十八世纪的英国，主要指官方或社会组织正式发表的重要文件或报告，多以“白皮书”命名。在中国，“皮书”这一概念被社会广泛接受，并被成功运作、发展成为一种全新的出版形态，则源于中国社会科学院社会科学文献出版社。

✧ 皮书定义 ✧

皮书是对中国与世界发展状况和热点问题进行年度监测，以专业的角度、专家的视野和实证研究方法，针对某一领域或区域现状与发展态势展开分析和预测，具备原创性、实证性、专业性、连续性、前沿性、时效性等特点的公开出版物，由一系列权威研究报告组成。

✧ 皮书作者 ✧

皮书系列的作者以中国社会科学院、著名高校、地方社会科学院的研究人员为主，多为国内一流研究机构的权威专家学者，他们的看法和观点代表了学界对中国与世界的现实和未来最高水平的解读与分析。

✧ 皮书荣誉 ✧

皮书系列已成为社会科学文献出版社的著名图书品牌和中国社会科学院的知名学术品牌。2016 年，皮书系列正式列入“十三五”国家重点出版规划项目；2012~2016 年，重点皮书列入中国社会科学院承担的国家哲学社会科学创新工程项目；2017 年，55 种院外皮书使用“中国社会科学院创新工程学术出版项目”标识。

S 子库介绍
Sub-Database Introduction

中国经济发展数据库

涵盖宏观经济、农业经济、工业经济、产业经济、财政金融、交通旅游、商业贸易、劳动经济、企业经济、房地产经济、城市经济、区域经济等领域，为用户实时了解经济运行态势、 把握经济发展规律、 洞察经济形势、 做出经济决策提供参考和依据。

中国社会发展数据库

全面整合国内外有关中国社会发展的统计数据、 深度分析报告、 专家解读和热点资讯构建而成的专业学术数据库。涉及宗教、社会、人口、政治、外交、法律、文化、教育、体育、文学艺术、医药卫生、资源环境等多个领域。

中国行业发展数据库

以中国国民经济行业分类为依据，跟踪分析国民经济各行业市场运行状况和政策导向，提供行业发展最前沿的资讯，为用户投资、从业及各种经济决策提供理论基础和实践指导。内容涵盖农业，能源与矿产业，交通运输业，制造业，金融业，房地产业，租赁和商务服务业，科学研究，环境和公共设施管理，居民服务业，教育，卫生和社会保障，文化、体育和娱乐业等 100 余个行业。

中国区域发展数据库

对特定区域内的经济、社会、文化、法治、资源环境等领域的现状与发展情况进行分析和预测。涵盖中部、西部、东北、西北等地区，长三角、珠三角、黄三角、京津冀、环渤海、合肥经济圈、长株潭城市群、关中一天水经济区、海峡经济区等区域经济体和城市圈，北京、上海、浙江、河南、陕西等 34 个省份及中国台湾地区 。

中国文化传媒数据库

包括文化事业、文化产业、宗教、群众文化、图书馆事业、博物馆事业、档案事业、语言文字、文学、历史地理、新闻传播、广播电视、出版事业、艺术、电影、娱乐等多个子库。

世界经济与国际关系数据库

以皮书系列中涉及世界经济与国际关系的研究成果为基础，全面整合国内外有关世界经济与国际关系的统计数据、深度分析报告、专家解读和热点资讯构建而成的专业学术数据库。包括世界经济、国际政治、世界文化与科技、全球性问题、国际组织与国际法、区域研究等多个子库。

法律声明